100 Q&A CASES ON FAILURE ANALYSIS OF BASIC COMPONENTS OF MECHANICAL TRANSMISSION

# 机械传动基础件失效分析有问有答100例

朱孝禄　胡　炜◎著

化学工业出版社
·北京·

## 内容简介

本书是作者30余年实践经验的总结，汇总了100个典型失效案例，以“有问有答”的形式深入解析机械传动基础件的失效机理、诊断方法及预防措施。全书共8章，涵盖轴、齿轮（风力机齿轮、锥齿轮等）、轴承、连接件等关键零部件的失效分析，并涉及材料热处理、检测标准等共性问题。本书特点鲜明，所有案例均来自冶金、矿山、风电等工业现场，具有极强的实践指导价值；同时采用问答体例，直击工程痛点，语言简洁，便于技术人员快速查阅。通过本书，读者可系统掌握失效分析的科学方法，有效预防和减少机械传动故障，提升设备可靠性。

本书既是解决实际问题的工具书，也是深化理论认知的参考指南，适合机械设计、制造、维护领域的工程师、质量管理人员及高校相关专业师生阅读。

图书在版编目（CIP）数据

机械传动基础件失效分析有问有答100例 / 朱孝禄，胡炜著. -- 北京 ： 化学工业出版社，2025. 8. -- ISBN 978-7-122-48459-8

Ⅰ. TH13-44

中国国家版本馆CIP数据核字第2025BQ3229号

责任编辑：金林茹
责任校对：李雨函　　　　装帧设计：王晓宇

出版发行：化学工业出版社
（北京市东城区青年湖南街13号　邮政编码100011）
印　　装：北京瑞禾彩色印刷有限公司
787mm × 1092mm　1/16　印张27　字数693千字
2026年1月北京第1版第1次印刷

购书咨询：010-64518888　　　　售后服务：010-64518899
网　　址：http：//www.cip.com.cn
凡购买本书，如有缺损质量问题，本社销售中心负责调换。

定　　价：158.00元

# 前言
PREFACE

当今世界正处于信息“爆炸”的时代，思想、文化、科学和技术的交流呈现极为多样的方式，其中“有问有答”不失为一种很好的交流方式。在古代就有“借问酒家何处有，牧童遥指杏花村”的佳句，这是诗人“有问有答”的美谈。

笔者自退休至今，从事机械传动基础件的失效分析工作已达 30 多年。在这 1/3 有生之年内，除了充实失效分析的理论知识，还下厂做失效分析工作。笔者去过泰隆、国茂、东力、永凯达等数十个减速机制造厂，以及冶金厂、矿山、热电厂、核电站等减速机使用单位，为这些单位处理过 60 多个机械传动装置失效分析案例。失效分析工作既解决了生产中的实际问题，同时也使笔者积累了丰富的资料和经验。利用这些案例的分析资料，笔者曾经在国内 30 多个单位做过失效分析报告。2022 年出版的《机械传动装置基础件失效分析》，也是在以上实践基础上编写的，并获 2021 年度国家科学技术学术著作出版基金资助出版，获 2023 年机械工业科学技术进步奖二等奖，入选化学工业出版社成立 70 周年优秀出版物。

由于 30 多年来笔者与国内有关厂、矿、学校和科研单位有广泛的技术联系和交流，积累了大量有问有答、咨询回复类的资料。在这数百份资料中，不乏很有参考价值的内容，值得交流、共享。沃德传动（天津）股份有限公司创办人胡炜先生注意到了这件事，他建议在公司内开设有问有答（咨询回复）专栏，每周由笔者发送数篇有问有答文稿，截至 2025 年 10 月，已经发送了近 140 篇文稿，得到了公司员工的好评。此外，应中国通用机械协会的邀请，在笔者主讲的机械传动装置基础件失效分析网课的“失效分析学习群”中开辟了一个“有问有答专栏”，先后发送了 70 篇有问有答文稿。另外，接受石照耀教授邀请，在“北京精密”微信公众号中发送了 50 篇有问有答文稿。

有了以上大量文稿的基础，胡炜先生建议撰写一本失效分析有问有答的专著，并为此提供了大量的机件失效分析的资料，这就是《机械传动基础件失效分析有问有答 100 例》写作的发起和经过。

本书内容共 8 章：第 1 章　轴（21 例）；第 2 章　风力机齿轮（12 例）；第 3 章　锥齿轮（9 例）；第 4 章　其他齿轮（32 例）；第 5 章　轴承（7 例）；第 6 章　连接件（6 例）；第 7 章　材料与热处理（8 例）；第 8 章　其他问题（5 例）；全书总计 100 例。

书中选择 2010—2025 年间的有问有答文稿，其中有的咨询资料可能是多年前的，引用的标准可能不是最新的，但是内容很有参考价值；而且每篇文稿内容都会有时间的印记，所以不更新标准较好。

本书写作过程中，沃德传动（天津）股份有限公司失效分析小组成员孙洪利、李东武、薄文丽、马爱侠、马力和冯君等同事提供了大量失效分析现场资料和数据，并参加一些机件失效分析报告的讨论和内容的修改，对此表示衷心的感谢！

本书适合以下人员参阅：机械传动装置设计、制造、使用、维护的工程技术人员；质量管理和现场失效分析人员；从事材料和热处理工作的技术人员；高等院校机械设计与制造相关专业的师生等。

本书涉及的内容非常广泛，深浅程度差别很大，特别是对机件断口的分析和失效原因的判断经常会有不同的看法，这很正常。因此，限于笔者业务的水平，书中论述的内容如有不妥之处，敬请读者不吝指教，笔者表示衷心的感谢！

2025 年 10 月

# 目录
CONTENTS

第1章　轴　001

【例 1-1】 对齿轮轴开裂的几点看法　001
【例 1-2】 减速机中间轴断裂断口的宏微观观察与分析　005
【例 1-3】 轴的断裂都发生在方头键槽端部截面的原因分析　010
【例 1-4】 减速机高速轴两次断裂断口的宏观观察与分析　015
【例 1-5】 对风力机主轴宏观断口的几种解读　019
【例 1-6】 空载调试运行时轴发生断裂的案例　023
【例 1-7】 对太阳轮断轴的几点看法之一——浮动、受力　025
【例 1-8】 对太阳轮断轴的几点看法之二——断口的观察与分析　030
【例 1-9】 对太阳轮断轴的几点看法之三——有限元数值仿真　034
【例 1-10】 对轴的断口形貌提几点看法　037
【例 1-11】 对 2 级双圆弧人字齿轮减速器断轴和断齿的几点看法　040
【例 1-12】 RV 减速机曲柄轴断裂的宏观断口分析　046
【例 1-13】 减速机高速轴断裂失效原因简析　050
【例 1-14】 为什么轴过渡圆角的形状、尺寸和表面粗糙度非常重要　052
【例 1-15】 标准减速机高速轴断裂断口的宏观观察与分析　058
【例 1-16】 起重机减速机高速轴断裂断口的宏观观察与分析　064
【例 1-17】 减速机的型面轴断裂失效分析　069
【例 1-18】 减速机型面轴两次断裂的异同　078
【例 1-19】 减速机中间轴断裂断口的宏观观察与分析　082
【例 1-20】 刮板机链轮主轴断裂断口的宏观观察和分析　088
【例 1-21】 减速机高速轴矫直损伤引起断裂的实例　094

第2章　风力机齿轮　100

【例 2-1】 风力机齿轮轮齿表层压碎形貌的观察与分析　100
【例 2-2】 风力机齿轮箱内齿圈断裂失效分析　105
【例 2-3】 对行星齿轮装置内齿圈失效的几点看法　114
【例 2-4】 对内齿圈、行星轮和太阳轮断口的宏观观察和分析　116
【例 2-5】 对风力机最后一级输出齿轮断齿的看法　118
【例 2-6】 齿轮齿面微点蚀简介及其标准、资料　124
【例 2-7】 对某单位签发的《轮齿断裂分析报告》的几点看法　130

【例 2-8】 对某技术公司签发的《齿轮失效分析报告》的几点看法 134
【例 2-9】 风力机输出齿轮轮齿断裂综合失效分析 138
【例 2-10】 风力机输出齿轮轮齿断裂失效分析存在的问题和新进展 147
【例 2-11】 对某风电场齿轮装置拆解及失效分析报告的几点看法 150
【例 2-12】 关于长齿与标准齿的配对啮合问题 152

第 3 章 锥齿轮 154

【例 3-1】 对机车弧齿锥齿轮失效分析的意见 154
【例 3-2】 对航空用弧齿锥齿轮齿面损伤的几点看法 164
【例 3-3】 关于不同齿制的曲线齿锥齿轮的应用问题 167
【例 3-4】 某研究所弧齿锥齿轮台架试验中的问题 169
【例 3-5】 直齿锥齿轮传动用手盘车时出现撞齿声问题 172
【例 3-6】 锥齿轮齿面剥落和轴承磨损问题 173
【例 3-7】 对弧齿锥齿轮轮齿断裂的看法 175
【例 3-8】 水泥厂立式减速机弧齿锥齿轮失效分析 178
【例 3-9】 关于锥齿轮 4 个接触斑点问题的回复 185

第 4 章 其他齿轮 189

【例 4-1】 机车齿轮热处理内应力测定试验方案的设计 189
【例 4-2】 机车齿轮热处理内应力的测定 193
【例 4-3】 关于柴油机水泵轴齿轮失效 8 个问题的回复 195
【例 4-4】 垃圾处理用减速机的设计问题 199
【例 4-5】 电扶梯减速机的静强度问题 200
【例 4-6】 关于行星齿轮副的侧隙问题 201
【例 4-7】 关于硬齿面齿轮齿根硬化层磨失问题 203
【例 4-8】 关于齿轮精度标准和精度对齿轮动态性能的影响 206
【例 4-9】 齿轮的侧隙对齿轮传动动态性能的影响 212
【例 4-10】 点线啮合齿轮强度试验中的问题 215
【例 4-11】 直齿轮和斜齿轮的抗冲击问题 219
【例 4-12】 齿轮的试验与疲劳极限应力问题 221
【例 4-13】 关于齿轮减速和增速传动效率等性能上的差别问题 227
【例 4-14】 轮齿齿面剥落和轮齿断裂的宏观观察与分析 229
【例 4-15】 对齿面出现磨削裂纹的看法和参考资料 231
【例 4-16】 关于轮齿的过磨和喷丸问题 235
【例 4-17】 对大齿轮对半断裂的看法 238
【例 4-18】 摆线轮损坏的观察与分析 240
【例 4-19】 关于 20CrMnMo 齿轮的疲劳极限应力问题 246
【例 4-20】 齿轮齿面剥落的宏观观察与分析 250
【例 4-21】 采煤机行走轮轮齿断裂失效分析 258

【例 4-22】 电厂立式减速机轮齿断裂失效分析 263
【例 4-23】 关于齿轮的螺旋线修形问题 268
【例 4-24】 关于齿轮精度检测中的几个问题 270
【例 4-25】 NGW 行星齿轮减速机齿轮过度磨损失效分析 273
【例 4-26】 公交车轮边减速齿轮断齿失效分析（1）——轮齿断裂宏观观察与分析 279
【例 4-27】 齿轮轮齿的体视显微镜观察（2） 286
【例 4-28】 轮齿断口电子显微镜观察（3） 290
【例 4-29】 齿轮断齿金相显微镜观察（4） 294
【例 4-30】 大小齿轮内在品质检验（5） 300
【例 4-31】 轮齿断裂原因的分析和判断（6） 305
【例 4-32】 轮齿断裂失效分析结论和预防措施（7） 312

第 5 章 轴承 315

【例 5-1】 轴承保持架断裂原因初探 315
【例 5-2】 滚动轴承发热失效的可能原因 321
【例 5-3】 激振器及其轴承问题 326
【例 5-4】 激振器的油润滑方法探讨 331
【例 5-5】 风力机齿轮箱轴承肇事件失效分析 336
【例 5-6】 滚动轴承的微点蚀问题 342
【例 5-7】 油膜轴承轴颈热裂的原因和机理分析 347

第 6 章 连接件 352

【例 6-1】 花键断齿的原因分析 352
【例 6-2】 关于联轴器偏移量问题 353
【例 6-3】 键的材料和硬度问题 355
【例 6-4】 键槽底部的圆角为什么很重要 358
【例 6-5】 压缩机膜片联轴器螺栓断裂宏观断口分析 363
【例 6-6】 三种键槽应力集中有限元静力计算与分析 369

第 7 章 材料与热处理 377

【例 7-1】 4 种渗碳淬火齿轮用钢的性能数据和比较 377
【例 7-2】 感应淬火齿轮硬化层分布、深度的确定和标注 381
【例 7-3】 直齿锥齿轮高频淬火出现裂纹的失效分析 388
【例 7-4】 金相组织缺陷对齿轮强度影响的试验研究数据 391
【例 7-5】 齿根感应淬火和不淬火两种齿轮的承载能力差别 393
【例 7-6】 如何选用最佳渗碳硬化层深度 395
【例 7-7】 渗碳淬火齿轮硬度的标注和取样问题 403

【例 7-8】 关于齿轮材料力学性能检验取样的 4 个问题 406

第8章 其他问题 408

【例 8-1】 汽车刹车盘断裂的宏观观察与分析 408
【例 8-2】 采用爬山法试验对比齿轮修形参数对弯曲疲劳寿命影响的问题 410
【例 8-3】 7 个技术问题的答复 412
【例 8-4】 对固定箱体附件断裂的几点看法 415
【例 8-5】 防弹玻璃出现裂纹原因的探讨 418

# 第1章

# 轴

## 【例1-1】 对齿轮轴开裂的几点看法

**问题描述**

南方某公司的行星减速机发给用户使用后不久，因高速齿轮轴纵向开裂导致失效。该公司工程师发来有关信息和资料，咨询齿轮轴纵向开裂的原因和改进措施。

**答复内容**

### 1 南方某公司提供的信息和资料

① 某行星减速机发给用户使用后不久，因 $m_n$=10mm、$z$ =26 的高速齿轮轴纵向开裂导致失效。裂纹长度达 690mm，如图 1-1-1 所示，其零件简图如图 1-1-2 所示，齿轮参数见表 1-1-1。

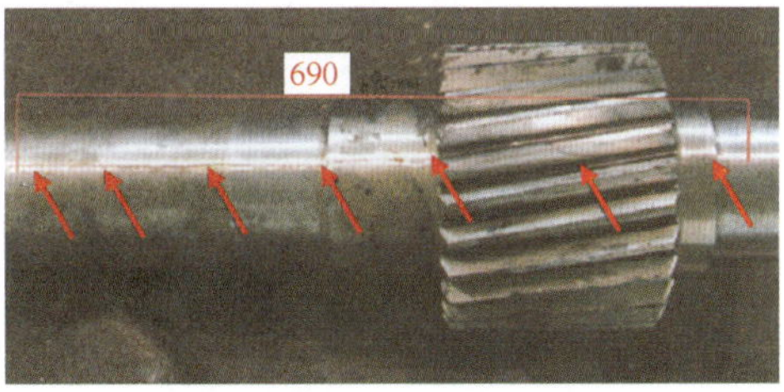


图1-1-1 齿轮轴的轴向开裂

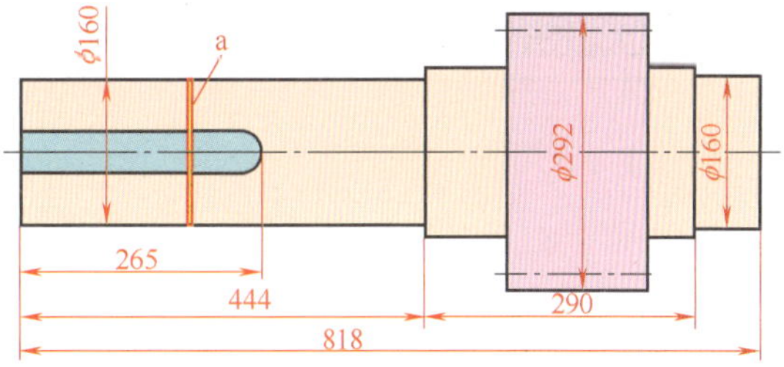


图1-1-2 齿轮轴的零件简图

② 在图 1-1-2 的 a 处横向锯开后发现，开裂从表面至轴中心止，如图 1-1-3 所示。将图1-1-3的裂纹人为打开后，其断口如图1-1-4所示。断口分为两部分：下部是原始开裂断口，上部是人为打开的断口。

表 1-1-1 齿轮参数

| 参数项目 | 代号 | 数值 | 参数项目 | 代号 | 数值 |
|---|---|---|---|---|---|
| 齿数 | $z$ | 26 | 顶隙系数 | $c^*$ | 0.4 |
| 模数 | $m_n$ | 10 | 螺旋角 | $\beta$ | 11° |
| 压力角 | $\alpha$ | 20° | 齿向 | | 左 |
| 齿顶高系数 | $h_a^*$ | 1 | 变位系数 | $x$ | 0.4215 |

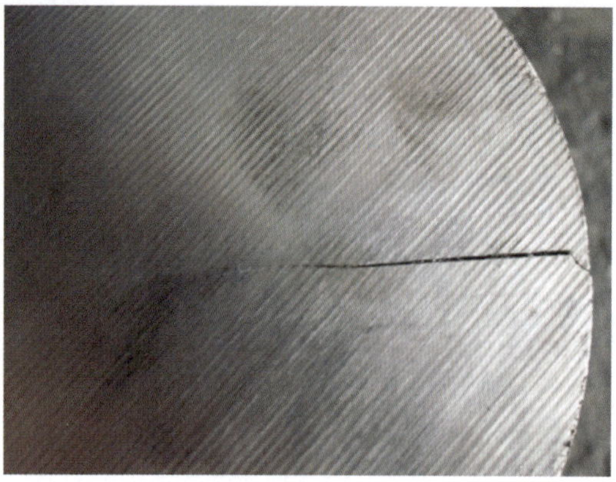

图 1-1-3 齿轮轴的径向裂缝

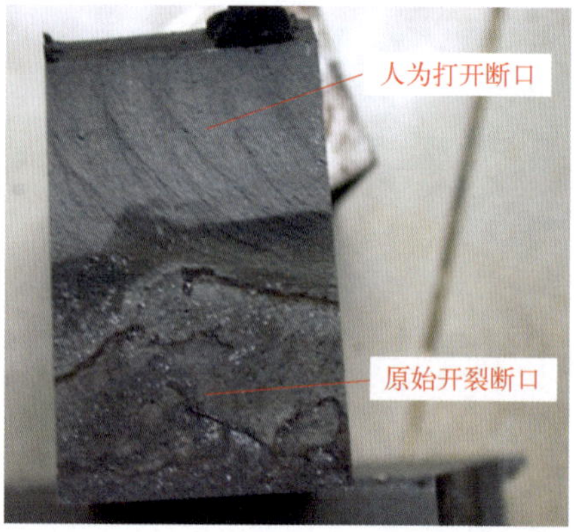


图 1-1-4 齿轮轴的开裂断口

③ 该齿轮轴材质为 17CrNiMo6，经锻造、正火（920 ～ 940℃）+ 高温回火（650 ～ 680℃）、920℃渗碳、820℃淬火和 220℃、200℃两次回火处理。

④ 齿部硬度检验：用里氏硬度计测得齿面硬度为 58.3 ～ 59HRC，径向切割取样后用 HRS150 洛氏硬度计测得其心部硬度为 41.8HRC，技术要求为 32 ～ 40HRC，心部硬度偏高。轴心部：34.0 ～ 37.5HRC。

⑤ 化学分析结果表明，齿轮轴材质中主要元素含量符合标准要求。

⑥ 金相组织检验结果表明：齿轮轴材料及热处理组织合格。齿轮开裂断口附近的材料晶粒度为 6 级。

## 2 宏观断口分析

从图 1-1-3 可见，裂纹从轴心至次表层逐步扩大，而渗层的裂纹相对较小，说明齿轮轴的失效是一种内部开裂。这种内部开裂是齿轮轴的内部残余拉应力过大造成的。以下做简单说明：

齿轮工件在热处理的加热和冷却过程中，由于热胀冷缩和相变时新旧相比体积差异而发生体积变化。由于工件表层和心部存在温度差和相变非同时发生以及相变量的不同，致使表层和心部的体积变化不能同步进行，因而不可避免地会在工件内部产生内应力。此内应力按照其成因可分为热应力和组织应力。

热应力是指由表层与心部的温度差引起的胀缩不均匀而产生的内应力。此热应力受钢的化学成分、加热和冷却的速度、工件的大小和形状的影响很大。导热性差的高合金钢，加热或冷却速度过快，工件尺寸大、形状复杂、各部分厚薄不均匀，会使工件各部分的热膨胀程度不同而形成很大的热应力。齿轮轴就属于这种情况。

组织应力起因于相变引起的比体积变化。经渗碳淬火的齿轮轴，其表面会产生有利的压应力，而心部产生拉应力。

热应力和组织应力都以残余应力的形式存在于工件中。工件的尺寸大小和几何形状对内应力的影响情况很复杂，一般倾向是：随工件尺寸增大，残余应力向热应力转化。对于几何形状复杂或尺寸突变的工件，残余内应力往往在应力集中部位显著增大。因此，几何形状复杂和尺寸突变的齿轮轴，在渗碳淬火热处理过程中产生的热应力不容忽视。图 1-1-5 和图 1-1-6 可以说明齿轮轴的热应力和组织应力在热处理过程中的情况。

图 1-1-5 为表面淬火过程中的热应力变化情况示意图。图中，Ⅰ区加热温度超过 $Ac_3$，淬火后全部为马氏体组织；Ⅱ区加热温度在 $Ac_1$ 与 $Ac_3$ 之间，为不完全淬火区；Ⅲ区加热温度在 $Ac_1$ 以下，金属处于塑性状态。

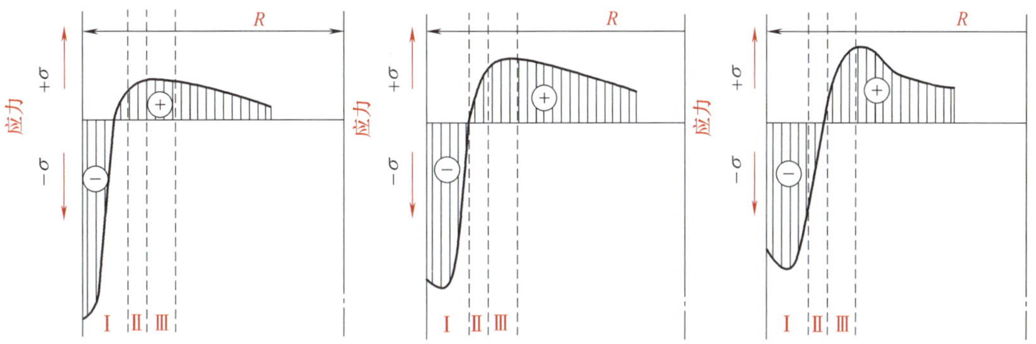


(a) 冷却开始瞬间　　(b) 冷却中间阶段　　(c) 冷却结束后

图 1-1-5　表面淬火过程中的热应力变化情况示意图

图 1-1-6 为表面淬火过程中的组织应力变化情况示意图。图中，Ⅰ区加热温度超过 $Ac_3$，淬火后全部为马氏体组织；Ⅱ区加热温度在 $Ac_1$ 与 $Ac_3$ 之间，为不完全淬火区；Ⅲ区加热温度在 $Ac_1$ 以下，金属处于塑性状态。

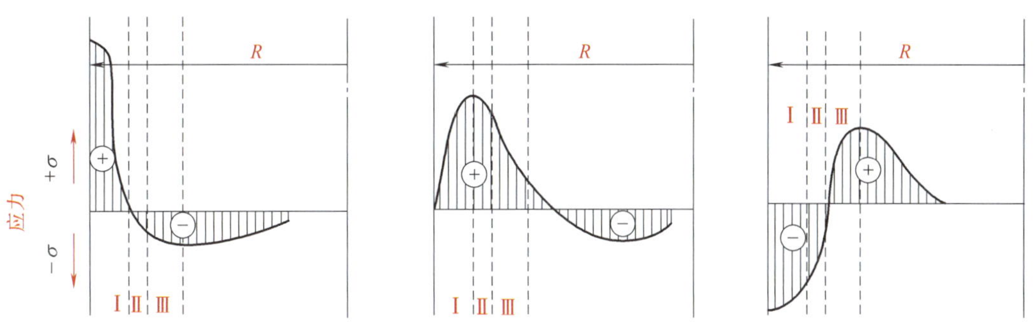


(a) 组织开始转变的瞬间　　(b) 组织转变中间阶段　　(c) 组织转变结束后

图 1-1-6　表面淬火过程中的组织应力变化情况示意图

如果将图 1-1-5（c）和图 1-1-6（c）的残余应力叠加，就可以发现在Ⅲ区右侧将出现最大的残余拉应力。此拉应力超过齿轮轴材料的抗拉强度 $R_m$，就会造成齿轮轴的内部开

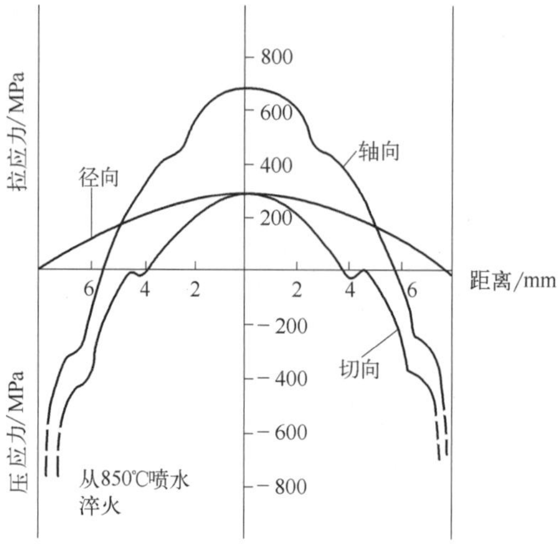


图 1-1-7　合金钢轴淬火残余应力的变化曲线

裂。从图 1-1-4 的断口的确能看到开裂是从这个部位开始的。对于大尺寸、形状复杂的轴，特别容易出现这种开裂失效。这可能是齿轮轴开裂失效最主要的原因。

图 1-1-7 是直径为 150mm 的合金钢轴淬火残余应力的变化曲线。从图中可见：无论径向、轴向还是切向的残余拉应力，都在轴心部位出现最大值，因而容易产生内部开裂。此轴的尺寸与分析的齿轮轴的尺寸相近，有参考价值。

值得注意的是：机件内部的内应力（热应力和组织应力）用金相分析的方法是无法检验的。

# 3　其他值得注意的问题

## 3.1　关于渗碳和回火的温度问题

渗碳淬火工件做回火处理能减小工件内部的残余应力，回火温度越高，效果越明显，但要注意回火脆性问题。低温回火脆性温度为 200 ～ 350℃。

文献 [1] 认为合金钢渗碳淬火后的最佳回火温度约为 180℃，这时材料的韧性最好；超过 180℃回火，材料将变脆。据作者所知，和谐号高速列车传动齿轮（材料为 17CrNiMo6）的回火温度就是 180℃。

在作者的笔记中，摘录了某热处理论文的一段话："对于 17Cr2Ni2Mo（相当于 17CrNiMo6）材料的硬齿面齿轮，渗碳温度控制在 870℃左右，直接淬火较好。渗碳时，温度过高会引起奥氏体晶粒长大，使材料变脆……采用 180℃不少于 16h 的低温回火较好，目的是降低材料的脆性，减小内应力。"如果此资料和数据可参考，那么对于 17CrNiMo6 材料，采用 920℃渗碳和 220℃、200℃两次回火处理的温度是否太高了？

## 3.2　材料的冶炼、纯度和锻造比问题

根据 GB/T 3480.5—2008《直齿轮和斜齿轮承载能力计算　第 5 部分　材料的强度和质量》的规定，对于 MQ 和 ME 级的齿轮，其材料应在钢包中脱气和精炼处理，并经真空脱气处理。材料中的链状夹杂物对齿轮轴的开裂影响很大。齿轮轴的锻造比必须大于 3，并且不能出现折叠、结疤、分层等锻造缺陷。根据作者的经验，这几点都非常值得注意。

# 4　结论和建议[1]

① 齿轮轴的开裂是由热应力和组织应力合成的残余拉应力引发的。

[1] 作者不是热处理专业人员，这些见解，供参考。

② 对 17CrNiMo6 材料的渗碳温度和两次回火温度的设定做进一步的研究。

③ 17CrNiMo6 是制造齿轮轴的好材料，但它的热处理有不同于其他材料的特点，非常值得我们去探索和总结。

④ 根据公司提供的信息，这种使用不久就开裂的轴，很可能与氢脆有关。图 1-1-4 轴的原始开裂断口上有许多白点（仅据图片所示，需要实物确定），更增加了氢脆开裂的可疑性。建议测量轴材料的氢含量，很重要。

## 参考文献


[1] 内藤武志 . 渗碳淬火实用技术 [M]. 北京：机械工业出版社，1985.

[2] 王广生，等 . 金属热处理缺陷分析及案例 [M]. 北京：机械工业出版社，1997.

[3] 张玉庭 . 热处理技师手册 [M]. 北京：机械工业出版社，2006.

[4] 廖景娱 . 金属构件失效分析 [M]. 北京：化学工业出版社，2007.


日期：2010 年 12 月 2 日

# 【例 1-2】 减速机中间轴断裂断口的宏微观观察与分析

### 问题描述

北方某公司一台应用于选煤厂的减速机，在投入使用后 1 周左右减速机出现断轴故障。该公司提供了减速机轴断裂的试件、图片和背景材料，咨询轴断裂的原因和改进措施。目的是改进后续的设计和生产，提高产品的质量。

### 答复内容

## 1 减速机使用场合及现场情况调查

### 1.1 减速机基本工况信息

断轴失效的某型号减速机，应用于某选煤厂的皮带运输机。

现场安装位置：室内大空间。　　启动次数：≤ 5 次 /h。

动力机：电动机。　　载荷持续率：100%。

载荷状况：24h / 天。　　润滑方式：浸油润滑。

### 1.2 齿轴断裂后现场情况调研

2013 年 7 月，轴断裂后，该公司曾经派人去选煤厂调查减速机断轴的具体情况。图 1-2-1 是减速机的外貌。

减速机运转 1 周后轴断裂，减速机轴的断裂部位见图 1-2-2，可见减速机轴的断裂位置是高速级大齿轮同轴的配合处。

现场观察到断轴的断口位置如图 1-2-3 所示，断轴的断口形貌如图 1-2-4 所示。

图 1-2-1　减速机外貌

图 1-2-2　减速机轴断裂部位

图 1-2-3　断轴的断口位置

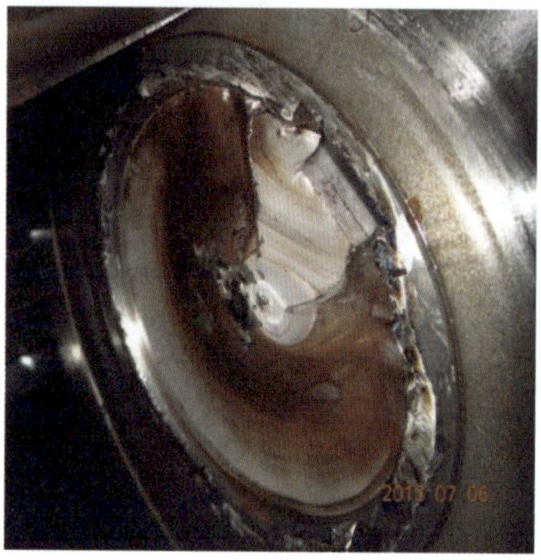

图 1-2-4　断轴的断口形貌

当时的初步判断：减速机在短时间运转后轴发生断裂，很可能是热处理后的残余拉应力过大造成的（其实不是，轴的断裂另有原因）。

# 2 断轴断口宏观观察

## 2.1 轴断裂处的细节

减速机装配示意图和轴的断裂部位如图 1-2-5 所示，减速机轴的断口在 A 处断裂，此处断口既受弯矩作用又受转矩作用。图 1-2-6 中还标注出另一台同型号减速机轴的断裂处 B，两台减速机的断口虽然处于轴的不同部位，但是其断口形貌十分相似。暂不讨论 B 处断口的失效分析，现仅对 A 处断裂的断口进行分析。

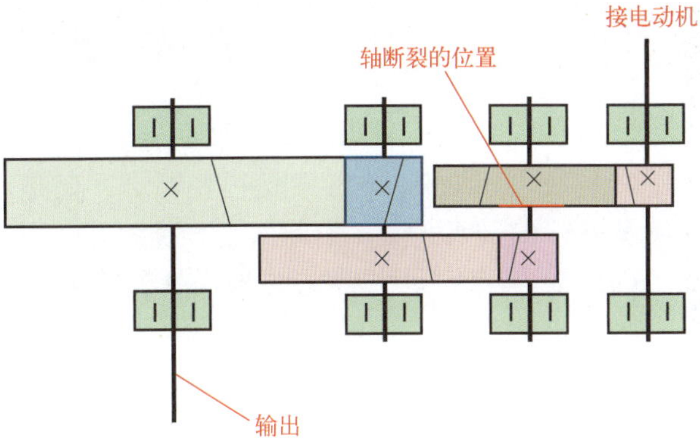


图 1-2-5　减速机装配示意图和轴断裂部位

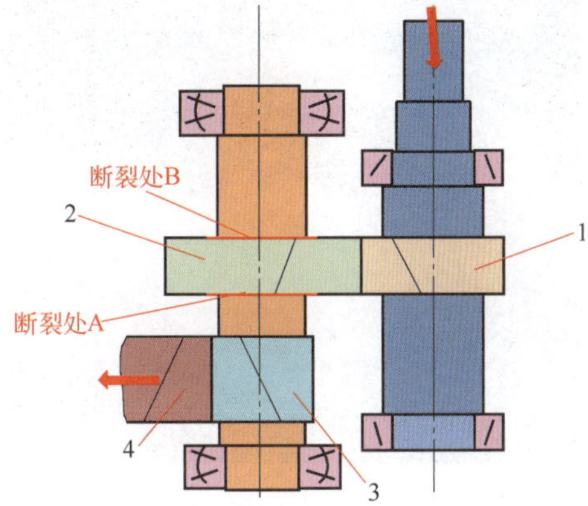


图 1-2-6　减速机轴断裂部位的结构

1，3—小齿轮；2，4—大齿轮

## 2.2　断口宏观观察与分析

减速机断裂轴的简图如图 1-2-7 所示，图中标出了轴的断裂部位。断口紧靠方头键槽。断口垂直于轴的轴线，比较平整，如图 1-2-8 所示。

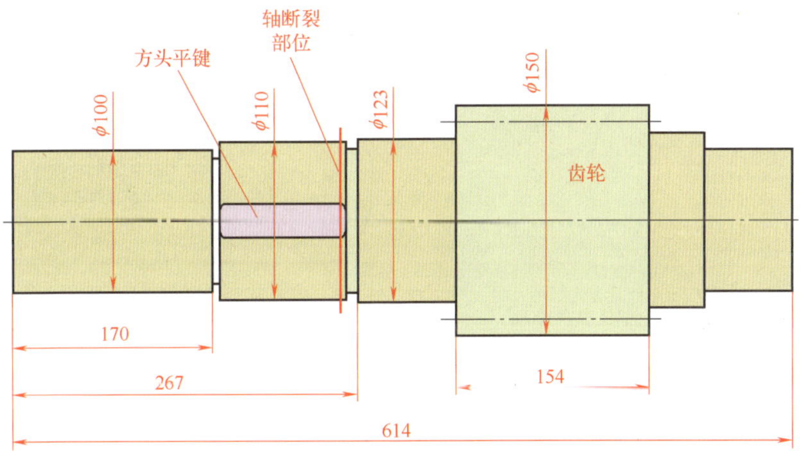


图 1-2-7　减速机断裂轴的简图

图 1-2-8　垂直于轴线的断口

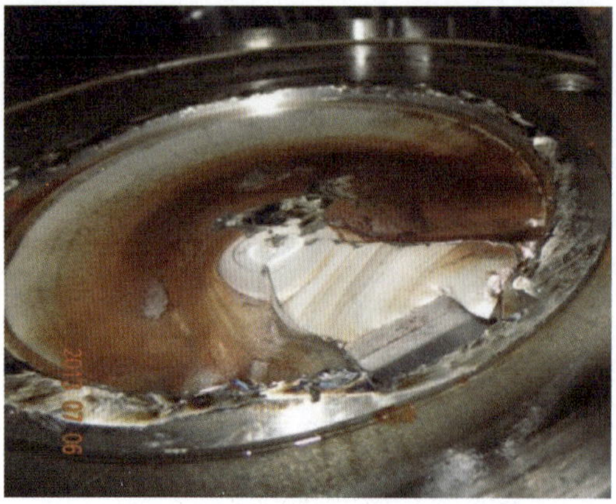

图 1-2-9 现场拍下的断口形貌

现场拍下的断口形貌如图 1-2-9 所示。断口显示了最原始的形貌：断口存在旧断口区和新断口区。新断口区是在最后断裂时产生的，旧断口区是何时产生的就是一个问题。当时认为轴的内应力过大，轴在运转前就存在裂纹（旧断口），导致轴很快断裂。但是，从断口的形貌来看，旧断口是一种疲劳断口，而不是内应力过大造成的一次性断裂断口。因此，断口应进行进一步的分析，找到轴断裂的真正原因。

圆柱轴受转矩 $T$ 的作用，轴截面上产生的剪切应力 $\tau$ 如图 1-2-10 所示。如果轴上有键槽（图 1-2-10），轴截面上产生的剪切应力 $\tau$ 就不一样了，再加上键槽的应力集中，使轴截面上的剪切应力分布较复杂。

另外，圆柱轴受弯矩 $M$ 的作用，轴截面上产生的弯曲应力 $\sigma$ 如图 1-2-11 所示。如果轴上有键槽，轴截面上产生的弯曲应力 $\sigma$ 也就不一样了，再加上键槽端面（图 1-2-11 的 A 区）的应力集中，使轴截面上的弯曲应力分布更为复杂。

考虑以上两方面的因素，可以肯定，有键槽的轴轴截面中的应力是十分复杂的，由此产生的断口形貌也就很复杂，如图 1-2-12 所示。

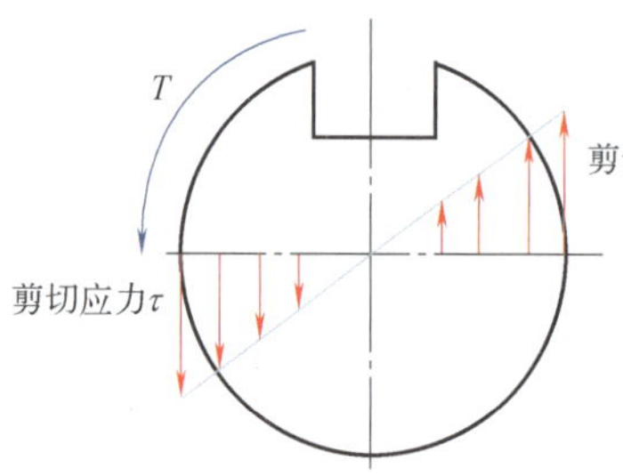


图 1-2-10 圆柱轴上受转矩 $T$ 产生的剪切应力 $\tau$

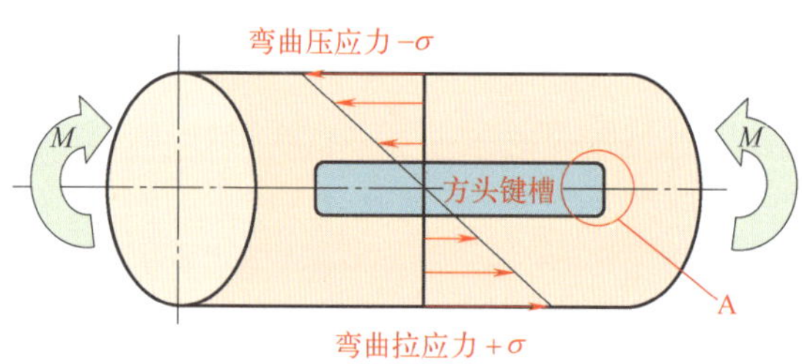


图 1-2-11 圆柱轴上受弯矩 $M$ 产生的弯曲应力 $\sigma$

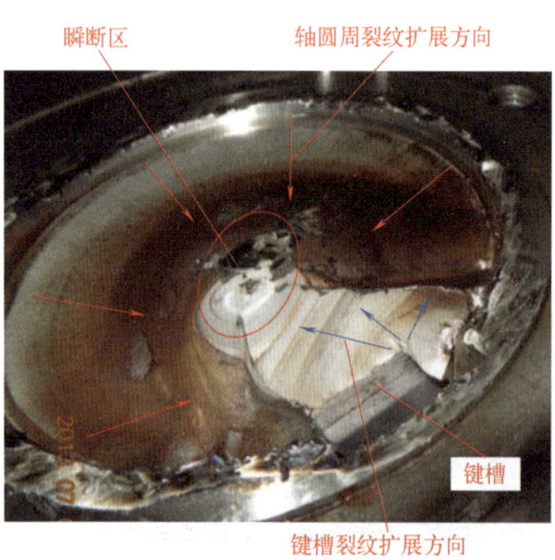


图 1-2-12 用箭头表示出断口上疲劳裂纹的扩展方向

图 1-2-12 中用箭头表示出断口上疲劳裂纹的扩展方向。疲劳裂纹最早出现在轴的过渡圆角表面靠近方头键槽部位（应力集中大，第一个疲劳源），然后向轴的心部扩展，形成了旧断口区。这时键槽底部的应力不是很大。随着断裂区域不断扩大，键槽底部的应力达到极限值时，键槽底部就会萌生裂纹（第二个疲劳源），裂纹会向轴心部推进，并且速度很快（因能承载的截面已经减小很多），形成了图 1-2-12 中白色的新断口区。最后导致轴瞬间完全断裂，瞬断区在轴的心部，如图 1-2-13 所示。从图 1-2-12 可见，瞬断区的面积不大，说明

轴的名义应力较小。

在疲劳裂纹的整个扩展过程中，方头键槽起关键作用。疲劳裂纹最早产生于键槽的应力集中区域，然后向心部发展，如图 1-2-14 所示。值得注意的是，图 1-2-14 中的 A、B 区在同一个平面上，而 C 区不在 A、B 区的平面上，因此就出现了图中的疲劳台阶。

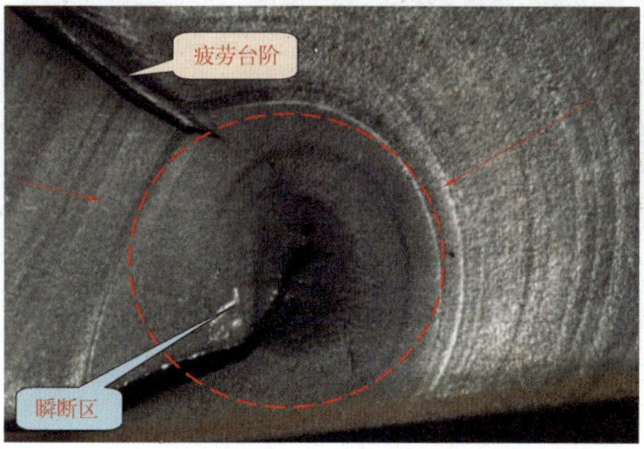


图 1-2-13 轴最后断裂的瞬断区

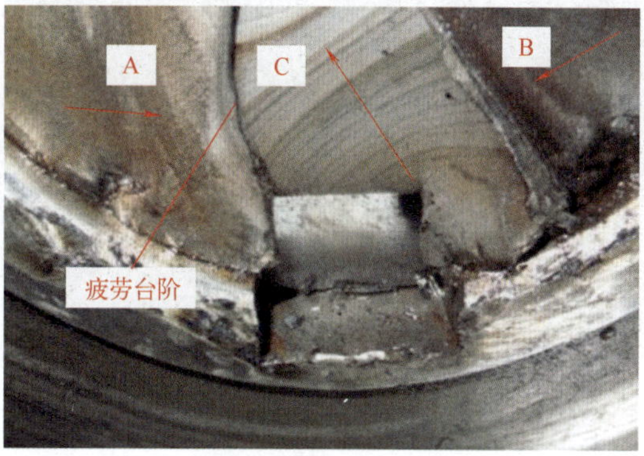


图 1-2-14 最早疲劳源产生于键槽的应力集中区然后向心部扩展

## 2.3 断口微观观察与分析

从轴的断口上切割下一块试样，如图 1-2-15 所示。将此试样置于电子显微镜下观察断口的细节，其观察点 C1 ～ C8 的部位见图 1-2-16。限于篇幅，现选几个典型的观察点，观察其断口的微观形貌。

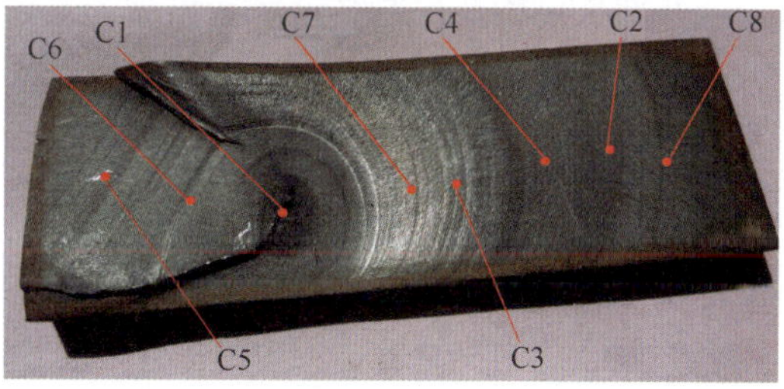


图 1-2-15 断口试样和电镜观察点

① C1 点（图 1-2-15）位于静断区（黑色）心部，断口上有大量大小不同的圆球，有人怀疑是材料的夹杂。其实不是材料本身的夹杂，而是没有清除干净的线切割时留下的污染物（钢球）。

② C6 点（图 1-2-17）是疲劳裂纹扩展区，清晰可见弧形的贝纹线。

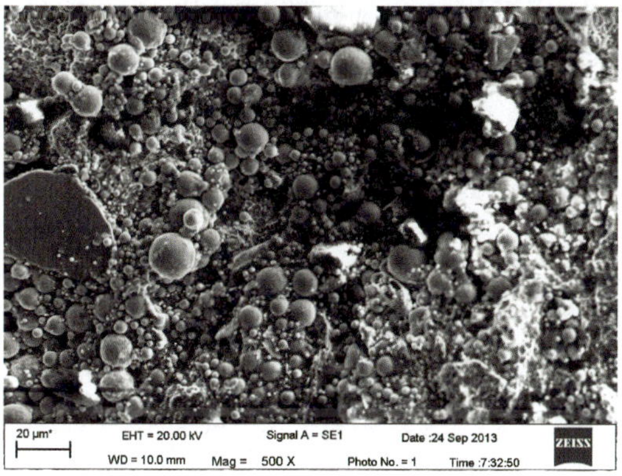


图 1-2-16 线切割时的污染物

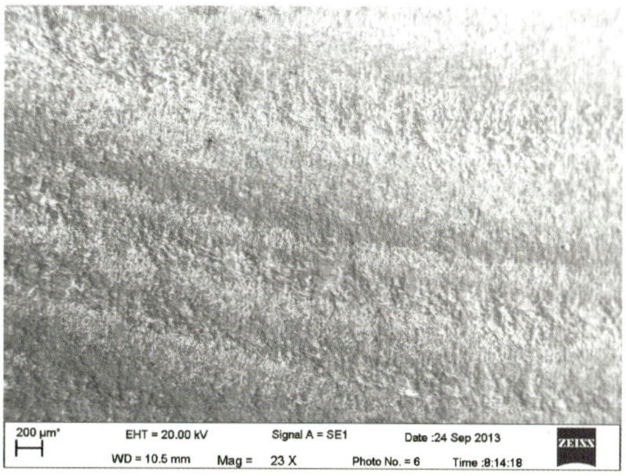


图 1-2-17 疲劳裂纹扩展的贝纹线

③ C8 点（图 1-2-18）是疲劳裂纹扩展区的贝纹线的低倍放大，是疲劳断口，也可见有断裂时的擦伤痕迹。

④ C5 点（图 1-2-19）图中有很多韧窝和塑性变形脊棱，是韧性断裂的疲劳断口。

图 1-2-18　贝纹线的低倍放大

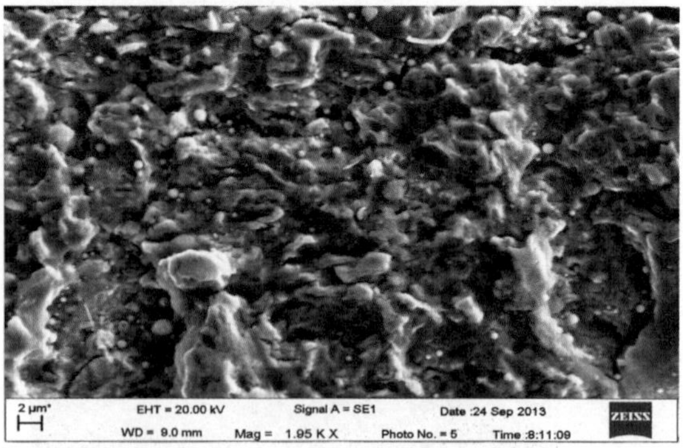


图 1-2-19　韧性断裂的疲劳断口

## 3　断口宏微观观察和分析的结论

① 轴是疲劳断裂，而且是多源疲劳断裂。

② 有键槽（特别是方头键槽）的旋转轴，在转矩和弯矩作用下，轴内的应力分布比较复杂，从而使轴的断口具有复杂的形貌。

③ 从断口复杂的形貌中可以看到疲劳裂纹有两个疲劳裂纹起源点：一是起源于轴的过渡圆角的圆周；二是起源于方头键槽端部的槽底。然后，两个疲劳源的裂纹分别向心部扩展，直至最后轴瞬间断裂。轴过渡圆角的应力集中和方头键槽端部的应力集中起决定性作用。

④ 轴的心部是最后断裂的瞬断区，该区未发现材料的集中夹杂，其黑色区有线切割留下的严重污染物。

⑤ 瞬断区的面积不大（图 1-2-12），可见轴的名义应力较小。

日期：2013 年 11 月 25 日

# 【例 1-3】 轴的断裂都发生在方头键槽端部截面的原因分析

### 问题描述

北方某公司有 3 台应用于煤矿的减速机，在投入使用后先后出现断轴故障。该公司提供了减速机轴断裂的图片和背景材料，咨询轴断裂的原因和改进措施。

### 答复内容

有很多不良因素促成轴的断裂，本例仅就减速机 3 根轴的断裂都发生在方头键槽端部截面的原因进行分析。

# 1 轴的断裂部位和断口

减速机 3 根轴的断裂先后都发生在方头键槽端部截面。

## 1.1 第 1 根轴的断裂部位和断口

第 1 根轴的断裂部位如图 1-3-1 所示，从图中可见轴的断口紧靠方头平键的键槽端部。该轴的断口形貌如图 1-3-2 所示。

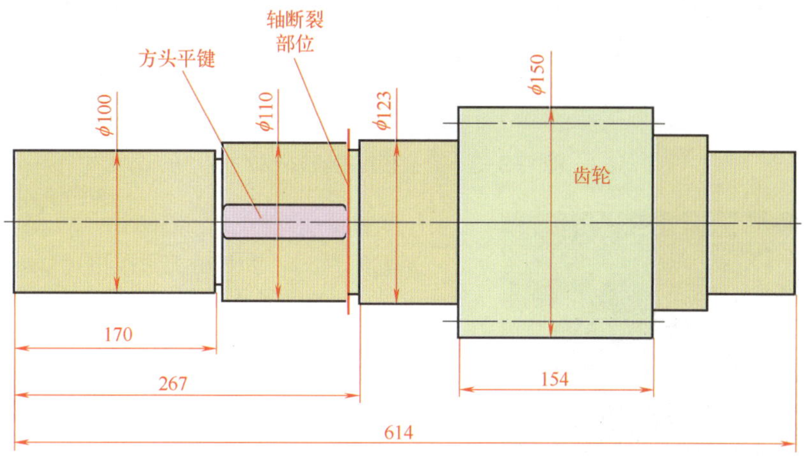


图 1-3-1 第 1 根轴的断裂部位

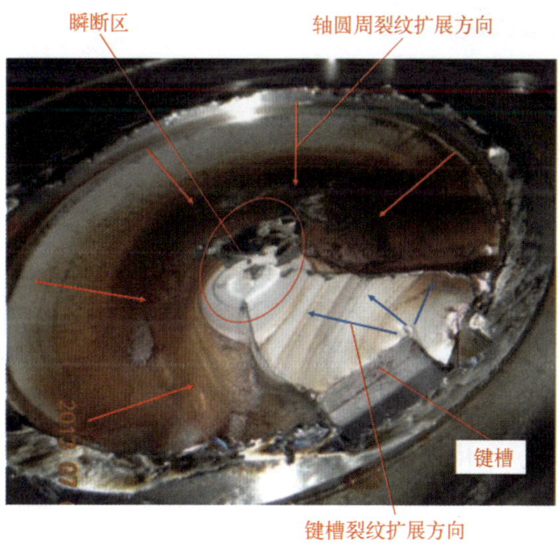


图 1-3-2 第 1 根轴的断口

## 1.2 第 2 根轴的断裂部位和断口

第 2 根轴（中间轴）的断裂部位如图 1-3-3 所示，从图中可见轴的断口紧靠方头平键的键槽端部。该轴的断口仅承受弯矩作用，几乎不受转矩的作用。

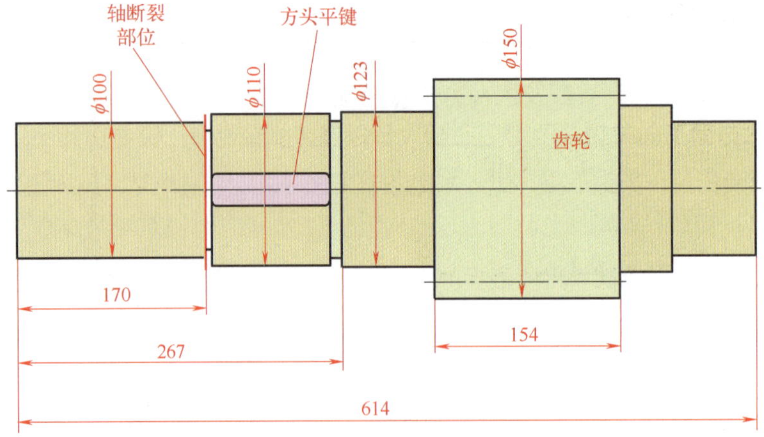


图 1-3-3　第 2 根轴的断裂部位

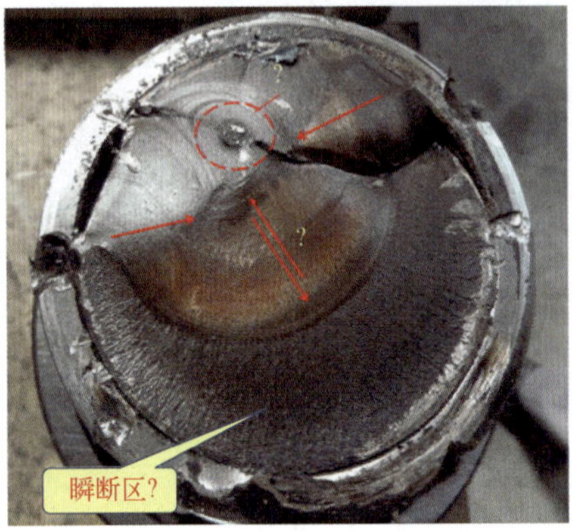


图 1-3-4　第 2 根轴的断口

断口形貌见图 1-3-4 所示。这是一个复杂、少见的断口，断口存在不同的解读：

① 疲劳裂纹起源于键槽和轴的一部分圆周。

② 图中裂纹的扩展方向成疑。

③ 出现偏心的疲劳断裂区。

④ 有一个很大月牙形的区域，是否是瞬断区也成疑。

此断口需要通过电子显微镜观察才能给出完整的解读。但是，有一点是肯定的：轴的断口紧靠方头平键的键槽端部，轴的断裂与方头平键键槽根部圆角的应力集中有密切的关系。

## 1.3　第 3 根轴的断裂部位和断口

第 3 根轴的断裂部位如图 1-3-5 所示，从图中可见轴的断口紧靠方头平键的键槽端部。该轴的断口仅承受弯矩作用，几乎不受转矩的作用。

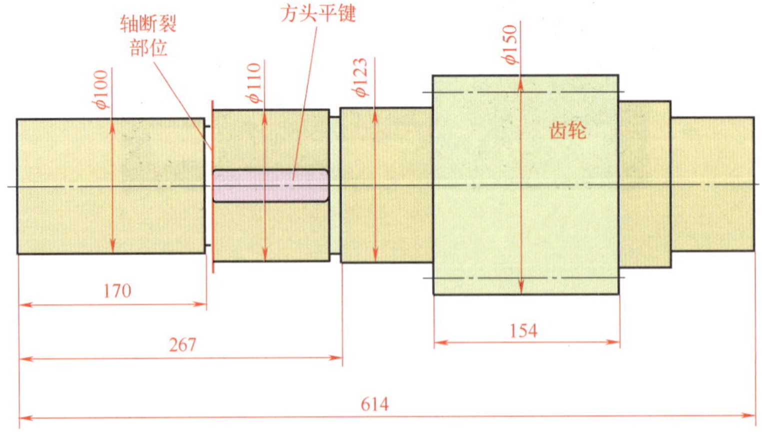


图 1-3-5　第 3 根轴的断裂部位

该轴的断口形貌见图 1-3-6 所示。断口的特征：

① 断口已经在轴断裂时刮擦破坏，看不到断口的细节。

② 从断口复杂的形貌中可以看到疲劳裂纹起源于键槽，然后向心部扩展，最后断裂，方头键槽端部的应力集中起决定性作用。

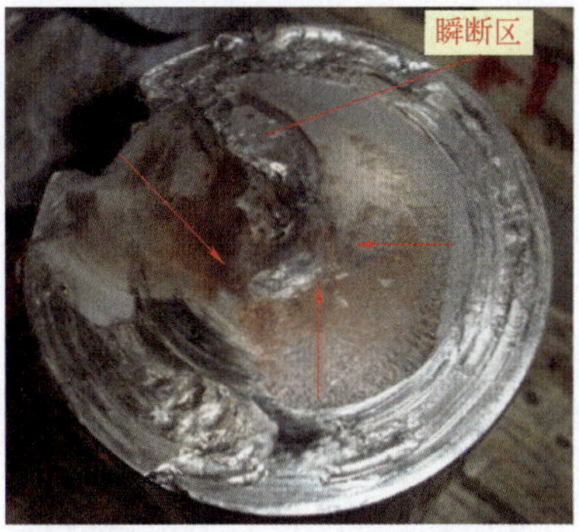

图 1-3-6　第 3 根轴的断口

## 1.4　小结

① 图 1-3-1、图 1-3-3 和图 1-3-5 可见，轴的断裂都发生在方头键槽端部截面。

② 从图 1-3-2、图 1-3-4 和 1-3-6 可见，轴的断裂都与方头键槽端部的应力集中有关。

③ 轴的断裂截面都位于方头键槽的端部，其形貌如图 1-3-7、图 1-3-8 所示。

④ 从 3 根轴断口的形貌中可以看到疲劳裂纹起源于轴的圆周和键槽，然后向心部扩展，最后断裂，方头键槽端部的应力集中起到关键的作用。但是，图 1-3-4 第 2 根轴的断口比较复杂，有不同看法，需要通过电子显微镜观察才能给出完整的解读。轴的断口紧靠方头平键的键槽端部，轴的断裂与方头平键键槽根部圆角的应力集中肯定有密切的关系。

图 1-3-7　方头键槽端部断裂（一）

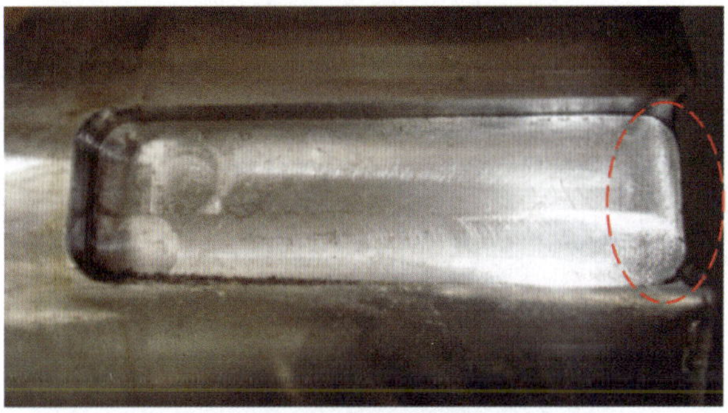
图 1-3-8　方头键槽端部断裂（二）

# 2　轴的断裂都发生在方头键槽端部截面的原因简析

3台减速机轴的断裂都发生在方头键槽端部截面，其原因就是方头键槽的端部有异乎寻常的应力集中。

图 1-3-9 是说明方头键槽和圆头键槽对轴强度影响的示意图。轴上的圆头键槽，如果截去中间的直线段，就成为轴上的一个圆柱槽，如图 1-3-9 中的 B 所示。此圆柱槽相当于在轴上钻了一个横孔，其应力集中系数对轴的影响较小（图 1-3-10 中的曲线 6）。如果轴上是方头键槽，也截去中间的直线段，就成为轴上的一个切口，如图 1-3-9 中的 A 所示。可以想象，此切口对轴的强度影响肯定很大。比较图 1-3-10 的应力集

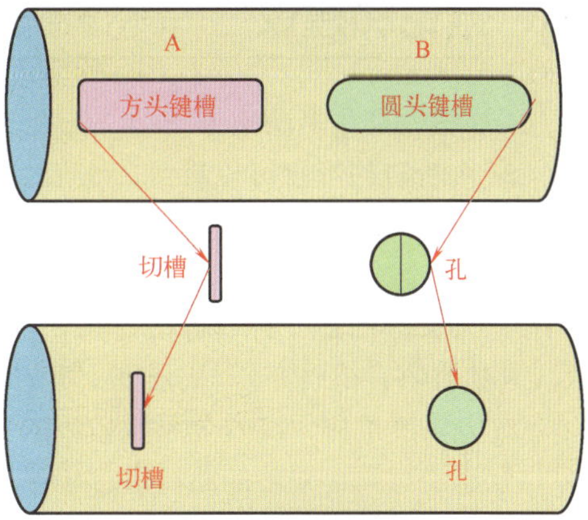

图 1-3-9　方头键槽和圆头键槽对轴强度影响的示意图

中系数就可以说明这一点。

图 1-3-10 表示不同键槽的应力集中系数 $K_\sigma$，当抗拉强度 $R_m$=1100MPa 时，盘铣刀加工的键槽、轴上横孔、端铣刀加工的键槽的应力集中系数分别是 1.85、2.25、2.40。可见盘铣刀加工的键槽的应力集中系数最小，端铣刀加工的键槽的应力集中系数最大；可以推测：方头键槽的应力集中系数肯定比端铣刀加工的（2.40）大。这可能是方头键槽不能得到广泛应用的主要原因。查阅德国、美国、日本、苏联和我国的键槽标准，都没有发现有方键键槽的标准就是证明。方头键槽是一种非标准键槽，其优点是键槽比较短、比较美观；但从强度上考虑，它可能没有可取之处。

方头键槽的应力集中系数具体数值有待研究确定。

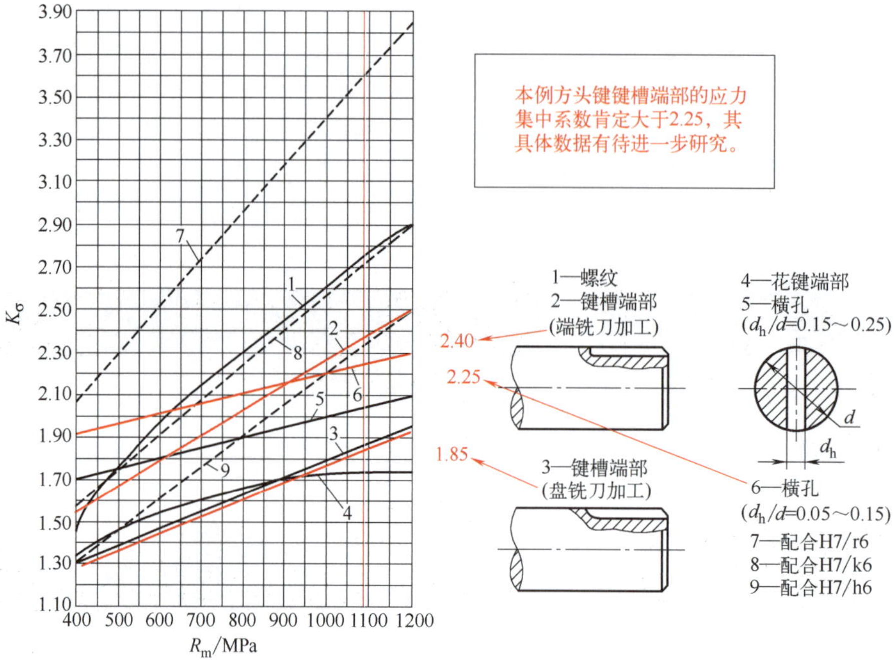


图 1-3-10　键槽端部的应力集中系数 $K_\sigma$

# 3 结论和建议

① 3 根轴都是多源疲劳断裂，断裂的部位都在方头键槽的端部，断口的形貌非常相似。

② 从断口的形貌可以看到疲劳裂纹均起源于轴的圆周和方头键槽端部，然后向轴心部扩展，直至轴瞬间断裂。

③ 方头键槽端部的应力集中，对轴的最后断裂起关键性作用。

④ 方头键槽是一种非标准键槽，其优点是比较美观、紧凑，但应力集中系数可能比较大（具体数值有待研究），从强度上考虑，它可能存在不足之处。

⑤ 方头键槽应用在安全系数较小的轴上有较大的风险，设计轴时应慎重考虑。

⑥ 建议对第 2 根轴的断口进行电子显微镜观察，厘清可疑之处，给出正确的解读。

⑦ 建议进行方头平键键槽的应力集中系数的研究。

日期：2013 年 11 月 30 日

# 【例 1-4】 减速机高速轴两次断裂断口的宏观观察与分析

## 问题描述

北方某公司两台应用于煤矿井下皮带运输机的减速机，2014 年先后发生断裂事故。该公司发来轴断裂的图片和有关资料，咨询两轴断裂的原因和改进措施。

## 答复内容

# 1 轴断裂概况

第一个轴失效案例：应用于 S 省某煤矿井下皮带机的减速机，其高速轴于 2014 年 4 月 5 日发生断裂事故，现场使用时间约 3 个月。减速机的基本信息见表 1-4-1。

**表 1-4-1　第一例减速机的基本信息**

| 高速轴转速 /（r/min） | 1500 | 电动机转速 /（r/min） | 1500 |
|---|---|---|---|
| 传动比 | 15.761 | 投入运行日期 | 2014-1-15 |
| 润滑油牌号 | ISO VG 320 | 停止运行日期 | 2014-4-5 |
| 电动机功率 / kW | 200 | | |

第二个轴失效案例：应用于 N 省某煤矿井下皮带机的减速机，其高速轴于 2014 年 10 月 20 日发生断裂事故，现场使用时间约 6 个月。减速机的基本信息见表 1-4-2。

**表 1-4-2　第二例减速机的基本信息**

| 减速机输入轴转速 /（r/min） | 1500 | 电动机转速 /（r/min） | 1500 |
|---|---|---|---|
| 减速机输出轴转速 /（r/min） | 95.17 | 润滑油牌号 | ISO VG 320 |
| 传动比 | 15.761 | 运行起始日期 | 2014-4-25 |
| 电动机功率 / kW | 200 | 运行停止日期 | 2014-10-20 |

电机型号：YBBP315L2-4；品牌类型：变频防爆电机；功率：200kW；电压：660/1440V。

同一型号的两台减速机高速轴先后发生断裂，很值得重视，应该进行失效分析，找到失效原因，提出改进措施。

减速机高速轴的零件简图和断裂位置如图 1-4-1 所示。两台同型号减速机高速轴的断裂部位相同，断口的形貌也相同（下述），因此只要分析其中一台的失效原因，就基本上可以了解两台减速机的失效原因了。

为了论述方便，将 S 省煤矿用减速机简称为 S 减速机（S 高速轴），将 N 省煤矿用减速机简称为 N 减速机（N 高速轴）。

电动机功率 $P$=200kW，转速 $n$=1500r/min，电动机和减速机之间用蛇形弹簧联轴器连接，减速机高速轴转速 $n$=1500r/min。蛇形弹簧联轴器具有补偿轴的偏移的能力。根据 JB/T 8869—2000 的规定：径向偏移许用补偿量 $\Delta y_p$=0.2mm；角向偏移许用补偿量 $\Delta\alpha_p$=1.5°。不同厂家供应的蛇形弹簧联轴器的补偿量可能会有一些差别，但一般不会相差太大。

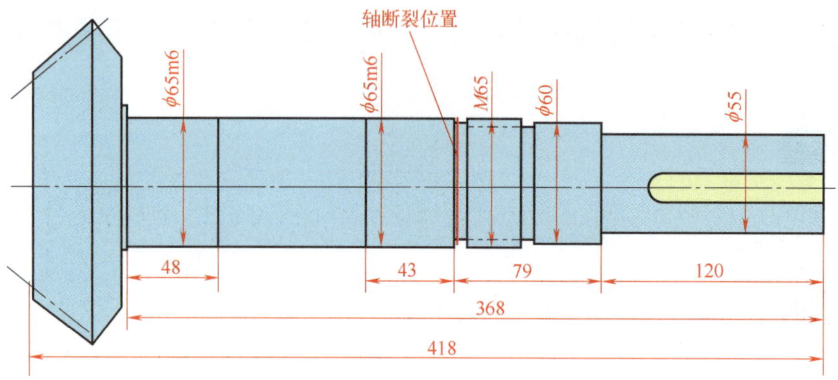


图 1-4-1　高速轴的零件简图和断裂部位

## 2 断裂轴疲劳强度计算

减速机在正常的工况运转下，其高速轴只传递转矩，因此轴的强度计算很简单。以下计算采用《机械设计手册》中常用的计算方法。

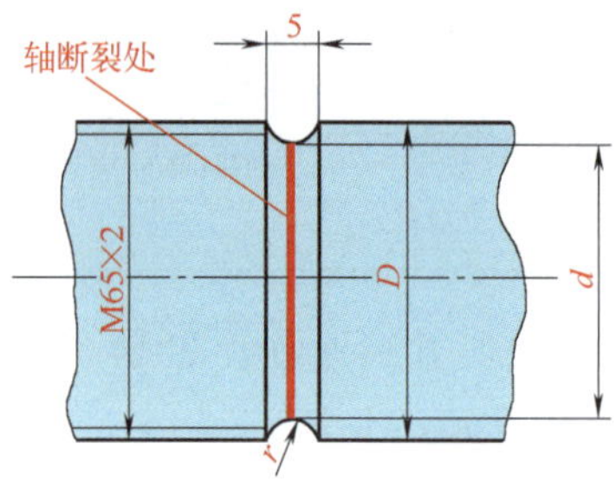


图 1-4-2　轴的尺寸

已知：轴传递的功率 $P$=200kW；转速 $n$=1500r/min。轴的尺寸（图 1-4-2）：$d$=62mm；$D$=65mm；$r$=2.5mm。

（1）一般粗估计算

轴传递的转矩　$T=9.55\times10^6\times\dfrac{P}{n}=9.55\times10^6\times\dfrac{200}{1500}=$ 1273333N・m

断面系数　$W_T=0.2\times d^3=0.2\times62^3=47666\text{mm}^3$

扭转剪切应力　$\tau=T/W_T=1273333/47666=26.7\text{MPa}$

合金钢的许用应力可取　$\tau_p=40\sim52\text{MPa}$

按初估计算 $\tau<\tau_p$，轴是安全的。

（2）疲劳强度计算

通常认为轴的剪切应力按脉动循环变化

$$\tau_a=\tau_m=\frac{\tau}{2}=\frac{26.7}{2}=13.4\text{MPa}$$

确定应力集中系数：$(D-d)/r=(65-62)/2.5=1.2$；$r/d=2.5/62=0.04$

取抗拉强度 $R_m$=1000MPa，查手册得应力集中系数 $k_\tau$=1.75。轴表面经磨削，表面状态系数 $\beta$=1。合金钢的轴，$d$=62mm，查得尺寸系数 $\varepsilon_\tau$=0.74。合金钢的轴，等效系数 $\psi_\tau$=0.1 ～ 0.15，取 $\psi_\tau$=0.13。

$$S_\tau=\frac{\tau_{-1}}{\dfrac{k_\tau}{\beta\varepsilon_\tau}\tau_a+\psi_\tau\tau_m}=\frac{160}{\dfrac{1.75}{1\times0.74}\times13.4+0.13\times13.4}=4.786$$

减速机在矿井中工作，取许用安全系数 $S_p$=3，$S_\tau>S_p$，轴是安全的。但是，轴还是断了，其中必然有其他的原因。

# 3 高速轴断裂断口宏观分析

## 3.1 S 高速轴的断口

S 高速轴的断口部位如图 1-4-3 所示。断裂的轴如图 1-4-4、图 1-4-5 所示。

图 1-4-3　S 高速轴的断口部位

图 1-4-4　断裂的轴（之一）

图 1-4-5　断裂的轴（之二）

S 高速轴的断口如图 1-4-6、图 1-4-7 所示，两个图的断口是耦合的。

图 1-4-6　S 高速轴的断口（之一）

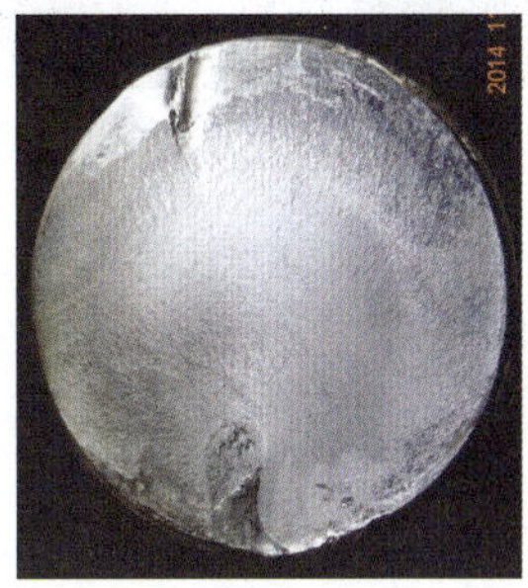

图 1-4-7　S 高速轴的断口（之二）

## 3.2 N 高速轴的断口

N高速轴的断裂部位与图 1-4-3 ～图 1-4-5 所示的基本相同。N 高速轴的断口如图 1-4-8、图 1-4-9 所示，两个图的断口是耦合的。图 1-4-9 的断口受到擦伤损坏，但仍能看到断口的基本形貌。

图 1-4-8　N 高速轴的断口（之一）

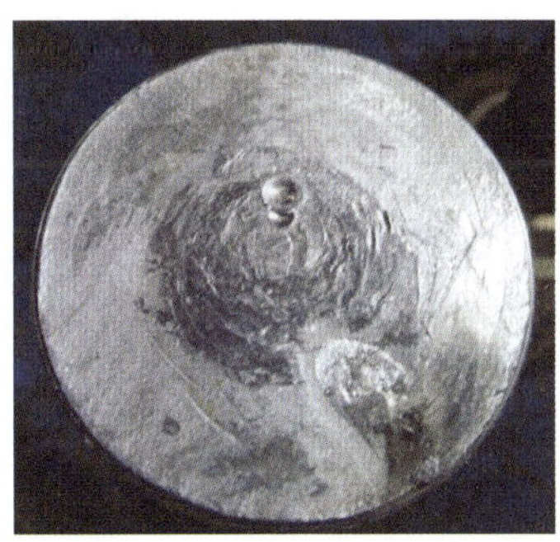

图 1-4-9　N 高速轴的断口（之二）

## 3.3 断口的宏观形貌观察与分析

### 3.3.1 断口的宏观形貌观察

从图 1-4-6 ～图 1-4-9 可见，4 个断口的形貌极为相似，并具有相同的特征，因此可以取比较清晰的图 1-4-6（S 高速轴断口）观察断口的宏观形貌，见图 1-4-10。

图 1-4-10 的断口形貌，看起来很简单，实则比较复杂。断口上可以看到浅显的贝纹线，可以判定这是疲劳断口。该疲劳断口有以下特征：

① 断口位于过渡圆角部位（图 1-4-11）。由于断口中的贝纹线凹形向前扩展，说明过渡圆角的应力集中很大，因此会在此处萌生疲劳裂纹，形成沿圆周的疲劳源区（图 1-4-10）。

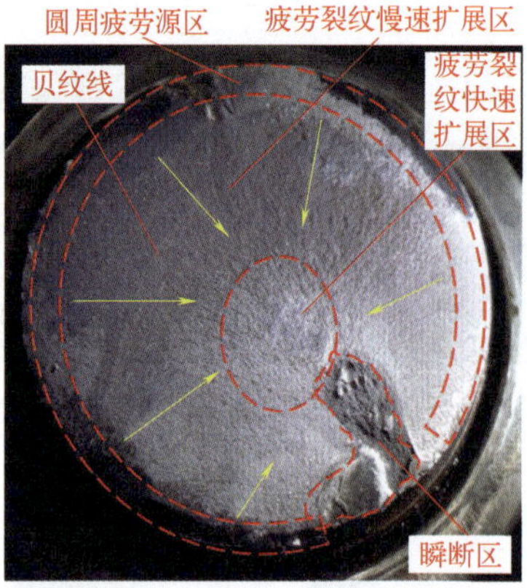


图 1-4-10　有代表性的 S 高速轴断口

图 1-4-11　断口位于在过渡圆角部位

② 沿圆周的疲劳裂纹向轴心扩展，断口上就出现了疲劳裂纹慢速扩展区，如图 1-4-10 所示，图中标注了裂纹的扩展方向。

③ 沿圆周的裂纹向心部扩展，轴的承载截面减小，裂纹加快扩展，就形成了裂纹快速扩展区（图 1-4-10）。

④ 当裂纹扩展至断口承载的极限时，轴瞬间一次性断裂，断口出现高低不平，表面极为粗糙，显现山地状形貌的瞬断区（图 1-4-10）。

⑤ 瞬断区的面积很小，占断口总面积的 1/14 ～ 1/13，说明断口内的名义应力很小。

### 3.3.2　断裂原因的分析

（1）很小的应力为什么会使轴断裂?

具体的断裂过程大概是：皮带运输机在某种情况下，出现一次或数次短时过载（过载的原因待查），过载产生的过大应力使高速轴的薄弱部位（通常在轴的应力集中大的过渡圆角表面上）产生裂纹。由于是大应力加上大的应力集中，因此裂纹向心部扩展，于是就出现了疲劳裂纹慢速扩展区。当裂纹在慢速扩展区内时，过渡圆角应力集中产生的高应力得到了释放，断口内的应力减小，保持在名义应力的水平，断口的扩展处于断裂力学模式。

随着疲劳裂纹的扩展，轴的承载截面就相应缩小，当缩小到一定程度时，轴就会瞬间断裂。由于高速轴的安全系数一般都较大，本例的安全系数就很大（$S_\tau$=4.786，见前面的断裂轴疲劳强度计算），名义应力很小，因此断口中的瞬断区的面积就比较小了。

（2）为什么其他减速机高速轴的瞬断区都比较大（轴内的应力也比较大）?

通常，高速轴断裂部位（图 1-4-1）内的应力由两部分组成（不考虑应力集中应力）：其一是传递转矩产生的剪切应力 $\tau$；其二是电动机与减速机连接不同轴产生的弯曲应力 $\sigma$。如果高速轴同时有剪切应力 $\tau$ 和弯曲应力 $\sigma$，轴内的应力就大，断口瞬断区的面积也大；如果高速轴只有剪切应力 $\tau$，轴内的应力就小，断口的面积也小，本例两个高速轴就是如此。由此推断，本例两个高速轴基本上不存在电动机同减速机连接不同轴的问题。根据经验，这种情况是比较少的。

### 3.3.3 可能的过载工况

减速机的使用和维护不当，在以下工况下可能出现短时过载：

① 在满载或过载的情况下启动皮带运输机，如果没有限矩器，其启动转矩将数倍于额定转矩。

② 未能及时清理、控制皮带运输机的运煤量，带着煤层运转，减速机的负荷大增。

③ 减速机或电动机的地脚紧固螺钉松动，造成两机的轴线偏移，这样就会使减速机高速轴受到附加的弯矩作用，造成过载运转。

日期：2014 年 11 月 19 日

# 【例 1-5】 对风力机主轴宏观断口的几种解读

**问题描述**

2015 年 6 月，作者应北方某公司邀请去该公司参观，并对风力机主轴断裂断口做了初步的宏观观察，拍了一些断口照片。当时作者表述了一些粗浅的看法；回来后细看了照片，做了一些分析，发现问题并没有那么简单，比我们想象的复杂得多。现将对主轴断口宏观形貌的几种解读整理出来，作为公司咨询的回复，并供下一步失效分析工作的参考。

**答复内容**

## 1 风力机主轴的结构

风力机主轴简图如图 1-5-1 所示。风力机主轴的断裂部位局部如图 1-5-2 所示。断裂部位的过渡圆角尺寸如图 1-5-3 所示。

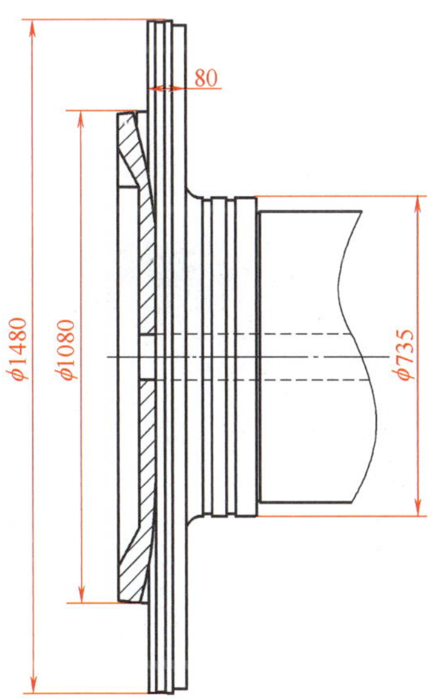


图 1-5-1 风力机主轴简图

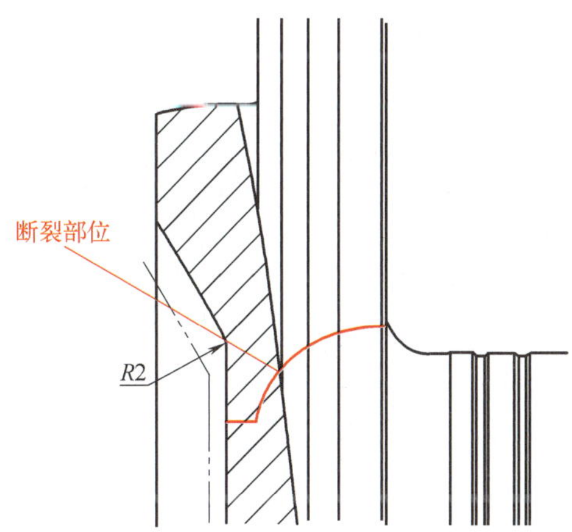


图 1-5-2 风力机主轴的断裂部位示意图

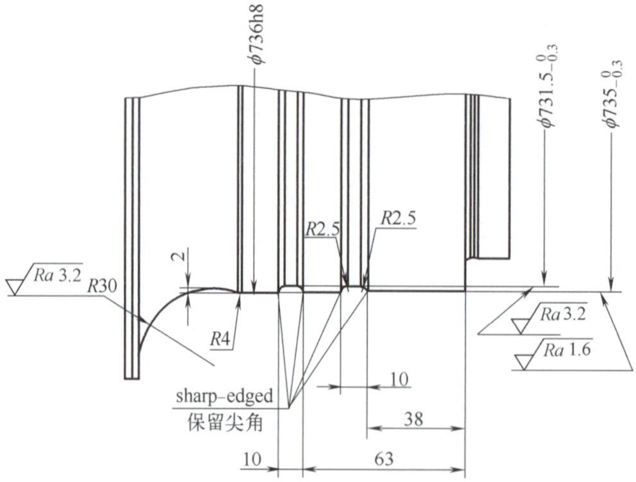

图 1-5-3　断裂部位的过渡圆角尺寸

# 2 风力机主轴断裂的断口

风力机主轴断裂成两件：法兰盘件和主体轴件。

## 2.1 法兰盘件断口

在现场看到的失效件是法兰盘件，如图 1-5-4 所示，其断口全貌如图 1-5-5 所示。断口的宏观形貌有以下特征：

① 断口有贝纹线区，称为 B 区（图 1-5-5），可以判定为疲劳断裂。这一点看法没有分歧。

② 断口的内沿有一断口区，称为 A 区（图 1-5-5），此断口区的产生（剪切、瞬断）看法不一。

③ 断口的外沿有一断口区，称为 C 区（图 1-5-5），此断口区的产生（疲劳、瞬断）看法不一。

④ 未能看到疲劳源（区）。

图 1-5-4　失效件的外观

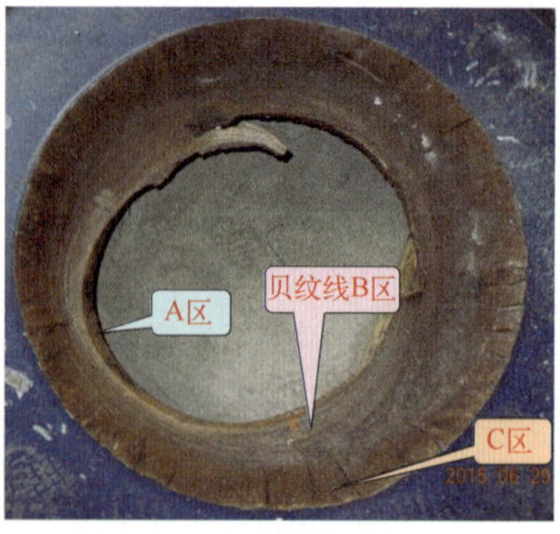

图 1-5-5　失效件的断口全貌

## 2.2 主轴件断口

主轴件断口如图 1-5-6 ～图 1-5-10 所示。断口的宏观形貌同样有以下特征：

① 断口有贝纹线区，称为 B 区（图 1-5-8、图 1-5-9），可以判定为疲劳断裂。这一点看法没有分歧。

② 断口的内沿有一断口区，称为 A 区（图 1-5-8），此断口区的产生（剪切、瞬断）看法不一。

③ 断口的外沿有一断口区，称为 C 区（图 1-5-8），此断口区的产生（疲劳、瞬断）看法不一。

④ 未能看到疲劳源（区）。

⑤ 断口上可以看到一些塑性变形的压痕，见图 1-5-10。

图 1-5-6 主轴件断口

图 1-5-7 主轴件断口局部（一）

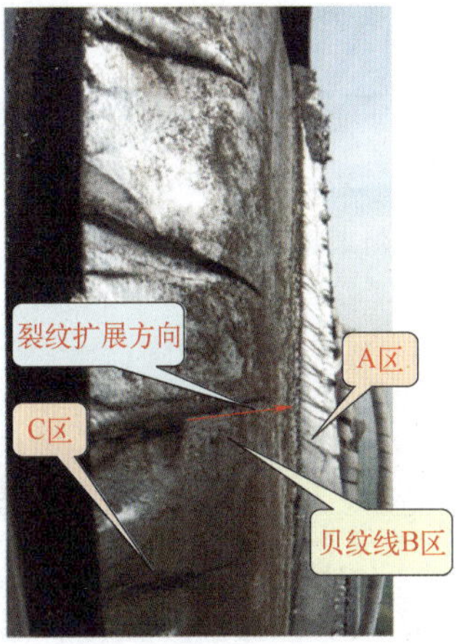


图 1-5-8 主轴件断口局部（二）

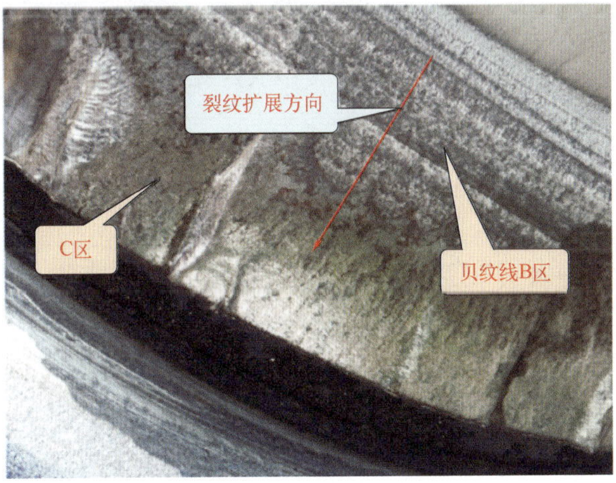


图 1-5-9 主轴件断口局部（三）

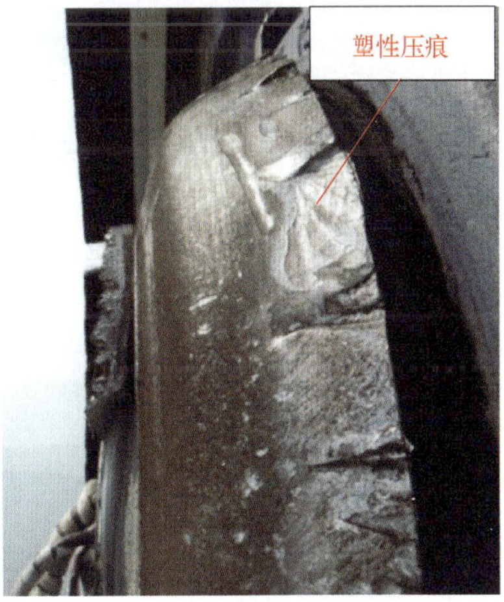


图 1-5-10 主轴件断口局部（四）

# 3 对风力机主轴断口的解读

风力机主轴断口的特征如上述，但对断口的特征有以下几种不同的解读：

第 1 种解读——疲劳贝纹线近似于许多同心圆，通常同心圆的圆心就是疲劳源，因此认为疲劳裂纹由内向外发展（图 1-5-9），C 区是瞬断区。C 区断口形貌也很符合瞬断区的固有特征。但这种看法对 A 区的存在不好解读，值得进一步研究。

第 2 种解读——疲劳裂纹由外向内发展（图 1-5-8），A 区是瞬断区，C 区是疲劳区。但 C 区断口形貌不太符合疲劳区的固有特征（平坦、贝纹线等），此外 A 区不呈现瞬断断口的形貌，面积也太小，不符合常理，因此说服力欠佳。

第 3 种解读——在短时超大的风力作用下，在轴的外表面产生过载断裂的 C 区（过载断裂断口）；转入正常风力后，产生疲劳裂纹扩展的贝纹区（B 区），A 区是瞬断区。疲劳裂纹由外向内发展（图 1-5-11、图 1-5-12）。但是 A 区面积太小，好像不符合常理。

以上 3 种解读（或者还有其他的解读）哪种可以最后认定？作者认为最后一种认定可能性较大（图 1-5-11、图 1-5-12），但也应该做进一步的宏观观察、电镜微观观察、材料、金相检查和有限元仿真计算后再来下结论。

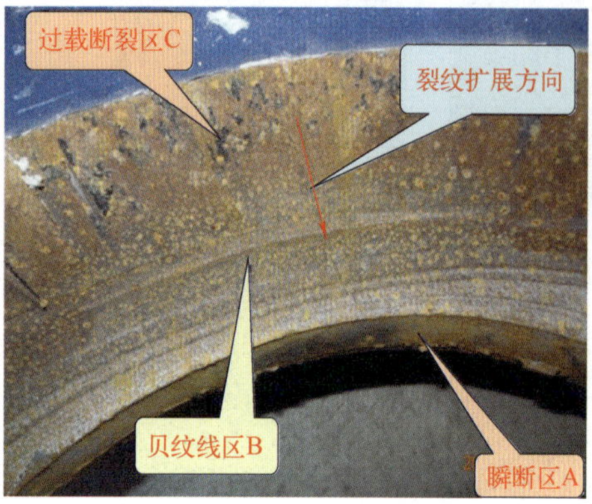


图 1-5-11　断口第 3 种解读（一）

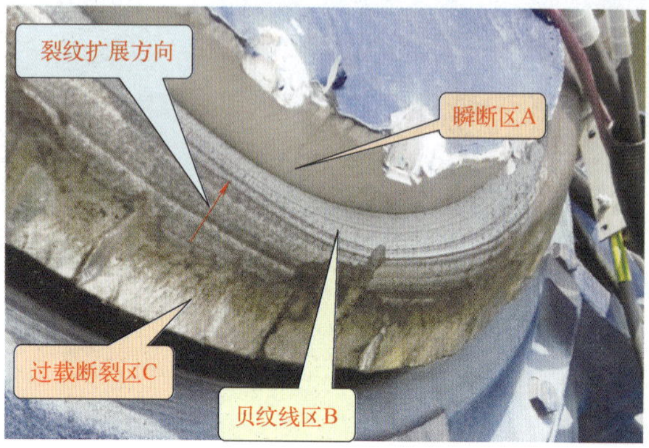


图 1-5-12　断口第 3 种解读（二）

## 4 风力机主轴断裂的原因

以下几方面的检测、观察和化验的结果，影响主轴断裂原因的判断：

① 风场工况调查。

② 断口形貌的微观观察和分析（电子显微镜）。

③ 材料的化学成分分析和质量检查。

④ 轴的锻造质量、内部缺陷检查。

⑤ 轴材料的力学性能、硬度分布检测。

⑥ 热处理工艺检查，热应力和组织应力的判断。

⑦ 金相组织检测。

⑧ 夹杂物、晶粒度检测。

⑨ 有限元数值仿真计算。

在以上检验、分析完成前，还不能判定主轴的失效过程和失效原因，要做进一步的失效分析工作才能给出主轴失效过程和失效原因的判断。

日期：2015 年 7 月 13 日

# 【例 1-6】 空载调试运行时轴发生断裂的案例

### 问题描述

南方某技术中心发来断轴照片和资料，咨询空载调试运行时减速机高速轴发生断裂的原因和改进措施。

### 答复内容

## 1 问答部分

第一问：减速机在空载调试运行时，发生高速轴的断裂故障，共 6 台，2 台断裂，其余正常，现已经使用 6 个月。轴为什么会断裂？

第一答：高速轴在无转矩的情况下断裂，那可能是高弯曲应力少循环断裂。

第二问：电机和减速机的输入高速轴通过弹性柱销联轴器连接，电机轴径 $\phi 28$，而联轴器的直径大概为 $\phi 220$。轴断裂与轴径差别大有关吗？

第二答：如果电机和减速机两者的轴不同轴，两轴的直径差别很大就非常容易引起轴的弯曲应力过大（高应力）而断裂，作者就见过多起，详见下面作者的 PPT 讲稿摘录。

第三问：断轴的断口如图 1-6-1 所示，有什么特征？

图 1-6-1 断轴的断口

第三答：断口虽然已经局部损毁，但可以看到没有明显的多循环疲劳特征，可以认为是高应力少循环的瞬时断裂。

## 2 断口宏观观察和分析的结论

如果断轴的材料和热处理工艺质量没有问题，轴的断裂很可能是由电动机和减速机的轴不同轴引起的。不同轴的偏移量（径向偏移量 $\Delta y$、轴向偏移量 $\Delta x$、角向偏移量 $\Delta\alpha$）小，不引起轴断裂；反之，则易断裂。

## 3 其他案例

作者曾经处理过 2 台减速机在空载调试运行时发生高速轴断裂的案例，其断口如图 1-6-2 所示。图 1-6-2 的两个断口与图 1-6-1 的断口十分相似，其断裂都是电动机和减速机的轴不同轴线引起的。

图 1-6-2　减速机空载运行时轴断裂的 2 个断口

## 4 建议

① 检查电机和减速机两者的轴是否同轴，不同轴的可能性非常大！
② 检查轴的过渡圆角是否太小，表面粗糙度是否过大。

## 5 参考资料

咨询者曾经参加过上海失效分析培训班，作者的 PPT 讲稿（图 1-6-3 ～图 1-6-5）中较详细讨论了这种轴断裂的原因问题，今摘录如下，供参考。

硬齿面减速机设计中的一个老大难问题是电动机和减速机轴直径严重不匹配，减速机轴比电动机轴细很多。通常，减速机轴直径是电动机轴的3/4～1/2，如下图所示。如果电动机轴和减速机轴同轴度很差，就会在联轴器上产生附加径向力$F$。

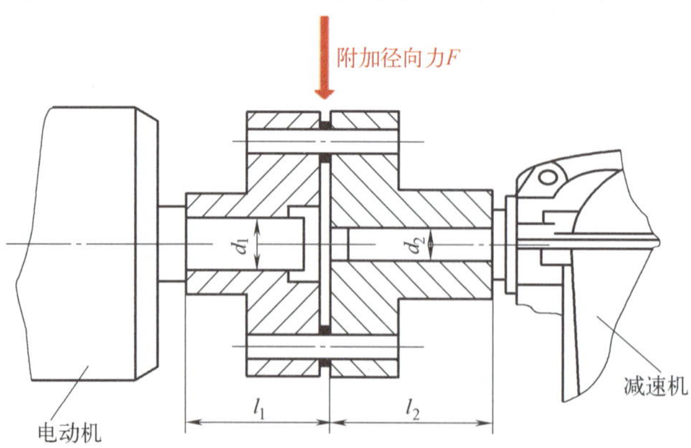


图 1-6-3　减速机的安装和使用方面的问题

由于轴径不同，造成两者抗弯截面模数不同（抗弯截面模数同直径 $d^3$ 成正比），联轴器产生的附加径向力 $F$ 对两轴危险断面的附加弯矩（应力）也不同。举例说明如下（尺寸见上图）：

轴危险截面的弯曲应力：

电动机轴 $\sigma_1=Fl_1/(0.1d_1^3)$；减速机轴 $\sigma_2=Fl_2/(0.1d_2^3)$

当 $l_1\approx l_2$ 时（见图），两应力比值为

$$\frac{\sigma_2}{\sigma_1}=\frac{d_1^3}{d_2^3}$$

如果取 $d_2=1$，$d_1=2$，则 $\sigma_2/\sigma_1=8$。应力差别巨大。

图 1-6-4　电动机轴和减速机轴应力的差别

已知：某减速机高速轴断裂，其直径 $d_2=60\text{mm}$，电机轴直径 $d_1=90\text{mm}$，则

$$\sigma_2/\sigma_1=d_1^3/d_2^3=90^3/60^3=3.375。$$

因此，断裂的始终是减速机轴。

附加径向力 $F$ 的大小决定于电动机和减速机两轴的同轴度。此同轴度对硬齿面齿轮减速机轴的损伤非常敏感。在《机械设计手册》中，对于弹性联轴器通常规定减速机的安装不同轴度不得大于0.2～0.3mm。这对于软齿面减速机是合适的，而对于硬齿面减速机可能就偏大了。而大多数现场安装、使用人员并不重视此不同轴度，认为使用弹性联轴器可以自动补偿误差，这是严重的误判。上述计算表明：由于减速机轴比电动机轴小得多，因此减速机轴上的弯曲应力要比电动机轴大很多，减速机轴发生断裂就是必然了。

图 1-6-5　减速机断轴计算实例和说明

其他引起轴断裂的原因（可参考上海培训班作者的讲稿），最好也逐个检查。

日期：2016 年 11 月 15 日

# 【例 1-7】 对太阳轮断轴的几点看法之一——浮动、受力

## 问题描述

南方某研究单位，汽轮机在试运转时，其中行星齿轮传动装置的太阳轮轴出现断裂的事故。有关部门成立一个由各专业专家组成的失效分析小组（包括作者），分析研究太阳轮轴断裂的原因和改进措施。

## 答复内容

## 1 太阳轮断裂概况

行星齿轮传动装置中的太阳轮轴系如图 1-7-1 所示。

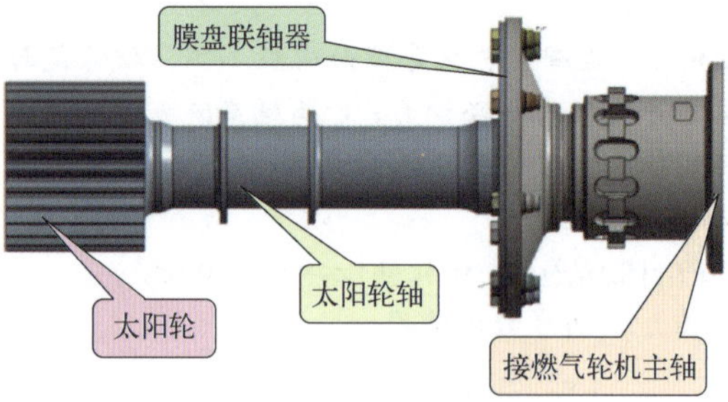


图 1-7-1　太阳轮轴系图

行星齿轮传动装置太阳轮轴的结构、主要尺寸和 4 个断裂部位如图 1-7-2 所示。

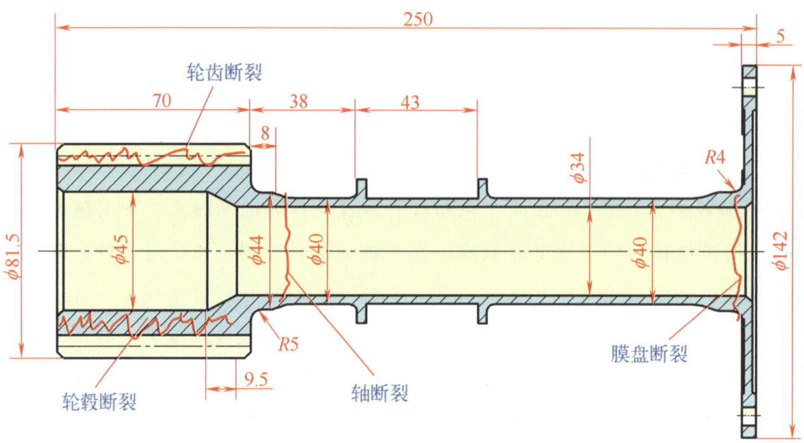


图 1-7-2　太阳轮轴的结构和尺寸

齿轮装置额定功率 ××××kW，额定输入转速 ×××××r/min，输出转速 ××××r/min，原动机为燃气轮机，太阳轮失效时的负载为水力测功器。太阳轮一端通过膜盘联轴器与燃气轮机转子连接，另一端通过轮齿浮动支承在三个高速行星轮上。

太阳轮轴在运转中断裂，如图 1-7-3 ～图 1-7-5 所示，齿轮一侧的轴和另一侧的膜盘都断裂。任何零件的断裂，作用于零件上的力都是决定性的因素。在理想的情况下，太阳轮轴只传递转矩，只有扭转应力，强度是没有问题的，太阳轮轴不应该断裂，但实际情况却发生了断裂，可见实际情况要比理想情况复杂得多。本文分析上述这些复杂因素对太阳轮轴断裂的影响，供参考。

图 1-7-3　太阳轮一端的轴、齿轮和轮毂断裂

图 1-7-4　轮毂开裂

图 1-7-5　膜盘断裂

# 2 关于太阳轮浮动问题

在行星齿轮传动中，传动件的浮动非常重要，失效的太阳轮就可能与浮动有关。

## 2.1 太阳轮与行星轮啮合的一种假设

为了说明太阳轮浮动行为的特点，首先讨论一种假设。图 1-7-6（a）所示为常用的 3 行星轮外啮合传动机构，如果设想有 $N$ 个行星轮围绕太阳轮运转，如图 1-7-6（b）所示，其结果就形成了一个 $N$ 个齿的外啮合内齿圈。根据这个假设，就可以将失效的太阳轮与行星轮的啮合看成铰式联轴器的轮齿啮合，在这个假设的基础上再进行机构的分析。

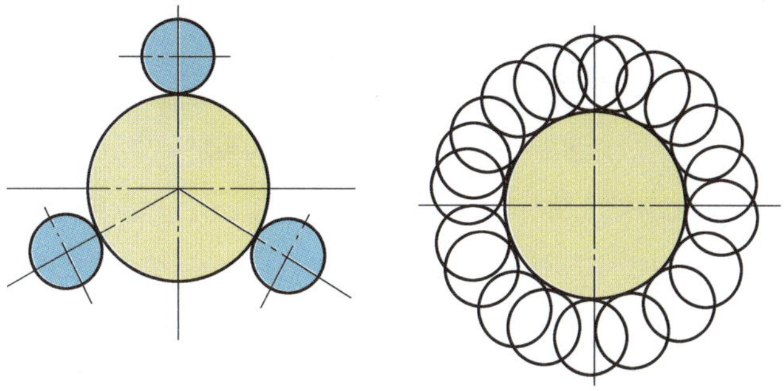

(a) (b)

图 1-7-6 太阳轮与行星轮的两种啮合

## 2.2 单铰式联轴器起到的浮动作用与失效的太阳轮浮动很相似[1]

失效的太阳轮采用悬臂式弹性均载方式，由于太阳轮的轴段较长，因此其均载作用与铰式联轴器起到的浮动作用相似。

大多数行星齿轮传动装置浮动机构所用的联轴器为齿式联轴器。齿式联轴器在两个被连接零件之间起传递转矩和补偿对中偏差的作用。齿式联轴器能够传递转矩，不能传递推力或径向载荷。不对中的联轴器会产生一定的推力和径向力。

行星齿轮传动中常用的齿式联轴器，按结构型式可划分为单铰式和双铰式两种。由于单铰式联轴器起到的浮动作用与失效的太阳轮浮动很相似，所以现在只讨论单铰式。单铰式联轴器如图 1-7-2 所示。

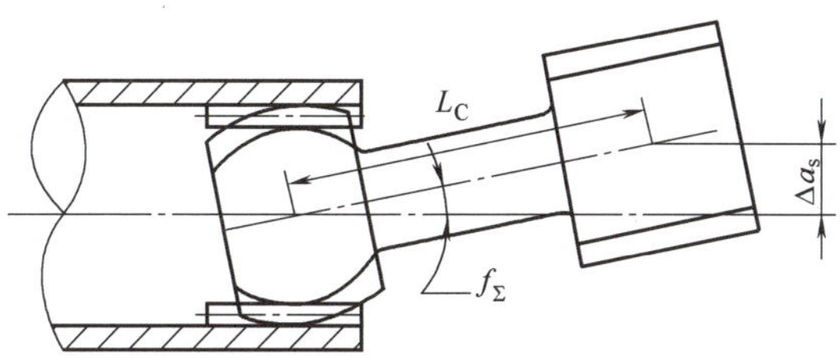


图 1-7-7 单铰式联轴器

$\Delta a_s$—太阳轮运转时的偏心量；$f_\Sigma$—联轴器的角度偏差；$L_C$—联轴器的长度

[1] 本节内容参考 GB/T 33923—2017《行星齿轮传动设计方法》（2018 年 2 月实施）编写。

失效的太阳轮（图 1-7-2）可认为与单铰式联轴器（图 1-7-7）相当，其浮动效果是由轴的弹性变形（可能还有太阳轮轴连接盘的弹性变形）提供的（图 1-7-8）。

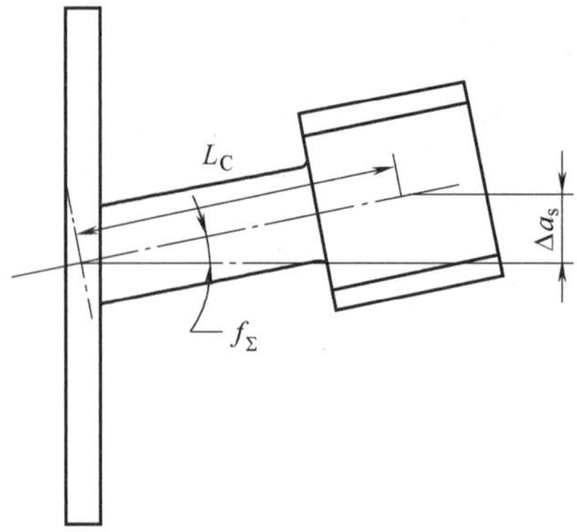


图 1-7-8　太阳轮轴的变形浮动

$\Delta a_s$—太阳轮运转时的偏心量；$f_\Sigma$—太阳轮的角度偏差；$L_C$—太阳轮轴的长度

在设计太阳轮浮动机构时，要仔细计算机构的浮动量，下面两种计算方法是推荐的。

## 2.3　按 AGMA（美国齿轮制造商协会）方法计算太阳轮的最大偏心量

太阳轮运转时的最大偏心量 $\Delta a_{smax}$ 取决于制造偏差和受力后的变形。制造偏差主要包括各行星轮轴承运行时轴心线的最大径向偏移量和齿轮精度决定的最大径向偏心量 $\Delta a_g$ 两部分。行星轮轴承运行时轴心线的最大径向偏移量也主要由两部分组成：各行星轴承最大径向工作游隙（可用初始游隙代用）的二分之一 $\Delta a_b$ 和各行星轮轴承孔中心距极限偏差 $\Delta a_a$。该偏移量为太阳轮的径向偏移提供了可能的空间。

齿轮精度决定的最大径向偏心量 $\Delta a_g$，主要取决于太阳轮和行星轮的径向综合总偏差 $F''_{is}$ 和 $F''_{ip}$ 综合作用后出现的最大值。为了可靠起见，可按太阳轮、行星轮的径向综合总偏差之和计算：

$$\Delta a_g = F''_{is} + F''_{ip}$$

式中　$F''_{is}$——太阳轮的径向综合总偏差，mm；

$F''_{ip}$——行星轮的径向综合总偏差，mm。

以上制造偏差，加上受力后的径向变形 $\Delta a_f$，即为太阳轮运转时的最大偏心量：

$$\Delta a_{smax} = \Delta a_g + \Delta a_b + \Delta a_a + \Delta a_f$$

当齿轮传动装置的刚度较大，变形量 $\Delta a_f$ 所占比例较小，可以忽略；中心距极限偏差 $\Delta a_a$ 所占比例也较小，也可以忽略，则上式可简化成：

$$\Delta a_{smax} = \Delta a_g + \Delta a_b$$

## 2.4　按《机械传动设计》（成大先主编）中方法计算太阳轮的最大偏心量

对于 NGW 型行星齿轮传动，为补偿各零件制造误差对浮动件浮动量的要求见表 1-7-1。从表中可见行星轮偏心误差在最不利的情况下影响浮动量极大。

表 1-7-1 NGW 型行星齿轮传动均载机构浮动构件的浮动量要求

| 零件制造误差 | 太阳轮或内齿轮浮动所需浮动量 | 行星架浮动所需浮动量 | 行星轮浮动所需浮动量 |
|---|---|---|---|
| 行星架上行星轮轴孔中心的切向位移 $e_T$ | $E_{ZT}=\frac{4}{3}e_T\cos\alpha'$ | $E_{XT}=\frac{2}{3}e_T$ | $E_{CT}=e_T$ |
| 太阳轮偏心误差 $e_A$ | $E_{ZA}=e_A$ | $E_{XA}-\frac{e_A}{2\cos\alpha'}$ | $E_{CA}=\frac{e_A}{2\cos\alpha}$ |
| 行星轮偏心误差 $e_C$ | $E_{ZC}=\frac{8}{3}e_C\cos\alpha'$ | $E_{XC}=\frac{4}{3}e_C$ | $E_{CC}=e_C$ |
| 内齿轮偏心误差 $e_B$ | $E_{ZB}=e_B$ | $E_{XB}=\frac{e_B}{2\cos\alpha'}$ | $E_{CB}=\frac{e_B}{2\cos\alpha}$ |
| 行星架偏心误差 $e_X$ | $E_{ZX}=2e_X\cos\alpha'$ | $E_{XX}=e_X$ | $E_{CX}=e_X$ |
| 最大浮动量 | $E_{Zmax}=E_{ZT}+E_{ZA}+E_{ZC}+E_{ZB}+E_{ZX}$ | $E_{Xmax}=E_{XT}+E_{XA}+E_{XC}+E_{XB}+E_{XX}$ | $E_{Cmax}=E_{CT}+E_{CA}+E_{CC}+E_{CB}+E_{CX}$ |
| 平方和浮动量 | $E_Z=E_{ZT}^2+E_{ZA}^2+E_{ZC}^2+E_{ZB}^2+E_{ZX}^2$ | $E_X=E_{XT}^2+E_{XA}^2+E_{XC}^2+E_{XB}^2+E_{XX}^2$ | $E_C=E_{CT}^2+E_{CA}^2+E_{CC}^2+E_{CB}^2+E_{CX}^2$ |

表 1-7-1 中的最大浮动量是指各项误差均处于最不利的情况下所要求的浮动量，它可以通过增加太阳轮轴的长度来满足。但是这种极限的情况并不多见，出现的概率很小，因此常用“平方和浮动量”作为设计计算的依据。

这个计算方法只考虑制造偏差，没有考虑齿轮受力后的径向变形。此外，以上计算方法适用于一般通用行星齿轮传动装置，对于本例的高速行星齿轮传动装置，其行星齿轮浮动量尚需商榷。

## 2.5 不对中产生的附加力

由于行星轮轮齿间的摩擦力，以及旋转时为了适应不对中而产生的翻转和摆动运动，不对中的行星轮会产生一定的附加力（图 1-7-9）。这些力与传递的转矩、摩擦因数成正比，不对中量和转速对它的影响极小。这些力是周期性的力，对于偏差较大的行星轮，当运转处于轴频率时可能会成为重要的振动源。

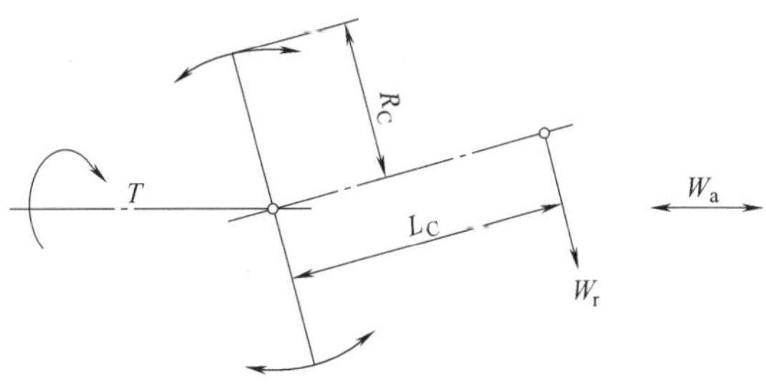


图 1-7-9 附加径向力和轴向力

$R_C$—太阳轮的节圆半径；$W_a$—轴向力；$W_r$—径向力；$T$—转矩；$L_C$—行星轮轴长度

（1）附加轴向力

不对中的行星轮会由于相对滑动而产生轴向力 $W_a$（图 1-7-9），可以按下式估算：

$$W_a=1000\frac{T\mu}{R_C}$$

式中 $W_a$——附加轴向力，N；

$T$——转矩，N・m；

$\mu$——摩擦因数，取 0.25；

$R_C$——太阳轮的节圆半径，mm，见图 1-7-9。

试验结果表明，摩擦因数随着传递载荷的不同而不同，最大值可能会高达 0.25。保守设计以及估算推力和径向力时应采用此值。

（2）附加径向力

图 1-7-9 表明，当不对中的联轴器旋转时，啮合的相对滑动产生的联轴器齿的摩擦阻力

会引起一个弯矩。此弯矩会导致联轴器的另一端产生一个附加径向力，其幅值按下式计算：

$$W_r=\frac{1000T\mu}{L_C}$$

式中　$W_r$——行星轮轴另一端产生的附加径向力（图 1-7-9），N；

$L_C$——行星轮轴长度（图 1-7-8），mm。

## 3 轮齿变形产生的力

轮齿变形产生的力不会太大，因为变形量很小，但该力是存在的。

太阳轮轴上的应力计算结果如图 1-7-10（a）所示，相应的扭转变形示意图如图 1-7-10（b）所示。在图 1-7-10（b）中，轮齿的扭转变形使轮齿扭曲成一个斜齿，因此在加载运转时就会出现轴向力 $F_a$。此轴向力不会太大，由于有多个行星轮，也不会对轴产生弯矩，但它可能会影响轴向振动和膜盘的强度。

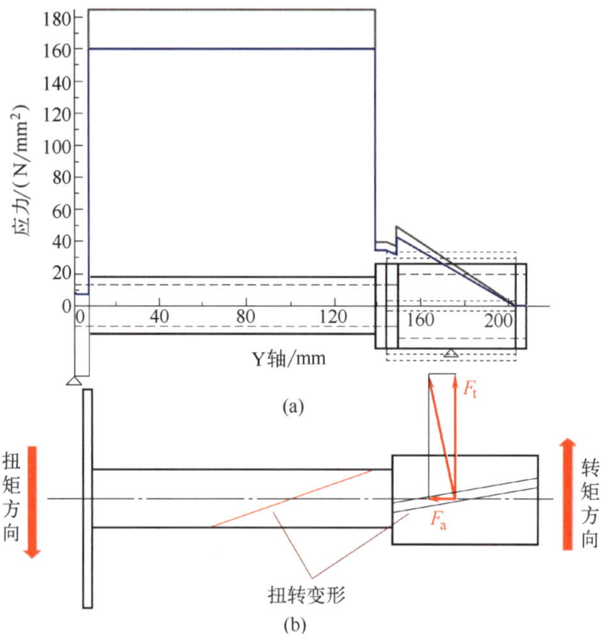


图 1-7-10　轴上的应力、变形和轴向力示意图

日期：2017 年 10 月 18 日

# 【例 1-8】 对太阳轮断轴的几点看法之二——断口的观察与分析

### 问题描述

本例是【例 1-7】的续篇，论述太阳轮的轮齿、轮毂、轴和轴盘都断裂的断口宏观观察与分析。

# 1 太阳轮断裂简述

燃气轮机用的行星齿轮减速机太阳轮轴在试验运转中断裂，断裂部位如图 1-8-1 所示。从图中可见，轮齿、轮毂、轴和膜盘都出现了断裂失效。

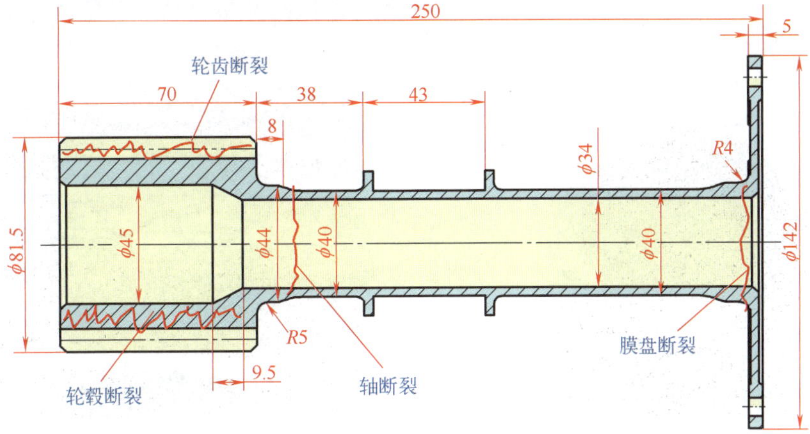


图 1-8-1　太阳轮轴断裂部位

当失效件有多个断口时，确定肇事断口就非常重要，也就是说要找到最早断裂的断口。太阳轮断轴就有 4 个失效断口：轮齿断裂断口、轮毂断裂断口、轴断裂断口和膜盘断裂断口，如图 1-8-1 ～图 1-8-3 所示。哪个断口是最早出现的（肇事断口），这是非常关键的问题。对断口进行宏观观察、微观观察和分析的方法是失效分析的基本手段。下面的内容就是太阳轮断裂断口宏观观察、微观观察和分析的基本情况。

观察和分析得到初步结论：太阳轮的失效是由轮毂疲劳断裂引起的；轮毂断裂断口的疲劳源，位于太阳轮无载荷侧的内孔表面。

图 1-8-2　轮齿、轮毂和轴断裂断口

图 1-8-3　膜盘断裂断口

# 2 断口的宏观观察和分析

① 膜盘断裂断口如图 1-8-4 所示。从宏观观察来看，未见有疲劳断裂的特征；从膜盘的

图 1-8-4　膜盘断裂断口

破坏塑性变形来看，也不可能是疲劳造成的，因此可以认为膜盘断裂是一次性断裂。

② 轴断裂断口如图 1-8-5 所示。从宏观观察来看，未见有疲劳断裂的特征，也可以认为是一次性断裂。

③ 轮齿断裂断口如图 1-8-6 所示。从图中可以看到，几乎所有的轮齿都受到了损伤，但没有发现一个轮齿的断口有疲劳特征，因此可以排除轮齿疲劳断裂的可能性。

图 1-8-5　轴断裂断口

图 1-8-6　齿轮断裂断口

④ 从不同角度拍摄的轮毂断裂断口如图 1-8-7、图 1-8-8 所示。从图 1-8-7 中可以看到具有疲劳特征的断口（红线框圈定），其特征是：断口光滑；隐约有裂纹扩展的贝纹线；有明显的瞬断区。

图 1-8-8 中标注出了疲劳源区、疲劳扩展区、疲劳裂纹扩展方向和瞬断区。

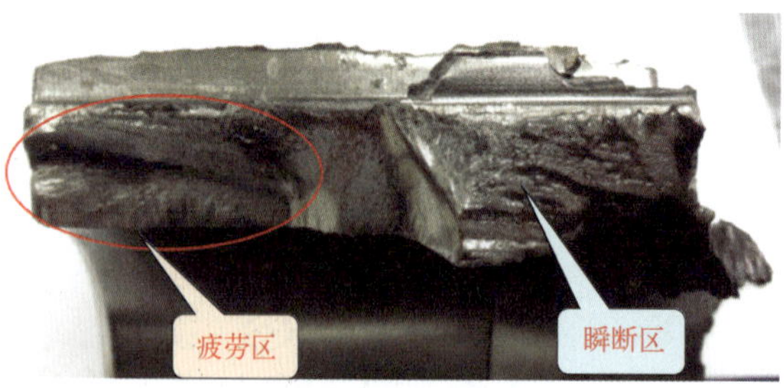


图 1-8-7　轮毂断裂断口（一）

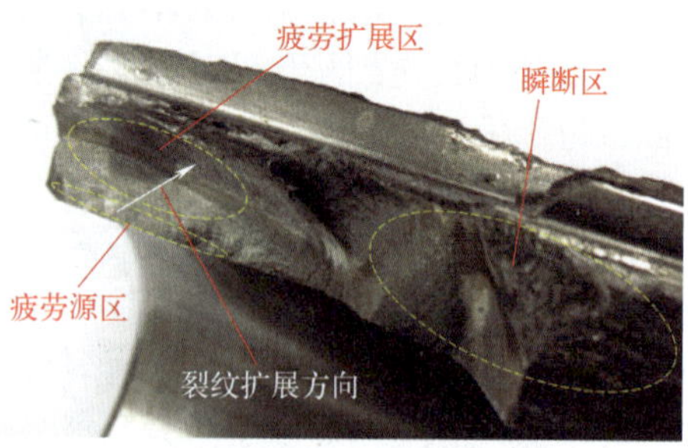


图 1-8-8　轮毂断裂断口（二）

根据以上宏观观察的结果来看，可以认为太阳轮轴的断裂是由轮毂断裂引起的（肇事断口）；疲劳裂纹起源于齿轮内孔表面。事实是否如此有待进一步的电镜微观观察、分析和有限元仿真来判断。

## 3　断口的微观观察和分析

应用电子显微镜对断口进行微观观察，观察断口的微观特征。断口试样如图 1-8-9 所示，取 10 个观察点、17 个视场，在扫描电镜上观察并拍摄形貌照片。全部断口电镜照片 17 幅。限于篇幅，下面选择有代表性的照片来说明观察点、视场断口的微观形貌特征。

① 观察点 1（图 1-8-10）是疲劳源区放大倍数较低的断口形貌照片。断口高低不平，比较杂乱，但是齿面硬化层具有疲劳断裂的特征。

② 观察点 12 取 3 个不同放大倍数的视场（12、13、14）观察，其中观察点 14 最有代表性，如图 1-8-11 所示。断口比较平坦，断口条纹具有方向性，是典型的疲劳断口形貌。

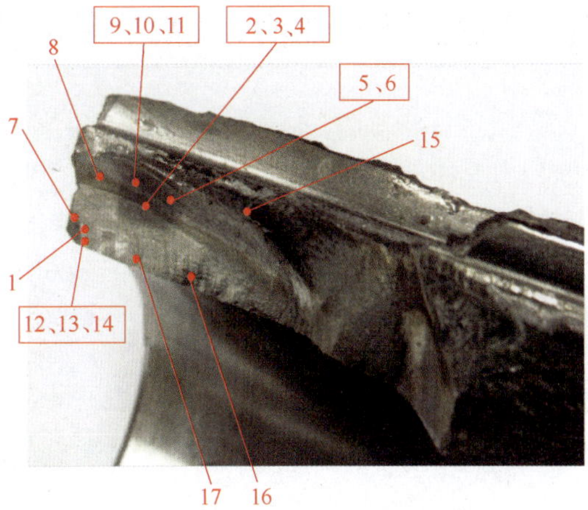

图 1-8-9 断口试样和电镜观察点

③ 观察点 8 也是疲劳裂纹扩展区的断口形貌（图 1-8-12）。断口上有非常明显的贝纹线，贝纹线具有方向性，是疲劳裂纹扩展区的断口形貌。

④ 观察点 15 的形貌如图 1-8-13 所示。图中能够看到若干疲劳条纹，但它不是完全疲劳扩展区的断口形貌。很明显该断口已经接近于瞬断区的范围。

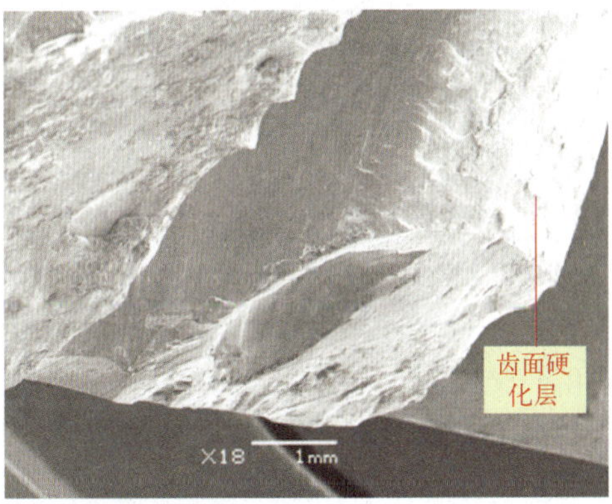

图 1-8-10 观察点 1 形貌 18×

图 1-8-11 观察点 14 形貌 3000×

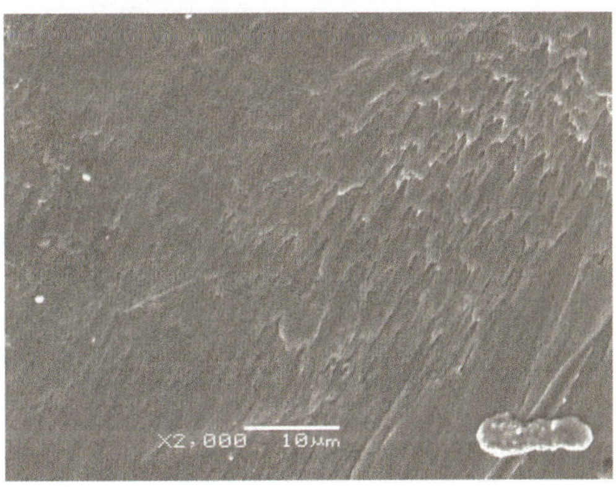

图 1-8-12 观察点 8 形貌 2000×

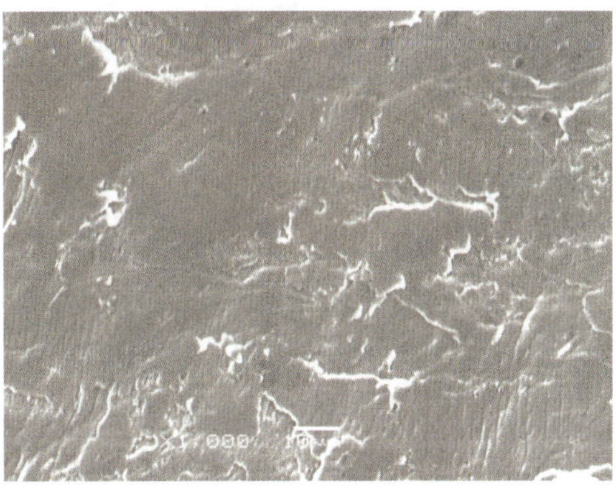
图 1-8-13 观察点 15 形貌 1000×

# 4 断口宏观观察、微观观察和分析的结论

① 太阳轮断轴有 4 个失效断口：轮齿断裂断口、轮毂断裂断口、轴断裂断口和膜盘断裂断口。其中轮毂断裂断口是疲劳断口，其他的都是一次性断裂断口。

② 轮毂断裂断口是疲劳断口，是肇事断口，其他的都是受害断裂断口。

③ 太阳轮断裂是轮毂疲劳断裂失效引起的，失效分析的重点应该是查找轮毂疲劳断裂的原因。

④ 轮毂断裂断口的疲劳源，位于太阳轮无载荷侧的内孔表面，如图 1-8-14 所示。

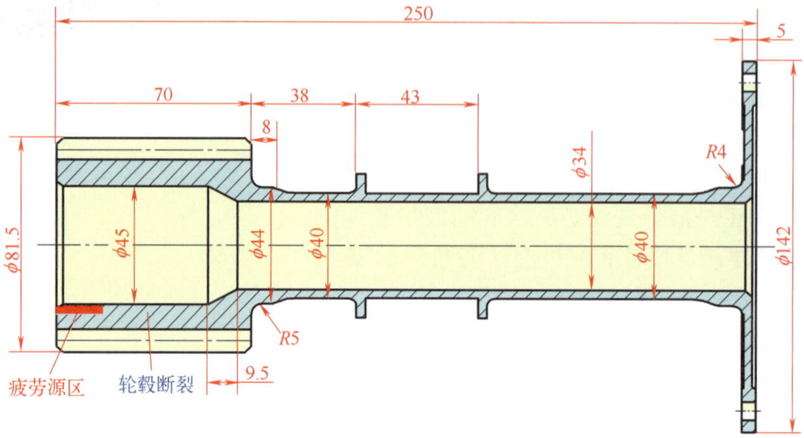


图 1-8-14 疲劳源区位于太阳轮无载荷侧的内孔表面层

轮毂断裂断口的疲劳源，位于太阳轮无载荷侧的内孔表面，而不是出现在应力集中最严重的齿根表面。出现这种断口的原因目前尚不明，但问题很重要，因为如果不找到轮毂断裂的原因，就不可能提出防止同类失效再次发生的方法。由于太阳轮受力和变形很复杂，因此可能要进一步研究，才能找到疲劳源出现在内孔表面的原因。

日期：2017 年 11 月 21 日

## 【例 1-9】 对太阳轮断轴的几点看法之三——有限元数值仿真

### 问题描述

本例是【例 1-8】的续篇。在【例 1-8】中，得到结论：轮毂断裂断口的疲劳源，位于太阳轮无载荷侧的内孔表面。为什么初始裂纹会发生在太阳轮内孔表面？

### 答复内容

下面用有限元数值仿真的方法（预研究）来说明裂纹为什么会发生在太阳轮内孔。

疲劳源位于太阳轮无载荷侧内孔表面的位置，如图 1-9-1 所示。

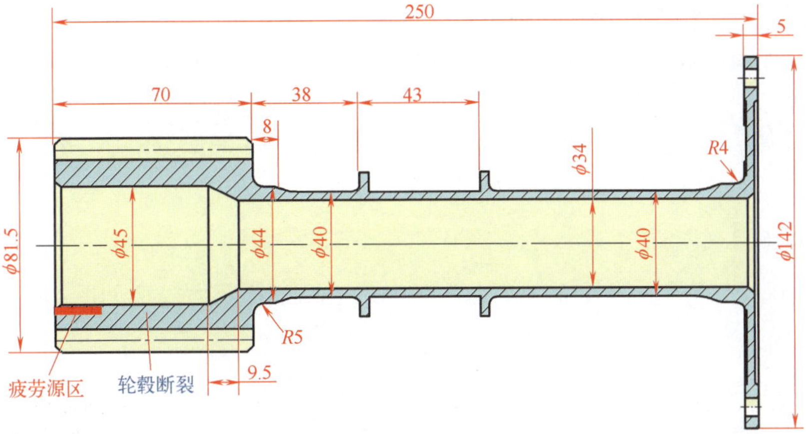


图 1-9-1　疲劳源位于太阳轮无载荷侧的内孔表面

从图 1-9-1 的太阳轮结构可见，太阳轮轮毂断裂（见图 1-9-2）涉及厚壁圆筒的强度问题，下面就是对厚壁圆筒应力进行有限元数值仿真的预研究。所谓预研究就是将图 1-9-1 中的太阳轮切离出来，并且不考虑轮齿，作为一个厚壁圆筒，用有限元的方法进行计算和分析，查明最大应力发生在何处。由于有限元模型是太阳轮轴的简化，因此计算结果只能是初步的。

图 1-9-2　太阳轮轮毂断裂

设定有一厚壁圆筒，如图 1-9-3 所示。该圆筒 120°等分的 3 个位置受径向力 $F_r$（不考虑圆周力）作用（见图 1-9-4），3 个 $F_r$ 力以均布的形式作用在圆筒外壁上（见图 1-9-4）。

已知数据如下：

① 每个位置的径向力 $F_r$=2817N。

② 圆筒尺寸和受力见图 1-9-3、图 1-9-4；

③ 设定圆筒内孔两端有两种倒角，一种是 2×45°倒角，另一种是 $R2$ 倒角，见图 1-9-5。这是为了比较不同倒角产生的应力大小。

④ 圆筒材料为 18CrNiMo7-6；硬度为 58 ～ 62HRC；表面经过磨削。

求解厚壁圆筒内孔表面的最大应力部位。

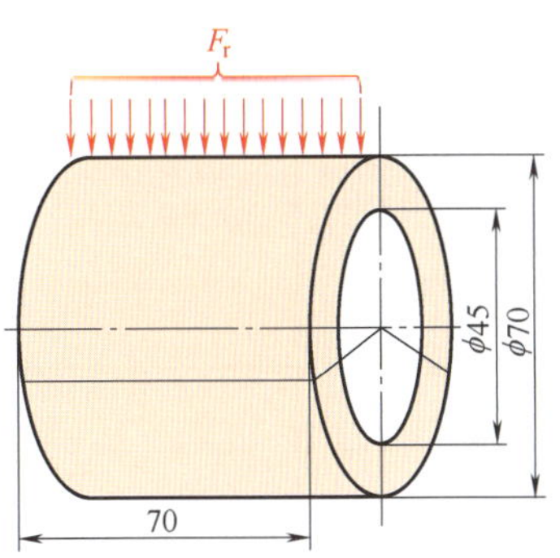


图 1-9-3　圆筒尺寸和受力

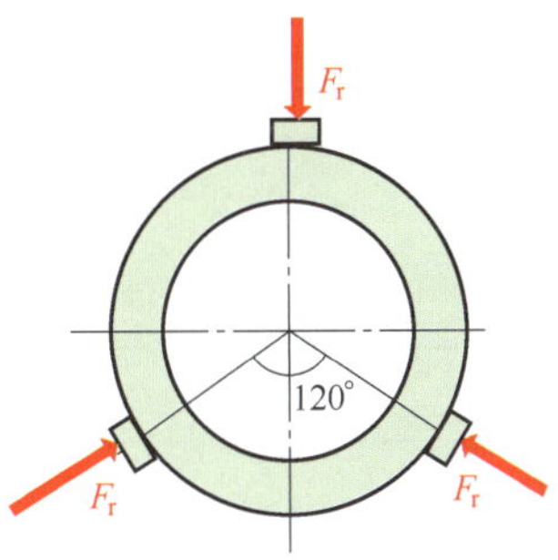


图 1-9-4　圆筒受力

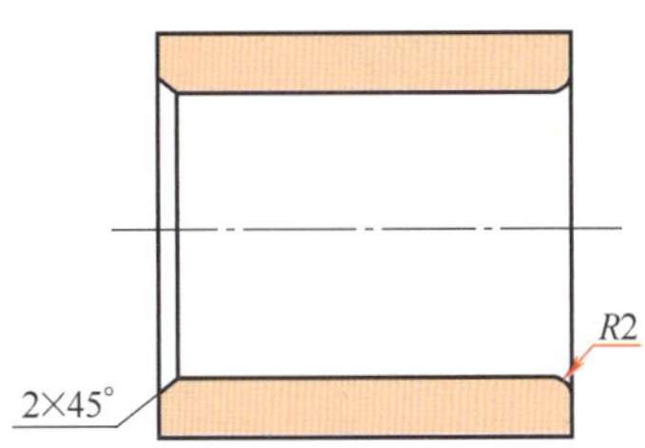


图 1-9-5　圆筒倒角

有限元计算分析过程及结果如下：

（1）建立三维模型

分别根据相关参数建立三维模型，如图 1-9-6、图 1-9-7 所示。

（2）划分网格

网格划分如图 1-9-8、图 1-9-9 所示。模型 1 共划分节点 383315 个，单元 87379 个。模型 2 共划分节点 380447 个，单元 86671 个。

（3）施加力的作用

对圆筒模型沿圆周方向均布 3 个力，均为 2718N。其受力模型如图 1-9-10、图 1-9-11 所示。

图 1-9-6　模型 1——圆筒内孔 2×45° 倒角

图 1-9-7　模型 2——圆筒内孔 $R2$ 倒圆

图 1-9-8　模型 1 网格

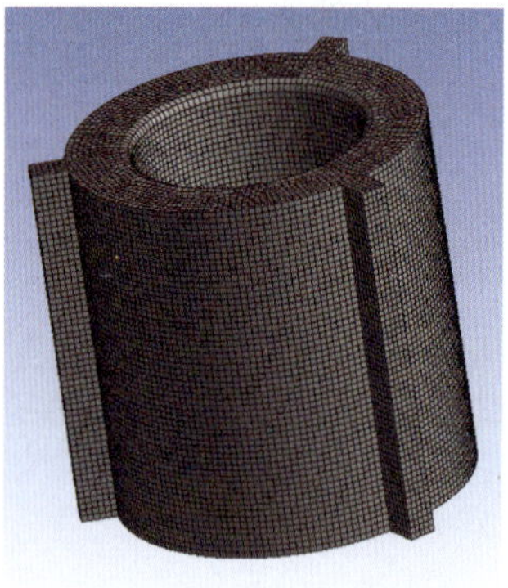

图 1-9-9　模型 2 网格

图 1-9-10　模型 1 受力

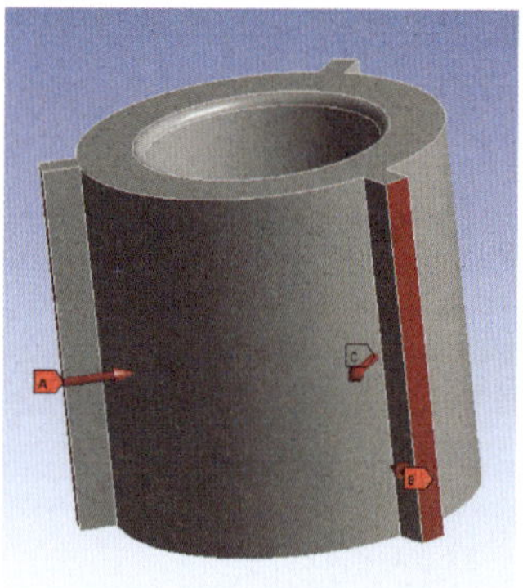

图 1-9-11　模型 2 受力

（4）有限元数值仿真计算结果（表 1-9-1）

表 1-9-1　有限元仿真计算结果

| 倒角方式 | 无倒角 | 2×45°倒角 | $R2$ 倒角 |
|---|---|---|---|
| 最大应力 /MPa | 7.6672 | 7.8829 | 7.81 |
| 最大变形 /mm | 0.00213 | 0.002075 | 0.00206 |
| 图示 | 图 1-9-12<br>图 1-9-13 | 图 1-9-14<br>图 1-9-15 | 图 1-9-16<br>图 1-9-17 |

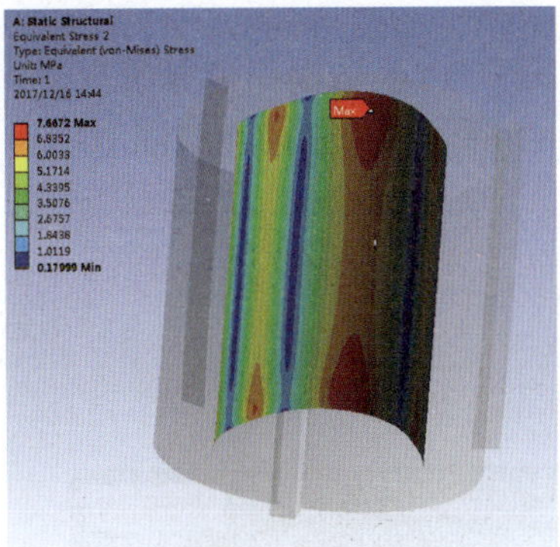

图 1-9-12　无倒角最大应力

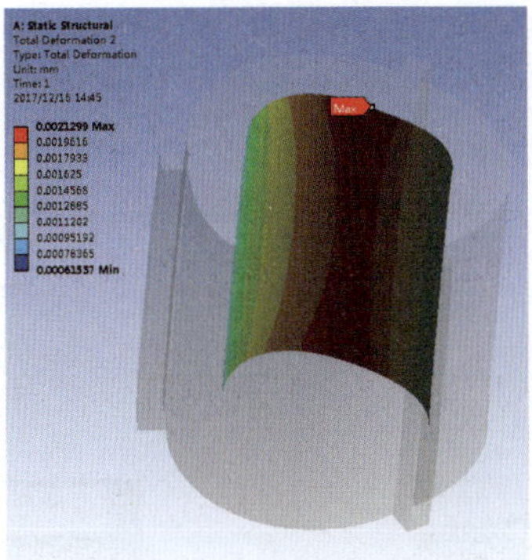

图 1-9-13　无倒角最大变形

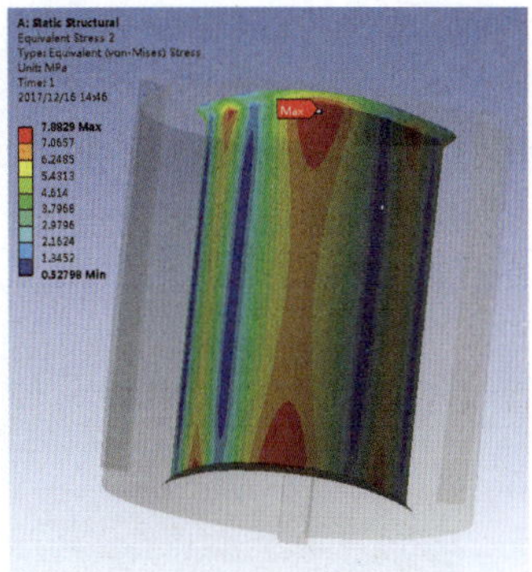

图 1-9-14　2×45°倒角最大应力

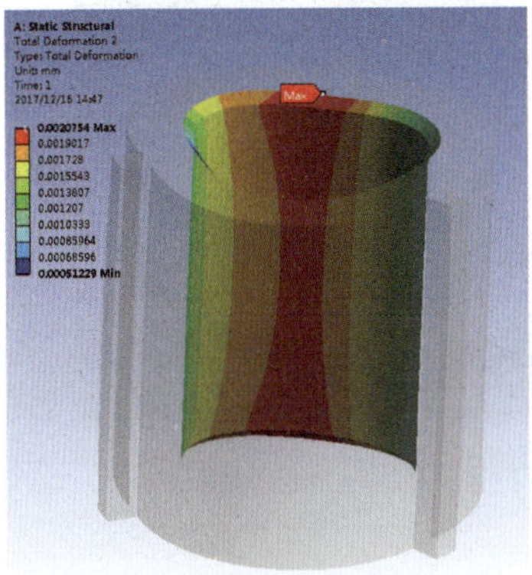

图 1-9-15　2×45°倒角最大变形

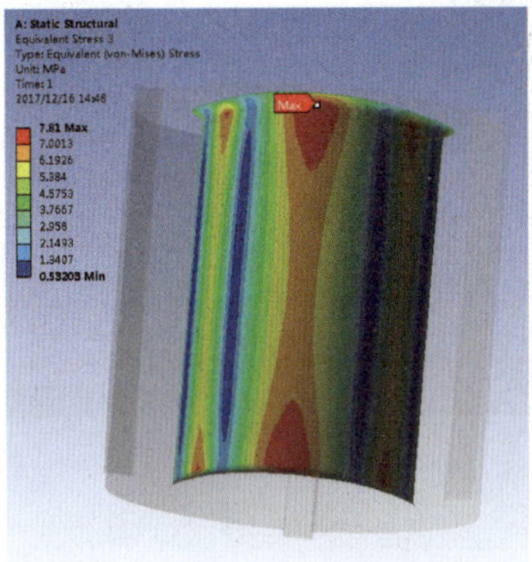

图 1-9-16　*R*2 倒角最大应力

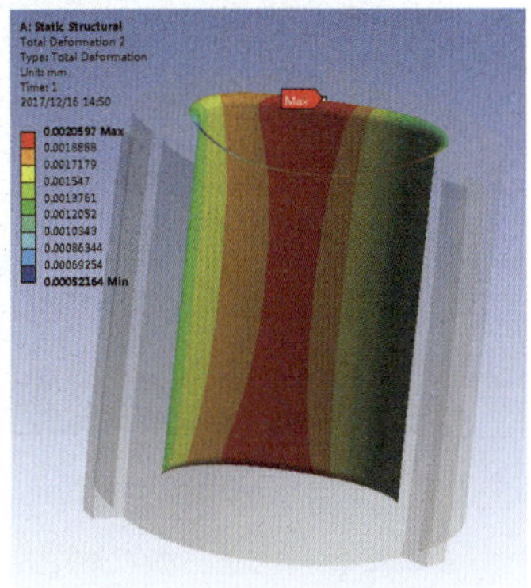

图 1-9-17　*R*2 倒角最大变形

（5）结论

① 最大应力都在内孔表面的两端。

② 2×45°倒角的应力最大。

③ 内孔表面的两端是易于产生疲劳裂纹的部位。

④ 有限元计算结果与【例 1-7】【例 1-8】的断口宏观、微观观察与分析得到的结论基本一致。

以上有限元计算的模型存在齿轮结构和圆周力等多方面的简化，因此仿真计算的结果是试探性的，但是可供太阳轮轮毂断裂失效进一步分析参考。

日期：2018 年 1 月 25 日

## 【例 1-10】 对轴的断口形貌提几点看法

### 问题描述

北方某公司发来减速机轴断裂的照片和有关资料，咨询轴断裂的原因和改进措施。

## 答复内容

# 1 轴断裂的形貌

图 1-10-1 是断裂轴的形貌，轴的断口垂直于轴线，但断口并不在一个平面上。

此轴的断口见图 1-10-2。图 1-10-2 断口中有明显的疲劳源区、疲劳弧线（贝纹线）和瞬断区，因此可以确定此轴是扭转弯曲疲劳断裂，而且是多源疲劳断裂。

图 1-10-1　轴断裂的形貌

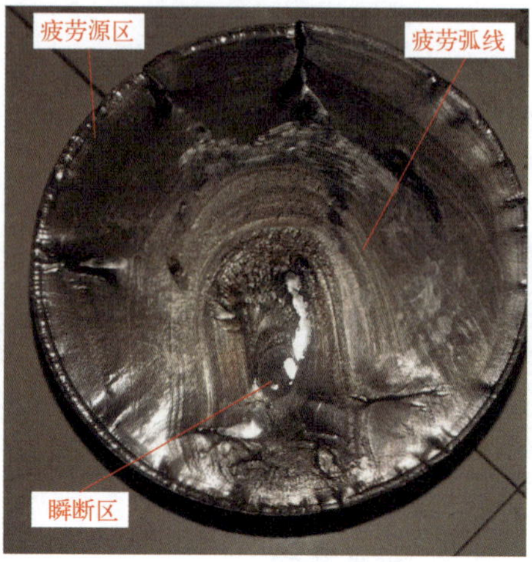


图 1-10-2　断轴的断口形貌

# 2 断口的观察与分析

图 1-10-2 断口的细部如图 1-10-3 所示。下面对图 1-10-3 所示的断口形貌做进一步的分析。

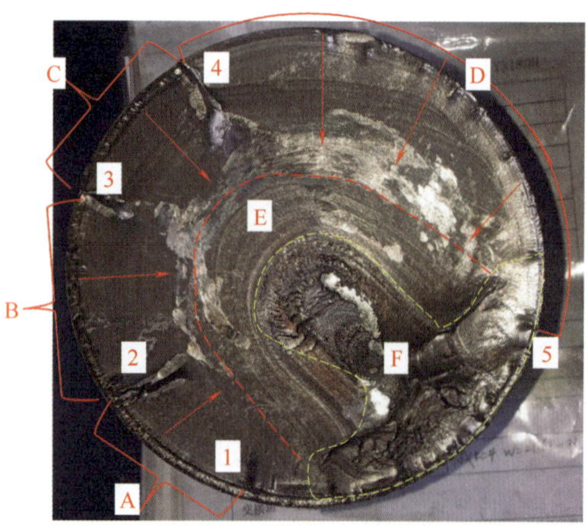


图 1-10-3　断口的细部形貌

① 从断口形貌（图 1-10-3）可见，多个疲劳源都在轴的外径表面上；断口上有 5 个较明显的疲劳沟线（疲劳台阶），如图中 1、2、3、4、5 所示。由此可将疲劳断口分割为 A、B、C、D 共 4 个区。

② 此 4 个断口区并不在一个平面上，不同平面上的疲劳裂纹向轴心方向扩展，直至图中红色 U 形虚线位置，不同平面上的裂纹趋于同一平面。

③ 同一平面上的 U 形裂纹继续向前扩展，直至图中黄色虚线位置，轴的有效截面已经不能承受扭转弯曲载荷，引发轴的瞬间断裂，从而形成疲劳裂纹的扩展区 E 和瞬断区 F，如图 1-10-3 所示。

# 3 结论

① 此轴是疲劳断裂，而且是多源疲劳断裂。

② 据某工程师发来信息：“图 1-10-2 中红色箭头位置是补焊后经车削加工的。此轴使用后跟链轮的配合松动了，他们就焊接补了一圈，经车削加工，但三个月后也断了”。因此，轴上焊接残余应力一定很大，如果没有采取措施消除或减轻此焊接残余应力，轴的断裂是必然的。

③ 轴断口发生在过渡圆角处，又是多源疲劳，疲劳弧线呈现 U 形向前扩展，可见轴的应力集中应力很大。

④ 瞬断区 F（图 1-10-3）的面积较小，可见轴的名义应力不大。

# 4 讨论——三个相似的断口

在轴断裂的失效分析中，图 1-10-3 所示的断口很常见、很典型，特别是减速机高速轴断裂的断口。下面介绍两个与图 1-10-3 相似的断口。

## 4.1 减速机高速轴断裂的实例 1

某减速机高速轴在过渡圆角处断裂（图 1-10-4）的断口如图 1-10-5 所示。

图 1-10-4 高速轴的断口部位

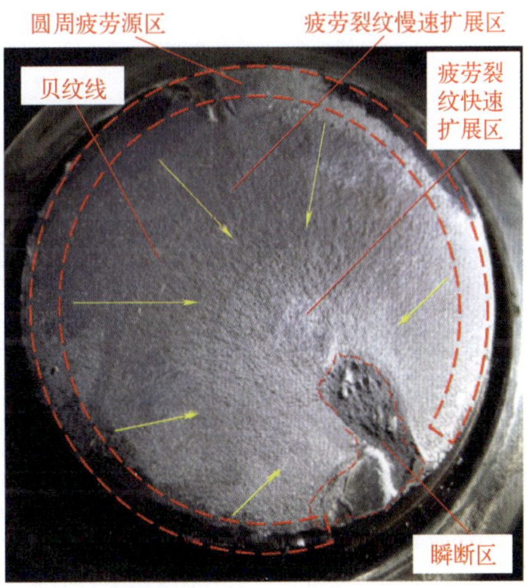


图 1-10-5 断口的形貌

图 1-10-5 的断口上可以看到浅显的贝纹线，可以确定这是疲劳断口。此疲劳断口有以下特征：

① 断口位于过渡圆角部位（图 1-10-4）。断口中的贝纹线凹形向前扩展，说明过渡圆角的应力集中很大，因此会在此处萌生疲劳裂纹，形成沿圆周的疲劳源区，如图 1-10-5 所示。

② 沿圆周的疲劳裂纹向轴心扩展，断口上就出现了疲劳裂纹慢速扩展区，如图 1-10-5 所示，图中标注了裂纹的扩展方向。

③ 沿圆周的裂纹向心部扩展，轴的承载截面减小，裂纹加快扩展，就形成了裂纹快速扩展区，如图 1-10-5 所示。

④ 当裂纹扩展至断口承载的极限时，轴瞬间一次性断裂，断口出现高低不平、表面极为粗糙、显现山地状形貌的瞬断区，如图 1-10-5 所示。

⑤ 瞬断区的面积很小，占断口总面积的 1/14 ～ 1/13，说明断口内的应力比较小。

⑥ 图 1-10-5 的断口与图 1-10-3 的断口极为相似，是相同类型的断裂。

## 4.2 减速机高速轴断裂的实例 2

用于煤矿井下皮带运输机的减速机高速轴发生断裂事故，现场使用时间约 2 个月。断轴的断口如图 1-10-6 所示。

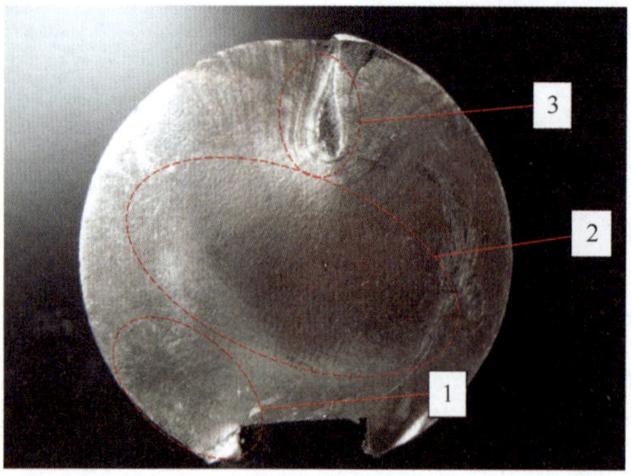

图 1-10-6 断轴的断口

仔细观察图 1-10-6 的断口，整个断口可以大致分为 3 个区域：贝纹线状区 1、平坦区 2 和水滴状损伤区 3。

① 在贝纹线状区 1，显现出具有贝纹线状放射形花纹，可见高速轴是疲劳断裂，疲劳源最早出现在键槽的底角处。

② 在平坦区 2，具有放射形花纹，并且隐约可见由贝纹线开始延伸并终止于水滴状区，这是裂纹的扩展区。

③ 在水滴状损伤区 3，可以明显地看到轴断口非常粗糙不平，这是断口的瞬断区。瞬断区的面积很小，说明轴的名义应力不大。

④ 图 1-10-6 的断口与图 1-10-3 的断口极为相似，是相同类型的断裂。图 1-10-3 的断口具有减速机高速轴断裂断口的典型特征。

日期：2020 年 7 月 11 日

# 【例 1-11】 对 2 级双圆弧人字齿轮减速器断轴和断齿的几点看法

### 问题描述

北方某减速器制造公司发来 2 级双圆弧人字齿轮减速器轴和齿轮失效的图片等资料，咨询减速器轴和齿轮失效的原因和改进措施。

### 答复内容

## 1 减速器失效概况

失效的减速器是 2 级双圆弧人字齿轮减速器，配套于砖瓦机械中的真空挤出机器上。减速器使用了约 3 个月，减速器低速级齿轮出现断齿和中间轴断裂的故障。减速器的总图如图 1-11-1 所示，图中标注出轴和轮齿断裂的位置。

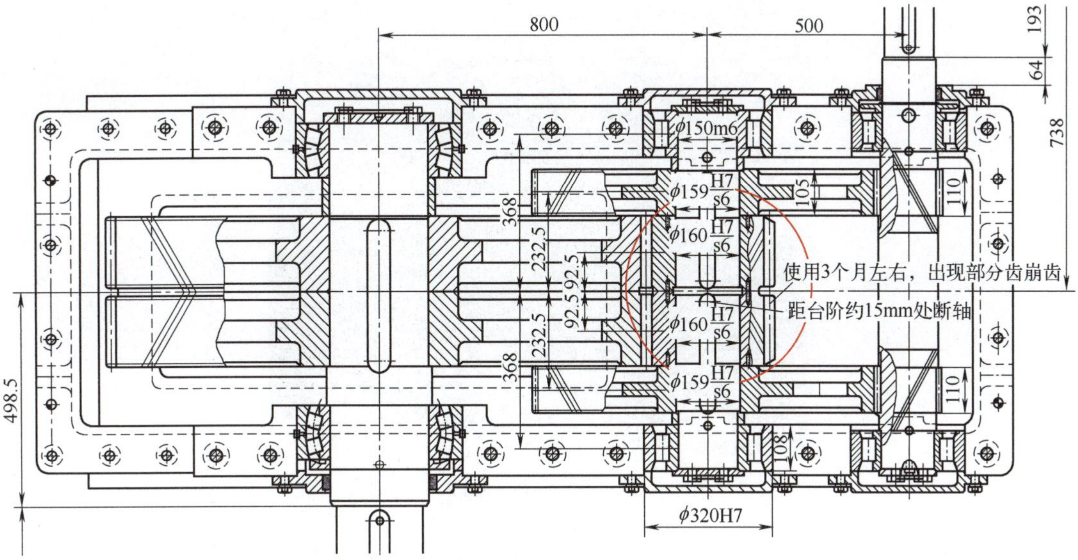


图 1-11-1　失效减速器的总图

失效的齿轮和轴运转的功率 $P$=315kW，小齿轮转速 $n$=99.34r/min。

正常运行时，减速器没有冲击负荷，当输出级出现物料剧增或者泥块变硬时，减速器会瞬时堵转，气动离合器就会分 - 合，利用冲击转矩带动减速器输入轴运转，此时的冲击负荷很大。

# 2　轴的宏观断口观察与分析

轴的结构和断裂位置如图 1-11-2 所示。断口如图 1-11-3 所示。

轴的材料：42CrMo；热处理：调质，硬度 280 ～ 310HBW。

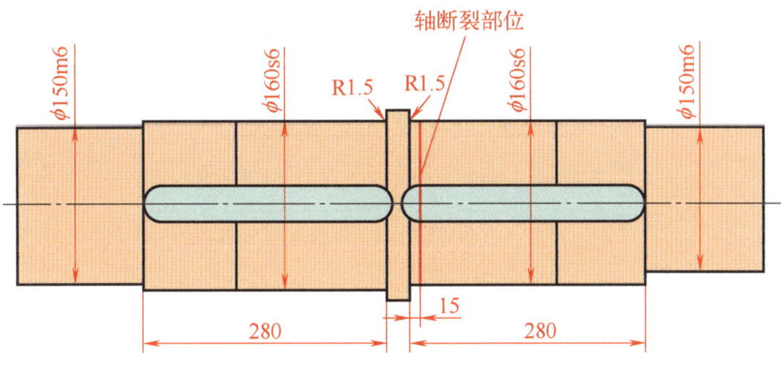


图 1-11-2　轴的结构和断裂位置

图 1-11-3 中的断口有以下疲劳特征：整个圆周方向的疲劳源区（多源疲劳）、疲劳扩展区和瞬断区；如图所示的裂纹扩展方向、疲劳台阶和键槽应力集中区。

由以上疲劳特征可见：

① 断口具有疲劳断裂的特征，中间轴是疲劳断裂。

② 断口上的多个疲劳源都分布在轴的圆周上，轴失效属于多源疲劳断裂。其中键槽的应力集中是促进疲劳断裂的重要因素。

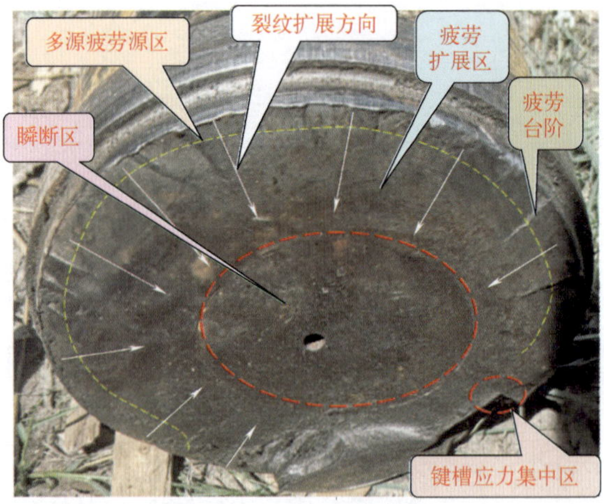


图 1-11-3　轴的断口

③ 轴的断口上看不到疲劳弧线（贝纹线），说明疲劳裂纹扩展的速度很快。

④ 断口的瞬断区表面比较平坦，但比疲劳扩展区的表面粗糙，断口具有调质钢韧性断裂的特征。

⑤ 断口与轴线垂直，说明轴是弯曲为主的断裂。

# 3 轴断裂原因分析

图 1-11-4 是断轴断裂区的局部图，断裂处应力集中严重重叠。

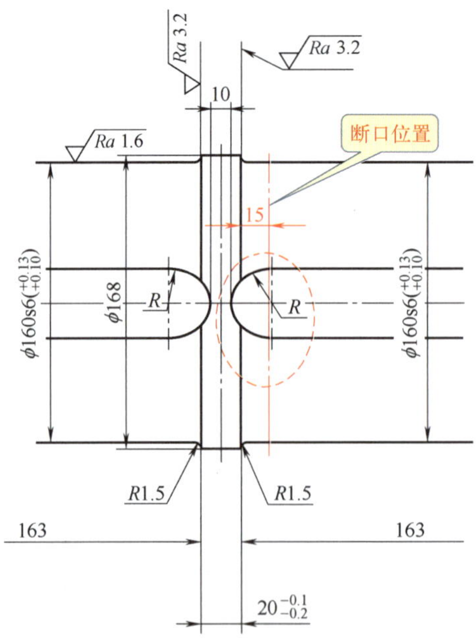


图 1-11-4　断轴断裂区的局部图

从图 1-11-4 中可见断裂区内有 3 个应力集中：

① 键槽的应力集中，其有效应力集中系数 $K_\sigma$ 为 1.7 ～ 1.9，见图 1-11-5。

② 过盈配合（H7/s6）的应力集中，其有效应力集中系数 $K_\sigma$ 为 2.3 ～ 2.5，见图 1-11-5。

③ 挡环圆角 $R1.5$ 的应力集中。

这 3 个应力集中是重叠的，或局部重叠的，应力状态很复杂，其综合应力集中系数估计不会小于 3（用有限元模拟分析可以验证）。这一应力集中严重重叠造成了轴的强度不足，因而疲劳断裂。

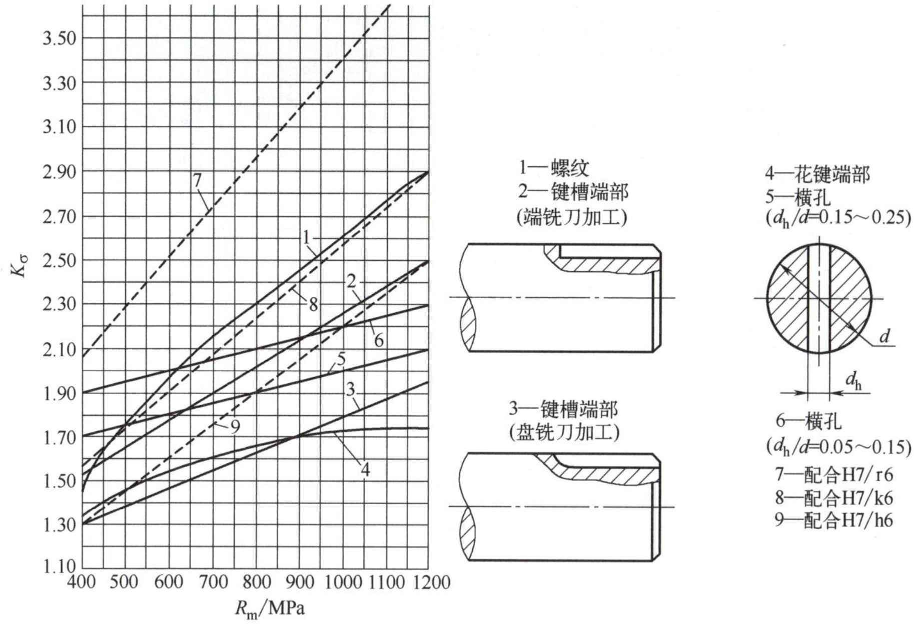


图 1-11-5　弯曲时，螺纹、键槽、横孔及配合边缘处的有效应力集中系数 $K_\sigma$

$R_m \leqslant 700$MPa 取小值；$R_m \geqslant 1000$MPa 取大值

# 4　齿轮轮齿断裂原因分析

减速器 2 级双圆弧人字齿轮出现断齿如图 1-11-6 所示。中间轴上 4 个齿轮的材料与热处理如下。

小齿轮，材料：42CrMo；热处理：调质，280 ～ 310HBW。

大齿轮，材料：ZG355SiMn；热处理：调质，240 ～ 270HBW。

从图 1-11-6 中可见：

① 4 个中间轴上的齿轮全部都有断齿。

② 断齿部位基本对称，两边大齿轮断齿很多，中间小齿轮断齿较少。

③ 看不清任何一个断齿的断口形貌，因此不好对断口做断口分析。

图 1-11-6　人字齿轮断齿部位

④ 由于断齿区具有对称性，因此对断齿的原因可做如下的推测：

图 1-11-7 是中间轴上安装齿轮和轴承的示意图，它们有共同的轴线。在制造精度良好、轴是完全刚性的条件下，啮合的齿轮不会出现偏载。如果制造精度良好，而轴是弹性体，轴受载后会产生弯曲弹性变形，如图 1-11-8 所示。这时 4 个齿轮就要偏载，而且偏载是对称的，这就解释了图 1-11-6 断齿部位基本对称的原因。

小结：中间轴的刚度可能不足，轴的弯曲变形较大。

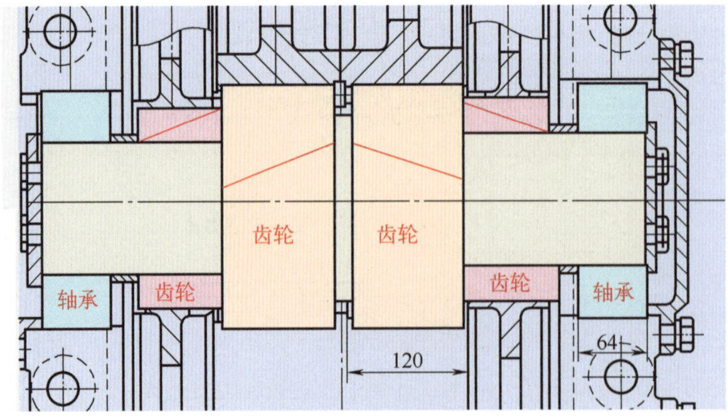


图 1-11-7　**中间轴上安装齿轮和轴承的示意图**

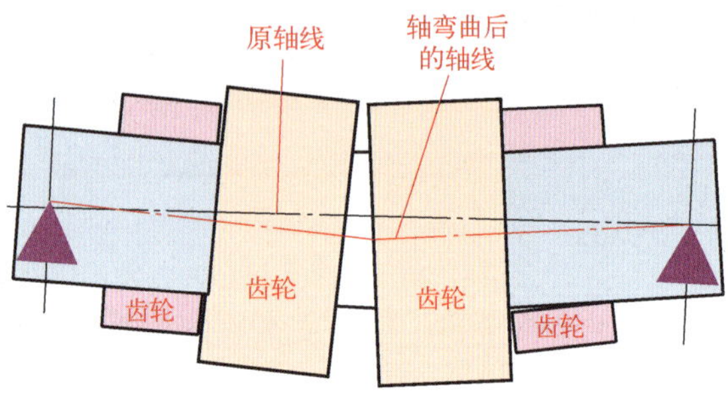


图 1-11-8　**轴受载后产生弯曲变形示意图**

# 5　关于“肇事齿”

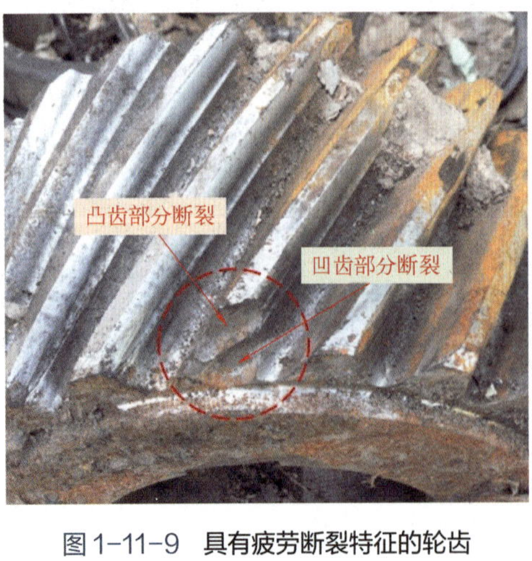


图 1-11-9　**具有疲劳断裂特征的轮齿**

用于砖瓦机械真空挤出机上的减速器，在多个齿轮多个轮齿断裂的情况下，最重要的是找到首先断裂的那个轮齿，可称之为“肇事齿”。如果齿轮经过长期运转，“肇事齿”最大的特征是具有疲劳的迹象（例如疲劳弧线、断口面比较光滑等）。只要找到“肇事齿”（其他的都是“受害齿”），对“肇事齿”做深入的分析（材料和热处理质量的检验，齿轮精度检验等），就可以找到轮齿失效的原因。

对全部断齿逐个观察断口，是寻找“肇事齿”的方法，但是实现很困难。在观察多幅图片时，发现有一张图片（图 1-11-9）的断口似乎有双圆弧轮齿疲劳断裂的特征：分凸齿部和凹齿部 2 个断口，断口呈弧面，且比较光滑。它究竟是否是“肇事齿”有待证实。

# 6 关于减速器的超载问题

减速器配套用于砖瓦机械中的真空挤出机器上，正常运行时，减速器没有冲击负荷；当机器出现物料剧增或者泥块变硬时，减速器会瞬时堵转，气动离合器就会分 - 合，利用冲击转矩带动减速器输入轴运转，此时的冲击负荷很大。因此，减速器在运转中受到过载的可能性是大概率事件，这必然影响减速器的寿命。从轴的断口分析可知，“断口上看不到疲劳弧线（贝纹线），裂纹扩展的速度很快”，就能看到过载的影响。

下面的实例能说明同样的问题：山西某钢铁公司轧钢机使用的圆弧齿轮减速机如图 1-11-10 所示。根据厂方设备运行记录，1969 年，因严重超负荷，曾经发生减速机低速级小齿轮断齿事故，详见参考文献 [1]。由此例也可见减速机低速级小齿轮是薄弱环节，过载容易引发齿轮、轴的断裂。

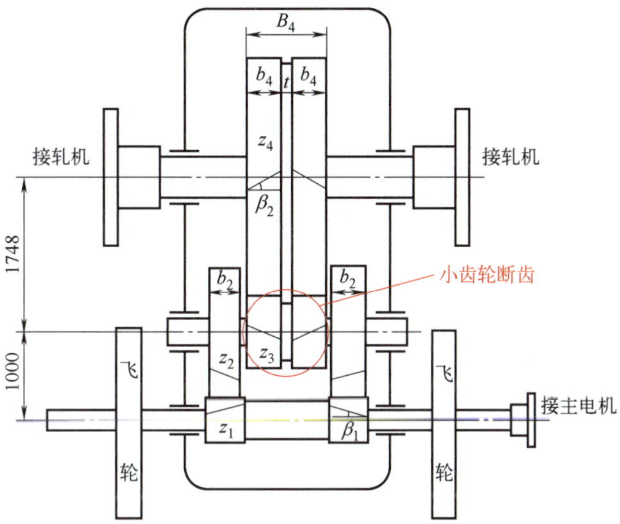


图 1-11-10　轧钢机用的圆弧齿轮减速机机构简图

# 7 结论与建议

① 轴的强度可能不足：减速机中间轴有 3 个应力集中重叠的高应力区，应力状态很复杂，其综合应力集中系数可能很大（估计不会小于 3），可能是造成轴断裂的主要原因（强度不足）。

② 轴的刚度可能不足：中间轴上因功率分流，转矩不大，但弯矩很大，轴的弯曲变形大，刚度可能不足，造成轮齿偏载，这是轮齿偏一端断裂的主要原因。

③ 图 1-11-9 的轮齿断口，似乎有轮齿疲劳断裂的特征：分凸齿部和凹齿部 2 个断口，断口呈弧面，且比较光滑。它究竟是否是“肇事齿”有待证实。

④ 冲击和过载对减速机齿轮、轴的断裂有很大的影响，应该设法加以改进。

⑤ 建议对减速机中间轴的强度和刚度进行有限元数值仿真计算和分析。

⑥ 考虑轴弯曲变形引起的齿轮啮合偏载，重新校核计算圆弧齿轮的强度。

作者仅根据委托方发来的轴和齿轮失效的图片与资料，提出以上所述的几点看法，并没有到现场调查和观察失效件，因此看法仅供参考。

## 参考文献


[1] 邵家辉 . 圆弧齿轮 [M]. 北京：机械工业出版社，1982：164.


日期：2021 年 6 月 9 日

# 【例 1-12】 RV 减速机曲柄轴断裂的宏观断口分析

### 问题描述

应用于机器人关节上的 RV 减速机，承受 60% ～ 70% 载荷，运行 1 年多，出现曲柄轴断裂故障。北方某公司的工程师发来失效件的图片和有关信息，咨询曲柄轴断裂的原因和改进措施。

### 答复内容

## 1 RV 减速机传动简图和曲柄轴断裂部位

RV 减速机传动简图和曲柄轴断裂的部位如图 1-12-1 所示。

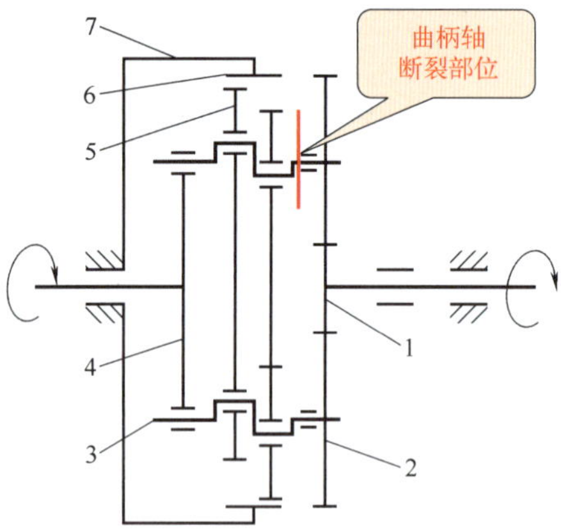


图 1-12-1 RV 传动机构简图

1—太阳轮；2—行星轮；3—曲柄轴；4—输出轴；5—摆线轮；6—针轮；7—基座

## 2 曲柄轴的结构和断裂部位

曲柄轴的结构和断裂部位如图 1-12-2（a）所示，图中越程槽 A 的细部见图 1-12-8。图 1-12-2（b）是曲柄轴的外貌和断裂部位（位于轴的磨削越程槽内）。

曲柄轴的材料为 20CrMoA。调质处理：硬度 28 ～ 32HRC；渗碳淬火处理：渗碳层深度 0.9 ～ 1mm，淬火后，表面硬度 61 ～ 63HRC，基体硬度 32 ～ 35HRC。

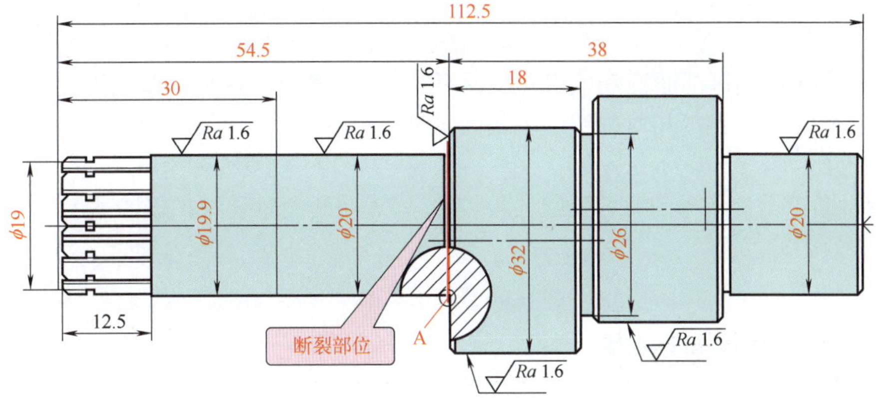


(a) 曲柄轴的零件图

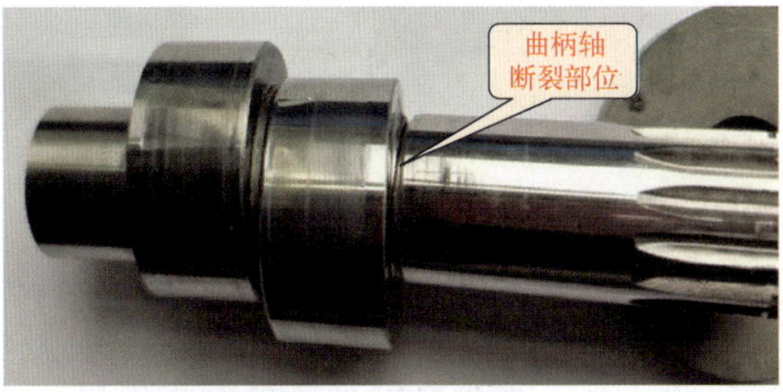


(b) 实际失效件曲柄轴

图 1-12-2　曲柄轴的结构和断裂部位

# 3 断口的观察与分析

两根断轴的断口如图 1-12-3 所示，其中图（a）是 1 轴的断口，图（b）是 2 轴的断口。两轴的断口非常相似，今以 1 轴为例，做宏观的断口分析。

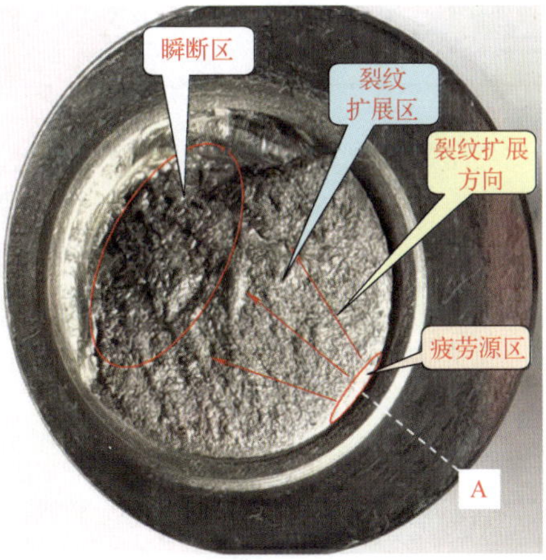


(a) 1轴的断口

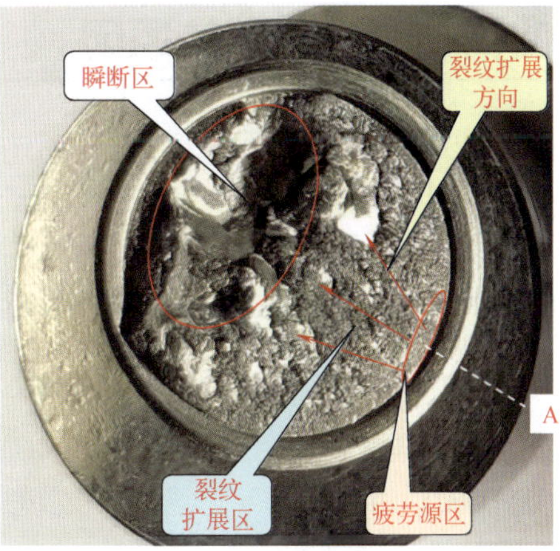


(b) 2轴的断口

图 1-12-3　两根断轴的断口

从图 1-12-3（a）中可以看到断口具有疲劳断裂的特征，断口可分为 3 个区——疲劳源区、疲劳裂纹扩展区和瞬断区。图 1-12-3(b) 表示的 2 轴断口也是疲劳断口，其特征同上述。由此可见：

① 两个轴上瞬断区的面积基本相同，说明两轴上的载荷（应力）差别不大。

② 两个轴上疲劳源的相对位置基本相同（见两轴断口上的 A 点位置），说明两轴的受力位置基本相同。

③ 两轴断口上都看不到疲劳弧线（贝纹线），说明断裂时裂纹扩展的速度很快，具有高硬度材料失效的特点。

# 4 断口侧视形貌分析

两根曲柄轴断口的侧视形貌见图 1-12-4。两轴的断口都不垂直于轴的中心线，而与中心线成 $\theta$ 夹角，$\theta \approx 60^\circ$，如图 1-12-5 所示。这说明：

① 曲柄轴承受转矩和弯矩的作用，其中转矩是主要的。

② 轴的表面硬度很大（61 ~ 63HRC），未见明显的塑性变形，断口有脆性断裂的特征。

③ 大量疲劳试验证实：硬度（强度）高塑性低的材料，其扭转疲劳断口多为正断型，曲柄轴的断裂就是如此，见图 1-12-5。

图 1-12-4 断口的侧视形貌

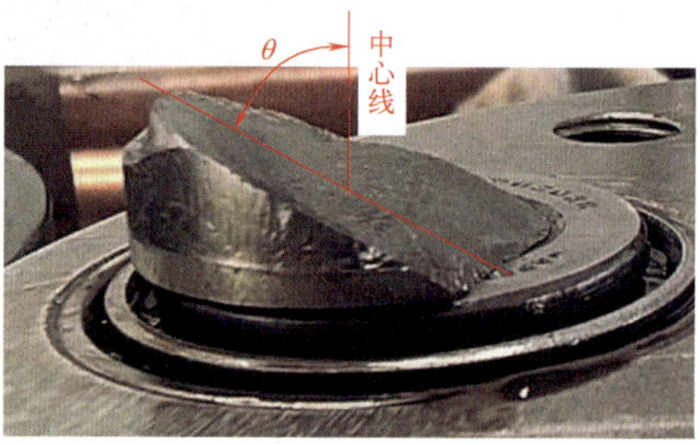


图 1-12-5 断口与中心线成 θ 夹角

# 5 曲柄轴疲劳断裂的原因

曲柄轴疲劳断裂的原因可能有以下几个：

① 应力集中过大 图 1-12-6 和图 1-12-7 标注出了曲柄轴疲劳源的位置，可以看到最早的疲劳裂纹出现在磨削越程槽处。

磨削越程槽的结构和尺寸如图 1-12-8 所示。越程槽中出现了一个 90° 尖角的高应力集中区，这是轴的设计大忌。因为曲柄轴断裂的裂纹，就是从越程槽 90° 尖角高应力集中区萌生开始的，这可能是曲柄轴断裂致命性的因素。

② 可能存在较大的残余应力 曲柄轴渗碳淬火处理后，表面硬度 61 ~ 63HRC，基体硬度 32 ~ 35HRC，两者的硬度差达 30HRC 左右，硬度差大容易产生热处理残余内应力。另外，曲柄轴是一种断面尺寸差别较大的零件（大径 32mm，小径 20mm），见图 1-12-2（a），这种零件在热处理时，由于冷却时散热速度不同，极易在变径处产生残余热应力。

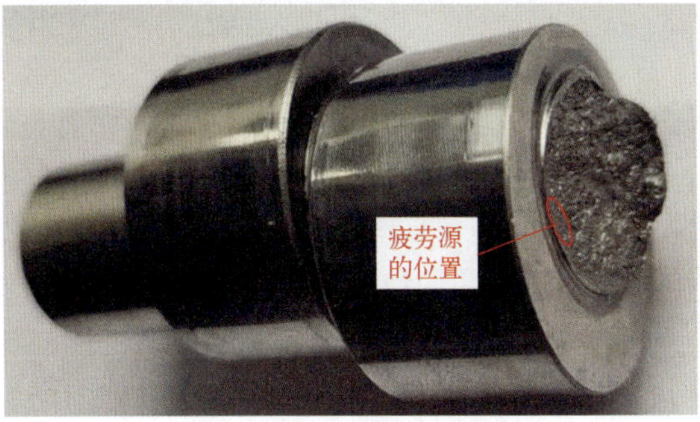

图 1-12-6　疲劳源的位置

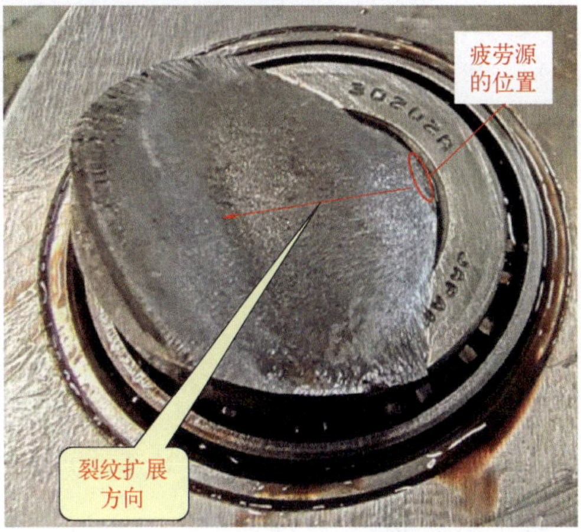

图 1-12-7　疲劳源的位置

③ 磨削越程槽表面未标注表面粗糙度　从图 1-12-8 可见，磨削越程槽表面未标注表面粗糙度，这也是设计上的重要失误。任何重要轴的设计，都非常重视轴变径处的过渡圆角大小和表面粗糙度。要求过渡圆角尽可能大；尽可能减小过渡圆角处的表面粗糙度（*Ra*0.4 ～ 0.8）。实践和理论研究证明，表面粗糙度对轴的疲劳强度有很大影响。

④ 曲柄轴有受到过载的可能性　表面硬度很高的零件，表面没有塑性，最怕受到过载，因为只要表面出现裂纹，零件就很快断裂。从断口有裂纹快速扩展的特征来看，不能排除曲柄轴受到过载的可能性。

作者还不知道曲柄轴材料和热处理的检验结果，因此还不能对曲柄轴的内在品质对断裂的影响做出评价。

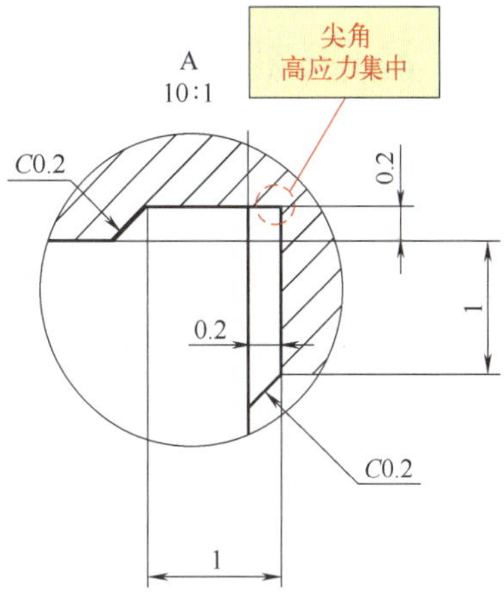

图 1-12-8　磨削越程槽的结构和尺寸

## 6 结论

① 曲柄轴断口具有疲劳断裂的特征，是疲劳断裂。

② 根据曲柄轴疲劳源的位置判断，最早的疲劳裂纹出现在磨削越程槽处。

③ 磨削越程槽出现了一个 90° 尖角的高应力集中区，这可能是曲柄轴断裂致命性的因素。

④ 磨削越程槽表面未标注表面粗糙度，这也是影响曲柄轴强度的重要因素。

⑤ 曲柄轴内可能有较大的热处理残余内应力，影响曲柄轴强度。

⑥ 不能排除曲柄轴受到过载的可能性。

## 7 几点建议

① 改进磨削越程槽的设计，采用有大圆角的越程槽。

② 在磨削越程槽上标注较低（≤ *Ra*0.8）的表面粗糙度。

③ 在热处理的工艺中增加消去曲柄轴内应力的工序。

④ 对曲柄轴进行热处理内在品质的检验（有整根轴硬度偏高的可能性），并做出评价。

⑤ 采取措施，防止 RV 减速机过载。

日期：2021 年 7 月 29 日

# 【例 1-13】 减速机高速轴断裂失效原因简析

### 问题描述

北方某公司发来某减速机高速轴断裂的照片和有关资料，咨询高速轴断裂的原因。

### 答复内容

## 1 高速轴断裂概况

2021 年 11 月至 12 月，在某煤矿用的某减速机发生高速轴断裂事故，使用时间 23 天。断轴位置为联轴器安装边缘位置，并且轴的氮化套边缘已产生裂纹，裂纹沿圆周扩展，延伸至轴圆周 180°。

传动设备布置和轴的断裂处见图 1-13-1。其中最特别之处是减速机端联轴器的轮毂长度小于键长，见图 1-13-2。

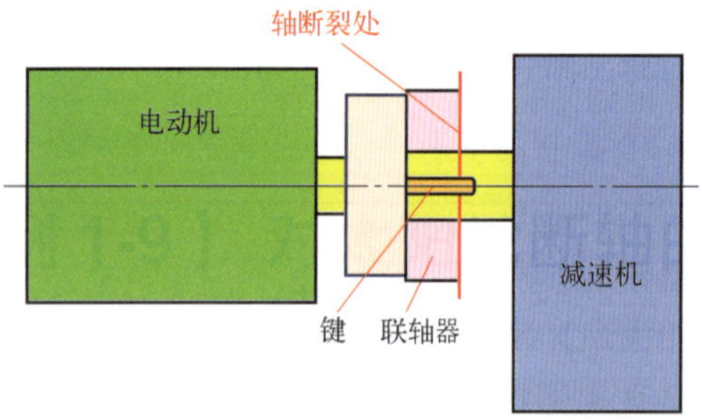


图 1-13-1　设备布置图和轴的断裂处

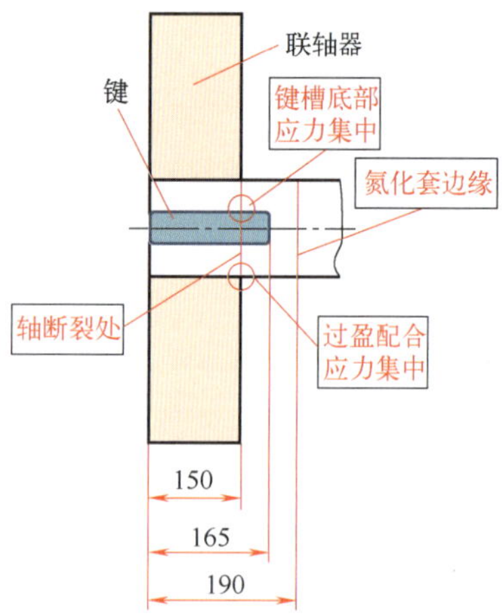


图 1-13-2　轴、联轴器和键的装配关系示意图

## 2 断口观察与分析

断轴的外观见图 1-13-3，图中可见键也断裂。

断轴的断裂部位见图 1-13-4。图中可见另一条裂纹，此裂纹很可能与（用于密封抗磨）氮化套边缘的应力集中有关，要打开裂纹做进一步分析才能确定。

图 1-13-3　断轴的外观

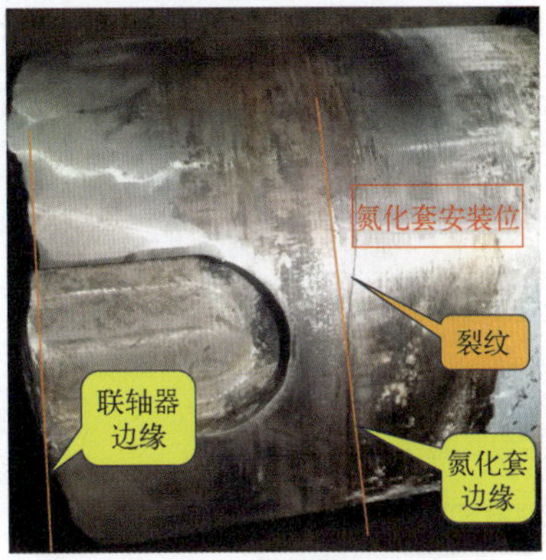


图 1-13-4　断轴的断裂部位

断轴一端断口如图 1-13-5 所示。这是疲劳断口，从图 1-13-5 的断口中可以看到以下特征：

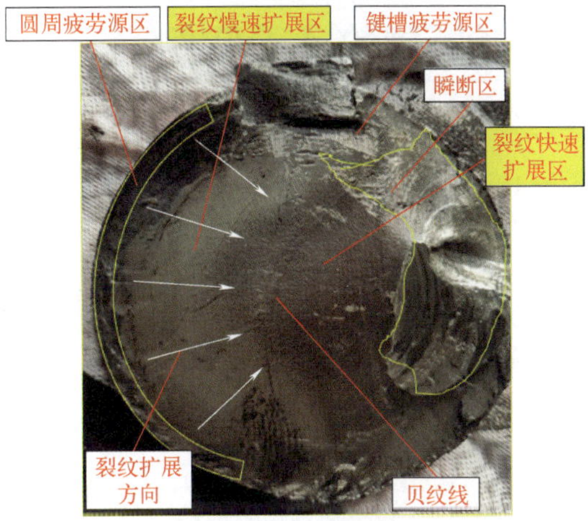


图 1-13-5　断轴一端断口

① 有约 1/3 圆周的圆周疲劳源区，也就是说这部分断口的疲劳源在圆周表面上；图中画出了裂纹的扩展方向和凹形向轴心扩展的贝纹线。

② 另一个疲劳源区在键槽底角附近，图中标注出键槽疲劳源区。轮毂与键的负载长度（150mm，见图 1-13-2）太短，加大了键槽底部应力集中和内应力。

③ 在平坦的疲劳裂纹扩展区有明显不同的表面形貌：其一是疲劳裂纹慢速扩展区；其二是疲劳裂纹快速扩展区。这是疲劳裂纹扩展使轴的承载截面不断减少造成的。

④ 断口最后断裂的瞬断区约占总面积的 1/4，轴的名义应力适中。

⑤ 这是一个多源疲劳断口。

# 3　结论

① 齿轮轴是多源疲劳断裂。

② 断口中有一个疲劳源是由于联轴器与轴过盈配合的应力集中引起的；另一个疲劳源是由于键槽根部圆角应力集中引起的。

③ 轮毂键槽的长度（150mm，见图 1-13-2）未包含键的可负载长度，加大了键槽底部应力集中和内应力，降低了轴的强度。

④ 断口与轴线垂直，断口呈现弯曲疲劳断裂特征，显示出齿轮轴有很大的弯曲力矩。

⑤ 断口中的名义应力适中，但电动机轴与减速机轴的不同轴，使齿轮轴产生很大弯曲力矩，可能是引发齿轮轴断裂的主要原因。

日期：2021 年 12 月 22 日

# 【例 1-14】 为什么轴过渡圆角的形状、尺寸和表面粗糙度非常重要

## 问题描述

北方某公司的朋友问我：“你发的《对太阳轮断轴的几点看法》中有关过渡圆角、表面粗糙度与应力集中的相关性，这方面您能展开给我们讲讲吗？”

## 答复内容

由于轴的过渡圆角的形状、尺寸和表面粗糙度对轴的强度影响很大，值得深入讨论一下。

## 1 轴断裂的 4 个实例

为了说明问题，首先来看参考文献 [1] 中的几个实例。该书第 3 章《轴的失效分析》中共有 10 个轴失效分析实例，其中有 4 个实例与轴的过渡圆角形状、尺寸和表面粗糙度有关。轴过渡圆角的三要素就是形状、尺寸和表面粗糙度，非常值得重视。

### 1.1 文献 [ 1 ] 中的实例 1 高速线材预精轧机辊轴断裂失效分析

高速线材轧机辊轴机构简图如图 1-14-1 所示。轧辊上承受轧制力 $F$=230kN 和轧制力矩 $T$=13kN·m。此辊轴由两个油膜轴承支承，属于悬臂工作状态。辊轴材料为 20CrMnTi，要求渗碳淬火处理。

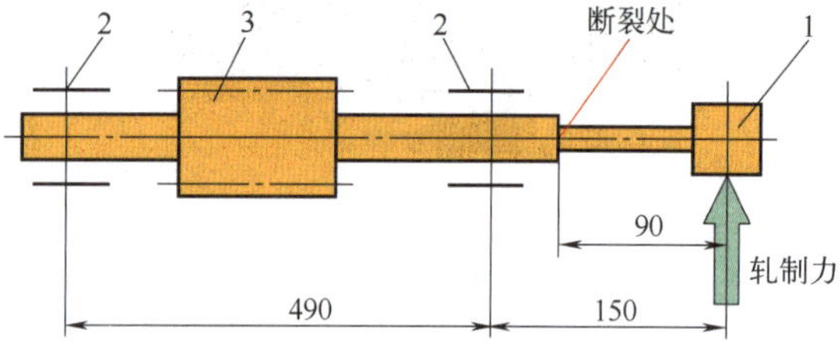


图 1-14-1 辊轴简图和断裂处

1—工作辊环；2—油膜轴承；3—齿轮

辊轴断裂的断口就在过渡圆角处，如图 1-14-1、图 1-14-2 所示。由于机械加工的过渡圆角未能达到图纸的要求（尺寸和表面粗糙度），严重影响了轴的疲劳强度。

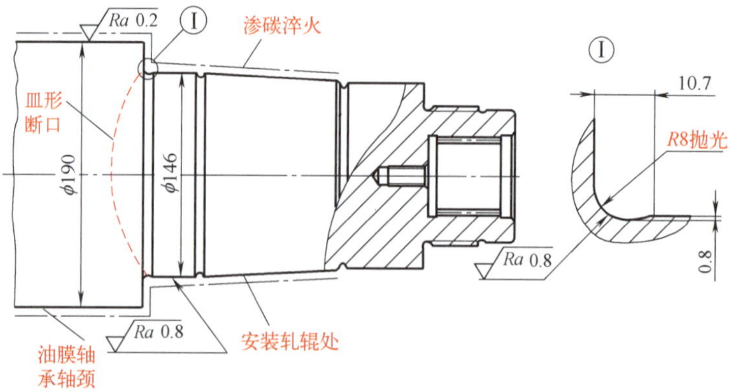


图 1-14-2 辊轴结构和断裂处（皿形断口）

设计图样对过渡圆角尺寸和加工质量要求见图 1-14-3，此要求甚高。但实际使用的轴离此要求甚远，经仔细检查，存在以下问题：

① *R*8 的圆弧不连续，它由两段圆弧组成，如图 1-14-3 所示。形状不符合要求就加大了圆角处的应力集中。

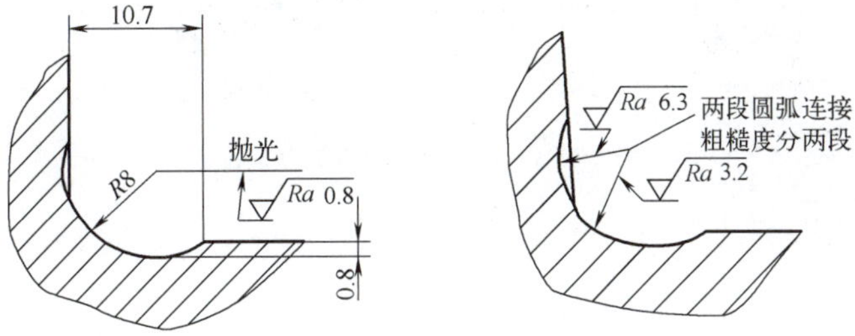


(a) 图纸要求的过渡圆角　　(b) 断轴实际的过渡圆角

图 1-14-3　过渡圆角的差别

② 两段圆弧的表面粗糙度不同，并且很粗糙（*Ra*=3.2 ～ 6.3μm），如图 1-14-3(b）所示。在过渡圆角处还存在肉眼可见的明显加工刀纹（图 1-14-4）。按要求圆角处经抛光［图 1-14-3（a）］，*Ra* ≤ 0.8μm，应该基本上看不见加工纹理；表面粗糙度未达到设计要求，就降低了轴的疲劳强度。

图 1-14-4　轴过渡圆角处的加工刀纹

小结：轴过渡圆角的形状、尺寸和表面粗糙度不达标，是轴发生断裂的主要原因之一。

## 1.2　文献［1］中的实例 4　压缩机高速齿轮轴断裂失效分析

失效的齿轮轴，用于制冷压缩机的增速箱，其传动机构简图如图 1-14-5 所示。

齿轮轴断裂的断口在过渡圆角处，如图 1-14-6 所示。由于机械加工的过渡圆角未能达到图纸的要求，严重影响了轴的疲劳强度。图 1-14-7 是该齿轮轴的外形图和断裂部位。

压缩机齿轮轴在过渡圆角处多次断裂，经测量其过渡圆角的尺寸如图 1-14-8 所示，而零件工作图上标注的过渡圆角尺寸如图 1-14-9 所示，两者有很大的差别。

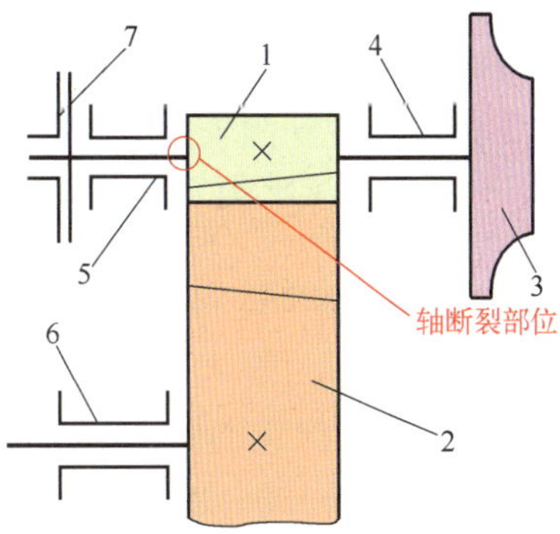


图 1-14-5　制冷压缩机增速箱传动机构简图

1—小齿轮；2—大齿轮；3—叶轮；
4，5，6—径向滑动轴承；7—止推滑动轴承

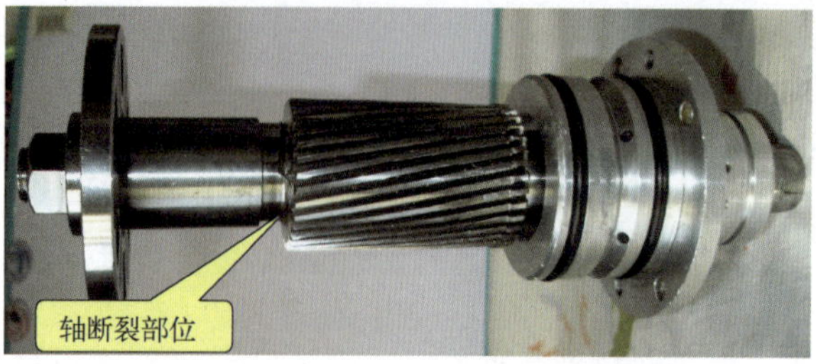


图 1-14-6 高速小齿轮轴的断裂部位

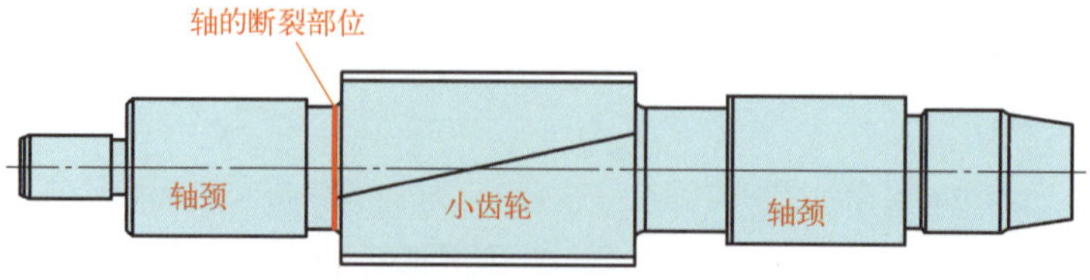


图 1-14-7 齿轮轴的外形和断裂部位图

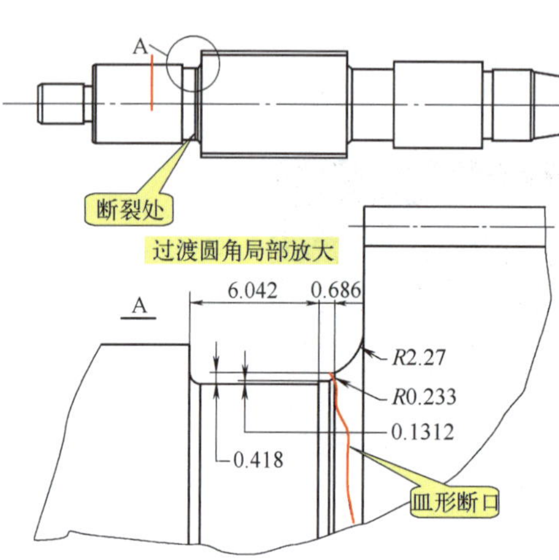


图 1-14-8 轴的过渡圆角尺寸

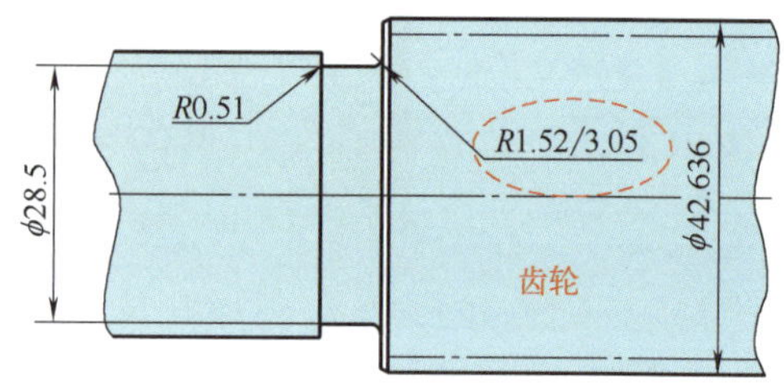


图 1-14-9 零件图上标注轴的过渡圆角尺寸

据调查：供应商为了消除齿轮轴热处理后的变形对动平衡的影响，曾对轴颈进行车削加工。由于热处理后轴颈表面硬度达到 58 ～ 62HRC，因此车削加工时容易崩刀，更换刀片再加工时，就会出现切削表面不连贯的现象。

这一错误的工艺是致命性的，因为：从图 1-14-8 可见，轴的断裂发生在过渡圆角 $R$=0.233mm 处，而图纸规定的过渡圆角为 $R$=1.52 ～ 3.05mm。过渡圆角减小，应力集中将大大增加，导致轴的强度显著减小。轴的弯曲疲劳圆角有效应力集中系数 $K_\sigma$ 如图 1-14-10 所示。

已知：轴的直径 $D$=42.636mm，$d$=28.5mm，圆角 $r$=1.52，$r$=3.05mm，$r$=0.233mm；又知抗拉强度 $\sigma_b$ > 1000MPa，则可从图 1-14-10 中查到弯曲疲劳的圆角有效应力集中系数 $K_\sigma$ 值，列于表 1-14-1。由表中数据可见，当 $r$=0.233mm 时，弯曲疲劳的圆角有效应力集中系数 $K_\sigma$ 无数据可查，但可以肯定大于 3，因此对齿轮轴的疲劳强度的削弱是非常严重的。

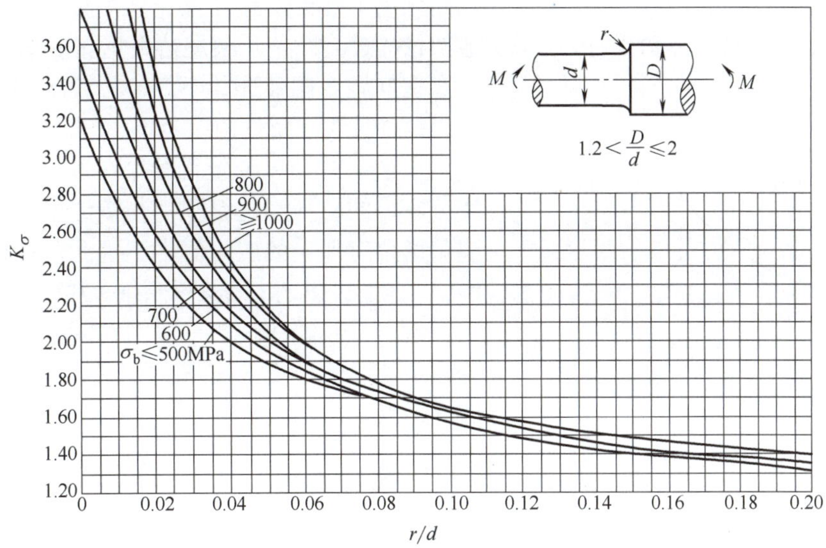


图 1-14-10　弯曲疲劳的圆角有效应力集中系数 $K_\sigma$

表 1-14-1　弯曲疲劳的圆角有效应力集中系数 $K_\sigma$

| 项目 | 不同过渡圆角参数下的 $K_\sigma$ | | |
|---|---|---|---|
| $r$/mm | 1.52 | 3.05 | 0.233 |
| $r/d$ | 0.053 | 0.107 | 0.008 |
| $K_\sigma$ | 2.00 | 1.65 | 无数据可查 |

小结：轴过渡圆角的形状、尺寸和表面粗糙度不达标，是轴发生断裂的主要原因。

## 1.3　文献 [1] 中的实例 9　曲轴断裂失效分析

某压缩机曲轴发生断裂失效，如图 1-14-11 所示。其断裂部位见图 1-14-12，也是在曲轴过渡圆角处断裂。

图 1-14-11　曲轴断裂形貌

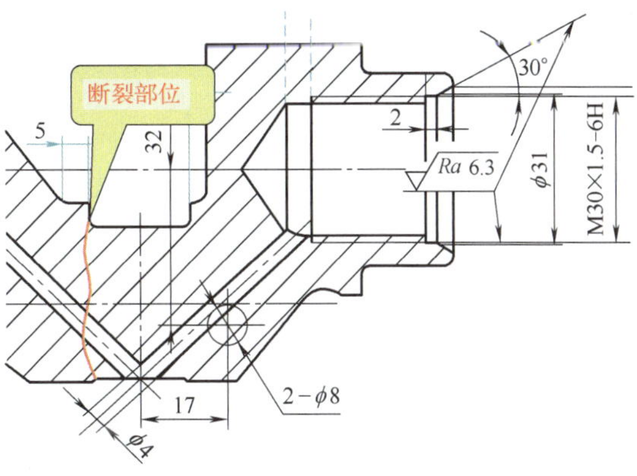


图 1-14-12　曲轴断裂部位

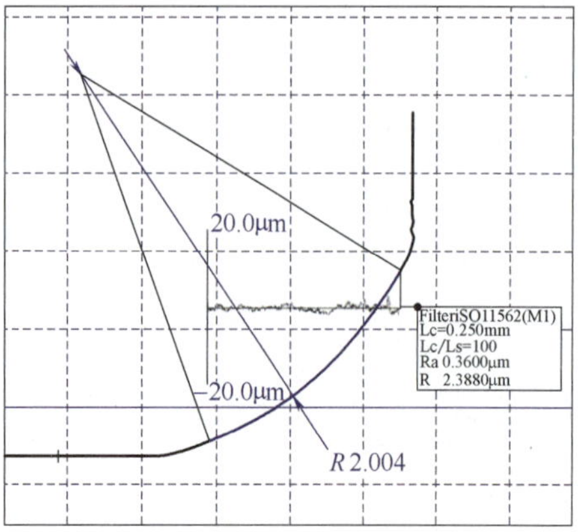


图 1-14-13 曲轴过渡圆角测量结果

曲轴的过渡圆角对疲劳强度有很大的影响。曲轴断裂处的过渡圆角已经无法测量，但可以测量其他部位的过渡圆角，测量结果见图 1-14-13，发现加工存在问题：圆弧连接不好，出现了拐点，这就加大了曲轴过渡圆角处的应力集中。

小结：曲轴疲劳断裂发生在过渡圆角部位，从疲劳断口的特征和过渡圆角测量结果可以看到过渡圆角部位有严重的应力集中。因此，轴过渡圆角的形状、尺寸不达标，是轴发生断裂的主要原因之一。

建议：修改曲轴的过渡圆角，采用椭圆弧的过渡圆角（下述）。过渡圆角的圆弧要圆滑连接，不能出现拐点。

## 1.4 文献［1］中的实例 10 制氧厂离心压缩机断轴毁机失效分析

离心压缩机一、二级叶轮轴系部件的结构示意图见图 1-14-14，图中标注出轴的断裂部位［图（a）］和轴发生断裂处的结构尺寸［图（b）］。图中的 1、2 是指轴上的一级叶轮和二级叶轮。

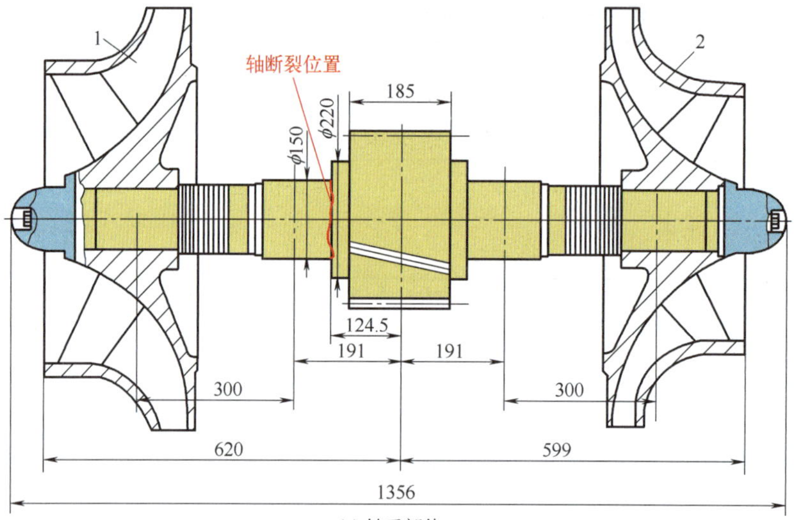


(a) 轴系部件

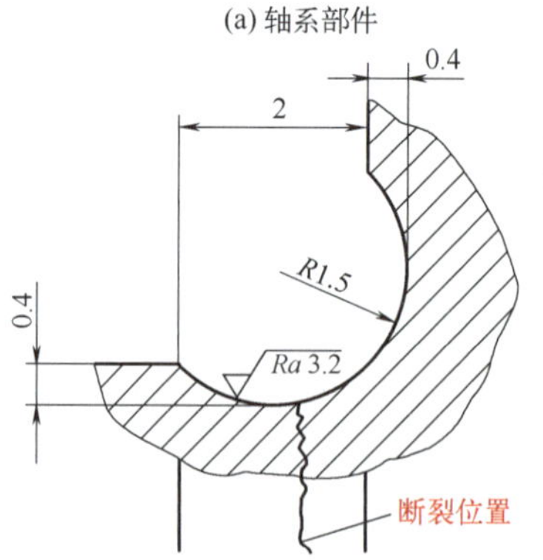


(b) 轴断裂处的结构尺寸

图 1-14-14 一、二级叶轮轴系的结构示意图

断裂起源于轴五分之四的圆周表面上，呈线源特征，其位置在轴肩过渡圆角内。过渡圆角半径约为 1.5mm，表面有严重的加工刀痕和啃刀痕（图 1-14-15）。过渡圆角半径过小，表面粗糙度高，又存在严重啃刀，这些均会造成该处的应力集中增大，强度降低，是引起轴在此断裂失效的重要原因之一。

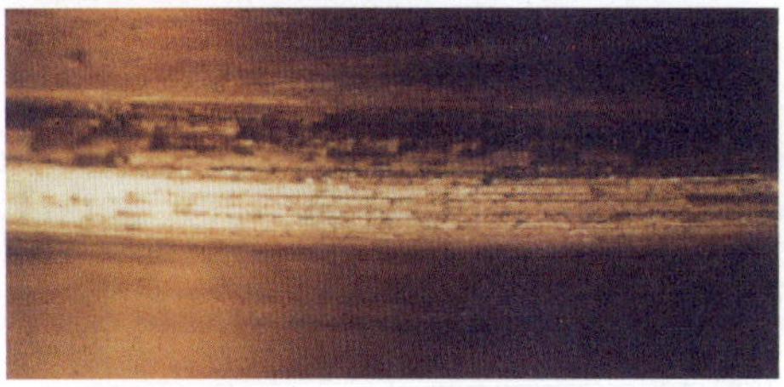

(a) 过渡圆角表面粗糙形貌和啃刀痕迹　4.0×

(b) 断口处过渡圆角形貌　4.0×

图 1-14-15　过渡圆角表面形貌

# 2 分析

① 轴过渡圆角的形状和大小对轴的疲劳强度有重大影响，普通圆弧的过渡圆角并不是最佳的圆角；从应力集中最小的角度来看，椭圆弧的过渡圆角可能更好。图 1-14-16 是近似椭圆弧的过渡圆角的一个实例，可供参考。

② 过渡圆角表面粗糙度也非常重要，图 1-14-16 中过渡圆角的表面粗糙度为 *Ra*0.4，要求经过抛光，并且要求表面刷涂料（作者看到德国进口原件是一种红色的涂料，什么成分未知，可能是为了防止锈蚀）。如果过渡圆角不按图纸要求制造，轴的寿命就比进口件差很多，作者有这个体验。

③ 过渡圆角表面粗糙度对强度的影响，实质上也是表面层应力集中问题。过渡圆角处的加工刀纹和表面粗糙度会产生应力集中。过渡圆角表面的加工刀纹破坏了材料的连续性，因此产生大小不同的应力集中，如图 1-14-17 所示。

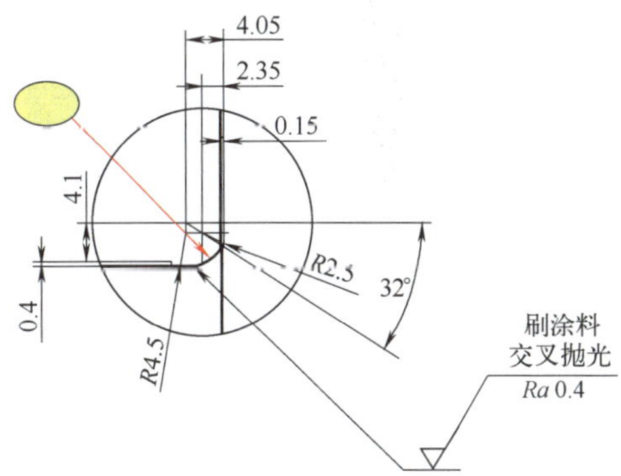



图 1-14-16　近似椭圆弧的过渡圆角的实例

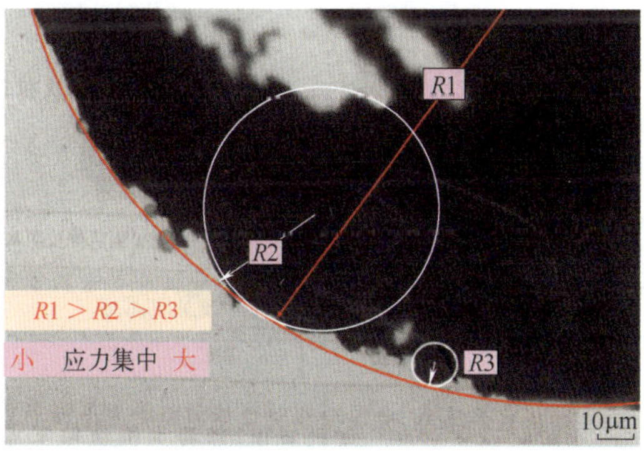



图 1-14-17　圆角表面的刀纹产生大小不同的应力集中源

④ 目前国内存在的问题是：人们对过渡圆角不够重视，设计者对过渡圆角的形状、尺寸大小和表面粗糙度设计很随意。与图 1-14-16 对比一下就可以看到差距；加工制造者对过渡圆角加工更加随意。从以上 4 个实例可见，都是过渡圆角加工不达要求而成为断轴的主要

原因。

⑤ 文献［1］断轴的10个实例中，就有4个是因为过渡圆角的缺陷而造成轴报废。如此高的报废率，很值得我们深思！

## 3 讨论

根据作者多年的经验，对于减速机制造公司来说，要避免断轴事故，最重要的是要落实两条技术措施：

① 轴的过渡圆角设计、制造（圆角的形状、尺寸和表面粗糙度）要非常精良。

② 电动机、联轴器和减速机的安装（三者轴线的同轴度）要很精确。

为什么？请看以下统计的事实数据：2013—2023年，作者收集了29个正式的失效分析报告，其中轴断裂的案例有21个。在这21个轴断裂的案例中，有10个是电动机、减速机的安装不同轴引起的；有2个是轴过渡圆角不符合技术要求引起的。由此可见，只要落实上述两条技术措施，就可能避免12根轴的断裂，约占轴断裂案例数的1/2。这一统计数据是否有点意外！这一事实很值得我们思考和改进落实。

## 参考文献


[1] 朱孝禄，胡炜．机械传动装置基础件失效分析 [M]. 北京：化学工业出版社，2022.


日期：2023年11月19日

# 【例1-15】 标准减速机高速轴断裂断口的宏观观察与分析

### 问题描述

南方某公司的减速机发生高速轴断裂事故。该减速机是某设计院的标准产品，型号：×××450，使用了三个多月，已断轴两次，因此发来减速机高速轴断裂的照片和有关资料，要求对高速轴的失效进行分析，找到失效的原因并提出改进措施。

### 答复内容

## 1 减速机高速轴失效概况

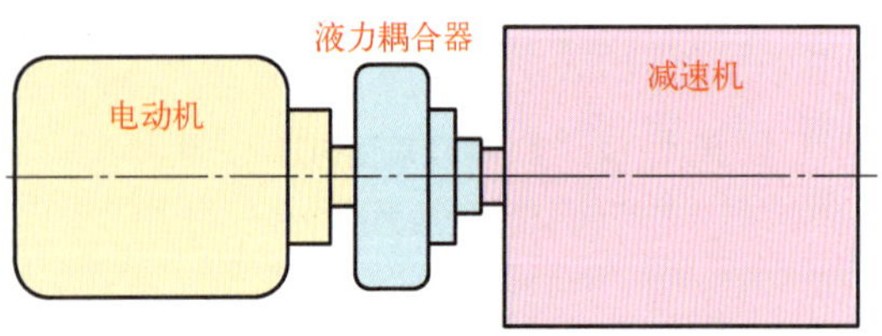


图1-15-1 电动机－液力耦合器－减速机组成机组的示意图

图1-15-1是电动机-液力耦合器-减速机组成的机组的示意图。电动机轴径为80mm，减速机轴径为75mm。

减速机高速轴组件简图见图1-15-2。

高速轴断裂的部位详见图1-15-3。特别要指出，此断裂处有3个应力集中源：其一是螺纹应力集中；其二是退刀槽应力集中；其三是防松卡环槽的应力集中。三者应力集中重叠在一处，轴内的应力状态极其复杂，应力集中肯定很大，这就为轴在此处发生断裂提供了优先的条件。

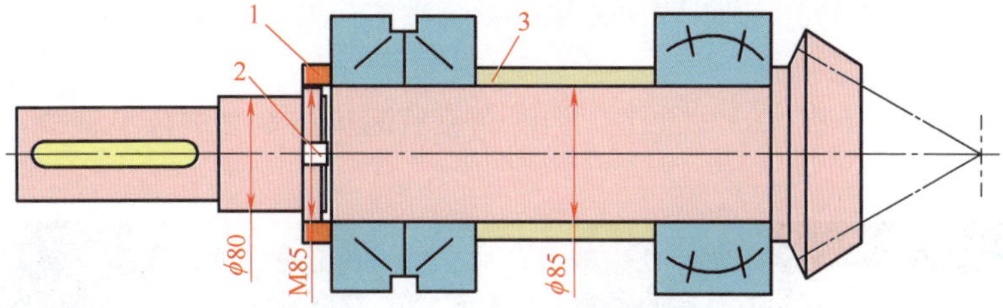


图 1-15-2　减速机高速轴部件示意图

1—螺母；2—防松卡环槽；3—套筒

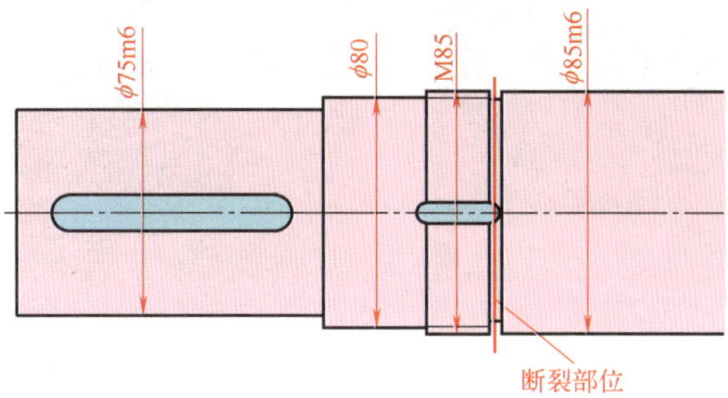


图 1-15-3　高速轴断裂的部位

# 2　断口宏观观察和分析

## 2.1　断口的宏观观察

轴断裂断口Ⅰ如图 1-15-4 所示。从图中的断口特征可见，轴是疲劳断裂，整个疲劳断口可以分为 3 部分：疲劳断口 1、疲劳断口 2 和瞬断区 3。疲劳断口 1 的疲劳源在防松卡环槽 5（见图 1-15-5）；疲劳断口 2 的疲劳源在螺纹槽底的圆周 4 上，两个疲劳断口不在同一平面

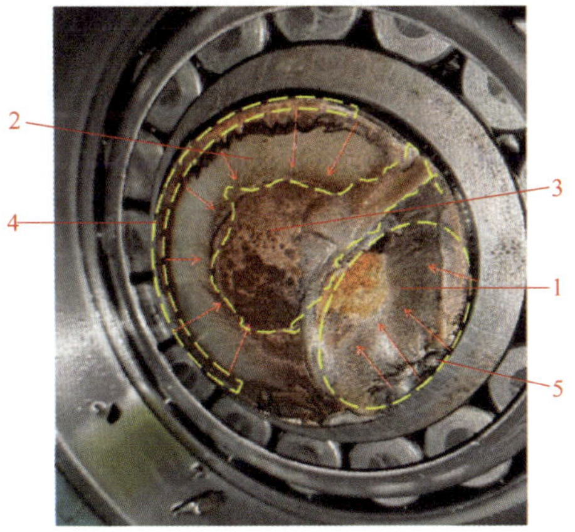


图 1-15-4　轴断裂断口Ⅰ

1—疲劳断口 1；2—疲劳断口 2；3—瞬断区；
4—螺纹槽底的疲劳源区；5—防松卡环槽

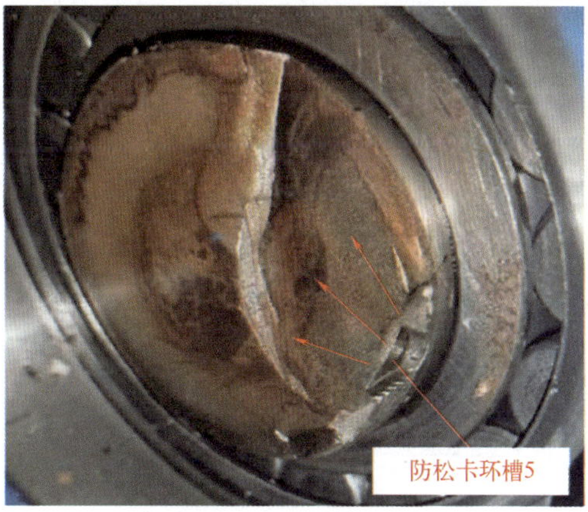


图 1-15-5　轴断裂断口Ⅱ

上，是多源疲劳断裂。

疲劳断口 1 和疲劳断口 2 不在同一个平面上，见图 1-15-6。图中可以看到锁紧螺母的螺纹，说明轴断裂在有螺纹处，螺纹的应力集中影响轴的强度。从图 1-15-7 可更清楚看到轴断裂在螺纹处。

两个疲劳断口虽然不在同一平面上，但两个疲劳断口基本上垂直于轴线，这是一种弯曲扭转疲劳断口。

图 1-15-6　轴断裂断口

图 1-15-7　轴断裂在螺纹处

## 2.2　断口宏观观察和分析

① 整个疲劳断口可以分为 3 部分：疲劳断口 1、疲劳断口 2 和瞬断区 3。从断口的特征看，可以确定轴是多源疲劳断裂。

② 在疲劳断口上没有看到疲劳弧线（贝纹线），说明断裂裂纹的扩展很快。

③ 疲劳断口 1 的疲劳源在防松卡环槽 5，疲劳断口 2 的疲劳源在螺纹槽底的圆周 4 上，两个疲劳断口不在同一平面上。

④ 两个疲劳断口虽然不在同一平面上，但两个疲劳断口基本上垂直于轴线，这是一种弯曲（为主）扭转疲劳断口。

⑤ 断裂处有 3 个应力集中源：其一是螺纹应力集中；其二是越程槽应力集中；其三是防松卡环槽的应力集中。三者应力集中在一处重叠，轴的应力集中肯定很大。这种多个高应力集中结构聚集在一处，是机械设计的大忌。

⑥ 从电动机 - 液力耦合器 - 减速机组成机组的示意图（图 1-15-1）看，液力耦合器的重力由减速机轴来承受，增加了减速机轴的弯曲应力矩，影响轴的弯曲强度。

⑦ 从设计的角度看，减速机高速轴安全系数可能是足够的，但是一些意外的情况会严重影响轴的弯曲强度。例如电动机轴和减速机轴在安装中，二轴不同轴，就会使减速机轴产生很大的附加弯曲力矩，由此而产生轴断裂的案例很多。

# 3　结论和改进措施

## 3.1　结论

① 减速机高速轴是多源疲劳断裂。

② 高速轴的设计存在结构上的缺陷：断裂处有3个应力集中源——螺纹应力集中、退刀槽应力集中、防松卡环键槽应力集中。三者重叠在一处，轴内的附加应力集中肯定很大。

③ 两个疲劳断口基本上垂直于轴线，这是一种弯曲扭转疲劳断口。

④ 液力耦合器的重力由减速机轴来承受，增加了减速机轴的弯曲应力。

⑤ 电动机轴和减速机轴的轴线，安装同轴度太差（可能性很大），就会使减速机轴产生很大的附加弯曲力矩。

## 3.2 改进措施

① 设法改进高速轴的结构设计，避免高应力集中缺陷；如果结构不能大改，也要精心设计，尽量减少应力集中，适当增加轴的安全系数。

② 精心安装机组，保证电动机轴和减速机轴的轴线同轴度。

③ 电动机轴的直径80mm，减速机轴的直径75mm，同时又有高应力集中，因此液力耦合器的重力最好由电动机轴来承受。

④ 检测防松卡环槽根部和螺纹牙根部的圆角半径是否符合有关标准的要求，因为圆角半径大小对应力集中影响很大。

⑤ 检测轴的越程槽尺寸，特别是圆角半径和表面粗糙度是否合理。

上述④⑤细节的失误，造成轴断裂的案例占有很大的比例。

以上的分析、结论和改进措施，都是在假设高速轴的材料和热处理没有问题的基础上提出来的，因此建议进行材料的化学成分、力学性能和热处理的检验。以上的分析、结论和改进措施，都是参看公司发送来的图片和资料提出的看法，作者没有看到断轴的实物，因此上述看法只供参考。减速机高速轴断裂是一种“常见病”，在参考文献[1]中有较详细的论述，有关内容的摘录见附录。

## 附录　硬齿面齿轮减速机的高速轴很容易断裂的原因[1]

硬齿面齿轮减速机的高速轴很容易出现断裂失效，上面讨论的仅仅是一个案例。为什么高速轴容易出现断裂？

1. 高速轴很容易断裂失效的原因

在排除材料、热处理工艺和冷加工缺陷等原因后，断裂的主要原因如下：

①“先天不足”。也就是说从强度设计的角度来看，硬齿面齿轮减速机的高速轴就是一个薄弱环节。减速机采用硬齿面齿轮后，齿轮的直径比软齿面齿轮小很多，而高速轴的直径往往受制于齿轮结构的直径 $D$，如图1-15-8所示。因此轴的直径就不能随意加大，造成了强度的薄弱环节。

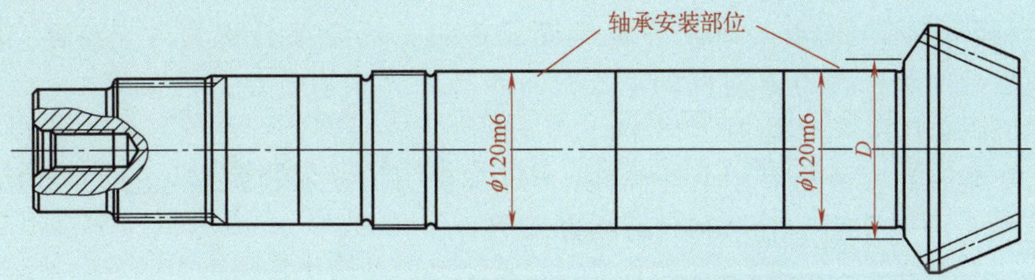


图1-15-8　齿轮的直径 $D$ 限制高速轴的直径

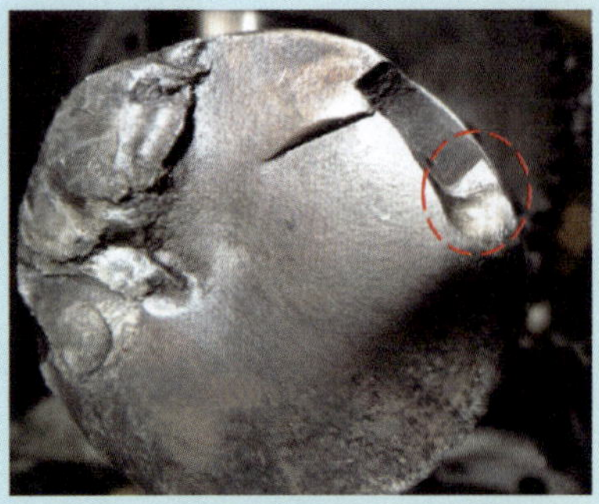

图 1-15-9 疲劳源区常位于平键键槽尖角处

② 键槽的应力集中。从断口的宏观观察中看到，例如图 1-15-9，最早的疲劳裂纹发生在平键键槽尖角处，因此键槽对轴的削弱（轴的截面面积减小和应力集中）值得重视。特别是键槽底部的圆角对应力集中的影响很大。

可用有限元法计算不同圆角 *r* 的最大应力。得出键槽不同圆角 *r* 的最大应力数据见表 1-15-1，可见圆角 *r* 对强度的影响是很大的。

表 1-15-1 不同圆角 *r* 的最大应力数据

| 键槽圆角 *r*/mm | 最大应力值 /MPa | 键槽圆角 *r*/mm | 最大应力值 /MPa |
|---|---|---|---|
| 0.40 | 221.7 | 0.10 | 354.5 |
| 0.25 | 259.8 | | |

③ 联轴器与轴的过盈配合。不少案例中，高速轴断裂的部位正好是联轴器同轴过盈配合的边缘处，因为该处有比较大的应力集中，过盈配合对轴的强度影响很大。因此，高速轴在联轴器与轴过盈配合边缘处断裂就很可能了。

④ 减速机安装、使用方面的问题。硬齿面减速机设计中的另一个老大难问题是电动机和减速机轴的直径严重不匹配，减速机轴比电动机轴细很多。通常，减速机轴直径是电动机轴的 3/4 ～ 1/2，如图 1-15-10 所示。

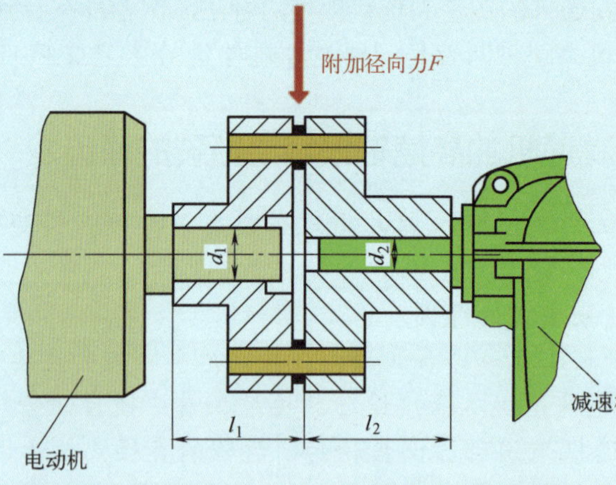


图 1-15-10 电动机和减速机轴的直径不匹配示意图 [2]

如果电动机轴和减速机轴同轴度很差，就会在联轴器上产生附加径向力 $F$。

由于轴径不同，造成两者抗弯截面模数不同（抗弯截面模数同直径 $d^3$ 成正比），联轴器产生的附加径向力 $F$ 对两轴危险断面的附加弯矩（应力）也不同。

举例说明如下（尺寸见图 1-15-10）。

轴危险截面的弯曲应力：电动机轴 $\sigma_1=Fl_1/(0.1d_1^3)$；减速机轴 $\sigma_2=Fl_2/(0.1d_2^3)$。

当 $l_1 \approx l_2$ 时（见图 1-15-10），两应力比值为

$$\frac{\sigma_2}{\sigma_1}=\frac{d_1^3}{d_2^3}$$

如果取 $d_2$=1，$d_1$=2，则 $\sigma_2/\sigma_1$=8，可见应力差别巨大。

附加径向力 $F$ 的大小决定于电动机和减速机两轴的不同轴度。此不同轴度对硬齿面齿轮减速机轴的损伤非常敏感。在《机械设计手册》中，对于弹性联轴器通常规定减速机的安装不同轴度（径向位移 $\Delta y$）不得大于 0.2～0.3mm。这对于软齿面减速机是合适的，而对于硬齿面减速机可能就偏大了。而大多数现场安装、使用人员并不重视此不同轴度，认为使用弹性联轴器可以自动补偿误差，这是严重的误判。上述计算表明：由于减速机轴比电动机轴小很多，因此减速机轴上的弯曲应力要比电动机轴大很多，减速机轴发生断裂就是必然了。

⑤ 轴上联轴器的径向刚度。所谓联轴器的径向刚度是指弹性联轴器两轴产生每单位径向位移 $\Delta y$ 需要的径向力。径向刚度越大，产生径向位移的径向力越大，对连接轴强度不良影响就越大。非金属弹性元件挠性联轴器，如弹性套圈柱销联轴器、梅花形弹性块联轴器、轮胎式联轴器等，其径向刚度就较小。

⑥ 轴上旋转零件的不平衡。旋转零件的静平衡或动平衡不好，将会使旋转零件产生离心力，增加轴的附加应力，从而影响轴的强度。图 1-15-11 所示为联轴器－轴－减速机的配置关系，图中联轴器质量有点偏心。

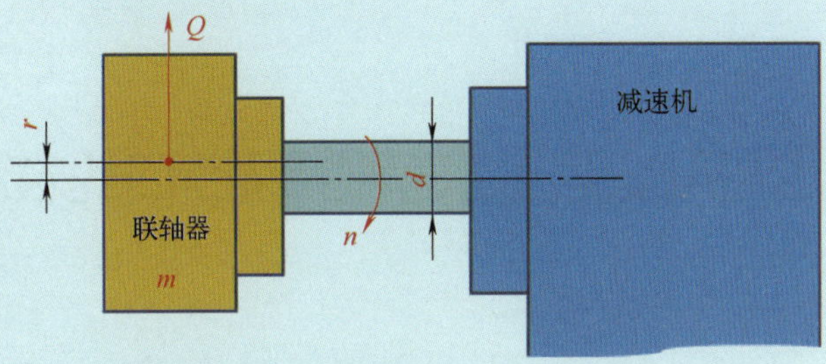


图 1-15-11　联轴器－轴－减速机的配置关系

由偏心引发的离心力为

$$Q=\frac{\pi^2 n^2 mr}{900}$$

式中　$Q$——由偏心产生的离心，N；

$r$——偏心距，m；

$n$——轴的转速，r/min；

$m$——联轴器的质量，kg。

⑦ 轴上联轴器、制动器、液力耦合器等的质量。减速机高速轴上一般都有联轴器，液力耦合器或者制动轮等，其自重对于软齿面减速机的高速轴的强度来说影响并不大，因为这种减速机轴的尺寸都可以做得比较大。但是，对于硬齿面减速机来说，由于受高速轴上齿轮结构尺寸的限制，高速轴的尺寸和安全系数都比较小，再由于联轴器或制动轮的质量重力可以同上述的离心力叠加，在这种情况下，联轴器或制动轮的质量对高速轴强度的影响就不可以忽视了。

2. 防止高速轴断裂的主要措施

针对以上出现的问题，可提出防止高速轴断裂的主要措施：

① 严格控制键槽的加工质量，特别是槽底的圆角半径 $r$，尽可能按标准取大值；没有圆角的键槽不能使用。

② 安装在高速轴上的联轴器、制动轮等，应经过静平衡或动平衡试验，避免过大的附加离心力。

③ 黏附在联轴器、制动轮上的附着物应及时清除。

④ 最重要的是控制减速机安装的不同轴度，安装减速机时，应派遣掌握技术的专人负责调整、检测电动机同减速机的不同轴度。

⑤ 对减速机和电动机的底座面和维护提出要求：采用经过加工的平面，垫片要平整，最好有定位措施，定期检查地脚螺栓是否有松动等。目的是防止运转一段时间后，电动机或减速机发生移动，破坏已经调整好的不同轴度。

## 参考文献


[1] 朱孝禄，胡炜 . 机械传动装置基础件失效分析 [M]. 北京：化学工业出版社，2022：133-138.

[2] 李钊刚 . YB/050—1993 冶金设备用 YNK 齿轮减速器标准宣贯读本 [M]. 北京：中国标准出版社，1994：66-68.


日期：2024 年 1 月 25 日

# 【例 1-16】 起重机减速机高速轴断裂断口的宏观观察与分析

### 问题描述

北方某公司发来起重机的副起升机组减速机高速轴断裂的图片、资料和切片试块，咨询造成轴断裂的原因和改进措施。

### 答复内容

## 1 减速机高速轴断裂概况

这是一个起重机的副起升机组减速机高速轴断裂的案例，图 1-16-1 是高速轴断裂的照片，图 1-16-2 是高速轴的零件简图。

图 1-16-1 高速轴断裂的照片

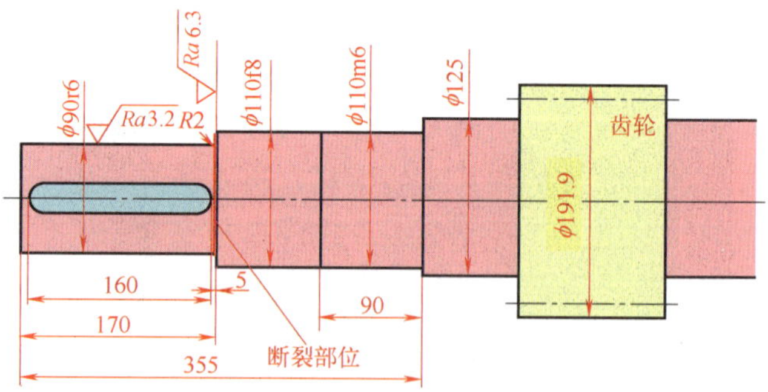


图 1-16-2 高速轴的零件简图

此轴于 2010 年完成加工，放置在用户现场，2023 年 12 月当作备件换上后，使用 28 天断裂。轴的材料和热处理：20CrNi2Mo，材料经过渗碳淬火，轴颈处未渗碳，仅齿部渗碳。

# 2 断口的宏观观察与分析

## 2.1 2 个耦合断口的形貌

图 1-16-3 是轴的有键端和无键端耦合的 2 个断口，其中图（a）是有键端的断口，断口上有一个凹槽；图（b）是无键端断口，断口上有一个凸块。在轴断裂时，电动机［图 1-16-3（a）断口］还在旋转，因此图 1-16-3（b）断口上的凸块就伤害了图 1-16-3（a）断口，而图 1-16-3（b）断口基本完好。

(a) 有键端的断口

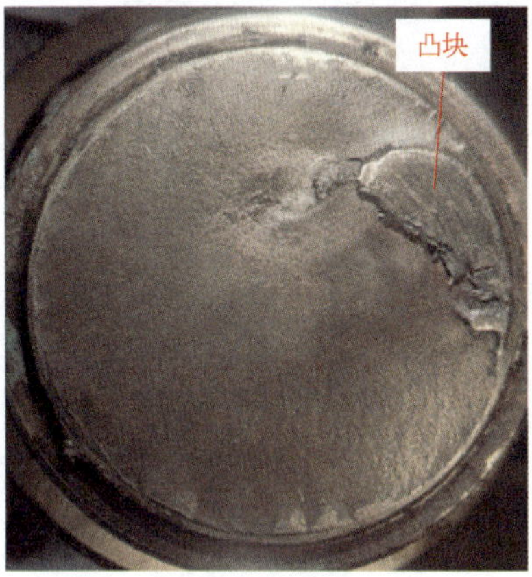


(b) 无键端的断口

图 1-16-3　轴的有键端和无键端的 2 个耦合断口

## 2.2 无键端断口的分析

无键端的断口除了凸块和断口圆周磨损外基本完好，如图 1-16-4 所示。断口比较平整，断口面基本垂直于轴线。将断口中有明显特征的局部 A 放大，见图 1-16-5。

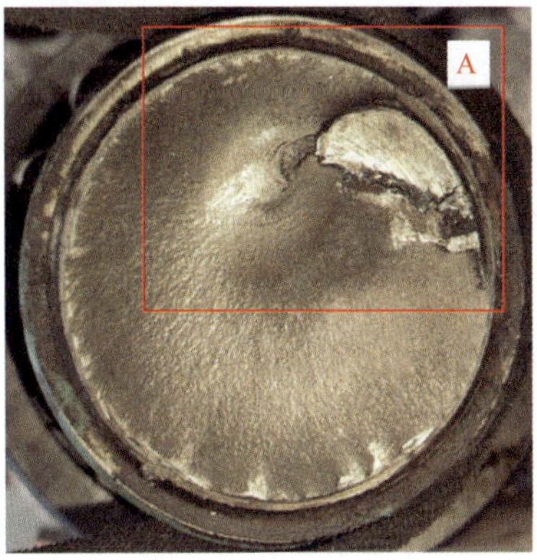


图 1-16-4　无键端的断口

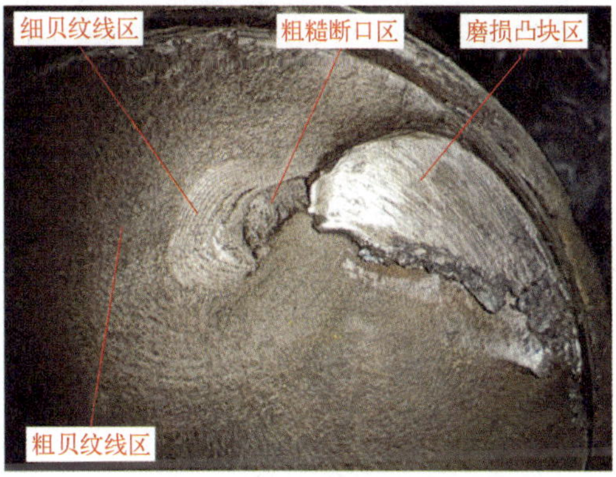


图 1-16-5　图 1-16-4 的局部 A 放大

在图 1-16-5 中，可以看到 4 个非常有特征的区域：

磨损凸块区——其表面在轴断裂时严重磨损；

细贝纹线区——明显的疲劳断裂特征；

粗贝纹线区——明显的疲劳断裂特征；

粗糙断口区——轴最后断裂的瞬断区域。

根据以上 4 个区域，可以得到以下判断：

① 因为有明显的粗、细贝纹线，可以肯定轴是疲劳断裂。

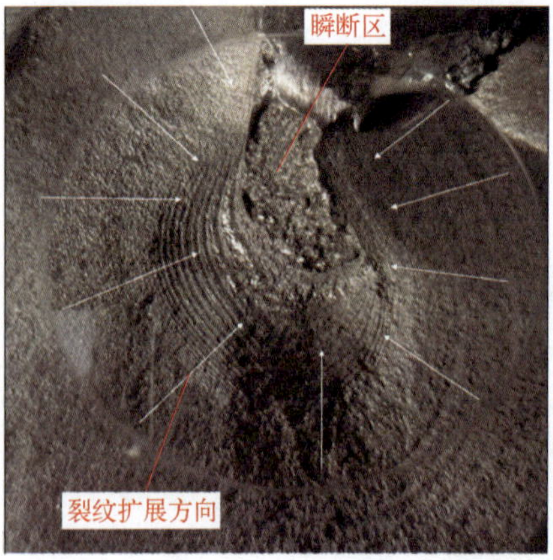


图 1-16-6　图 1-16-5 的局部发大

② 粗、细贝纹线都围绕粗糙断口区，好像说明该区是引发疲劳裂纹的源区，其实不是这样。

③ 事实上，如果将图 1-16-5 局部发大，如图 1-16-6 所示，仔细观察贝纹线的间距就可以发现，断口外侧的间距较密，越靠近粗糙断口区间距越稀。这种贝纹线外密内稀的现象，表明断口的疲劳裂纹是由外向里扩展的，图 1-16-6 中画出了裂纹的扩展方向。

④ 轴断口上疲劳源区在轴的圆周断口上，如图 1-16-7 所示。这是因为该部位存在过渡圆角的严重应力集中，见图 1-16-8。遗憾的是轴的圆周断口大部分已经在轴断裂时磨平，看不到有价值的疲劳特征。

⑤ 疲劳裂纹由外向内扩展，粗糙断口区就是轴疲劳断裂最后的瞬断区。磨损凸块区也可能有一部分瞬断区。

⑥ 瞬断区面积较小，说明轴的名义应力不大，这是因为起重机大部分运转时间内，其起重量都不会很大。

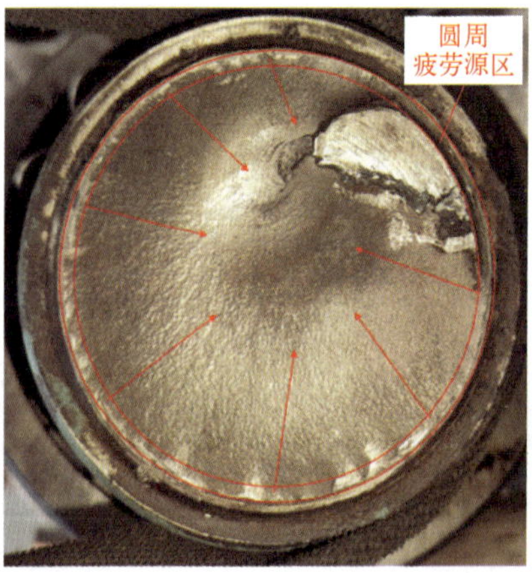


图 1-16-7　轴圆周断口上疲劳源区

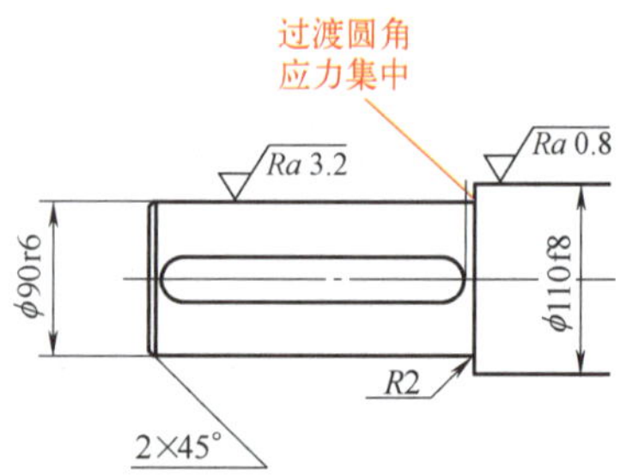


图 1-16-8　过渡圆角的应力集中区

## 2.3　有键端断口的分析

有键端的断口如图 1-16-9 所示。断口上大部分表面在轴断裂时被磨损损坏，特别是断口周边的表面损坏更严重。但是，在断口的 A 区可以看到疲劳断裂的贝纹线和断裂的放射线；

在靠近键槽的断口B区出现一个凹槽，看不到凹槽内有何特征。

将断口A区和B区的局部放大，如图1-16-10所示，断口的特征就比较清晰了。

在断口的A区，有非常明显的贝纹线，贝纹线成弧形包围核心区，如图1-16-10所示。遗憾的是核心区已经被磨损损坏，看不到任何特征。虽然如此，如果与图1-16-5对照观察，就可以确定图1-16-10的核心区就是图1-16-5的粗糙断口区（瞬断区）。

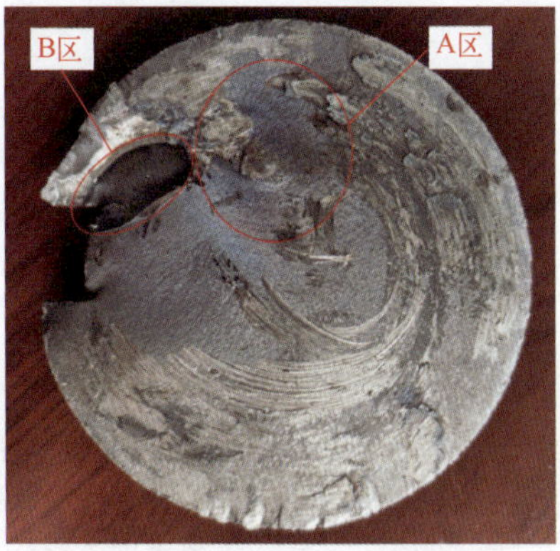


图1-16-9　有键端的断口

在断口的B区（图1-16-10），靠近键槽处出现一个罕见的凹槽，根据凹槽的断裂特征，可以做以下分析：

① 凹槽内也有明显的贝纹线，说明B区也是疲劳断裂。

② 凹槽的疲劳断裂是由键槽底部的圆角应力集中引起的，其疲劳裂纹发源地应该是键槽底部的过渡圆角处（见图1-16-11和图1-16-14），因为该处的应力集中会很大，如图1-16-8所示。这是轴断口的第2个疲劳源。

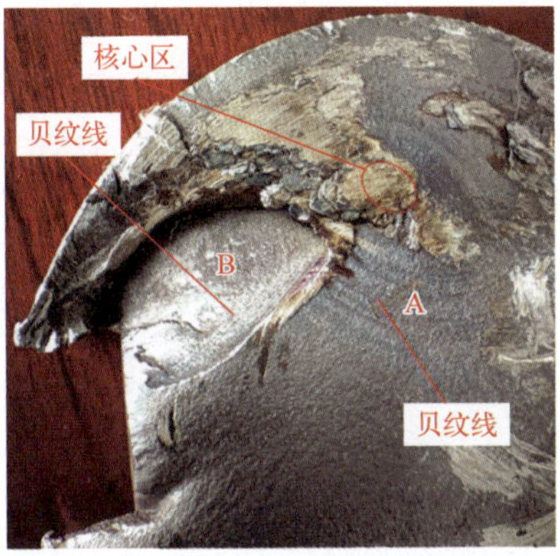


图1-16-10　A区和B区的局部放大图

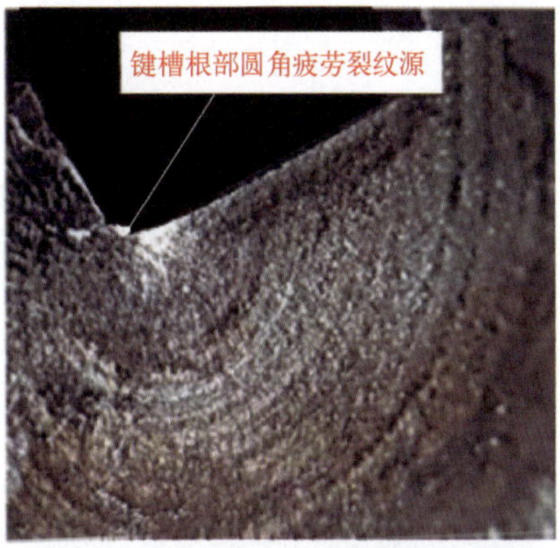


图1-16-11　键槽底部过渡圆角处疲劳弧线举例

③ 键槽铣削刀纹非常粗糙（见图1-16-12、图1-16-13），对轴的强度损伤很大，是造成轴断裂的原因之一。

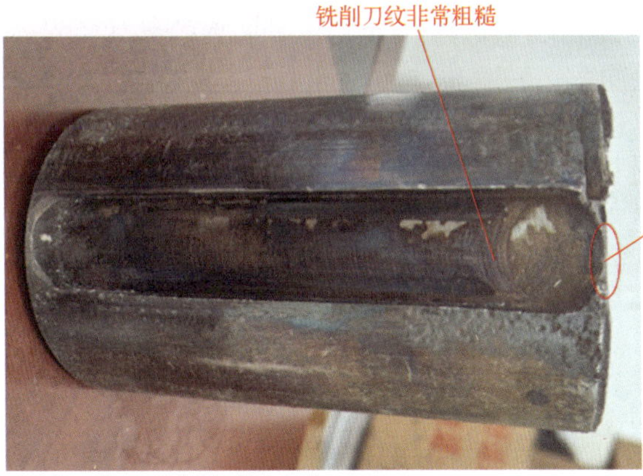


图1-16-12　轴断裂形貌

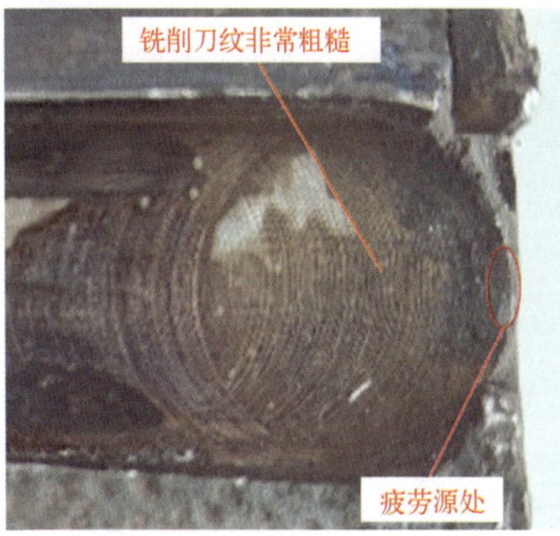


图1-16-13　键的铣削刀纹形貌

④ 图 1-16-14 画出了 A 区和 B 区裂纹扩展的方向。由于 A 区和 B 区裂纹扩展不在同一平面上，因此轴断裂时就在 B 区出现了弧形的断口台阶，形成凹槽（第 2 层疲劳断口）。

⑤ 在图 1-16-15 上标注出轴的高应力集中区，该区中存在键槽过渡圆角的应力集中、轴台阶的应力集中和粗糙铣削刀痕的应力集中，因此在该区出现初始疲劳裂纹是很自然的。

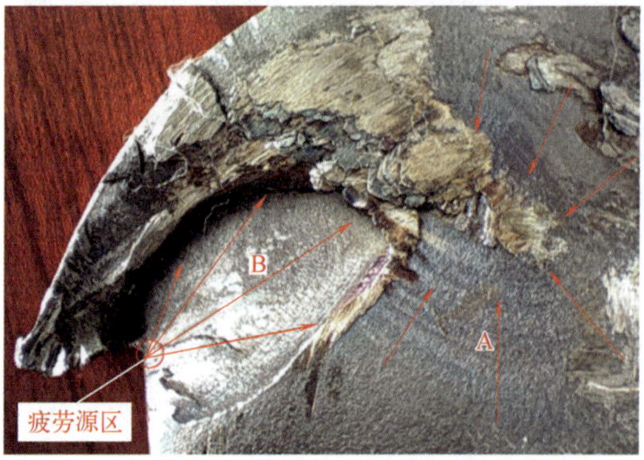

图 1-16-14 裂纹的扩展方向

图 1-16-15 轴上的高应力集中区

# 3 断口宏观观察和分析的初步结论和建议

## 3.1 结论

① 根据断口有明显的粗、细贝纹线，可以肯定轴是疲劳断裂。

② 断口上有两个疲劳源：其一是无键端断口圆周的疲劳源；其二是有键端断口看到的以高应力集中区为核心的疲劳源。据此判定该轴断裂是多源疲劳断裂。

③ 仔细观察无键端断口，断口外侧的间距较密，越靠近粗糙断口区间距越稀。这种贝纹线外密内稀的现象，表明断口的疲劳裂纹是由外向里扩展的。

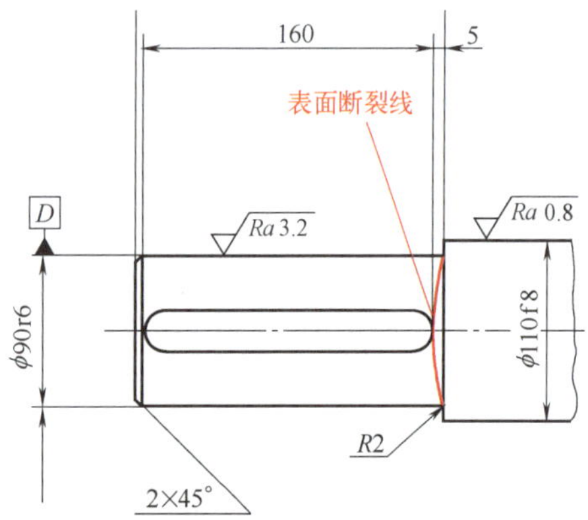

图 1-16-16 沿轴圆周的断裂线

④ 瞬断区面积较小，说明轴的名义应力不大，这是因为起重机大部分运转时间内，其起重量都不会很大。轴断裂时，其名义应力较小。

⑤ 在有键端断口出现的凹槽，其疲劳断裂是由键槽底部的应力集中引起的，其疲劳裂纹发源地是键槽底部的过渡圆角处。

⑥ 键槽铣削刀纹非常粗糙，对轴的强度损伤很大，可能是造成轴断裂的原因之一。

⑦ 沿轴圆周的断裂线触及键槽和轴肩的过渡圆角（*R*2），见图 1-16-16。过渡圆角处未标注表面粗糙度是设计的失误，因为过渡圆角处的表面粗糙度和尺寸对轴的应力集中有决定性的影响。

⑧ 轴断裂的过程：轴的圆周过渡圆角处萌生疲劳裂纹→裂纹向轴内部扩展→轴的承载

面积缩小；另外，键槽底部圆角处萌生疲劳裂纹→裂纹向轴内扩展（与前者不在同一平面上）→使轴的承载面积进一步缩小→轴瞬间断裂。

### 3.2 建议

① 建议检查轴的过渡圆角半径是否符合 $R2$，表面粗糙度是否太大。

② 建议对断口进行电子显微镜观察与分析，以便确定轴材料内部（特别是图 1-16-10 的 A 区和 B 区）是否存在夹渣、疏松等缺陷。同时，微观观察也可以验证断口宏观观察的正确与否。

③ 建议对断轴进行常规的失效分析检验：材料化学成分、热处理品质、金相组织和力学性能等检验。

日期：2024 年 2 月 26 日

## 【例 1-17】 减速机的型面轴断裂失效分析

**问题描述**

北方某公司减速机的型面轴出现第 2 次断裂的案例。第 1 次断裂案例发生在 2014 年，见参考文献 [1][68-82]。该公司发来型面轴第 2 次断裂的照片和有关资料，要求分析型面轴断裂的原因和预防措施。经过分析得知先后两个案例的断口和失效原因有很大不同，可供进一步分析参考。

**答复内容**

# 1 型面轴断裂概述

### 1.1 减速机和型面轴基本信息

某煤矿井下 1600kW 机头平行刮板机用的减速机于 2017 年出厂，2023 年 4 月返厂维修，2024 年 3 月 1 日发生断裂事故。减速机的基本信息：

减速机功率 $P$=1600kW；高速轴转速 $n$=1490r/min；传动比 $i$=39.11。

### 1.2 三叶型面轴简介

三叶型面轴的截面如图 1-17-1 所示。此轴采用德国标准 DIN32711 的 P3 型面（即三叶型面），其尺寸参数：平均直径 $D$=150mm，偏心量 $e$=6.75mm（DIN32711 的标准值）。

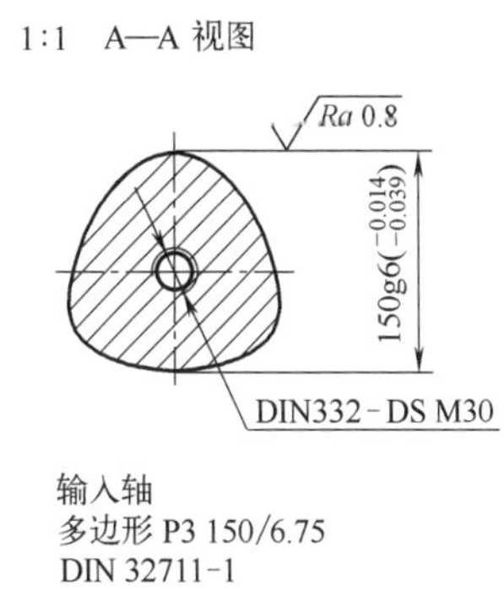


图 1-17-1 三叶型面轴的截面及其尺寸参数

这是一种轴、孔成形连接，它利用非圆截面的轴与形面相同的毂孔所构成的轴毂无键连接，本例为间隙配合连接。该型面轴连接的主要特点是：

① 连接件无应力集中源，疲劳强度比键或花键连接高。

② 奇数边的异形截面在传递转矩时，具有自动定心的功能，甚至在很小的载荷时也能自动定心。

③ 轴、孔成形连接的缺点是在连接中有很大的推力，当两连接型面对中不好时会产生附加的弯曲应力，对轴和轮毂都很不利。

## 2 型面轴的断裂部位

三叶型面连接用于井下刮板运输机的减速机。三叶型面轴的组合部件和断裂部位如图 1-17-2 所示。

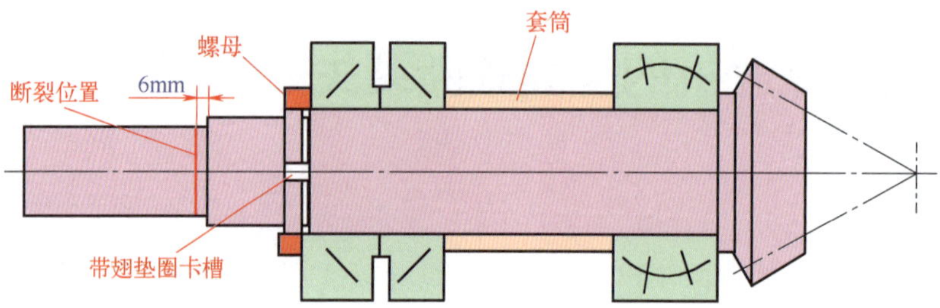


图 1-17-2 三叶型面轴的组件和断裂部位

三叶型面轴的零件简图见图 1-17-3，断裂部位离轴肩 6mm。技术要求：齿面硬度 58 ～ 62HRC；心部硬度 33 ～ 42HRC；其余位置表面硬度 30 ～ 45HRC；渗层深度 2.8mm。

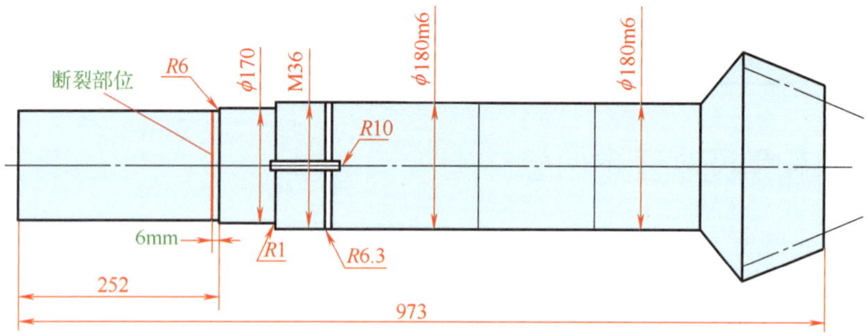


图 1-17-3 三叶型面轴的零件简图和断裂位置

## 3 减速机工作时安装形式

电动机 - 联轴器 - 转矩限制器 - 减速机的安装组合如图 1-17-4 所示。其中组合局部结构 A 放大见图 1-17-5。型面轴根部有 *R*6 倒角（图 1-17-5），转矩限制器约 500kg，其端面正好在 *R*6 边缘处。过去有过型面轴断裂的案例，最危险截面在型面轴与毂孔配合末端处[1]。本次型面轴也正好在此位置断裂。

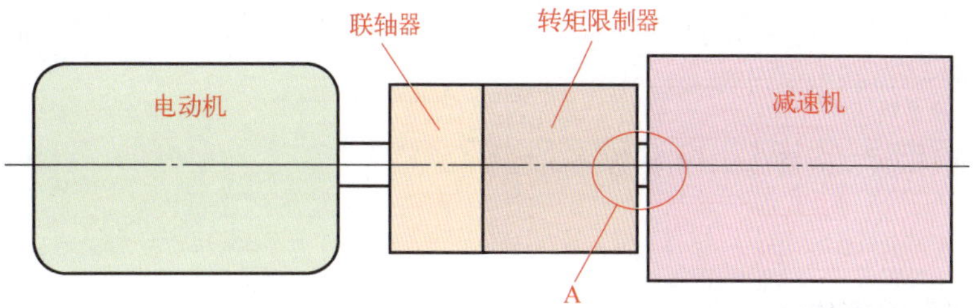


图 1-17-4　电动机－联轴器－转矩限制器－减速机的安装组合示意图

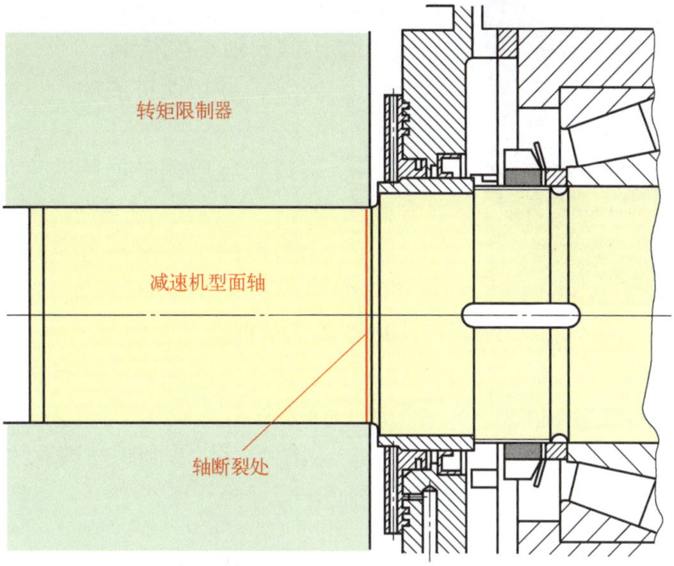


图 1-17-5　减速机安装组合结构局部 A 放大图

# 4　型面轴断裂断口宏观分析

## 4.1　型面轴断裂的两个耦合断口

型面轴断裂的两个耦合断口如图 1-17-6 和图 1-17-7 所示。图 1-17-6 是转矩限制器侧的

图 1-17-6　转矩限制器侧的断口

图 1-17-7　减速机侧的断口

断口；图 1-17-7 是减速机侧的断口。很明显，此断口比较复杂。从断口形貌中，可以初步判定型面轴是在严重载荷集中状态下断裂的。

## 4.2 转矩限制器侧断口的观察和分析

观察转矩限制器侧的断口（图 1-17-8），可以看到以下疲劳断裂特征：

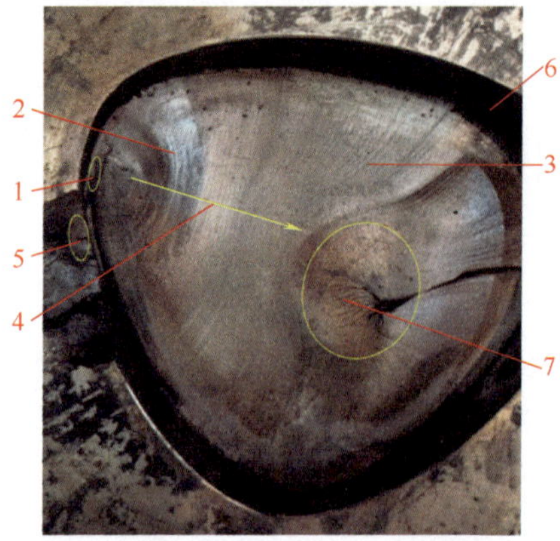


图 1-17-8 转矩限制器侧断口的疲劳特征

1—疲劳源区；2—凸形贝纹线；3—凹形贝纹线；4—裂纹扩展方向；5—轮毂受到损伤区；6—大间隙；7—瞬断区

① 全断口只有一个疲劳源区 1（断口中的编号，下同），疲劳源区的放大见图 1-17-9，其疲劳断裂特征非常典型；

② 裂纹向轴心扩展 4。

③ 裂纹扩展初期扩展的速度较慢，因此贝纹线呈现凸形 2。

④ 裂纹扩展后期扩展的速度加快，因此贝纹线呈现凹形 3。

⑤ 当型面轴承载面积不足以承受外载荷时，轴瞬间断裂，出现了瞬断区 7，其放大见图 1-17-10，最后断裂的放射线非常明显。

⑥ 当轴受到高接触载荷而损伤时，同样轮毂也受到了损伤 5。

⑦ 从图中可以看到轴与毂孔之间有很大的间隙，轴偏向一侧 6，是造成轴与毂局部接触的原因之一。

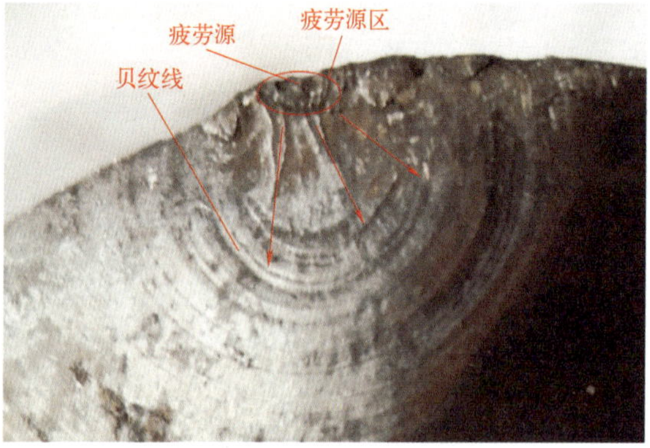


图 1-17-9 疲劳源区的放大图

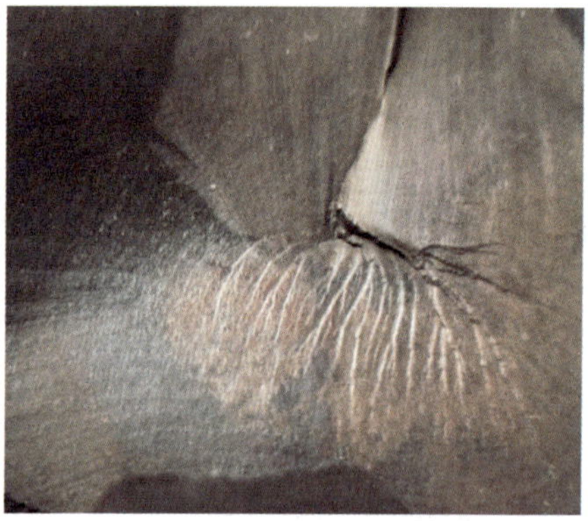

图 1-17-10 瞬断区放大图

## 4.3 减速机侧断口的观察和分析

减速机侧轴的断口形貌如图 1-17-11 所示，从断口图中可以看到以下疲劳断裂特征：

① 全断口有 2 个疲劳源区 1 和 2，是一个多源疲劳的断口。疲劳源区 1 和 2 虽然在同一个截面上，由于裂纹扩展的方向不同，正常情况下是看不到疲劳源区 2 的。但是，在轴断裂时，缺失了上面的一小块轴体，疲劳源区 2 就显现出来了。

② 疲劳源区 1 的放大见图 1-17-12，有明显的轴与毂孔磕碰的痕迹，是型面轴断裂的主要原因。

③ 疲劳源区 2 的放大见图 1-17-13，断口内虽然没有明显的贝纹线，但疲劳特征很明显，也有明显的轴与毂磕碰的痕迹，是型面轴断裂的主要原因。

④ 非常值得注意的是，疲劳源 1 和疲劳源 2 不在同一平面上，而是分别向轴心扩展，造成了极为复杂的“空间断口”。

⑤“空间断口”分为 2 层：第 1 层是与图 1-17-8 耦合的断口（图 1-17-11）；第 2 层是疲劳源 2 向轴心扩展形成的复杂断口，如图 1-17-14 所示，图中疲劳源区 2 的放大见图 1-17-13。断口内部的结构很复杂，如图 1-17-15 ～图 1-17-19 所示。

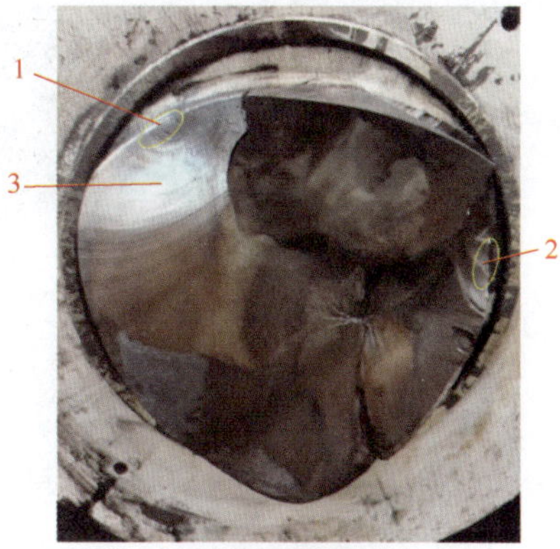


图 1-17-11　减速机侧断口的疲劳特征

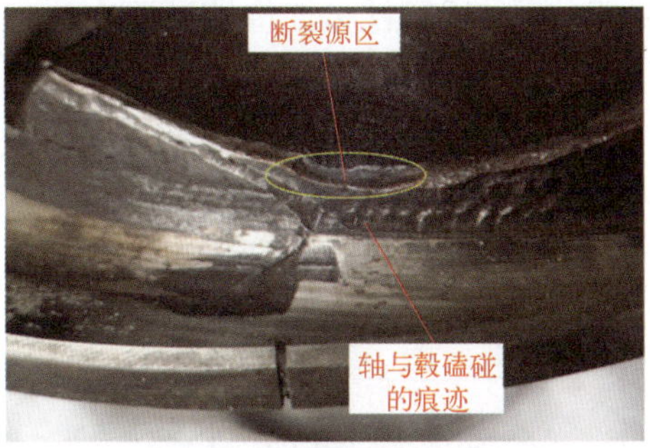


图 1-17-12　疲劳源区 1 的放大图

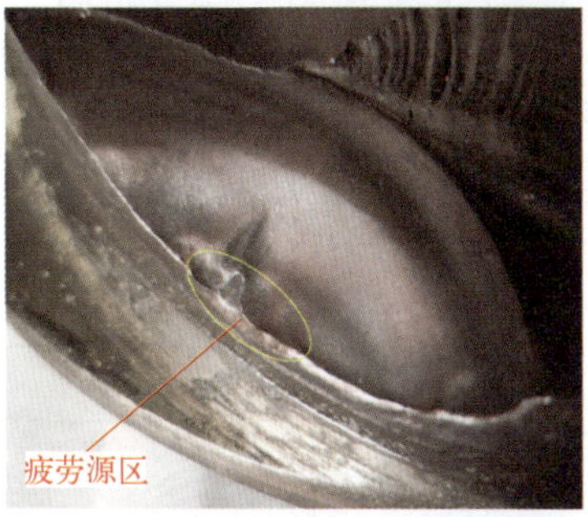


图 1-17-13　疲劳源区 2 的放大图

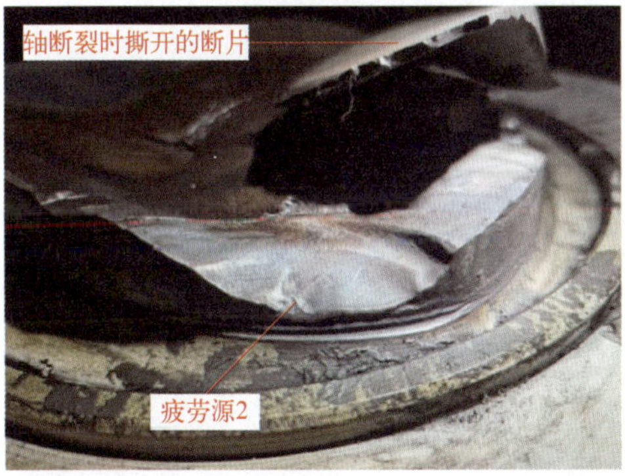


图 1-17-14　疲劳源 2 向轴心扩展形成的断口

图 1-17-15　复杂断口（一）

图 1-17-16　复杂断口（二）

图 1-17-17　复杂断口（三）

图 1-17-18　复杂断口（四）

图 1-17-19　复杂断口（五）

## 4.4　出现双层断口的过程

出现双层断口的过程可以用图 1-17-20 来说明。图中用圆柱体来替代型面轴。图 1-17-20（a）表示轴表面有 2 条在同一平面的微裂纹 A（黑色）和 B（红色）。经过长期运转，A 裂纹扩展至轴断裂，如图 1-17-20（b）所示；而 B 裂纹也相应扩展，如图 1-17-20（b）所示。在轴断裂时的拉引力作用下，就会将 B 裂纹上面的金属块（黄色）掀起，例如图 1-17-14 所示。这就是出现双层疲劳断口的过程。

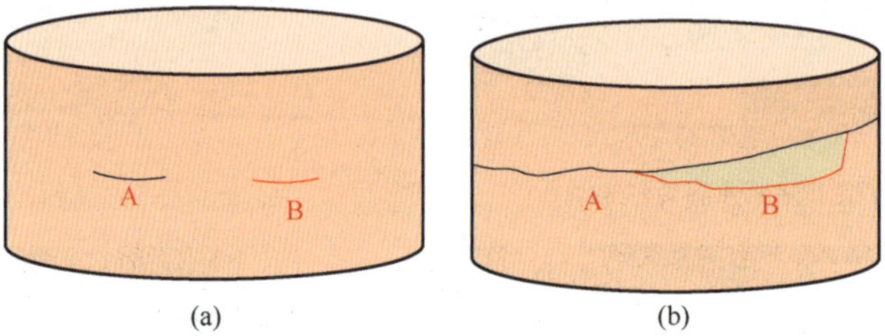


图 1-17-20　出现双层断口机理示意图

# 5　型面轴的断裂原因分析

## 5.1　断轴可以排除的影响因素

根据“减速机于 2017 年出厂，使用 6 年后，于 2023 年 4 月返厂维修”，型面轴完好，没有断裂，可见型面轴的材料、热处理和机加工都没有问题。因此，材料、热处理和机加工影响型面轴断裂的因素基本上可以排除。

## 5.2　轴断裂最可能的影响因素

根据“型面轴使用 6 年没有断裂，而返厂维修后使用两个多月型面轴断裂”的事实，可以推论：型面轴的断裂与返回工地后的安装试调（精度）不到位有关。

## 5.3　安装精度对型面轴强度的影响

### 5.3.1　型面轴与孔配合状态

转矩限制器与减速机的装配示意图如图 1-17-21 所示。正确的装配，转矩限制器与减速机的两轴应该在同一轴线上，如果型面轴与孔是过盈配合，就能做到同一轴线，如图 1-17-22 所示。

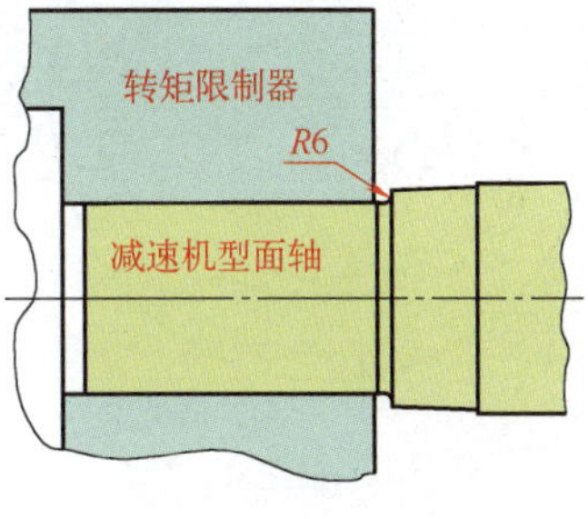


图 1-17-21 转矩限制器与减速机的装配示意图

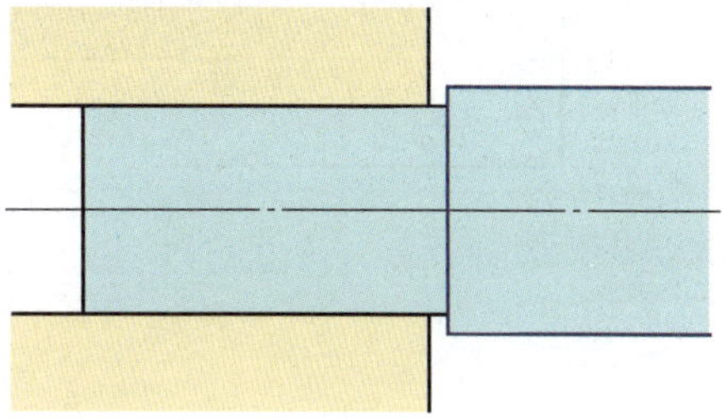

图 1-17-22 型面轴与孔过盈配合状态

### 5.3.2 型面轴与孔同心、松配合状态 [1]

为了安装方便，目前在用的型面轴是松配合，轴与孔之间存在间隙，如果轮毂与型面轴同心，如图 1-17-23 所示，则在传递转矩 $T$ 时，轮毂与型面轴的工作状态如图 1-17-24 所示，3 个接触点的法向力 $F_n$ 都相等，其合力只传递转矩，不会造成法向力的不平衡，型面轴不会产生附加力。

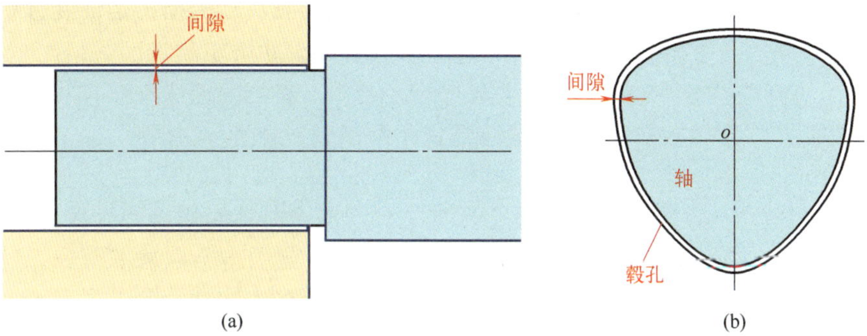


图 1-17-23 型面轴与孔同心松配合状态

据查，本例的设计间隙为 0.014 ～ 0.097mm；实测间隙为 0.200 ～ 0.310mm，可见增加了不少。

### 5.3.3 轮毂与型面轴不同轴线的 3 种情况

① 轴的中心线与轮毂的中心线不同轴线，有平行的偏心距 $e_0$，如图 1-17-25 所示 [1]。在这种状态下传递转矩 $T$，3 个法向力 $F_r$ 不可能保持平衡（图中只画出 1 个 $F_r$ 示意），因此型面轴就会产生弯曲变形（弯曲应力），影响型面轴的弯曲疲劳强度。

此外，偏心量 $e_0$ 可以是安装轴线不重合量，或者再加上轴的弹性变形，这时就会产生轴毂接触面相对滑动，如图 1-17-26 所示。

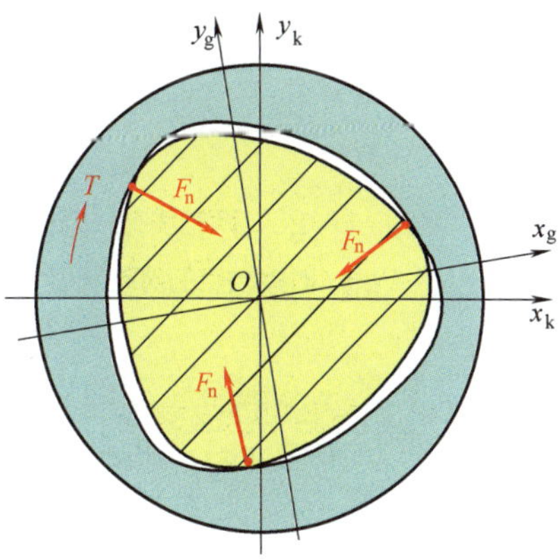


图 1-17-24 传递转矩 $T$ 时轮毂和型面轴受力情况

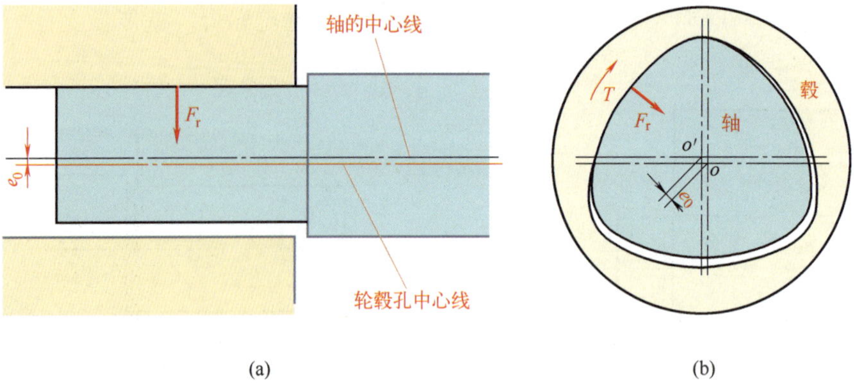


图 1-17-25　**轴的中心线与轮毂的中心线不同轴线状态**

图 1-17-26 是两轴线有一个偏心量 $e_0$ 时的轴毂连接状态。从图中可以看到，型面轴在转速、转矩的运转条件下，接触面上任何一点 $K$ 到轴圆心 $O_1$、毂圆心 $O_2$ 的距离分别为 $O_1K$、$O_2K$。轴毂旋转时的转速 $n$ 是相同的（毂主动，轴从动），由于 $O_1K > O_2K$，其圆周速度 $v_{k1} > v_{k2}$，并且两个速度不在同一个方向上，因此 $K$ 点的接触面就会产生滑动，其滑动速度为 $v_h$。此滑动速度会增加型面轴工作表面的磨损，对轴的强度不利。

② 轴的中心线与轮毂的中心线出现角度偏差 $\Delta\theta$，如图 1-17-27 所示，在轮毂配合端面 A 处和轴配合端面 B 处将出现严重的载荷集中，特别是前者对轴的损伤是轴疲劳断裂的重要原因之一。

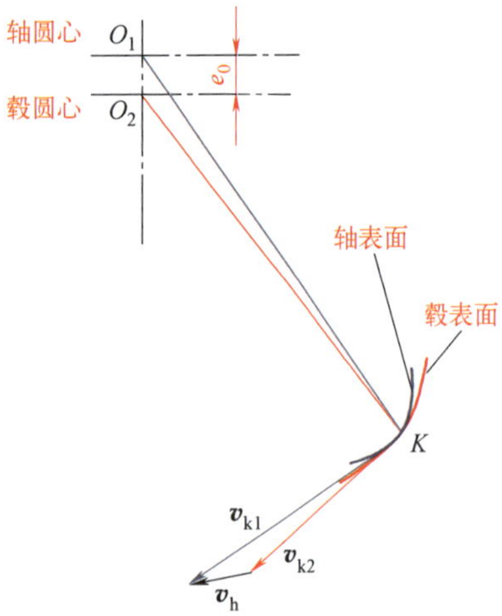


图 1-17-26　**两轴线有一个偏心量 $e_0$ 时接触点的滑动速度**

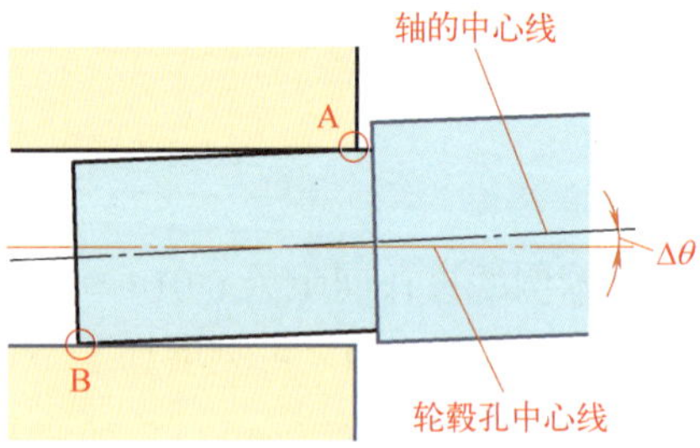


图 1-17-27　**轴的中心线与轮毂的中心线出现角度偏差 $\Delta\theta$**

③ 轴的中心线与轮毂的中心线既不同轴（有平行的偏心距 $e_0$），又有角度偏差 $\Delta\theta$，情况就变得很复杂了：型面轴会产生附加的弯曲变形和附加的弯曲应力（图 1-17-25），同时在轮毂配合端面 A 处和轴配合端面 B 处将出现严重的载荷集中（图 1-17-27）。型面轴在附加的弯曲应力和附加的严重载荷集中状态下运转，就非常容易断裂了。从图 1-17-28、图 1-17-29 的断口上非常清晰地看到这种严重载荷集中状态下型面轴断裂的断口形貌。

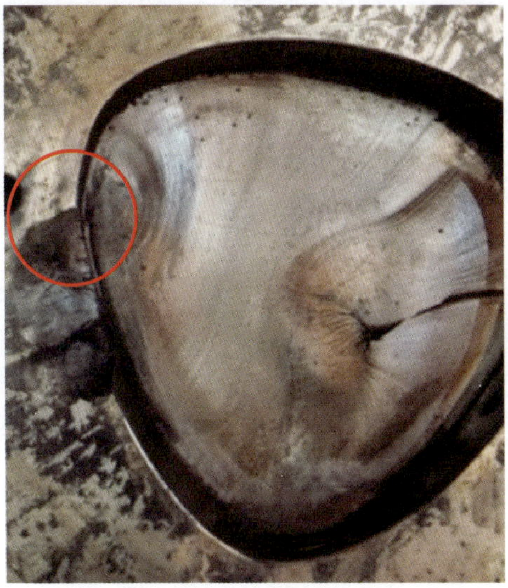

图 1-17-28　**严重载荷集中状态下型面轴的断口形貌（一）**

图 1-17-29　**严重载荷集中状态下型面轴的断口形貌（二）**

# 6　失效分析的结论和改进措施

## 6.1　结论

① 根据减速机使用 6 年，型面轴完好，没有断裂，可见型面轴的材料、热处理和机加工基本没有问题。因此，材料、热处理和机加工影响型面轴断裂的因素基本可以排除。

② 根据型面轴断口的特征和分析，可以确定型面轴是疲劳断裂，而且是复杂的多源疲劳断裂。

③ 本例的型面轴是松配合，轴与孔之间存在间隙，如果轮毂与型面轴同心，型面轴只传递转矩，不会对型面轴产生附加力。型面轴使用 6 年多没有断裂可能就是这个原因。

④ 当松配合的型面轴与毂孔的中心线不同轴时，就可能出现轴线平行度偏差 $e_0$，型面轴可能出现弯曲变形，同时会出现接触表面的相对滑动，对轴的强度不利。

⑤ 当松配合的型面轴与毂孔的中心线出现角度偏差 $\Delta\theta$ 时，在轮毂配合端面 A 处将出现严重的载荷集中，对轴的损伤是轴疲劳断裂的重要原因之一。

⑥ 轴的中心线与轮毂的中心线既有平行的偏心距 $e_0$，又有角度偏差 $\Delta\theta$，型面轴会产生附加的弯曲变形和附加的弯曲应力，同时在轮毂配合端面 A 处将出现严重的载荷集中（磕碰）。型面轴在附加的弯曲应力和附加的严重载荷集中状态下运转，型面轴就是在这种状态下断裂的。

## 6.2　改进措施

根据以上观察和分析，可以确定：轴的中心线与轮毂的中心线既有平行的偏心距 $e_0$，又有角度偏差 $\Delta\theta$，型面轴产生附加弯曲应力，同时在轮毂配合端面 A 处将出现严重的载荷集中，这是型面轴断裂的主要原因。为了预防类似的失效，可以从两方面采取改进措施：

① 最重要的是提高有关轮毂和型面轴的安装精度，尽量减少毂孔与轴的型面连接的平行度偏心距 $e_0$ 和角度偏差 $\Delta\theta$。为此，安装设备时，制造厂最好派遣掌握技术的专人负责调整、检测减速机型面轴和转矩限制器轴的不同轴度。

② 众所周知，要完全避免减速机型面轴和转矩限制器轴的不同轴度是不可能的，因此可以在连接零件（轮毂内孔）上采用一些合理的结构，也能减少不同轴度对型面轴不利的影响。例如图 1-17-30 所示的 3 种倒角：

a. 45°倒角——这是一种装配倒角，主要用于零件的装配，对减少边缘效应和载荷集中作用不大。

b. 倒圆角——对减少边缘效应和载荷集中有一定作用，但不是最佳。

c. 倒椭圆角——对减少边缘效应和载荷集中有很好的作用，因此建议轮毂内孔采用这种倒角。

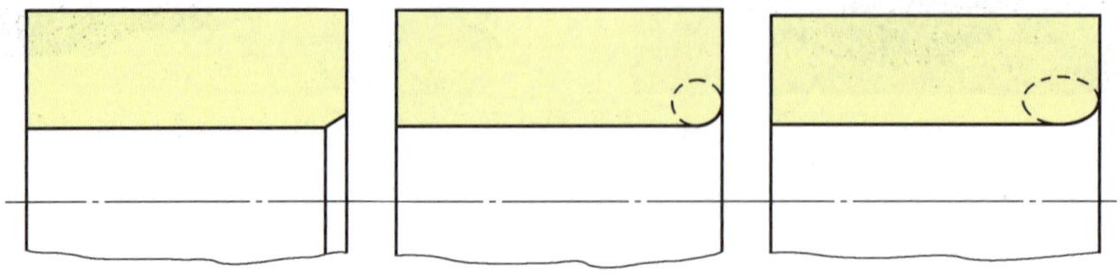
(a) 45°倒角　(b) 倒圆角　(c) 倒椭圆角

图 1-17-30　3 种内孔倒角

采取上述的改进措施，对预防型面轴疲劳断裂会有良好的效果。

## 参考文献

[1] 朱孝禄，胡炜. 机械传动装置基础件失效分析 [M]. 北京：化学工业出版社，2022：68-82.

日期：2024 年 4 月 15 日

# 【例 1-18】 减速机型面轴两次断裂的异同

### 问题描述

接【例 1-17】，北方某公司的朋友问：减速机先后两次出现型面轴断裂事故，两次断轴的形貌和断裂的原因都相同吗？有什么经验和教训？

### 答复内容

## 1 前言

2014 年 11 月和 2024 年 3 月，减速机出现两次型面轴断裂的事故。两次事故差不多相隔 10 年，现今来讨论两次断轴的断口形貌和断裂的原因，对于总结经验，预防同类故障再次发生，提高产品质量是很有意义的。

# 2 两轴断裂的相同之处

① 断裂的两根型面轴都是按德国标准制造的型面轴，如图 1-18-1 所示。

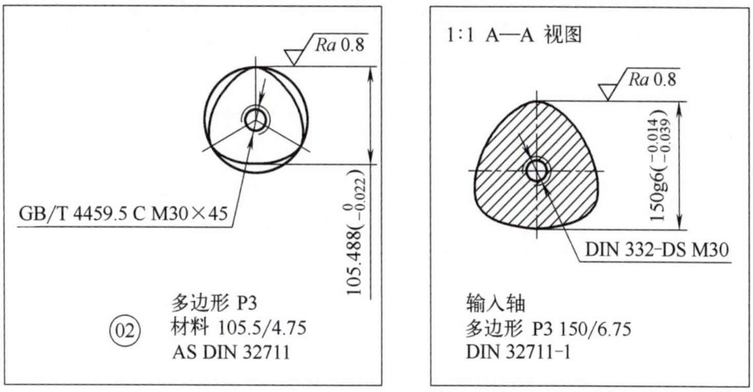


(a) 第1轴　　(b) 第2轴

图 1-18-1　三叶型面轴的截面及尺寸参数

② 两根断裂的型面轴都是减速机的高速轴，断裂的部位相同，如图 1-18-2 所示。

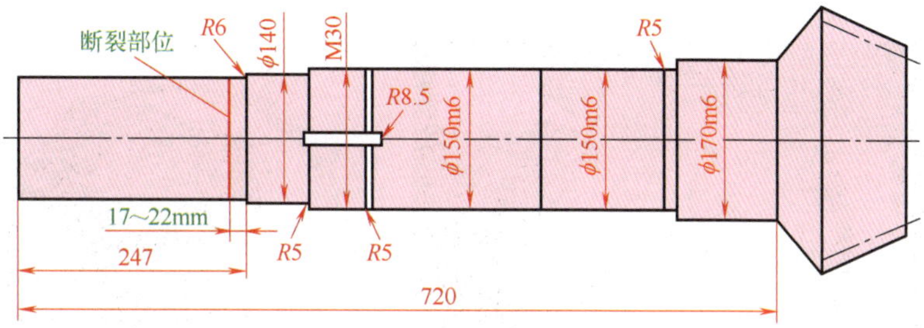


(a) 第1轴

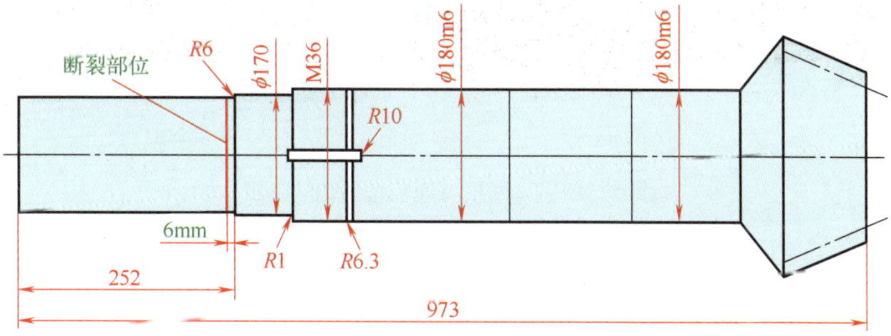


(b) 第2轴

图 1-18-2　三叶型面轴的零件图和断裂位置

③ 减速机（型面轴）工作时安装形式基本相同，如图 1-18-3 所示。

图 1-18-3（a）看起来有点复杂：转矩限制器直接套在电机轴上，另外一半联轴器套在减速机上，慢速运转齿轮套在减速机这一侧的半个联轴器上，然后通过联轴器与减速机连接。此安装形式除了低速运转外，与图 1-18-3（b）基本相同。

④ 两根减速机型面轴都是疲劳断裂，并且都是多源疲劳断裂，但是其断口形貌（图 1-18-4）有很大差别。清除第 1 轴表面覆盖层后的断口，见图 1-18-5（a）。

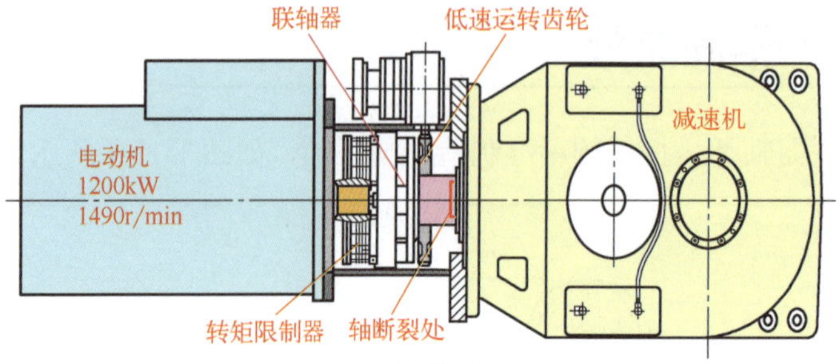


(a) 第1轴

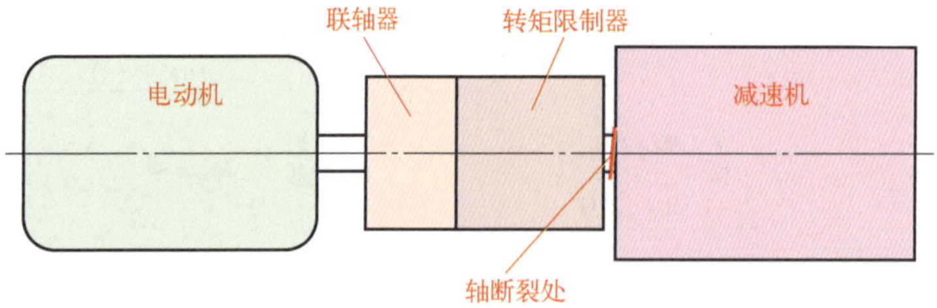


(b) 第2轴

图 1-18-3　减速机（型面轴）安装形式

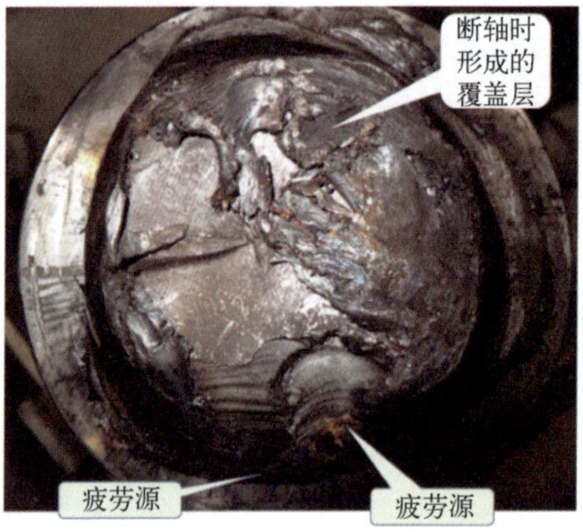


(a) 第1轴

(b) 第2轴

图 1-18-4　两根减速机型面轴的断口

⑤ 两根减速机型面轴都是由于安装精度不达标（不同轴），使毂孔与型面轴产生严重的边缘效应或磕碰，造成轴的疲劳断裂。

# 3　两轴断裂的不相同之处

## 3.1　断口形貌有很大差别

两根减速机型面轴都是多源疲劳断裂，但是其断口形貌有很大差别：

① 断口的复杂程度有很大差别，见图 1-18-5。非常值得注意的是：图 1-18-5（b）中疲劳源 1 和疲劳源 2 虽然发生在同一平面上，但是两者分别以不同的方向向轴心扩展，造成了

极为复杂的“空间断口（双层断口）”（图 1-18-6）；而图 1-18-5（a）中 4 个疲劳源几乎在同一平面向轴心扩展，断口比较简单。

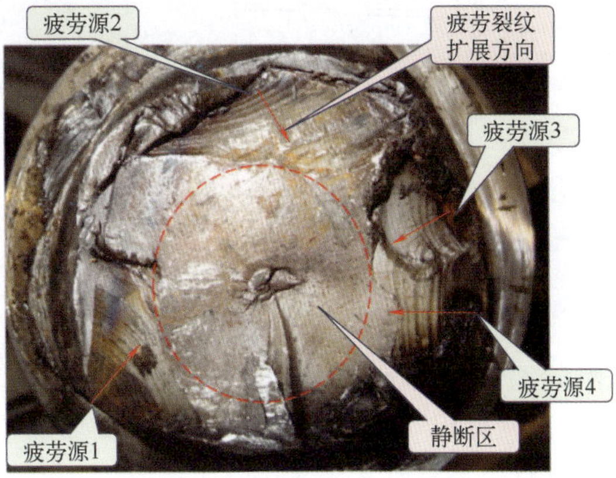


(a) 第1轴

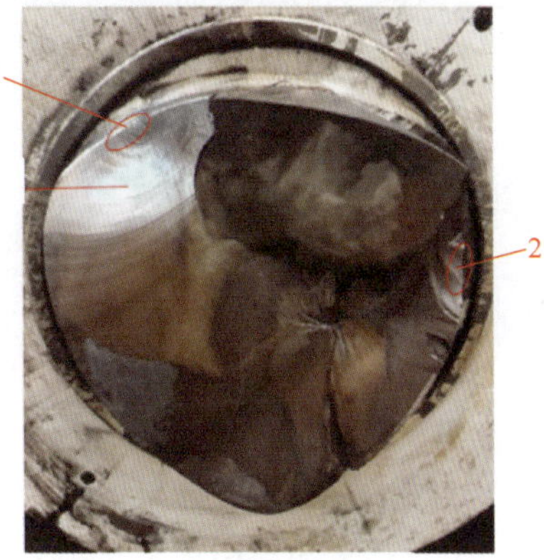


(b) 第2轴

图 1-18-5　**两根减速机型面轴的断口**

② 疲劳源数不同，在正常的疲劳断裂情况下，型面轴应该有 3 个疲劳源，见图 1-18-5（a）的疲劳源 1、2、4，而第 2 轴只有 2 个疲劳源，见图 1-18-5（b）。其实，第 3 个疲劳损伤区就在轴断口圆周 3 等分的位置上，如图 1-18-7 所示。此损伤区已经出现严重的磨损和剥落损伤，但还没有出现宏观的疲劳裂纹而已。此不正常现象说明后者有严重的偏载缺陷，缩短了型面轴的疲劳寿命。

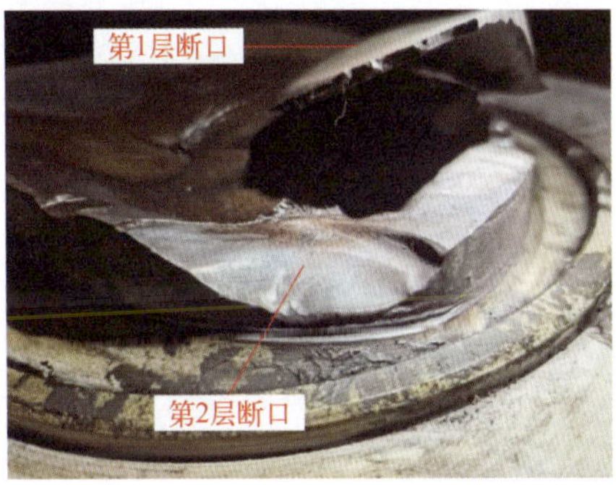


图 1-18-6　**复杂的双层断口**

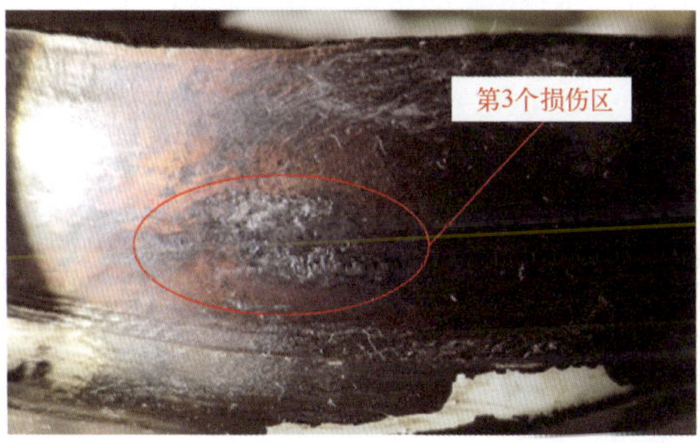


图 1-18-7　**在圆周 3 等分位置上的第 3 个损伤区**

## 3.2　轴断裂的机理有很大不同

据分析，两根型面轴疲劳断裂的原因都与机组安装的精度有关——不同轴。但是，两者的安装偏差有很大不同：

① 第 1 轴是由于轴的中心线与轮毂的中心线不同轴，有平行的偏心距 $e_0$，如图 1-18-8 所示。在这种状态下传递转矩时，如果轴的刚度较大或转矩较小，轴的薄弱环节就在轮毂端面同轴接触处，如图 1-18-9 所示，因为此处边缘效应的应力最大。这就是第 1 轴在此位置上出现 3 个疲劳源的原因。

② 第 2 轴是由于轴的中心线与轮毂的中心线出现角度偏差 $\Delta\theta$，如图 1-18-9 所示，在轮毂配合端面 A 处和轴配合端面 B 处将出现严重的载荷集中，特别是前者对轴的损伤是轴疲劳断裂的重要原因之一。

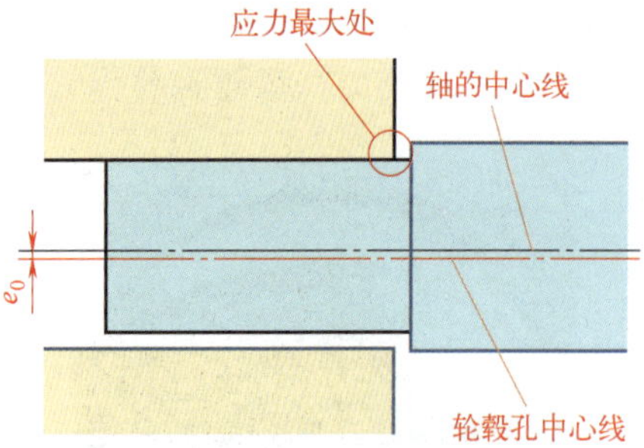


图 1-18-8 轴的中心线与轮毂的中心线不同轴线状态

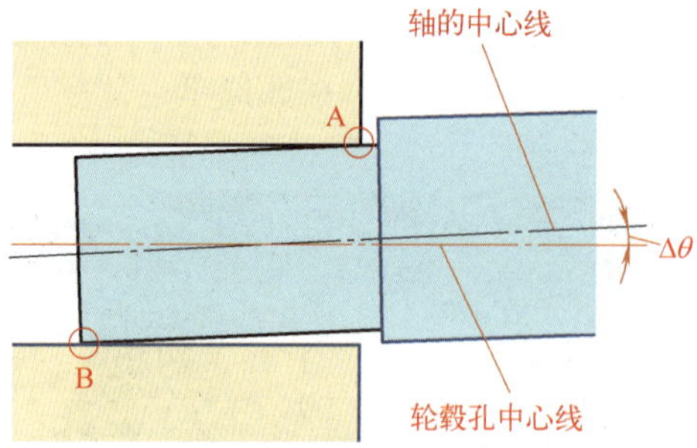


图 1-18-9 轴的中心线与轮毂的中心线出现角度偏差 $\Delta\theta$

③ 如果轴的中心线与轮毂的中心线既不同轴（有平行的偏心距 $e_0$），又有角度偏差 $\Delta\theta$，情况就变得很复杂了：型面轴会产生附加的弯曲变形和附加的弯曲应力，同时在轮毂配合端面 A 处将出现严重的载荷集中（图 1-18-9），轴就很容易断裂了。

## 4 启示

2014 年第 1 次断轴，就曾经做了详细的论述和分析，并得到这样的结论：型面轴断裂的主要原因是偏心量 $e_0$ 过大。

2024 年第 2 次断轴，也做了详细的论述和分析，并得到这样的结论：型面轴断裂的主要原因是轴与轮毂的中心线偏心距 $e_0$ 和角度偏差 $\Delta\theta$ 过大。

两次事故差不多相隔 10 年，现今来讨论两次断轴的断口形貌和断裂的原因，对于总结经验，预防同类故障再次发生，提高产品质量是很有意义的。

日期：2024 年 4 月 17 日

# 【例 1-19】 减速机中间轴断裂断口的宏观观察与分析

### 问题描述

北方某公司发来减速机中间轴断裂的图片、资料等，咨询中间轴断裂的原因和改进措施。

### 答复内容

## 1 减速机轴断裂概述

应用于煤矿主井皮带运输机上，某型号 3 级圆柱齿轮减速机发生第 3 齿轴断裂故障。该减速机的结构如图 1-19-1 所示，图中标注了轴断裂的部位。

减速机 2023 年 5 月投入使用，使用了 1 年 3 个月发生第 3 齿轴断裂故障。

齿轴：材料为 18CrNiMo7-6，热处理为齿部渗碳淬火；电机功率：1200kW；减速机额定功率：3216kW；断轴的转速：144.7r/min；使用系数：2.68；润滑方式：油泵强制润滑，轴承强制润滑，齿轮啮合处喷淋润滑。

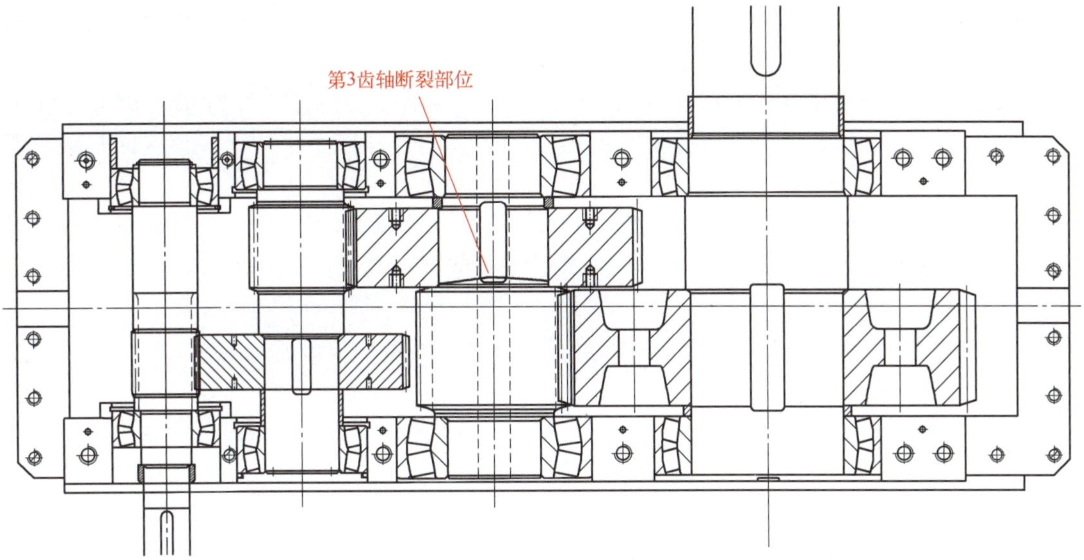


图 1-19-1　减速机的结构图

# 2　断口的宏观观察和分析

## 2.1　轴正面断口的宏观观察

断裂的齿轴如图 1-19-2 所示，图中标注了轴断裂的部位。从图 1-19-2 可见，断裂的位置正好在轴的过渡圆角和方头键键槽的端面处。

齿轴有键一侧的断口如图 1-19-3 所示。

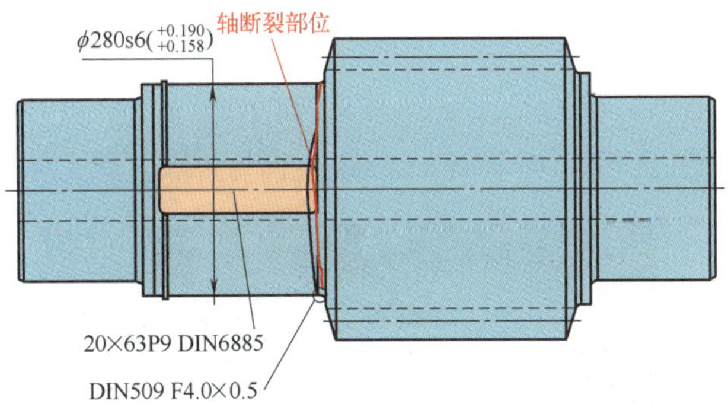


图 1-19-2　断裂的齿轴

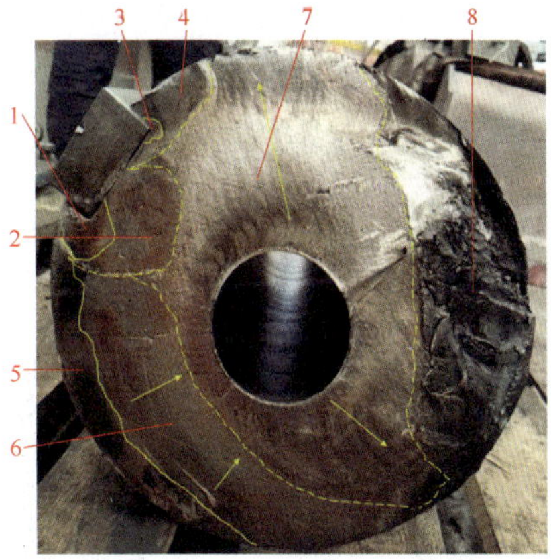


图 1-19-3　分析用的断口形貌

1，3—键槽圆角疲劳源区；2，4—键槽圆角疲劳扩展区；5—轴圆周疲劳源区；6—轴圆周疲劳扩展区；7—圆孔疲劳扩展区；8—瞬断区。

图 1-19-3 的断口比较复杂，下面是断口形貌观察得到的信息：

① 整个断口的疲劳弧线（贝纹线）非常清晰，因此可以判定齿轴是疲劳断裂，而且是

多源疲劳断裂。

② 根据 4 个位置的疲劳源，整个断口可以分为 4 个疲劳区和 1 个瞬断区：

第 1 疲劳区——由图 1-19-3 中的键槽左侧底部圆角疲劳源区 1 和键槽左侧底部圆角疲劳源的扩展区 2 组成。疲劳源萌生于键槽左侧底部圆角高应力集中处。该区断口放大见图 1-19-4。

第 2 疲劳区——由图 1-19-3 中的键槽右侧底部圆角疲劳源区 3 和键槽右侧底部圆角疲劳源的扩展区 4 组成。疲劳源萌生于键槽右侧底部圆角高应力集中处。该区断口放大见图 1-19-4。

第 3 疲劳区——由图 1-19-3 中的轴圆周疲劳源区 5 和圆周疲劳源扩展区 6 组成。疲劳源萌生于轴的过渡圆角高应力集中处。

第 4 疲劳区——图 1-19-3 中面积最大的疲劳裂纹扩展区 7。这种疲劳扩展区很少见，因为裂纹是从轴心圆孔应力集中最大的圆周向外扩展的。扩展区 7 的局部放大见图 1-19-5 所示。

瞬断区——图 1-19-3 中的 8 就是齿轴最后断裂的瞬断区。

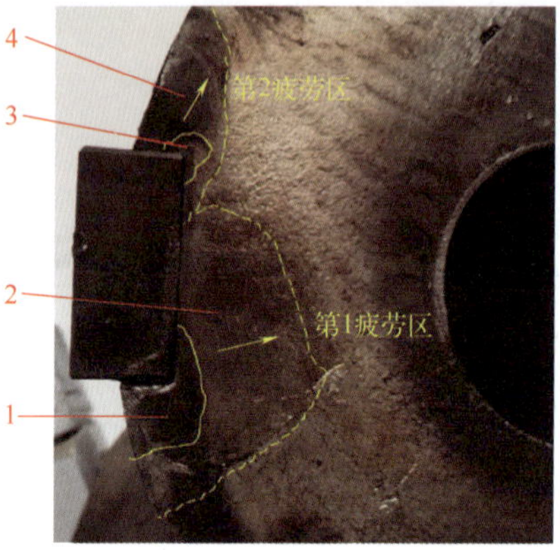


图 1-19-4　第 1、2 疲劳区断口放大

1，3—键槽圆角疲劳源区；2，4—键槽圆角疲劳裂纹扩展区

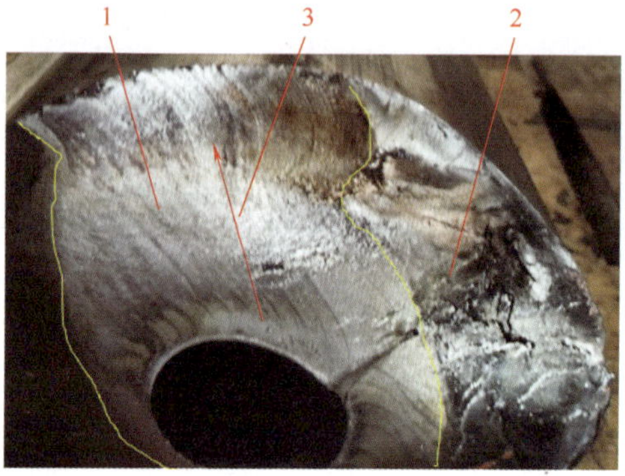


图 1-19-5　扩展区 7 和瞬断区的局部放大

1—扩展区 7 的局部放大；2—瞬断区的局部放大；3—裂纹的扩展方向

以上正面断口宏观观察确定了多个疲劳源的位置和疲劳裂纹扩展区及其扩展方向。

## 2.2　轴的侧面断口宏观观察

轴侧面断口的宏观形貌比较简单，如图 1-19-6 ～图 1-19-9 所示，其断裂特征如下：

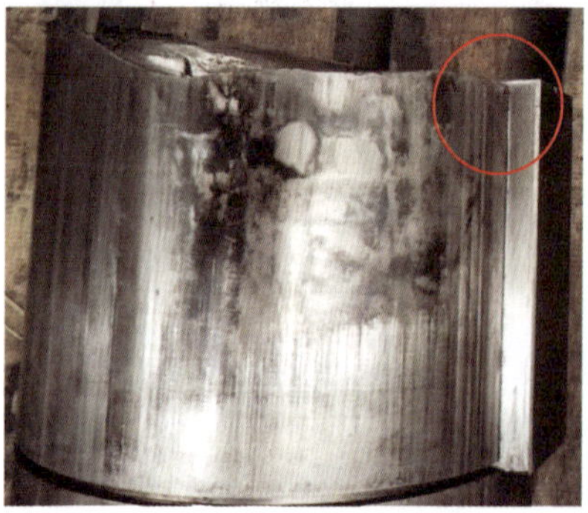

图 1-19-6　轴侧面断口的宏观形貌（一）

图 1-19-7　轴侧面断口的宏观形貌（二）

图 1-19-8　轴侧面断口的宏观形貌（三）

图 1-19-9　轴侧面断口的宏观形貌（四）

① 轴的断口基本上垂直于轴的轴线，可见轴是以弯曲为主的疲劳断裂。

② 轴的断口都位于平头键槽的端面或附近，如图 1-19-6 ～图 1-19-8 所示。可见方头键槽端面的应力集中对轴的断裂起到很大作用。

③ 轴的整个断口的多个断裂区并不是都在同一平面上，如图 1-19-7 所示。

## 2.3　宏观断口的分析

经过以上断口的宏观观察，已经对断口的特征有了全面的了解，这就为进一步的断口分析提供了充分的条件。

① 齿轴断口存在 4 个疲劳区，疲劳特征非常充分（疲劳弧线、放射线等），因此齿轴是多源疲劳断裂。

② 齿轴的断裂部位有 3 个应力集中要素：其一是轴肩的过渡圆角应力集中，其二是方头键槽端部的应力集中，其三是过盈配合的应力集中。三者示意图如图 1-19-10 所示（轴非本例断裂处）。3 个应力集中严重重叠，称之为重叠应力集中，其合成的应力集中严重影响轴的疲劳强度。关于重叠应力集中问题比较复杂，将在 2.4 节来讨论。

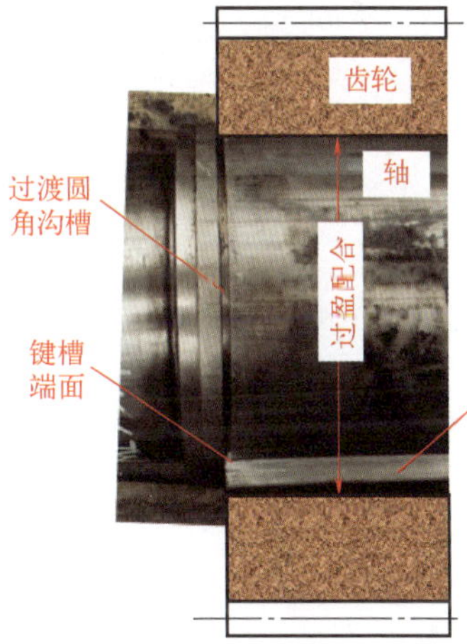


图 1-19-10　过渡圆角沟槽、过盈配合、键槽端面应力集中示意图

③ 轴的过渡圆角沟槽（越程槽）如图 1-19-11 所示，这是最常用的 DIN509 F4×0.5 标准槽，图 1-19-12 表示了轴和齿轮的装配关系。越程槽的结构看起来比较复杂，但对轴强度有影响的是 *R*4 圆角半径处产生的应力集中。

④ 轴的断裂位置大致在越程槽的起始位置，如图 1-19-11 所示。此位置虽然没有进入过渡圆角沟槽内，但是一定受到过渡圆角应力集中的影响；此外，更重要的是齿轮同轴过盈配合边缘效应产生的高内应力对轴强度的影响，如图 1-19-12 所示。

⑤ 图 1-19-12 是说明方头键槽对轴强度影响的示意图。轴上的方头键槽，如果截去中间的直线段，就成为轴上的一个切口，如图 1-19-12 所示。可以想象，此切口对轴的强度影响肯定很大。查阅多种文献和资料，未能找到轴上有切口的应力集中系数，同样也未能找到轴上方头键槽的应力集中系数值。方头键槽是一种非标准键槽，其优点是：键槽比较短、紧凑、比较美观。但从强度上考虑，它可能有欠缺之处。

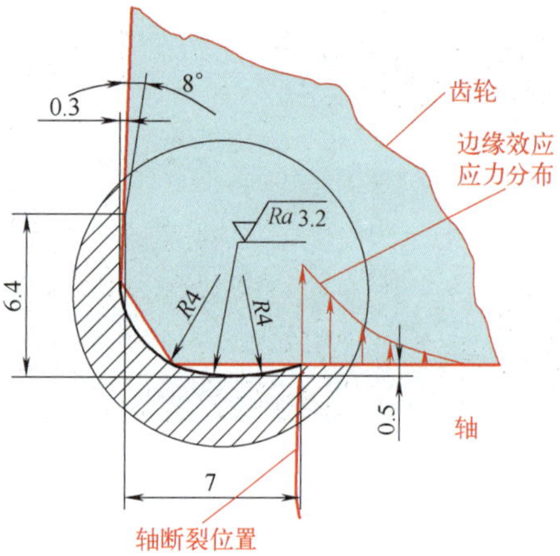

图 1-19-11　轴和齿轮的装配关系

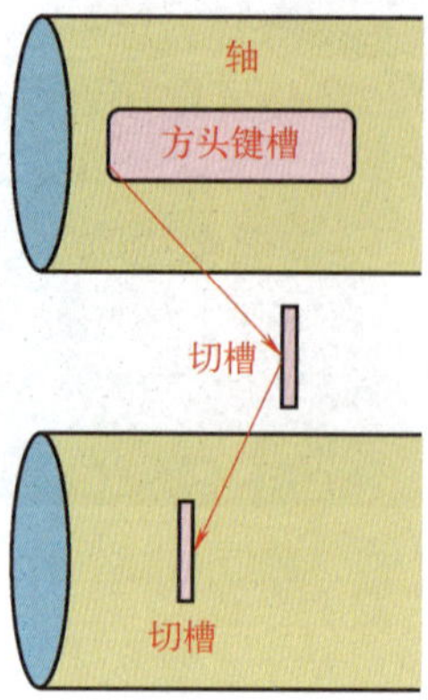

图 1-19-12　方头键槽对轴强度影响的示意图

## 2.4　重叠应力集中简介

关于重叠应力集中，在机械设计中很常见，也很重要，国内外都有专门的研究，下面是参考文献 [1] 的摘录。

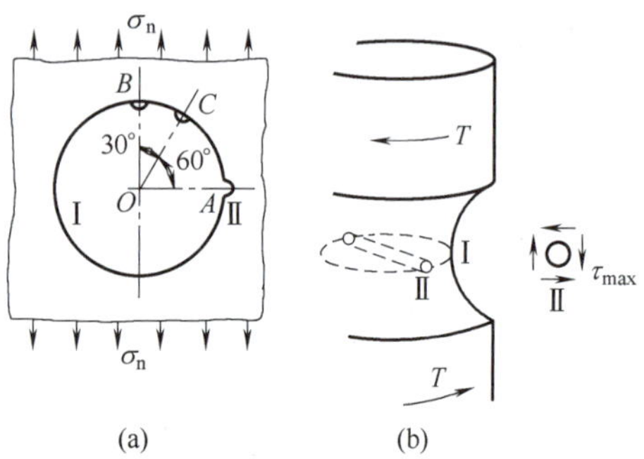

图 1-19-13　重叠应力集中示意图

两个应力集中因素相互重叠、共同作用引起的应力集中，称为重叠应力集中。例如图 1-19-13（a）中的受拉板在圆孔边缘有一缺口，由圆孔产生的应力集中因缺口的存在而进一步加剧了。

在机械工程上重叠应力集中是经常遇到的，但是其精确解很难得到。目前对于重叠应力集中的研究尚不多，有关资料亦较少。由于重叠应力集中往往会产生很大的应力，所以在构件强度设计中应特别予以重视。

下面根据已经研究过的几种特殊情况，对重叠应力集中问题的处理原则及近似计算方法进行介绍。

如果构件有两个应力集中因素，其中因素Ⅱ的尺寸比Ⅰ的尺寸小很多，则由因素Ⅱ产生的应力扰乱区域与因素Ⅰ的尺寸相比也显得很小。于是可以认为，因素Ⅱ引起的应力集中存在于因素Ⅰ引起的原应力状态范围内。由于这种情况属于限制应力集中，所以重叠应力集中系数 $\alpha_{1.2}$ 等于因素Ⅰ和Ⅱ单独作用时的应力集中系数 $\alpha_1$ 和 $\alpha_2$ 的乘积，即

$$\alpha_{1.2}=\alpha_1\times\alpha_2$$

例如，图 1-19-13（a）中当缺口的尺寸与圆孔的尺寸相比很小时，重叠应力集中系数 $\alpha_{1.2}$ 可由圆孔的应力集中系数 $\alpha_1$ 与缺口的应力集中系数 $\alpha_2$ 相乘求得，即

$$\alpha_{1.2}=\alpha_1\times\alpha_2=3.0\times3.06=9.18$$

若缺口位于圆孔边缘的 B 点，则 $\alpha_{1.2}$=1.0×3.06=3.06。值得指出的是，当缺口位于圆孔边缘的 C 点时，由于无缺口时该点的应力等于零，故 $\alpha_{1.2}$=0。由此可知，为了有效地降低重叠应力集中系数，应使一个应力集中因素位于另一个因素应力值低的部位上。

又如在图 1-19-13（b）所示的有环状沟槽的受扭圆轴上，沟槽底部有一径向穿透小圆孔。

在计算应力集中系数时，可认为圆孔不存在时沟槽底部处于纯剪应力状态，并且将圆孔的影响近似处理成有圆孔的纯剪板的应力集中。于是重叠应力集中系数为

$\alpha_{1.2}$ =有环状沟槽的受扭圆轴的应力集中系数 × 有圆孔的纯剪板的应力集中系数

由上述可见，即使是两因素的重叠应力集中也是一种复杂的力学问题，应力集中系数很难准确确定；而本例的齿轴是三因素（过渡圆角沟槽、过盈配合、键槽端面应力集中）的重叠应力集中，应力集中的问题更为复杂。简单有效的方法是设计时尽可能地避免重叠应力集中出现在机件的设计中。

# 3 断口观察与分析的结论和改进措施

## 3.1 断口观察与分析的结论

① 整个断口的疲劳弧线（贝纹线）非常清晰，因此可以判定齿轴是疲劳断裂，而且是多源疲劳断裂。

② 轴的断口基本上垂直于轴的轴线，可见轴是以弯曲为主的疲劳断裂。

③ 轴的断口都位于平头键槽的端面或附近，可见方头键槽端面的应力集中对轴的断裂起到很大作用。

④ 轴的断裂位置大致在越程槽的起始位置，此位置虽然没有进入过渡圆角沟槽内，但是一定受到过渡圆角应力集中的影响。

⑤ 轴的断裂位置大致在越程槽的起始位置，这就会出现齿轮同轴过盈配合的边缘效应产生的高内应力对轴强度的影响。

⑥ 齿轴的断裂部位有 3 个应力集中要素：轴肩过渡圆角应力集中；方头键槽端部的应力集中；过盈配合的应力集中。3 个应力集中严重重叠，称为重叠应力集中，其合成的应力集中严重影响轴的疲劳强度，很可能是轴断裂的主要原因。

⑦ 重叠应力集中在机械工程中是经常遇到的，但是其精确解很难得到。目前对于重叠应力集中的研究尚不多，有关资料亦较少。由于重叠应力集中往往会产生很大的应力，所以在机件强度设计中应特别予以重视。

⑧ 齿轴表面硬度测量结果，平均硬度 41.5HRC，符合 ISO 6336.5—2016 标准规定（≥ 30HRC），检验结果符合技术要求。

## 3.2 改进措施

① 本例齿轴的断裂主要是三因素重叠应力集中（过渡圆角应力集中、方头键槽端部的应力集中、过盈配合的应力集中）造成的。翻阅以前数十篇失效分析报告，可以发现大多数轴的断裂都与重叠应力集中有关。因此，机械设计者对重叠应力集中对轴强度的影响，要有足够的重视。

② 目前对于重叠应力集中的研究尚不多，其精确解也很难得到，可参考的资料亦很少，因此设计者能做的是：

a. 机件设计中尽量避免出现可能出现重叠应力集中的结构，特别是三因素应力集中的结构。

b. 对于不能避免重叠应力集中的结构，应该在轴的强度计算中，适当增大轴的安全

系数。

c. 降低过渡圆角槽的表面粗糙度，将 $Ra3.2$ 改为 $Ra0.8$，并加以研磨，可取得显著的效果。

d. 对于特别重要的轴，可采用有限元数值仿真的方法，找到应力最大的点或区域，再采取对应的措施，预防轴的断裂。

## 参考文献


[1] 航空工业部科学技术委员会 . 应力集中系数手册 [M]. 北京：高等教育出版社，1987：19-21.


日期：2024 年 9 月 16 日

# 【例 1-20】 刮板机链轮主轴断裂断口的宏观观察和分析

### 问题描述

南方某矿机公司的煤矿用刮板运输机的链轮主轴多次断裂，对生产影响很大，要求进行失效分析，找到主轴断裂的原因和预防措施。本例是对该轴断口的宏观观察和分析，重点论述了断口的疲劳特征、裂纹的起源和扩展、可能的断裂原因等。所有的看法和判断都没有考虑材料的性能、机加工和热处理工艺的优劣等对轴疲劳断裂的影响。

### 答复内容

## 1 刮板机链轮主轴断裂概况

### 1.1 轴断裂概述

① 煤矿刮板运输机的链轮主轴多次断裂，轴断裂前使用时间分别是 3 个月、6 个月、1 年，共发生 3 次，断口基本相同。

② 该产品是已经使用十几年的老产品，不经常断，此次是用了某钢厂的一批料，才多次断裂，使用时间长短都有。

③ 链轮组件轴断裂的外貌如图 1-20-1 、图 1-20-2 所示。

图 1-20-1 链轮组件轴断裂的外貌

图 1-20-2 断裂的花键轴

④ 刮板机链轮组件的结构和主轴的断裂位置如图 1-20-3 所示。

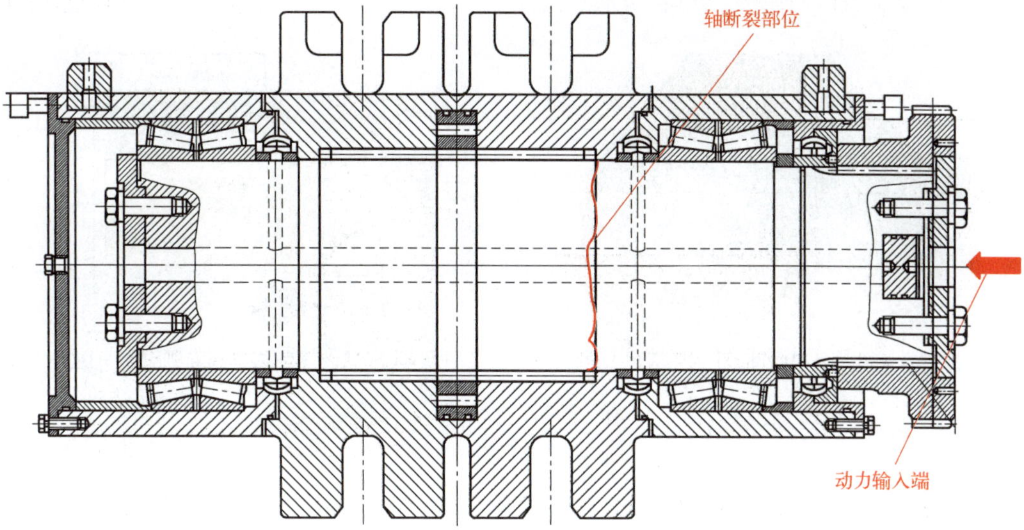


图 1-20-3　刮板机链轮组件和主轴的断裂位置

## 1.2　刮板运输机传动机构和技术参数

运输机是一台 1200kW 的电机驱动一端的链轮组件（图 1-20-4），运输机电机功率：1200kW。链轮组件的工作转速 $n$=50r/min。链轮轴的输入转矩 $T$=229200N·m。

① 图纸要求链轮轴材料为 42CrMo，经调质处理，硬度 260 ～ 280HBW。实测圆柱轴表面硬度 32.3HRC。

② 外花键经中频淬火处理，要求花键表面硬度 45 ～ 50HRC。实测花键齿顶硬度 57.5HRC。

③ 花键参数：EXT32Z×10m×30P×6e（GB/T 3478.1—1983）。

# 2　断口的宏观观察

## 2.1　两个耦合断口

刮板机链轮组件和主轴断裂位置的示意图如图 1-20-4 所示。主轴断裂的位置处于花键段

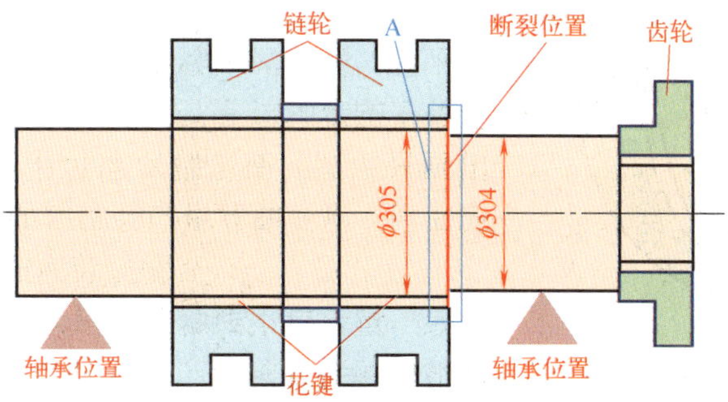


图 1-20-4　刮板机链轮组件和主轴断裂位置的示意图

与圆柱段的过渡圆角 A 处，因此有两个耦合断口：其一是花键轴端断口，如图 1-20-5 所示；其二是圆柱轴端断口，如图 1-20-6 所示。

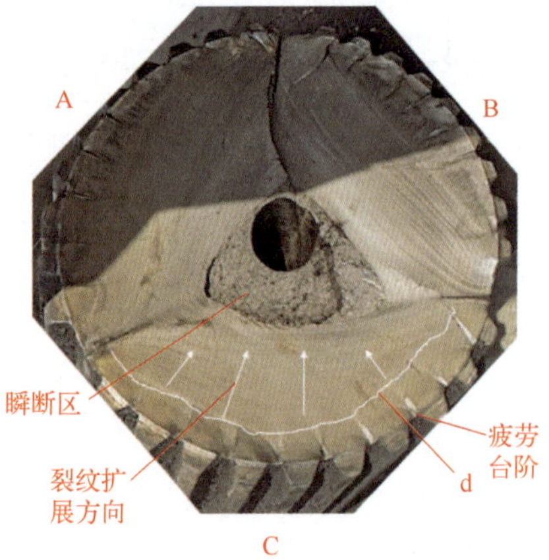

图 1-20-5 花键侧断口形貌

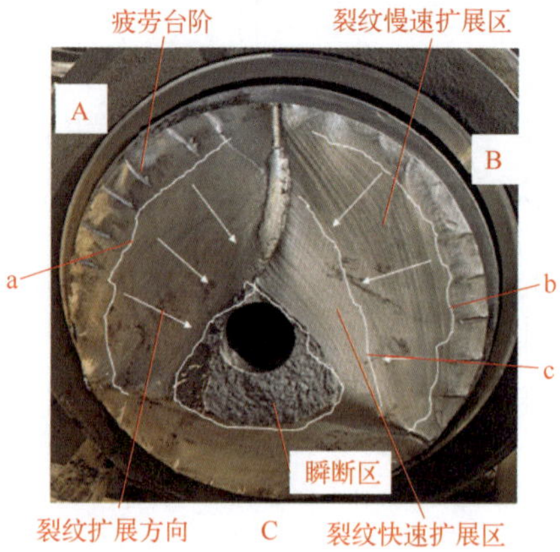

图 1-20-6 圆柱侧断口形貌

## 2.2 断口的宏观观察

从图 1-20-5、图 1-20-6 的断口中可看到以下形貌特征：

① 两个断口的耦合性非常好，断口中都有明显的 A、B 和 C 三个疲劳断裂区。在疲劳断裂区内，都有明显的疲劳弧线（贝纹线），因此可以确定主轴是疲劳断裂。

② 图 1-20-5 可见断口摄影有缺陷（有阴影），但是两个断口疲劳弧线的形貌可以互补，一定程度上弥补了上述缺陷。A、B 区的疲劳弧线可以参考图 1-20-6；而 C 区的疲劳弧线参考图 1-20-5。

③ 断口 A 区疲劳特征观察。在图 1-20-6 的 A 区可以看到有多个疲劳台阶，说明断口的疲劳源在轴的圆周区域内，并且不在一个平面内。再看图 1-20-5 的 A 区，所有的径向裂纹都起源于键槽的底部，一个裂纹对应图 1-20-6 的一个疲劳台阶。疲劳台阶都不在同一平面上。所有轴周边的疲劳裂纹向轴心扩展，当扩展到界线 a 时，不同平面上的裂纹趋于同一断口面。疲劳裂纹继续向轴心扩展，直至轴断裂。图 1-20-6 中画出裂纹的扩展方向。

④ 断口 B 区疲劳特征观察。在图 1-20-6 的 B 区同样可以看到有多个疲劳台阶，说明断口的疲劳源在轴的圆周区域内，并且不在一个平面内。所有轴周边的疲劳裂纹向轴心扩展，当扩展至界线 b 时，不同平面上的裂纹趋于同一断口面。当同一断口面的疲劳弧线慢速向轴心扩展至界线 c 时，由于轴的承载截面减小，应力加大，使疲劳裂纹进入快速扩展区，直至轴断裂，如图 1-20-6 所示。

⑤ 断口 C 区疲劳特征观察。由于拍摄断口有缺陷，在图 1-20-6 中看不到断口 C 区的疲劳特征，但是从图 1-20-5 的 C 区中可以看到非常清晰的疲劳特征。比较图 1-20-5 的 C 区与图 1-20-6 的 A 区，可以看到两者的疲劳特征几乎相同，如图 1-20-7 所示。限于篇幅，此处不再赘述。

⑥ 断口瞬断区的观察。断口 A、B、C 三个疲劳裂纹区不断向轴心扩展，最后导致轴突然断裂，出现了最后断裂的瞬断区，如图 1-20-5、图 1-20-6 所示。瞬断区大致位于断口的中

间位置，呈现三角形，说明A、B、C三个疲劳裂纹区向轴心扩展的速度大致相同。瞬断区内的表面极为粗糙，是典型的瞬断断口形貌。

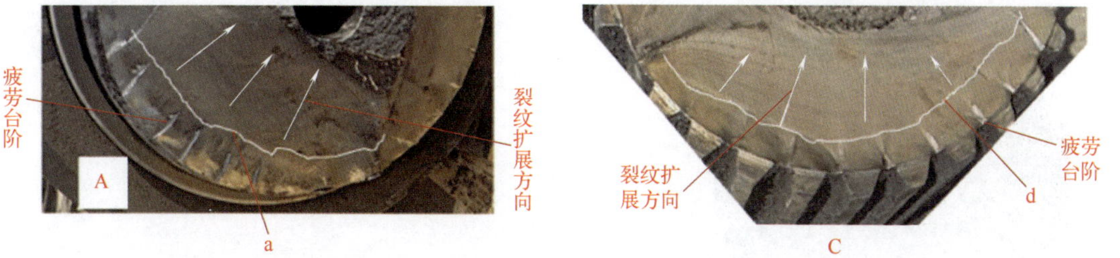


(a) 图1-20-6的A区断口　　(a) 图1-20-5的C区断口

图1-20-7　图1-20-5的C区与图1-20-6的A区疲劳特征的比较

# 3 断口形貌特征分析

① 由图1-20-5～图1-20-7可见A、B、C三个疲劳断裂区内的疲劳弧线（贝纹线）都非常清晰，因此可以确定轴是疲劳断裂，而且是多源疲劳断裂。

② A、B、C三个疲劳断裂区的形貌和断裂特征都非常相似，最后断裂的瞬断区靠近断口的中间位置，说明断口圆周的应力集中或热处理残余应力差别不大。

③ 三角形的瞬断区面积（扣除圆孔面积）不大（见图1-20-6），说明轴的名义应力较小，因此名义应力不可能是轴疲劳断裂的主要原因。

④ 断口与轴线垂直，断口呈现弯曲疲劳断裂特征，说明花键轴的断裂，轴承受的弯矩起主要作用。

⑤ 轴断裂的主要原因是花键根部产生裂纹（花键失效），下面说明这一判断。

# 4 轴断裂的原因和断裂过程

## 4.1 轴断裂的原因分析

首先来了解一下花键的失效。图1-20-8所示是花键失效的典型形貌，疲劳裂纹都发源于花键齿根的圆角处，然后裂纹向轴心扩展，最后花键轴突然断裂，出现一个瞬断区，如图1-20-8所示。图1-20-8中画出了花键轴内的应力场，应力场线密集处应力大，是产生裂纹的原因。

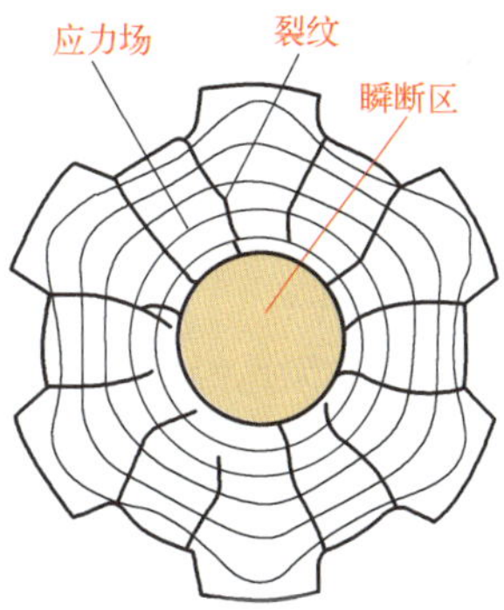


图1-20-8　花键轴断口的裂纹和应力场示意图

观察图1-20-9的花键一侧断口，特别是A、B断裂区，可见所有的轴圆周的径向裂纹都起源于花键的齿根，与图1-20-8的花键齿失效完全相同，说明轴的断裂与花键齿根的裂纹有关。

现取花键轴和圆柱轴断裂区局部如图1-20-10所示，图中画出了轴的断裂位置和起源于花键齿根的裂纹以及向圆柱轴段扩展的裂纹（圆柱轴上的裂纹）。

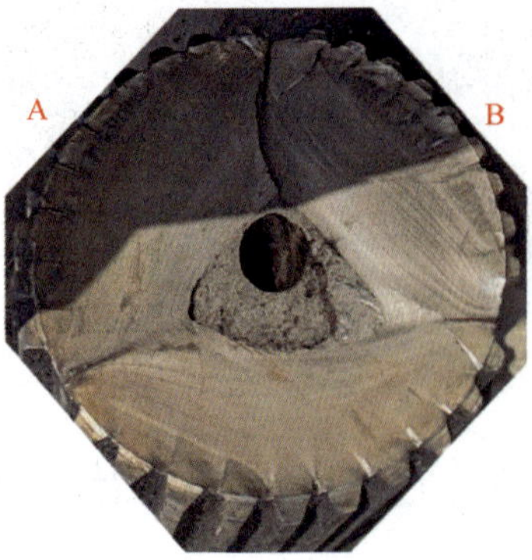


图 1-20-9　花键一侧的断口

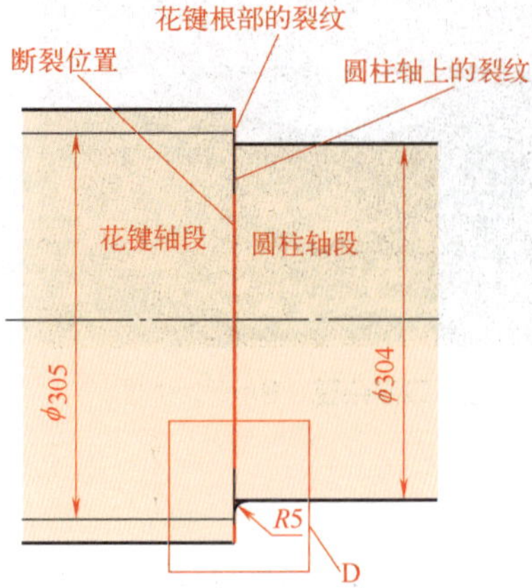


图 1-20-10　花键轴段和圆柱轴段的断裂区局部示意图

将图 1-20-10 局部 D 放大，如图 1-20-11 所示。图中表示轴断裂的原始裂纹可以分为两段：其一是起源于花键齿根的裂纹，这段裂纹在花键轴段内；其二是深入圆柱轴段内的裂纹。花键轴的花键根圆直径为 305mm，圆柱轴直径为 304mm（图 1-20-10），其半径之差仅为 0.5mm（图 1-20-11），因此起源于花键齿根裂纹的长度不超过 0.5mm。

图 1-20-11 断裂位置的断口如图 1-20-12 所示，图中画出了起源于花键齿根，存在于花键轴段内的裂纹和深入圆柱轴段内的裂纹。如果将图 1-20-12 中粉红色的圆柱轴段内的断口取出，就是上述图 1-20-2、图 1-20-3 的断口。

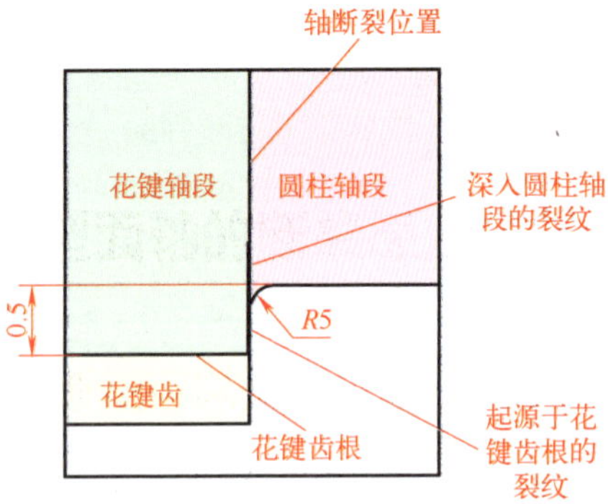


图 1-20-11　图 1-20-10 局部 D 的放大

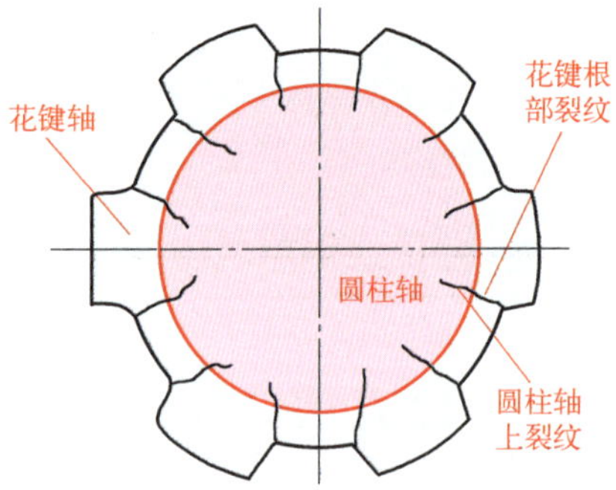


图 1-20-12　图 1-20-11 断裂位置的断口

上述分析说明轴的断裂是由花键齿根出现裂纹开始的。花键齿根为什么会出现裂纹？可能的原因如下：

① 花键齿是经过中频淬火的，要求硬度 45 ～ 55HRC，如果加热淬火工艺不当（例如：花键硬度过高或过低、有淬火微裂纹、花键中频淬火后未经回火，或回火不当等），操作不规范，就很可能在花键根部产生很大的热处理残余应力，键齿承受较大的载荷后，很容易在应力集中大的齿根萌生裂纹。因此，花键热处理的残余应力过大很可能是轴断裂的主要原因之一。

② 测量轴肩断口附近的硬度，测点如图 1-20-13 所示。测量结果是：花键 57.5HRC；圆

柱轴 32.3HRC。两者的硬度差很大（25.2HRC），说明断裂位置会有很大的热处理残余应力，容易引发轴的断裂。

③ 在图 1-20-11 中，花键轴段和圆柱轴段由于直径不同，就有一个图纸要求的过渡圆角 $R5$，但实测的过渡圆角为 $R2.5$，此处就会有较大的应力集中。此应力集中会促进萌生于花键齿根的裂纹向圆柱轴段内扩展，因此过小圆角的应力集中也是轴断裂的原因之一。

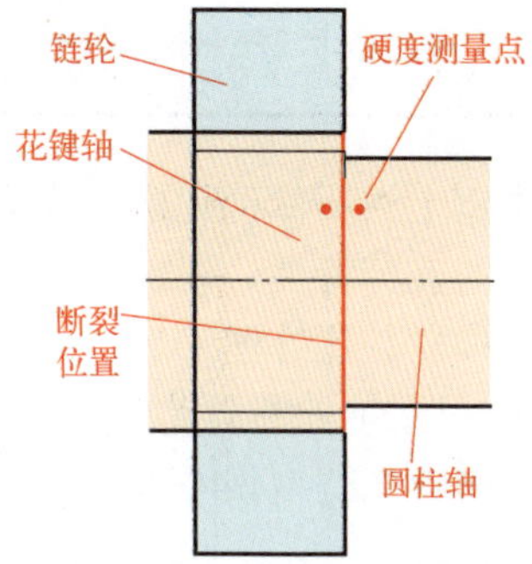

图 1-20-13 测量轴肩断口附近的硬度

④ 由于花键根圆直径接近圆柱段轴的直径（两者直径之差仅为 1mm），萌生于花键根圆的裂纹就非常容易“入侵”到圆柱轴段的直径内，引发轴的断裂。如果花键根圆直径远大于圆柱段轴的直径，其结果是花键齿断裂，轴不会断裂。

⑤ 轴断裂其他的原因，例如：材料品质的缺陷、热处理工艺的缺陷、花键机加工的缺陷、花键中频淬火缺陷（例如：开裂、变形、硬度不均匀、局部烧伤、硬化层过深或过浅）等，这些影响轴断裂的因素，不在本例讨论的范围内。

### 4.2 轴的断裂过程

轴断裂的过程是这样的：某个不良因素（例如花键热处理缺陷、刮板机过载等）诱发花键槽底部表面萌生微裂纹→裂纹在花键轴段内扩展→裂纹超过花键轴段→经过 $R5$（$R2.5$）过渡圆角的应力集中区→加速了裂纹的扩展速度→裂纹完全进入圆柱轴段→裂纹继续扩展→减小了圆柱轴段的承载截面积→轴瞬间断裂。

## 5 断口分析的结论

① 花键轴断裂断口的三个疲劳区内的疲劳弧线（贝纹线）都非常清晰，因此可以确定轴是疲劳断裂，而且是多源疲劳断裂。

② 在断口的疲劳区内可以看到有多个疲劳台阶，说明断口的疲劳源在轴的圆周区域内，并且不在一个平面内。

③ 瞬断区大致位于断口的中间位置，呈三角形，说明三个疲劳裂纹区向轴心扩展的速度大致相同。

④ 三角形的瞬断区面积不大，说明花键轴的名义应力较小，不可能是轴疲劳断裂的主要原因。

⑤ 断口与轴线垂直，断口呈现弯曲疲劳断裂特征，说明花键轴的断裂，弯曲力矩起主要作用。

⑥ 经过断口的裂纹分析，有充分的证据说明轴的断裂是由花键齿根出现裂纹开始的。

⑦ 由于花键根圆直径非常接近圆柱段轴的直径（两者直径之差仅为 1mm），萌生于花键根圆的裂纹非常容易“入侵”到圆柱轴段的直径内，引发轴的断裂。

⑧ 图纸要求花键轴的过渡圆角 $R5$，但实测的过渡圆角为 $R2.5$，此处就会有较大的应力集中。因此过小圆角的应力集中也是轴断裂的原因之一。

# 6 进一步要做的失效分析工作

本例上述所做的观察和分析，仅仅是刮板机主轴断裂断口的宏观观察和分析，重点论述了断口的疲劳特征、裂纹的起源和扩展、可能的断裂原因等。所有的看法和判断都没有考虑材料的性能、热处理工艺的优劣等对轴疲劳断裂的影响。因此，下一步要做的重点工作有：

① 根据轴的断裂是由花键齿根出现裂纹开始的，全面、深入检查花键中频淬火工艺的品质，排查花键中频淬火是否有缺陷，例如：开裂、变形、硬度不均匀、局部烧伤、硬化层过深或过浅等。

② 检测材料的化学成分和材料的力学性能。

③ 检验主轴热处理（调质、淬火）的金相组织。

④ 有可能的话，测量花键淬火后的残余应力和未淬火轴段的残余应力。

在完成上述检测和分析工作后，才能最后确定花键轴断裂的原因，并提出具体的预防措施。

由于作者未到现场观察失效件和调研，上面的论述主要是根据该公司发来的图片和有关资料撰写的，因此本例的分析和看法仅供参考。

日期：2024 年 10 月 14 日

# 【例 1-21】 减速机高速轴矫直损伤引起断裂的实例

## 问题描述

北方某公司发来某减速机高速轴断裂的图片和资料，并表明这种断轴以往没有见过，断裂位置没有应力集中，也不是轴的最薄弱位置。请对此轴断裂的失效模式和失效的原因进行分析，并提示如何避免这种轴的断裂。

## 答复内容

# 1 轴断裂概况

某地煤矿井下皮带运输机用某减速机，其高速轴于 2024 年 9 月发生断裂事故，现场使用时间约 2 个月。减速机的基本信息如下：

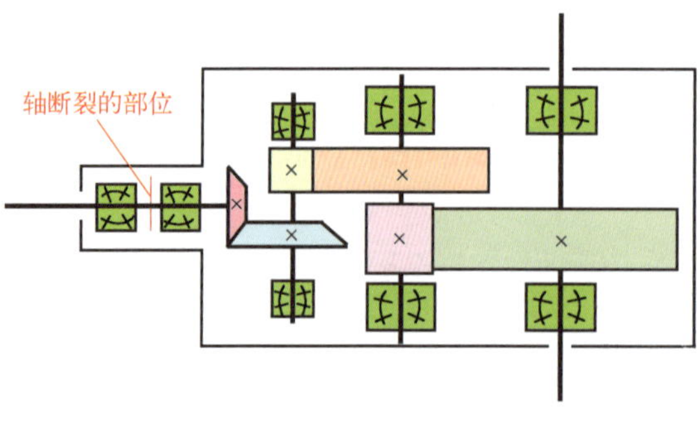


图 1-21-1 减速机的机构简图

电动机功率 $P$=710kW，转速 $n_0$=1500r/min；电动机和减速机之间用调速型液力耦合器连接；减速机高速轴转速 $n$=1500r/min；减速机总传动比 $i$=14；润滑油牌号：ISO VG 320。减速机的装配机构简图如图 1-21-1 所示。

高速轴的零件图和高速轴断裂部位如图 1-21-2 所示。高速轴的断裂部位无应力集中元素，也不是载荷最大截面。

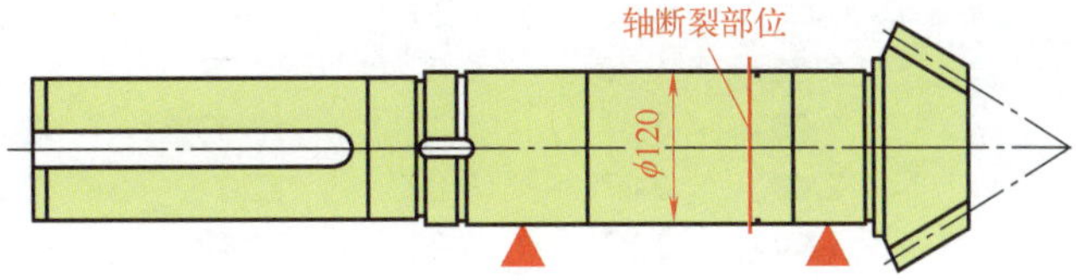


图 1-21-2　高速轴的零件图和断裂部位

## 2　断裂轴的强度计算

采用 KISSsoft 软件计算轴强度安全系数。

已知：轴传递的功率 $P$=710kW；转速 $n$=1500r/min；直径：$d$=120mm。其他几何参数建模，如图 1-21-3、图 1-21-4 所示。根据 DIN 743：2012D 的强度计算方法，计算结果见图 1-21-5。

图 1-21-3　减速机的模型

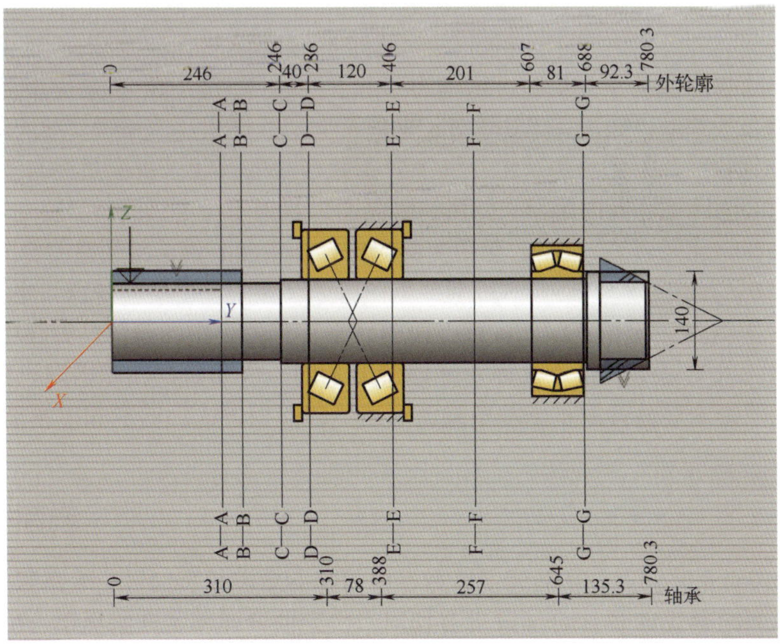


图 1-21-4　轴的尺寸

结果:

| 横截面 | Kfb | Kfs | K2d | SD | SS | SA |
| --- | --- | --- | --- | --- | --- | --- |
| A—A | 3.00 | 1.00 | 0.82 | 14.77 | 14.81 | 50.58 |
| B—B | 1.00 | 0.87 | 0.82 | 18.93 | 12.47 | 78.00 |
| C—C | 2.48 | 0.87 | 0.82 | 12.61 | 12.27 | 36.29 |
| D—D | 1.00 | 0.87 | 0.81 | 24.42 | 16.19 | 100.89 |
| E—E | 1.00 | 0.87 | 0.81 | 15.29 | 15.99 | 88.61 |
| F—F | 1.00 | 0.87 | 0.81 | 9.10 | 12.30 | 51.14 |
| G—G | 1.00 | 0.87 | 0.81 | 8.06 | 11.08 | 44.45 |

图 1-21-5　轴的安全系数计算结果

在 F—F 处，疲劳安全系数 $S_D$=9.10；静态安全系数 $S_S$=12.3。减速机在矿井中工作，取许用安全系数 $S_p$=3，$S_D > S_p$，轴是安全的。但是轴还是断了，其中必然有其他的原因。

# 3　高速轴断裂断口宏观观察与分析

## 3.1　高速轴的断口宏观观察和分析

高速轴的断裂实物如图 1-21-6 所示，轴的断口如图 1-21-7 所示。

图 1-21-6　高速轴的断口部位

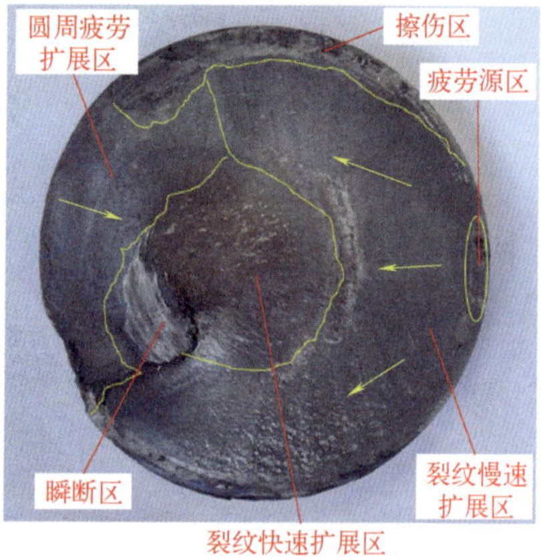


图 1-21-7　轴的断口

从断口（图 1-21-7）可以观察到以下特征：

① 断口上有隐约的贝纹线，贝纹线收敛处就是疲劳源区，断裂起源于轴的圆周表面上，呈线源特征。

② 疲劳源是轴表面上的线源裂纹。贝纹线向前扩展就有裂纹慢速扩展区。这是第 1 个疲劳裂纹扩展区。

③ 在断口的左侧有一块平坦的疲劳扩展区，贝纹线呈凹形向轴心扩展，其疲劳源也是轴表面上的线源裂纹。这是圆周疲劳扩展区，是第 2 个疲劳裂纹扩展区。

④ 断口的瞬断区在轴断裂时擦伤，面积较小，可见轴的名义应力不大。

根据以上断口的特征，可以确定高速轴是疲劳断裂，而且是多源疲劳断裂。

## 3.2 高速轴表面裂纹观察

在检查中观察到断口附近轴表面在圆周方向上，离疲劳源约 45°处有 6 条明显的宏观裂纹，如图 1-21-8 所示。图 1-21-9 是裂纹的着色检测，很明显其中一条已经裂开。表面上的裂纹已经向内部扩展，对轴造成严重的损伤，是轴断裂的主要原因之一。说明高速轴的表面曾经受到损伤。怀疑轴在加工过程中经过矫直。

为什么轴没有在 6 条裂纹处断裂？其实在疲劳源处也可能存在轴的表面裂纹，只是轴断裂了，掩盖了裂纹的存在。如果将疲劳源处的断口置于电子显微镜下观察，就很可能找到存在裂纹的证据。

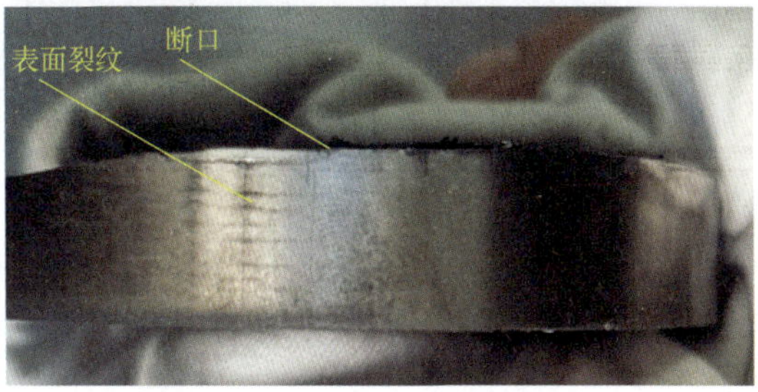


图 1-21-8　轴表面上的裂纹

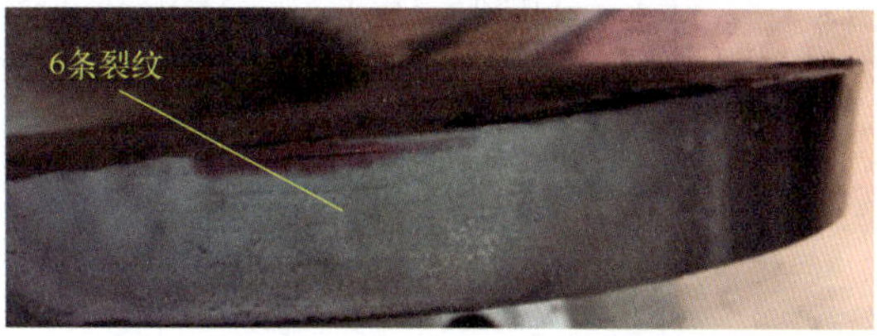


图 1-21-9　裂纹的着色检测

# 4 高速轴的硬度检测

## 4.1 有效硬化层深度，硬度梯度检测

从轴上切割硬度检测的试样，如图 1-21-10 所示。检测位置为 1、2、3、4 的硬度梯度和有效硬化层深度。图 1-21-10 中画出测量点的连续测量方向。

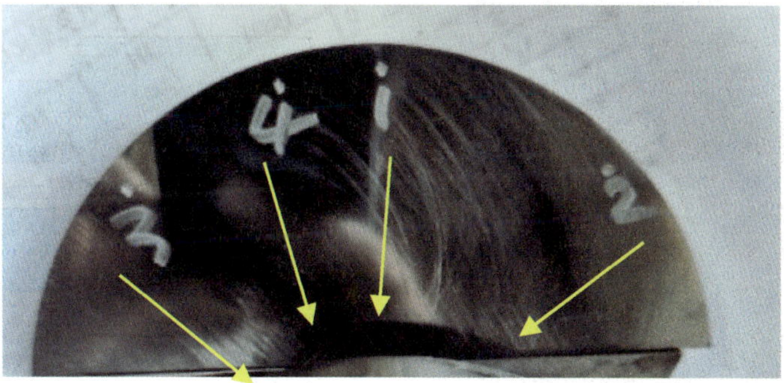

图 1-21-10　硬度检测的试样

① 位置 1 硬度检测结果见图 1-21-11。
② 位置 2 硬度检测结果见图 1-21-12。
③ 位置 3 硬度检测结果见图 1-21-13。
④ 位置 4 硬度检测结果见图 1-21-14。

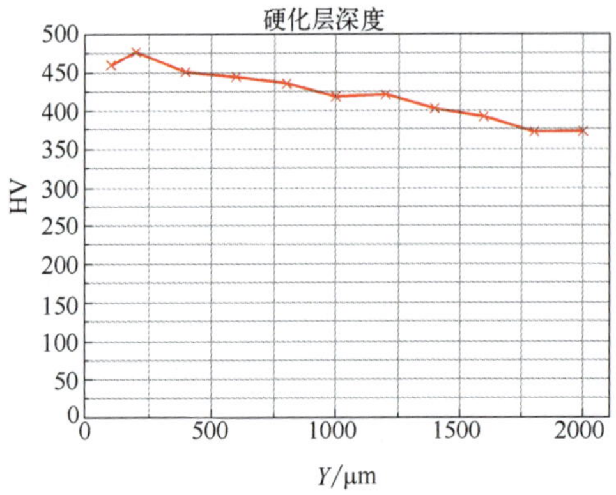

图 1-21-11 位置 1 硬度梯度图

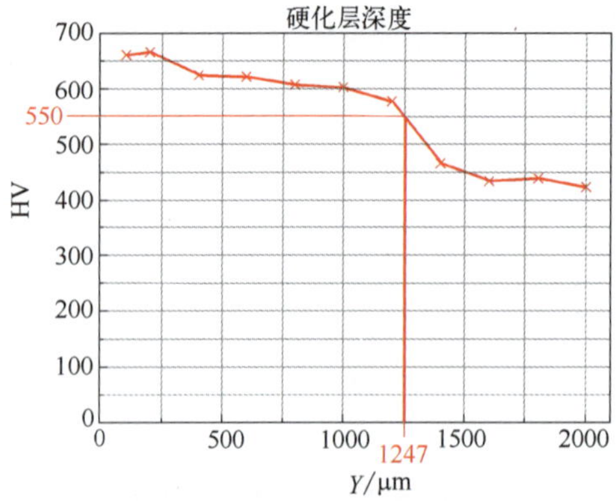

图 1-21-12 位置 2 硬度梯度图

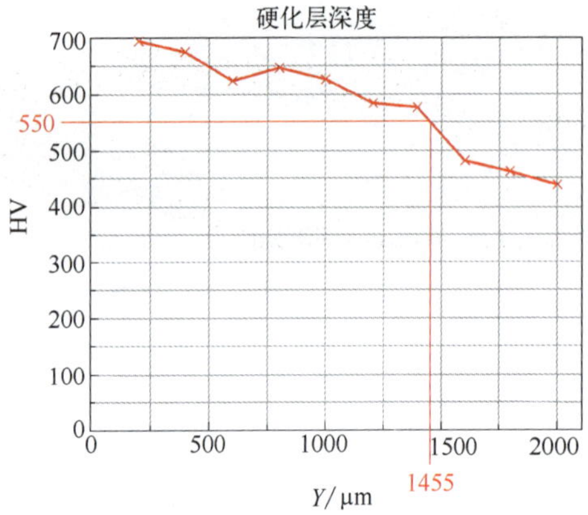

图 1-21-13 位置 2 硬度梯度图

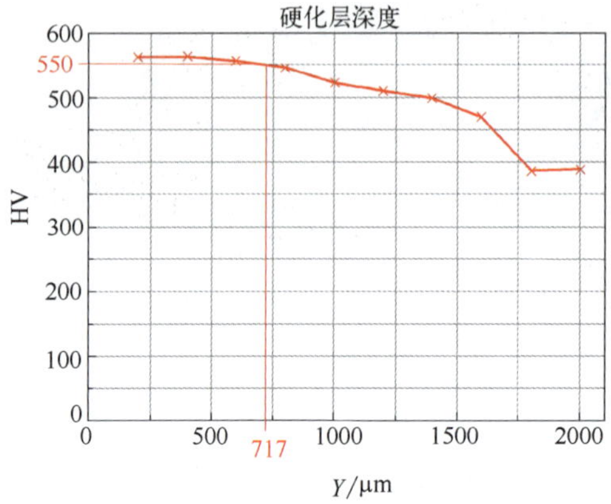

图 1-21-14 位置 4 硬度梯度图

由硬度检测结果可见：

检测位置 1：由于硬度没有超过 550HV，因此无有效硬化层；

检测位置 2：有效硬化层深 1.247mm；

检测位置 3：有效硬化层深 1.455mm；

检测位置 4：有效硬化层深 0.717mm。

有效硬化层深差别很大，位置 1 和位置 4 相邻，二者硬化层都很浅，比位置 2、3 的硬化层深小很多，说明轴的热处理变形很大，是机加工偏磨的结果。

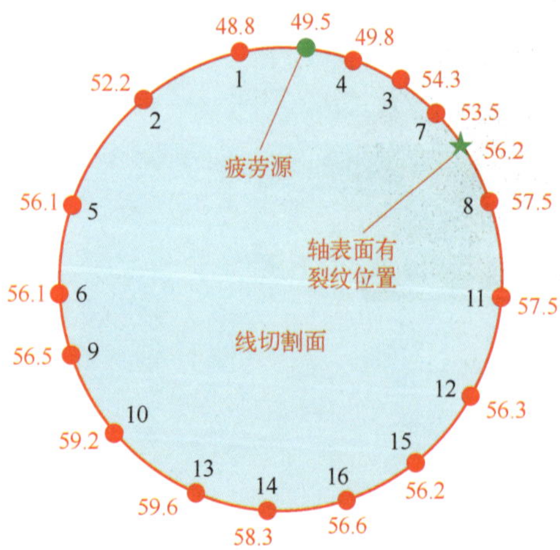

图 1-21-15 圆周表面的硬度

## 4.2 轴圆周表面硬度检测

轴圆周表面的硬度检测结果见图 1-21-15。

从图 1-21-15 可见：

① 轴的加工过程中没有防渗碳工艺，整体渗碳，表面硬度很高。

② 疲劳源处硬度 49.5HRC 值远低于其他区域。

③ 用便携硬度计检测，图 1-12-15 圆周上的硬度不均匀，最大硬度 59.6HRC，位于疲劳源对面（点 13），最小硬度 48.8HRC（点 1），分布在疲劳源附近。这也可能是机加工偏磨的结果。

# 5 分析和结论

## 5.1 分析

根据以上的观察和检测，可以做以下的分析：

① 高速轴的断口有明显的疲劳源区、疲劳扩展区、瞬断区，本例轴的断裂属于疲劳断裂，而且是多源疲劳断裂。

② 从断口观察中可以看到距离疲劳源约 50°方向，分布着 6 条圆周裂纹，其中 1 条已经开始向深处发展。该裂纹位置有转矩、弯矩作用，但数值不大（见前面的强度计算），该裂纹肯定不是扭转、弯曲疲劳产生的。此外，该裂纹处没有应力集中，因此可以推断该处的裂纹是制造轴的过程中产生的。

③ 齿轴的材料是 18CrNiMo7-6，硬度检测结果表明，轴没有做防渗碳工艺，轴表面整体硬度较高，最大 59.6HRC，位置处于疲劳源对侧，最小 48.8HRC，位置处于疲劳源附近（图 1-21-15），疲劳源处是该圆周处最薄弱的位置。

④ 从图 1-21-8 看到，轴圆周上分布着多条圆周裂纹，个别已经成为开口裂纹，很可能是热处理后轴的变形过大，轴经过强力矫直造成的损伤。硬化层深度的变化也说明了轴在热处理后有弯曲变形。

⑤ 轴的表面经过渗碳淬火会产生残余压应力，对抵抗弯曲和扭转疲劳都有利；但是当表面硬度达到 50HRC 以上时，例如本例的情况，轴表面的硬化层就是脆性层，没有规定非比例延伸强度 $R_{p0.2}$ 和断后伸长率 $Z$。这种情况的轴绝对不能有大的弯曲变形（例如矫直），否则表面就会产生微裂纹。轴的表面脆性层一旦有了微裂纹就会快速扩展，造成轴的断裂，本例就是如此。

⑥ 轴的加工过程中没有防渗，整体渗碳淬火，齿轴硬度较高，热处理的变形较大，局部产生较大的弯曲变形，机加工后凸出部分硬化层被加工掉，造成表面压应力分布不均，相当于在轴上产生了应力集中，该应力集中是产生断轴的原因之一。

## 5.2 结论

① 锥齿轮轴是疲劳断裂，而且是多源疲劳断裂。

② 靠近轴的断口处，有多条圆周方向的裂纹，这不是工作载荷过大造成的疲劳裂纹，而是热处理后轴的弯曲变形过大，采用强力矫直时产生的。

③ 轴表面硬化层是脆性层，它没有规定非比例延伸强度 $R_{p0.2}$ 和断后伸长率 $Z$。如果轴经过矫直，表面就会产生微裂纹。轴的表面脆性层一旦有了微裂纹就会快速扩展，造成轴的断裂。因此，轴表面硬化层的裂纹是造成轴断裂的主要原因。

④ 这是因加工工艺失误造成轴断裂的典型案例。

# 6 改进措施

① 如果没有特别的需要，齿轮轴应避免整体渗碳淬火，非齿轮部位应该做防渗碳处理。

② 整体渗碳淬火的轴，不能采用强力矫直的方法来减小热处理的弯曲变形。

③ 如果发现成品轴上有裂纹，轴就应该报废。

日期：2024 年 11 月 5 日

# 第2章 风力机齿轮

## 【例 2-1】 风力机齿轮轮齿表层压碎形貌的观察与分析

**问题描述**

北方某公司风力机齿轮传动装置的齿轮，齿面发生了严重的故障——表层压碎，为此，该公司发来轮齿失效的照片和有关资料，咨询轮齿发生表层压碎的原因和改进措施。

**答复内容**

### 1 轮齿表层压碎概述

分析之前，先了解一下什么是齿轮的表层压碎。GB/T 3481—1997/ISO 10825：1995《齿轮轮齿磨损和损伤术语》中关于齿面“表层压碎”case crushing 的定义：“由于裂纹通常在表层与心部的过渡区延伸，致使大块表层材料碎片逐渐脱落。这是一种严重的剥落形式。”图 2-1-1 所示为表面硬化的弧齿锥齿轮大轮工作齿面的表层压碎。在轮齿上可以看到大量与小齿轮齿面接触线方向一致的裂纹。一个齿面上有大量材料脱落，形成一个大的凹坑。

图 2-1-1 表面硬化的弧齿锥齿轮工作齿面上的表层压碎

表面硬化斜齿轮工作齿面因超载造成的表层压碎如图 2-1-2 所示，图中还标注出轮齿啮入冲击造成的齿根部位点蚀、剥落带。

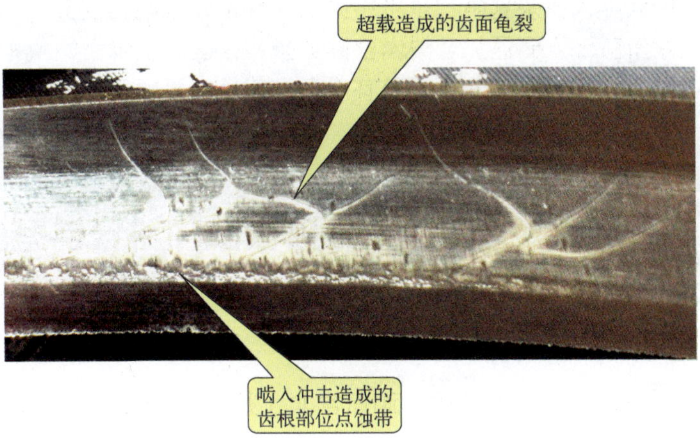


图 2-1-2　表面硬化斜齿轮工作齿面因超载造成的表面压碎

由图 2-1-1、图 2-1-2 可见轮齿表层压碎的特点：

① 表层压碎的裂纹都在工作齿面上，而不是在非啮合齿面的齿根部位。

② 压碎起始时齿面上可能先出现一条裂纹，但随着压碎的加剧，在工作齿面上就会出现多条压碎裂纹，这些裂纹都分布在工作齿面上。

③ 表层压碎裂纹的扩展会引起大片的深层剥落。

④ 表层压碎通常都是由过载引起的，有三种过载：其一是外载荷超载，例如风力机过载运转；其二是轮齿偏载造成的局部齿面超载；其三是上述两者均有。其中最常见的是第二种。

⑤ 如果有效硬化层深度太浅，不达标，也容易出现齿面表层压碎。

⑥ 表层压碎引起齿轮最后的失效形式是轮齿随机断裂（不在正常疲劳断裂处断裂），如图 2-1-3 所示。

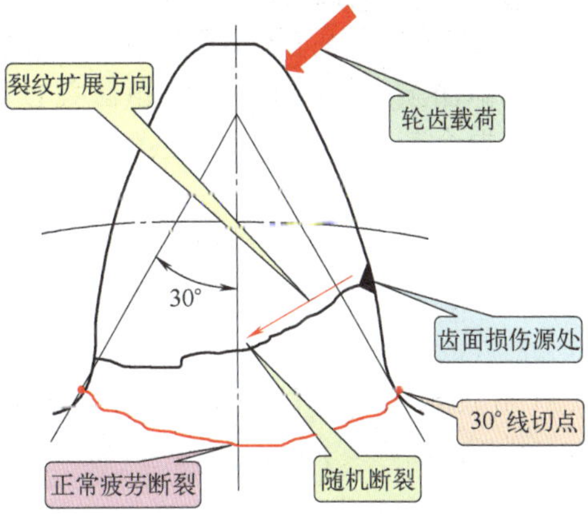


图 2-1-3　表层压碎引起的轮齿随机断裂

## 2　失效件的宏观观察与分析

以下内容是根据厂方提供的失效件照片，对失效轮齿进行宏观观察与分析的看法，供参考。

① 从图 2-1-4、图 2-1-6 可见齿面上存在多条裂纹，这是齿面压碎的典型形貌，无疑齿轮受到了过载损伤。

② 从图 2-1-5 可见齿面上有多条压碎裂纹，这可能是压碎起始时的裂纹。

③ 从图 2-1-4 ～图 2-1-6 中还可看到齿面上遭受胶合损伤的形貌。从图片上的接触印痕判断，齿轮存在偏载现象。轮齿的齿面压碎和胶合很可能与齿轮偏载有关。

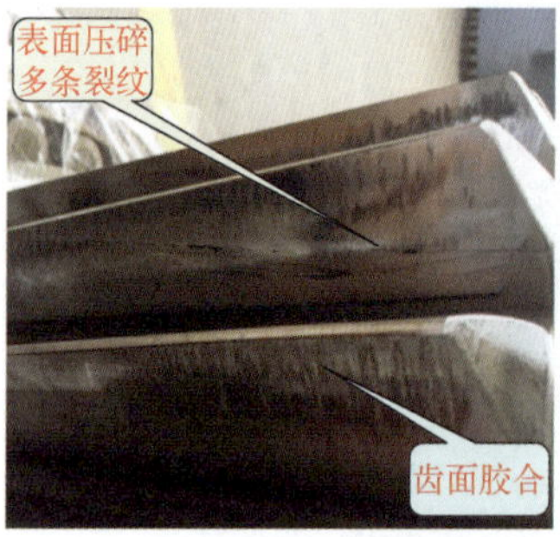


图 2-1-4　齿面上的多条压碎裂纹和胶合损伤

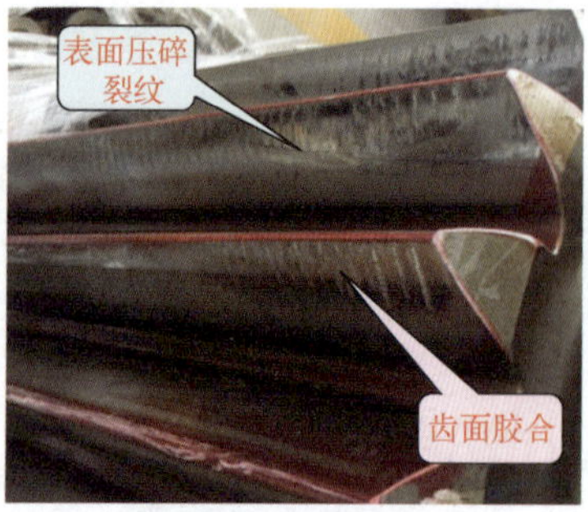


图 2-1-5　齿面上的压碎裂纹和胶合损伤（一）

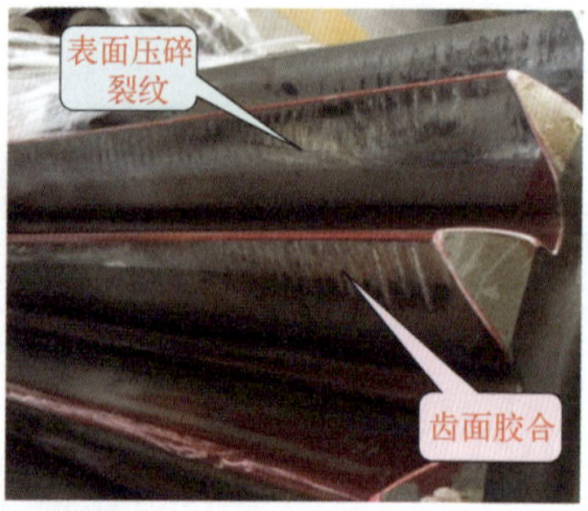


图 2-1-6　齿面上的压碎裂纹和胶合损伤（二）

④ 压碎裂纹的扩展引起轮齿的随机断裂，如图 2-1-7、图 2-1-8 所示。

图 2-1-7　压碎裂纹的扩展引起轮齿的随机断裂

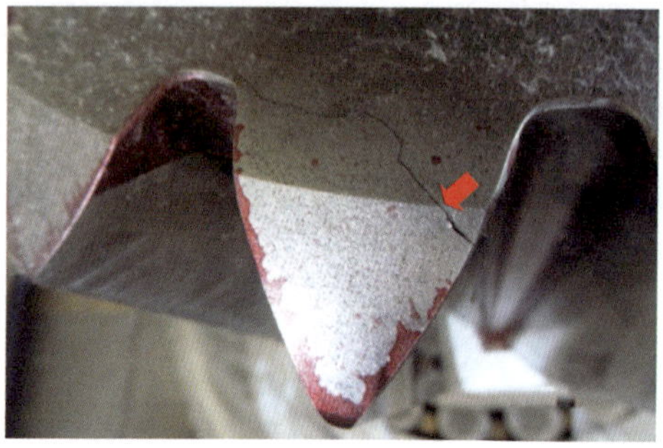

图 2-1-8　压碎裂纹的扩展引起轮齿的齿腰随机断裂

⑤ 压碎裂纹的扩展引起轮齿的随机断裂，其断口形貌如图 2-1-9 ～图 2-1-12 所示。

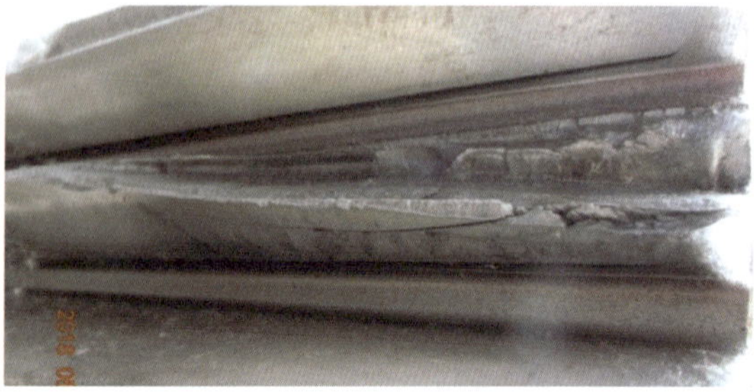

图 2-1-9　轮齿随机断裂的断口形貌（一）

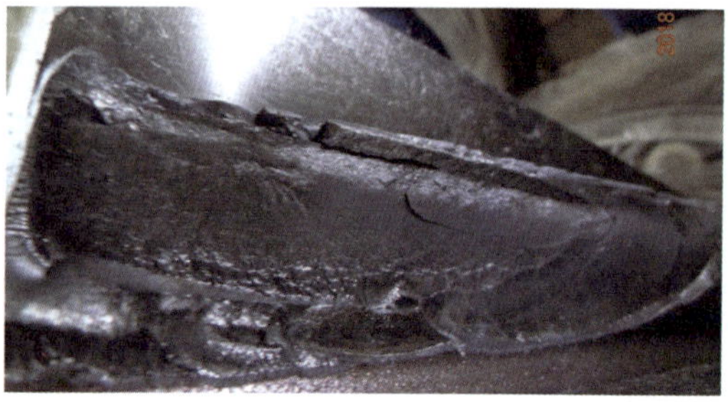

图 2-1-10　轮齿随机断裂的断口形貌（二）

⑥ 重载运转下，轮齿的次表面会产生疲劳裂纹，裂纹一般都起源于有非金属夹杂物处，裂纹由材料的次表层向材料的表面扩展，最终导致材料的剥落，如图 2-1-13 所示。

⑦ 上述这种现象在齿轮失效件的图片中也可以看到——裂纹起源于次表层，如图 2-1-14 所示。图 2-1-15 是疲劳源区的放大，从图中可以清晰地看到类似于“蝴蝶现象”的形貌。在该疲劳核心区一般都存在非金属夹杂物，或齿轮材料的内部缺陷，可以采用电镜能谱分析的方法来求证。

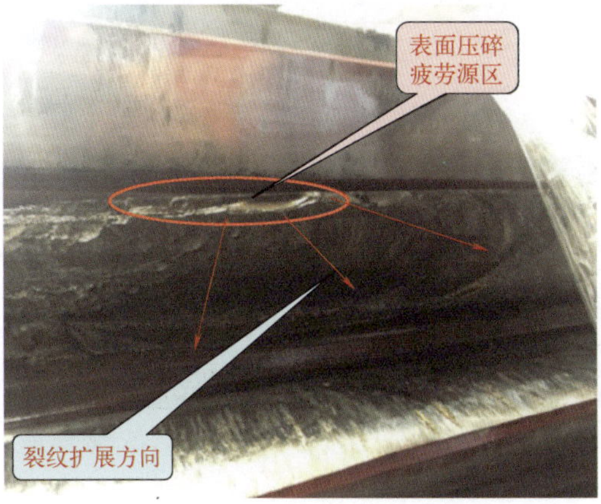


图 2-1-11　轮齿随机断裂的断口形貌（三）

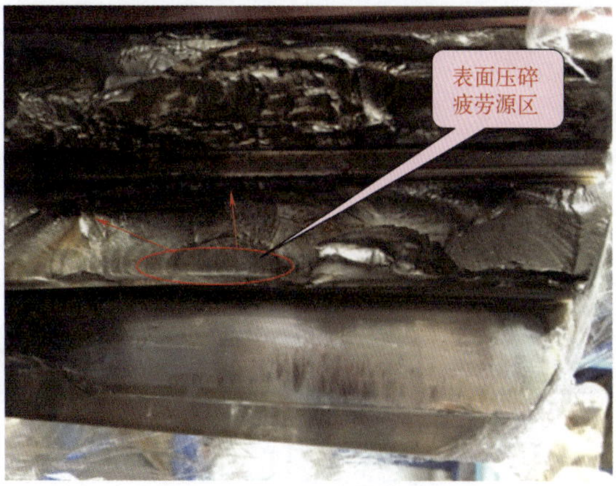


图 2-1-12　轮齿随机断裂的断口形貌（四）

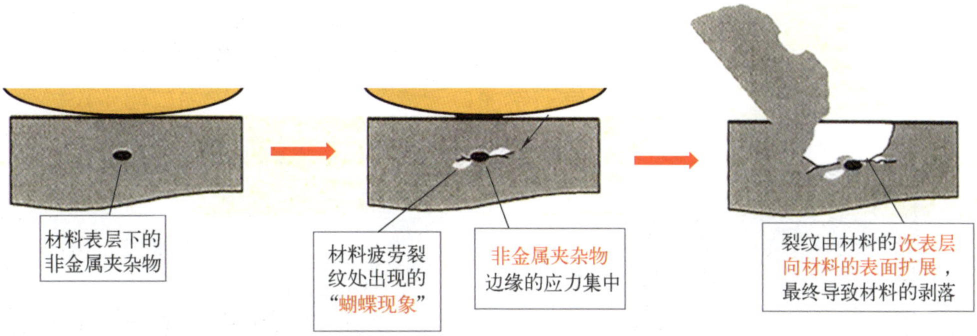


图 2-1-13　轮齿的次表面产生的疲劳裂纹和扩展（一）

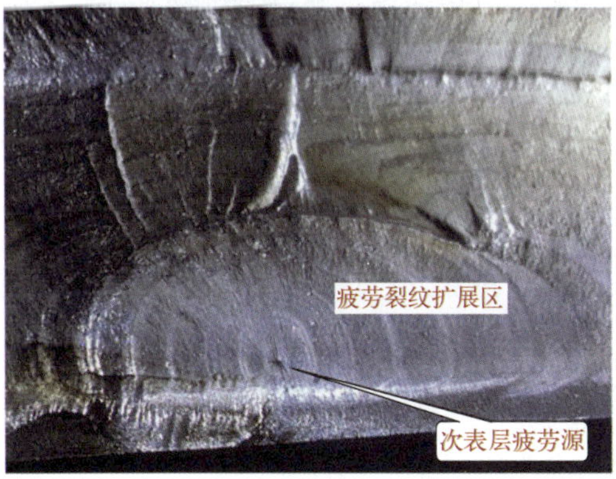


图 2-1-14　轮齿的次表面产生的疲劳裂纹和扩展（二）

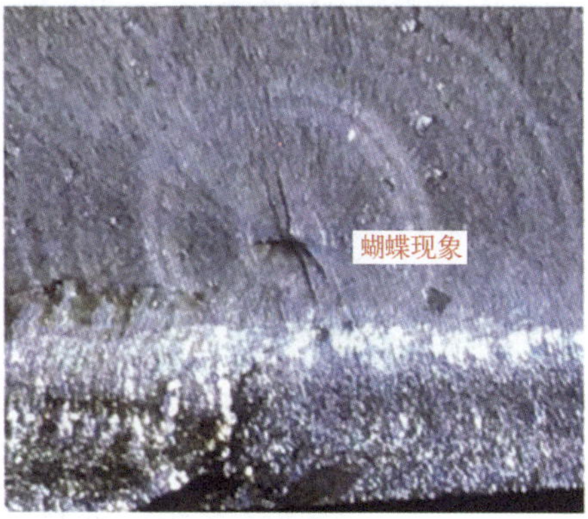


图 2-1-15　图 2-1-14 疲劳源区的放大

⑧ 图 2-1-16 也有和上述相似的失效形貌。

⑨ 裂纹由材料的次表层向材料的表面扩展，最终导致材料大面积剥落，或随机断裂，如图 2-1-17 所示。

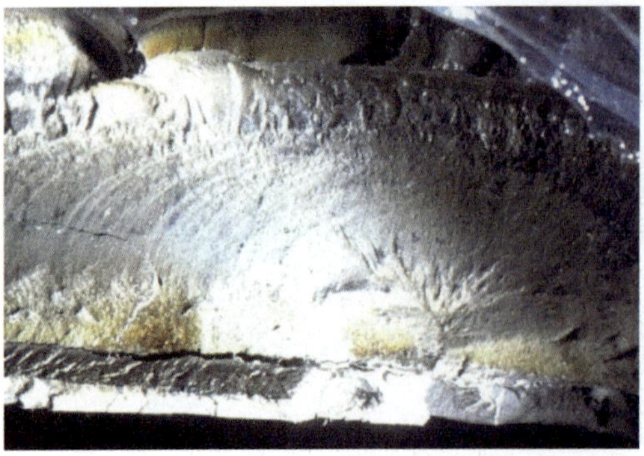

图 2-1-16　轮齿的次表面产生的疲劳裂纹和扩展（三）

图 2-1-17　裂纹由材料的次表层向表面扩展导致材料大面积剥落

⑩ 图 2-1-18、图 2-1-19 是一次性断裂的断口，它是由断裂的轮齿碎片压断造成的，因此没有任何疲劳的特征。类似的断口很多。

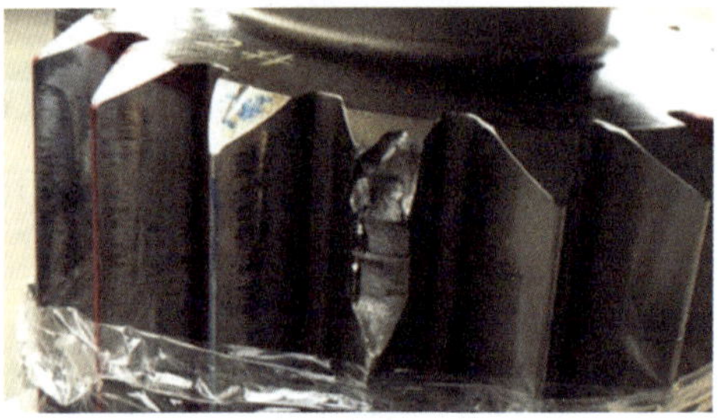

图 2-1-18　轮齿一次性断裂的断口（一）

图 2-1-19　轮齿一次性断裂的断口（二）

⑪ 现场观察所有损伤、失效的齿轮，可以看到齿面都有轻重不同的胶合损伤痕迹，例如，齿宽方向比较均匀的胶合如图 2-1-20 所示；齿宽方向有偏载的胶合如图 2-1-21 所示。

⑫ 内齿圈轮齿偏载损伤的形貌如图 2-1-22 所示，很显然，偏载还比较严重。

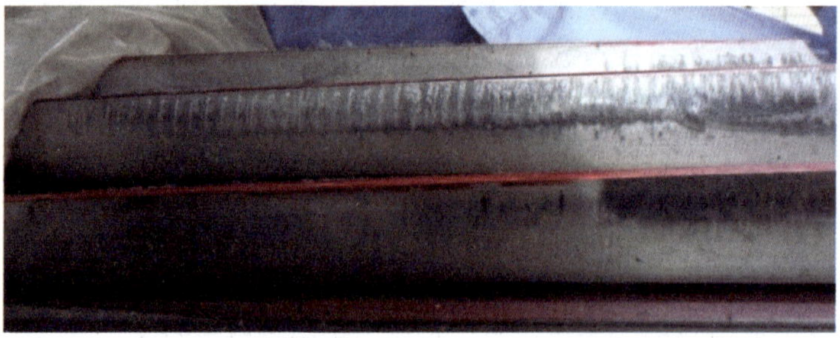

图 2-1-20　齿宽方向比较均匀的胶合

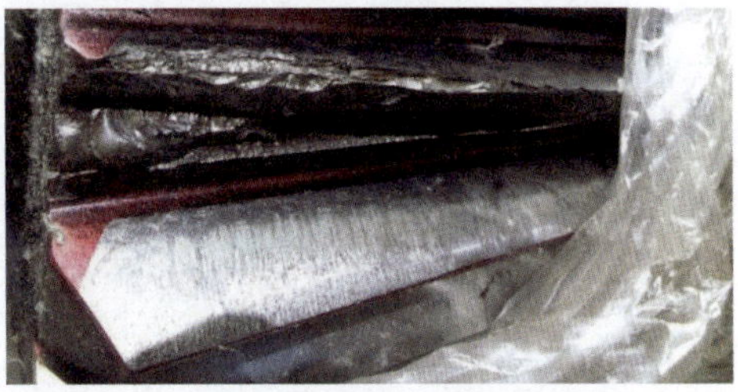

图 2-1-21 齿宽方向有偏载的胶合

图 2-1-22 内齿轮轮齿偏载的损伤形貌

## 3 结论

① 轮齿的失效模式是齿面压碎引起的随机疲劳断裂。

② 引起齿面压碎的原因通常是过载：工作机运转过载，或轮齿偏载造成的局部过载，或两者均有的过载。

③ 过载裂纹最早可以产生在材料的次表层有非金属夹杂物处。

④ 轮齿上的胶合损伤可能与轮齿偏载有关。

⑤ 轮齿的齿面压碎裂纹、胶合损伤和随机断裂都发生在轮齿的一端，说明齿轮有较大的偏载。

## 4 建议

① 一定要查明轮齿偏载的原因，并采取具体的措施改进，这是关键！

② 对齿轮材料进行详细的非金属夹杂物检验与分析，看看材料是否有夹杂物过多等问题。

③ 采用电镜能谱分析的方法，对图 2-1-14 断口的疲劳源进行检验，看看疲劳源核心区是否存在异常的非金属夹杂物，或齿轮材料是否存在内部缺陷（用电镜扫描的方法）。

④ 对断裂的轮齿进行硬度和金相组织检查，特别是有效硬化层深度和齿面的马氏体组织。

日期：2018 年 6 月 4 日

# 【例 2-2】 风力机齿轮箱内齿圈断裂失效分析

### 问题描述

北方某公司风能 ××MW 机组的齿轮箱发生严重故障，该公司提供了齿轮箱的有关资料和第三方——某检测认证有限公司的失效分析报告，咨询齿轮箱内齿圈断裂的原因和对第三方失效分析报告的看法。

### 答复内容

本例中的部分失效分析图片和资料，引用自某检测认证有限公司的失效分析报告。

# 1 风力机齿轮箱失效概述

风力机齿轮箱失效经仔细检查，发现有多个零部件损坏，情况如下：

① 输入端密封盖开裂；

② 一级驱动壳碎裂；

③ 一级内齿圈开裂、断齿；

④ 行星齿轮断齿（A、C、E、F 断齿），全部轮齿存在磨损；

⑤ 一级行星齿轮齿面胶合、磨损；

⑥ 一级太阳轮齿面胶合、磨损。

在这种多个零部件损坏的场合，失效分析最重要的是确定最先失效的“肇事件”。经过仔细排查，发现齿轮箱中最先失效的“肇事件”是一级行星齿轮传动的内齿圈断裂。因此，本例论述的主题是找到内齿圈断裂的原因和预防同类故障发生的改进措施。

齿圈的几何参数：模数 $m_n$=22.15mm，齿数 $z$=84，螺旋角 $\beta$=4.5°，压力角 $\alpha_n$=25°，齿宽 $b$=480mm,，齿顶圆直径 $d_a$=1834.9mm，齿根圆直径 $d_f$=1941.3mm，外圆直径 $D$=2162mm。

本例中的理化检验图片和资料，部分引用自第三方公司的失效分析报告，但失效分析的内容和得到的结论与第三方公司的有所不同，主要不同之处见表 2-2-1。

表 2-2-1 主要不同之处

| 序号 | 作者的失效分析 | 第三方公司的失效分析报告 |
|---|---|---|
| 1 | 认为齿圈的偏载是齿圈断裂的主要原因之一 | 没有注意到齿圈偏载对齿圈断裂的主要影响 |
| 2 | 认为齿圈的晶界氧化和非马氏体组织是齿圈断裂的另一个主要原因 | 检测到了晶界氧化和非马氏体组织，但缺乏对齿圈强度影响的分析和重视 |
| 3 | 认为齿圈断裂为疲劳断裂失效；有了以上两个原因即使正常的应力也会断裂，不一定需要大应力 | 认为齿圈开裂为大应力开裂 + 疲劳失效 |
| 4 | 注意到齿圈表面硬化层和疲劳源区的差别（图 2-2-4） | 没有注意到表面硬化层和疲劳源区的差别（图 2-2-4 ） |
| 4 | 提出了预防齿圈断裂的改进措施 | 没有提及预防齿圈断裂的改进措施 |

# 2 断口观察

## 2.1 断口宏观观察

内齿圈断裂宏观形貌如图 2-2-1 所示。内齿圈齿宽为 480mm。经过对各个轮齿检查发现，其中一个齿在齿槽底部沿齿宽整齿发生断裂，断口中可见明显的贝纹线（疲劳弧线）及放射线，具有明显的疲劳断裂特征（图 2-2-2）。观察相邻未破坏轮齿的齿面，可见齿宽的左侧齿面存在明显的偏载啮合痕迹（图 2-2-3），齿面已存在压溃剥落特征，而右侧齿面基本完好，表明轮齿左侧齿面在使用时受力较大，齿轮偏载了。

图 2-2-2 的断口可分为以下几个区域：

① 裂纹源区　裂纹源区位于齿槽底部，观察断口发现：齿槽底部边缘有宽度约为2.5mm的齿圈渗碳淬火的硬化层疲劳源区，如图2-2-4所示，断口（图2-2-2）的放射线和贝纹线向该区域收敛。根据裂纹源区的形貌判断，裂纹区内的裂纹应该是线性裂源。

(a)　　(b)

图 2-2-1　内齿圈断裂宏观形貌

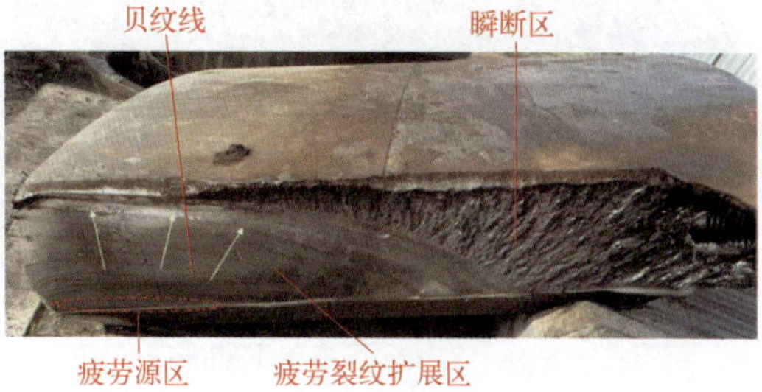


图 2-2-2　齿圈断齿宏观形貌

图 2-2-3　相邻未破坏齿的偏载齿面形貌

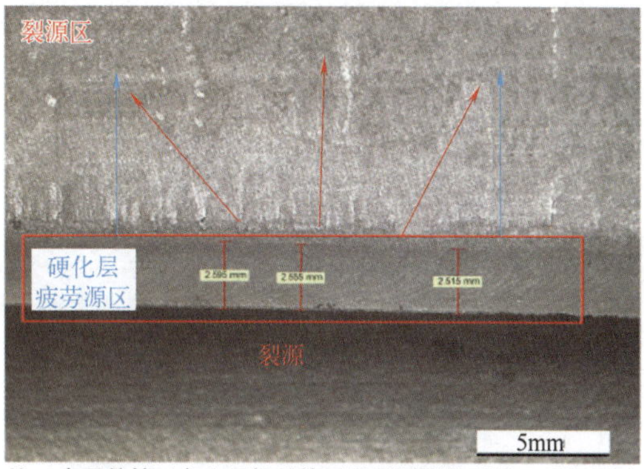


注：本图是第三方公司提供的硬化层断裂的形貌。硬化层厚约2.5mm，可以看作疲劳源区。疲劳源在硬化层下方的边缘位置(低倍不可见)。图中红色箭头都应该垂直于硬化层，如图中蓝色的字和箭头所示。

图 2-2-4　裂纹源区形貌

② 裂纹扩展区　裂纹扩展区与裂纹源区存在一定角度，裂纹扩展区表面较平坦，可见大量明显的贝纹线，贝纹线收敛于裂纹源区。

③ 瞬断区　瞬断区是最后断裂的断口，断口很粗糙，一次性断裂的放射线非常明显。

断口宏观观察结果表明：内齿圈失效模式为疲劳断裂；疲劳裂纹源区位于齿槽底部的硬化层，宽度约为2.5mm；扩展区可见明显的贝纹线（疲劳弧线）；瞬断区断口粗糙，一次性断裂的放射线非常明显。

## 2.2　断口微观观察

将断口清洗后置于扫描电子显微镜下观察，结果如下：

① 图2-2-5为裂纹源区二次电子形貌图，由图2-2-5可见裂纹源区高倍下裂纹源区具有韧窝+准解理+沿晶断裂的特征。

② 图2-2-6为裂纹扩展区二次电子形貌，从图2-2-6可见裂纹扩展区断口较为平整，并存在明显的疲劳弧线。

图 2-2-5　裂纹源区高倍下的断口形貌

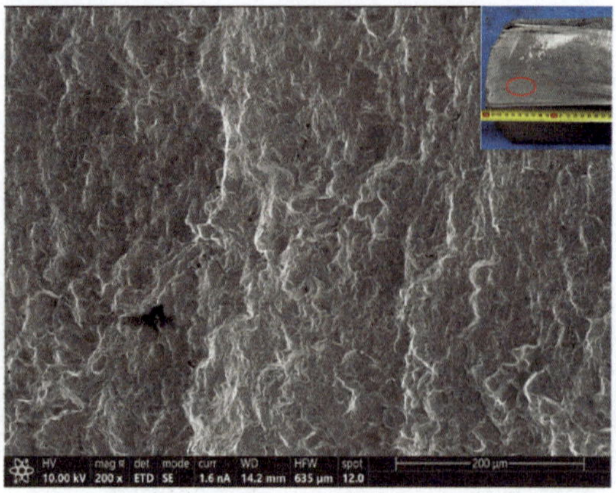

图 2-2-6　裂纹扩展区的断口形貌

微观断口分析表明：内齿圈的失效形式为疲劳断裂失效；裂纹源区在高倍下具有韧窝 + 准解理 + 沿晶断裂的特征；裂纹扩展区低倍可见疲劳弧线。

# 3　理化检验

## 3.1　化学成分分析

化学成分分析结果（表 2-2-2）可见，所检齿轮材料化学成分满足 EN 1008-2008 中 18CrNiMo7-6 的标准值要求。

表 2-2-2　化学成分分析结果　%

| 检验项目 | C | Si | Mn | P | S | Cr | Mo | Ni |
|---|---|---|---|---|---|---|---|---|
| 内齿圈 | 0.19 | 0.27 | 0.61 | 0.005 | 0.002 | 1.66 | 0.29 | 1.61 |
| 标准值 | 0.15 ~ 0.21 | ≤ 0.40 | 0.50 ~ 0.90 | ≤ 0.025 | ≤ 0.035 | 1.15 ~ 1.80 | 0.25 ~ 0.35 | 1.40 ~ 1.70 |

## 3.2　力学性能测试

力学性能测试结果见表 2-2-3、表 2-2-4。

表 2-2-3　拉伸性能测试结果

| 检测项目 | 规定非比例延伸强度 $R_{p0.2}$/MPa | 抗拉强度 $R_m$/MPa | 断后伸长率 $A$/% | 断面收缩率 $Z$/% |
|---|---|---|---|---|
| 内齿圈 | 987 | 1075 | 15.5 | 63 |

表 2-2-4　冲击功测试结果

| 检测项目 | | 冲击功 $A_{kv2}$（20℃）/J | | | 冲击功 $A_{kv2}$（-40℃）/J | | |
|---|---|---|---|---|---|---|---|
| 内齿圈 | 检测值 | 69.6 | 62.0 | 47.8 | 28.2 | 22.4 | 25.1 |
| | 平均值 | 60 | | | 25 | | |

委托方未提供相应的技术要求，此处仅提供测试数据。

## 3.3 金相检验

从断齿裂纹源处截取金相试样和相邻齿取齿槽底部试样，具体取样位置见图 2-2-7，并按 GB/T 13298—2015 标准进行制样，随后在光学显微镜下观察，结果如下：

图 2-2-7 金相试样截取位置

① 裂纹源处的抛光态及显微组织形貌见图 2-2-8，断口裂纹源处与扩展面呈一定角度，表面未见明显夹杂物聚集现象，裂纹源附近可见晶界氧化层，深度约为 20.2μm。

② 经 4% 硝酸酒精腐蚀后，显微组织形貌见图 2-2-9，裂纹源处齿槽底部可见非马氏体组织，平均深度约为 50.5μm，最大深度达 63.5μm，最大深度处容易出现裂纹。齿槽底部组织为马氏体 + 贝氏体。

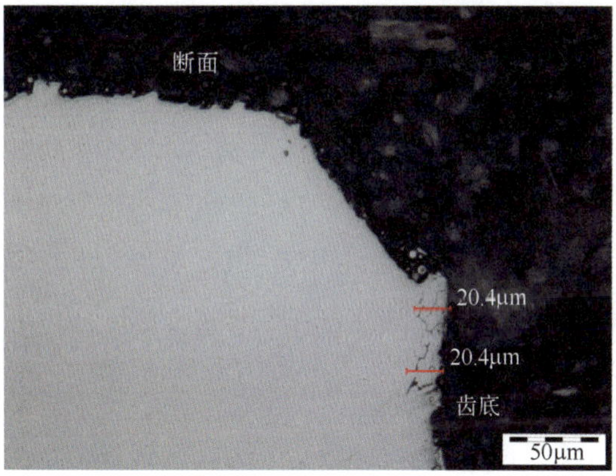


图 2-2-8 裂纹源处晶界氧化层形貌

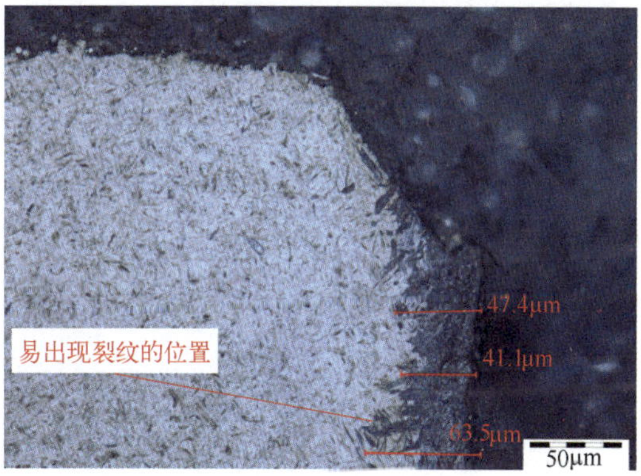


图 2-2-9 裂纹源处的齿槽底部可见非马氏体组织

③ 相邻齿槽底部显微组织形貌见图 2-2-10、图 2-2-11。图 2-2-10 齿槽底部可见裂纹，长度约为 1.9mm，齿槽底部可见晶界氧化层，深度约为 23.2μm。图 2-2-11 的试样经 4% 硝酸酒精腐蚀后，裂纹源处的齿槽底部可见非马氏体组织，深度约为 48.3μm，齿槽底部组织为马氏体，齿槽底部还出现 2 条裂纹，极为少见。

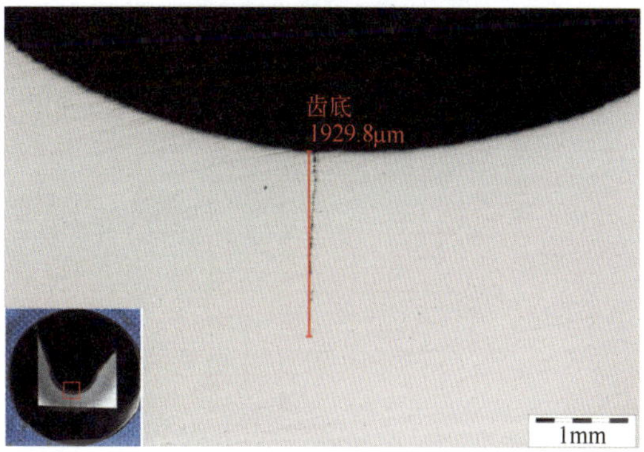


图 2-2-10 相邻轮齿齿槽底部晶界氧化和裂纹形貌

④ 轮齿心部显微组织形貌见图 2-2-12，根据 GB/T 10561—2023/ISO 4967：2013（E）标准中的实际检验 A 法和 ISO 评级图进行

评定：齿心部的非金属夹杂物级别见表 2-2-5；心部显微组织为贝氏体 + 铁素体。

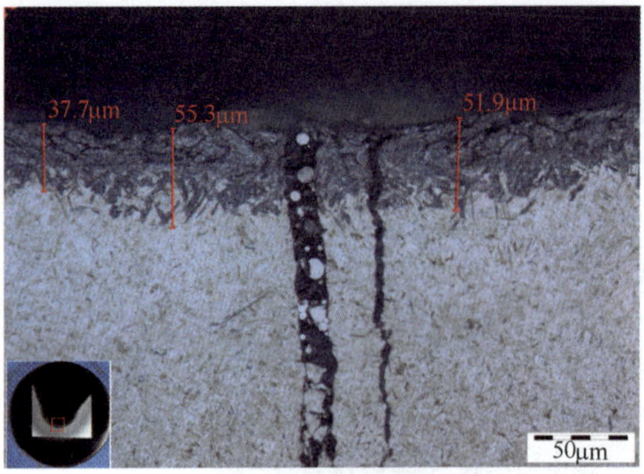


图 2-2-11　相邻轮齿齿槽底部非马氏体组织和裂纹形貌

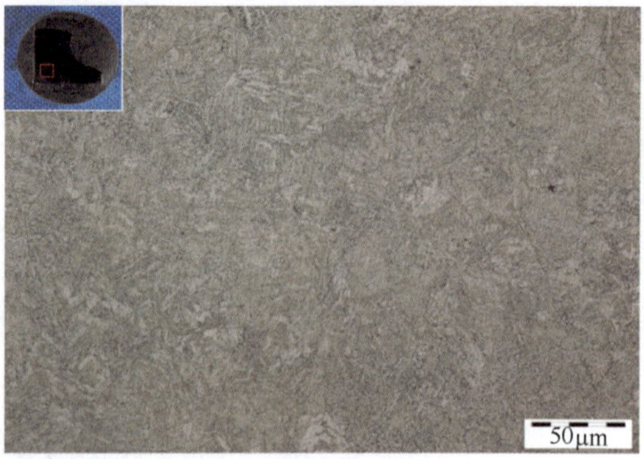


图 2-2-12　轮齿心部显微组织形貌

表 2-2-5　齿心部的非金属夹杂物级别

| 类别 | A | | B | | C | | D | | DS |
|---|---|---|---|---|---|---|---|---|---|
| | 细系 | 粗系 | 细系 | 粗系 | 细系 | 粗系 | 细系 | 粗系 | / |
| 心部 | 0 | 0 | 0 | 0 | 0 | 0 | 0.5 | 0 | 0 |

金相检验结果表明：裂纹源处未见夹杂物汇聚；齿槽底部均可见晶界氧化和非马氏体组织，齿槽底部组织为马氏体 + 贝氏体；相邻齿齿槽底部（晶界氧化）可见长度约为 1900μm 的裂纹；非马氏体层深度为 37 ～ 63.5μm，有两条粗细、长短不同的裂纹。这些裂纹对轮毂断裂是致命的。

## 3.4　硬度测试

轮齿硬化层深度（CHD）测试结果见图 2-2-13。硬化层深度 =3.84mm；轮齿心部位置硬度约为 38HRC。

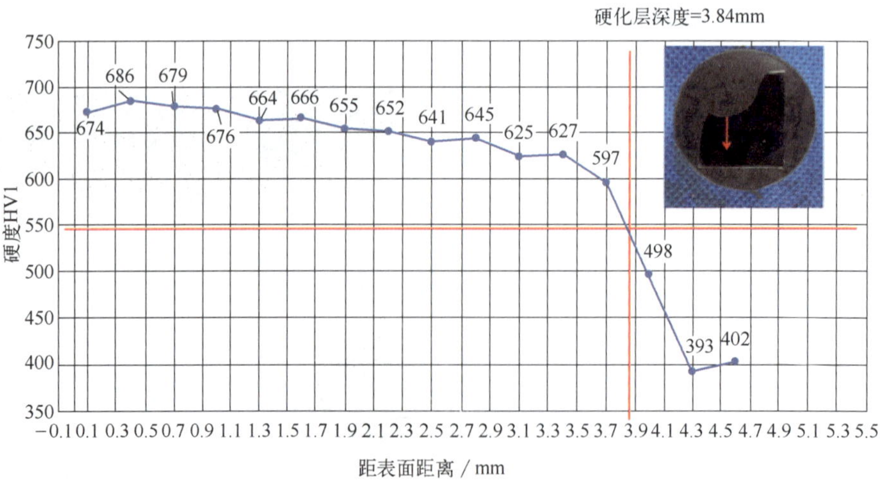


图 2-2-13　齿槽底部硬化层深度测定

# 4 内齿圈断裂的原因分析

## 4.1 各项检测小结

在分析内齿圈断裂的原因之前，简述一下上述各项检测的结果，因为这是进行内齿圈断裂原因分析的基础。

① 宏观观察结果表明：内齿圈失效模式为疲劳失效，裂纹源位于齿槽底部处；扩展区可见明显的贝纹线及放射线。

② 微观观察结果表明：内齿圈的失效形式为疲劳失效；裂纹源区具有韧窝＋准解理＋沿晶断裂的特征。

③ 化学分析结果表明：齿轮化学成分满足 EN 10084—2008 中 18CrNiMo7-6 的标准值。

④ 金相分析结果表明：

a. 断口裂纹源处与扩展面呈一定角度，表面未见有明显夹杂物聚集现象，裂源附近可见晶界氧化层，深度约为 20.2μm。

b. 断口裂纹源处齿槽底部非马氏体组织，最大深度为 63.5μm；齿槽底部组织为马氏体＋贝氏体。

c. 从相邻齿的齿槽底部可见裂纹，长度约为 1.9mm，齿槽底部可见晶界氧化层，深度约为 23.2μm。

d. 从相邻齿的齿槽底部可见非马氏体组织，深度约为 48.3μm，齿槽底部组织为马氏体，齿槽底部还出现 2 条裂纹，极为少见。

## 4.2 内齿圈断裂原因分析

根据以上各项测试结果，已经可以对齿圈的失效模式做出判断：齿圈失效模式为疲劳断裂失效，裂纹源位于内齿圈齿槽底部。但是，齿圈为什么会出现疲劳断裂？下面就来讨论齿圈疲劳断裂的原因。

### 4.2.1 齿轮齿圈传动有较大的偏载

齿轮传动的偏载啮合是硬齿面齿轮的“杀手”。判断是否偏载，首先看断口的形貌——本例断口是典型偏载断口形貌（图 2-2-14）；其次看齿面啮合磨损的痕迹——本例齿面啮合磨损的痕迹在齿宽左右明显不同，左重右轻。从图 2-2-2 和图 2-2-3 可见，本例的齿轮齿圈就有比较严重的偏载。轮齿载荷估计主要由 2/3 齿宽承受；作用在齿宽上力的分布示意图（未考虑边缘效应）如图 2-2-14 所示。

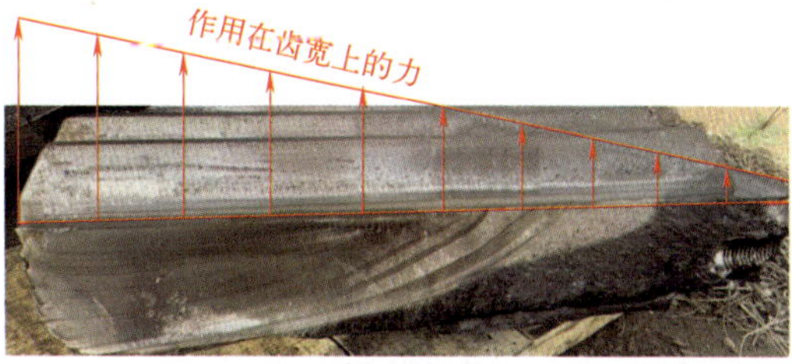


图 2-2-14 作用在齿宽上力的分布示意图

硬齿面齿轮的齿面硬度一般为 58 ～ 62HRC，硬化层是一种脆性材料，只要齿面有由偏载引起的过载，就会出现微裂纹，裂纹向轮毂的径向扩展（图 2-2-10、图 2-2-11）速度非常快，而使轮齿瞬间断裂。因此齿圈的偏载是齿圈断裂的主要原因之一。

### 4.2.2 齿圈齿槽底部的晶界氧化和非马氏体组织

硬齿面齿轮渗碳淬火后齿面的晶界氧化和非马氏体组织严重影响齿轮的弯曲疲劳强度。本例断口裂纹源处的晶界氧化层，深度约为20.2μm；有非马氏体组织，最大深度为63.5μm。在相邻齿的齿槽底部有晶界氧化层，深度约为23.2μm；非马氏体组织深度约为48.3μm；在齿槽底部出现长短不一的多条裂纹（裂纹长度可达1.9mm）。

渗碳淬火齿轮齿面的晶界氧化（内氧化）和非马氏体组织对齿轮的承载能力影响很大。

（1）内氧化对齿轮弯曲疲劳强度的影响[1]

晶界内氧化使渗层表面硬度下降，出现残余拉应力，从而降低齿轮的弯曲疲劳强度。研究表明：内氧化层深小于13μm时，对疲劳强度影响不大；当层深大于13μm时，疲劳强度随内氧化层深的增加而明显下降。当层深大于16μm时，齿轮的弯曲疲劳强度降低25%。当层深大于40μm时，齿轮的弯曲疲劳强度降低50%左右。内氧化的存在也影响表面残余应力，内氧化层愈深，面残余拉应力愈大。有研究者用模数为4mm的齿轮试验，测定了渗碳和碳氮共渗后齿根上存在的切向残余应力。结果表明，由于晶界氧化，在表层几乎都出现了不利残余拉应力。

本例的晶界内氧化层深达20.2～23.2μm，远超过了上述的13～16μm的界限，因此齿轮的弯曲疲劳强度估计至少要降低25%。这是齿圈断裂的重要原因之一。

（2）非马氏体组织对齿轮弯曲疲劳强度的影响[1]

非马氏体组织降低了表面层的相变残余压应力，对轮齿的弯曲强度非常不利。齿轮试验研究数据表明：对20CrMnTi钢，在2675MPa接触应力条件下，表面层约30μm深的非马氏体组织，使弯曲疲劳寿命下降20%左右；表面层约100μm深的非马氏体组织使弯曲疲劳寿命下降63%。另一组研究数据：非马氏体组织层深大于13μm时，齿轮的弯曲疲劳寿命降低20%～25%。非马氏体组织层深达到30μm时，齿轮的弯曲疲劳寿命降低45%。

本例的非马氏体组织层深度达48.3～50.5μm，最大深度63.5μm，远超过了上述的30μm的界限，齿轮弯曲疲劳强度要降低45%。因此齿槽底部的非马氏体组织层深过大是齿圈断裂的重要原因之一。

以上关于非马氏体组织的论述，主要的根据是齿轮的实验室试验，试验齿轮的模数都在5mm上下。但是，不同模数齿轮（齿轮大小）的硬化层深度，应该有不同的非马氏体组织层深的限制值。这一点在GB/T 3480.5—2021[2]中有明确推荐值，对于MQ、ME质量等级齿轮的非马氏体组织（IGO）的深度见表2-2-6。

**表2-2-6 非马氏体组织（IGO）的深度**

| 渗层深度 $e$/mm | 表面非马氏体组织深度（IGO）/μm | |
|---|---|---|
| | MQ | ME |
| $e < 0.75$ | 17 | 12 |
| $0.75 < e < 1.50$ | 25 | 20 |
| $1.50 < e < 2.25$ | 38 | 20 |
| $2.25 < e < 3.00$ | 50 | 25 |
| $e > 3.00$ | 60 | 30 |
| 如果超标，可与用户协商，采用控制喷丸进行补救 | | |

本例齿圈的模数 $m$=22.15mm，渗层实测深度 $e$=3.8mm，大于3mm，查表2-2-6可见MQ级的IGO=60μm。本例实测裂纹源齿槽底部的IGO最大深度达63.5μm（图2-2-9）。可见超过

了 GB/T3480.5—2021 的要求。此外，表 2-2-6 推荐的 IGO 值，仅适用于一般工业齿轮传动装置，风力机齿轮箱的技术要求肯定比一般工业齿轮传动装置高，因此 MQ 级的 IGO=60μm 过于宽松。由此可见，本例 IGO=63.5μm 超过规定的边界，是齿圈断裂的主要原因之一。

#### 4.2.3 热处理残余内应力和变形对齿圈强度的影响

齿圈渗碳淬火后，齿圈内部会产生很大的残余内应力，虽然经过回火，可以消去部分残余应力；但是如果回火不当，齿圈内部还是会存在不小的残余内应力，为齿圈断裂埋下“病根”。作者处理过多起齿轮残余内应力过大而轮毂断裂的案例。本例的齿圈是一个形状复杂的大件，因此齿圈内部就可能存在较大的残余内应力，因此不能完全排除残余内应力对齿圈断裂的影响。遗憾的是齿圈内部残余内应力目前还无法测定。

齿圈热处理后可能产生较大的变形，随着后期的回火和机加工，齿圈内的变形会减小；但是即使加工完的成品，随着内应力的释放齿圈仍然会出现附加的残余变形。如果这个附加变形是锥度变形，就会造成齿圈偏载。目前，这种残余变形还是一种推测，需要实际测量来验证。

### 4.3 内齿圈的断裂过程

内齿圈投入工作运转后，由于行星轮与内齿圈的啮合有严重的偏载，齿宽（图 2-2-2、图 2-2-14）左侧的轮齿受载大，应力也大，这就为轮毂断裂提供了条件，这是一个方面。另一方面，如果齿槽一切都正常，齿槽也可能不会出现裂纹；但是本例齿槽底部存在严重的晶界氧化和非马氏体组织（63.5μm），使齿面的热处理压应力大为减小，甚至出现拉应力，因此在偏载大应力的作用下，齿根底部的硬化层就会出现线性的微裂纹（疲劳源）。对于高硬度脆性的硬化层，只要出现微小的裂纹，裂纹就会快速向内部扩展，造成齿圈的瞬间断裂。这就是内齿圈断裂过程的简述。

## 5 失效分析的结论和改进措施

### 5.1 理化检验中未发现有问题的项目

失效分析理化检验中未发现有问题的项目有：材料的化学成分分析、材料的力学性能测试、齿圈的硬度测试。

### 5.2 内齿圈断裂的原因

经过以上的分析，查明了内齿圈断裂的原因如下：

① 齿圈断裂的外在原因是齿圈啮合的严重偏载（主要原因）；

② 齿圈断裂的内在原因是齿圈齿槽底部存在很深的晶界氧化层和非马氏体层（主要原因）；

③ 齿圈断裂可疑的原因是热处理残余内应力和变形过大对齿圈强度的影响。

### 5.3 改进措施的建议

① 实践经验表明，硬齿面齿轮齿圈的偏载是齿轮传动的“杀手”，本案例的失效就是例证，因此必须尽力查明齿圈偏载的原因，虽然偏载的原因可能很复杂。

②实践经验表明，硬齿面齿轮齿圈齿槽底部的晶界氧化和非马氏体组织，如果超过一

定的限制值就会严重影响齿轮齿圈的疲劳强度。比较有效的改进措施是对齿槽强力喷丸。但是，强力喷丸必须可行、规范、科学才能取得理想的效果。

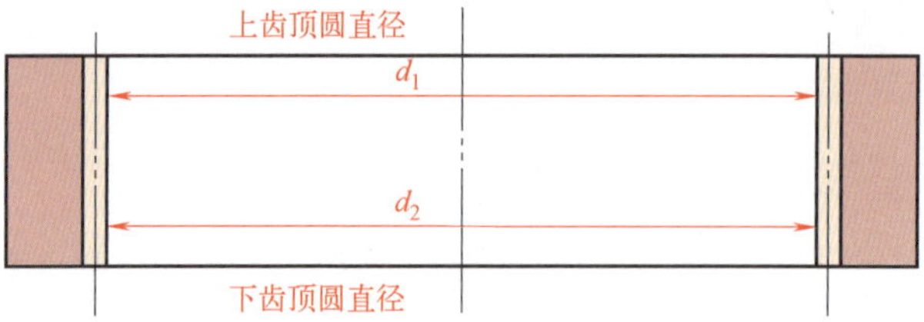

图 2-2-15　齿圈的 2 个齿顶圆直径

③ 改进热处理的工艺规范，严控齿圈的热处理变形和残余内应力；建议测量齿圈磨齿后成品的上、下齿顶圆直径 $d_1$ 和 $d_2$，见图 2-2-15。如果 $d_1$ 和 $d_2$ 差别较大，就可能造成齿轮齿圈偏载啮合。

## 参考文献

[1] 朱孝录 . 齿轮内在品质对齿轮强度和寿命的影响 [J]. 机械传动 . 2021,45（9）: 112-118.

[2] 全国齿轮标准化技术委员会 . GB/T 3480.5—2021 直齿轮和斜齿轮承载能力计算 第 5 部分：材料的强度和质量 [S]. 北京：中国标准出版社，2021.

日期：2022 年 6 月 29 日

# 【例 2-3】 对行星齿轮装置内齿圈失效的几点看法

### 问题描述

北方某公司发来内齿圈轮齿失效的图片和资料，咨询内齿圈失效的原因和改进措施。

### 答复内容

详阅内齿圈轮齿失效的图片和资料，作者对行星齿轮传动内齿圈轮齿的失效有以下几点看法：

① 裂纹都发生在齿轮、内齿圈的高速端，其原因是齿轮、内齿圈轮齿的接触区很小，估计就是齿宽接触区的 1/2 ～ 2/3，因此齿面接触应力很大，齿面好像都出现塑性变形，见图 2-3-1。

② 内齿圈经渗氮处理，渗氮层不会太厚，受到超过极限的接触应力作用，表层可能压碎或受到损伤，从而使轮齿出现裂纹（图 2-3-2），裂纹都不发生在齿 30° 切线点附近，因此很容易发生轮齿随机断裂。

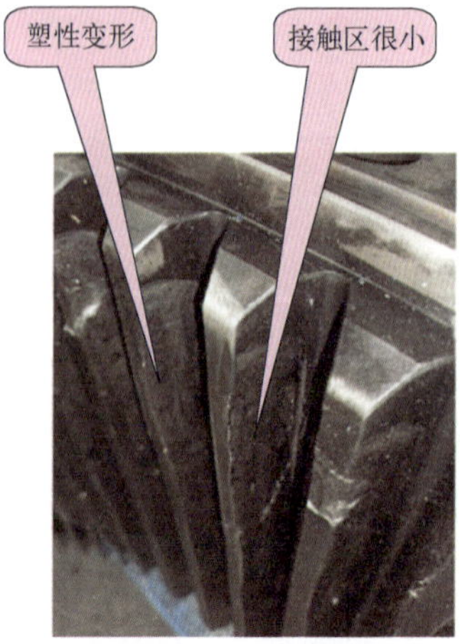

图 2-3-1　齿面损伤形貌

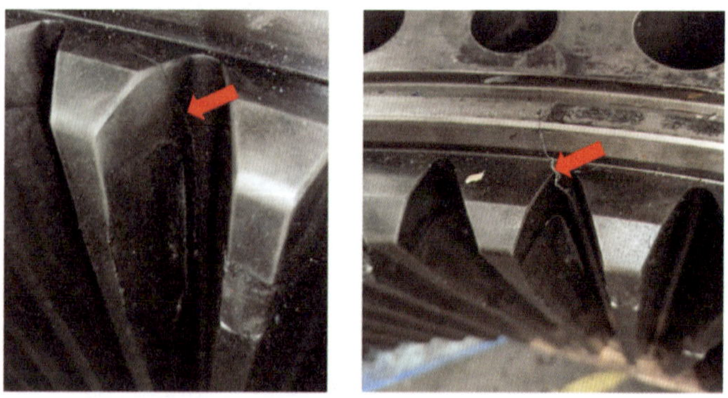
(a)　(b)

图 2-3-2　轮齿上的损伤和裂纹

③ 建议将未断齿（图 2-3-3）的裂纹（红箭头所指）人为打开，观察裂纹断口的形貌，判断是疲劳断口还是一次性断裂。

④ 轮齿随机断裂的碎块进入啮合区，受到轮齿碾压，就造成很多轮齿的挤压损伤和随机断裂（图 2-3-4）。

图 2-3-3　可人为打开的裂纹

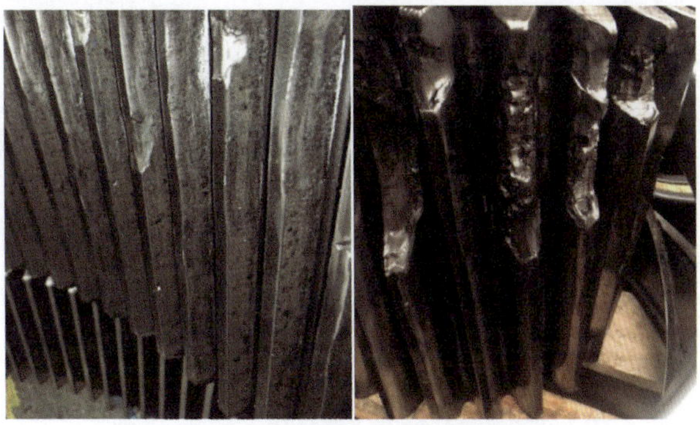

图 2-3-4　轮齿挤压损伤和随机断裂

⑤ 同样的轮齿损伤和断裂已经不是第一次，上一次轮齿失效如图 2-3-5 所示，几乎与本次失效相同。

⑥ 内齿圈断裂很可能不是内齿圈强度不足，而是轮齿受到断齿碎块碾压造成的，从图 2-3-6 可见，碎块碾压使轮齿塑性变形。

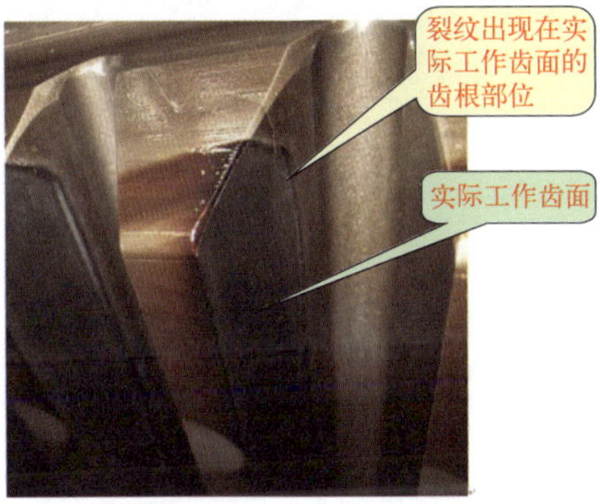


图 2-3-5　轮齿断裂失效

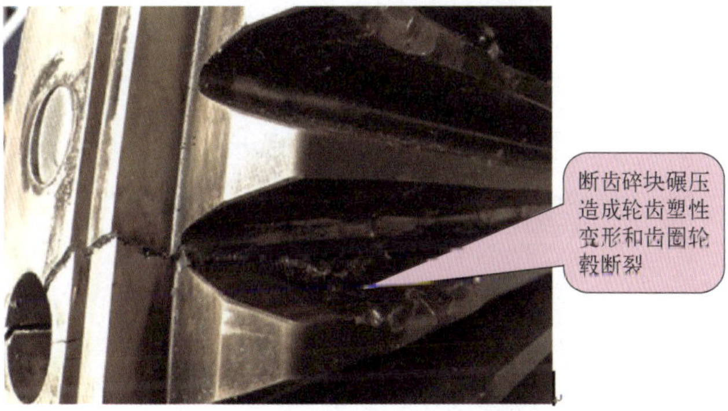


图 2-3-6　轮齿塑性变形和轮毂断裂

⑦ 相同部位、相同的失效形式，出现了两次，根据经验判断，一般不可能是材料品质或热处理工艺问题，而是设计或加工问题。

⑧ 低速级（增速）太阳轮的齿轮结构如图 2-3-7 所示，因为太阳轮是弹性体，齿宽 B 端的扭转变形比齿宽 A 端的大，因此如果没有合理的齿向修形，就容易在齿宽 B 端太阳轮、行星轮和内齿圈轮齿出现偏载问题。

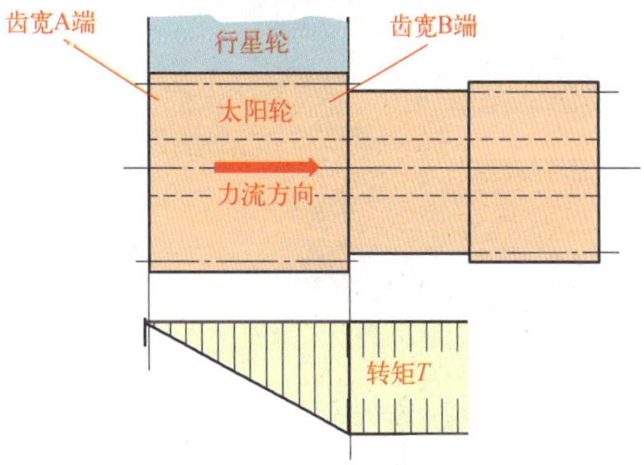


图 2-3-7　太阳轮的结构和转矩

⑨ 行星轮和太阳轮齿宽方向都采用对称修形（图 2-3-8、图 2-3-9）可能不能解决齿宽 B 端偏载问题，两次相同的偏载失效就是例证，最好采用非对称修形。

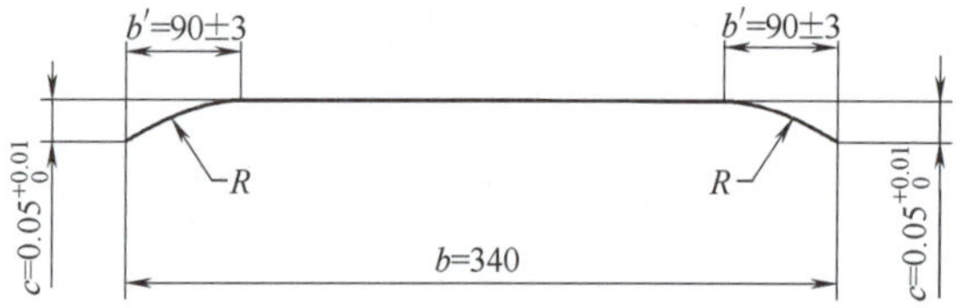


图 2-3-8　螺旋线两端倒坡

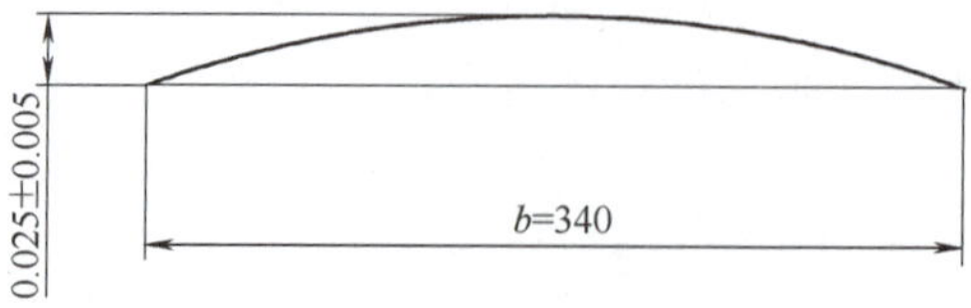


图 2-3-9　螺旋线鼓形修形

⑩ 现在比较重要的问题是要找到最早掉下轮齿碎块的那个轮齿，也就是说要找到肇事齿。据此，就可以在该轮齿附近切取材料和热处理检验的试样。作者认为，材料和热处理出现问题的可能性很小。

⑪ 根据有限的失效件照片来看，肇事齿很可能是内齿圈的轮齿（图 2-3-1、图 2-3-2、图 2-3-3 的裂纹齿）；对行星轮和太阳轮的轮齿断口要仔细检查，看看是否有疲劳特征的断齿。

由于未到现场看实物，因此以上看法仅供参考。

日期：2020 年 6 月 22 日

# 【例 2-4】 对内齿圈、行星轮和太阳轮断口的宏观观察和分析

## 问题描述

此前，作者曾经根据某公司的工程师发来的齿圈失效图片和资料，撰写了《对行星齿轮装置内齿圈失效的几点看法》（即【例 2-3】），今又收到该工程师发来的断齿信息补充资料，以下对失效件的观察与分析是根据此补充资料撰写的。

## 答复内容

## 1 断裂轮齿形貌的宏观观察

① 风力机内齿圈高速端有明显偏载痕迹，见图 2-4-1、图 2-4-2。有断裂损伤的轮齿都在高速端（图 2-4-1 ～图 2-4-6 中的箭头都指向高速端）。

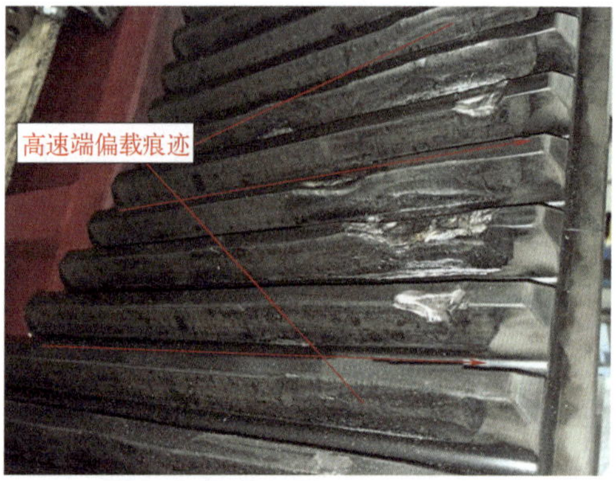


图 2-4-1　内齿圈高速端有明显偏载痕迹

图 2-4-2　内齿圈高速端偏载和轮齿断裂

② 行星轮高速端有明显偏载、胶合和干涉磨损痕迹，见图2-4-3、图2-4-4。有断裂、胶合和磨损损伤的轮齿都在高速端的两侧齿面。

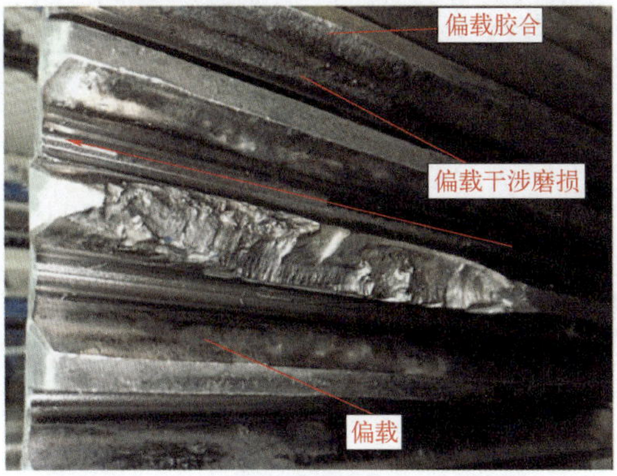

图2-4-3 行星轮高速端有明显偏载、胶合和干涉磨损痕迹

图2-4-4 行星轮高速端齿面的偏载胶合和轮齿断裂

③ 太阳轮的断齿都发生在高速端，齿轮存在明显的偏载，见图2-4-5。图2-4-5中的一个断齿，其断口具有明显的疲劳特征。

在图2-4-6中标注出太阳轮疲劳断口的几个特征要素：疲劳源区、裂纹扩展区、贝纹线和瞬断区。断口的疲劳源具有线源特征。

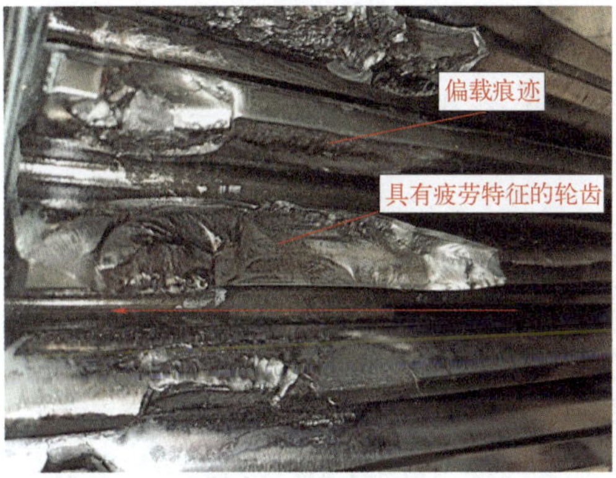

图2-4-5 太阳轮高速端轮齿的偏载断裂

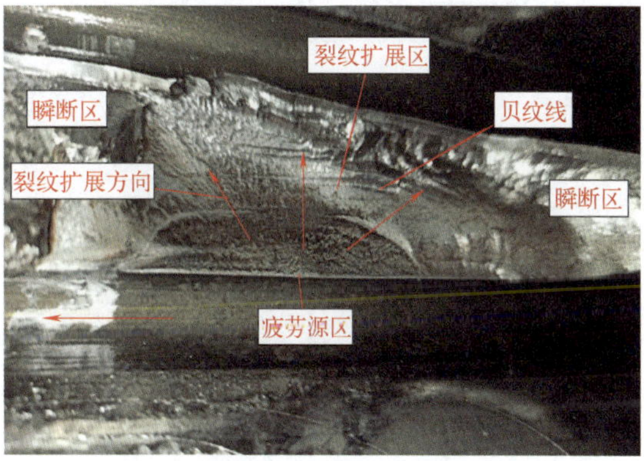

图2-4-6 太阳轮轮齿疲劳断口的几个特征要素

# 2 分析与看法

① 所有裂纹、胶合、干涉磨损和断齿都发生在齿轮、齿圈和太阳轮的高速端，说明高速端的应力比低速端的大。

② 高速端应力大的原因是齿轮、齿圈存在较严重的偏载，因此齿面接触应力和弯曲应力很大，齿面好像都出现塑性变形。

③ 太阳轮的高速端轮齿出现具有明显疲劳特征的断齿，其特征是平坦的疲劳源区、疲劳扩展区、贝纹线和瞬断区。太阳轮很可能就是肇事件，行星轮和齿圈是受害件。

④ 从疲劳源区（图2-4-6）的形状来看，其疲劳源很可能是一条线裂纹（线源特征）。这条线裂纹目前还不知在齿高的具体位置，因为从图片上不好判断；如果在实际工作齿面上，就是轮齿的随机断裂。这需要核实。

⑤ 确认齿轮是否偏载，查找齿轮偏载的原因是解决问题的关键。

⑥ 将疑似疲劳断齿的试样置于电镜下观察，可以最后确定断齿的性质。

⑦ 相同部位、相同失效形式，出现了多次，根据经验判断，如果零件不是同一批次，一般不可能是材料品质或热处理工艺问题。当然，有关材料和热处理的检验还是要进行，以防出现万一的可能。

由于未到现场又未看到实物，因此观察与分析的内容仅供参考。

日期：2020 年 7 月 1 日

# 【例 2-5】 对风力机最后一级输出齿轮断齿的看法

## 问题描述

北方某公司发来有关风力机齿轮传动装置最后一级输出低速大齿轮轮齿断裂的图片和资料，咨询轮齿断裂的原因和改进措施。

## 答复内容

## 1 齿轮失效概述

风力机齿轮传动装置机构简图如图 2-5-1 所示，图中标注出输出级的大、小齿轮；其中低速大齿轮的轮齿发生断裂失效，如图 2-5-2 所示。齿轮主要参数列于表 2-5-1。

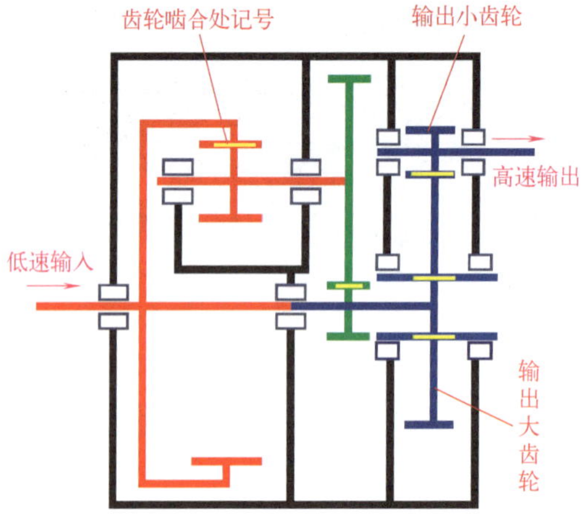


图 2-5-1 风力机齿轮传动装置机构简图

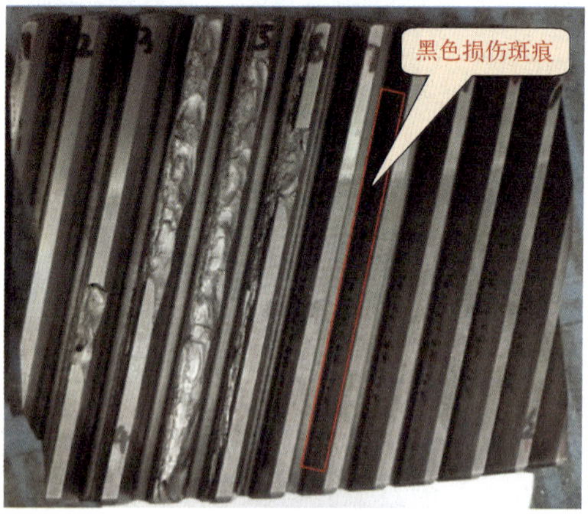


图 2-5-2 输出齿轮（低速大齿轮）轮齿断裂

表 2-5-1 齿轮主要参数

| 齿轮参数 | 大齿轮（主动） | 小齿轮（从动） |
|---|---|---|
| 齿数 | 184 | 26 |
| 模数 /mm | 6.65 | |
| 螺旋角 | 13° 30′ | |
| 压力角 | 20° | |
| 齿宽 /mm | 185 | |

齿轮材料牌号：18CrNiMo7-6。热处理：渗碳淬火。

齿轮运行 9 个月后，发现共有 8 个齿有损伤和断裂。轮齿酸洗后看到有烧伤痕迹。

## 2 失效件宏观和微观观察

齿轮失效区域为连续的第 3 ～ 6 齿，失效区工作面呈现大面积剥落和不同程度的断齿现象，且都可观察到典型疲劳断口形貌。尤其是第 5 齿（见图 2-5-2），齿顶部分几近剥离，接近完全断裂。

从图 2-5-2 中还可以看到，在工作齿面上有排列整齐的黑色的斑痕。图 2-5-3 是某风场齿轮，运行 9 个月，一个轮齿发生断裂，也有齿面损伤的斑痕。

此损伤斑痕放大后如图 2-5-4 所示。损伤斑痕位于工作齿面的下半部，齿面的裂纹源大都位于此损伤斑痕，如图 2-5-4 所示。

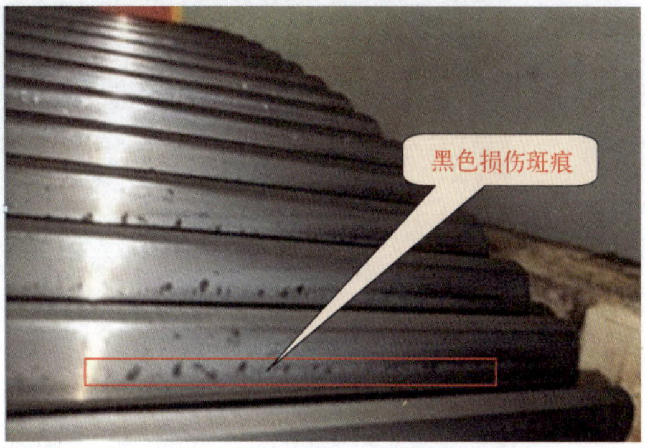


图 2-5-3　断裂齿齿面的损伤斑痕

(a) 齿顶

(b) 齿根

图 2-5-4　斑痕的放大图

裂纹的扩展造成齿面深层剥落，如图 2-5-5 所示。其结果：产生很大的应力集中；减小了轮齿的承载截面。因此造成轮齿的疲劳断裂，如图 2-5-6 所示。

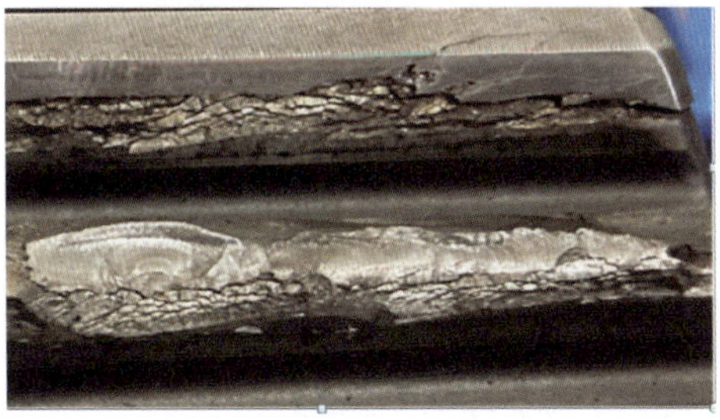

图 2-5-5　齿面深层剥落

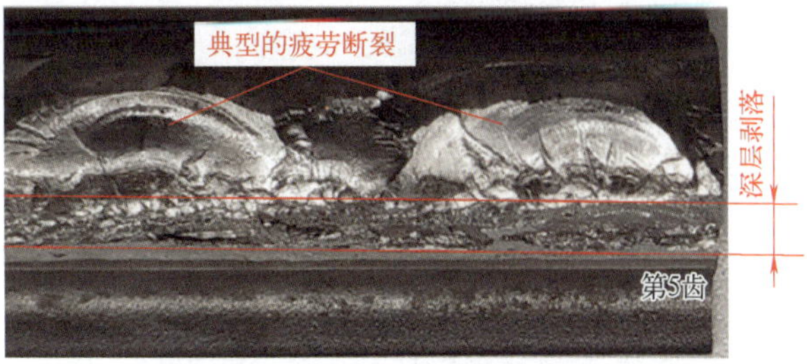


图 2-5-6　轮齿的疲劳断裂

从微观的角度观看损伤斑痕的裂纹产生、扩展和剥落的过程如图 2-5-7 所示。

图 2-5-7（a）——齿面出现黑色斑痕和微裂纹；

图 2-5-7（b）——裂纹扩大、加深，出现齿面剥落；
图 2-5-7（c）——剥落坑的放大图；
图 2-5-7（d）——齿面大片剥落。

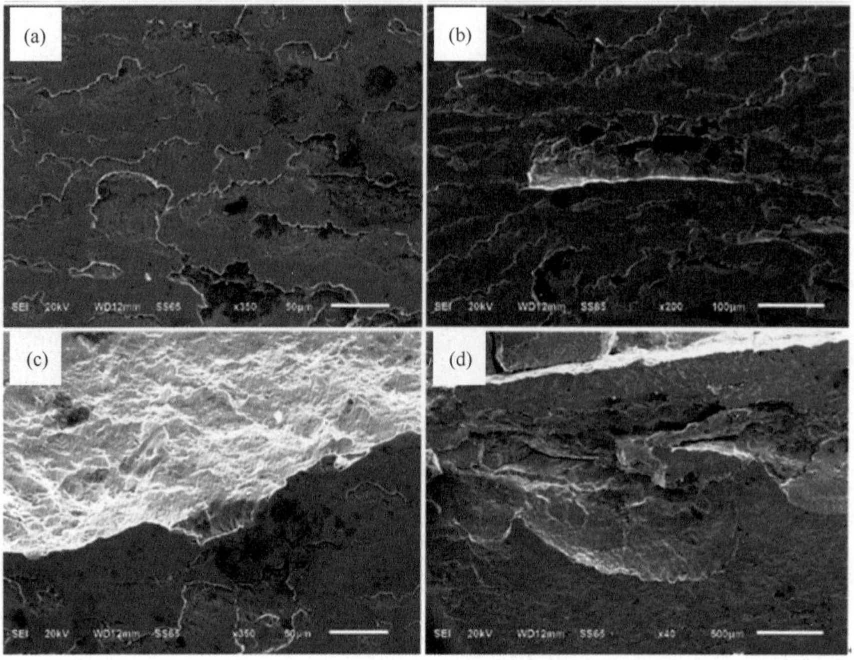


图 2-5-7　斑痕裂纹产生、扩展和剥落的过程

# 3 硬度测量

(1) 在齿腰 (图 2-5-8) 测量硬度

第 3 齿试样 1 工作齿面渗碳层硬度，测量结果如图 2-5-9 所示，可见有严重的齿面硬度降，达 55HV，这是不允许的。有效硬化层深度为 1.6mm。

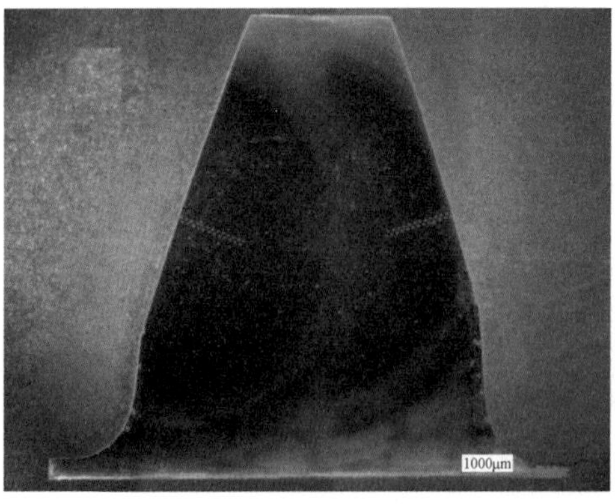


图 2-5-8　测量硬度的部位

非工作齿面渗碳层硬度，测量结果如图 2-5-10 所示，可见也有一定的齿面硬度降，但比工作齿面的小。有效硬化层深度为 1.4mm。

对比工作齿面和非工作齿面的硬度降、有效硬化层深度，可见轮齿磨削时偏磨了。工作齿面的硬度低于非工作齿面达 50 ～ 60HV1，降低了齿面承载能力。

第 3 齿试样 2 检测结果要比试样 1 好：硬度降小、渗碳层深度基本相同，见图 2-5-11、图 2-5-12。

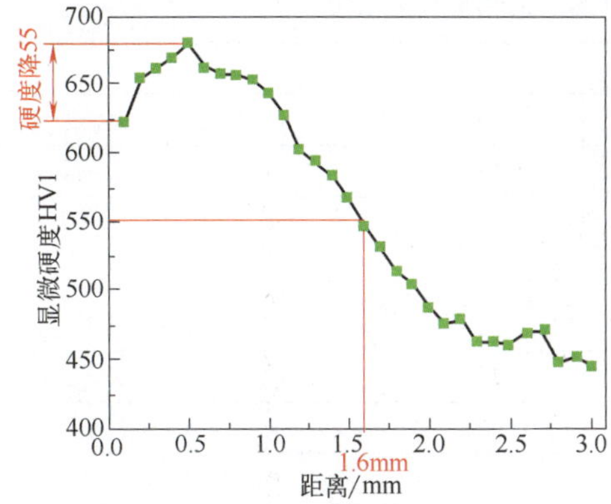


图 2-5-9　第 3 齿试样 1 工作齿面渗碳层深度－硬度曲线

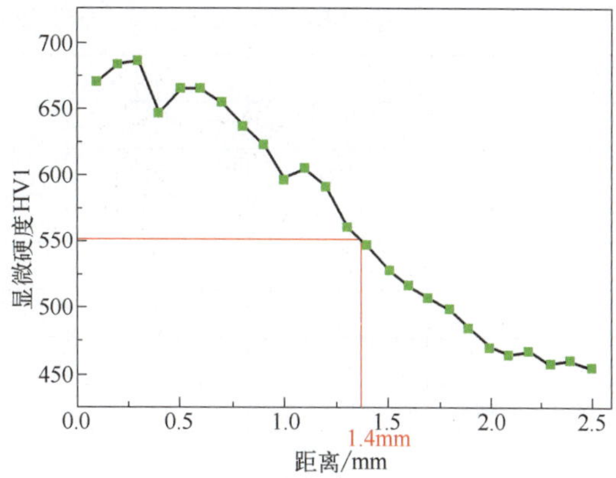


图 2-5-10　第 3 齿试样 1 非工作齿面渗碳层深度－硬度曲线

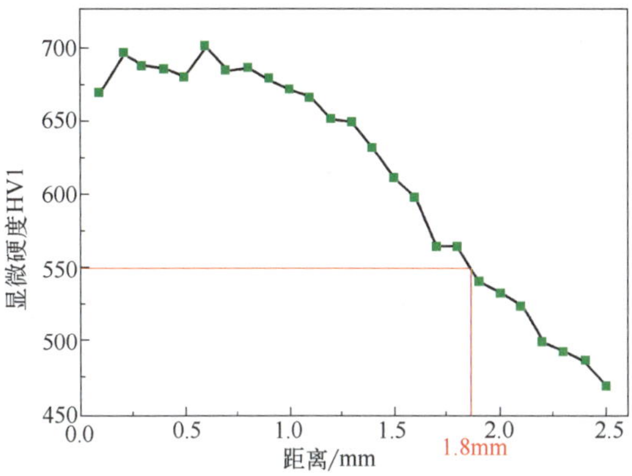


图 2-5-11　第 3 齿试样 2 的工作齿面渗碳层深度－硬度曲线

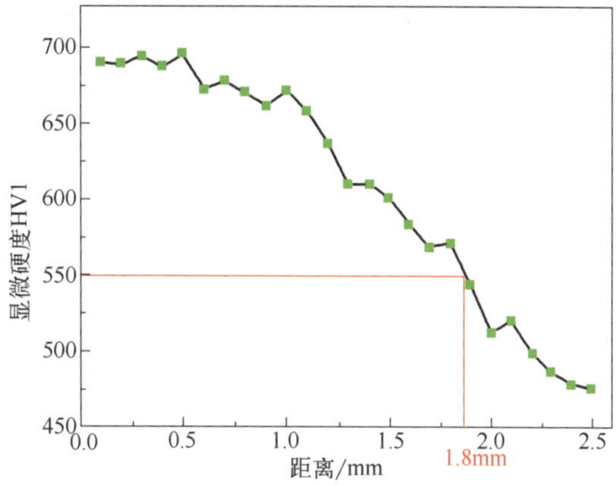


图 2-5-12　第 3 齿试样 2 的非工作齿面渗碳层深度－硬度曲线

（2）在断裂源附近测量硬度

除以上硬度测定外，测量了第 3 齿、第 5 齿、第 6 齿断裂源附近（图 2-5-13）的硬度。测试结果见表 2-5-2。由测试结果可知，断裂源附近硬度偏低，降低了轮齿的强度。

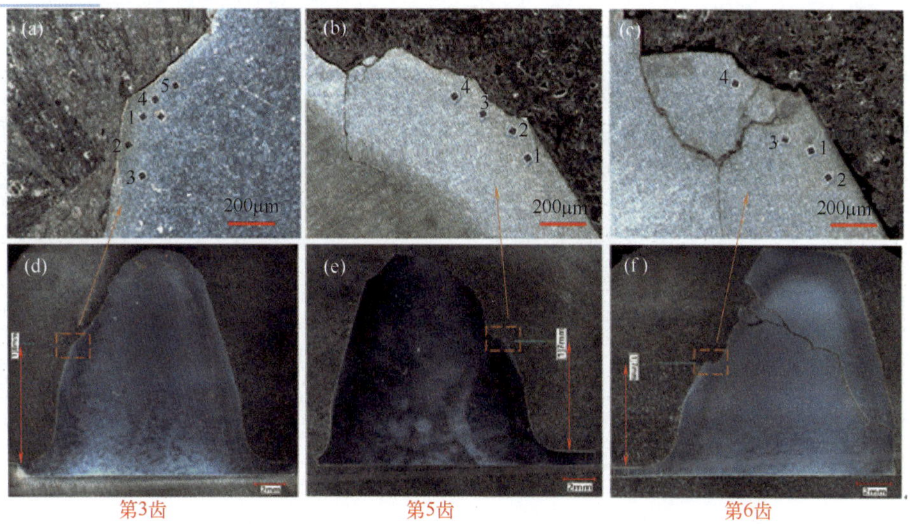


图 2-5-13　裂纹源附近硬度测量的位置

**表 2-5-2　第 3 齿、第 5 齿、第 6 齿裂纹源附近和齿根显微硬度值**

| 第 3 齿 | | | | | | |
|---|---|---|---|---|---|---|
| 测试点 | 1 | 2 | 3 | 4 | 5 | 齿根 |
| 距离 /μm | 100 | 50 | 150 | 150 | 250 | — |
| 硬度值 HV1 | 631 | 575 | 638 | 597 | 652 | 393 |
| 第 5 齿 | | | | | | |
| 测试点 | 1 | 2 | 3 | 4 | 5 | 齿根 |
| 距离 /μm | 100 | 100 | 200 | 250 | — | — |
| 硬度值 HV1 | 598 | 569 | 644 | 650 | — | 399 |
| 第 6 齿 | | | | | | |
| 测试点 | 1 | 2 | 3 | 4 | 5 | 齿根 |
| 距离 /μm | 100 | 100 | 200 | 300 | — | — |
| 硬度值 HV1 | 577 | 592 | 639 | 635 | — | 418 |

注：按照 GB/T 3480.5—2008 的要求，渗层表面的硬度为 660 ～ 680HV。

# 4　金相组织检测

根据某工程技术有限公司检测分析报告得知，3 号位置的微观组织存在 18μm 深的晶间氧化和 20μm 深的非马氏体组织，见表 2-5-3 和图 2-5-14、图 2-5-15。

**表 2-5-3　3 号位置检测结果**

| 检测项目 | | | 实测值 |
|---|---|---|---|
| 有效硬化层深 | 550HV1 | | 1.64mm |
| 微观组织 | 晶间氧化 | 表面 | 18μm |
| | 渗层非马 | 表面 | 20μm |
| | 渗层结构 | 表面 | 细针状马氏体 + 残余奥氏体 + 极少量碳化物 |
| | 残余奥氏体 | 表面 | 2 级 |
| | 碳化物 | 表面 | 1 级 |

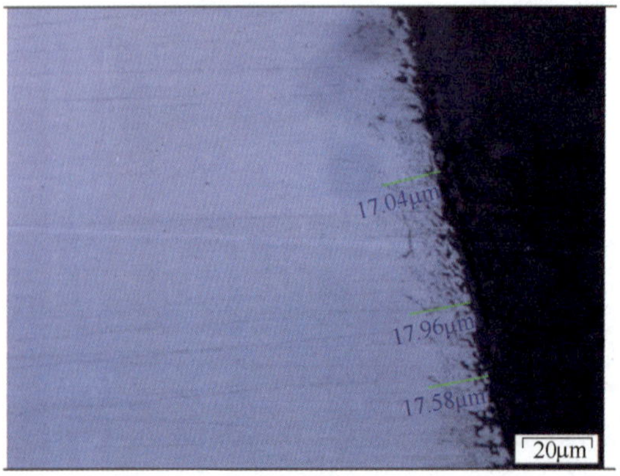


图 2-5-14　试样 3 号位置晶间氧化形貌　1000×

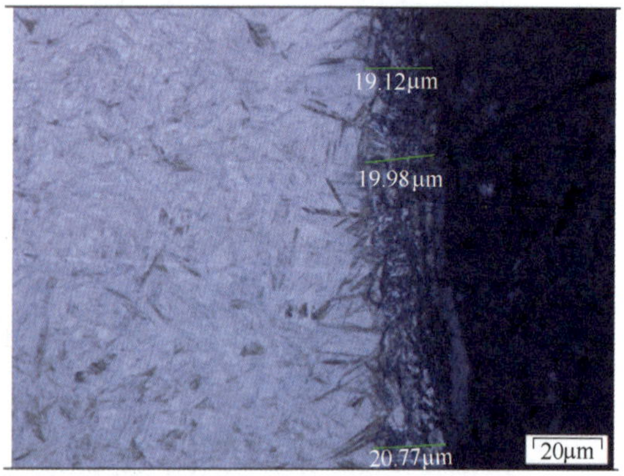


图 2-5-15　试样 3 号位置非马氏体组织形貌　1000×

由参考文献 [1] 可知，氧化层深度 13μm 为临界值，当深度大于此值时，旋转弯曲疲劳极限值将降低，其降低的量同表面碳含量有关。超过此值时，疲劳极限下降 20% ～ 25%。内氧化的存在也影响表面残余应力，内氧化层愈深，表面残余拉应力愈大。

由参考文献 [1] 可知，非马氏体组织降低了表面层的相变残余压应力，对轮齿的弯曲强度非常不利。一组研究数据表明：非马氏体组织层深度大于 0.013mm 时，齿轮的弯曲疲劳寿命降低 20% ～ 25%。另一组研究数据表明：当非马氏体层深度超过 15μm 时，会出现低的疲劳强度值。

# 5 齿轮精度检验

① 小齿轮的齿形误差检测结果：齿形精度很好，齿廓形状误差很小，$f_{f\alpha}$=1.6 ～ 2.8μm。

② 大齿轮的齿形误差检测结果：齿廓形状误差大，$f_{f\alpha}$=5.3 ～ 6.4μm，并且各齿的形状误差曲线相似（图 2-5-16）。在大小齿轮啮合时，大齿轮齿面的高点就会产生很大的接触应力和刮滑。

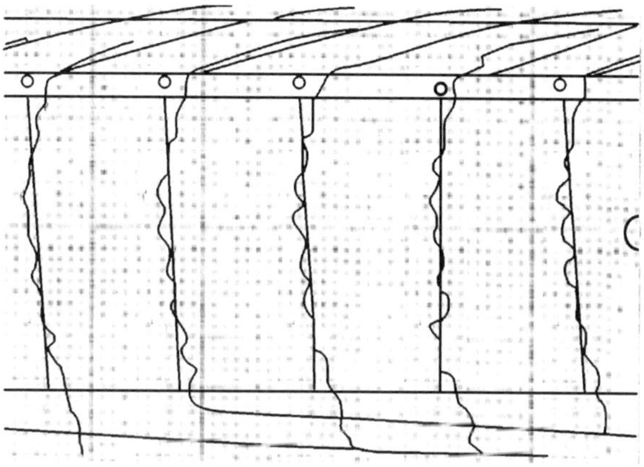

图 2-5-16　齿廓形状误差曲线相似

# 6 分析结论

① 齿轮是疲劳断裂，其疲劳源在工作齿面上，因此是随机疲劳断裂。

② 在工作齿面上有一排损伤斑痕，裂纹大都从此斑痕处产生和扩展。

③ 齿轮磨削有偏磨现象，工作齿面少磨，非工作齿面多磨；工作齿面硬度低于非工作齿面，因此易产生裂纹。

④ 齿面层有晶间氧化和非马氏体组织，很可能还有表面脱碳，磨削烧伤，齿轮强度将大幅降低。

⑤ 大齿轮的齿廓形状误差大，$f_{f\alpha}$=5.3 ～ 6.4μm，并且各齿的形状误差曲线相似。大小齿轮啮合时，大齿轮齿面的高点就会产生很大的接触应力和刮滑现象，降低齿面接触强度。

⑥ 这是一例多种失效因素（热处理、磨削烧伤、硬度偏低、齿廓偏磨、齿廓形状误差大）促成的齿轮失效案例。

# 参考文献

[1] 朱孝录 . 齿轮内在品质对齿轮强度和寿命的影响 [J]. 机械传动 . 2021，45（9）：112-118.

日期：2021 年 11 月 20 日

# 【例 2-6】 齿轮齿面微点蚀简介及其标准、资料

## 问题描述

近几年，国内多家风电机齿轮传动装置制造厂家，发生多起齿轮失效事件。经过失效分析，发现齿轮的齿面失效几乎都与齿面的微点蚀有关。目前，国内外都非常重视齿面微点蚀的研究，并发布了微点蚀承载能力计算的 ISO 标准。

北方某公司的风力机齿轮传动装置也多次出现微点蚀引起的齿轮失效案例。该公司发来齿轮失效的资料，咨询齿轮微点蚀产生的原因和改进措施。

以下有关微点蚀的 3 个片段内容是对上述问题的答复。

## 答复内容

## 1 片段 1

在 GB/T 3481—1997/ISO 10825：1995《齿轮轮齿磨损和损伤术语》中关于齿面微点蚀（micropitting）的定义：油膜相对于重载很薄的润滑条件下运转的齿轮副工作齿面的损伤。损伤面放大后可见密密麻麻成片的微小蚀坑或微小裂纹。图 2-6-1 为表面硬化小齿轮有效齿面上的微点蚀形貌。

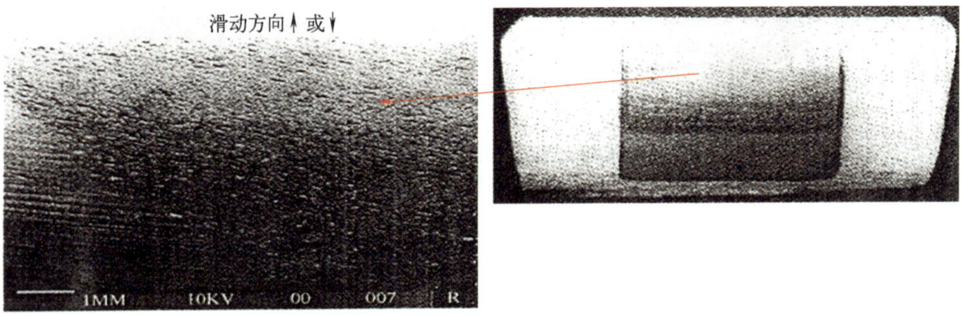


图 2-6-1 表面硬化齿轮有效齿面上的微点蚀（摘自 GB/T 3481—1997）

GB/T 3481—1997 中微点蚀的定义很简单，有必要做以下补充。

微点蚀是一种高速旋转齿轮齿面接触磨损现象，这种现象与弹性动压润滑（EHL）或混合润滑条件下的滚动和滑动接触有关。影响微点蚀的因素很多，有载荷、速度、油膜厚度和温度等，此外，润滑油的化学组分对微点蚀也有强烈的影响。通常，微点蚀开始于最初的 $10^5 \sim 10^6$ 次应力循环时产生的大量表面裂纹，这些裂纹扩散至整个工作齿面，进一步引发了典型尺寸约为 10μm 的微坑。最后，微坑聚合变成了连续暗淡无光泽的损伤面。这种现象有一些不同的名称，例如灰斑、白霜或者微点蚀等，目前已经公认微点蚀为首选的术语。微

点蚀是硬齿面齿轮常见的，但并非必然要出现的。

微点蚀几乎可能出现在工作齿面的任何位置，然而研究表明，轮齿啮合的重载区或者高速滑动区更容易观测到微点蚀。正因如此，微点蚀经常会发生在齿廓的齿顶和齿根，以及轮齿的边缘。此外，在高应力的局部齿面也会观察到微点蚀。

微点蚀的持续发展最终会导致点蚀。也有报道微点蚀演变为一个点蚀后就会停止，这种现象有时也会描述为“磨合”或者“应力消除”。微点蚀看起来好像危害不大，但是齿轮表面金属的损伤也会降低齿轮的精度、增加振动噪声等。微点蚀产生的金属颗粒进入油液后，由于尺寸太小而不能用常规的过滤器过滤，因而会伤害齿轮的齿面。

图 2-6-2 所示是渗碳淬火齿轮齿面微点蚀的微观形貌。图 2-6-2（b）是图 2-6-2（a）的放大图。

(a) 50×

(b) 200×

图 2-6-2　渗碳淬火齿轮齿面微点蚀的微观形貌

2010 年，ISO 公布了微点蚀承载能力计算的新标准：ISO/TR 15144：2010 Calculation of micropitting load capacity of cylindrical spur and helical gears Part 1：Introduction and basic principles。该标准的计算出发点和计算方法与 ISO6336：1996 有很大的不同。

2014 年，ISO 公布了同名修改版 ISO/TR 15144：2014。2018 年 8 月和 9 月，ISO 正式发布微点蚀计算新规范 PD ISO/TS 6336-22：2018 和 PD ISO/TR 6336-31：2018，取代 ISO/TR 15144-1：2014。PD ISO/TS 6336-22：2018 给出了微点蚀计算理论方法。PD ISO/TR 6336-31：2018 给出了 4 个例子作为计算指导。ISO/DIS 10825-1：2021 中对微点蚀进一步给出了明确的定义。

## 2 片段 2

ISO/DIS 10825-1：2021 Wear and damage to gear teeth—Terminology 中对微点蚀的定义如下。

裸眼检查表面高硬度齿轮时，微点蚀表现为暗淡、不光滑的表面。在放大倍数下，可以看到致密的微坑斑块或微裂纹。微点蚀裂纹生长方向与表面相对滑动力相反，以较浅的形式生长，形成微坑。微坑相对于接触区的尺寸较小，通常为 10 ～ 20μm 深。这些微凹坑可以合并形成一个连续的断裂表面，见图 2-6-3 ～图 2-6-8。图 2-6-9 和图 2-6-10 显示了微坑如何发展到大坑的。

图 2-6-3 渗碳失调齿轮上的微点蚀

图 2-6-4 有齿向修形的感应硬化直齿轮上的微点蚀

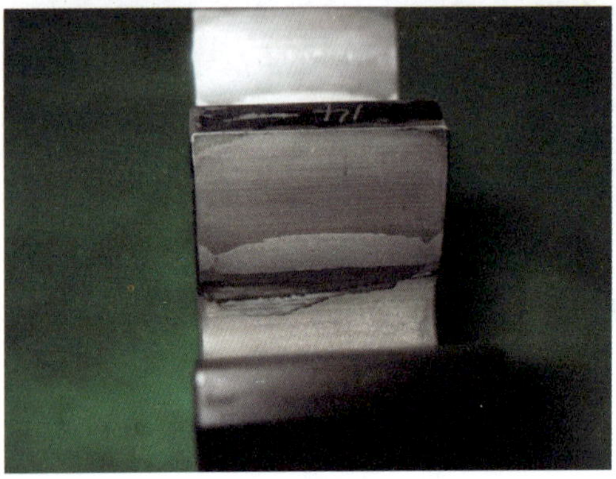

图 2-6-5 渗氮直齿轮上的微点蚀

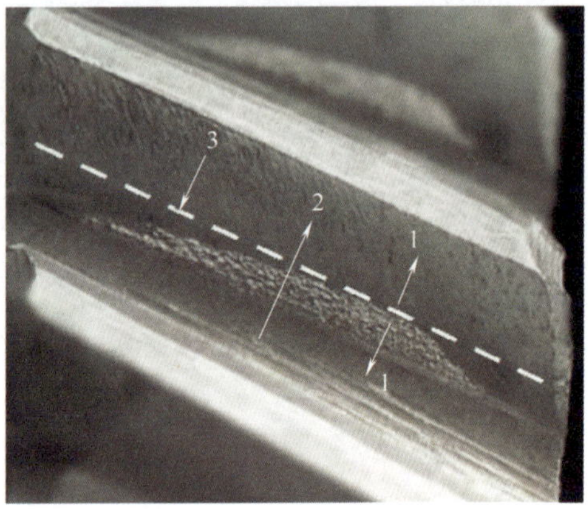



1—滑动方向；2—滚动方向；3—节线

图 2-6-6 轮齿表面微点蚀细节

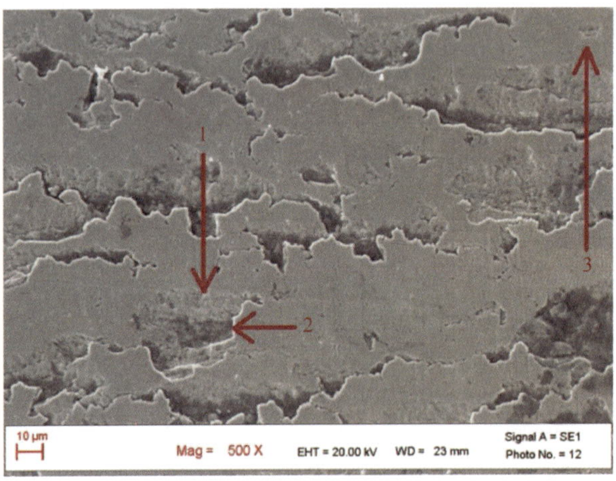



1—裂纹生长方向；2—毛边；3—滑动方向

图 2-6-7 放大 500 倍下的微点蚀

图 2-6-8　分布有规则的微点蚀

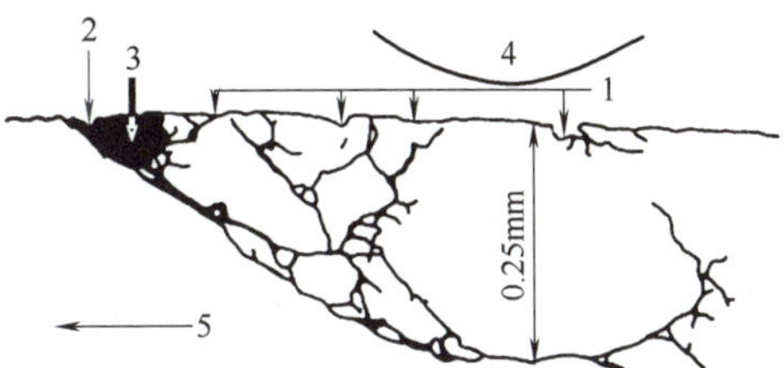


1—微阱；2—初始点；3—深坑；4—共轭齿面；
5—齿面与共轭齿面的滑动方向

图 2-6-9　微点蚀引起的大坑示意图

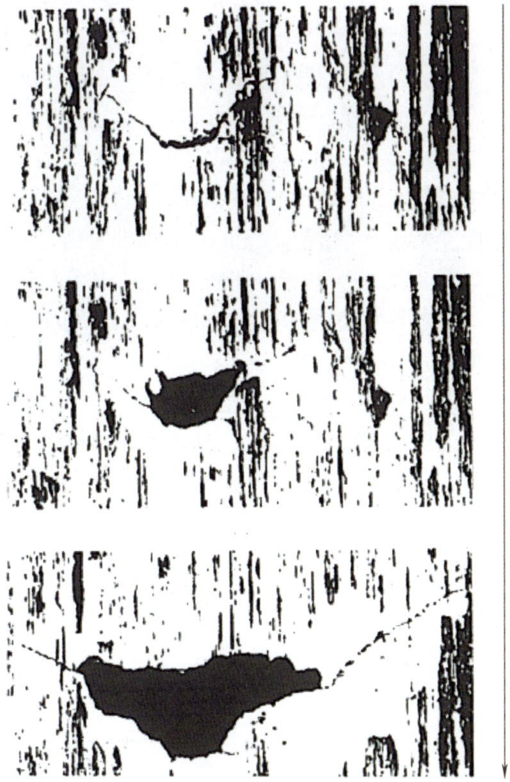

图 2-6-10　微点蚀引发大点蚀坑的发展过程

# 3 片段 3

ISO/DIS 10825-2：2021 Gears—Wear and damage to gear teeth—Part2—Supplementary information 中对微点蚀进行了解释。该标准没有中文版本，以下是作者的译文（保留原文中的参考文献号），供参考。

## 3.1 微点蚀

### 3.1.1 概述

一般微点蚀是发生在滚动和滑动接触中的一种现象，在混合弹性液体动力或边界状态下运行。它更常见于表面硬度较高的材料上。它是循环应力和不稳定表面塑性流动引起的疲劳现象。微点蚀产生大量的表面裂纹，裂纹与表面以小角度生长。微点蚀形成的碎片从表面脱落形成微坑。这些微坑相对于赫兹式接触区的大小很小，通常深在 10 ～ 20μm 之间。微点蚀坑可以合并产生一个连续的断裂表面，在未放大的目视检查中，通常表现为暗淡、不光滑的表面。

微点蚀受以下因素影响：

① 运行和服务期间的运行条件：载荷；载荷分配；速度，滚动和滑动；温度。

② 齿轮性能：齿轮公差等级宏观几何（轮齿基本尺寸）；微几何（轮齿修形）表面形貌

（纹理、波纹度和表面粗糙度）；表面冶金（包括有无涂层）。

③ 磨合和使用润滑剂：润滑剂；润滑剂流变能力；润滑剂化学性能；润滑剂的清洁度。

除了正常载荷引起的赫兹应力外，齿轮轮齿之间的滑动还会引起牵引力，使剪切应力的强度增大。因此一些理论认为，可能会有一个潜伏期，在此期间，损伤主要由周期性的塑性变形组成。从宏观上看，表面呈釉面或有光泽。在显微镜下，由于塑性变形，原有的加工痕迹可能会部分或全部消除。循环赫兹应力和剪切应力在材料强度和低于强度的浅层深度积累塑性变形。塑性流动产生拉伸残余应力，并有足够的应力循环条件下，疲劳裂纹开始萌生。

微点蚀坑可以迅速地成核、生长和合并。定期检查轮齿表面可以揭示表面恶化的稳定速率。在相对较短的运行时间后，损坏可能会非常严重。然而，在某些情况下，微点蚀坑的发展可以停止。

对于独立的目视，微点蚀表面呈现暗灰色、蚀刻、磨砂、不光滑，或污染的灰色斑点。放大倍数观察时，其表面似乎被非常细的凹坑和裂缝所覆盖。

倾斜的蚀坑底面优先反射光线，因此，可以使用强定向照明来揭示微点蚀。尝试不同的照明角度来加强观察功能。通过微坑横向切割的金相截面，显示疲劳裂纹从齿轮表面开始，并向表面呈浅角（通常为10°～30°，但有时陡至45°）生长。裂缝通常比可见的微坑延伸得更深。当分支裂纹连接主裂纹并与表面分离一小块材料时，就形成微坑。

与宏观点蚀一样，微点蚀裂纹在轮齿表面生长与滑动的方向相反。因为当滑动在节线时，滑动方向开始反转，微点蚀裂纹在节线上方和下方以相反的方向生长。如果微点蚀发生在节线附近，就很容易识别节线的位置，因为微坑底面的相反倾斜散射在节线上方和下方的相反方向，见图2-6-11。

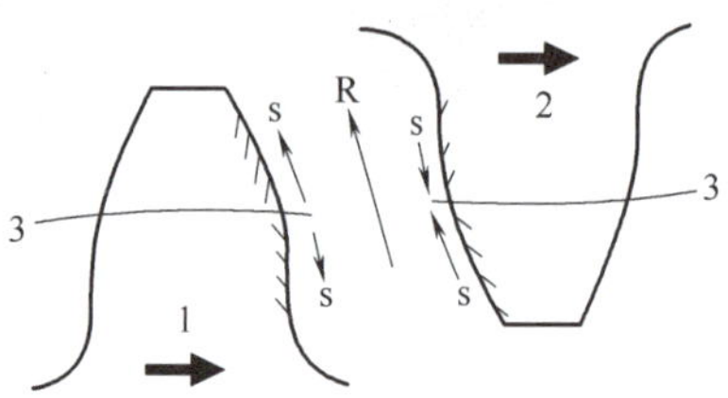

1—主动轮；2—从动轮；3—节线；s—滑动方向；R—滚动方向

图2-6-11 由于滚动和滑动引起的原始裂纹

外齿轮、内齿轮、直齿轮、斜齿轮和锥齿轮都容易发生微点蚀。微点蚀可以发生在所有的表面热处理（包括渗碳、渗氮、火焰硬化和感应硬化）的齿轮上，见图2-6-12、图2-6-13。调质齿轮很少发生微点蚀，通常只发生在高于常规硬度的齿轮上。实验表明，火焰硬化和感应硬化齿轮比相同硬度的渗碳齿轮容易出现微点蚀（具有更小的微点蚀阻力）。这可能是火焰硬化和感应硬化齿轮的表层碳含量较低所致。

图2-6-12 渗碳欠佳齿轮上的微点蚀

图2-6-13 感应淬火有齿向修形直齿轮上的微点蚀

轮齿的齿根高部位容易发生微点蚀，特别是沿主动轮廓开始（SAP）和单齿对接触最低点（LPSTC）。然而，微点蚀可以发生在任何齿轮的承载齿面。

微点蚀发生在小齿轮和大齿轮上。一般来说，表面最粗糙的齿轮会引起与之啮合齿轮上微点蚀，特别是当它比配对齿轮更硬时。

微点蚀可能不会导致灾难性的故障，它可能只发生在局部区域（patches），并可能在磨合后在摩擦学状况改善后停止。柔和的抛光可以去除微点蚀坑，磨损也可使轮齿表面变得光滑，然而停止是不可预测的，而且微点蚀会降低齿轮齿的精度，增加噪声，并可能升级为磨损或大尺寸的大点蚀，从而导致更大的裂纹和齿断裂。

润滑膜厚度比（$\lambda$）是影响微点蚀的重要参数。损坏最容易发生在啮合齿轮表面粗糙的齿上，特别是当它们被低黏度润滑剂润滑时。表面粗糙度是一个非常重要的影响参数。齿轮副经过特殊磨轮或其他工艺使齿面达到镜面时，就能减少了微点蚀的可能性。建议的评级方法见 ISO/TS 6336-22。

低速运行的齿轮容易发生微点蚀，因为其弹流润滑（EHL）膜厚度较薄。因此，为了防止微点蚀，使用光滑的齿轮轮齿表面、高黏度润滑剂。如果可能，使用高节线速度，最大限度地增加润滑膜的厚度。ISO/TS 18792 给出了黏度作为节线速度的函数的建议。

磨合期至关重要，因为这是微点蚀的潜伏期。在微点蚀萌生的过程中，相对表面的经常接触，导致粗糙表面的塑性变形，这是产生微点蚀的主要原因。此外，粗糙表面的黏附和磨损会产生磨损碎片。

逐渐增加运转载荷，可以通过轻度黏附和有限的塑性变形的作用，逐步降低表面粗糙度。这种受控的磨合最大限度地减少了塑性变形，同时限制了覆盖粗糙表面的氧化铁层的黏附和磨损。轻微的黏附由小的接合点组成，此接合点小于表面粗糙度的磨损颗粒。如果黏附保持温和，粗糙表面最终因黏附和塑性变形而变平，随后的变形在特定载荷下保持弹性。当磨合完成后，齿面仅通过弹性变形来承受载荷。

如果黏附导致强烈的黏结突破氧化层，黏附会升级到磨损，产生大的磨损颗粒，表面变得更粗糙而不是更光滑。

磨合性能很可能取决于润滑剂的化学性质、温度和滑动速度，因此需要在实际齿轮上进行实验，以确定良好的磨合润滑剂。实验表明，二烷基二硫代磷酸锌（ZnDTP）抗磨添加剂可能对磨合有害。

对于某些润滑剂，水污染会促进齿轮中的微点蚀，并可以降低润滑剂的防腐、EHL 膜的形成和减摩擦性能。这可能是水与添加剂产生不利相互作用的结果。

### 3.1.2 减轻和预防微点蚀风险的总结

以下是减轻和预防微点蚀方法的总结，并不是所有的措施都是可以实现的或适用于给定的应用程序，但应该在适当的时候尽可能多地实施。

（1）油膜厚度最大化

- 增加油膜厚度；
- 使用最高的实际油的黏度；
- 齿轮尽可能高速运行；
- 降低轮齿温度；
- 检查润滑油的工作黏度，必要时更换润滑油，以达到更高的工作油膜厚度，且在更换润滑油前，同时咨询齿轮装置制造商和润滑油供应商；
- 降低表面粗糙度；
- 避免齿面喷丸，除非喷丸后齿面完好；

• 打磨或抛光齿面，或用齿轮摩擦坚硬光滑母体；
• 使硬化的轮齿尽可能光滑；
• 用磷酸铁锰、铜或银覆盖齿面，以限制黏附和磨损风险；
• 使用不含 ZnDTP 抗磨添加剂的特殊润滑剂进行磨合；
• 用过滤器过滤润滑剂，并在磨合时使用精细过滤器；
• 磨合时保持机油冷却；
• 齿轮磨合时采用逐步增加的负荷和适当的速度；
• 磨合后排放润滑油，冲洗齿轮箱，如有新过滤器时更换过滤器，加注清洁保养润滑油。

（2）优化齿轮几何参数

• 对于平行轴齿轮，在小齿轮中使用至少 20 个齿，以增加对微点蚀的抗力；
• 使用非追逐齿数比，特别是公差等级 10 或更高，且低油膜厚度的齿轮；
• 使用重合度 $\varepsilon_\beta \geqslant 2.0$ 的斜齿轮；
• 采用高精度，优化中心距、宽度、压力角和螺旋角，从而最小化赫兹应力；
• 采用齿廓变位来尽量减少特定的滑动；
• 采用适当的轮廓和修形。

（3）优化冶金工艺

• 对于渗碳淬火齿轮可采用量大的残余奥氏体。

（4）优化润滑油的性能

• 采用经测试确定的具有足够微点蚀性抗力的润滑油，如 DIN3990-16；
• 采用牵引系数较低的油；
• 采用压黏度系数高的油；
• 避免使用含有强活性抗胶合添加剂的油；
• 将保持油在适当的温度下；
• 保持油的清洁和无固体污染物；
• 保持油的无水污染。

以上有关微点蚀资料和标准可供参考。

日期：2021 年 12 月 24 日

# 【例 2-7】 对某单位签发的《轮齿断裂分析报告》的几点看法

## 问题描述

北方某公司制造的风力机齿轮传动装置的齿轮发生断齿事故，为了查明原因，委托某失效分析实验室进行失效分析。公司将该实验室签发的《轮齿断裂分析报告》发送给作者，请作者对该分析报告进行审阅，提出修改意见。

## 答复内容

详阅失效分析实验室签发的《轮齿断裂分析报告》后，作者提以下几点看法，供参考。为了阅读、对照方便，本例图题后注明了《轮齿断裂分析报告》中的原图号。

① 图 2-7-1（送检输出齿轮宏观形貌）中的“啮合痕迹”，是一种黑斑损伤的痕迹，它很可能是轮齿断裂的起源处。要对这些黑斑进行专门的电镜观察，从低倍到高倍，从边缘到中间，看看黑斑中有哪些损伤现象。这一点非常重要！希望能在失效分析报告中补充观察和分析的内容。

② 图 2-7-2 中，看到轮齿沿黑斑断裂。

③ 图 2-7-3 中，看到轮齿沿黑斑断裂。

④ 图 2-7-4 中，看到轮齿沿黑斑断裂。

⑤ 图 2-7-5 中，工作齿面有许多黑斑，黑斑的连线可能就是轮齿的断裂线。因此，要对黑斑进行专门的研究。

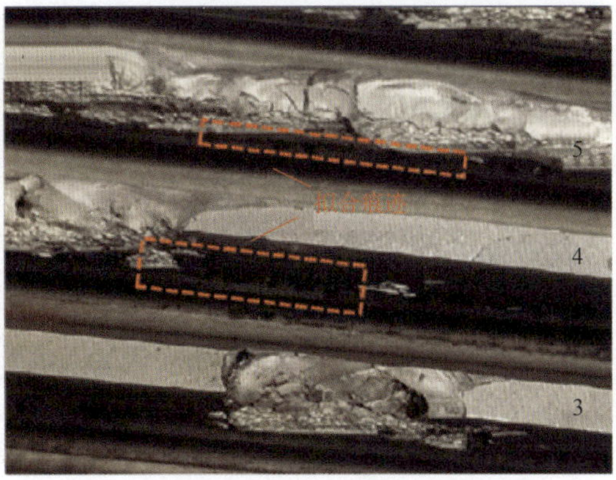


图 2-7-1　送检输出齿轮宏观形貌
[ 原报告中图 3.1.1（b）]

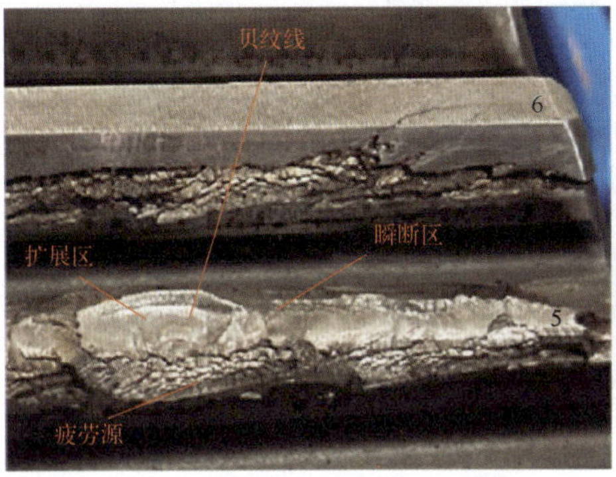


图 2-7-2　超景深下轮齿 5 的个别位置宏观形貌 [ 原报告中图 3.1.3（d）]

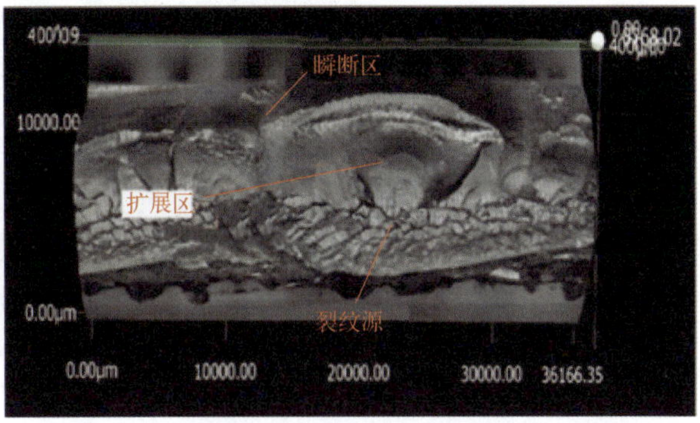


图 2-7-3　超景深下轮齿 6 的个别位置宏观形貌
[ 原报告中图 3.1.4（d）]

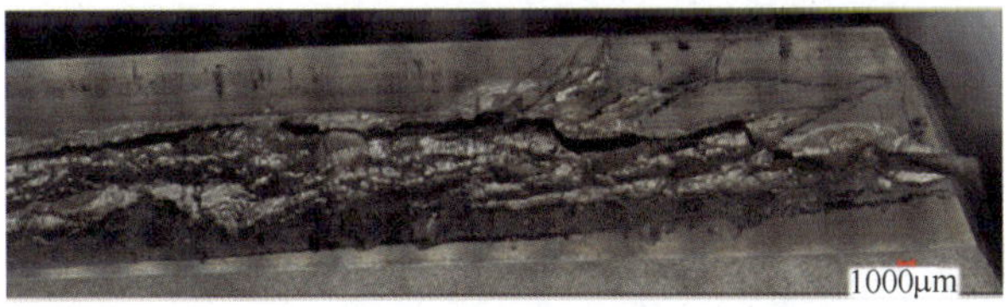


图 2-7-4　轮齿 3 的典型位置微观形貌观察
[ 原报告中图 3.1.6（c）]

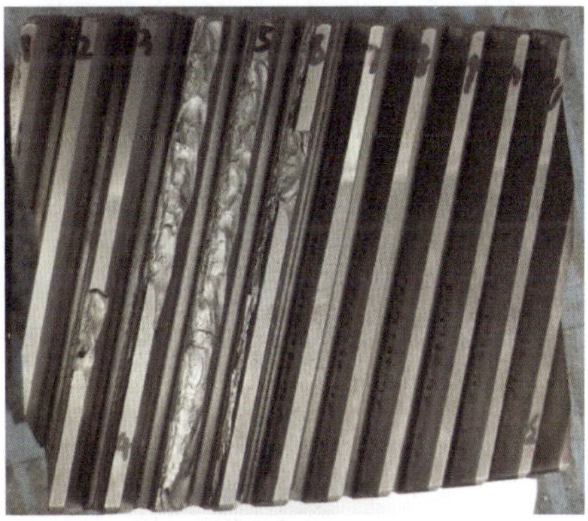

图 2-7-5　送检齿轮完整外观
[ 原报告中图 3.1.6（a）]

⑥ 图 2-7-6 中，“啮合痕迹”应该是擦伤或轻微胶合。

⑦ 图 2-7-7 中，“硬物压痕”应该是齿面的微点蚀。图中的丝条状裂纹和斑点是齿面微点蚀的典型形貌，建议进一步放大观察。

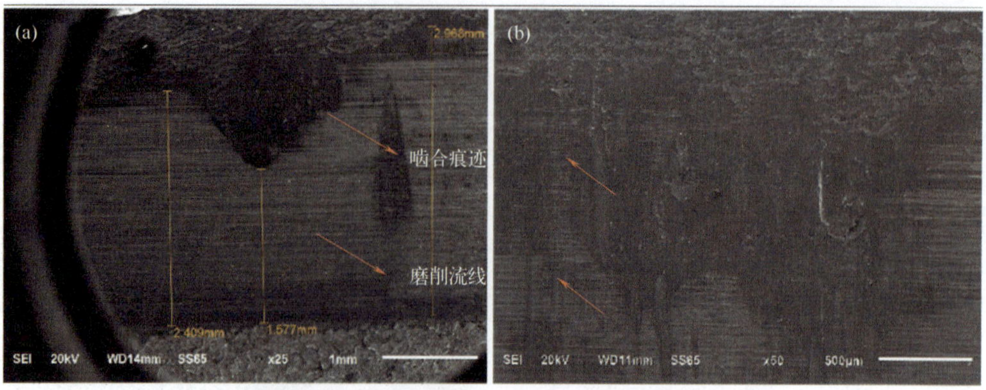


图 2-7-6 轮齿 3 的典型位置微观形貌观察［原报告中图 3.1.6（a）、（b）］

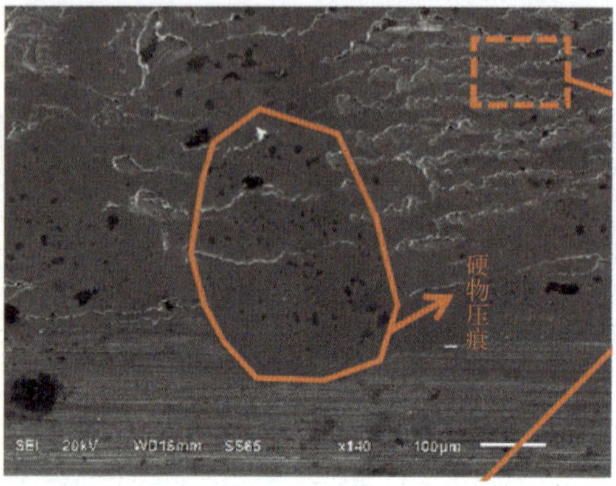


图 2-7-7 轮齿 5 典型位置微观形貌观察［原报告中图 3.1.7（c）］

⑧ 失效分析报告中没有说明图 2-7-7 中矩形框线内是什么，应该是齿面微裂纹。

⑨ 图 2-7-8 中，没有说明四张照片的取样位置，以及是磨削烧伤还是齿面磨削欠磨的结果。从图（a）、（b）来看，是磨削烧伤（裂纹）的可能性很大。此问题非常重要。

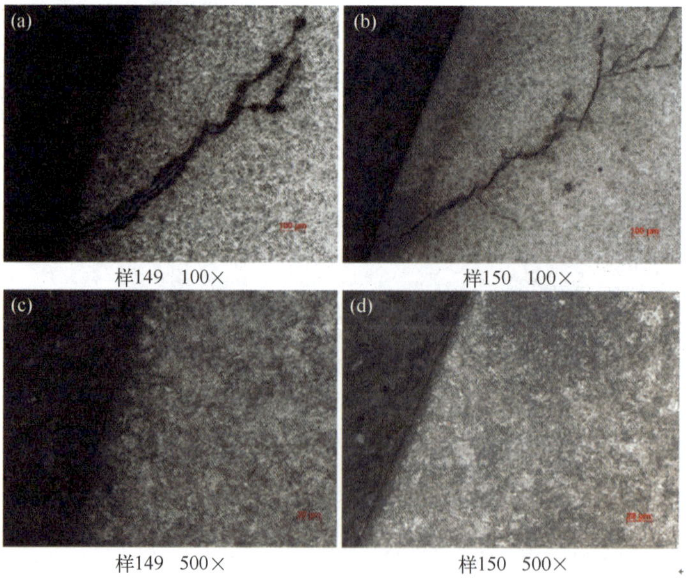


图 2-7-8 样品 149 和 150 金相照片（原报告中图 3.4.22）

⑩ 从图 2-7-9 的工作面渗碳层深度 - 硬度曲线中看到：

a. 齿面硬度仅为 620HV，远低于 660HV；

b. 齿面硬度降约 55HV，大于 GB/T 3480.5 规定的 40HV；

c. 工作面有效渗碳层深度约为 1.6mm，图纸技术要求为 0.9 ～ 1.2mm。

不合格的原因是什么？

⑪ 从图 2-7-10 的非工作面渗碳层深度 - 硬度曲线中看到：

a. 齿面硬度为 670HV，高于 660HV，符合技术要求；

b. 齿面硬度降小于 40HV，符合技术要求；

c. 非工作面有效渗碳层深度约为 1.4mm，图纸技术要求为 0.9 ～ 1.2mm。

为什么工作齿面有效渗碳层深度（1.6mm）会大于非工作齿面有效渗碳层深度（1.4mm）？

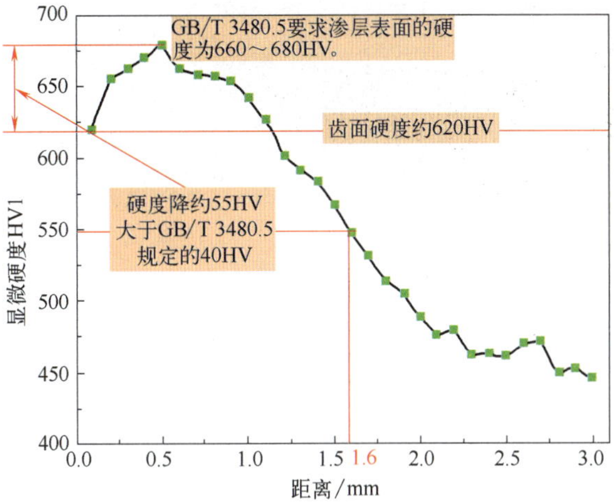


图 2-7-9 第 3 齿的试样 1 工作面渗碳层深度 - 硬度曲线（原报告中图 3.3.2）

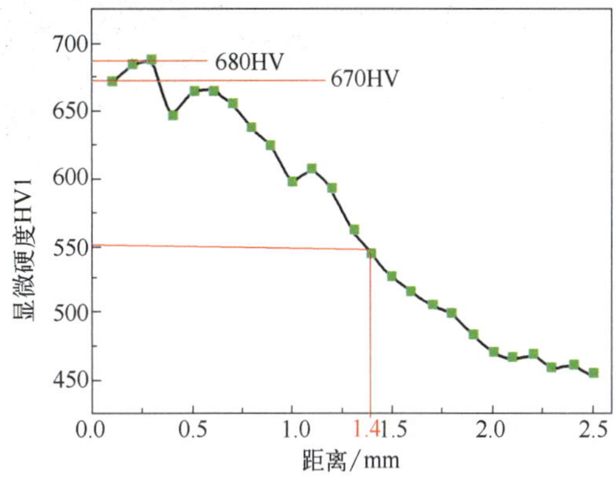


图 2-7-10 第 3 齿的试样 1 非工作面渗碳层深度 - 硬度曲线（原报告中图 3.3.3）

⑫ 第 3 齿的试样 2 工作齿面和非工作齿面的有效渗碳层深度、齿面硬度见图 2-7-11 和图 2-7-12。由图可见：工作齿面和非工作齿面有效渗碳层深度均为 1.9mm；齿面硬度两者分别为 670HV、680HV，基本相同。

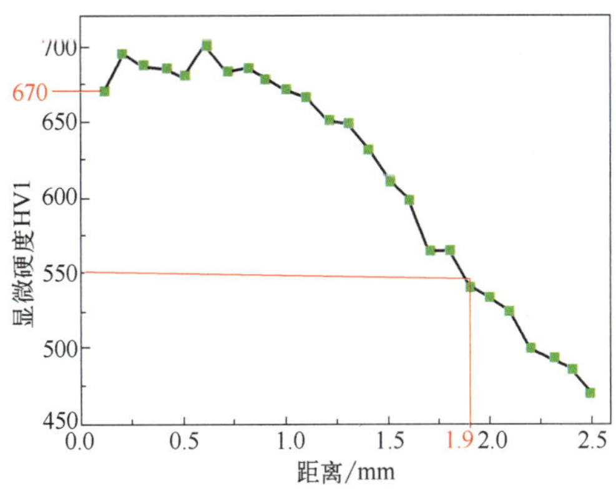


图 2-7-11 第 3 齿试样 2 工作面渗碳层深度 - 硬度曲线（原报告中图 3.3.4）

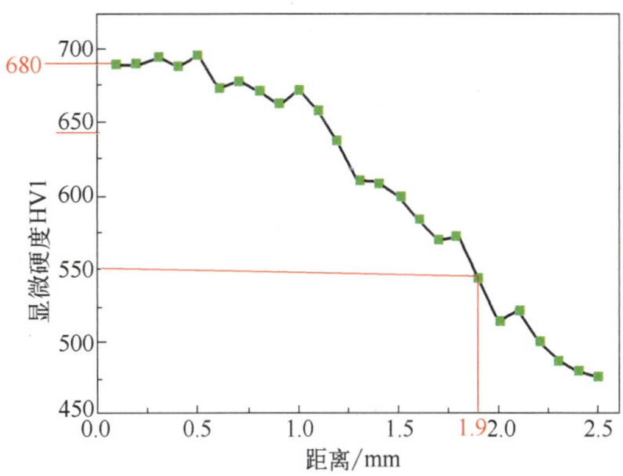


图 2-7-12 第 3 齿试样 2 非工作面渗碳层深度 - 硬度曲线（原报告中图 3.3.5）

⑬ 将第 3 齿试样 2 与试样 1 的数据进行对比，可知两者的差别很大：试样 2 的数据很正常，而试样 1 的数据很反常。为什么同一个齿上截取的两个试样会出现这种异常情况？这

里有一个在第 3 齿上截取两个试样的位置问题。失效分析报告中说明：“在第 3 齿的两端未损伤区截取工作齿面和非工作齿面试样 1 和试样 2，进行齿面渗碳层深度曲线测试。”如果在第 3 齿上标注出试样 1 和试样 2 截取的位置（如图 2-7-13 所示），就能进一步分析造成试样 1 数据异常的原因（很可能存在磨削烧伤）。如果敲定试样 1 存在磨削烧伤，那么以上问题就迎刃而解了。

⑭ 报告第 31 页，“经委托方要求，又在第 3 齿以下两位置截取截面金相试样，取样位置如图 2-7-14，试样分别命名为 149 和 150。”图中的标示未能说明具体的位置，图中最好标注齿根或齿顶。图中有许多损伤斑点，观察这些损伤斑点（很可能与微点蚀有关）是主要的任务之一。

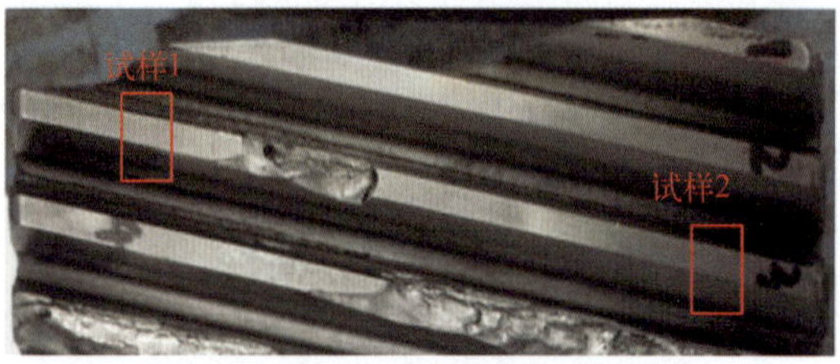


图 2-7-13　切取试样的位置

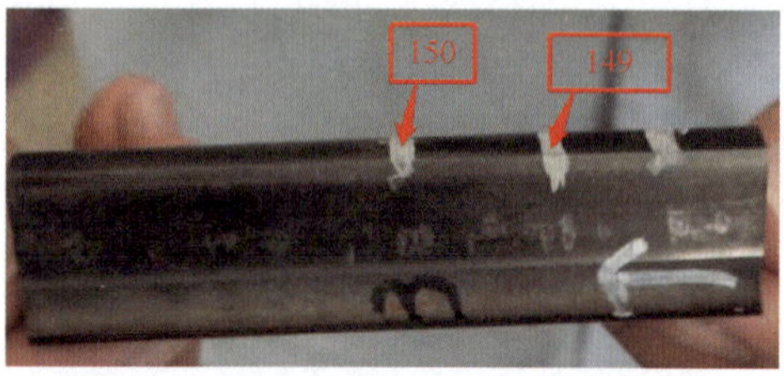


图 2-7-14　样品 149 和 150 取样位置
（原报告中图 2-7-14）

⑮ 本案例齿轮失效的原因很可能与齿面烧伤和齿面微点蚀有关。至于产生齿面烧伤和齿面微点蚀的原因可能要另加进一步分析和研究。

日期：2022 年 1 月 17 日

## 【例 2-8】 对某技术公司签发的《齿轮失效分析报告》的几点看法

### 问题描述

北方某公司发来南方某工程技术有限公司签发的《齿轮失效分析报告》，请作者对失效分析报告提供一些看法。

### 答复内容

为了阅读、对照方便，本例图题后注明了《齿轮失效分析报告》中的原图号。

① 图 2-8-1 的下部有 4 张放大图，其中 2 张编号均为 1，但未告知是何意。从编号为 1 的图片上可以看到初始裂纹可能起源于下面的黑斑。编号为 2 的图片在上面大图片上的位置不对应。图片 3 剥落边缘呈现黑色，好像与高温有关，是否是磨削烧伤，建议进一步确定，很重要。

② 从图 2-8-2 齿面剥落处形貌可以看到齿面典型的微点蚀裂纹，可见齿面断裂与微点蚀有关。

③ 从图 2-8-3 齿面剥落处形貌也可以看到齿面微点蚀裂纹的典型形貌；右边红色指示圈的位置不正确。

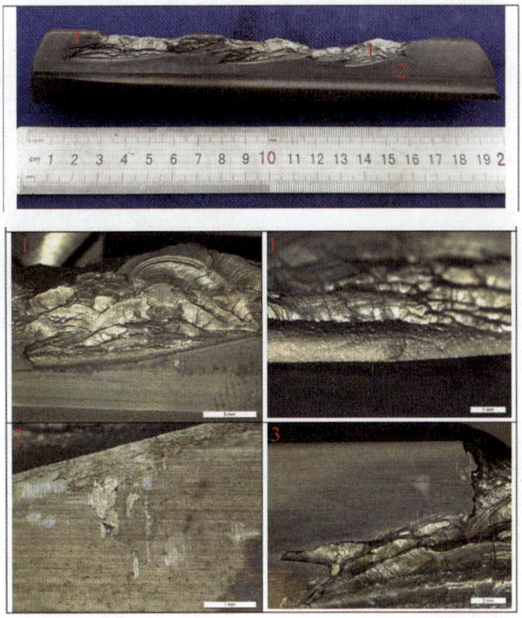

图 2-8-1　齿轮剥落处宏观形貌（原报告中图 2.1-3）

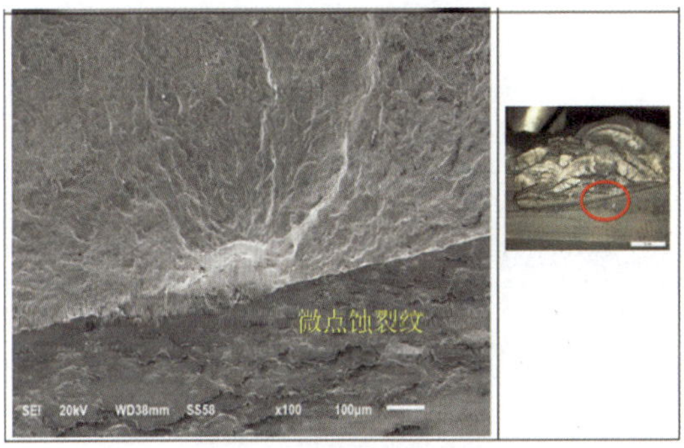


图 2-8-2　齿面剥落处 SEM 形貌（原报告中图 2.2-2）

图 2-8-3　齿面剥落处 SEM 形貌（原报告中图 2.2-4）

④ 从图 2-8-4 齿面剥落处边缘形貌可以看到黑斑（轻度）、微点蚀和剥落之间的关系。黑斑周围齿面磨削刀纹清晰可见，黑斑内刀纹不见了。

⑤ 图 2-8-5 齿面剥落处边缘形貌，其中微点蚀形貌很典型，但是微点蚀坑都有白色的镶边，它掩盖了蚀坑边缘的形貌，例如裂纹等。

⑥ 图 2-8-6 齿面剥落处边缘形貌和图 2-8-5 的放大比都是 500，但两者的形貌差别很大，图 2-8-5 是工作齿面，磨削刀纹已经消失，而图 2-8-6 还存在磨削刀纹。两者的观察点肯定不同，应该加以说明。

⑦ 图 2-8-7 和图 2-8-8 齿面剥落处边缘形貌中呈现阶梯状的剥落断口，这是微点蚀连片剥落后的典型形貌。

⑧ 图 2-8-9 的齿面有深色显微组织，深色带由剥落区附近向齿根逐渐变窄直至消失。深色组织硬度为 53.2 ～ 54.0HRC，下方浅色组织区域硬度为 57.3 ～ 57.4HRC。可以肯定齿面存在严重的磨削烧伤。

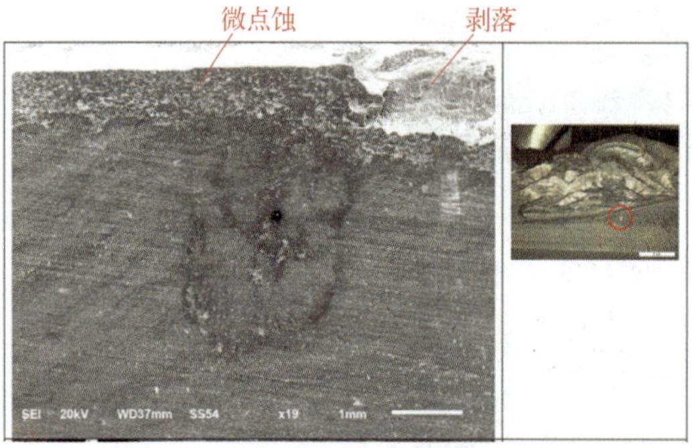


图 2-8-4　齿面剥落处边缘 SEM 形貌
（原报告中图 2.2-5）

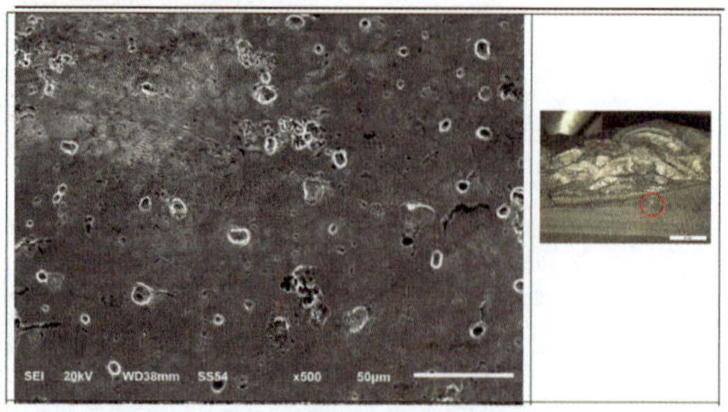

图 2-8-5　齿面剥落处边缘 SEM 形貌
（原报告中图 2.2-7）

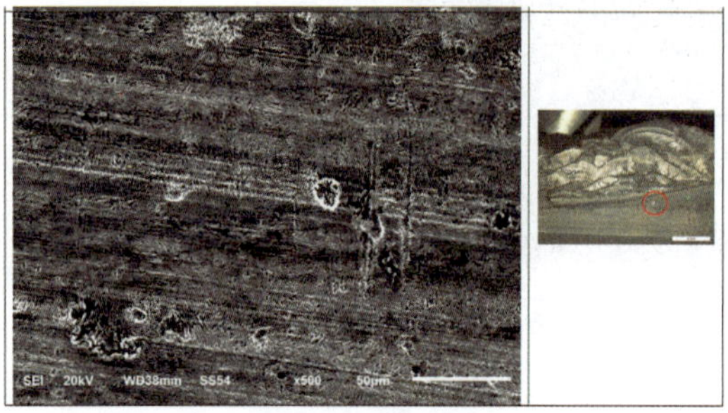

图 2-8-6　齿面剥落处边缘 SEM 形貌
（原报告中图 2.2-8）

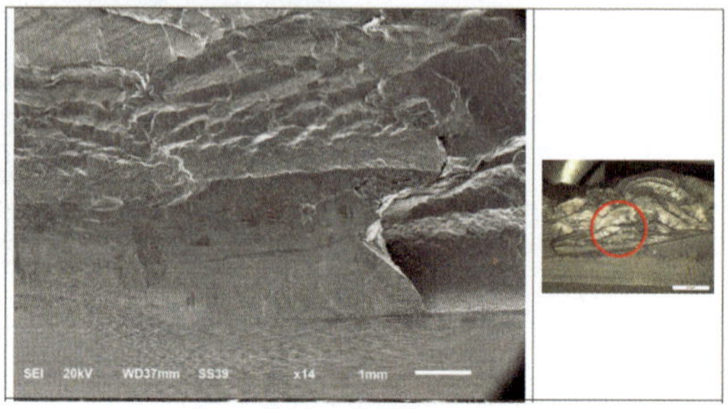

图 2-8-7　齿面剥落处边缘 SEM 形貌
（原报告中图 2.2-11）

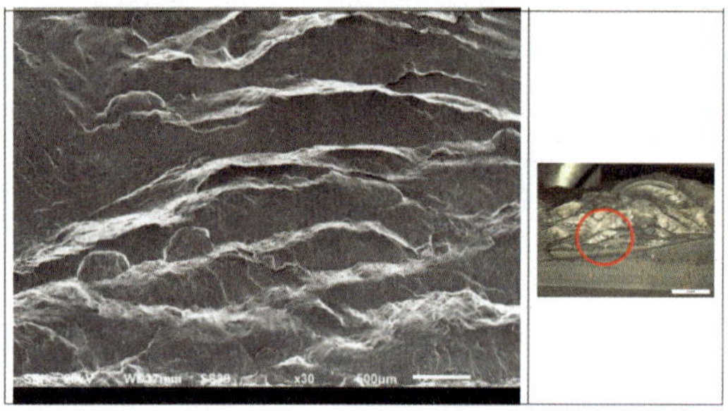

图 2-8-8　齿面剥落处 SEM 形貌
（原报告中图 2.2-12）

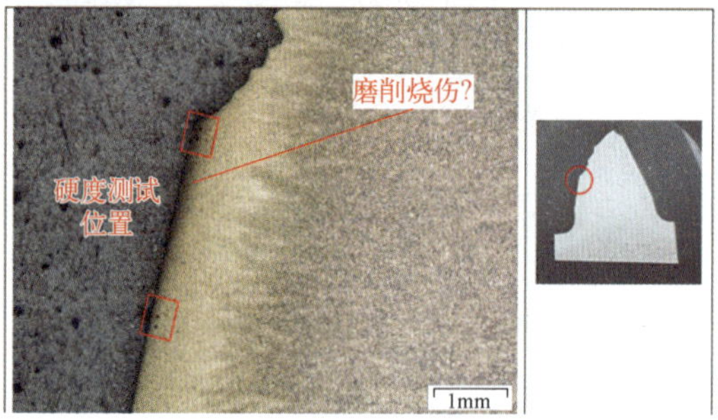


图 2-8-9　齿面剥落（1# 试样）显微组织形貌 25×
（原报告中图 2.5-2）

⑨ 图 2-8-10 工作齿面存在磨削烧伤现象。

⑩ 图 2-8-11 齿面开裂是磨削烧伤引发的裂纹。

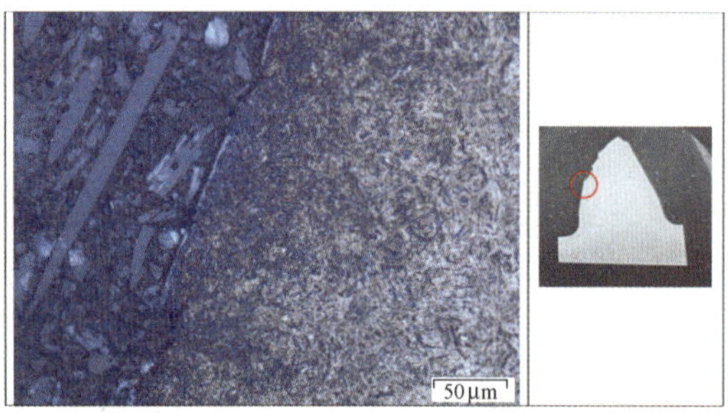


图 2-8-10　齿面剥落（1# 试样）显微组织形貌
500×（原报告中图 2.5-7）

图 2-8-11　齿面开裂（2# 试样）显微组织形貌
500×（原报告中图 2.5-18）

⑪ 图 2-8-12 是轮齿根部位未磨削表面的显微组织，还是齿面的磨削烧伤的显微组织？要加以说明。

⑫ 图 2-8-13“齿面显微组织形貌”应更改为“齿顶显微组织形貌”。

图 2-8-12　齿面显微组织形貌 500×（原报告中图 2.5-28）

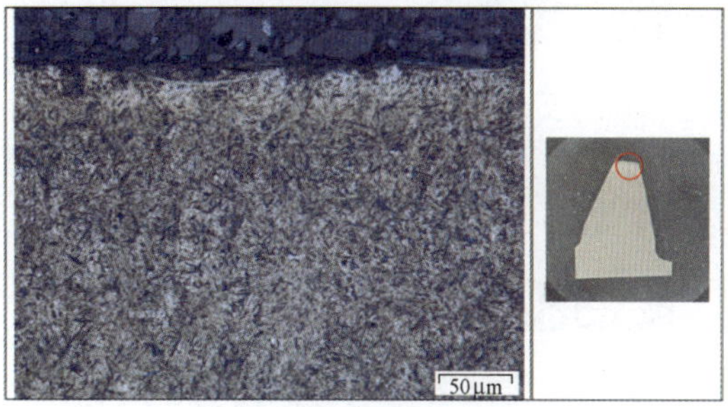


图 2-8-13　齿面显微组织形貌 500×（原报告中图 2.5-29）

⑬ 硬化层深度（CHD）测试结果见表 2-8-1。

表 2-8-1　硬化层深度测试结果（原报告中表 5）

| 测试位置示意图 | 测试位置 | | CHD/mm | 备注 |
|---|---|---|---|---|
| 齿形试样 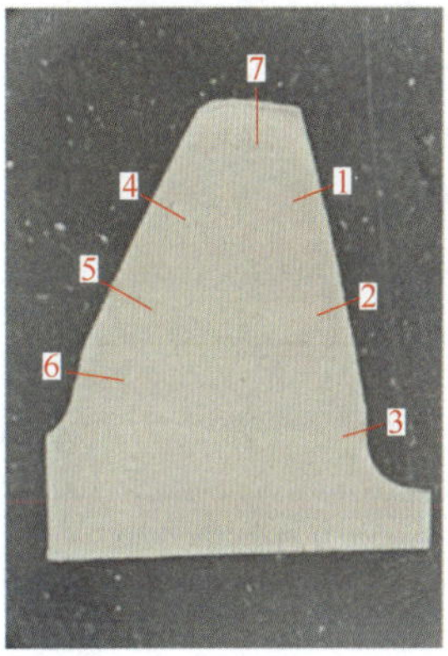 | 工作面 | 1 | 1.19 | 原报告中图 2.5-1 |
| | | 2 | 1.13 | 原报告中图 2.5-2 |
| | | 3 | 1.23 | 原报告中图 2.5-3 |
| | 非工作面 | 4 | 1.37 | 原报告中图 2.5-4 |
| | | 5 | 1.48 | 原报告中图 2.5-5 |
| | | 6 | 1.51 | 原报告中图 2.5-6 |
| | 齿顶 | 7 | 1.63 | 原报告中图 2.5-7 |

将表 2-8-1 的数据汇集在图 2-8-14 上，就可以看到一些问题：

a. 工作齿面检测 3 个数据的平均值为 1.18mm；非工作齿面检测 3 个数据的平均值为 1.45mm。两者相差 0.27mm，可见两个齿面金相组织有本质的差别。这个差别很可能是齿面磨削烧伤造成的，也可能是齿轮热处理变形大，齿面磨削时偏磨造成的。

b. 齿腰两个数据的差为 0.35mm；齿根两个数据的差为 0.38mm。可见关键部位的差更大，对齿面的强度影响很大。

⑭ 本案例齿轮失效的原因很可能与齿面烧伤、齿面微点蚀和轮齿齿面磨削时偏磨有关。至于产生齿面烧伤、齿面微点蚀和齿面磨削偏磨的原因，可能要进一步分析和研究。

日期：2022 年 1 月 25 日

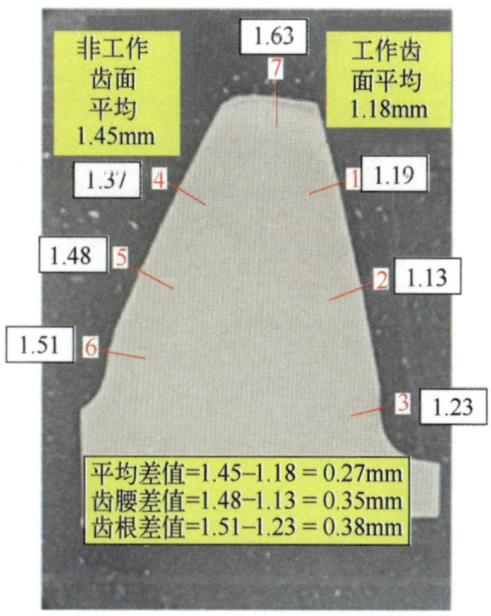


图 2-8-14　表 2-8-1 的数据汇集在图上

# 【例 2-9】 风力机输出齿轮轮齿断裂综合失效分析

## 问题描述

作者应邀参加北方某公司风力机输出齿轮轮齿断裂失效分析工作，参阅了两份第三单位提供的失效分析报告和其他资料，撰写成《风力机输出齿轮轮齿断裂综合失效分析》报告，以回复某公司对两份第三单位提供的失效分析报告的关心和询问。

## 答复内容

关于北方某公司风力机齿轮传动轮齿断裂，已经根据两个案例（案例 1、案例 2）做出了正式的失效分析报告。以下的论述引用上述的两个失效分析报告。

这两个失效分析报告，虽然还存在一些值得讨论和改进的内容，但是可以以此为依据再加上我们的看法，对两个案例做综合失效分析。

两个齿轮轮齿断裂案例的失效分析工作，取得的成果和存在的问题如下：

① 两个风力机输出齿轮都出现了微点蚀；

② 两个风力机输出齿轮齿面都存在磨削烧伤；

③ 两个风力机输出齿轮的失效模式都是“点 - 面 - 初始点蚀（PSO）”失效；

④ 目前还存在的问题。

## 1 关于齿面的微点蚀

微点蚀是通常发生在滚动和滑动接触中的一种现象，在混合弹性流体动力润滑或边界润滑状态下运行。齿轮传动的运行状态就是齿面发生微点蚀的场所。它更常见于表面硬度较高的材料上，风力机渗碳淬火齿轮更容易发生微点蚀损伤。微点蚀是一种循环应力和不稳定表面塑性流动引起的疲劳现象。微点蚀产生大量的表面裂纹，裂纹相对于表面呈现小角度生长。微点蚀产生的碎片从表面脱落形成微点蚀坑。这些微点蚀坑相对于赫兹接触区的大小来说很小，通常深度在 10 ～ 20μm 之间。在运转的过程中，微点蚀坑可以合并而产生一个连续的断裂表面。在裸眼目视检查中，通常表现为暗淡、不光滑的表面。

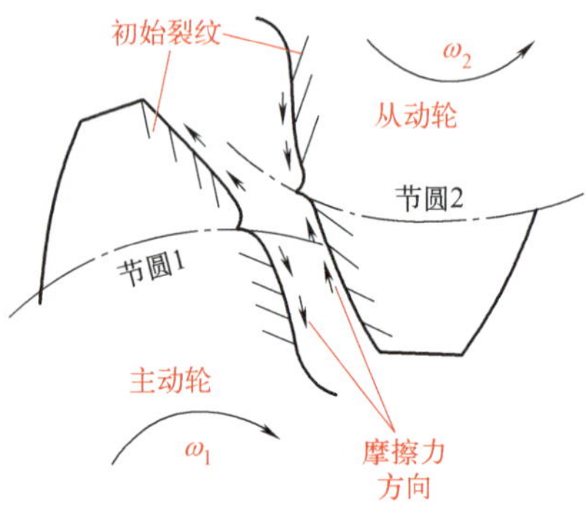

图 2-9-1　齿轮啮合中齿面摩擦力和初始裂纹的方向

图 2-9-1 表示齿轮啮合过程中，齿面的摩擦力的方向和齿面金属塑性流动引起初始裂纹的方向。

失效的大齿轮是主动轮，初始出现微点蚀是在节圆以下的部位，其裂纹是朝向齿顶方向发展的，如图 2-9-1 所示。

微点蚀产生大量的表面裂纹，如图 2-9-2、图 2-9-3 所示，图中注明齿面的滑动方向和裂纹的扩展方向。图 2-9-3 还注明了大小不同的微点蚀坑。

从图 2-9-4 可以看到，齿面的微裂纹和由微点蚀扩展而形成的剥落坑。图 2-9-5 是齿面的微点蚀坑和微点蚀坑边缘的碎裂。

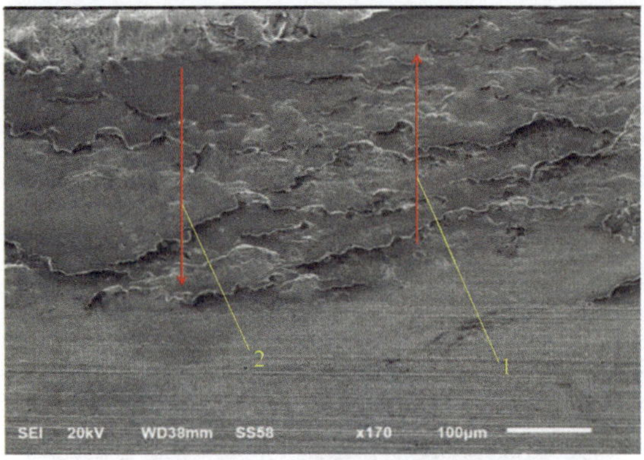


图 2-9-2　齿面产生的微裂纹

1—裂纹扩展方向；2—齿面滑动方向

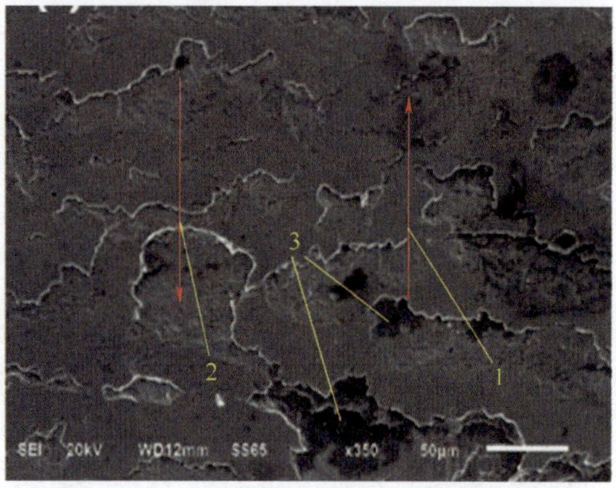


图 2-9-3　齿面产生的微裂纹和微点蚀坑

1—裂纹扩展方向；2—齿面滑动方向；3—微点蚀坑

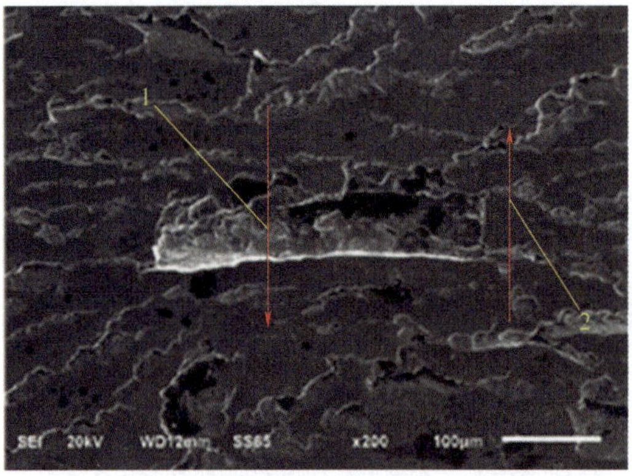


图 2-9-4　齿面的微裂纹和微点蚀剥落坑

1—裂纹扩展方向；2—齿面滑动方向

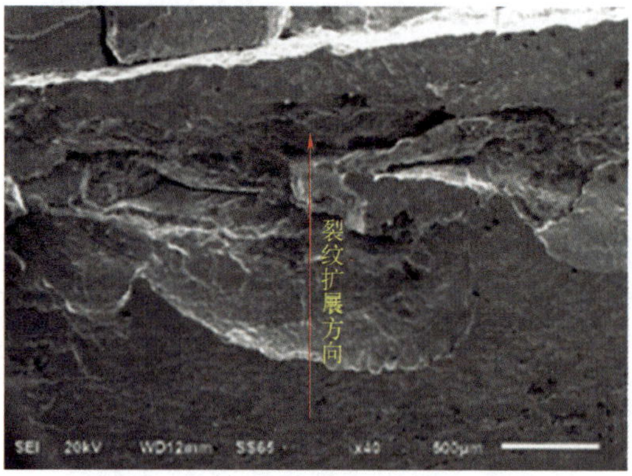


图 2-9-5　齿面的微点蚀坑和齿面碎裂

齿面的微点蚀坑局部和黑斑区见图 2-9-6，在黑斑区内存在微裂纹和微点蚀。

从图 2-9-7 中可以看到黑斑区、微点蚀区、小片剥落区三位一体的形貌。

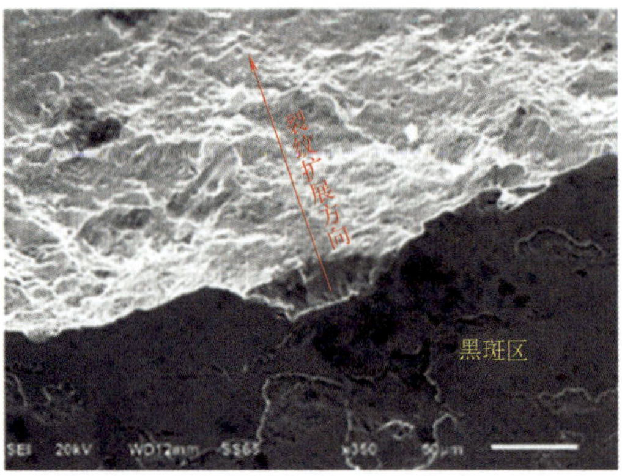


图 2-9-6　齿面的微点蚀坑局部和黑斑区

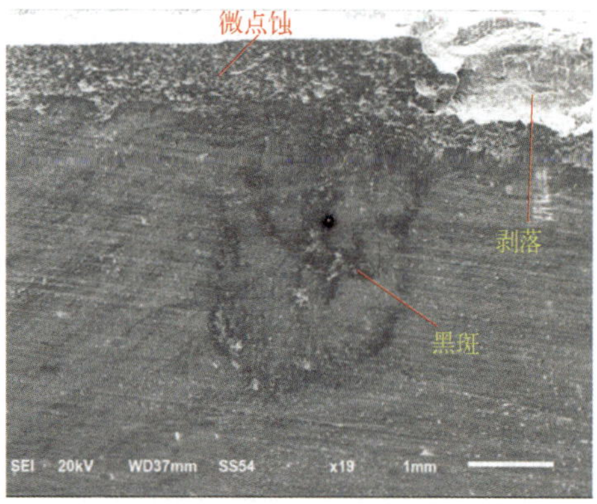


图 2-9-7　齿面的黑斑区、微点蚀区和齿面剥落[1]

图 2-9-8 和图 2-9-9 是齿面微点蚀的典型形貌。从图 2-9-8 中可以看到，在黑斑区内，齿面的微点蚀数多于其他区域，并且出现了大裂纹。图 2-9-9 中的微点蚀坑有大有小，蚀坑都

有白色边缘，大坑更为明显，这可能是边缘反光所致。

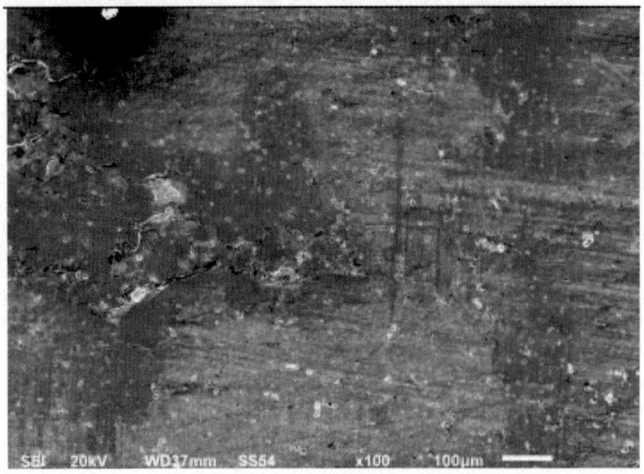

图 2-9-8　齿面微点蚀的典型形貌

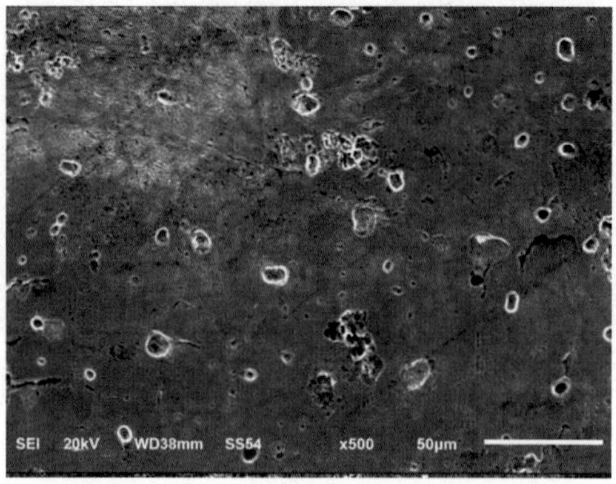


图 2-9-9　齿面微点蚀的典型形貌

经过上述的宏观观察和微观观察，可以得到这样的结论：两个风力机输出齿轮都出现了微点蚀是确凿无疑的，轮齿的断裂与微点蚀有关。

# 2　关于齿面磨削烧伤

## 2.1　齿面磨削烧伤的危害

齿轮磨削时由于前后工艺处理不当，会出现磨削裂纹，有时还可能出现磨削烧伤，甚至是严重烧伤。齿面烧伤后齿面的残余压应力就没有了，甚至出现残余拉应力，齿面硬度也会因烧伤回火而降低，因此对轮齿的强度影响很大。严重烧伤（未出现裂纹）齿轮的弯曲疲劳寿命仅为无烧伤齿轮寿命的 77.6%；严重烧伤齿轮的接触疲劳寿命仅为无烧伤齿轮寿命的 71%。如果将烧伤的齿轮投入运转，最常见的是引发齿面表层压碎，发展为深层剥落，最后造成轮齿的随机断裂。因此，齿面烧伤是渗碳淬火齿轮的大忌。

## 2.2　两个风力机输出齿轮齿面存在磨削烧伤实证

（1）实证 1

图 2-9-10 显示齿面剥落区附近有一层深色显微组织，深色带由剥落区附近向齿根逐渐变窄直至消失。很明显，这不可能是齿面渗层组织，而是磨削烧伤组织。此外，在图中位置 1 和位置 2 测量的硬度也有很大的差别，前者硬度为 53 ～ 54HRC，后者硬度约为 57HRC。因此可以肯定齿面存在严重的磨削烧伤。

（2）实证 2

将图 2-9-10 齿面剥落区附近（位置 1 附近）的深色显微组织高倍放大，结果如图 2-9-11 所示。可见齿面残缺不全，很明显这是齿面严重烧伤的典型形貌。

（3）实证 3

根据案例 1 失效分析报告中的轮齿硬化层深度（CHD）测试结果，也可以证实齿面存在磨削烧伤。

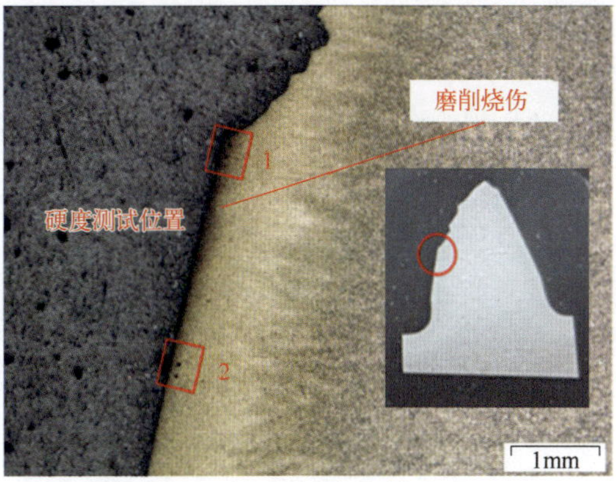


图 2-9-10　轮齿剥落区附近深色显微组织的变化[1]

图 2-9-11　齿面严重烧伤的典型形貌

轮齿层深度硬化测试结果见表 2-9-1。

**表 2-9-1　硬化层深度测试结果**

| 测试位置示意图 | 测试位置 | | CHD/mm |
| --- | --- | --- | --- |
| 齿形试样 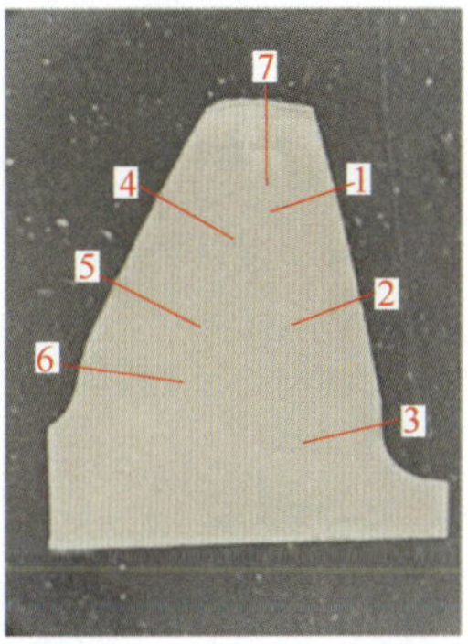  | 工作面 | 1 | 1.19 |
| | | 2 | 1.13 |
| | | 3 | 1.23 |
| | 非工作面 | 4 | 1.37 |
| | | 5 | 1.48 |
| | | 6 | 1.51 |
| | 齿顶 | 7 | 1.63 |

将表 2-9-1 的数据汇集在图 2-9-12 上，就可以发现一些问题：

① 工作齿面检测 3 个数据的平均值为 1.45mm；非工作齿面检测 3 个数据的平均值为 1.18mm。两者相差 0.27mm，可见两个齿面金相组织有本质的差别。

② 齿腰两个数据的差为 0.35mm；齿根两个数据的差为 0.38mm。可见关键部位的差别更大，这些都是齿面磨削烧伤造成的，对齿面的强度影响很大。

(4) 实证 4

根据案例 2 失效分析报告中的轮齿硬化层深度测试结果，也可以证实齿面存在磨削烧伤。

第 3 齿的试样 1 工作齿面硬度 - 硬化层深度梯度曲线见图 2-9-13。图中可见：

① 齿面硬度仅为 620HV，远低于 660HV；

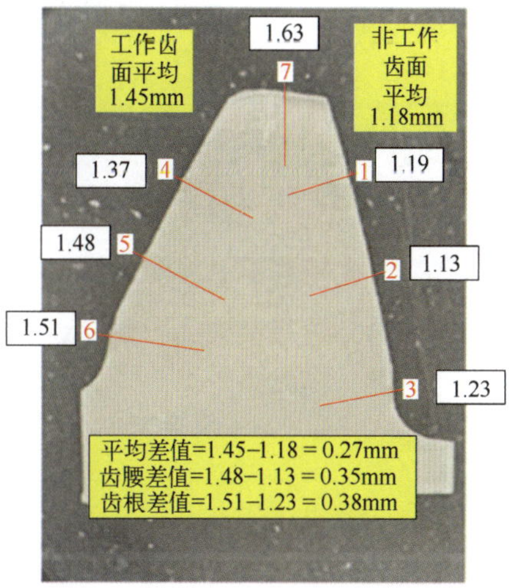


图 2-9-12　硬化层深度测试结果示意图

② 齿面硬度降约 55HV，大于 GB/T 3480.5 规定的 40HV；

③ 工作面有效渗碳层深度约为 1.6mm，图纸技术要求为 0.9 ～ 1.2mm。

轮齿非工作齿面硬度 - 硬化层深度梯度曲线见图 2-9-14。图中可见：

① 齿面硬度为 670HV，高于 660HV，符合技术要求；

② 齿面硬度降小于 40HV，符合技术要求；

③ 非工作面有效渗碳层深度约为 1.4mm，图纸技术要求为 0.9 ～ 1.2mm。

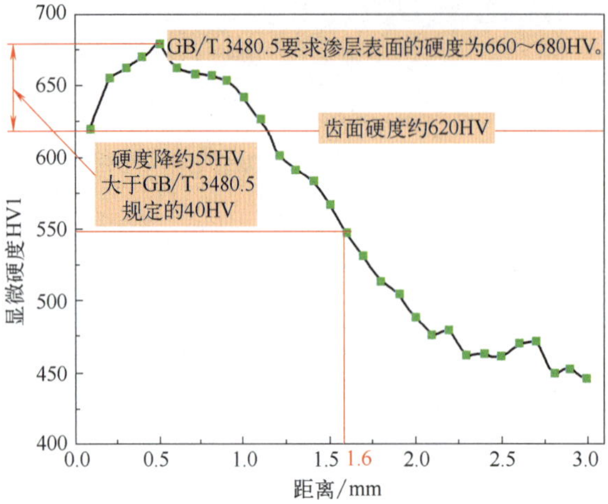


图 2-9-13　工作齿面轮齿硬度 - 硬化层深度梯度曲线[1]

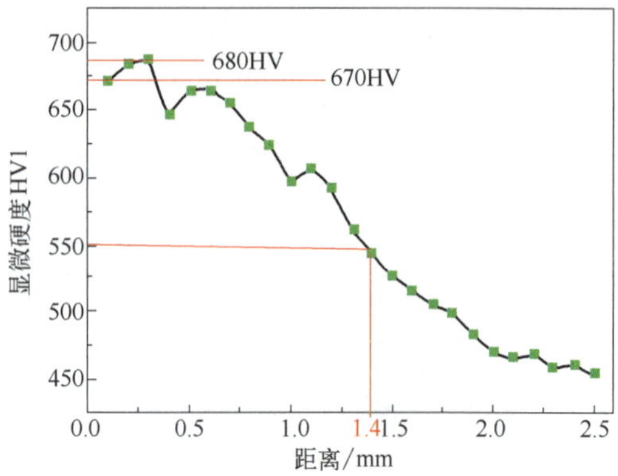


图 2-9-14　轮齿非工作齿面硬度 - 硬化层深度梯度曲线[1]

为什么工作齿面有效渗碳层深度（1.6mm）会大于非工作齿面有效渗碳层深度（1.4mm）？很显然，工作齿面遭受到了磨削烧伤。

此外，再来观察第 3 齿的试样 2 工作齿面和非工作齿面的硬度 - 有效渗碳层深度梯度曲线图 2-9-15 和图 2-9-16。由图可见，工作齿面和非工作齿面有效渗碳层深度均为 1.9mm；其次，齿面硬度两者分别为 670HV1、680HV1，基本相同。

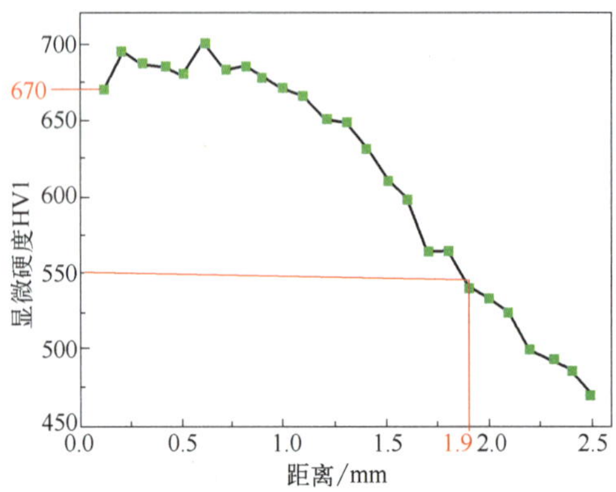


图 2-9-15　试样 2 工作齿面的硬度 - 有效渗碳层深度梯度曲线

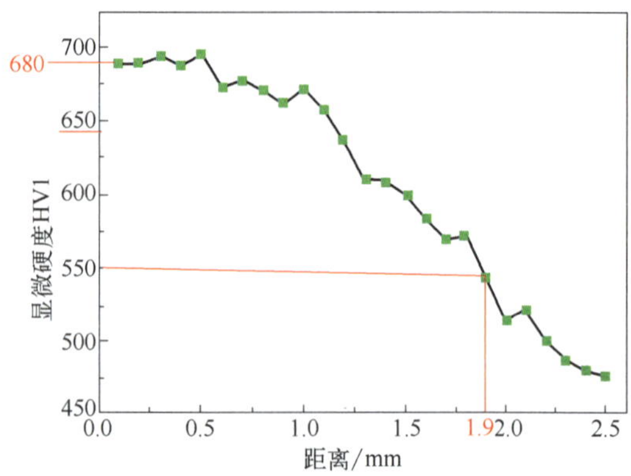


图 2-9-16　试样 2 非工作齿面的硬度 - 有效渗碳层深度梯度曲线

将第 3 齿的试样 2 与试样 1 的数据对比，可知两者的差别很大。试样 2 的数据很正常；而试样 1 的数据很反常。为什么同一个齿上截取的两个试样会出现这种异常情况？这里有一个在第 3 齿上截取两个试样的位置问题。失效分析报告中说明：在第 3 齿的两端未损伤区截取工作齿面和非工作齿面试样 1 和试样 2（图 2-9-17），进行齿面渗碳层深度曲线测试。从图 2-9-17 中可以看到轮齿试样 1 端有明显的齿面磨削烧伤的痕迹，而试样 2 端没有看到磨削烧伤的痕迹。由此可见，试样 1 的工作齿面和非工作齿面的硬度有很大差别，而试样 2 的工作齿面和非工作齿面的硬度没有差别的原因。

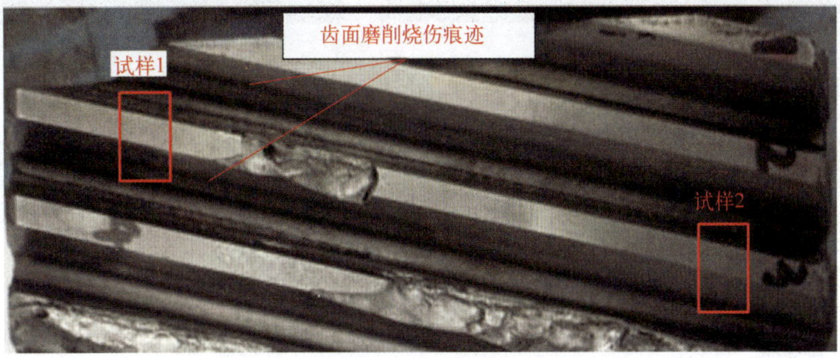


图 2-9-17　在第 3 齿的两端截取的试样 1 和试样 2

根据案例 1 失效分析报告 [1] 中的硬化层深度测试结果和以上的分析，也证实了齿面存在磨削烧伤。

# 3　齿轮的失效模式

## 3.1　“点 - 面 - 初始点蚀（PSO）”齿轮失效模式介绍

在最新的 ISO/DIS 10825-1：2021 标准 Gears—Wear and damage to gear teeth—Terminolgy 中，论述了一种过去从没有提到过的齿轮失效模式——point-surface-origin pitting（PSO），中文直译为“点 - 面 - 初始点蚀”。经过对比研究，可以认为：本例的风力机齿轮失效模式与 PSO 齿轮失效模式极为相似，甚至可以认为两者相同。

为了说明问题，首先介绍 ISO/DIS 10825-1：2021 标准中的“point-surface-origin pitting（PSO）”，然后讨论公司齿轮的失效模式。

为了便于理解 PSO，作者将 ISO/DIS 10825-1：2021 标准中的 5.2.3.5 节有关“point-surface-origin pitting”的内容全部译为中文，保留原文的图号和章节号。

译文：

5.2.3.5　点 - 面 - 初始点蚀（point-surface-origin pitting）

点 - 面 - 初始点蚀（PSO）由相对较浅但面积较大的点蚀坑组成。疲劳裂纹从齿表面的起点以扇形延伸，直到薄片的材料破裂，形成三角形的小坑（crater），见图 37 ～图 42。

在表面硬化齿轮的情况下，PSO 通常从微点蚀区开始。

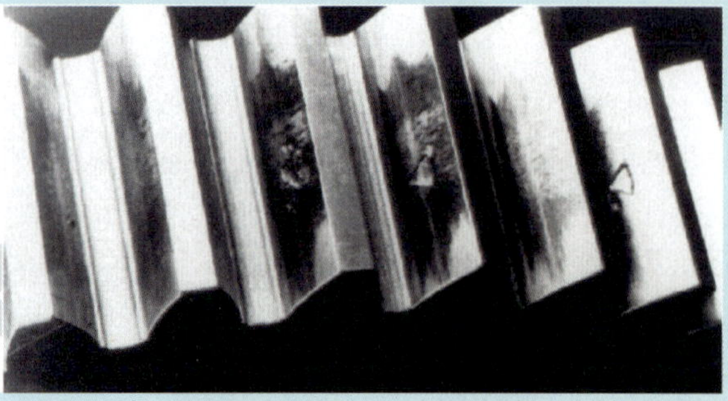

图 37　调质齿轮的点 - 面 - 初始点蚀

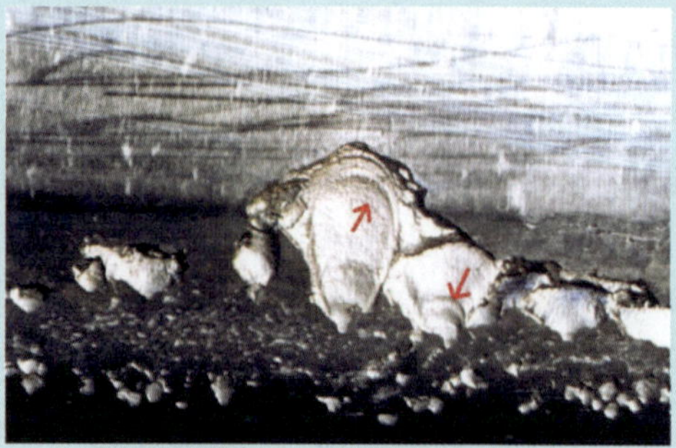

注：箭头指向其中的两个海滩标记

图 38　调质齿轮的点 - 面 - 初始点蚀

图 39　调质齿轮的点 - 面 - 初始点蚀

注：运行$1.5\times10^7$应力循环次数的渗碳淬火斜齿轮

图 40　起源于微点蚀的点 - 面 - 初始点蚀

注：运行$3.0\times10^7$应力循环次数的渗碳淬火斜齿轮

图 41　起源于微点蚀的点 - 面 - 初始点蚀

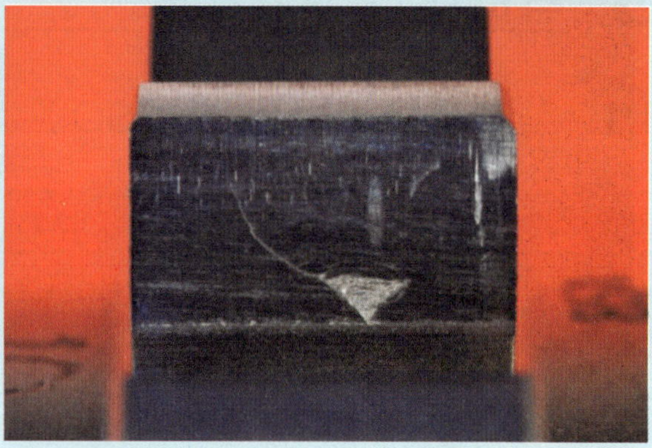

图 42　表面硬化齿轮的点 - 面 - 初始点蚀

## 3.2　本例齿轮失效模式

根据前面有关“点 - 面 - 初始点蚀（PSO）”的论述，已知 PSO 是由相对较浅但面积较大的点蚀坑组成。疲劳裂纹从齿表面的起点以扇形延伸，直到薄片的材料破裂，形成三角形的小坑。特别提到“在表面硬化齿轮的情况下，PSO 通常从微点蚀区开始。这就与上述分析的两个案例齿轮失效有关了。

(1) 宏观形貌对比

首先将两个案例的齿轮失效形貌（图 2-9-18、图 2-9-19）与“点 - 面 - 初始点蚀（PSO）”（图 2-9-20）的形貌进行宏观对比，可发现两者极为相似，裂纹源都在轮齿的下部，然后向齿顶方向扩展。不同之处在于图 2-9-20 的轮齿只运行了 $3.0\times10^7$ 应力循环次数；如果继续运转至轮齿断裂，其形貌就与图 2-9-18、图 2-9-19 的形貌更相似了。

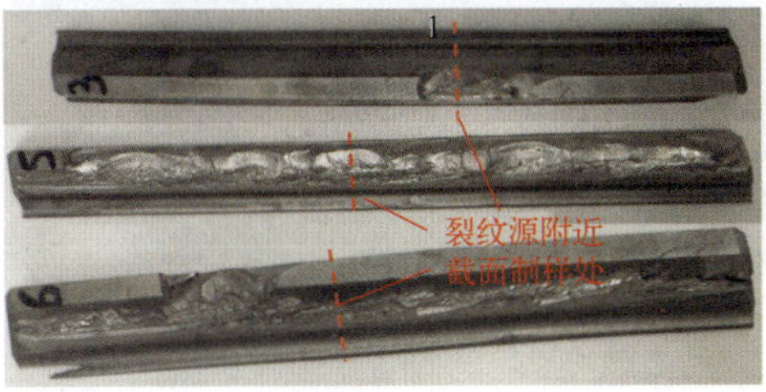


图 2-9-18　第 2 案例齿轮失效的宏观形貌 [2]

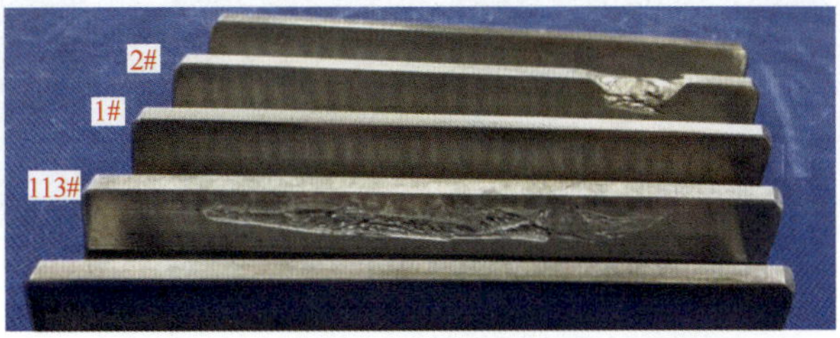


图 2-9-19　第 1 案例齿轮失效的宏观形貌 [1]

(2) 微观失效过程对比

前面已经提到：微点蚀是通常发生在滚动和滑动接触中的一种现象，齿轮传动的运行状态就是齿面发生微点蚀的场所。风力机渗碳淬火齿轮更容易发生微点蚀损伤。微点蚀产生大量的表面裂纹（见图 2-9-2），裂纹与表面呈现小角度生长（图 2-9-21）。微点蚀产生的碎片从表面脱落形成微点蚀坑（见图 2-9-3）。在运转的过程中，微点蚀坑可以合并而产生一个连续的断裂表面（见图 2-9-2、图 2-9-4）。断裂表面在高应力和高滚滑条件下，齿面不断被压碎（见图 2-9-5 ），裂纹尖端的应力集中发挥了作用，裂纹向深度方向扩展（齿高方向），最后导致轮齿断裂。

注：运行$3.0\times10^7$应力循环次数的渗碳淬火斜齿轮

图 2-9-20　“点 - 面 - 初始点蚀（PSO）”齿面宏观形貌

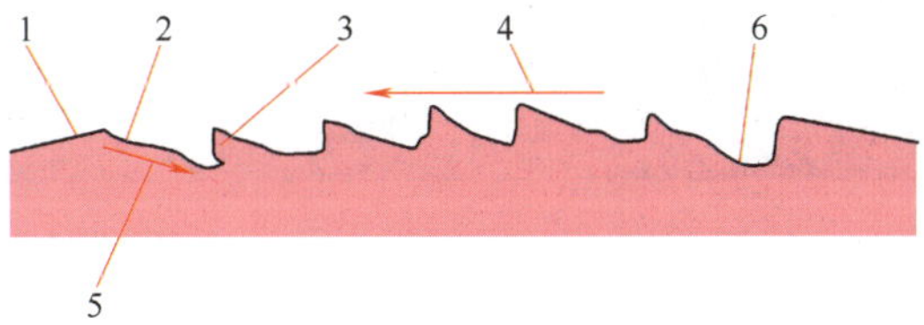


图 2-9-21　微点蚀坑可以合并产生一个连续的断裂表面示意图

1—轮齿表面；2—裂纹与表面呈现小角度生长；3—2 次裂纹碎片脱落；4—滑动方向；5—裂纹扩展方向；6—微点蚀坑

裂纹与表面呈现小角度扩展形成的断口，具有阶梯状的形貌，如图 2-9-22、图 2-9-23 所示。

以上的轮齿失效过程与“点 - 面 - 初始点蚀（PSO）”论述的失效过程基本相同。

结论：根据以上两方面的分析，可以肯定案例 1 和案例 2 的齿轮失效模式为“点 - 面 - 初始点蚀（PSO）”失效。

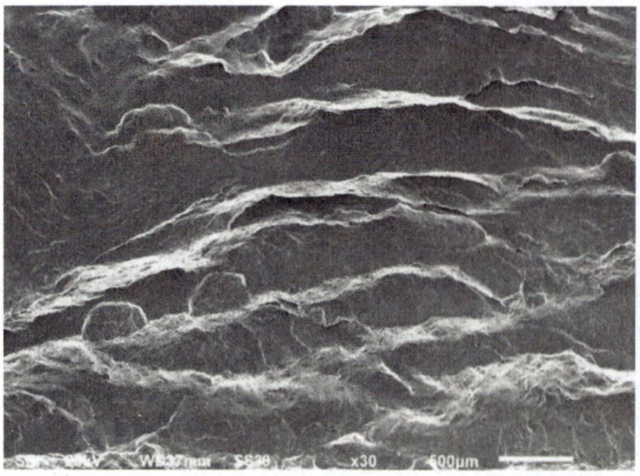

图 2-9-22　具有阶梯状的断口形貌 [1]

图 2-9-23　具有阶梯状的断口形貌 [2]

# 4　存在的问题

前一阶段轮齿断裂失效分析虽然取得一些进展，但是有些重要的问题还没有搞清楚，例如：

① 送检的齿轮轮齿表面都有黑斑损伤的痕迹，它很可能与轮齿失效有关，详见图 2-9-24 ～图 2-9-29。但是对于出现黑斑的原因目前还一无所知，因此，要对这些黑斑进行

图 2-9-24　送检齿轮轮齿表面都有黑斑 [2]

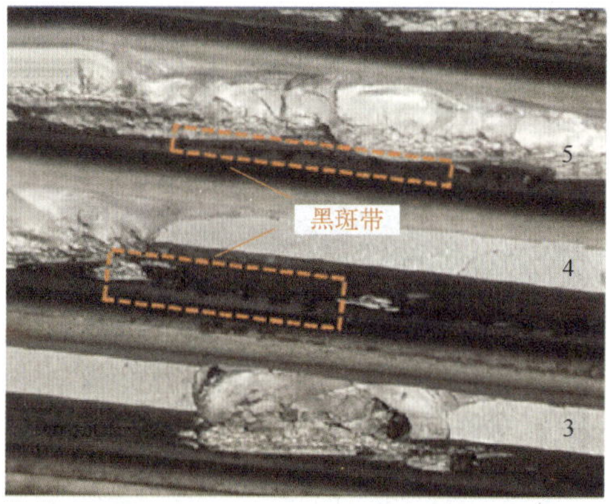



图 2-9-25　送检输出齿轮上的黑斑 [1]

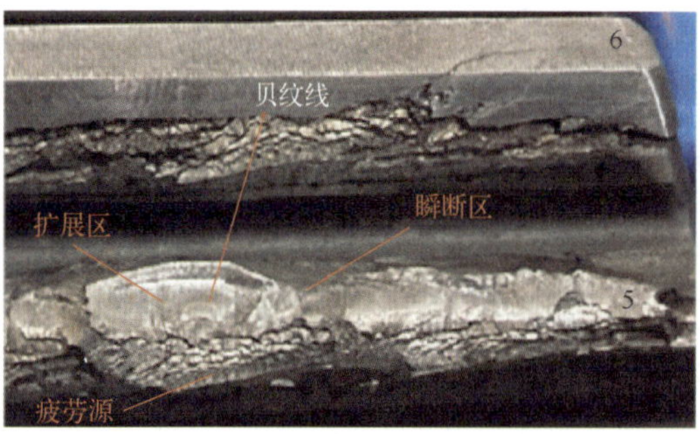



图 2-9-26　断裂轮齿上的黑斑 [1]

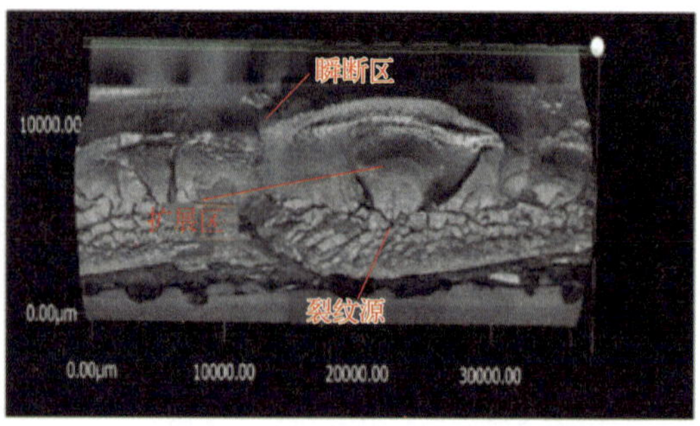



图 2-9-27　轮齿沿黑斑断裂 [1]

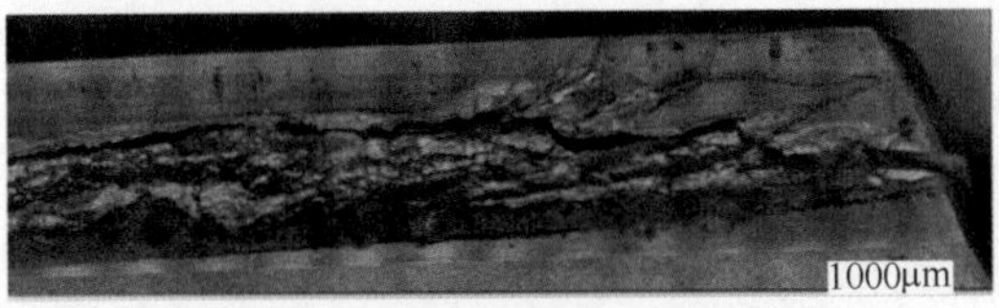


图 2-9-28　轮齿沿黑斑断裂[1]

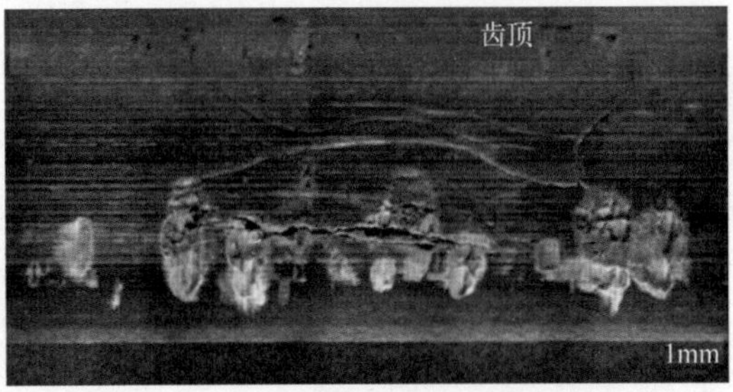


图 2-9-29　齿面裂纹起源于黑斑连线[1]

专门的电镜观察（从低倍到高倍，从边缘到中间），看看黑斑中有哪些损伤现象，并进一步揭开出现黑斑的原因。只有了解出现黑斑的原因，才能采取相应的预防措施。

② 前一阶段失效分析工作，已经查明齿面有微点蚀，但是为什么会出现微点蚀，目前还知之甚少。只有了解出现微点蚀的原因，才能采取相应的预防措施。

③ 前一阶段失效分析工作，已经查明两个案例工作齿面都有磨削烧伤。磨削烧伤使齿面硬度和齿面压应力降低，这是否是齿面产生微点蚀的原因？因此，要进一步研究磨削烧伤与微点蚀关系。

以上的《风力机输出齿轮轮齿断裂综合失效分析》，是作者一家之言，不一定都正确、全面，仅供参考。

日期：2022 年 1 月 31 日

# 【例 2-10】 风力机输出齿轮轮齿断裂失效分析存在的问题和新进展

## 问题描述

2022 年 1 月 31 日，作者发表了【例 2-9】《风力机输出齿轮轮齿断裂综合失效分析》，具体内容有 4 个方面：

① 两个案例的风力机输出齿轮都出现了微点蚀；

② 两个案例的风力机输出齿轮齿面都存在磨削烧伤；

③ 两个案例的风力机输出齿轮的失效模式都是“点 - 面 - 初始点蚀（PSO）”失效；

④ 目前还存在以下两个比较重要的问题：

a. 前一段失效分析工作，已经查明齿面有微点蚀，但是为什么会出现微点蚀，出现微点蚀的原因是什么，目前还无定论。只有了解出现微点蚀的原因，才能采取相应的预防措施。

b. 前一段失效分析工作，已经查明两个案例工作齿面都有磨削烧伤。磨削烧伤使齿面硬度和齿面压应力降低，这是否是齿面产生微点蚀的原因？

## 答复内容

作者目前的看法：对于上述两个问题，现已经在 ISO/DIS 10385-1：2021 中检索到齿面磨削烧伤与微点蚀有关的论述：“磨削烧伤可能导致后续的故障，如宏观点蚀或微点蚀，或可能导致工作区域材料的剥落。”

为了全面了解最新标准中关于齿面磨削烧伤的论述，现将 ISO/DIS 10825-1：2021 中的

8.5 节和 ISO TR-10825-2：2021 中 9.5 节“Grinding burn（temper due to grinding）”内容全部译为中文，保留原文的章节号和图号，以便于讨论和参考。

# 1 ISO/DIS 10825-1：2021 中关于磨削烧伤的论述（摘录）

## （ISO/DIS 10825-1：2021 Gears—Wear and damage to gear teeth— Terminology）

### 8.5 磨削烧伤（磨削回火）“Grinding burn (temper due to grinding)”

磨削烧伤是一种过度回火或相变的局部过热。轮齿表面出现过热的区域通常不能直接看到，但可以通过表面回火蚀刻（etch）检查或巴克豪森（Barkhausen）检验❶检测到。

关于表面回火蚀刻检查，可参见 ISO 14104，其中包括通过齿面蚀刻显示齿面磨削烧伤的轮齿图形。蚀刻后，回火区域在浅棕色或灰色背景上出现棕色或黑色。未回火马氏体形成的区域表现为白色区域，周围是黑色的回火区域，见图 93。

在某些情况下，当使用化学增强方法来改进表面时，也可以检测到过热。

磨削烧伤❷可能导致后续的故障，如宏观点蚀或微点蚀，或可能导致工作区域材料的剥落，见图 94。（此图的齿面失效形式同本例送检齿轮的齿面失效形式基本相同——译者注。）

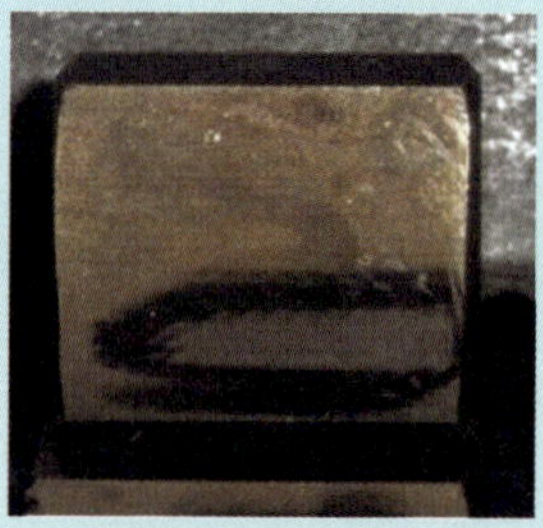

图 93　Nital 蚀刻后可见的磨削烧伤

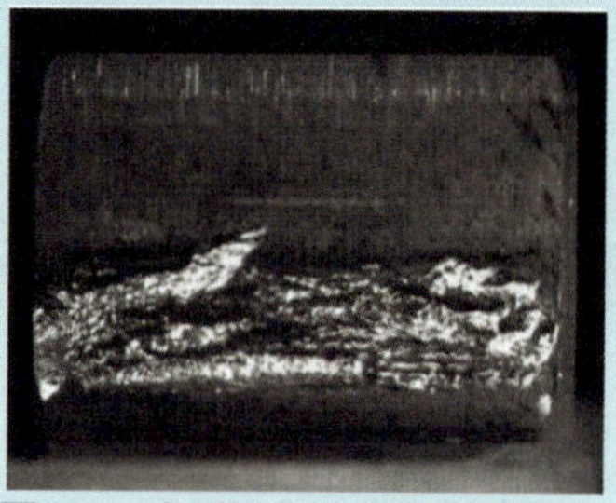

图 94　磨削烧伤造成的宏观点蚀

图 95 显示了轮齿被蚀刻以后的区域。一个很大的烧伤区域（如图中箭头 1 所指）被切片，在左齿面可以看到烧伤区域。

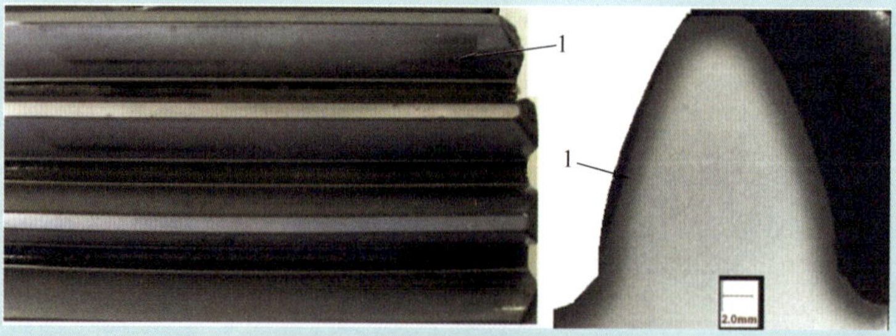


图 95　工作齿面的磨削烧伤

1—Nital（硝酸酒精）蚀刻显示的烧伤区域

❶ 巴克豪森检验是一种磁性检验方法（Magnetic Barkhausen Noise，MBN——译者注）。

❷ 磨削烧伤会导致产生磨削裂纹，见原标准 8.3 节。

# 2 ISO TR-10825-2：2021中关于磨削烧伤的论述（摘录）

## （ISO TR-10825-2：2021 Gears-Wear and damage to gear teeth-Part 2—Supplementary information）

### 9.5 磨削烧伤（磨削回火）“Grinding burn（temper due to grinding）”

必须掌握齿轮磨削技术，以免局部过热，过热能使齿面回火，见原标准 9.3 节。此外，齿轮磨削安装不当也会导致不均匀去除磨削余量和局部过热（可能是指偏磨——译者注）。磨削烧伤导致回火（表面软化）和减少压缩应力甚至出现拉伸残余应力，这两者都增加了疲劳的可能性。表面回火蚀刻检查可用于检测磨削表面的表面回火，见 ISO 14104。巴克豪森（Barkhausen）检验也可用于检测轮齿表面的表面回火。

# 3 初步结论

根据以前和上述的失效分析和大量有关的参考资料，可以得到以下结论：

① 风力机输出齿轮齿面都出现了微点蚀；
② 风力机输出齿轮齿面都存在磨削烧伤；
③ 齿面磨削烧伤是产生微点蚀的重要原因；
④ 风力机输出齿轮的失效模式都是“点 - 面 - 初始点蚀（PSO）”失效；
⑤ 风力机齿轮失效过程模式初步可用图 2-10-1 来表示。

图 2-10-1 风力机齿轮失效过程模式

## 4 未探明的问题

① 以上分析和研究侧重齿面磨削烧伤对微点蚀的影响，但是影响微点蚀的因素很多，特别是大小齿轮齿面的表面粗糙度和润滑因素，目前尚未涉足。作者认为大小齿轮齿面的表面粗糙度，应该在未接触齿面复测。小齿轮齿面表面粗糙度对大齿轮的微点蚀影响极大，因为前者的硬度大于后者。

② 送检的齿轮轮齿表面，都有过去从未见过的黑斑损伤痕迹，它很可能与微点蚀和轮齿失效有关。但是对于出现黑斑的原因目前还一无所知，因此作者建议对这些黑斑进行专门的电镜观察（从低倍到高倍，从边缘到中间），看看黑斑中有哪些损伤现象，并进一步揭示出现黑斑的原因。

【例 2-9】和本例，都是作者一家之言，仅供参考。尽快探明齿轮失效的原因并提出改进措施，这是我们共同的愿望。

日期：2022 年 2 月 17 日

# 【例 2-11】 对某风电场齿轮装置拆解及失效分析报告的几点看法

### 问题描述

近日，北方某公司发来《某风电场的风力机行星齿轮装置拆解及失效分析报告》（以下简称《失效分析报告），希望作者对《失效分析报告》的齿轮失效分析提一些看法。

### 答复内容

① 机件失效分析一般都从宏观观察开始，然后逐步深入，找到机件失效的原因，并提出预防措施。在《失效分析报告》论述的风力机齿轮传动装置的失效中，由于有三级齿轮传动多个齿轮失效，情况比较复杂，但最关键的是要找到最早断裂的那个“肇事齿”。

图 2-11-1　二级太阳轮断齿

② 在《失效分析报告》中，根据二级行星齿轮失效最为严重，认为“齿轮箱二级行星轮为本次事故的首发故障部位；二级行星轮首先出现断齿。”这个判断如果能够成立，就要找到首先断裂的那个轮齿——“肇事齿”，也就是要对二级行星轮传动的三要件——太阳轮、行星轮和内齿圈（图 2-11-1 ～图 2-11-3）上的每一个失效的轮齿进行断口的仔细观察和分析。

确定“肇事齿”以后，失效分析的重点就放在这个“肇事齿”上。寻找“肇事齿”的最好方法就是看齿根断口断裂线的弯曲程度，再加上疲劳断口贝纹线（疲劳弧线、海滩标记）的判断原则，通常就能找到那个“肇事齿”。有时，出现两个或多个断裂轮齿具有“肇事齿”

图 2-11-2　二级行星轮断齿

图 2-11-3　二级内齿圈断齿

的特征，这种情况下就要比较两个断口疲劳区的大小，一般情况下疲劳区大的是先断的，疲劳区小的是后断的（可能是打断的）。《失效分析报告》中还缺少这一重要的失效分析工作，因此报告中给出的判断还欠缺根据。

③ 找到首先断裂的那个轮齿——“肇事齿”非常重要！根据“肇事齿”的断口形貌，就可以确定轮齿是疲劳断裂还是过载断裂，是塑性断裂还是脆性断裂，是规范的轮齿断裂还是随机断裂，从而可以作为判断是设计上的问题还是使用上的问题的参考。

④ 在《失效分析报告》中，给出了二级行星轮、二级太阳轮 17CrNiMo6 的化学成分检验结果，C 和 Mn 稍不符合标准规定。作者认为这对轮齿断裂失效影响不大。

⑤ 在《失效分析报告》中，缺少齿轮内在品质检测方面的资料：齿轮的内在品质由齿轮的材料品质、锻造品质和热处理工艺品质等决定。材料的化学成分（已有数据）、非金属夹杂物、带状组织、晶粒度、轮齿表面硬度和心部硬度、轮齿表面脱碳层和内氧化、有效硬化层深度至表面硬度降和至心部硬度降、碳化物级别、残余奥氏体、表面非马氏体组织、心部显微组织等，对硬齿面齿轮来说，这些检测非常重要。因为很可能是其中的某项指标（例如：金属夹杂物、碳化物级别、有效硬化层深度等）存在问题而导致轮齿的断裂。

⑥ 作者曾经分析过十多台风力机齿轮箱的齿轮失效案例，其中有多台是齿面有磨削烧伤、磨削裂纹引起的轮齿失效。磨削烧伤可能导致后续的故障，例如宏观点蚀或微点蚀，或可能导致工作区域材料的剥落（点 - 面 - 初始点蚀），直到引起轮齿的随机断裂。在《失效分析报告》中应该注意这方面的问题。

⑦ 在《失效分析报告》中认为：“二级行星轮存在碳化物超级不合格的可能。”但因为没有碳化物级别的测定，因此判断缺乏实质性的根据。

⑧ 从图 2-11-1 的二级太阳轮断齿形貌来看，齿轮存在比较严重的偏载，因为断齿都发生在齿宽的一端（下端），另一端齿面接触痕迹轻微。

⑨ 修改《失效分析报告》时，建议参阅参考文献 [1] 189 ～ 196 页和 205 ～ 216 页。

## 参考文献

[1]　朱孝禄，胡炜 . 机械传动装置基础件失效分析 [M]. 北京：化学工业出版社，2022.

日期：2022 年 6 月 16 日

# 【例 2-12】 关于长齿与标准齿的配对啮合问题

## 问题描述

某公司发来用于风力机增速箱上的大小齿轮图纸。在图纸中可见齿轮的参数：大小齿轮都是齿顶高系数 $h_a^*$=1.2 的长齿，但是由于工艺安排上出现错误，小齿轮加工成 $h_a^*$=1 的标准齿轮。这种 $h_a^*$=1.2 的长齿同 $h_a^*$=1 的标准齿轮配对啮合有什么问题？是否可以修大齿轮齿顶，使 $h_a^*$=1？

已知大小齿轮的材料为 18CrNiMo7-6，渗碳淬火处理。小齿轮单件制造。高速轴转速 $n$=1500r/min。

## 答复内容

## 1 长齿齿轮的优缺点

原图纸的大小齿轮是长齿齿轮，其齿顶高系数 $h_a^*$=1.2。

（1）长齿齿轮的优点

① 通常长齿齿轮副都将重合度设计成大于 2，因此运转要比 $h_a^*$=1 的标准齿轮副平稳。

② 齿轮的齿高增大，轮齿的刚度减小，可以减小齿轮噪声。

③ 理论计算和试验研究结果都表明，长齿齿轮的齿根强度和齿面强度都比标准齿轮大，所以当今采用长齿齿轮是一种趋势。

风力机可能就是考虑上述优点而采用长齿齿轮的。

（2）长齿齿轮的缺点

① 齿面滑动速度增加，容易发生胶合，因此要求有优良的润滑剂和可靠的润滑方法。

② 齿轮切削可能增加了根切的风险，因此要求优化齿轮的几何参数，避免根切。

③ 齿顶容易变尖，同样要求优化齿轮的几何参数，避免齿顶变尖。

## 2 长齿与标准齿的齿轮配对啮合存在的问题

### 2.1 长齿齿轮配对啮合

两个长齿的齿轮配对啮合示意图见图 2-12-1，这对齿轮具有相同的齿顶间隙 $c$，并具有

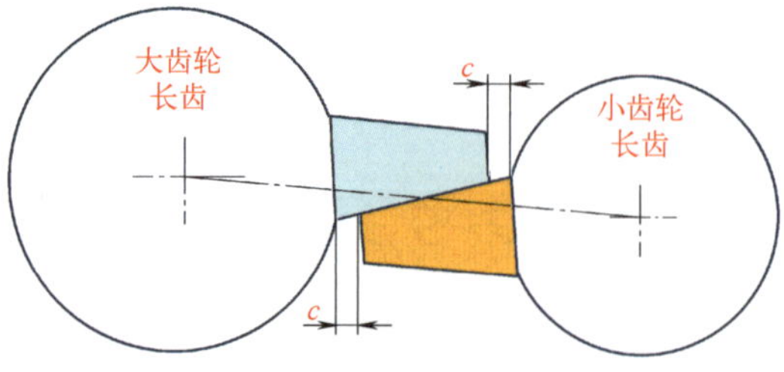


图 2-12-1　两个长齿齿轮的啮合示意图

上述长齿齿轮配对啮合的所有优点。

## 2.2 长齿与标准齿的齿轮配对啮合

在中心距不变的条件下，一个长齿（$h_a^*$=1.2）和一个标准齿（$h_a^*$=1）齿轮配对啮合示意图见图 2-12-2。从图中可见，齿轮副具有不相同的齿顶间隙 $c$ 和 $c_1$。

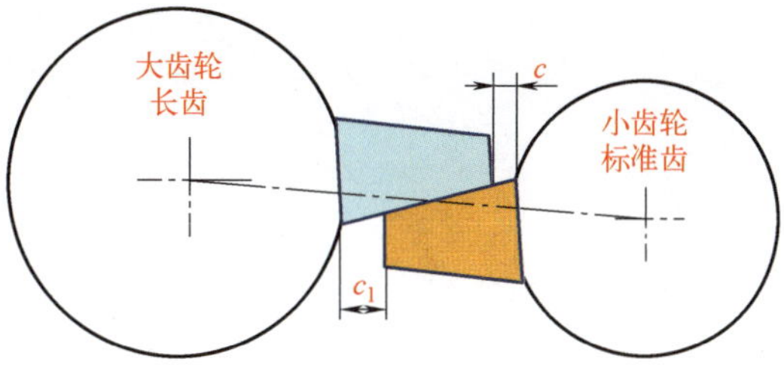


图 2-12-2　长齿与标准齿的齿轮配对啮合示意图

这种非正常的配对啮合存在以下的问题：

① 虽然中心距不变，长齿、标准齿的齿轮可以正常啮合，但是前面提到长齿啮合的所有优点都没有了，运转平稳性降低，噪声增大。

② 由于齿顶间隙 $c_1$ 大于 $c$，大齿轮的力臂加长，其弯曲强度将降低。

③ 由于重合度减小，齿面接触强度也降低。

④ 如果切去大齿轮的部分齿顶，大小齿轮的弯曲强度都要降低。

⑤ 如果切去渗碳淬火齿轮的部分齿顶，使齿顶部位的残余压应力分布错乱，无法保证齿轮的强度。

# 3 结论

对于风力机这种要求齿轮寿命达 20 或 30 年的设备：

① 长齿与标准齿配对啮合的齿轮副不可采用。

② 将大齿轮的 $h_a^*$=1.2 改为 $h_a^*$=1 也不可采用。

③ 报废小齿轮，重新制造是上策。

日期：2023 年 11 月 28 日

# 第3章 锥齿轮

## 【例 3-1】 对机车弧齿锥齿轮失效分析的意见

**问题描述**

南方某大学两位教授发来高速列车弧齿锥齿轮失效的全套资料，征求作者对此案例失效分析实施方案的意见。

**答复内容**

作者没有看到机车弧齿锥齿轮轮齿损伤和断裂的实物，以下看法和分析是根据两位教授发来的失效齿轮照片和资料得出的，仅供参考。

## 1 齿轮轮齿损伤和断口的宏观观察

### 1.1 断口的宏观观察

① 大齿轮齿面剥落如图 3-1-1 所示。从齿面剥落区可见：接触区比较正常，但偏小，造成载荷集中。正常的接触区应如图 3-1-2 和图 3-1-19 所示。

图 3-1-1 大齿轮凸齿面剥落

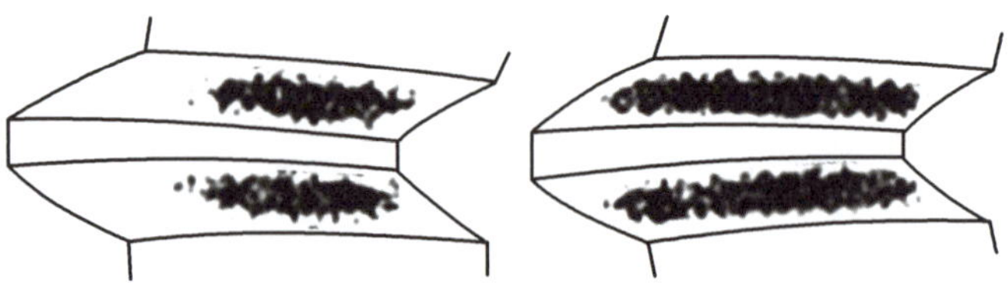

(a) 空载时 (b) 满载时

图 3-1-2 弧齿锥齿轮的正常接触区

比较图 3-1-2（a）、（b）可见两者的差别。图 3-1-3 也有类似的情况。

② 弧齿锥齿轮轮齿根部出现连续的点蚀带如图 3-1-4、图 3-1-5 所示。这是一种典型的轮齿啮入冲击造成的齿面损伤现象。其原因是：a. 超载造成轮齿弯曲变形过大而使齿根干涉；b. 可能齿廓修形不足。

图 3-1-6 可说明这种点蚀现象产生的原因。图中 $f$ 和 $f'$ 分别为轮齿 2 和轮齿 2′ 啮合时产生的变形，这时主动轮 3 齿的齿根部位将出现干涉点 $E_1$，从而产生啮合冲击（entry shock）。严重时就会出现图 3-1-7 所示的点蚀现象。

图 3-1-3　小齿轮凹齿面剥落

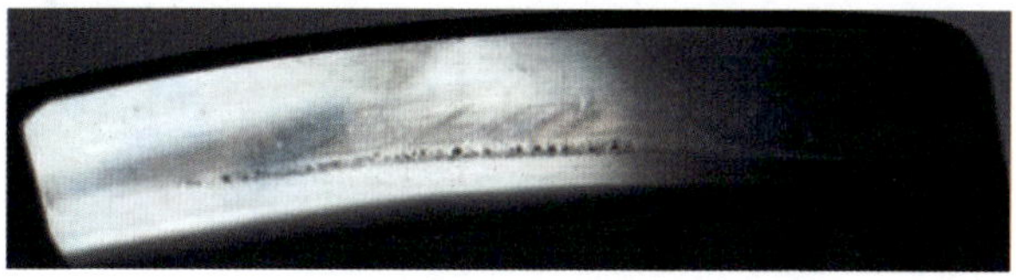

图 3-1-4　轮齿根部出现连续的点蚀带（一）

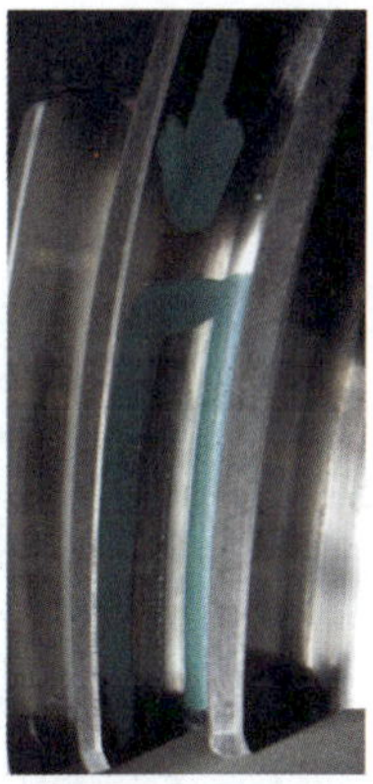

图 3-1-5　轮齿根部出现连续的点蚀带（二）

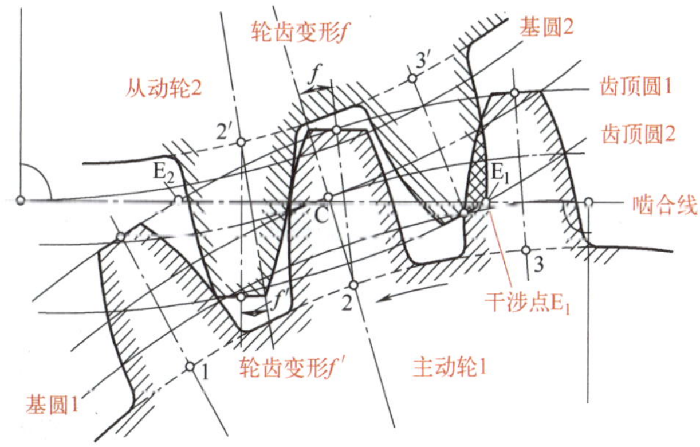


图 3-1-6　齿轮的啮入冲击现象

③ 齿根部位啮合冲击严重时，其点蚀、剥落带伸展并加深，在根部形成严重的应力集中，最后可能引发轮齿的随机断裂（说明见下面），如图 3-1-7 所示。轮齿疲劳断裂断口的形貌见图 3-1-8。

④ 图 3-1-9 所示的锥齿轮齿面损坏有：超载造成的齿面压碎（即 GB/T 3481—1997 中的“表层压碎” case crushing）和啮入冲击造成的齿根部位干涉损伤带；很明显，齿面有较大的超载。

⑤ 小锥齿轮严重偏载的齿面损坏如图 3-1-10 所示。满载时正常的接触区如图 3-1-2（a）所示，绝不容许接触区跑出齿端（图 3-1-10、图 3-1-11）。很明显，安装时齿轮的接触区没有调整好。

图 3-1-7　轮齿疲劳断裂

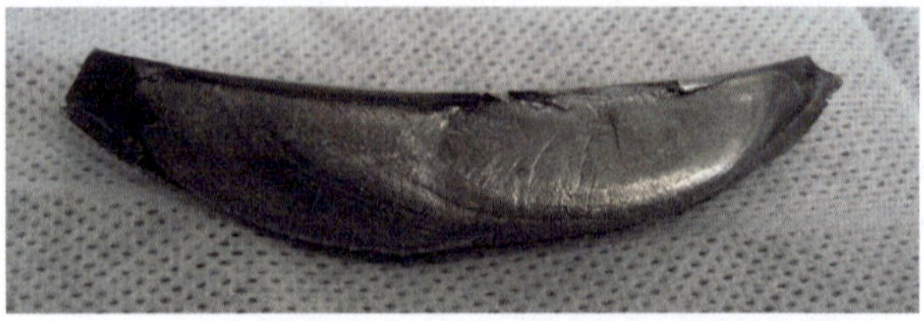
图 3-1-8　轮齿疲劳断裂断口的形貌

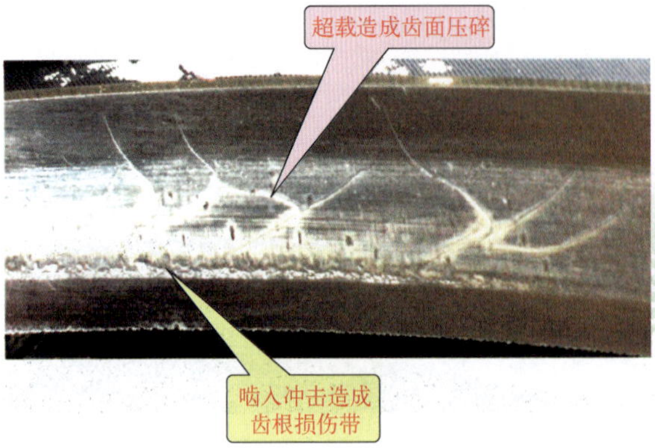

图 3-1-9　锥齿轮齿面的损坏

图 3-1-10　小锥齿轮齿面的偏载损坏

⑥ 图 3-1-12 是锥齿轮齿面严重剥落损坏的形貌，同图 3-1-1 和图 3-1-3 的情况基本相同，只是剥落更为严重。剥落面积大，深度更深，造成轮齿腰部严重的应力集中，在一定的应力循环次数下，就会引发轮齿的随机断裂。

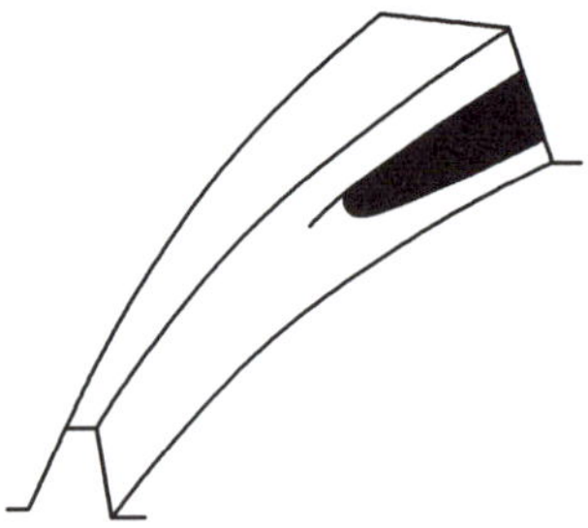
图 3-1-11　接触区跑出齿端示意图

图 3-1-12　锥齿轮齿面的严重剥落损坏

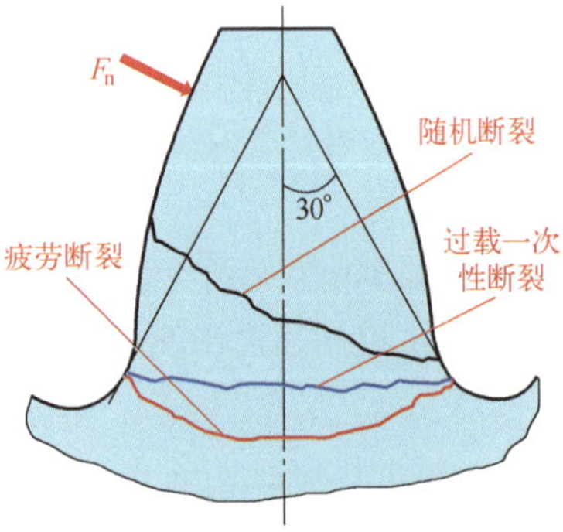

图 3-1-13　齿轮轮齿的三种断裂模式

轮齿随机断裂是指断口不在轮齿根部 30° 切线切点附近的断裂，其疲劳源在轮齿的腰部或以下部位，如图 3-1-13 所示。也就是说，如果齿面不发生严重的点蚀或剥落，这种轮齿随机断裂就不会发生。齿轮轮齿还可能发生过载一次性断裂（瞬断、静断）和疲劳断裂，其端面断口线如图 3-1-13 所示，前者断口线平直，后者断口线弯曲。

⑦ 机车齿轮齿面出现的胶合如图 3-1-14 和图 3-1-15 所示。由于弧齿锥齿轮齿面的滑动速度较大，当润滑不良或载荷过大时会发生齿面划伤，甚至严重胶合

（图 3-1-15）。因此，对于弧齿锥齿轮来说，进行抗胶合承载能力计算是不可或缺的。胶合的计算方法见参考文献 [8] 或 [1]。

图 3-1-14　机车齿轮齿面胶合（一）

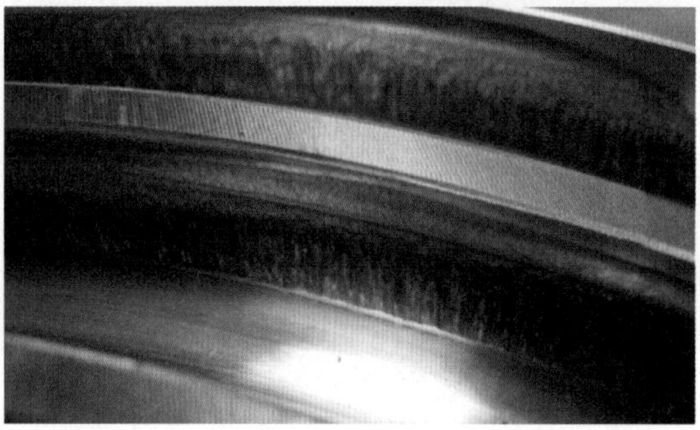

图 3-1-15　机车齿轮齿面胶合（二）

## 1.2　断口的宏观观察小结

① 有的轮齿接触区比较正常，但偏小，造成载荷集中，如图 3-1-1、图 3-1-3 和图 3-1-11 所示。

② 有的锥齿轮严重偏载，使满载接触区跑出齿端（图 3-1-9）。这是安装时齿轮的接触区没有调整好的结果。

③ 有的锥齿轮轮齿根部出现连续的点蚀带（图 3-1-4、图 3-1-5、图 3-1-8）。这是一种典型的轮齿啮入冲击造成的齿面损伤现象。其原因可能是：超载造成轮齿弯曲变形过大（出现齿根干涉）；齿廓修形不足。

④ 有的齿轮齿面剥落面积大，深度深，造成轮齿腰部严重的应力集中，从而引发轮齿的随机断裂（图 3-1-13）。只要避免齿面的剥落，这种断裂就不会发生。

⑤ 在润滑不良或载荷过大时，弧齿锥齿轮发生齿面划伤，甚至严重胶合的可能性很大。因此，进行齿轮抗胶合承载能力计算是不可或缺的。

# 2　机车齿轮的承载能力计算

## 2.1　承载能力计算的内容和注意事项

下列三方面的内容决定齿轮承载能力计算的有效程度：

① 齿轮运转载荷取定的准确程度；

② 齿轮承载能力计算方法的选定和计算正确与否；

③ 齿轮材料的极限应力的选定是否合理。

作者未做过机车弧齿锥齿轮承载能力计算，以下看法是根据两位教授发来弧齿锥齿轮承载能力计算书和有关资料得出的。

① 该计算书选用参考文献 [1] 中的弧齿锥齿轮承载能力的计算方法。该方法就是我国 GB/T 10062—2003 的计算方法，也是国际标准化组织 ISO 10300：2001 的计算方法。它吸纳了美国格利森公司计算方法的大部分合理内容，并得到国际的认同，计算方法有权威性。因此，计算书计算方法的选定是合理、可靠的。但是，要注意：GB/T 10062—2003 中的弯曲强

度计算方法有B1法（一般法）和B2法（AGMA法、格利森法），多次计算结果表明，B1法与B2法综合计算出的结果相差20%～25%。B2法采用更多的简化，因此较保守。

② 齿轮材料极限应力选定：取接触疲劳极限$\sigma_{Hlim}$=1500MPa；取弯曲疲劳极限$\sigma_{Flim}$=500MPa。对于合金钢渗碳淬火齿轮，此数据接近MQ级制造水平的取值，取值是合理的。但是，有一个重要问题不能忽视：GB/T 10062—2003计算方法的弯曲疲劳极限$\sigma_{Flim}$=500MPa查取自GB/T 3480—1997。该标准规定$\sigma_{Flim}$=500MPa只适用于轮齿单向弯曲的受载情况；对于对称双向弯曲的齿轮（如中间轮、行星轮），应将查得的$\sigma_{Flim}$值乘以系数0.7；对于双向运转工作的齿轮，其$\sigma_{Flim}$值所乘的系数可稍大于0.7。因此，如果机车齿轮是双向运转的，在齿轮承载能力计算中，其$\sigma_{Flim}$值（500MPa）应乘以稍大于0.7的系数，其结果将减小齿根弯曲强度安全系数$S_F$值。

③ 齿轮设计寿命的取定：文件规定弧齿锥齿轮的设计寿命为30年，如果齿轮是双向运转（两齿面工作）的，每一齿面的设计寿命就不会是30年。这影响寿命系数的取值。

④ 弧齿锥齿轮承载能力计算结果：齿面接触强度安全系数$S_H$=0.8703；齿根弯曲强度安全系数$S_F$=0.7693～0.7947，均小于1。

问题在何处？问题可能是计算转矩$T$的取用不合理。

在计算书中，采用牵引最大转矩$T$=5513N•m作为齿轮承载能力计算转矩进行计算，显然这是不合理的。因为机车在整个服役期间（寿命30年），其运行转矩是变化的。某种机车经过实测，一定可以得到机车实际运行的载荷谱，然后采用GB/T 3480.6—20××的计算方法或ISO 6336-6：2006的计算方法[4]进行计算。其计算用的当量转矩$T_{eq}$要比牵引最大转矩$T$=5513N•m小很多。某实例（非机车齿轮）示意图如图3-1-16所示。具体的计算方法见ISO 6336-6：2006或GB/T 3480.6—20××。

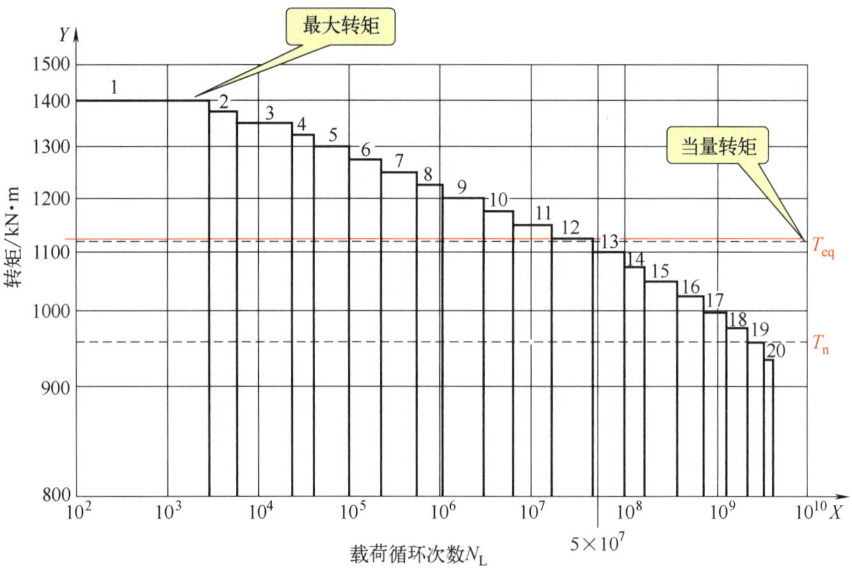


图3-1-16 载荷图谱实例示意图

在汽车齿轮传动的承载能力的计算和寿命试验中，早就采用了这种方法。例如，IVECO载货汽车传动系的道路载荷（转矩）-时间信号（局部）如图3-1-17所示，经过数据处理就可得到表3-1-1所示的IVECO40.10货车传动系统路谱（1000km），据此就可以进行传动系统的承载能力计算和程序加载寿命试验了。笔者的多次计算经验表明：如果采用最大转矩来计算汽车齿轮的承载能力，几乎 100% 齿轮的安全系数均小于 1。因此，机车齿轮也不能取用最大转矩来计算齿轮的承载能力，而应该采用参考文献 [3]、[4] 的方法。

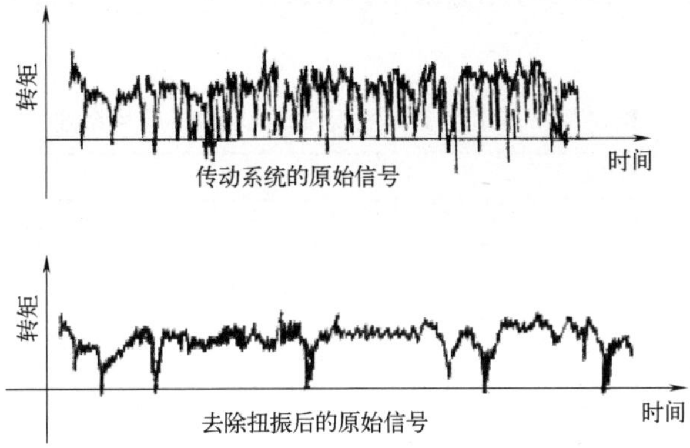


图 3-1-17　IVECO 载货汽车传动系的道路载荷（转矩）- 时间信号

表 3-1-1　IVECO40.10 货车传动系统路谱（1000km）　km

| 路面 / 输入转矩 /N·m | 高速公路 | 起伏沥青路 | 山区公路 | 城市道路 | 累计 |
|---|---|---|---|---|---|
| −210 ～ −180 | 0 | — | — | — | — |
| −180 ～ −150 | 0 | — | 0.12 | — | 0.12 |
| −150 ～ −120 | 0 | 0.9 | 0.75 | 0.6 | 2.37 |
| −120 ～ −90 | 0.2 | 3.15 | 8.4 | 0.78 | 12.5 |
| −90 ～ −60 | 4 | 21.15 | 59.4 | 8.4 | 93 |
| −60 ～ −30 | 2.3 | 92.25 | 57.3 | 35.2 | 188 |
| −30 ～ 0 | 0.6 | 29.25 | 9.18 | 22.8 | 61.8 |
| 0 ～ 30 | 1.7 | 34.2 | 9.03 | 26.4 | 71.3 |
| 30 ～ 60 | 2.3 | 45.9 | 9 | 15.8 | 73 |
| 60 ～ 90 | 2.9 | 39.6 | 9.09 | 16.4 | 68 |
| 90 ～ 120 | 5.1 | 36.9 | 15.3 | 17.1 | 74.4 |
| 120 ～ 150 | 9.5 | 28.8 | 48.9 | 16.4 | 104 |
| 150 ～ 180 | 15.7 | 57.6 | 63 | 2.3 | 159 |
| 180 ～ 210 | 4.7 | 62.1 | 2.4 | 14.8 | 84 |
| 210 ～ 240 | 0.045 | 1.8 | 0.45 | 1.2 | 3.5 |
| 240 ～ 270 | 0.02 | 0.45 | 0.18 | 0.2 | 0.85 |
| 270 ～ 300 | 0.004 | — | 0.10 | — | 0.1 |
| 330 ～ 360 | — | — | 0.03 | — | 0.03 |

再举一例：某 1.5MW 风电齿轮箱，已知名义输出转矩 $T$=932.43kN·m，按给定的载荷谱计算当量转矩 $T_{eq}$ 和使用系数 $K_A$，结果列于表 3-1-2。从表中的数据可见，齿轮不同热处理和不同强度计算的使用系数 $K_A$ 均小于 1。因此，如果按名义输出转矩 $T$=932.43kN·m，并取大于 1 的 $K_A$ 来计算齿轮的安全系数，其值肯定小于 1；只有按给定载荷谱采用

GB/T 3480.6—20×× 的计算方法 [3] 或 ISO 6336-6：2006 的计算方法进行计算，才是合理可行的。

弧齿锥齿轮承载能力计算中，采用最大转矩 $T$=5513N·m 作为计算转矩，并取 $K_A$=1.4 来计算齿轮的安全系数，其结果安全系数小于 1 就可以理解了。这种情况并不一定表明齿轮的强度不足。

**表 3-1-2　齿轮按给定载荷谱计算得到的使用系数**

| 齿轮热处理种类和强度 | | $K_A$ | $T_{eq}$ / kN·m |
|---|---|---|---|
| 渗碳淬火 | 接触 | 0.78 | 725.26 |
| | 弯曲 | 0.81 | 753.98 |
| 渗氮 | 接触 | 0.76 | 709.63 |
| | 弯曲 | 0.89 | 827.37 |

⑤ 弧齿锥齿轮齿面的滑动速度较大，在润滑不良或载荷过大时齿面容易产生胶合（图 3-1-15）。因此，对于弧齿锥齿轮来说，进行齿面抗胶合承载能力计算是不可缺的。胶合的计算方法见参考文献 [8] 或 [1]。

## 2.2　承载能力计算的小结

① 齿轮承载能力计算方法选用 GB/T 10062—2003 的方法是合理、恰当的，但要注意计算齿根应力基本值 $\sigma_{F0}$ 用 B1 法和 B2 法的差别。

② 取接触疲劳极限 $\sigma_{Hlim}$=1500MPa；取弯曲疲劳极限 $\sigma_{Flim}$=500MPa。对于合金钢渗碳淬火齿轮，此数据接近 MQ 级制造水平的取值，取值是合理的。但是，如果机车齿轮是双向运转的话，其 $\sigma_{Flim}$ 值（500MPa）应乘以稍大于 0.7 的系数，其结果是将会减小齿根弯曲强度安全系数 $S_F$ 值。

③ 文件规定弧齿锥齿轮的设计寿命为 30 年，如果齿轮是双向运转（两齿面工作）的，每一齿面的设计寿命就不会是 30 年。齿轮设计寿命的取定影响寿命系数的取值。

④ 采用最大转矩 5513N·m 而没有用载荷谱来计算机车齿轮的承载能力，可能是齿面接触强度安全系数 $S_H$ 和齿根弯曲强度安全系数 $S_F$ 均小于 1 的主要原因。

⑤ 弧齿锥齿轮齿面滑动大，进行齿面抗胶合承载能力计算是不可或缺的。这也是判断齿轮润滑条件好坏的主要根据。

# 3　机车齿轮的超载问题

原设计的弧齿锥齿轮是在机车最高车速 200km/h 条件下运转的，现车速提高到 250km/h，机车前行时的迎面空气阻力将会增加很多。可采用参考文献 [5]696 的公式来计算机车前进时的空气阻力：

$$F_W=c\rho Fv^2/(20\times3.6^2)$$

式中　$F_W$——空气阻力，N；

$c$——空气阻力系数，与机车形状有关，一般取 $c$=0.35 ～ 0.80；

$\rho$——空气密度，一般取 $\rho$=1.25N·s²/m⁴；

$F$——机车正面投影面积，m²；

$v$——车速，km/h。

机车原设计车速 $v_0$=200km/h；提速后的车速 $v$=250km/h。如果其他参数都相同，用系数 A 替代，则

机车原设计车速下的空气阻力　$F_{W0}=A\times v_0^2=A\times 200^2$ N

机车提速后车速下的空气阻力　$F_W=A\times v^2=A\times 250^2$ N

可得提速后因空气阻力增加的超载系数

$$G=F_W/F_{W0}=A\times 250^2/A\times 200^2=1.5625$$

可见空气阻力增加了 56.25%。这是相当可观的超载，必然会影响传动齿轮的强度。其他车速下的超载系数见表 3-1-3。

**表 3-1-3　不同车速 $v$ 下的超载系数 $G$**

| $v$/（km/h） | 210 | 220 | 230 | 240 | 250 | 260 |
|---|---|---|---|---|---|---|
| $G$ | 1.1025 | 1.21 | 1.3225 | 1.44 | 1.5625 | 1.69 |

小结：车速 $v$ 增加，空气阻力按 $v^2$ 增加，会出现可观的超载，这可能是使传动齿轮轮齿出现过载失效的主要原因之一。

# 4　弧齿锥齿轮齿面接触区的调整

一对弧齿锥齿轮在正常啮合条件下，齿面实际接触的部分通常称为接触区。由于齿面接触区的形状、大小和位置对齿轮的平稳运转、使用寿命和噪声有直接的影响，因此齿面接触区是衡量齿轮啮合质量的重要标志。

接触区的检查和调整可在两种不同场合下进行：一种是在齿轮制造厂内的检验机上进行操作；另一种是在现场使用的齿轮箱内进行操作。其目的都是得到理想的齿面啮合接触区。

锥齿轮齿面接触的术语可查阅 GB/T 10062.1-3—2003[3]。

在齿轮制造厂内的检验机上进行接触区的检查和调整，是技术性很强、不可或缺的工艺过程，详见参考文献 [6]。

在现场使用的齿轮箱内安装时进行接触区的检查和调整也是一项比较细致的工作，有了正确的啮合区才能延长齿轮的寿命。

GB/T 10062.1-3—2003[3] 给出了齿轮齿面不同的接触情况：齿轮受载下的齿面理想的接触如图 3-1-18 所示；齿轮受载下的齿面不良接触如图 3-1-19 所示。

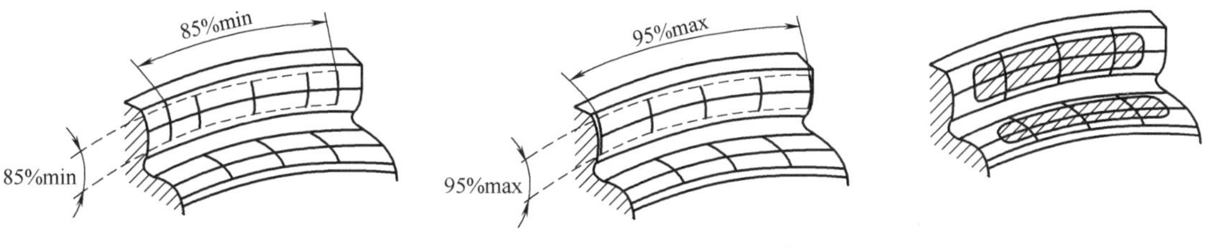


(a) 设计载荷下的接触　　(b) 理想接触区80%～85%(齿长)，齿顶端修形，无偏载

图 3-1-18　典型的受载下的理想接触

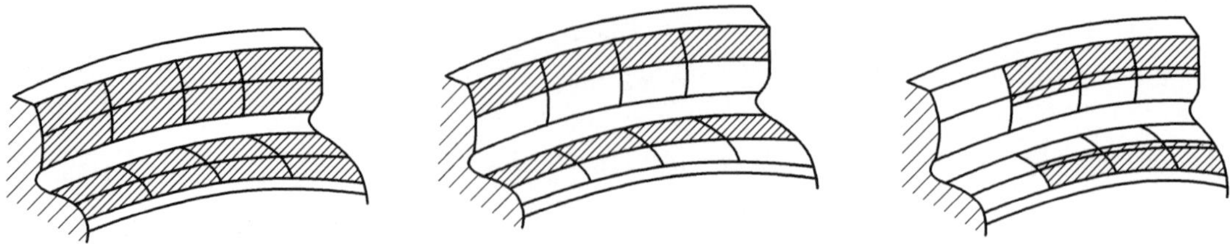

(a) 全齿宽、全齿高接触、齿顶齿端无修形　　(b) 坡形接触(一侧高，另一侧低)　　(c) 大端齿接触偏高

图 3-1-19　典型的受载下的不良接触

弧齿锥齿轮安装时进行接触区检查和调整的方法见参考文献 [6]。

有关曲齿锥齿轮接触区检查和调整的更详细的资料，见参考文献 [1]355—357 和参考文献 [6] 第 6 章。

# 5 机车齿轮内在品质的检验

最新颁布的国家标准 GB/T 3480.5—2008[9]（等效采用 ISO 6336-5；替代 GB/T 8539—2000[10]）详细规定了齿轮的内在品质——材料和热处理的质量，因此机车齿轮的内在品质可按此标准的 MQ 级进行检验。对于渗碳淬火的机车齿轮，其 14 项检验项目见 GB/T 3480.5—2008 的表 5。

14 项检验项目的详细说明和规定见 GB/T 3480.5—2008[9]。特别要注意的是：

① 要求检验的是有效硬化层深度 $Eht_{H\,opt}$（按 GB/T9450 检验），而不是表 3-1-4 所列的渗层深度。齿面接触强度推荐的有效硬化层深度可用下式计算：

$$Eht_{H\,opt}=0.083m_n+0.67\text{mm}$$

对于弧齿锥齿轮，$m_n$=9.2mm，则

$Eht_{H\,opt}=0.083m_n+0.67=0.083\times9.2+0.67=1.434$mm。

表 3-1-4　齿轮组织分析结果

| 样品号 | 渗层深度 /mm | 渗层组织 | 心部硬度 |
|---|---|---|---|
| 294 | 1.50 | 针状马氏体<br>碳化物 0 级<br>残余奥氏体 1 级 | 41 HRC |
| 281 | 1.40 | 针状马氏体<br>碳化物 0 级<br>残余奥氏体 3 级 | 42 HRC |

注：此表摘自委托方的《齿轮失效分析第一阶段工作汇报》。

② 至表面硬度降（在有效硬化层深度范围内，次层最高硬度与表面硬度之差）的检验应做出类似图 3-1-20 所示的硬度（在齿根未磨削的部位测量）分布曲线，此曲线也是确定有效硬化层深度（有效渗层深度）的根据。

③ 在测量轮齿心部硬度时，要注意测量点的位置。推荐测量的位置是：齿宽中部齿根 30°切线切点的法线上（图 3-1-21），深度 $d$=5 倍硬化层深，但不小于 1 倍模数。

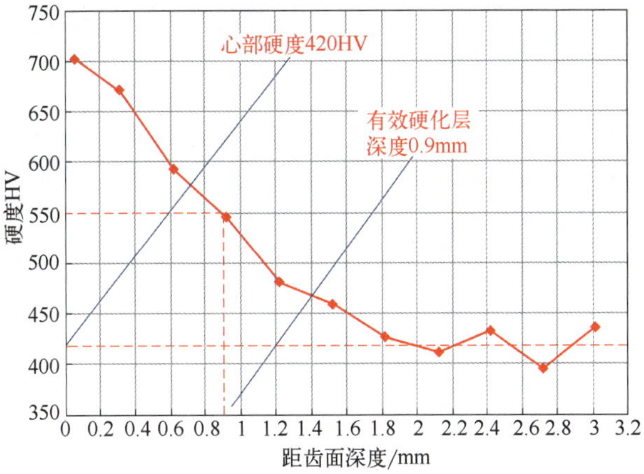


图 3-1-20　轮齿根部断裂部位硬度分布曲线

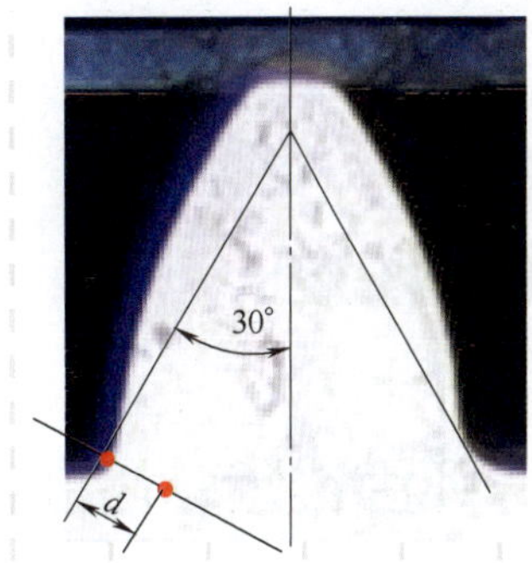


图 3-1-21　轮齿心部硬度测量点的位置

小结：

① 机车齿轮内在品质要按国家标准 GB/T 3480.5—2008[9] 规定的项目进行检验。

② 要严格区分有效硬化层深度 $Eht_{H\ opt}$ 和渗层深度，齿轮工作图纸上标注的一般都是成品的有效硬化层深度。

③ 为了确定至表面硬度降和有效硬化层深度（有效渗层深度），应在齿根部位取样，做出轮齿的硬度分布曲线，此曲线特别重要。

④ 在测量轮齿心部硬度时，要注意测量点的位置。

## 参考文献

[1]　朱孝录 . 齿轮传动设计手册（第二版）[M]. 北京：化学工业出版社，2010.

[2]　GB/T 10062.1-3—2003 锥齿轮承载能力计算方法 [S]. 北京：中国标准出版社，2003.

[3]　GB/T 3480.6—20×× 直齿和斜齿承载能力计算方法 第 6 部分：变载荷条件下的使用寿命计算 [S].

[4]　ISO 6336-6：2006 Calculation of load capacity of spur and helical gears—Part 6：Calculation of service life under variable load[S].2006.

[5]　机械工程手册编辑委员会编 . 机械工程手册 第 12 卷 机械产品（二）[M]. 北京：机械工业出版社 .1982.

[6]　北京齿轮厂编 . 螺旋锥齿轮 [M]. 北京：科学出版社，1974.

[7]　GB/T 3480—1997 渐开线圆柱齿轮承载能力计算方法 [S]. 北京：中国标准出版社，1997.

[8]　GB/Z 6413.1-2—2003 圆柱齿轮、锥齿轮和准双曲面齿轮胶合承载能力计算方法 [S] . 北京：中国标准出版社，2003.

[9]　GB/T 3480.5—2008 直齿轮和斜齿轮承载能力计算　第 5 部分：材料的强度和质量 [S]. 北京：中国标准出版社，2008.

[10]　GB/T 8539—2000 齿轮材料及热处理质量检验的一般规定 [S]. 北京：中国标准出版社，2000.

[11]　刘殷 . 风电齿轮箱设计计算中的材料热处理影响因素分析 [J]. 机械传动 .2010：34（6）.

日期：2010 年 7 月 7 日

## 【例 3-2】 对航空用弧齿锥齿轮齿面损伤的几点看法

### 问题描述

某单位某机主减速机验收试车后，发现输入级锥齿轮振动量级为 2.3g，右侧为 6g，均超标。分解发现主减速机左、右输入级锥齿轮齿面上出现重度接触损伤。问这是何种损伤，以及发生的原因和改进措施。

### 答复内容

## 1 弧齿锥齿轮齿面损伤宏观观察

① 小齿轮齿面宏观形貌如图 3-2-1 所示，其齿面损伤部分的尺寸如图 3-2-2 所示。

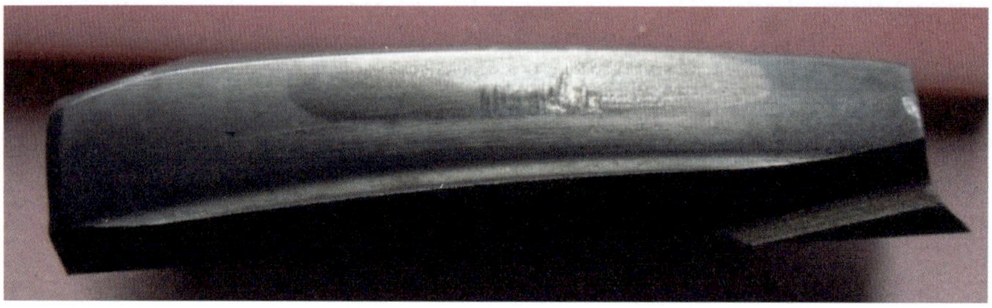

图 3-2-1 小齿轮齿面宏观形貌

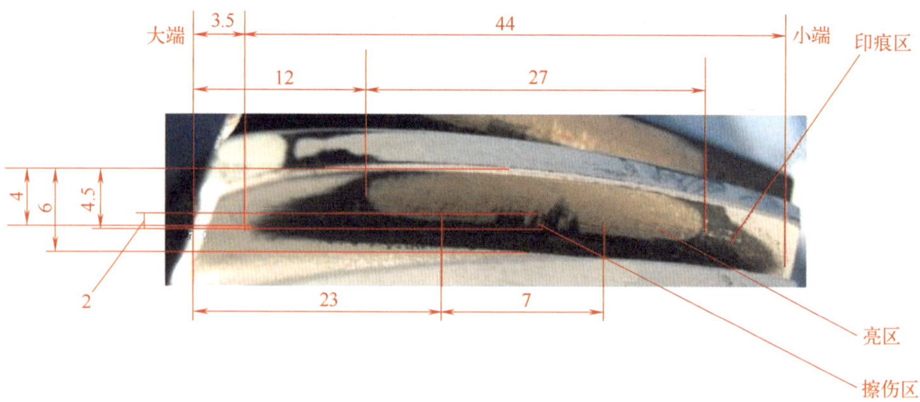


图 3-2-2 小齿轮齿面损伤部分的尺寸

② 大齿轮齿面宏观形貌如图 3-2-3 所示，其齿面损伤部分的尺寸如图 3-2-4 所示。

③ 从图 3-2-1 ～图 3-2-4 可见，齿面啮合工作部分可分为三个区域：印痕区、亮区和擦伤区。

印痕区——参加啮合工作的区域，但实际上接触应力不大，有完整的油膜，因此齿面没有明显磨损的痕迹。

图 3-2-3　大齿轮齿面宏观形貌

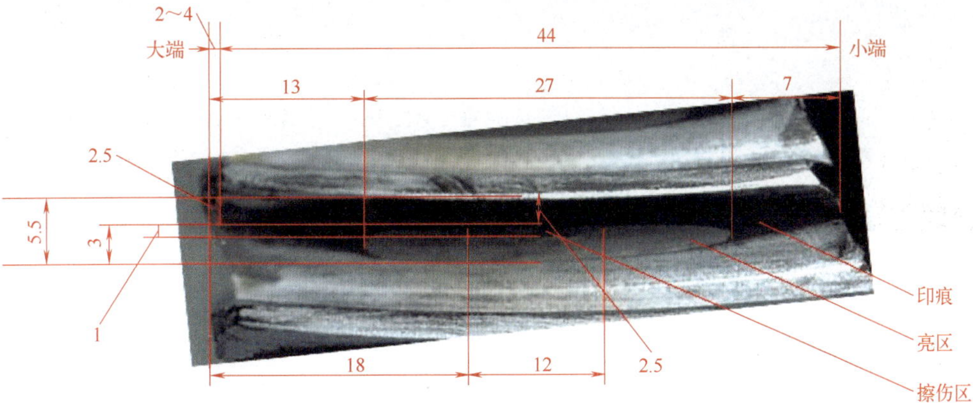


图 3-2-4　大齿轮齿面损伤部分的尺寸

亮区——主要参加啮合工作的区域，实际接触应力较大，但没有超过破坏油膜的极限，油膜处于临界状态（边界摩擦状态），因此齿面出现磨损的亮带。由于接触应力较大，试验运转的应力循环次数较多时，就会在齿亮带区出现成片的微点蚀，如图 3-2-5、图 3-2-6 所示。图 3-2-5、图 3-2-6 的形貌看起来有点不同，这是大小齿轮应力循环次数不同和大小齿轮的硬度有一些差别的缘故。

(a) 50×　　(b) 200×

图 3-2-5　小齿轮亮带区中的微点蚀

擦伤区——局部轻微胶合区域。该区接触应力很大，油膜破裂，大小齿轮齿面金属直接接触，造成齿面的擦伤、胶合。胶合是相啮合齿面的金属，在一定的压力下直接接触发生黏着，同时随着齿面的相对运动，使金属从齿面上撕落而引起的一种黏着磨损现象。胶合可分为轻微胶合、中等胶合和破坏性胶合 3 种。上述的大小齿轮属于轻微胶合，但胶合继续发展可能成为破坏性胶合。

(a) 22×　　(b) 300×

图 3-2-6　大齿轮亮带区中的微点蚀

## 2 大小齿轮齿面接触区存在的问题

① 大、小齿轮齿面参加工作的亮区太短（图 3-2-2、图 3-2-4），仅为齿长的 60% 左右，使齿面载荷集中在中部，对油膜的建立非常不利。理想的接触区应该如图 3-2-7、图 3-2-8 所示。

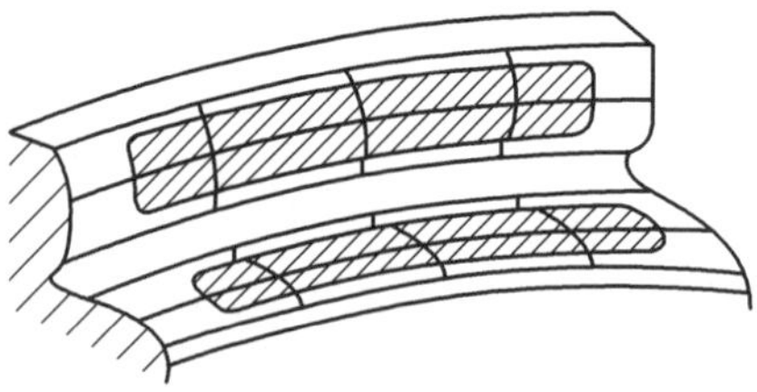

理想的接触区80%～85%(齿长)，齿顶齿端修形，无偏载

图 3-2-7　理想的接触区

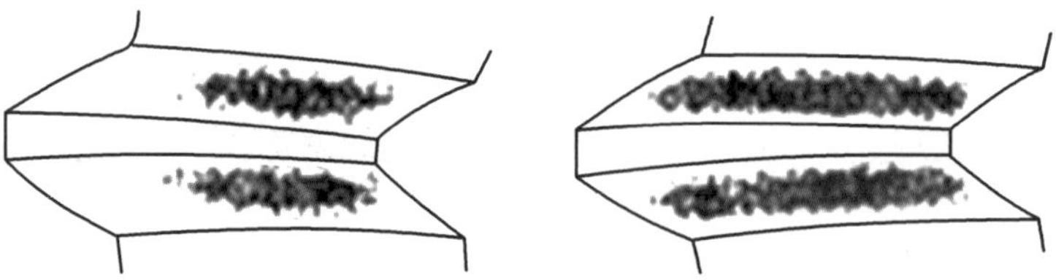

(a) 空载时　　(b) 满载时

图 3-2-8　弧齿锥齿轮空载和满载时的正常接触区

② 小齿轮齿面的亮区位于轮齿的齿顶部位（见图 3-2-1），齿顶的滑动速度大，易于产生胶合。这说明齿轮副的安装调整没有到位。理想的接触区应在齿高的中部，如图 3-2-8 所示。

## 3 产生齿面局部胶合的原因

① 通常齿面局部胶合是由于载荷集中造成的。载荷集中可能是设计、制造不当引起的，例如轮齿修形不当；也可能是制造偏差、安装偏差、外载荷引起的偏斜（变形）或齿面不均匀冷却形成的。

② 在鼓形齿中，当鼓形量过大时，在凸起部分上就会形成载荷集中而引起局部胶合、点蚀甚至剥落。

③ 齿轮热膨胀不均匀也会形成凸起效应而导致载荷集中，尤其齿宽较大时，齿轮中部比两端温度高，热膨胀量大，就会出现局部胶合。

## 4 接触印痕的调整

曲线齿锥齿轮改变安装距 $A_1$ 和 $A_2$ 时，接触印痕在大齿轮上移动的方向见表 3-2-1。

表 3-2-1　接触印痕的调整[1]

| 类别 | 名称 | 增大 $A_1$（$A_2$ 不变） | 增大 $A_2$（$A_1$ 不变） | 增加 $A_1$，减少 $A_2$（法向侧隙不变） |
|---|---|---|---|---|
| 1 | 弧齿锥齿轮 $\beta \approx 35°$ | 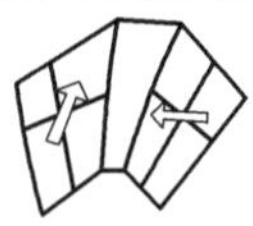 | 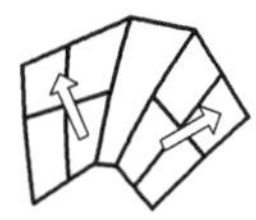 | 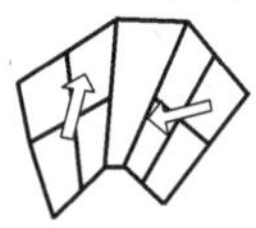 |
| 2 | 零度和小螺旋角弧齿锥齿轮 |  |  | 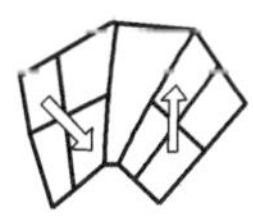 |
| 3 | 摆线齿锥齿轮 $\beta_m \approx 35°$ | 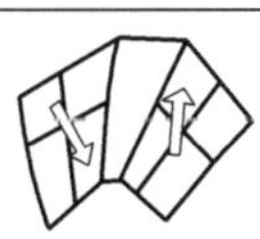 | 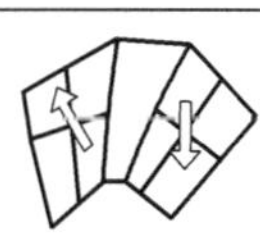 | 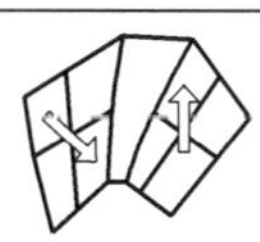 |

## 参 考 文 献

[1] 朱孝录 . 齿轮传动设计手册（第 2 版）[M]. 北京：化学工业出版社，2010：355-356.

日期：2015 年 6 月 24 日

# 【例 3-3】 关于不同齿制的曲线齿锥齿轮的应用问题

### 问题描述

北方某公司的朋友问：不同齿制的曲线齿锥齿轮可相互取代、替换吗？

## 答复内容

常用的曲线齿锥齿轮有 3 种齿制：格里森、奥利康和克林根贝尔格，简称格制、奥制和克制。3 种齿制各有优缺点，但都可相互取代、替换。在替换齿制时要注意以下几点：

① 要全面、充分考虑每一种齿制的优缺点，根据不同的应用场合、工况、加工难易和成本差别等优选齿制；没有特别需要和理由，不要轻易替换齿制。

② 要按不同齿制标准的计算方法计算齿轮的三大强度：接触疲劳强度、弯曲疲劳强度和胶合承载能力。只要强度和承载能力足够，就可以在实际的减速机中应用。

③ 要按各自标准的计算方法进行齿轮的受力分析，得到齿轮的圆周力、径向力和轴向力值及方向。

④ 要按规定的方法计算轴承的寿命，只要寿命足够，就可以应用。

⑤ 要按规定的方法计算轴的强度和刚度，只要强度、刚度足够，就可以应用。

⑥ 以上的全部计算方法在 KISSsoft 软件中都有，是很方便的。

渐开线锥齿轮常用齿制的基本齿廓和应用场合见附录 A。3 种齿制使用特点的简易对比见附录 B。

# 附录 A　渐开线锥齿轮常用齿制的基本齿廓（表 A.1）

表 A.1　渐开线锥齿轮常用齿制的基本齿廓和应用场合

| 齿线种类 | 齿制 | 基准齿制参数 | | | | 应用场合 |
|---|---|---|---|---|---|---|
| | | $\alpha_n$ | $h_a^*$ | $c^*$ | $\beta_m$ | |
| 直齿斜齿 | 格利森 | 20°，14.5°，25° | 1 | $0.18+\frac{0.05}{m_{et}}$ | 直齿为 0；斜齿由计算确定 | 一般应用于低速轻负荷。推荐采用等顶隙收缩齿 |
| 弧齿 | 格利森 | 20° | 0.85 | 0.188 | 35° | 用于转速较高或要求结构紧凑的场合，不太适用于单件或小批量生产。等顶隙收缩齿在国内应用最普遍 |
| 零度 | 格利森 | 20°，22.5°，25° | 1 | $0.18+\frac{0.05}{m_{et}}$ | 0° | 振动、噪声较大，不适用于高精度机床、高速列车等。轴向力小，可替代直齿锥齿轮 |
| 摆线齿 | 奥利康 | 20°，17.50° | 1 | 0.15 | $\beta_p$，$\beta_m$=35°～45°，由刀盘确定 | 适用于单件小批量生产和大批量生产。奥利康等高齿，一般多应用于汽车行业 |
| | 克林根贝尔格 | 20° | 1 | 0.25 | | |

注：1. 表中不同齿制锥齿轮的变位方式均为：径向 + 切向变位。

2. 表中不同齿制锥齿轮的齿高类型：等顶隙收缩齿用于格利森制齿轮；等高齿用于奥利康、克林根贝尔格制齿。

3. $m_{et}$ 为端面模数。

# 附录 B　湖北车桥有限公司使用 3 种齿制齿轮的简易对比

在机械产品中，齿轮的高性能和高性价比，以及在传动中相对于其他传动方式的优势，已使其成为不可缺少的零部件，而目前而言应用较多的锥齿轮齿制有：格里森、奥利康和克林根贝格。

格里森齿制为渐缩齿螺旋锥齿轮，在国内应用最普遍。湖北车桥有限公司主从动锥齿轮有一部分就是用的格里森锥齿轮。加工格里森收缩齿比较容易些，加工过程中容易调整。在加工主从动锥齿轮的过程中，因其根锥角不相等，从而导致加工机床及附属设备很大，刀盘的规格和数量也相应较多。也因加工原理本身就存在一些误差，而为了修正这些误差，也使机床调整和调整计算变得相当复杂，所以不太适用于单件或小批量生产。

奥利康齿制和克林根贝格为等高齿螺旋锥齿轮，即齿向是延伸外摆线，从大端到小端齿高全部相等。在加工主从动锥齿轮时，切齿调整过程和调整计算简单，接触区调整方便，刀具规格及数量少，可加工的范围很大，从而适用于单件小批量生产。

湖北车桥有限公司主从动锥齿轮使用的就是格里森和奥利康的齿轮，两者也有着各自的特点。格里森制采用间歇分度法加工，加工一个齿槽摇台往复运动一次。刀齿不需要分组，刀齿的数量只会影响加工效率和齿面光洁度，刀盘上所有内外刀刃都在各自的一个锥面上。格里森制经常采用五刀法进行加工，即大轮的粗切和精切，以及小轮的粗切、凹面和凸面的精切，因为格里森制齿轮粗精切分开，并且可以磨齿，从而齿面光洁度比奥利康更好。格里森制齿轮采用的是单面法加工，因此可以分别在凹面和凸面上选取不同的参考点，齿面可以单独设计和优化，接触区较易控制。奥利康制采用连续分度法加工，加工完一个齿轮摇台才会往复运动一次。奥利康制齿轮采用的是两刀法加工，粗切和精切一次完成，加工一对齿轮只需要两把刀盘和两台机床，工人只需要进行两次装卸和安装，节省了占地面积，降低了劳动强度。因为奥利康制齿轮齿面上刀痕方向与齿轮接触线方向成较大角度，也使噪声相对而言较低。也因采用连续分度，刀齿也有分度功能，从而齿面分度精度较格里森制高。

总的来说，格里森制和奥利康制是目前世界上锥齿轮两大齿制。就像两大学派，各有千秋，性能上不能笼统地说哪个更优秀。只要加工出来的齿轮精度高，质量好，性能就会更好。国内有做过实验，得出：强度上格里森制要好一些，噪声和平稳性上等高齿要好一些，但差别不是很大。加工方法上，一般等高齿需要两台机床，渐缩齿需要五台，针对批量生产。从单件加工来讲，等高齿的连续分度切削，效率会高一些，全工序加工，工序集中。因为一次装夹，粗精切出齿槽两面，接触区调整不太好掌握。渐缩齿对小轮精切采用单刀法加工，可以对凸面或者凹面接触区单独调整。应用上，奥利康等高齿一般多用于汽车行业，主要是欧洲的汽车企业。在日本、美国、中国、俄罗斯等国家汽车行业，格里森制占主导。但是，目前的奥利康制 C 系列机床和格里森公司的凤凰 2 代机床都能加工两种齿制的齿轮，未来发展将趋于同化。

日期：2016 年 3 月 8 日

## 【例 3-4】 某研究所弧齿锥齿轮台架试验中的问题

### 问题描述

南方某公司的一位朋友说：近期公司在做弧齿锥齿轮台架试验时，约进行 100h 后发现接近齿根处存在剥落条带，经过检验知轮齿的热处理、金相组织、磨削工艺未发现异常，具体数据见附件。根据检验数据可以初步排除热处理和磨削工艺的影响。目前，对于接近齿根处存在剥落条带问题还没有解决的思路，请您给予指导。

答复内容

# 1 齿轮的啮入和啮出冲击

图 3-4-1 啮入或啮出冲击造成的齿根处损伤条带

图 3-4-1 所示的齿轮齿根处的损伤条带，是齿轮啮入或啮出冲击造成的。

齿轮啮入或啮出冲击造成齿根处损伤条带的原因是：

两齿轮的基节（齿距）不同造成不同的轮齿冲击，如图 3-4-2 所示。

当 $p_{b1} > p_{b2}$ 时，产生啮出冲击，从动轮齿根出现损伤条带；

当 $p_{b1} < p_{b2}$ 时，产生啮入冲击，主动轮齿根出现损伤条带。

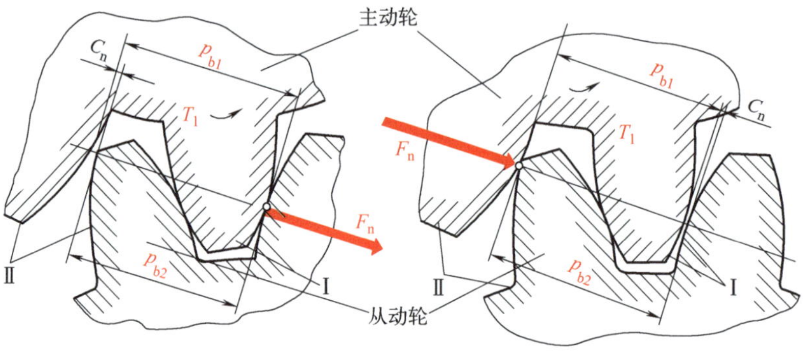


(a) $p_{b1}>p_{b2}$，产生啮出冲击　　(b) $p_{b1}<p_{b2}$，产生啮入冲击

图 3-4-2 两齿轮的基节不同造成不同的轮齿冲击

图 3-4-2 两齿轮的基节不同造成不同的轮齿冲击，也可以用图 3-4-3 所示的简单物理模型来模拟。

设想用地板代表从动轮，用一个圆柱体代表主动轮，地板上台阶的高度代表主动轮与从动轮的基节差 $\Delta p_b$，如图 3-4-3（a）所示。图中的基节差 $\Delta p_b = p_{b2} - p_{b1} > 0$，圆柱体（主动轮）顺时针旋转，要滚上台阶就会在冲击点 A 产生冲击，结果是圆柱体（主动轮齿根）上产生损伤条带。

另一种情况是要圆柱体（主动轮）滚下台阶，台阶的高度代表主动轮与从动轮的基节差 $\Delta p_b$，如图 3-4-3（b）所示。图中的基节差 $\Delta p_b = p_{b2} - p_{b1} < 0$，圆柱体（主动轮）逆时针旋转，当圆柱体滚下台阶时就会在冲击点 B 产生冲击，结果是地板上（从动轮）上产生损伤条带。

值得注意的是，啮入冲击对齿轮损伤、振动和噪声的影响远大于啮出冲击。大小齿轮基节差为 18μm 时，噪声试验结果见图 3-4-4，可见两者差别很大。

图 3-4-3（a）和（b）相当于人骑自行车上台阶和下台阶，对人体的冲击是明显不同的。因此，要减少啮入冲击，避免齿面出现损伤条带，就要尽可能减小大小齿轮的基节差 $\Delta p_b$。

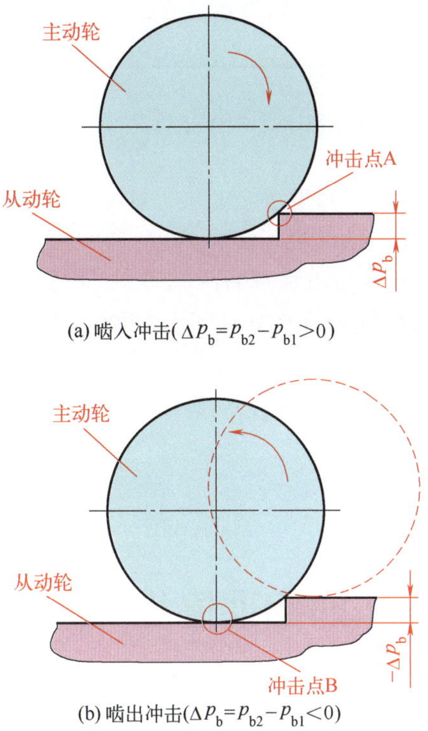


图 3-4-3　两齿轮用基节差 $\Delta p_b$ 造成轮齿冲击示意图

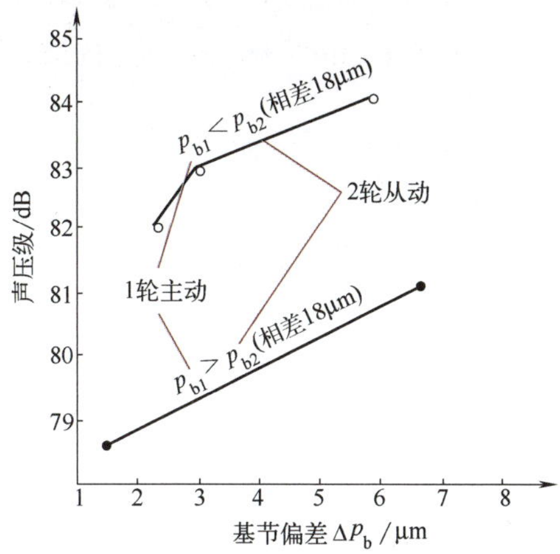


图 3-4-4　主、从动齿轮基节偏差与噪声的关系

## 2　轮齿承载后的变形

如果大小齿轮的制造精度很高，其基节差 $\Delta p_b=0$，但是轮齿、承载后的变形也会产生啮入冲击和啮出冲击。图 3-4-5 可说明这种现象产生的原因。在重载荷下，图 3-4-5 中 $f$ 和 $f'$ 分别为轮齿 2 和轮齿 2′ 啮合时产生的变形，这时造成从动轮 3′ 的齿顶与主动轮齿 3 的齿根部位 $E_1$ 产生啮合冲击（entry shock），主动轮齿根出现损伤条带。实际上，这也是轮齿变形造成两齿轮基节差 $\Delta p_b \neq 0$ 的结果。

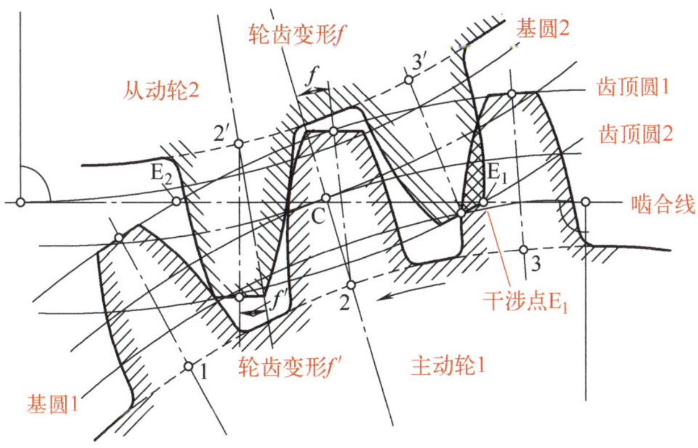


图 3-4-5　两齿轮的轮齿变形造成轮齿的啮入冲击

# 3 结论和改进措施

① 齿根出现损伤条带是齿轮啮合干涉造成的，也就是齿轮副在啮合过程中一个齿轮的齿顶和另一个齿轮的齿面之间非相切接触的结果。

② 轻度的干涉或短时间的干涉，出现的是干涉磨损；如果重度的干涉或长时间运转的干涉，就会出现点蚀、剥落等破坏性损伤，甚至造成轮齿的随机断裂。

③ 避免齿轮副啮入冲击和啮出冲击最有效的措施是轮齿齿廓修形：

a. 对齿轮做齿顶修缘（tip relief）——在齿轮轮齿齿顶附近有意修削齿廓的一部分材料，避免齿廓干涉。

b. 对齿轮做齿根修根（root relief ）——在齿轮轮齿齿根附近有意修削齿廓的一部分材料，避免齿廓干涉。

c. 要避免齿轮超载、偏载运行。

日期：2016 年 10 月 20 日

# 【例 3-5】 直齿锥齿轮传动用手盘车时出现撞齿声问题

## 问题描述

北方某公司的朋友说：减速机试调时，用手盘车，其中的直齿锥齿轮传动出现明显的撞齿声，请问是什么原因。

## 答复内容

作者初步判断可能是齿轮的精度问题。

其一，是齿形偏差：锥齿轮的齿廓曲线应该是球面渐开线，但是如果不是范成法切齿（如表 3-5-1 中的单片模数铣刀铣齿、指状模数铣刀铣齿），就不可能是球面渐开线，会出现很大的齿形偏差，因此不可避免会出现撞齿声。

其二，是齿距偏差：大小齿轮的齿距（基节）不相等，相差较大，也会因冲击而出现撞齿声。

其三，在低速运转下，齿轮的侧隙大小不会影响传动的平稳性（不会出现撞击声）；只有在高速运转某阶振动时，才可能出现轮齿的撞击声，这是一个非线性动力学问题，详见参考文献 [1]。

表 3-5-1 直齿锥齿轮常用切齿方法

| 序号 | 切削方法 | | 适用范围 |
|---|---|---|---|
| 1 | 成形法 | 单片模数铣刀铣削 | 可在一般万能铣床上加工，精度和效率低，仅适用于修配 |
| 2 | | 指状模数铣刀铣削 | 用于加工精度低的大型直齿锥齿轮，模数到 50mm，直径到 5m |
| 3 | | 圆拉刀拉削 | 生产率高，精度较好，用于大量生产中，如汽车的差动直齿锥齿轮 |
| 4 | 滚切法 | 双刨刀刨削 | 精度较好，但生产率低，用于单件小批量生产。模数到 25mm，锥距到 650mm |
| 5 | | 双刀盘铣削 | 生产率较高，是刨削的 3 ～ 5 倍，但刀具费用较大。用于成 / 大批量生产中 |
| 6 | | 双砂轮磨削 | 精度高，生产率低。用于加工高精度或标准直齿锥齿轮，模数到 2 ～ 8mm，锥距到 250mm |

因此建议：

① 先查明轮齿是何种方法加工的，如果是单片模数铣刀铣齿、指状模数铣刀铣齿，撞齿声就不可避免。

② 按图纸要求的加工精度，采用 GB/T 11365—1989 标准，检查大小齿轮齿距，两者的齿距不能相差太大。

## 参考文献

[1] 李润方，王建军．齿轮系统动力学 [M]. 北京：科学技术出版社，1997：259-351.

日期：2018 年 10 月 25 日

# 【例 3-6】 锥齿轮齿面剥落和轴承磨损问题

## 问题描述

北方某公司发来减速机轴承磨损和齿面损坏的照片，咨询锥齿轮齿面剥落和轴承磨损的原因和改进措施。

该公司提供以下齿轮失效的信息：

① 减速机的润滑方式：减速机有膨胀箱，轴承和齿轮全部浸泡在油里。

② 现场输入转速 1000r/min，载荷符合减速机设计要求，现场查看电流值没有发生超载的情况。

③ 客户检查损坏时售后人员去现场查看（由于没有备机，发现齿面严重磨损时仍运行一周后停止），减速机运行温度 67℃。

④ 减速机安装后使用 2 个半月后，减速机停机拆下，齿面严重磨损，6 个轴承滚子全部磨损，高速轴轴承最严重，二轴次之，低速轴最轻。

⑤ 图 3-6-1 是减速机的机构简图，现场使用时输出轴朝上。

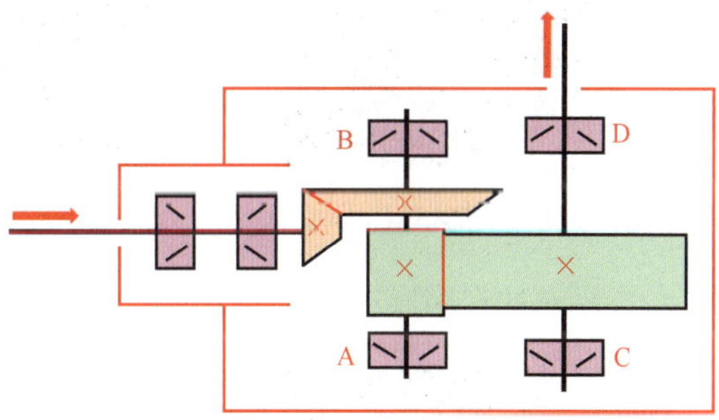


图 3-6-1　减速机的机构简图

## 答复内容

看了照片和有关的信息，作者提几点看法，供参考。

① 为了讨论方便，将减速机轴承编号为 A、B、C、D，见图 3-6-1。

② 从发来的照片看，首先出现损伤的是弧齿锥齿轮的齿面剥落，见图 3-6-2 和图 3-6-3。

③ 从小锥齿轮齿面剥落偏向轮齿小端的情况看，可以肯定锥齿轮副存在偏载；硬齿面齿轮的偏载是齿轮寿命的“杀手”，因此很可能齿轮的失效是由齿轮偏载引起的。

④ 小锥齿轮齿面大片深层剥落是“由于没有备机，发现齿面严重磨损时仍运行一周后停止”造成的。

⑤ 从齿面剥落的大量碎片、碎末进入润滑油，部分沉淀到箱底，部分在润滑油中游动，成为典型的磨粒。

图 3-6-2　大锥齿轮齿面剥落断齿

⑥ 这些磨粒都是从齿面上剥落的马氏体组织金属颗粒，具有很高的硬度（58～62HRC），再经过碾压的冷作硬化，金属颗粒的硬度可达 64HRC 以上，因此轴承的磨粒磨损就很严重（图 3-6-4、图 3-6-5）。

图 3-6-3　小锥齿轮齿面剥落

图 3-6-4　轴承 C 的磨损

⑦ 轴承的套圈磨粒磨损也很严重，见图 3-6-6。

图 3-6-5　轴承 A 的磨损

图 3-6-6　轴承的套圈磨粒磨损

⑧ 磨粒磨损的表面特征是：有很深的犁沟，见图 3-6-4～图 3-6-6，特别是在放大镜下观察更为明显。图 3-6-7 是犁沟产生的示意图。

⑨ 轴承 A 和轴承 C 在下面（图 3-6-1、图 3-6-8），磨损可能要比轴承 B、D 严重。

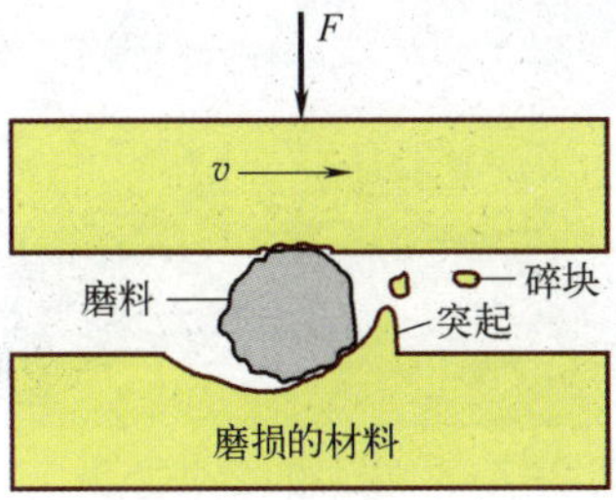


图 3-6-7　犁沟产生的示意图

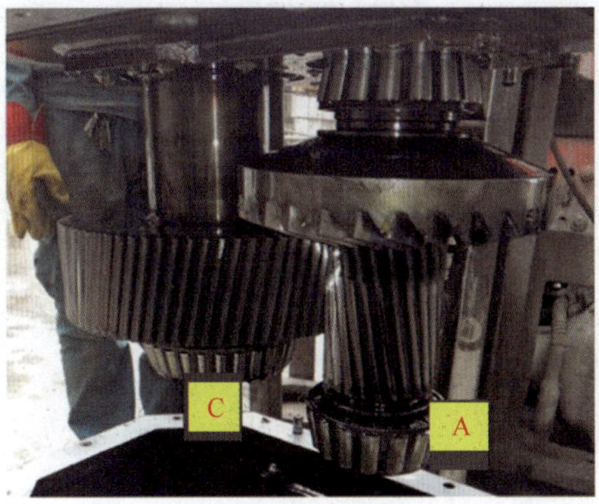


图 3-6-8　轴承 A 和轴承 C 在下面

⑩ 没有观察到齿面有高温金属颜色变化的迹象，齿轮、轴承承受的温度可能不高。

⑪ 要避免减速机齿轮和轴承的失效，首要的改进措施是提高有关零件的加工精度和装配精度，防止齿轮出现偏载。

⑫ 弧齿锥齿轮的偏载，大多数是安装锥齿轮时安装距 $A_1$ 和 $A_2$ 未调整到位造成的。安装距 $A_1$ 和 $A_2$ 调整的方法，详见参考文献 [1]。

## 参考文献

[1] 朱孝录 . 齿轮传动设计手册（第 2 版）[M]. 北京：化学工业出版社，2010：355-356.

日期：2019 年 4 月 8 日

# 【例 3-7】 对弧齿锥齿轮轮齿断裂的看法

### 问题描述

北方某公司发来弧齿锥齿轮轮齿断裂的多张照片和有关资料，咨询弧齿锥齿轮轮齿断裂的模式和失效的原因。

### 答复内容

断齿的弧齿锥齿轮如图 3-7-1 所示，有 2 个轮齿断裂。

断裂的 2 个轮齿如图 3-7-2 所示，其中左侧的断齿非常值得注意，因为断口上有疲劳特征——疲劳弧线（贝纹线）和放射线的特征。

将断口有疲劳特征的部位放大，如图 3-7-3 所示。从图 3-7-3 中可得到以下重要信息：

① 有清晰的疲劳弧线（贝纹线）。

② 有清晰的疲劳放射线。

③ 可判定轮齿是疲劳断裂。

④ 硬化层未见破裂，可见疲劳源不在齿面上，而是在硬化层的次表面上。疲劳弧线和放射线都从硬化层下面开始发展（图 3-7-3）。

⑤ 这是一种裂纹起源于硬化层次表面的疲劳断裂——齿面断裂（tooth flank fracture），常常可见其疲劳源的裂纹是由夹杂物引起的。

图 3-7-1　断齿的弧齿锥齿轮

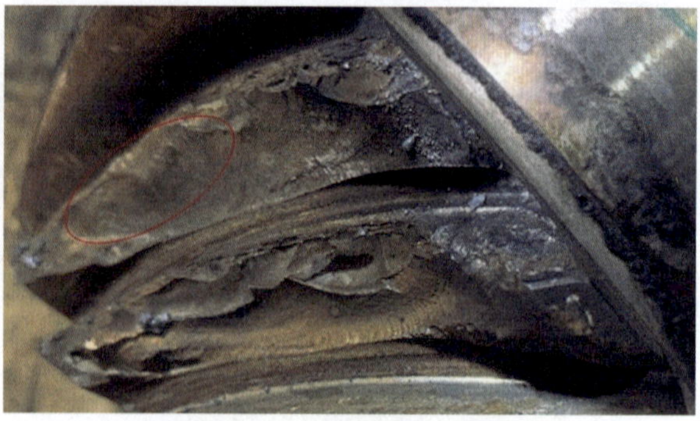

图 3-7-2　断裂的 2 个轮齿

⑥ 建议检查疲劳源区是否有夹杂物。

关于 tooth flank fracture，以下内容摘自参考文献 [1]。

近年来，一种命名为 TFF（tooth flank fracture）的齿轮轮齿断裂模式引起了人们的注意。TFF 可以翻译为齿面断裂、齿侧断裂、齿廓断裂或齿面深层断裂，未做定论，下面暂用“齿面断裂”这个术语。TFF 常出现在表面硬化的齿轮上，特别是渗碳淬火齿轮上。在命名 TFF 前，很早就有人从齿面次表层接触剪切应力角度研究过这种轮齿的断裂，有时也被称为次表层引发的弯曲疲劳断裂。有文献将齿面断裂称为硬化齿轮次表面内疲劳断裂。2019 年，国际标准化组织公布了齿面断裂的承载能力计算方法（ISO/TS 6336-4）。在 ISO/DIS 10825-1：20×× 中收录了这种失效模式，并正式命名为 TFF。

图 3-7-4 所示为 TFF 失效模式的示意图。图中：A—啮合始点；B—单对齿啮合上界点；C—节点；D—单对齿啮合下界点；E—啮合终点。

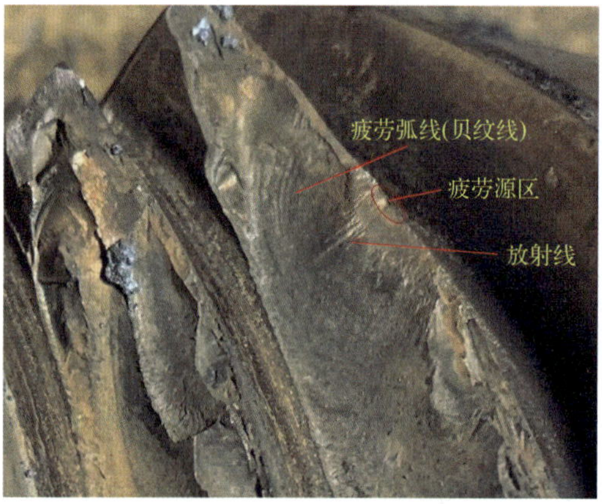


图 3-7-3　疲劳区放大图

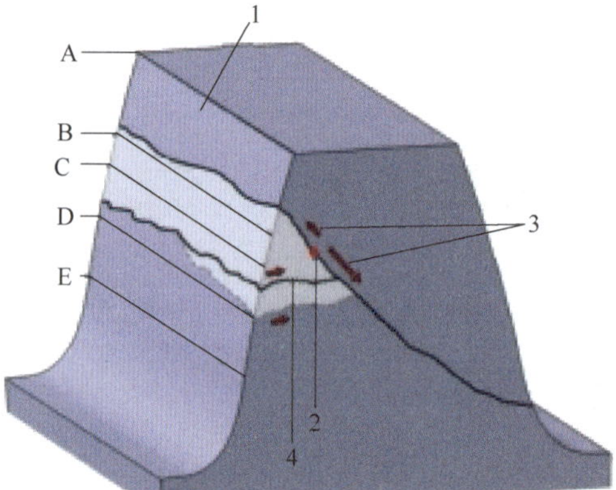


图 3-7-4　TFF 失效模式的示意图

1—承载齿面；2—初始裂纹和一次裂纹；
3—裂纹扩展方向；4—二次裂纹

TFF 失效模式的裂纹起始于硬化层与心部交界的过渡区域，因为在该区域剪切应力可能超过材料的强度，且经常有非金属夹杂物，使材料出现弱化点，助长裂纹的萌生。随着裂纹的扩展，最终形成疲劳源区与扩展区。此后，主裂纹一端朝承载齿面方向扩展，且与齿面成 40°～ 50°夹角；另一端穿过轮齿心部，向非承载面齿根方向扩展。当主裂纹（一次裂纹）扩展到一定程度，轮齿齿顶的承载能力下降，从而产生二次裂纹，该裂纹起始于承载齿面的表层，并沿平行于齿顶的方向扩展，直至两条裂纹相交时，轮齿就会断裂，如图 3-7-4 所示。

以上论述（图 3-7-4）是齿轮实验室试验的结果，下面举一个国内实例，说明 TFF 失效模式在现实的工业生产中的确存在。

国内某风场风力机齿轮传动装置的输出轴齿轮，在服役约 10 个月时出现轮齿断裂失效事件。齿轮材料为 18CrNiMo7-6，渗碳淬火处理。 断裂的轮齿如图 3-7-5 所示。

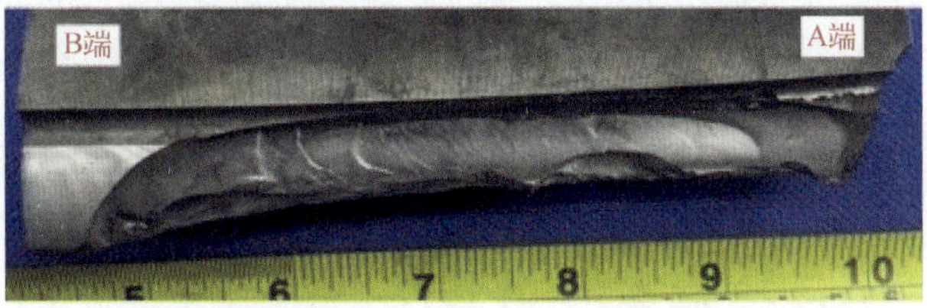


图 3-7-5　断裂的轮齿

经分析可知，轮齿是疲劳断裂，疲劳断口和疲劳断裂源如图 3-7-6 所示。

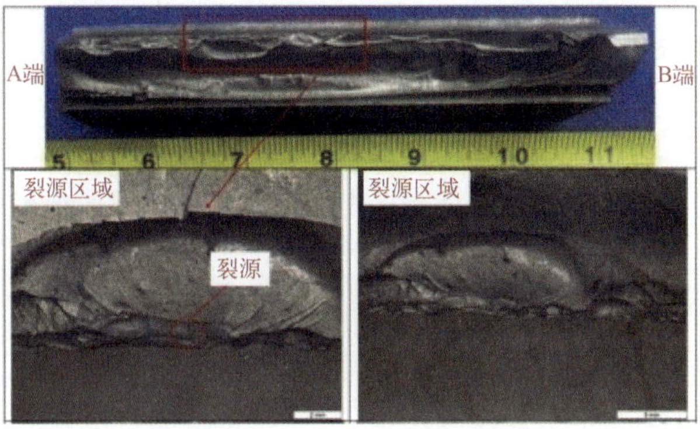


图 3-7-6　轮齿疲劳断裂断口

经微观断口分析得知，裂源处距齿面约 1.2mm 处（齿面 CHD 约为 1.64mm），可见有一区域存在黑色夹杂物，呈长条状弥散分布，大小约为 366μm×181μm（图 3-7-7）。对其用能谱分析可见，该处存在 O、Al、Ca 元素。结合其形貌分析，推测可能为炉渣。 轮齿初始裂纹就从此夹杂物处萌生。轮齿断裂截面如图 3-7-8 所示。

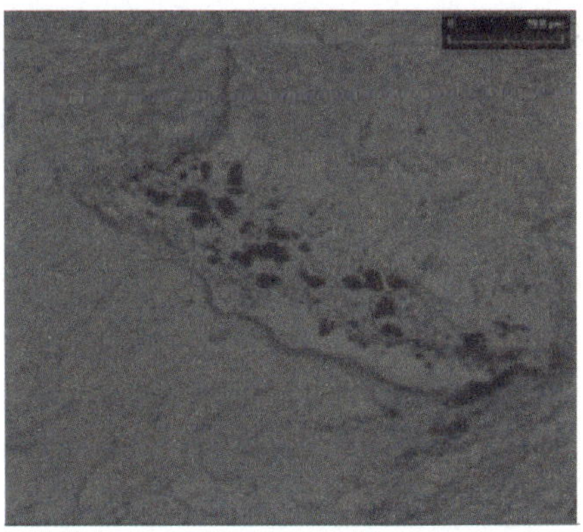

图 3-7-7　裂源处存在黑色夹杂物

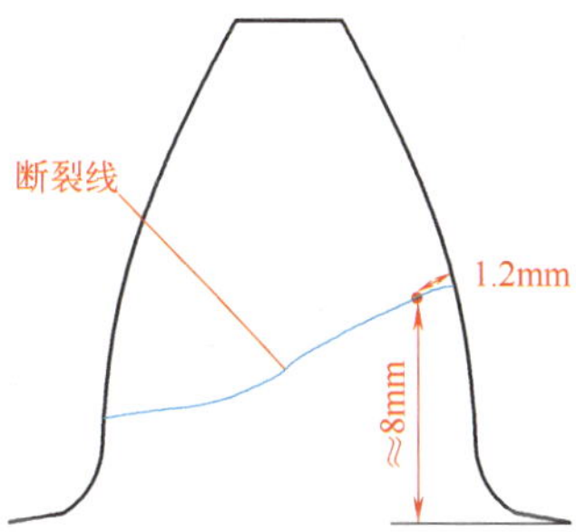


图 3-7-8　轮齿断裂截面示意图

根据以上事实可以确定，这是轮齿表面层下夹杂物引起的 TFF 典型案例，也是一个齿腰随机断裂典型案例。

2019 年，国际标准化组织公布的 ISO/TS 6336-4 是目前唯一的一个齿轮“随机断裂”承载能力计算方法标准。其计算原理和计算模型与常用的弯曲强度计算方法有很大的不同。该计算方法认为：齿面断裂的风险可以用所谓的材料局部暴露值（local material exposure）来描述。它被定义为材料某深度中局部等效剪应力（local equivalent stress）与局部材料抗剪强度（local material shear strength）的比值。试验研究结果表明，对于渗碳淬火齿轮，在输入转矩恒定的情况下，最大材料暴露值 $A_{FB} \geq 0.8$，就可导致齿面断裂。图 3-7-9 总结了齿面断裂计算方法在不同工业应用齿轮箱（如风力机、水轮机、高速齿轮箱和辊磨机等）的应用结果。图 3-7-9 中可见，当齿轮材料暴露值 $A_{FB} \geq 0.8$ 时，就会导致齿面断裂。可见该计算方法在工业应用上具有良好的适用性。

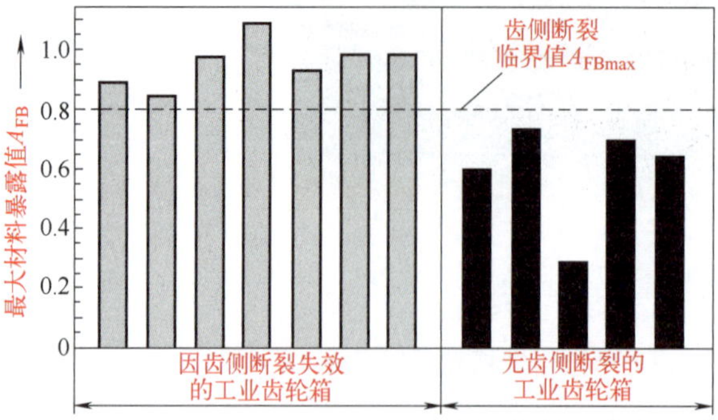

图 3-7-9　不同工业应用齿轮箱的最大材料暴露值

新的基于表面以下材料暴露值的计算模型和方法可以预测齿面断裂，优化齿轮几何形状、材料和热处理，从而显著降低失效的风险。

由于作者未对实物做宏观观察，也未做微观电镜观察，因此以上看法仅供参考。

## 参考文献


[1] 朱孝录 . 硬齿面齿轮随机断裂的多种失效模式、原因和预防 [J]. 机械传动，2022，46（6）：84-94 .


日期：2023 年 4 月 11 日

# 【例 3-8】 水泥厂立式减速机弧齿锥齿轮失效分析

### 问题描述

北方某公司发来某水泥厂立式减速机弧齿锥齿轮失效的照片和有关资料，咨询弧齿锥齿轮失效的原因和改进措施。

### 答复内容

## 1 减速机齿轮轮齿失效概况

南方某水泥公司应用于选粉机上的立式减速机在运行 1 个多月后，其弧齿锥齿轮出现严重的齿面剥落而失效。减速机输入功率 $P$=160kW；高速轴转速 $n$=1500r/min；传动比 $i$=9.607。立式减速机的机构简图如图 3-8-1 所示，图中标明齿面失效的大、小弧齿锥齿轮。

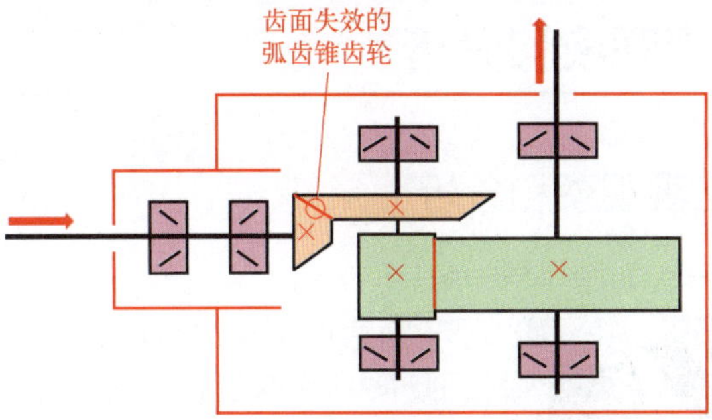


图 3-8-1　立式减速机的装配示意图

减速机齿轮采用浸油润滑，润滑油充满整个减速机箱体，因为立式安装，箱体上安装有附属膨胀油箱。

弧齿锥齿轮轴的结构简图，见图 3-8-2。

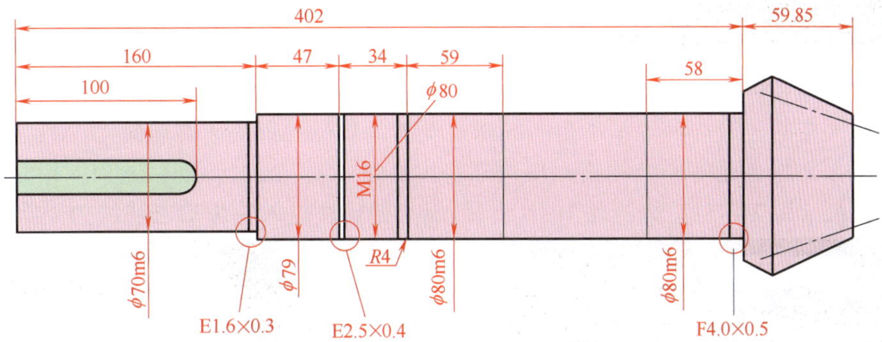


图 3-8-2　弧齿锥齿轮轴的结构简图

锥齿轮采用格里森制式。锥齿轮的齿轮参数见表 3-8-1。

**表 3-8-1　弧齿锥齿轮的齿轮参数**

| 参数项目 | 代号 | 单位 | 数值 |
|---|---|---|---|
| 大端端面模数 | $m$ | mm | 9.0323 |
| 小齿轮齿数 | $z_1$ | mm | 11 |
| 最小齿根圆角半径 | $\rho_{0\min}$ | mm | 1.8 |
| 齿形角 | $\alpha_0$ | (°) | 20 |
| 齿宽中点螺旋角 | $\beta_m$ | (°) | 35.05 |
| 旋向 | | | 右旋 |
| 小齿轮高度变位系数 | $x_1$ | | 0.3384 |
| 精度等级 | | | DIN 6 |

齿轮材料：18CrNiMo7-6。齿轮热处理：渗碳淬火。齿面硬度 59 ～ 62HRC；心部硬度大于 35HRC。有效硬化层深度 1.40 ～ 1.65mm。箱体内装满油，现场空间狭小，通风散热较差，减速机温度相对较高。

# 2 轮齿齿面宏观观察和分析

## 2.1 小齿轮齿面宏观观察和分析

小齿轮齿面的宏观形貌如图 3-8-3 所示。从图中可以看到两个损坏的轮齿，其中左侧的轮齿齿面出现严重的深层剥落，主剥落区约占齿宽的 1/2；右侧的轮齿出现轮齿断裂，断裂部分约占齿宽的 1/2。由此可见，弧齿锥齿轮的偏载十分严重。轮齿的断裂是由齿面深层剥落的应力集中引起的。

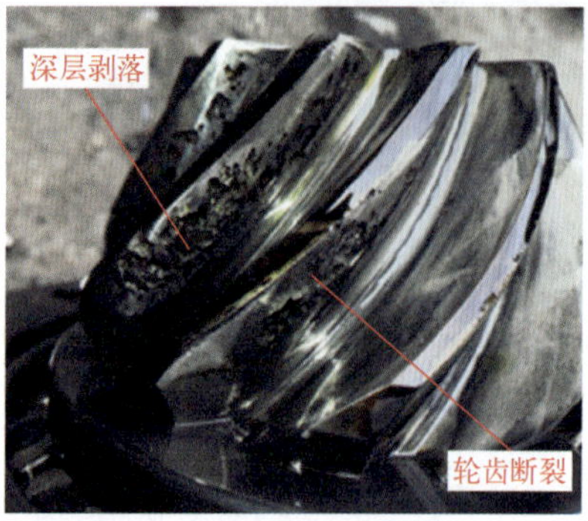

图 3-8-3 小齿轮齿面的宏观形貌

## 2.2 大齿轮齿面宏观观察和分析

大齿轮齿面的宏观形貌如图 3-8-4 所示。从图中可见，所有齿面上都出现剥落损伤，但没有小齿轮严重。这主要是因为大齿轮的接触循环次数约为小齿轮的 1/3（$z_1/z_2$=11/31）。大齿轮齿面的偏载也很明显，轮齿大端的边缘都出现了小范围的深层剥落，只是没有快速扩展而已。

此外，大齿轮上还有一个轮齿出现局部轮齿断裂（图 3-8-4），观察断口的形貌，未看到有疲劳的特征（图 3-8-5），推测是由于小齿轮断裂的碎块进入轮齿啮合造成的一次性断裂。

图 3-8-4 大齿轮齿面的宏观形貌

图 3-8-5 局部轮齿断裂断口形貌

## 2.3 齿轮接触区分析

弧齿锥齿轮啮合的接触区非常重要，良好的接触区，齿面的接触应力、弯曲应力和齿面胶合都不超过设计值，齿轮才可以有正常的寿命。否则，齿轮的寿命得不到保证。

根据 GB/T 10062.1—2001 的论述，弧齿锥齿轮良好的接触如图 3-8-6 ～图 3-8-8 所示。

图 3-8-6 设计载荷下的接触区

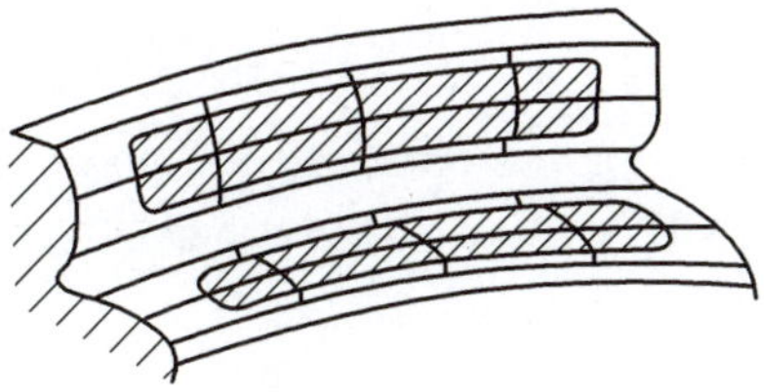

图 3-8-7 理想的接触区 80% ~ 85%，齿顶齿端修形

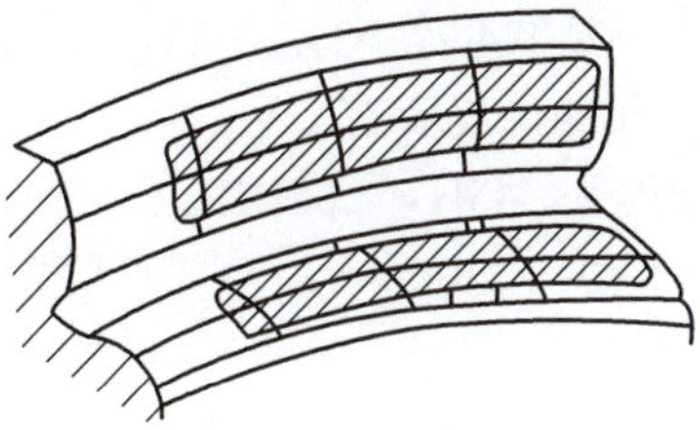

图 3-8-8 轻微偏大接触，80% ~ 85% 接触区

前面已经提到：本例小齿轮（图 3-8-3）左侧轮齿齿面的主剥落区在大端约占齿宽的 1/2；右侧的轮齿断裂部分在大端约占齿宽的 1/2。此数据同良好接触区的图 3-8-8（轻微偏大接触，80% ～ 85% 接触区）比较，可见弧齿锥齿轮的偏载十分严重，齿轮出现严重的深层剥落和轮齿断裂就不可避免了。

GB/T 10062.1—2001 中，有对弧齿锥齿轮良好接触区和不良接触区的全部论述。

## 3 齿轮硬度和有效硬化层深度检测

检测大齿轮的硬度和有效硬化层深度的结果见图 3-8-9 ～图 3-8-11。图纸技术要求：齿面硬度 59 ～ 62HRC；有效硬化层深度 1.40 ～ 1.65mm。

① 非工作齿面的硬度和有效硬化层深度检测结果见图 3-8-9，图中的硬度梯度曲线形态正常，有效硬化层深度为 1.785mm，高于图纸技术要求。齿面硬度为 60.5HRC（700HV）符合技术要求。心部硬度 HV30：434.7，427.2，421.8，满足技术要求（HV30 ≥ 340）。

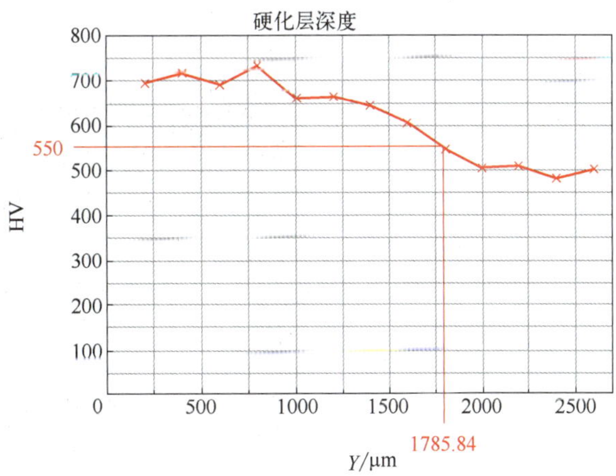


图 3-8-9 非工作齿面的硬度和有效硬化层深度检测结果

② 工作齿面的硬度和有效硬化层深度检测结果见图 3-8-10，图中的硬度梯度曲线形态不正常。硬度梯度曲线形态不正常主要表现在曲线呈现圆弧形，在深度为 760μm 时，硬度达到最高值 660HV（58.5HRC）；而靠近齿面的硬度小于 600HV（55HRC），不符合技术要求。这不是一般的硬度降，而是齿轮运转时出现齿面高温，造成了齿面退火的结果。有效硬化层深度为 1.616mm（符合技术要求 1.40 ～ 1.65mm），比非工作齿面的 1.785mm 小 0.169mm。

心部硬度 HV30：434.7，427.2，421.8 满足技术要求（HV30 ≥ 340）。

③ 齿根面的硬度和有效硬化层深度检测结果见图 3-8-11，图中的硬度梯度曲线形态正常，齿面硬度为 745HV（62HRC），符合技术要求。硬化层深度为 1.957mm，满足热处理技术要求（1.70 ～ 2.00mm）。心部硬度 HV30：425.1，420.4，421.2，满足热处理技术要求（HV30 ≥ 340）。

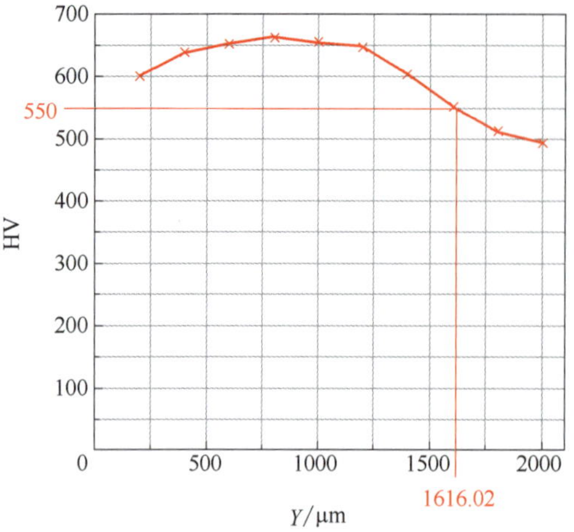


图 3-8-10　工作齿面的硬度和有效硬化层深度检测结果

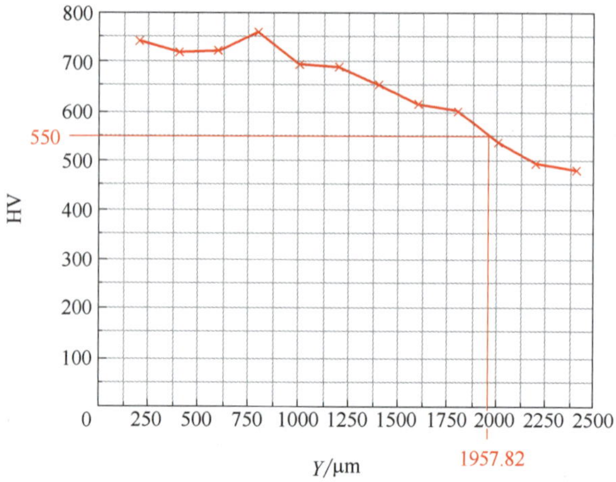


图 3-8-11　齿根面的硬度和有效硬化层深度检测结果

# 4　齿轮金相检验

金相试样腐蚀后的非工作齿面和工作齿面的金相组织见图 3-8-12 和图 3-8-13。

图 3-8-12　非工作齿面的金相组织（马氏体和残奥）

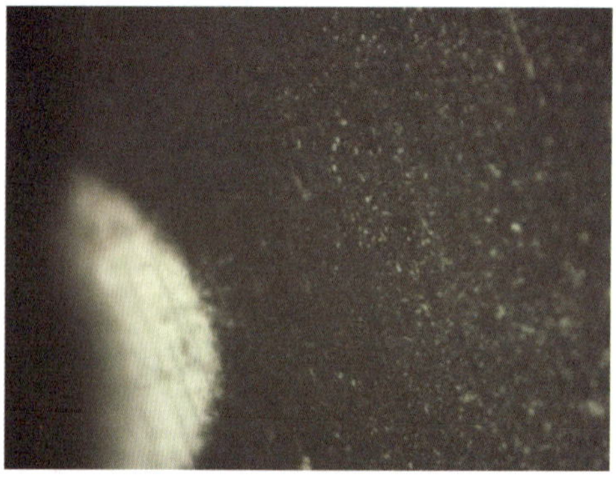

图 3-8-13　工作齿面的金相组织（马氏体和残奥）

齿根齿面和心部的金相组织见图 3-8-14 和图 3-8-15。

齿根渗层组织（图 3-8-14）、心部组织（ 图 3-8-15）及非工作齿面的马氏体、残余奥氏体是合格的。工作齿面上剥落位置有明显的退火组织，为不合格组织。金相组织上的不合格也与硬度检测（两侧齿面相同位置无剥落和有剥落的硬度）的结果相符。

图 3-8-14　齿根渗层组织（马氏体 + 残奥）

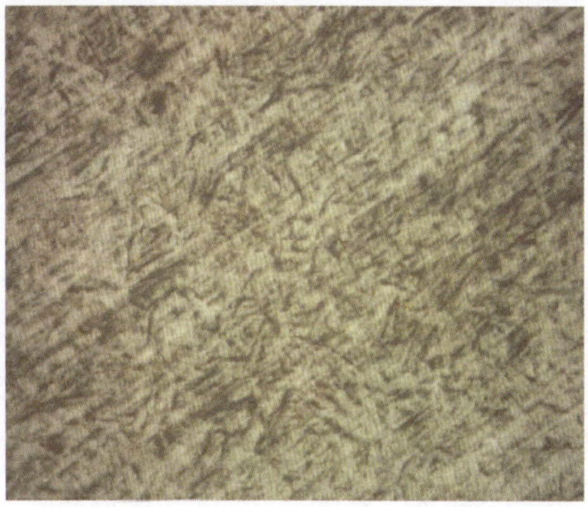

图 3-8-15　齿根心部组织（马氏体 + 铁素体）

从轮齿的两侧齿面相同位置的渗层的硬度梯度和渗层的组织两方面来看，都充分证明了剥落面有严重的退火组织。

分析认为：退火组织是齿面受高温所致；齿面经受 300℃左右的温度才会导致工作齿面及近表面硬度低于另一侧相同位置的硬度值。而齿面高温可能与减速机缺油或油已变质（开箱观察到润滑油已经变质），从而未能形成有效的油膜等因素有关。现场空间狭小，通风散热较差，也可能有影响。

# 5　齿轮承载安全系数计算

工作机为水泥选粉机，减速机总传动比 $i$=9.607，一级的弧齿锥齿轮传动比 $i_1$=2.82。减速机输入功率 160kW，使用系数 1.86，输入转速 1500r/min。润滑采用矿物油，黏度 ISO VG320。齿轮材料：18CrNiMo7-6，渗碳淬火处理。格里森制式，计算方法：DIN3991。弧齿锥齿轮的安全系数计算结果：

小齿轮的弯曲强度安全系数 $S_{F1}$=1.43；齿面接触强度安全系数 $S_{H1}$=1.06。

大齿轮的弯曲强度安全系数 $S_{F2}$=1.39；齿面接触强度安全系数 $S_{H2}$=1.02。

安全系数计算结论：大小齿轮的弯曲强度、接触强度安全系数都符合技术要求，在正常的工况下，齿轮是安全的。

# 6　失效分析的结论和改进措施

## 6.1　结论

① 本例小齿轮（图 3-8-3）左侧轮齿齿面的主剥落区在大端约占齿宽的 1/2；右侧的轮齿断裂部分在大端约占齿宽的 1/2。此数据同良好接触区的图 3-8-8 比较，可见弧齿锥齿轮的偏载十分严重，齿轮出现严重的深层剥落和轮齿断裂就不可避免了。

② 小齿轮轮齿的断裂是由齿面深层剥落后的应力集中引起的。

③ 大齿轮所有齿面上都出现剥落损伤，但没有小齿轮严重。这主要是因为大齿轮的接

触循环次数约为小齿轮的 1/3 的缘故。

④ 大齿轮齿面的偏载也很明显，轮齿大端的边缘，都出现了小范围的深层剥落，只是没有快速扩展而已。

⑤ 大齿轮非工作齿面的硬度和有效硬化层深度检测结果：硬度梯度曲线形态正常，有效硬化层深度为 1.785mm，高于图纸技术要求（1.40 ～ 1.65mm）。齿面硬度为 60.5HRC（700HV）符合技术要求。

⑥ 工作齿面的硬度和有效硬化层深度检测结果：硬度梯度曲线形态不正常。硬度梯度曲线形态不正常主要表现在硬度曲线呈现圆弧形，不符合技术要求。这是齿轮运转时出现齿面高温，造成齿面退火的结果。有效硬化层深度为 1.616mm，符合技术要求。心部硬度 HV30 满足技术要求（HV30 ≥ 340）。

⑦ 金相组织检验结果：非工作齿面的马氏体、残余奥氏体是合格的。工作齿面上剥落位置有明显的退火组织，为不合格组织。

⑧ 分析认为：退火组织是齿面受高温所致；而齿面高温可能与减速机缺油或油变质，从而未能形成有效的油膜等因素有关。

⑨ 弧齿锥齿轮安全系数计算结论：大小齿轮的弯曲强度、接触强度的安全系数和胶合安全系数都符合技术要求，在正常的工况下，齿轮是安全的。

## 6.2 改进措施

① 弧齿锥齿轮轮齿失效最主要的原因是接触区未调整好，或虽调整好但未能保持。由于齿面接触区的形状、大小和位置对齿轮的平稳运转、使用寿命和噪声有直接的影响，因此齿面接触区是衡量齿轮啮合质量的重要标志。

② 接触区的检查和调整可在两种不同场合下进行：一种是在齿轮制造厂内的检验机上进行操作；另一种是在现场使用的齿轮箱内进行操作。其目的都是得到理想的齿面啮合接触区，但后者更为重要。GB/T 10062.1—2001《锥齿轮承载能力计算方法　第 1 部分：概述和通用影响系数》的附录，给出了齿轮齿面不同的接触情况，内容全面，建议查阅。保证齿轮受载下的齿面良好接触区是关键。

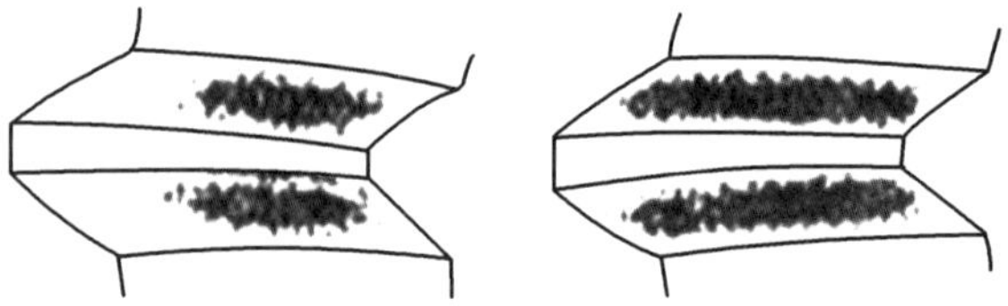

(a) 空载时　　(b) 满载时

图 3-8-16　弧齿锥齿轮的正常接触区

③ 控制弧齿锥齿轮偏载有效的措施之一，是在安装齿轮时精心调整锥齿轮的安装距 $A_1$ 和 $A_2$，使安装时的齿面接触区处于最佳状态（图 3-8-16）。

曲线齿锥齿轮调整安装距 $A_1$ 和 $A_2$ 时，接触印痕在大轮齿面上的移动方向，见参考文献 [1]。更详细的锥齿轮接触区调整方法见参考文献 [2]。

④ 在目前还不能完全掌握避免硬齿面齿轮偏载的条件下，如果可能，设计时适当增加齿轮接触疲劳的安全系数。

⑤ 严格控制齿轮材料和热处理的质量，特别是齿面硬度、心部硬度、有效硬化层深度和金相组织等，详见 GB/T 3480.5—2021《直齿轮和斜齿轮承载能力计算　第 5 部分：材料的强度和质量》。GB/T 3480.5—2021 也可用于锥齿轮承载能力的计算。

采取以上改进措施后，可以预期弧齿锥齿轮的运转质量和寿命一定会有所提高。

## 参考文献

[1] 朱孝录 . 齿轮传动设计手册（第二版）[M]. 北京：化学工业出版社，2010：355-357.

[2] 北京齿轮厂 . 螺旋锥齿轮 [M]. 北京：科学出版社，1974：306-310.


日期：2024 年 5 月 8 日

# 【例 3-9】 关于锥齿轮 4 个接触斑点问题的回复

### 问题描述

南方某公司提了 4 个有关圆锥齿轮副接触斑点的问题，征求作者的看法。

### 答复内容

问题 1. 有关硬齿面齿轮接触斑点的规定，在表 3-9-1 的不同标准中有不同的数值，有些客户想依据某个标准对圆锥齿轮副的接触区进行检验，但是对于减速机制造厂家来说，这些标准存在数据分歧很大，例如 SEW 的数据就比较宽松。目前我（提问者）经历的企业大部分执行国外某企业的规范。但是国内的客户并不认可外企的执行规范，因为不具有权威性。实际上我们在锥齿轮制造过程中大都遵循国外某企业的规范，这是目前存在的现状。如何看待这种锥齿轮接触斑点选用上的差别？

表 3-9-1 不同标准中有不同的接触斑点数据

| 序号 | 标准号 | 章节 | 类型 | 精度 | 齿高 | 齿长 |
|---|---|---|---|---|---|---|
| 1 | JB/T 9050.1—2015 | 3.1.5 | 圆柱 | 6 | ≥ 60% | ≥ 80% |
| 2 | GB/T 11365—1989 | B2 | 圆锥 | 6 | 55% ～ 75% | 50% ～ 70% |
| 3 | GB/Z 18620.4—2008 | 9.3.4 | 直齿 | 6 | ≥ 50% | ≥ 45% |
| 4 | GB/Z 18620.4—2008 | 9.3.4 | 斜齿 | 6 | ≥ 40% | ≥ 45% |
| 5 | MT/T 681—1997 | 3.6.4 | 圆柱 | 6 | ≥ 50% | ≥ 70% |
| 6 | MT/T 681—1997 | 3.6.8 | 圆锥 | 6 | ≥ 55% | ≥ 50% |
| 7 | MT/T 148—1997 | 5.4.6 | 圆柱 | 8-7-7 | ≥ 45% | ≥ 60% |
| 8 | MT/T 148—1997 | 5.4.8 | 圆锥 | — | ≥ 60% | ≥ 60% |
| 9 | SEW | | 圆锥 | — | ≥ 50% | 40% ～ 60% |

答复 1：首先要明确接触斑点齿高、齿长所占的百分比是一个经验数值。SEW 根据生产实践经验提出了自己的百分比值（40% ～ 60%），其他的单位或行业也可以提出不同的百分比值，百分比值可能差别比较大，这都很正常。当客户和制造厂家发生分歧时，作者认为解决问题的最好办法如下：

① 参考权威的标准（目前是 ISO、GB 标准）来判定齿轮的良好接触和不良接触。对于锥齿轮就是 GB/T 10062.1—2003/ISO 10300-1：2001 的附录 C——《接触斑点》关于锥齿轮接触情况和术语的规定（见图 3-9-1 和图 3-9-2），现摘录如下：

a. 受载下典型的齿面良好接触见图 3-9-1。

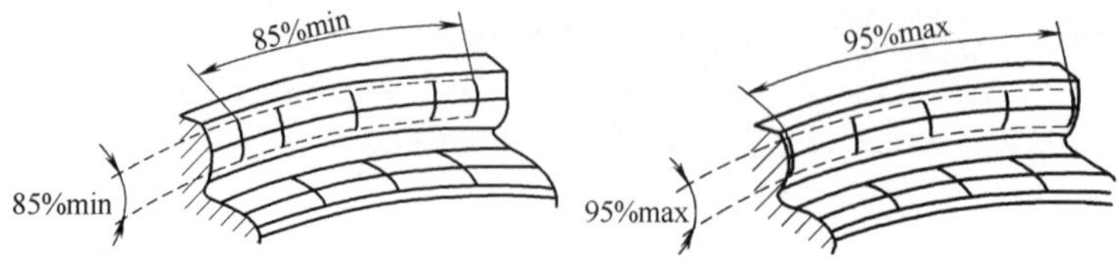


(a) 设计载荷下的接触区

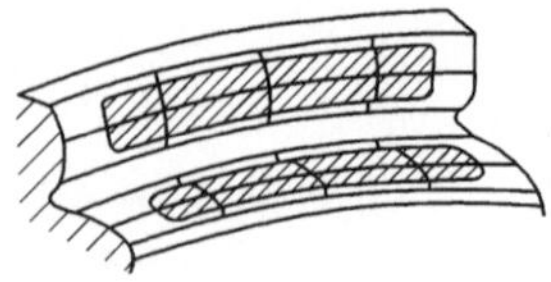

(b) 理想的接触区80%～85%，齿顶齿端修形

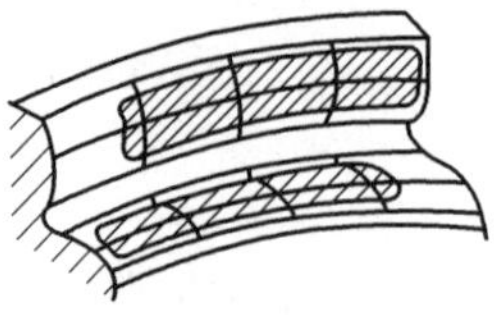

(c) 轻微交叉接触，80%～85%接触区

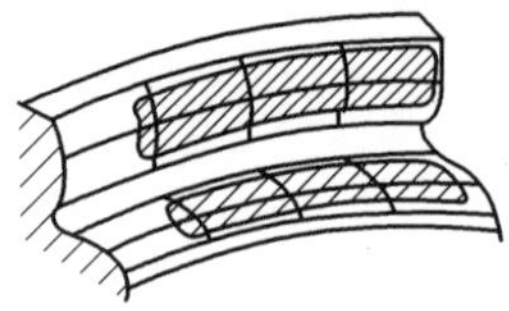

(d) 轻微偏大接触，80%～85%接触区

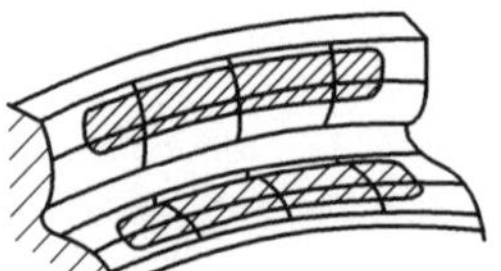

(e) 轻微坡形接触，80%～85%接触区

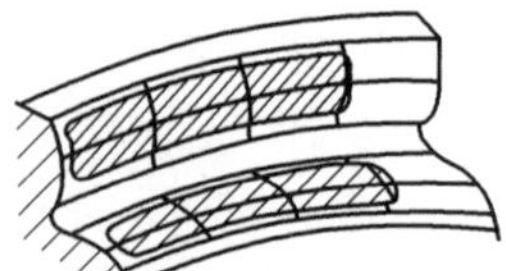

(f) 轻微偏小端接触，80%～85%接触区

图 3-9-1　**典型的受载下齿面良好接触**

b. 受载下典型的齿面不良好接触见图 3-9-2。

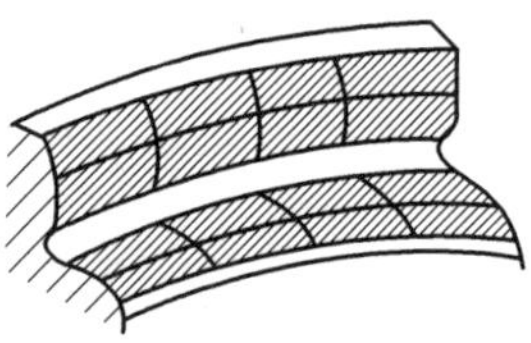

(a) 全齿宽、全齿高接触、齿顶齿宽无修形

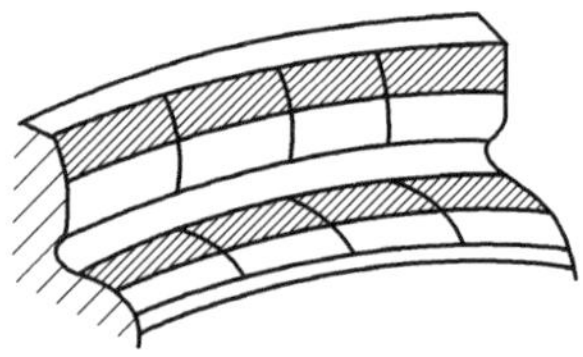

(b) 坡形接触(一侧高另一侧低)

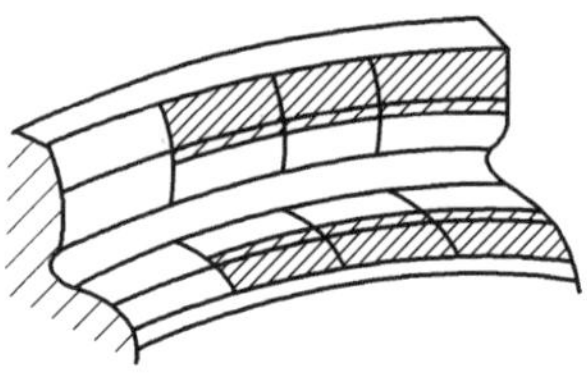

(c) 大端齿接触偏高

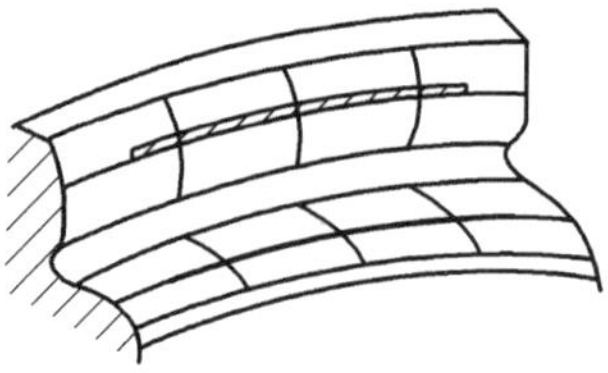

(d) 齿廓修缘过多的接触

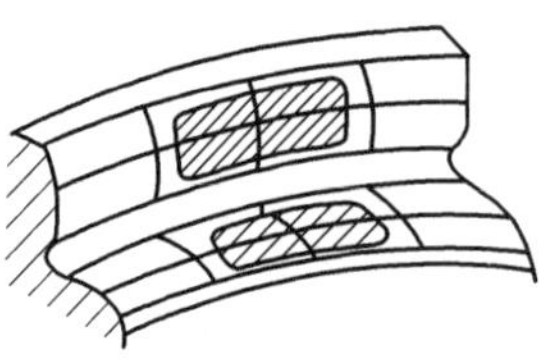

(e) 齿长倒坡过多的接触

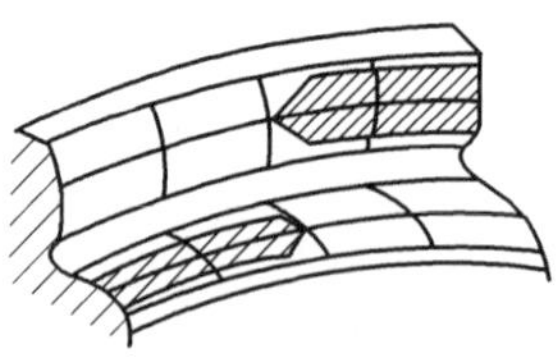

(f) 交叉接触(大端在一边，小端在另一边)

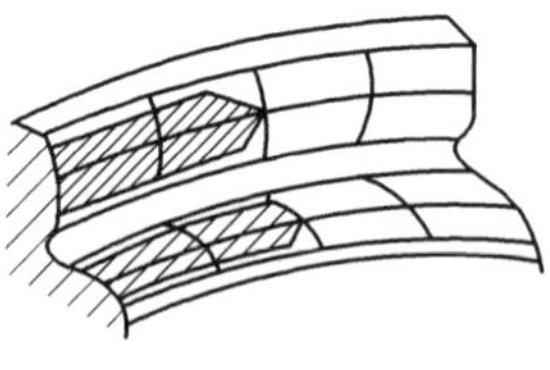

(g) 齿的两面偏小端接触

图 3-9-2　**典型的受载下齿面不良接触**

但是，上述规定只说明了锥齿轮什么情况是良好接触与不良接触，而没有说明精度等级与接触斑点百分比之间的关系。

目前机械设计手册中常用的 GB/T 11365—1989《锥齿轮和准双曲面齿轮精度》中，有齿轮精度等级与接触斑点百分比之间相关的数据，见表 3-9-2。该标准适用于中点模数 $m_{mn}>1mm$ 的直齿、斜齿和曲线齿及双曲面齿轮。

**表 3-9-2　接触斑点大小与精度等级的关系**

| 精度等级 | 4、5 | 6、7 | 8、9 | 10、12 |
|---|---|---|---|---|
| 沿齿长方向 /% | 60 ~ 80 | 50 ~ 70 | 35 ~ 65 | 25 ~ 55 |
| 沿齿高方向 /% | 60 ~ 85 | 55 ~ 75 | 40 ~ 70 | 30 ~ 60 |

注：表中数值范围用于齿面修形的齿轮。对齿面不做修形的齿轮，其接触斑点大小不小于其平均值。

GB/T 11365—1989《锥齿轮和准双曲面齿轮精度》是目前国内还在用的标准（虽然已经有 GB/T 11365—2019《锥齿轮　精度制》可替代），具有相当好的共识和权威性，如果供需双方对锥齿轮的接触斑点有争议，作者建议按 GB/T 11365—1989 的规定来解决。

② 如果设备供需双方对 GB/T 11365—1989 的数据有不同看法，作者建议在签订合同时，通过协商约定齿轮的接触斑点在齿高和齿宽的百分比值，这也是避免供需双方接触斑点技术纠纷的好方法。值得注意的是，有些标准是强制性的，例如煤矿安全标准具有强制性，即使为推荐性标准（如表 3-9-1 中的 MT/T 681—1997 等），也常被行业强制执行。

问题 2. JB/T 9050.2—1999《圆柱齿轮减速器　接触斑点测定方法》中“6 评定与计算”规定，当采用空载测定时，沿齿高方向的接触斑点允许按 JB/T 9050 中规定的值降低一级。这个标准中降一级，到底怎么执行？

答复 2：首先要更正文件中的“当采用空载测定时，沿齿高方向的接触斑点允许按 JB/T 9050 中规定的值降低一级。”JB/T 9050.2—1999 是“当采用空载测定时，沿齿高方向的接触斑点允许按 GB/T 10095 中规定的值降低一级。”此处的 GB/T 10095 实际是指与 GB/T 10095 配套的 GB/Z 18620.4—2008《圆柱齿轮　检验实施规范　第 4 部分：表面结构和轮齿接触斑点的检验》。此标准中给出装配后齿轮接触斑点如表 3-9-3 和表 3-9-4 所列（表中代号意义见图 3-9-3）。这就可以回答“这个标准中降一级，到底怎么执行？”的问题了。

**表 3-9-3　斜齿轮装配后的接触斑点**

| 精度等级按 GB/T 10095 | $b_{c1}$ 占齿宽的百分比 | $h_{c1}$ 占有效齿面高度的百分比 | $b_{c2}$ 占齿宽的百分比 | $h_{c2}$ 占有效齿面高度的百分比 |
|---|---|---|---|---|
| 4 级及更高 | 50% | 50% | 40% | 30% |
| 5 和 6 | 45% | 40% | 35% | 20% |
| 7 和 8 | 35% | 40% | 35% | 20% |
| 9 ~ 12 | 25% | 40% | 25% | 20% |

**表 3-9-4　直齿轮装配后的接触斑点**

| 精度等级按 GB/T 10095 | $b_{c1}$ 占齿宽的百分比 | $h_{c1}$ 占有效齿面高度的百分比 | $b_{c2}$ 占齿宽的百分比 | $h_{c2}$ 占有效齿面高度的百分比 |
|---|---|---|---|---|
| 4 级及更高 | 50% | 70% | 40% | 50% |
| 5 和 6 | 45% | 50% | 35% | 30% |
| 7 和 8 | 35% | 50% | 35% | 30% |
| 9 ~ 12 | 25% | 50% | 25% | 30% |

问题 3. GB/T 11365—2019《锥齿轮和准双曲面齿轮》，该标准中对接触斑点的检验做了规定，但最后的“本标准中，接触斑点与齿轮精度等级没有直接关系。”这句话所表达的意

思是什么？是接触区不代表齿轮精度等级的判定吗？可是我们知道，几乎所有的标准中都有接触斑点百分比与齿轮精度等级相关的数据。

答复 3：你说的 GB/T 11365—2019《锥齿轮和准双曲面齿轮》应该是 GB/T 11365—2019《锥齿轮　精度制》。该标准的 6.4 节中，保留了接触斑点检验的简述，但删去了齿轮接触斑点百分比与精度等级的关系数据（即表 3-9-2 接触斑点大小与精度等级的关系），因此就有了最后一句话，“本标准中，接触斑点与齿轮精度等级没有直接关系。”标准中没有说明删去的原因。作者认为接触斑点齿高、齿长所占百分比是一个经验数值。不同行业或企业单位会有不同的看法，很难取得共识，因此删去接触斑点百分比与齿轮精度等级的对应关系比较合理。

值得注意的是，该标准的“4.2.2 齿轮精度评定”中有一个补充说明：“如果不进行单面切向综合偏差的测量，建议增加接触斑点检查和齿厚检测。接触斑点的要求应由供需双方在制造前商定”。作者前面提到的也是这种看法。

问题 4. GB 10095—1988《渐开线圆柱齿轮精度》和 GB 11365—1989《锥齿轮和准双曲面齿轮》中分别规定了圆柱齿轮副和圆锥齿轮副接触斑点的接触痕迹的计算方法，但是这两个标准目前被替代了，新标准删除了接触痕迹的计算方法，是该计算方法有误还是没有必要，还是个人解读有误？

答复 4：GB 10095—1988《渐开线圆柱齿轮精度》已经被 GB/T 10095—2008《圆柱齿轮　精度制》替代。在与 GB/T 10095 配套的 GB/Z 18620.4—2008《圆柱齿轮　检验实施规范　第 4 部分：表面结构和轮齿接触斑点的检验》中，就有接触斑点分布示意图和斑点的计数方法，如图 3-9-3 所示。直齿轮、斜齿轮装配后的接触斑点与精度的关系见表 3-9-3、表 3-9-4。

锥齿轮的接触斑点分布计算方法见图 3-9-4 和下面的说明。

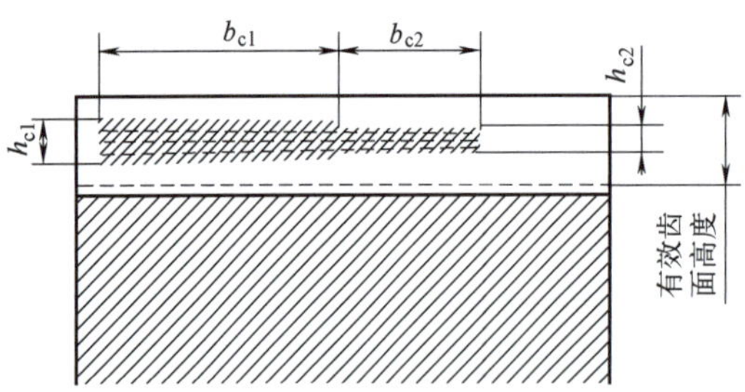


图 3-9-3　接触斑点分布示意图

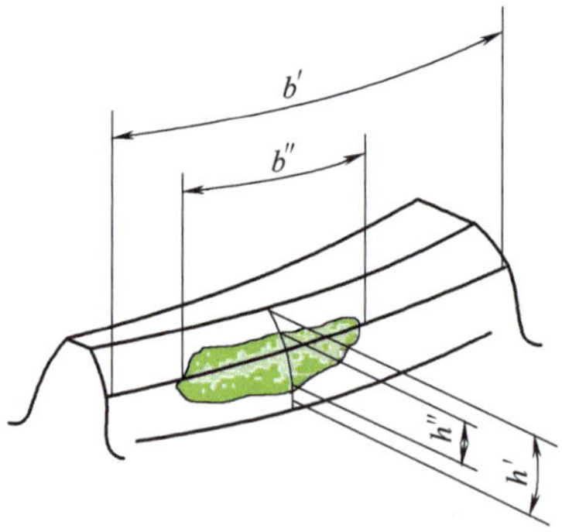


图 3-9-4　锥齿轮的接触斑点分布计算方法

说明：安装好的齿轮副（或被测齿轮与测量齿轮）在轻微力的制动下运转后，在齿轮工作齿面上得到接触痕迹。

接触斑点包括形状、位置和大小三方面的要求。

接触痕迹的大小按百分比确定：

沿齿长方向，接触痕迹长度 $b''$ 与工作长度 $b'$ 之比，即

$$\frac{b''}{b'}\times 100\%$$

沿齿高方向，接触痕迹高度 $h''$ 与接触痕迹中部的工作齿高 $h'$ 之比，即

$$\frac{h''}{h'}\times 100\%$$

日期：2024 年 9 月 25 日

# 第 4 章

# 其他齿轮

## 【例 4-1】 机车齿轮热处理内应力测定试验方案的设计

### 问题描述

2010 年 9 月，东北某大学邀请作者加入机车齿轮轮毂断裂失效分析小组。小组讨论时作者认为轮毂的断裂与轮毂热处理内应力太大有关，但是如何证明轮毂内有很大的内应力是一个难题，因为只测量轮毂表面的残余应力是不能说明问题的。

### 答复内容

下面是作者提出的一种测量轮毂内残余应力的试验方案。

## 1 试验的根据和目的

齿轮工件在热处理的加热和冷却过程中，由于热胀冷缩和相变时新旧相比体积差异而发生体积变化；由于工件表层和心部存在温度差和相变非同时发生以及相变量的不同，致使表层和心部的体积变化不能同步进行，因而不可避免地会在工件内部产生内应力。此内应力按照其成因可分为热应力和组织应力。

热应力是指由表层与心部的温度差引起的胀缩不均匀而产生的内应力。此热应力受钢的化学成分、加热和冷却速度、工件大小和形状的影响很大。导热性差的高合金钢，加热或冷却速度过快，工件尺寸大、形状复杂、各部分厚薄不均匀，会使工件各部分的热膨胀程度不同而形成很大的热应力。机车齿轮就属于这种情况。

组织应力起因于相变引起的比体积变化。经渗碳淬火的机车齿轮，其表面会产生有利的压应力，而心部产生拉应力。

热应力和组织应力都以残余应力的形式存在于工件中。工件的尺寸大小和几何形状对内应力的影响情况很复杂，一般倾向是：随工件尺寸增大，残余应力向热应力转化。对于几何形状复杂或尺寸突变的工件，残余内应力往往在应力集中部位显著增大。因此，几何形状复杂和尺寸突变的机车齿轮，在渗碳淬火热处理过程中产生的热应力不容忽视，以下的事实可作为证例：

① 根据材料力学厚壁筒的理论，机车齿轮过盈装配后的最大周向应力应该在轴孔的内壁，因此轮毂的断裂裂纹首先应该出现在内壁上，然而事实并非如此，我们已看到的裂纹都发生在齿根圆的齿槽部位，如图 4-1-1 所示。这一反常现象只有认为齿轮内部存在较大的残余内应力才能解释。

② 从齿宽方向来看，机车齿轮轮毂的疲劳断裂源区有时不出现在齿轮的端面（通常轮齿端面处的应力最大），而出现在距端面一定距离的某处，如图 4-1-2 所示。这种现象的出现是内应力在起作用的结果。

图 4-1-1 发生在齿槽底部的裂纹

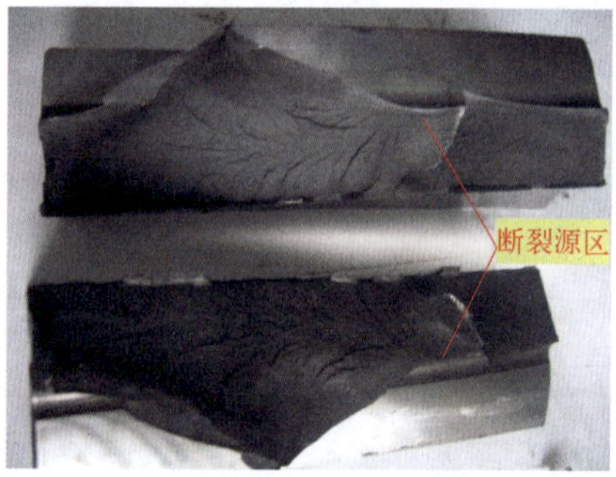


图 4-1-2 距端面一定距离的断裂源区

③ 机车齿轮轮毂的疲劳断裂，其疲劳源区也经常出现在齿宽的中部，如图 4-1-3 所示。

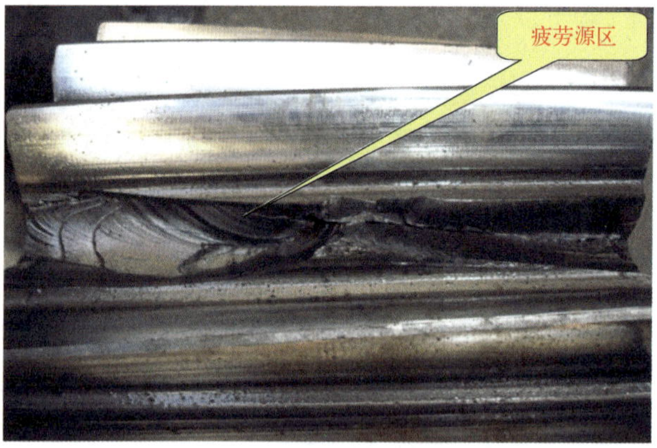


图 4-1-3 在齿宽中部的疲劳源区

这些现象说明了齿轮内部可能存在较大的残余内应力。

机车齿轮热处理后是否存在较大的内应力（残余应力——热应力和组织应力，主要是热应力）？这是提高齿轮质量和承载能力需要关心的问题。本试验的主要目的就是：

① 查明机车齿轮热处理后是否存在较大的内应力；

② 通过实测查明机车齿轮内应力的大小；

③ 通过实测查明机车齿轮内应力较大的部位；

④ 根据试验的结果，提出减小内应力的改进措施。

为达到以上目的，特别设计了以下内应力测定试验方案。

# 2 内应力测定试验方案

本试验采用电阻应变测量齿轮内应力的试验方案。

（1）试件的准备

① 从一批正常生产的机车齿轮成品中任选一个齿轮，也可以选用齿轮机加工精度超差（报废的齿轮）但材料和热处理都合格的齿轮，如图 4-1-4 所示。

② 在齿轮端面的 A、B、C 和 a、b、c 6 处贴上应变花（图 4-1-5），如图 4-1-4 所示。应变花的尺寸要小一点。如果只测齿轮的周向应力，不测径向应力，则只贴一个应变片就可。

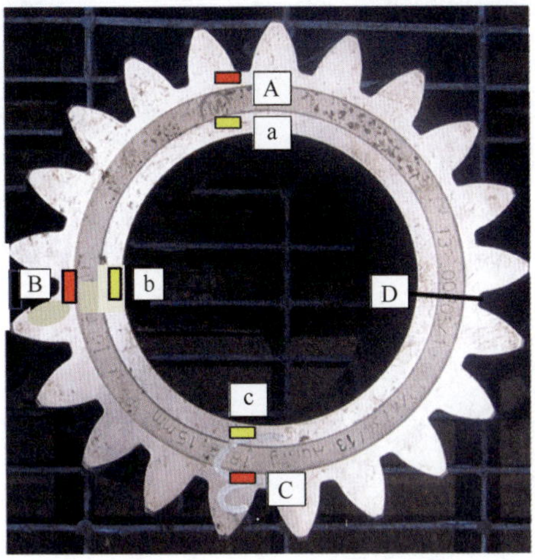

图 4-1-4　试验齿轮

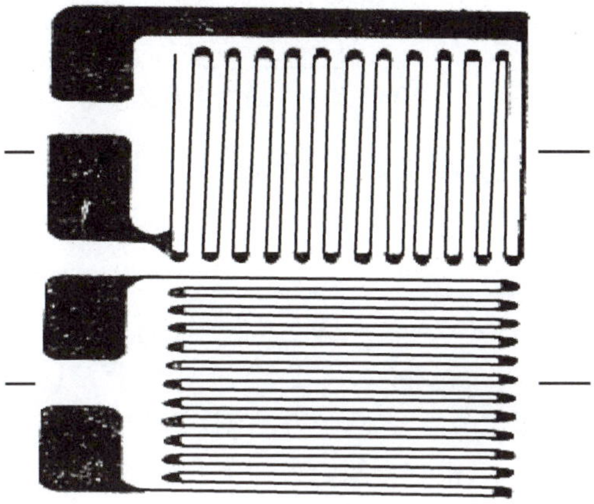
图 4-1-5　应变花

注意：

a. 为了测得内应力的具体数值，所有的应变片都要经过标定。

b. 应变片应该用黏结剂粘贴牢固，采用氰基丙烯酸酯黏结剂或环氧树脂类黏结剂较好。

c. 由于试验齿轮做线切割时要接触液体，因此贴在齿轮上的应变片应该做防水处理。最简单的办法是将齿轮加热到 60℃左右，在应变片及其附近区域覆盖一层厚约 2.5mm 的石蜡，然后用绝缘带缠起来，以防以后操作过程中碰坏防护层。

（2）应变片调零

采用静态应变仪对齿轮上的应变片调零。最好选用数字式多点应变测量仪来测量应变值，经调零后，可认为应变为零。

（3）切开齿轮

采用线切割的办法将贴好应变片的齿轮在 D 处切开（如图 4-1-4 所示）。可能出现以下两种情况：

① D 处的切口张开，不接触，则线切割一次成功；

② D 处的切口闭合，两切口接触，则还需在距第一次切口 1mm 处再线切割一次，使两切口不接触。

（4）测量应变值

用静态应变仪测量已切开的齿轮上各应变片的应变值，并根据测得的应变值换算为应力，有两种情况：

① 只在圆周方向贴有应变片时，测点的应力由单向应力状态，如图 4-1-6 所示。

其应力由虎克定律决定：

$$\sigma = E\varepsilon$$

式中 $\sigma$——测点的应力；

$E$——材料的弹性模量；

$\varepsilon$——应变量。

② 圆周方向和径向都贴有应变片时，认为测点 B 为双向应力状态，如图 4-1-7 所示。

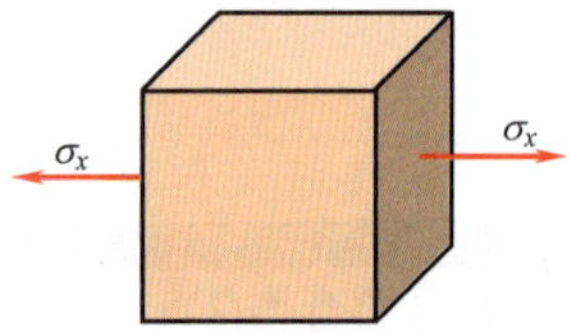

图 4-1-6 **单向应力状态**

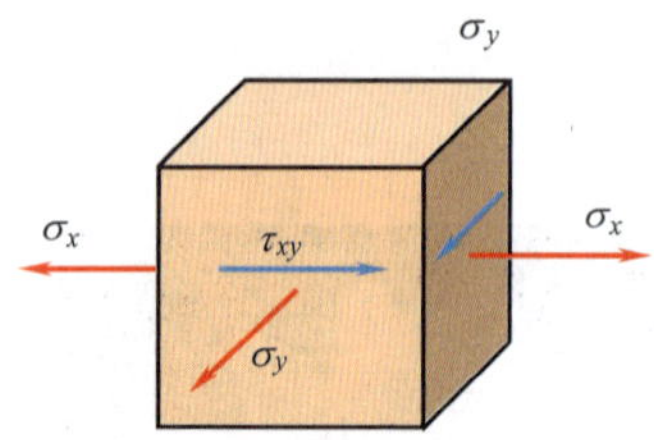

图 4-1-7 **双向应力状态**

其应力和应变的关系为：

$$\sigma_1 = \frac{E}{1-\mu^2} + (\varepsilon_1 + \mu\varepsilon_2)$$

$$\sigma_2 = \frac{E}{1-\mu^2} + (\varepsilon_2 + \mu\varepsilon_1)$$

式中 $\sigma_1$、$\sigma_2$——两个方向测点的应力；

$\varepsilon_1$、$\varepsilon_2$——两个方向测点的应变量；

$E$——材料的弹性模量。

按上述步骤完成全部应变片的应力测量。

# 3 试验数据的分析

试验得到的应力数据可能有以下的情况：

① 齿轮外圈 A、B、C 三处和齿轮内圈 a、b、c 三处的应力为零或很小，说明齿轮的热处理内应力很小，热处理工艺合理。

② 齿轮外圈 A、B、C 三处的拉应力大于或小于内圈 a、b、c 三处的拉应力。

③ 齿轮外圈 A、B、C 三处的压应力大于或小于内圈 a、b、c 三处的压应力。

④ 齿轮外圈 A、B、C 三处为拉应力，内圈 a、b、c 三处为压应力。

⑤ 齿轮外圈 A、B、C 三处为压应力，齿轮内圈 a、b、c 三处为拉应力。

以上第②～⑤情况，齿轮的切口都会有张合变形现象，说明齿轮存在较大的热处理内应力（主要是热应力），热处理工艺特别是低温回火工艺有值得改进的地方。具体的改进措施要在试验有了结果才能提出。

说明：① 本试验方案由 ×× 大学提出，×× 机车车辆厂和东北某大学合作完成，厂方提供齿轮试件，校方负责内应力的测试。

② 厂校共同分析试验结果，提出减少齿轮热处理内应力的具体可行的改进措施。

日期：2010 年 9 月 17 日

# 【例 4-2】 机车齿轮热处理内应力的测定

## 问题描述

本例是【例 4-1】的续篇，将【例 4-1】中提出的试验方法付诸实施。

## 答复内容

## 1 试验的实施

本试验采用线切割的方法，利用电阻应变片采集应变信号，从而测量齿轮的内部残余应力，步骤如下。

（1）随机取样

从一批改进热处理工艺后生产的机车齿轮成品中任选一齿轮。

（2）布置应变片并贴片

在齿轮端面的 A、B、C、D、E、F 和 a、b、c、d、e、f 处贴应变片，如图 4-2-1 所示。在齿轮另一端面与 A、B、C、D、E、F 和 a、b、c、d、e、f 对应位置 A′、B′、C′、D′、E′、F′和 a′、b′、c′、d′、e′、f′处贴应变片。贴片位置共计 24 处（表 4-2-1）。

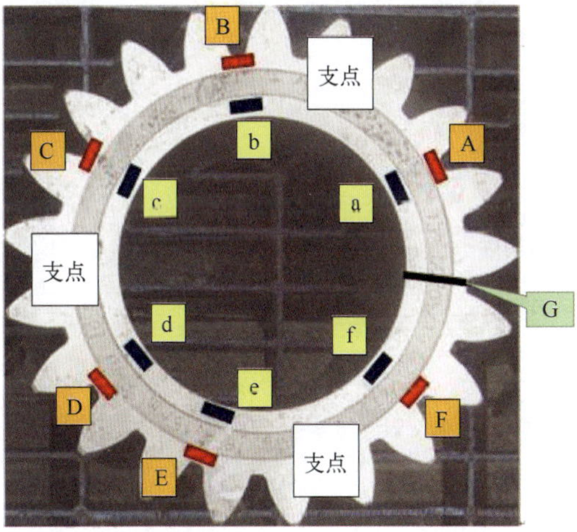


图 4-2-1 贴片及切割位置

表 4-2-1 贴片位置对应

| | | |
|---|---|---|
| 上端面 | 齿根（外圈） | A、B、C、D、E、F |
| | 轮毂（内圈） | a、b、c、d、e、f |
| 下端面 | 齿根（外圈） | A′、B′、C′、D′、E′、F′ |
| | 轮毂（内圈） | a′、b′、c′、d′、e′、f′ |

（3）确定切口位置并切割

采用线切割的办法，将贴好应变片的齿轮在 G 处切开（图 4-2-2、图 4-2-3）。

（4）数据采集

用静态应变仪测量已切开的齿轮上各应变片的应变值。根据测得的应变值就可以算出应力。

（5）应变仪标定

对信号采集器材——应变仪利用等强度梁进行标定。

图 4-2-2　线切割工作台

图 4-2-3　试验齿轮线切割

## 2 测试数据整理

切割完成后，齿轮内部残余应力完全释放，取得各测试位置的应变片测试结果。切割过程中跟踪记录，两次记录相隔时间 5min。图 4-2-4 ～图 4-2-8 是各点应力随切削量变化曲线。

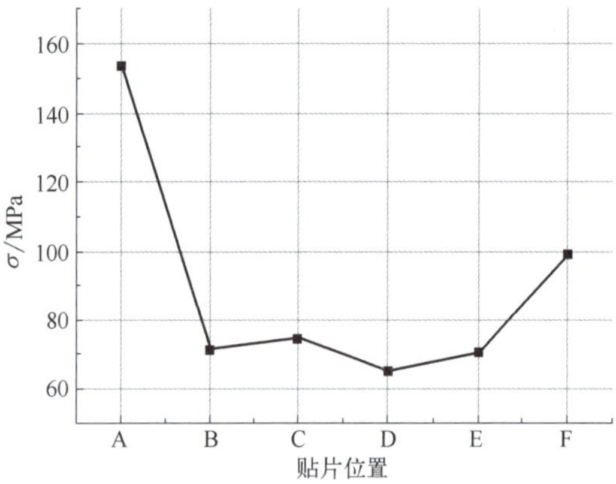


图 4-2-4　上端面外圈释放应力

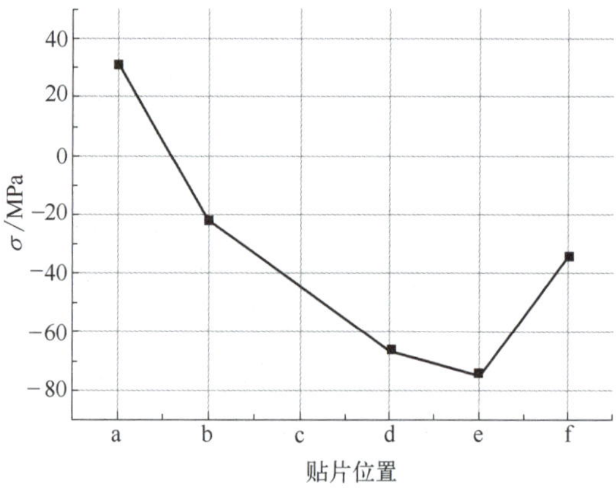


图 4-2-5　上端面内圈释放应力

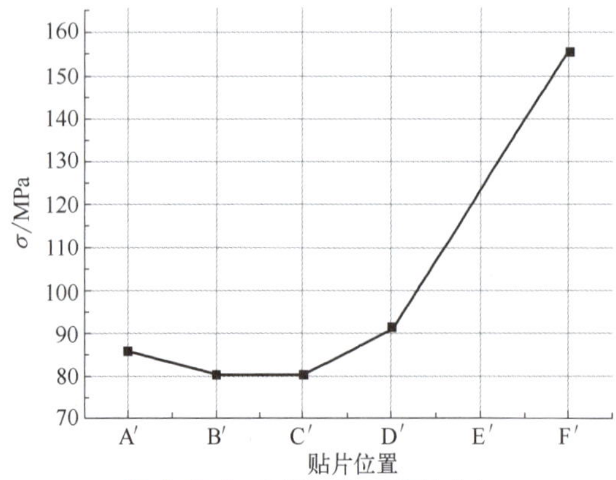


图 4-2-6　下端面外圈释放应力

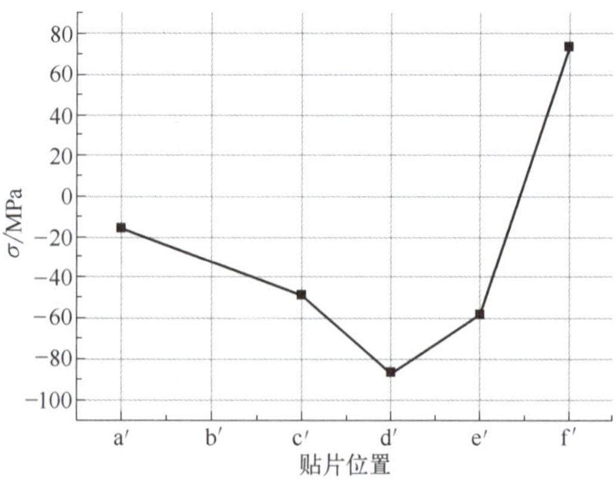


图 4-2-7　下端面内圈释放应力

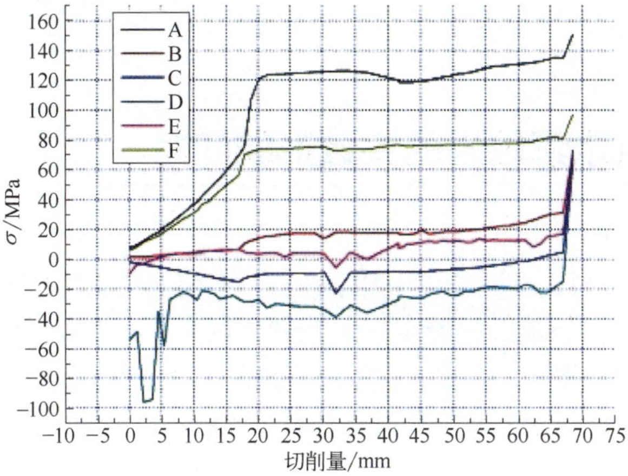


图 4-2-8　上端面外圈各点应力随切削量变化曲线

# 3　测试数据分析

① 齿轮齿根部位释放应力为压应力，轮毂部位释放应力为拉应力。

② 靠近切割位置 G 测点测得的释放应力较大，远离切割位置的测点测得的释放应力较小，整体趋势为凹形。

③ 待应力完全释放后，上端面外圈最大释放应力位置为 A，应力值为 150.78MPa；上端面内圈最大释放应力位置为 a，应力值为 31.29MPa；下端面外圈最大释放应力位置为 F′，应力值为 152.04MPa；下端面内圈最大释放应力位置为 f′，应力值为 71.82MPa。

综上所述，齿轮热处理后，产生的残余内应力确实存在。有了这些实测的数据，再考虑其他的影响因素（内孔是过盈配合），就可以对轮毂断裂的原因做进一步的分析，从而提出改进措施，提高轮毂的强度，预防断裂再次发生。

日期：2010 年 11 月 8 日

# 【例 4-3】 关于柴油机水泵轴齿轮失效 8 个问题的回复

## 问题描述

北方某失效分析中心在分析柴油机水泵轴齿轮失效时，××× 博士发来柴油机水泵轴齿轮失效的照片和相关背景资料，并提出 8 个问题，请求回复。

柴油机水泵轴齿轮失效的照片见图 4-3-1 和图 4-3-2。

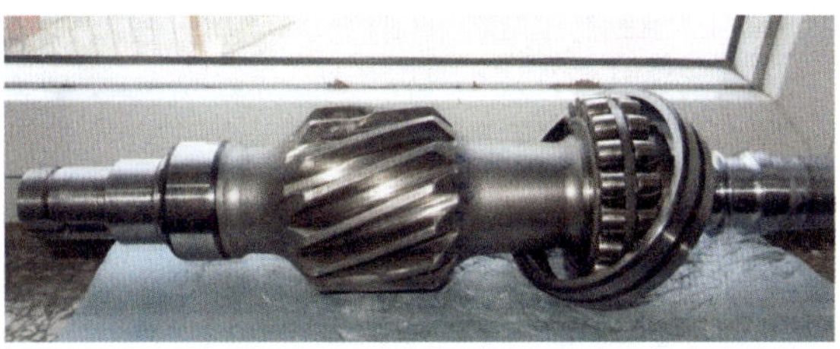

图 4-3-1　柴油机水泵轴外观

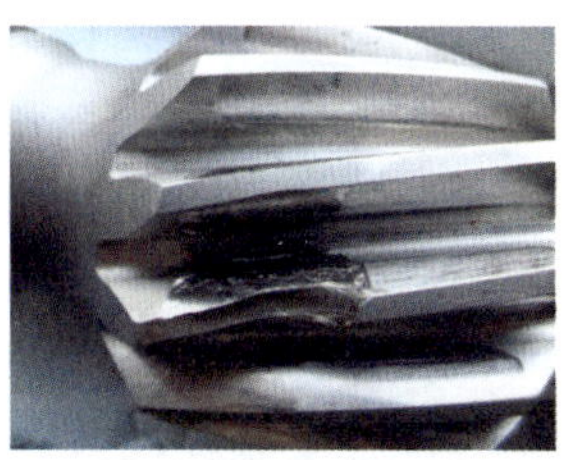

图 4-3-2　柴油机水泵轴齿轮失效形貌

答复内容

# 1 关于柴油机水泵轴齿轮失效形貌问题

从图 4-3-1 和图 4-3-2 中可以看到：

① 轮齿损伤严重，轮齿一侧的齿面被挤压成一凹面，轮齿另一齿面可见明显的凸出变形，而且磨损较重，齿顶变薄，见图 4-3-2。据此可以判断，轮齿的严重损伤是齿轮箱内有断齿块掉入啮合区内挤压造成的。

② 左侧齿面的压痕重，右侧齿面的压痕轻，可见齿轮传动有偏载现象。

# 2 8 个问题的答复

第 1 问：正常的齿轮啮合情况如何？

第 1 答：见图 4-3-3（a）。水泵轴齿轮的偏载痕迹与图 4-3-3（d）相似，一端重，一端轻。

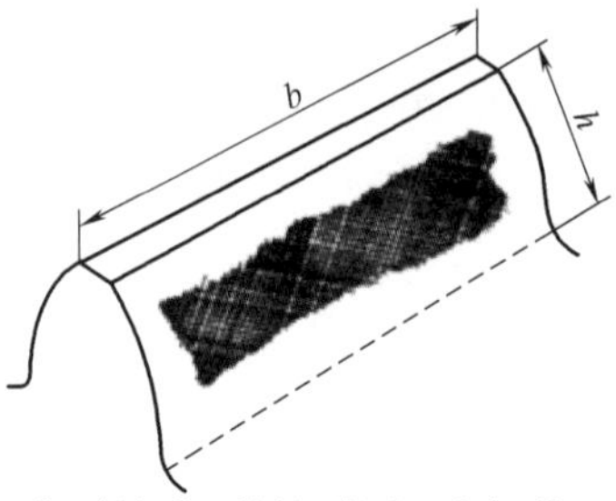


(a) 典型的规范，接触近似为：齿宽$b$的80% 有效齿面高度$h$的70%，齿端修薄

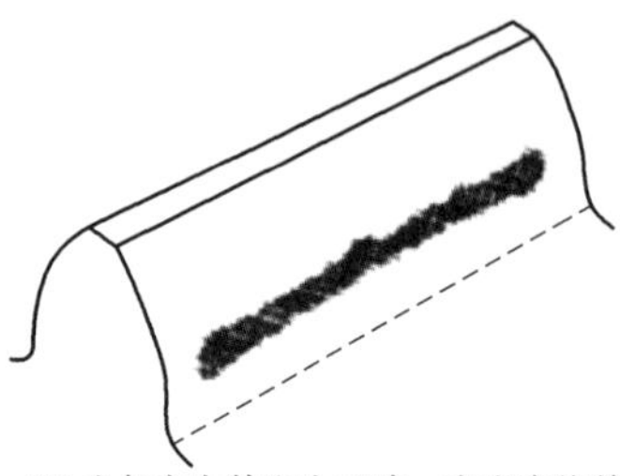

(b) 齿长方向的配合正确，有齿廓偏差

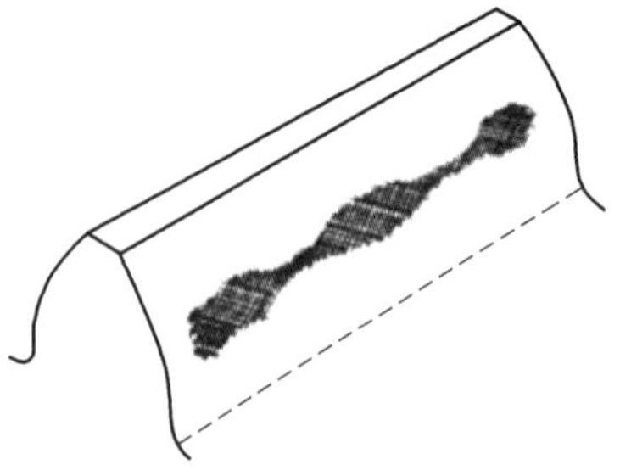

(c) 波纹度

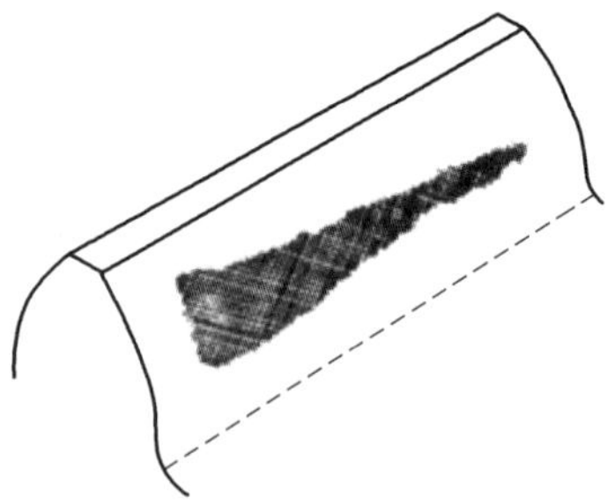

(d) 有螺旋线偏差、齿廓正确，有齿端修薄

图 4-3-3　齿面不同形状的接触斑点

图 4-3-3 摘自：GB/Z 18620.4—2008《圆柱齿轮检验实施规范　第 4 部分：齿面结构和轮齿接触斑点的检验》。轮齿接触斑点检验更详细的资料，可查阅 GB/Z 18620.4—2008。

第 2 问：为何厂家说弯曲应力循环 200 万次后不断裂就不会产生疲劳断裂？这是否正确？有无标准？

第 2 答：根据 GB/T 3480—1997（ISO 6336），通常认为轮齿弯曲 300 万次（$3\times10^6$）（不是 200 万次）后不断裂就不会产生疲劳断裂（见图 4-3-4），但实际使用上还是有可能断裂，特别是在齿根受到损伤或存在较大的振动后更有可能（见图 4-3-4 中阴影区）。在超过 300 万次后，如果寿命系数为 1.0，则不会发生疲劳断裂，即无限寿命。但实际上齿轮弯曲

在 $3\times10^6 \sim 10^{10}$ 次这个区间也会发生断裂，见图中阴影区。在阴影区里寿命系数小于 1.0，表明会发生断裂。法国方面（设备提供方）的资料也提到，存在较大振动的情况下会发生断裂。动力学计算（背景资料）分析结果也表明，水泵轴齿轮的振动特性较差。当然，没有偏载，光有振动齿轮也不会断裂。断裂是综合因素作用的结果。

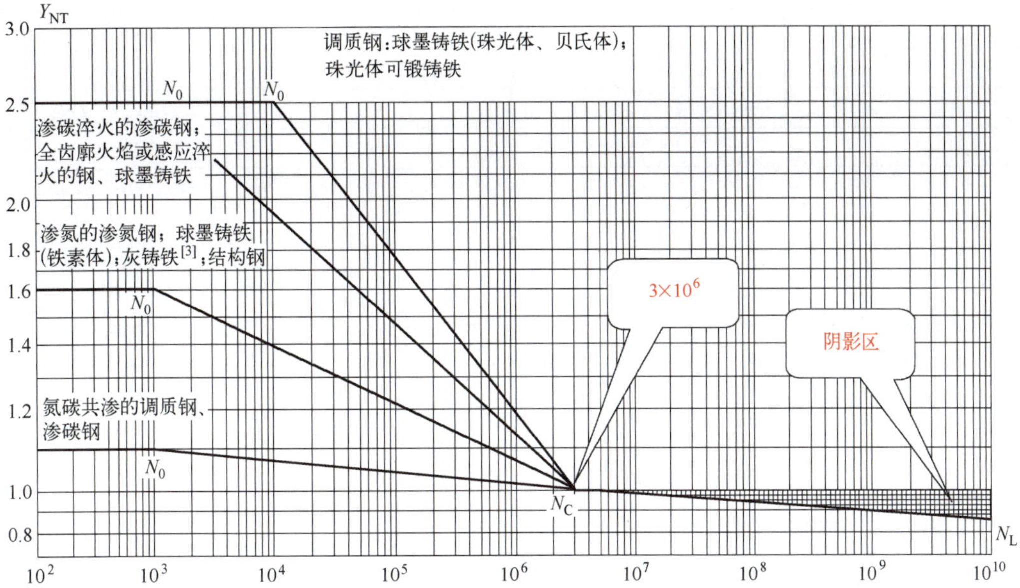


图 4-3-4　弯曲强度的寿命系数 $Y_{NT}$

第 3 问：请详细评价水泵轴齿轮渗层深度的差异性？国内对齿轮渗层深度有无具体要求？

第 3 答：齿轮渗层厚度的差异性的标注以美国的标注最为全面。以下内容摘自参考文献[1]。

渗碳淬火齿轮轮齿的渗层深度如图 4-3-5 所示。图中的硬度分为两大部分：其一是涂黑的渗层部分，要求硬度≥ 50HRC；其二是未涂黑的部分，要求硬度＜ 50HRC。

轮齿心部硬度的测量位置如图 4-3-5 D 点所示。此位置与 GB/T 3480.5《直齿轮和斜齿轮承载能力计算　第 5 部分：材料的强度和质量》的规定不同。

图 4-3-6 是一张美国齿轮零件工作图上对齿部渗层硬度及心部硬度测量点的标注，可供参考。

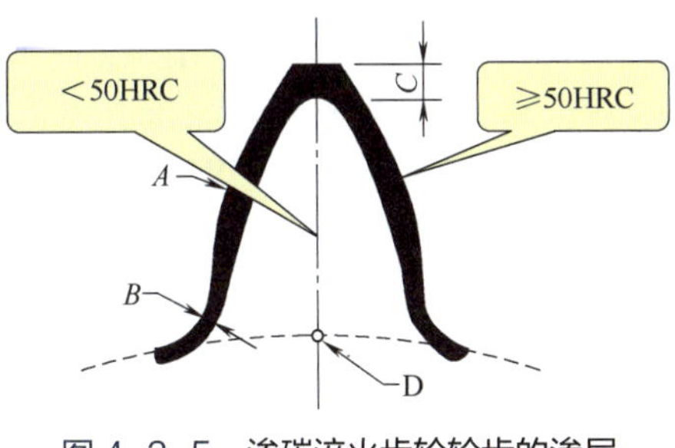


图 4-3-5　渗碳淬火齿轮轮齿的渗层

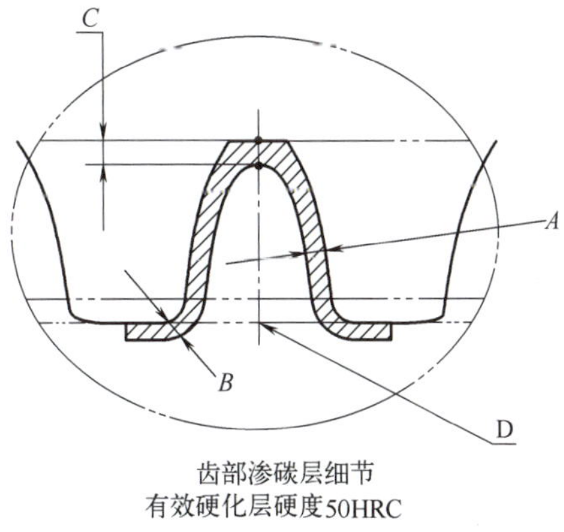


图 4-3-6　美国齿轮零件工作图中齿部渗碳层细节

*A*—节圆轮齿两侧齿面渗层深度：0.25 ～ 0.38mm；

*B*—齿根圆角最小渗层深度：0.18mm；

*C*—齿顶渗层深度：0.25 ～ 0.38mm；D—齿心硬度检测位置

国内 JB/T 7516—1994《齿轮气体渗碳热处理工艺及其质量控制》中推荐的渗碳淬火齿轮的有效硬化层深度，见表 4-3-1。此外，不同行业，例如汽车、航空、船舰、机床等，都会有本行业推荐的渗碳淬火齿轮的有效硬化层深度值。

**表 4-3-1　JB/T 7516—1994 推荐的渗碳淬火齿轮的有效硬化层深度**　　mm

| 模数 | 深度 | 模数 | 深度 |
|---|---|---|---|
| 1.5 | 0.25 ~ 0.50 | 10 | 2.00 ~ 2.60 |
| 1.75 | 0.25 ~ 0.50 | （11） | 2.00 ~ 2.60 |
| 2 | 0.40 ~ 0.65 | 12 | 2.30 ~ 3.20 |
| 2.5 | 0.50 ~ 0.75 | 14 | 2.60 ~ 3.50 |
| 3 | 0.65 ~ 1.00 | 16 | 3.00 ~ 3.90 |
| 3.5 | 0.65 ~ 1.00 | 18 | 3.00 ~ 3.90 |
| 4 | 0.75 ~ 1.30 | 20 | 3.60 ~ 4.50 |
| 5 | 1.00 ~ 1.50 | 22 | 3.70 ~ 4.80 |
| 6 | 1.30 ~ 1.80 | 25 | 4.00 ~ 5.00 |
| 7 | 1.50 ~ 2.00 | 28 | 4.00 ~ 5.00 |
| 8 | 1.80 ~ 2.30 | 32 | 4.00 ~ 5.00 |
| 9 | 1.80 ~ 2.30 | | |

第 4 问：请分析齿轮偏载和水泵轴齿轮断齿的裂纹起源方向的关联性？能否从造成齿轮偏载的可能性反推查找可能的原因？

第 4 答：断齿裂纹起源于轮齿左端（背景资料中的插图），从接触痕迹来看，水泵轴齿轮呈现左端重、右端轻的特点，即左端的接触应力大于右端，因此，裂纹起源位置与偏载是关联的。至于造成偏载的原因比较复杂，还需要进一步排查和分析。

第 5 问：请评价一下水泵轴杂质的影响。

第 5 答：水泵轴齿轮的 D 类夹杂超出了标准要求。D 类夹杂是通过在 100 倍视场数夹杂物的数量进行评级的，即水泵轴齿轮的 D 类夹杂物的数量相对较多，但未发现较大尺寸的夹杂。因此，夹杂物对齿轮的断裂有不利影响，但不是造成断裂的主要原因。

第 6 问：能否根据水泵轴齿轮断齿的疲劳条带推断出水泵轴断裂经历多长时间？

第 6 答：从发来的图片资料中数得的水泵轴齿轮断齿断口的疲劳弧线共计 34 条，通常一条弧线对应一次启动。柴油机累积启动约 34 次，因此，大约在第 34 次启动时轮齿已出现裂纹。但是，这不是准确的数据，因为干扰疲劳弧线的因素很多。

第 7 问：目前，水泵轴齿轮的齿根圆角 $R$ 和表面粗糙度与国内标准比较，结果如何？

第 7 答：失效水泵轴齿轮齿根采用 ISO 53：1998 标准中的 A 型齿廓，齿根 $R$=0.25$m$，齿根经磨削，这对硬齿面齿轮强度非常不利；国内外硬齿面齿轮通常都采用 ISO 53：1998 标准中的 D 型齿廓，齿根 $R$=0.4$m$，齿根不磨削。

第 8 问：请解答齿轮“修形”英语专业术语如何翻译？

第 8 答：齿廓修形　profile modification
修缘　tip relief
修根　root relief
齿向修形　axial modification，spiral modification
齿端修薄　end relief

鼓形修整　crowing

齿轮偏载　uneven distribution of load over face width 或 uneven distribution of face load

## 参考文献


[1] Darle W.Dudley. Handbook of practical gear design[M]. McGraw-Hill Book Company.1984：4.17-4.24.


日期：2014 年 1 月 13 日

# 【例 4-4】 垃圾处理用减速机的设计问题

### 问题描述

北方某公司发来垃圾处理用减速机设计的图纸和资料，征求作者对该减速机设计方面的意见。

### 答复内容

关于垃圾处理用减速机的设计，作者有几点看法：

① 从减速机总图上看，这是一种整体悬浮浮动的多级行星齿轮传动。设计、制造精度要求较高，特别是齿轮的径向跳动（太阳轮、行星轮和内齿轮的偏心误差）、行星架的孔距偏差和机构的变形等的控制要较严，要比常规的行星齿轮传动要求高。

② 减速机是五级串联的 NGW 行星齿轮传动，其承载能力可靠度要求要特别考虑。例如，如果单级行星齿轮传动可靠度为 0.98，五级串联的行星齿轮传动的可靠度仅为 $0.98^5$=0.9，因此要提高齿轮、轴承的可靠度，常规的服务系数 $F_s$ 可能不适合使用。

③ 五级串联的 NGW 行星齿轮传动减速机，最后一级的转速仅为 0.53159r/min，齿轮的圆周速度很可能小于 0.5m/s，这种齿轮传动不能形成有效的润滑油膜，其失效形式是冷胶合或磨损，而不是齿面疲劳，常规的齿轮接触疲劳计算不适用，因此齿轮润滑和硬化层的深度要特别考虑。

④ 一级 NGW 行星齿轮传动减速机只有 3 个运动件［太阳轮、行星轮（按一个考虑）、行星架］，其动力学特性比较简单，通常不会发生共振现象。但是五级串联的 NGW 行星齿轮减速机有 15 个运动件，运动件的运动速度差别很大，其运动学特性就比较复杂了，只要其中一个运动件的振动频率与减速机的自然固有频率相同就可能发生共振，造成减速机失效或动态性能变差，因此最好进行减速机的动力学计算。

⑤ 五级 NGW 行星齿轮减速机的零件图未能细看，从几个典型零件图来看，图中基准的选择、形位公差的标注等问题比较多。

⑥ 五级串联的 NGW 行星齿轮传动工业上很少见，从另一个角度来看，如果采用 NW（负号机构）行星齿轮传动，就可以将五级传动改为三级，而且减速机的径向尺寸和轴向尺寸将比五级 NGW 减速机小。NW（负号机构）行星齿轮传动的性能（如传动效率、最大功率等）同 NGW 行星传动相同，但其传动比较大，常用的为 7 ～ 21。如果每级传动比取 14.1，就可以达到要求的传动比 2802.9。NW 行星齿轮减速机的制造和装配较 NGW 减速机复杂，而这正是发挥公司技术优势的场合。

日期：2015 年 1 月 8 日

## 【例 4-5】 电扶梯减速机的静强度问题

### 问题描述

南方某电梯公司发来电扶梯减速机的图纸和有关资料，并说：关于对电扶梯减速机静强度的理解，我们有一些问题和困惑请教，希望给出专业的指导意见！

减速机由一级蜗轮蜗杆和一级斜齿轮组成，如图 4-5-1 所示。

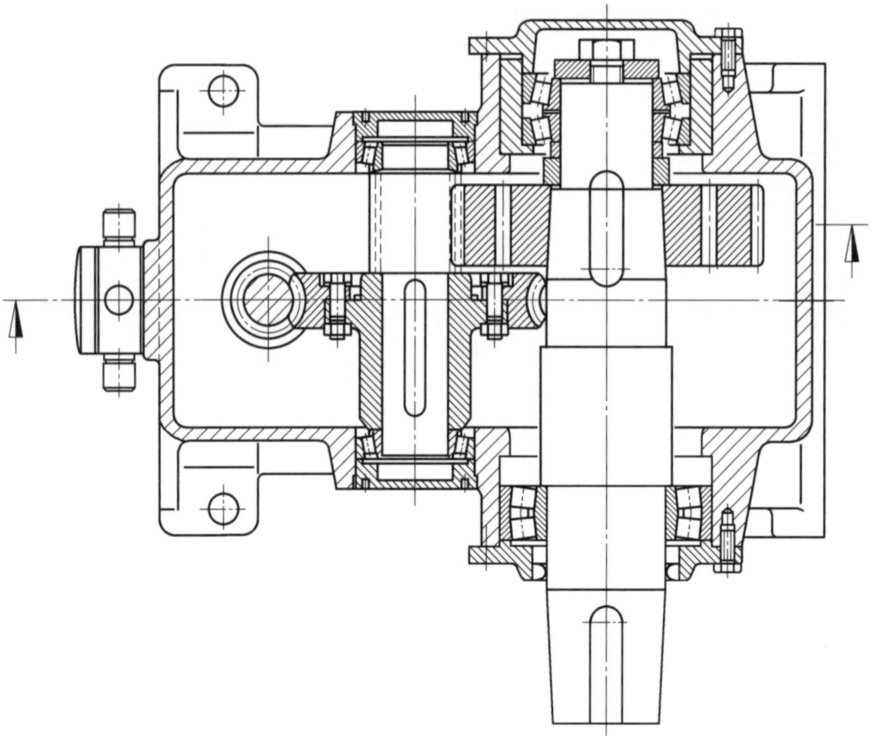

图 4-5-1 蜗杆蜗轮 - 斜齿轮减速机

### 答复内容

第 1 问：蜗杆蜗轮是否要考虑齿面的接触疲劳强度。国家标准中规定是在破断力的情况下静载安全系数大于 5。

第 1 答：由于标准中规定的是在破断力（breaking force）的情况下静载安全系数，因此不必考虑齿面的接触疲劳强度。只有在额定载荷工况下才考虑齿面的接触疲劳强度。

第 2 问：斜齿轮是否也要同时考虑齿面强度和齿根强度，在施加 5 倍额定转矩的情况下，如果齿根强度满足要求（不发生齿根断裂），齿面的失效形式是什么？是否仅仅发生塑性变形而不产生破断，从而认为可以满足 GB 16899—2011《自动扶梯和自动人行道的制造与安装安全规范》？在此标准中规定："所有驱动元件静力计算的安全系数不应小于 5。"

第 2 答：在施加 5 倍额定转矩的情况下，齿面的失效形式应该是齿面塑性变形、压溃；只要不断齿，就可以认为满足 GB 16899。应该在额定转矩的情况下，计算齿面和齿根的疲劳强度。

第 3 问：轴承的静载安全系数是否也要大于 5，因为标准中是按照滚子变形的变形量来定义静载安全系数的。施加 5 倍额定转矩以后是否仅产生塑性变形而不发生破断。

第 3 答：施加 5 倍额定转矩以后，轴承仅产生塑性变形而不发生破断，可以认为满足 GB 16899。

第 4 问：对于上述静载 5 倍安全系数的情况，我们该如何计算轴的强度呢？

第 4 答：可以考虑用轴材料的规定非比例延伸强度 $R_{p0.2}$ 作为极限应力，计算轴的静强度。在额定转矩的情况下，计算轴的疲劳强度。

第 5 问：对于键的静载 5 倍安全系数的情况下，我们又该如何考虑？

第 5 答：这是一个难题。一般平键选定后，验算挤压强度 $\sigma_p \leqslant [\sigma]_p$，而许用挤压应力 $[\sigma]_p=R_p/[S]$。式中，$R_p$ 是规定非比例延伸强度；$[S]$ 是许用安全系数。可见挤压强度验算是考虑材料塑性变形的，而不是破断。平键具有破断性质的失效是剪切断裂，但是普通平键标准化时已经考虑了抗剪切的强度条件，因此设计计算时无需验算剪切强度。由此可见，如果要求静强度安全系数等于 5，验算平键的剪切强度可能是一种较合适的选择。不过要注意：键连接的轮毂和轴，两者都要提高硬度才好。

第 6 问：对于箱体，我们可以进行有限元分析，是否也应该考虑应力值的 5 倍系数？

第 6 答：可以考虑采用材料的规定非比例延伸强度 $R_p$ 作极限应力。

日期：2016 年 5 月 2 日

# 【例 4-6】 关于行星齿轮副的侧隙问题

## 问题描述

北方某公司的朋友问：行星齿轮传动的太阳轮、行星轮的侧隙与行星轮、齿圈的侧隙范围是否要一致？即最小侧隙与最大侧隙是否要基本相同？

## 答复内容

根据提出的问题，作者收集了一些资料，加上作者的见解汇编成下文，作为答复，供参考。

行星齿轮副的侧隙问题可从三个方面来讨论。

### （1）《齿轮手册》（第二版）（齿轮手册编委会编，机械工业出版社出版）对行星齿轮传动齿轮精度和技术条件的论述

在《齿轮手册》（第二版）中论述了行星齿轮传动齿轮精度和技术条件，其中推荐行星齿轮副的最小侧隙可按表 4-6-1 选取。

表 4-6-1　最小侧隙　μm

| 侧隙种类 | 中心距 /mm | | | | | | | | | |
|---|---|---|---|---|---|---|---|---|---|---|
| | ≤ 80 | ＞ 80 ～ 125 | ＞ 125 ～ 180 | ＞ 180 ～ 250 | ＞ 250 ～ 315 | ＞ 315 ～ 400 | ＞ 400 ～ 500 | ＞ 500 ～ 630 | ＞ 630 ～ 800 | ＞ 800 ～ 1000 |
| d | 46 | 54 | 63 | 72 | 81 | 89 | 97 | 110 | 125 | 140 |
| c | 74 | 87 | 100 | 115 | 130 | 140 | 155 | 175 | 200 | 230 |
| b | 120 | 140 | 160 | 185 | 210 | 230 | 250 | 280 | 320 | 360 |

续表

| 侧隙种类 | 中心距 /mm | | | | | | | | | |
|---|---|---|---|---|---|---|---|---|---|---|
| | ≤ 80 | ＞ 80 ～ 125 | ＞ 125 ～ 180 | ＞ 180 ～ 250 | ＞ 250 ～ 315 | ＞ 315 ～ 400 | ＞ 400 ～ 500 | ＞ 500 ～ 630 | ＞ 630 ～ 800 | ＞ 800 ～ 1000 |
| a | 190 | 220 | 250 | 290 | 320 | 360 | 400 | 440 | 500 | 560 |

注：1. 表中 a 类，侧隙对应的齿轮与箱体温差为 40℃；b 类为 25℃，c 类为 16℃，d 类为 10℃。

2. 对于行星传动，根据经验，按不同用途推荐采用的最小侧隙为：

精度不高，有浮动构件的低速传动采用 a 类；精度较高（高于 7 级）有浮动构件的低速传动采用 b 类；高精度（高于或等于 5 级）的高速和低速传动采用 c 类或 d 类。

由上述内容可见，表 4-6-1 中没有提到内啮合和外啮合齿轮副在选用侧隙上有什么不同。

（2）从影响齿轮副最小侧隙的因素来看内、外齿轮副的侧隙是否要有区别

影响齿轮副最小侧隙的因素有：

① 箱体、轴和轴承的偏斜。

② 箱体的偏差和轴承的游隙导致齿轮轴线的不对中和偏斜。

③ 安装误差。

④ 轴的径向圆跳动。

⑤ 温度的影响（箱体与齿轮零件的温度差）。

⑥ 旋转零件（如齿轮、行星架等）的离心胀大。

⑦ 其他因素，如润滑剂的污染、线胀系数差别很大的齿轮副（如非金属材料齿轮）。

具体到行星齿轮减速机，上述的①、②、③、④和⑦项，内外啮合的齿轮副基本上是没有差别的，因此其侧隙的选用也不会有所不同，但是第⑤项和第⑥项的影响就有进一步考虑的必要。

温度的影响：在行星齿轮减速机中，内齿圈的温度通常都低于太阳轮和行星轮的温度，因此前者的热膨胀量要小于后者，这样就会造成行星轮与内齿圈的啮合侧隙减小。

旋转零件的离心胀大：行星齿轮减速机中的太阳轮、行星轮和行星架等，在旋转（特别是高速旋转）时产生的离心力将使尺寸胀大，从而使行星轮与内齿圈的啮合侧隙减小。

考虑以上两项后，是否可以得到这样的结论：在行星齿轮传动中，内齿圈与行星轮的啮合侧隙应该大于行星轮同太阳轮的啮合侧隙为好。

（3）用行星轮系侧隙分析理论计算侧隙

这是用理论分析的方法来计算行星轮系的侧隙。参考文献 [1] 就是这方面的一篇论文。论文在充分研究固定中心距齿轮副侧隙分析理论的基础上，结合行星轮系的运动特性，依据均载分析理论测算出太阳轮、齿圈的浮动量，用浮动量及行星轮位置度误差之和代替中心距极限偏差，在原有的侧隙分析理论的基础上进行必要的改进后，提出了一套适用于计算行星轮系侧隙的方法。

该论文考虑的问题（主要是制造误差）比较全面，但是轴承的游隙、旋转零件的离心胀大和轴的径向圆跳动等影响因素，论文中并未计及。

综合起来看，行星轮齿轮传动侧隙的精确确定，目前尚有进一步研究的空间。这对于高速、高精度的行星轮齿轮传动来说，尤其重要。

## 参考文献

[1] 王文，曹罚君，张跃春，等 . 行星轮系侧隙分析理论探讨 . 机械工程与自动化 [J]. 2015（1）：14-15.

日期：2016 年 11 月 29 日

# 【例 4-7】 关于硬齿面齿轮齿根硬化层磨失问题

**问题描述**

北方某公司的朋友问：硬齿面齿轮齿根硬化层磨没了，对轮齿的弯曲强度影响大吗？

**答复内容**

## 1 硬齿面齿轮齿根硬化层磨没了对轮齿弯曲强度的影响

硬齿面齿轮齿根硬化层磨没了，这种情况属于轮齿的过度磨损，其具体表现为工作齿面材料大量磨失，轮齿尺寸发生了变化，影响轮齿的弯曲强度当然很大。主要理由如下：

① 过度磨损使齿根的承载截面减小，图 4-7-1 所示为一实例。轮齿过度磨损后的尺寸变化见图 4-7-2，磨损后的承载尺寸 $S'$ 小于正常的承载尺寸 $S$，轮齿的弯曲强度必然降低。

② 硬齿面齿轮齿根马氏体的硬化层磨没了，就使齿根的残余压缩应力归零，甚至出现残余拉应力，因此对轮齿的弯曲强度非常不利。

③ 过度磨损破坏了齿廓的正常形状，导致出现严重的齿轮系统振动和噪声，动载荷急剧加大，最终造成轮齿的随机断裂失效。

结论：通常，这种齿轮应该报废。

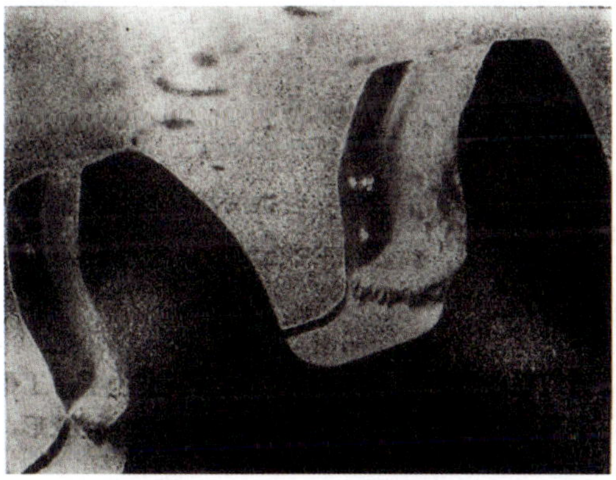

图 4-7-1　轮齿过度磨损实例

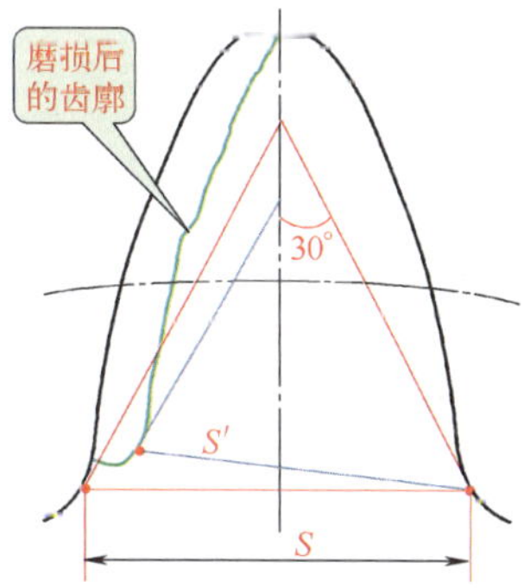


图 4-7-2　轮齿过度磨损后的尺寸

## 2 轮齿过度磨损的失效判据

所谓轮齿磨损的失效判据，就是轮齿磨损到何种程度齿轮就要报废。齿轮的失效判据有两种：一种是齿轮台架试验的失效判据，另一种是工业产品齿轮的失效判据。前者在 GB/T 3480—1997《渐开线圆柱齿轮承载能力计算方法》中有明确的规定。GB/T 3480—1997 不适用于不同行业、不同工况的实际产品齿轮（如汽车齿轮、航空齿轮、机床齿轮、船舶齿轮等），因为这些齿轮的使用情况要比试验齿轮复杂得多，不可能制订出一个各行业、各工况都通用的产品齿轮失效判据。可行的办法是根据各行业的实际情况，通过大量的调查研究、分析计算和经验总结，才能制订出符合本行业实际的齿轮失效判据，例如，我国的重载齿轮的失效判据标准为 JB/T 5664—1991《重载齿轮 失效判据》。

以下内容摘自参考文献 [1]。

以下介绍我国行业标准 JB/T 5664—1991《重载齿轮 失效判据》的主要内容，从中可以了解实际产品齿轮失效判据的基本内容。

应该指出，制订实际产品齿轮失效判据的主要依据是本行业齿轮的使用经验。正因为如此，这种齿轮失效判据会随着使用经验的不断丰富而不断修改完善。

① 标准的适用范围和重载齿轮的分类 JB/T 5664—1991 标准规定了 $v \leqslant 20\text{m/s}$ 的重载齿轮的磨损、点蚀、剥落、胶合、塑性变形、折断与裂纹的失效判据。此失效判据主要用于判别经运转并已出现损伤的重载齿轮是否达到失效的程度，以便及时预防重大事故，准备备件，也可用于产品可靠性的评定。

重载齿轮的分类见表 4-7-1。不同类别的重载齿轮其失效判据的松紧程度应有所不同。

表 4-7-1 重载齿轮的分类

| 重载齿轮分类 | | 说明 |
|---|---|---|
| 代号 | 类别 | |
| Ⅰ | 一般设备 | 齿轮失效仅引起单台设备停产，如开式传动齿轮，矿山破碎机齿轮等 |
| Ⅱ | 重要设备 | 齿轮失效引起机组、生产线或全厂停产，设备损坏，如球磨、烧结、冶金、化工、轻工机械齿轮等 |
| Ⅲ | 高安全要求设备 | 齿轮失效引起设备、人身事故，如起重设备、载人电梯齿轮等 |

② 齿面磨损失效判据 齿面磨损损伤可有多种形式，通常可将 GB/T 3481—1997 中所论述的齿面耗损的迹象（如滑动磨损、腐蚀、侵蚀等）都归入齿面磨损这一类中。齿面磨损最显著的特征是齿厚的减薄，据此有两种可用的磨损失效判据。

a. 磨损比率法 无论何种磨损形式，其齿根两侧磨损量之和 $\Delta S$（mm）与齿轮模数 $m_n$（mm）的百分比 $M$（$M=\Delta S/m_n$）达到或超过表 4-7-2 所列指标，则该齿轮应判为失效。

表 4-7-2 齿面磨损失效判据

| 重载齿轮分类 | $M$ | |
|---|---|---|
| | $v < 10\text{m/s}$ | $10\text{m/s} \leqslant v \leqslant 20\text{m/s}$ |
| Ⅰ | 40 | 30 |
| Ⅱ | 30 | 20 |
| Ⅲ | 15 | 10 |

检测的轮齿应是损伤最严重的轮齿，而且有一个轮齿的损伤检测结果达到失效指标，即可作为判定齿轮失效的充分判据。

轮齿磨损量的测量可采用精度 0.02mm 以上的齿厚游标卡尺，以齿顶定位，测量齿根磨损前的 $S$、磨损后的厚度 $S'$ 及高度 $h'$，见图 4-7-3。磨损量按下式计算，即

$$\Delta S=S-S'$$

齿根危险截面处的圆角半径 $\rho_f'$ 可用样板测量。

轮齿磨损量也可用精度 0.02mm 以上的游标卡尺，从齿轮端面测量 $S$、$S'$ 和 $h'$，见图 4-7-4。

根据测量所得的不同齿高的齿厚，描绘磨损后的齿形，如图 4-7-4 所示。

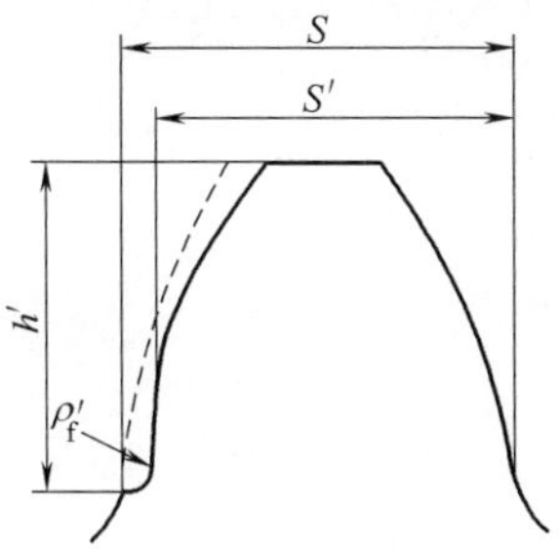

图 4-7-3　**用齿厚游标卡尺测量磨损量**

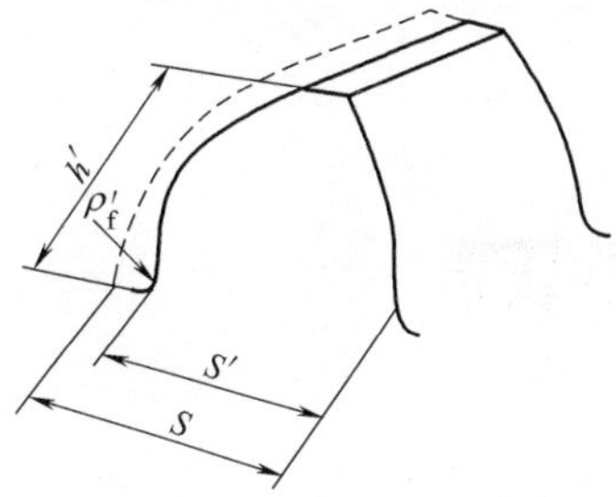

图 4-7-4　**用游标卡尺测量磨损量**

b. 弯曲强度计算法　轮齿磨损后，其弯曲强度将降低，因此可以按 GB/T 3480—1997 中轮齿弯曲强度计算方法及实测的磨损后齿轮的各参数，计算轮齿磨损后的弯曲强度安全系数 $S_F'$，如果

$$S_F' < S_{Fmin}$$

则应判定齿轮失效。

$S_{Fmin}$ 是 JB/T 5664 规定的判别齿轮失效的最小齿根弯曲强度安全系数：

对Ⅰ类重载齿轮　$S_{Fmin}=1$；

对Ⅱ类重载齿轮　$S_{Fmin}=1.2$；

对Ⅲ类重载齿轮　$S_{Fmin}=1.4$。

以上①、②两种方法等效，优先采用①法。

# 3 讨论

① 标准 JB/T 5664—1991《重载齿轮　失效判据》，主要是根据工业实践经验制订的，缺乏严谨的理论分析基础。例如标准认为，对过度磨损的齿轮可以用 GB/T 3480—1997 进行轮齿弯曲强度计算，但是计算中齿形系数的确定就会遇到理论分析的困难。

② 利用磨损后的承载尺寸 $S'$ 计算轮齿弯曲强度的合理性也值得怀疑，如果采用图 4-7-4 的 $S'$ 尺寸就比较合理。

③ 润滑系统失效、密封装置不良，油膜建立不起来；传动系统有严重的振动和冲击载荷，都会导致过度磨损。特别在开式齿轮传动装置上，过度磨损更是常见。

④ 硬齿面闭式齿轮传动装置过度磨损现象很少见到，但当齿轮的节线速度低于 0.5m/s 不可能建立油膜时，或者齿轮用润滑脂润滑时，也可能出现过度磨损现象。

⑤ 过度磨损齿轮的失效判据和强度计算目前还很不完善，还有进一步研究的空间，可以作为一个专题来研究。

## 参考文献


[1]　朱孝录 . 齿轮传动设计手册 . 第二版 [M]. 北京：化学工业出版社，2010：73-74.


日期：2016 年 12 月 13 日

# 【例 4-8】关于齿轮精度标准和精度对齿轮动态性能的影响

## 问题描述

北方某公司的朋友来信说：我想深入了解一下齿轮的精度以及精度对齿轮振动和噪声的影响，请给一些指导。

## 答复内容

## 1 关于齿轮精度标准

首先推荐以下 6 个齿轮精度标准（机械设计手册中都有），可作为齿轮工作者了解齿轮制造误差、精度最好的资料，应该仔细看看。

6 个齿轮精度标准：

GB/T 10095.1—2008《圆柱齿轮　精度制　第 1 部分：齿轮同侧齿面偏差的定义和允许值》

GB/T 10095.2—2008《圆柱齿轮　精度制　第 2 部分：径向综合偏差的定义和径向跳动的允许值》

GB/T 18620.1—2008《圆柱齿轮　检验和实施规范　第 1 部分：轮齿同侧齿面的检验》

GB/T 18620.2—2008《圆柱齿轮　检验和实施规范　第 2 部分：径向综合偏差、径向跳动、齿厚和侧隙的检验》

GB/T 18620.3—2008《圆柱齿轮　检验和实施规范　第 3 部分：齿轮坯、轴中心距和轴线平行度的检验》

GB/T 18620.4—2008《圆柱齿轮　检验和实施规范　第 4 部分：表面结构和轮齿接触斑点的检验》

值得注意的是：

① GB/T 10095.1—2008《圆柱齿轮　精度制　第 1 部分：齿轮同侧齿面偏差的定义和允许值》，已为 GB/T 10095.1—2022《圆柱齿轮　ISO 齿面分级制　第 1 部分 齿面偏差的定义和允许值》所替代。

② GB/T 18620.2—2008《圆柱齿轮　检验和实施规范　第 2 部分：径向综合偏差、径向跳动、齿厚和侧隙的检验》，已为 GB/T 10095.2—2023《圆柱齿轮　ISO 齿面分级制　第 2 部分 径向综合偏差的定义和允许值》所替代。

上述两个最新的齿轮精度标准非常值得关注。——2024 年 9 月 9 日作者加注。

此外，推荐阅读的参考书：厉始忠 . ISO 1328-1：1995 圆柱齿轮精度制应用指南 [M]. 北京：化学工业出版社，2008。

## 2 关于齿轮精度对齿轮动态性能的影响

关于齿轮精度参数对齿轮运动、啮合、噪声和振动等方面的影响，比较复杂，请参阅下面作者摘编的资料。

## 2.1 齿轮制造偏差对齿轮噪声的影响

齿轮制造偏差对齿轮噪声的影响，见图 4-8-1 ～图 4-8-13。

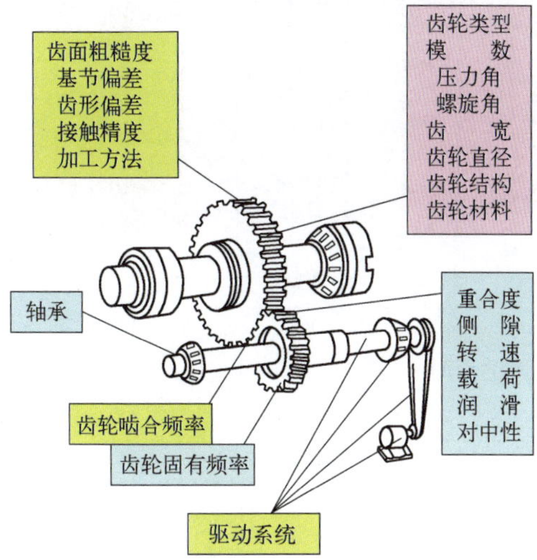


图 4-8-1　影响噪声的各种因素

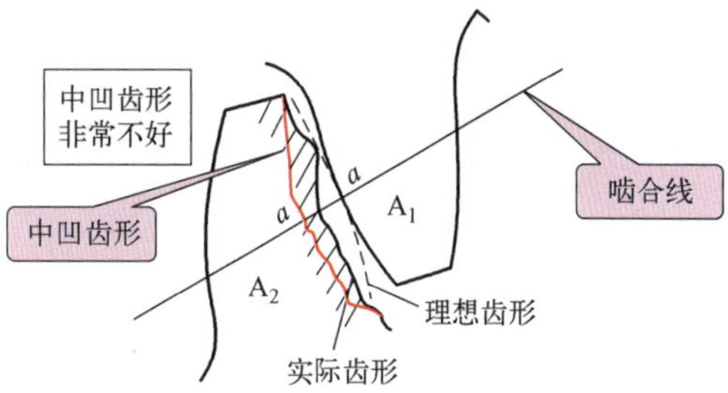


图 4-8-2　齿形偏差对齿轮啮合的影响

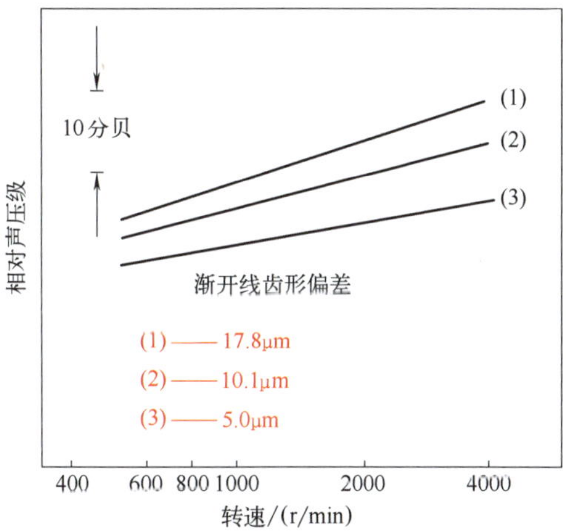


图 4-8-3　齿形偏差对噪声的影响

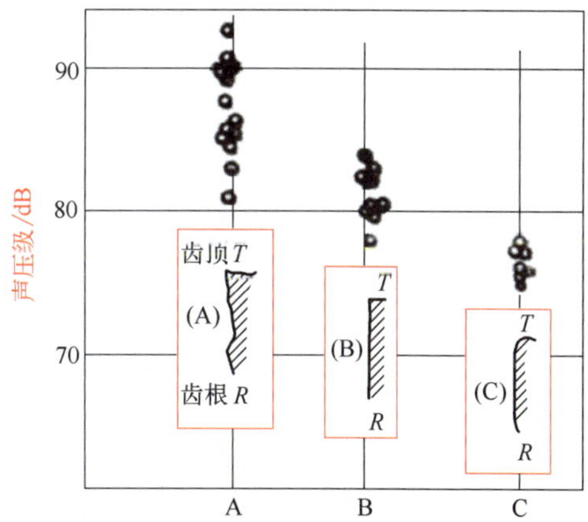


图 4-8-4　不同齿廓形状对齿轮噪声的影响

| 序号 | 齿廓形状 | 说明 |
|---|---|---|
| 1 | 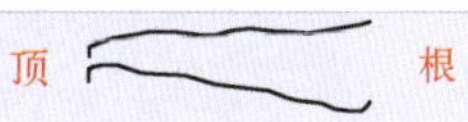 | 压力角偏小、偏大；或齿形一致性差 |
| 2 |  | 齿顶塌入。齿廓修形除外 |
| 3 |  | 齿顶凸出，齿廓很差，噪声大 |
| 4 | 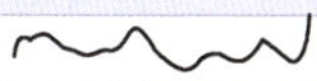 | 不规则齿形 |
| 5 |  | 中波齿形 |
| 6 |  | 大波齿形 |
| 7 | 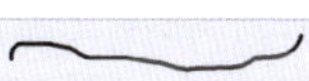 | 中凹齿形，齿廓很差，噪声大 |

图 4-8-5　不同的齿廓形状对齿轮噪声的影响

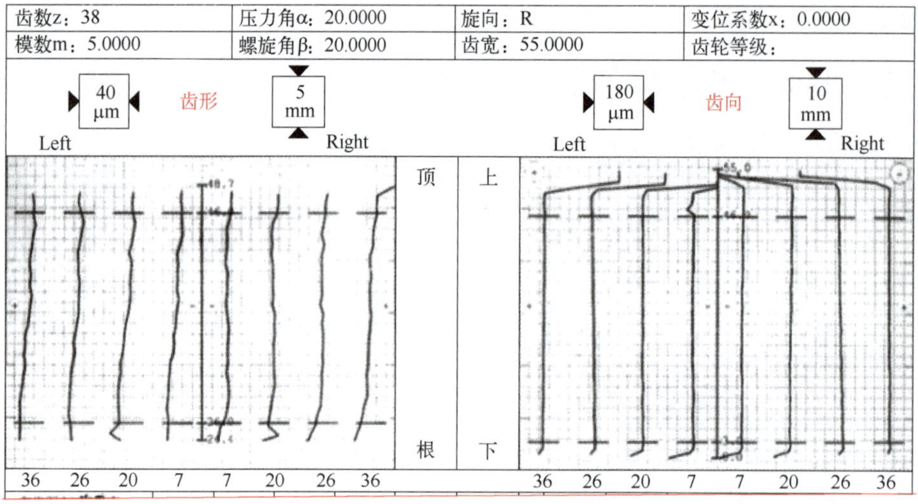


图 4-8-6　实例 1 尚正常的齿形

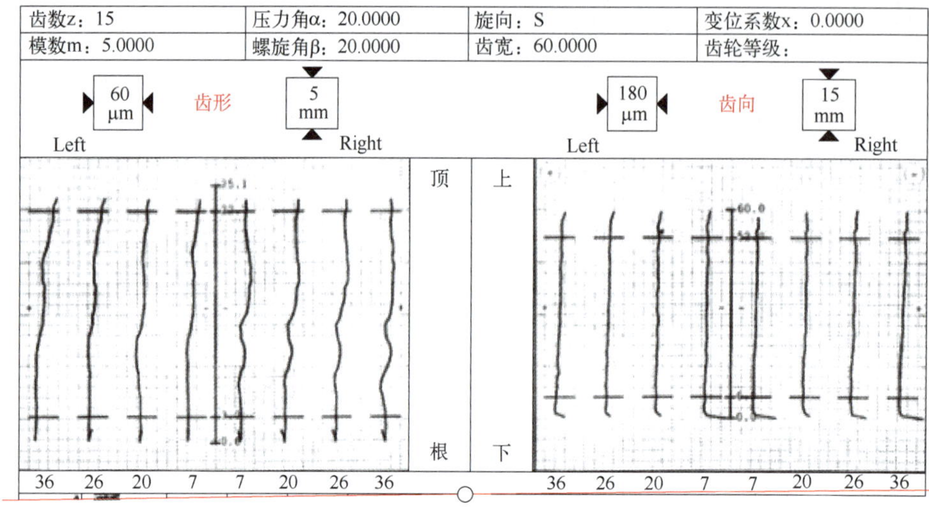


图 4-8-7　实例 2 稍有中凹的齿形

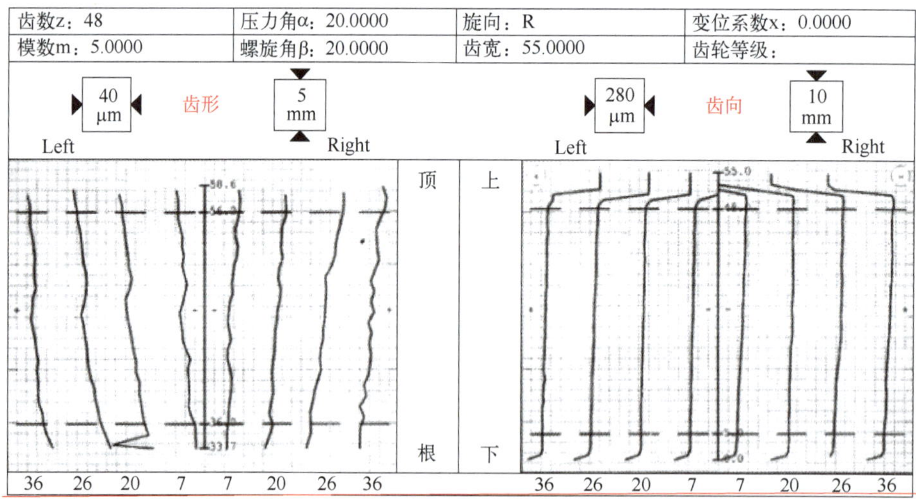


图 4-8-8　实例 3 有压力角误差的齿形

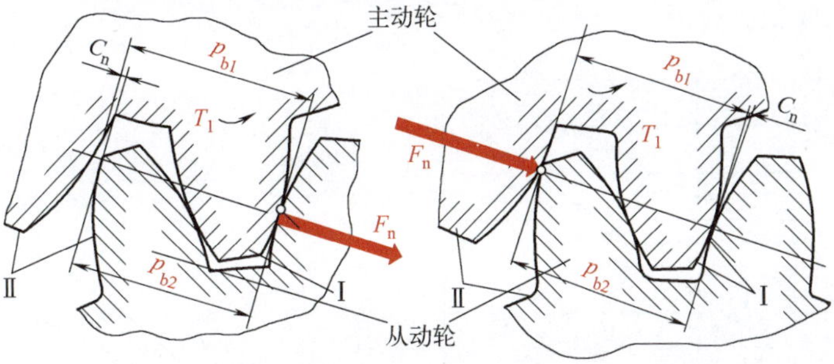


(a) $p_{b1}>p_{b2}$，产生啮出冲击　　(b) $p_{b1}<p_{b2}$，产生啮入冲击

图 4-8-9　基节偏差对齿轮啮合造成的冲击

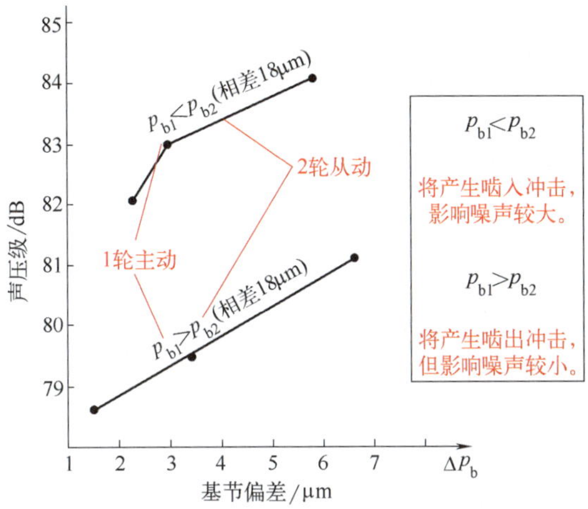


图 4-8-10　主、从动齿轮基节偏差与噪声的关系

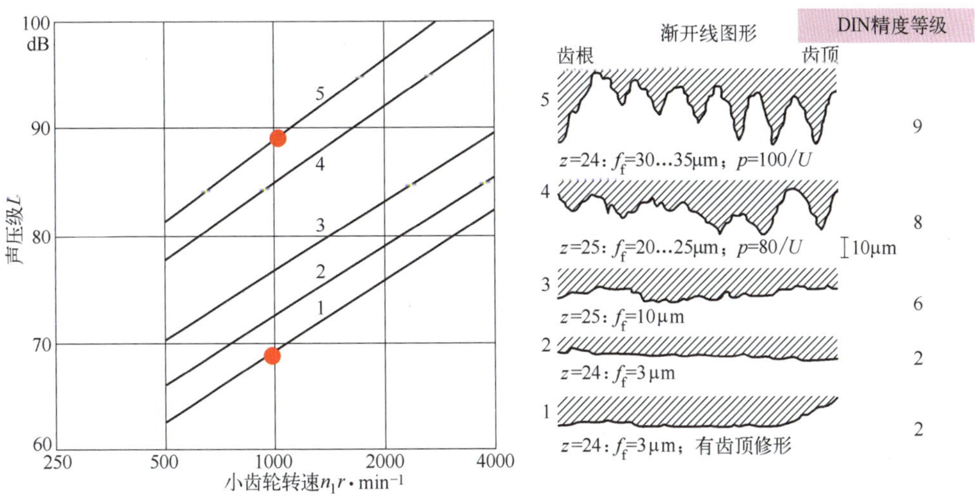


图 4-8-11　齿廓形状和精度对噪声的影响

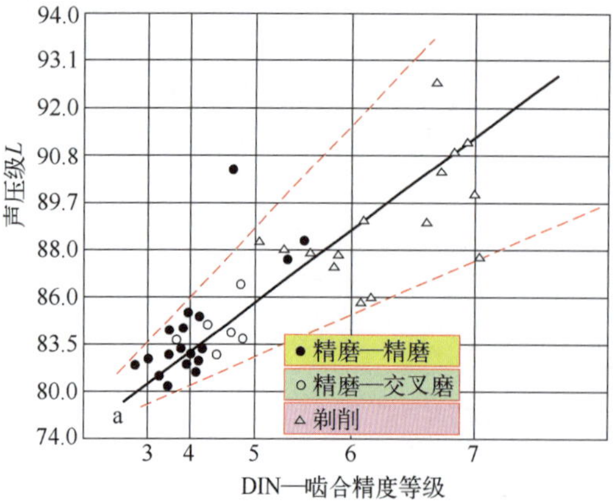


图 4-8-12 齿轮精度等级对噪声的影响

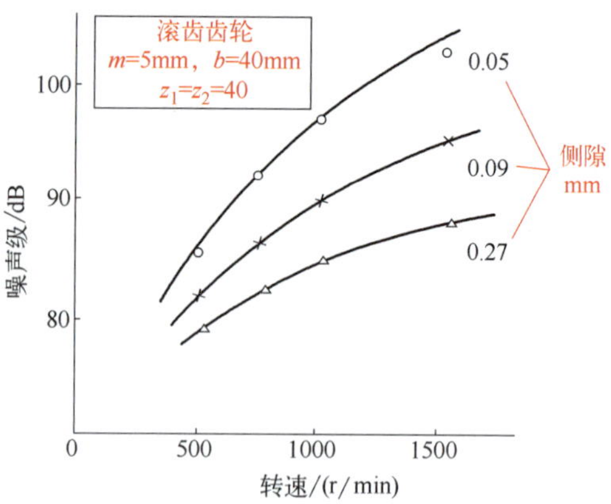


图 4-8-13 齿轮的侧隙对齿轮噪声的影响

## 2.2 齿轮制造偏差对齿轮振动的影响

产生齿轮振动的各种因素：

① 齿轮运转时产生的振动，主要是由于齿轮制造偏差、轮齿啮合刚度变化、轮齿变形、齿面摩擦力变向、转矩变化、转动质量不平衡等引起的。

② 齿轮制造偏差（特别是齿形偏差和基节偏差）和轮齿变形会引起啮入或啮出冲击。

③ 齿面摩擦力节点变向会引起中间（节点）冲击。齿轮啮合刚度变化会引起扭转振动。

④ 对于无制造偏差齿轮来说，轮齿的变形和齿面摩擦力的变向是产生齿轮振动的主要因素。

齿轮制造偏差对齿轮振动的影响，见图 4-8-14 ～图 4-8-20。

| 阶次 | 几何图形 | 产生振动的原因 |
| --- | --- | --- |
| 1 |  | 基圆偏差<br>齿向偏差 |
| 2 | 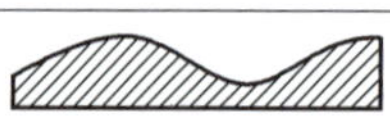 | 齿形偏差<br>基节偏差 |
| 3 | 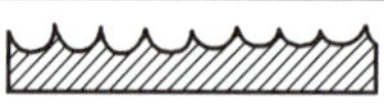 | 展成切削偏差<br>进给痕迹 |
| 4 |  | 切削表面粗糙度 |
| 5 | 无法用图形描述 | 材料结构 |
| 6 | 无法用图形描述 | 晶格结构 |

图 4-8-14 按振动阶次区分的产生振动的原因

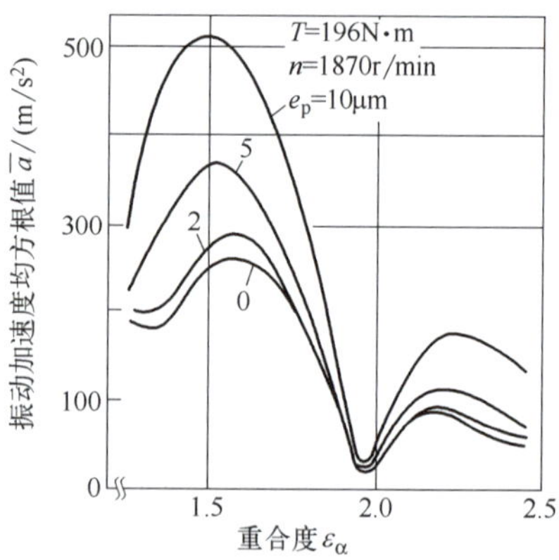


图 4-8-15 基节偏差 $e_p$ 对从动齿轮齿根动载系数的影响

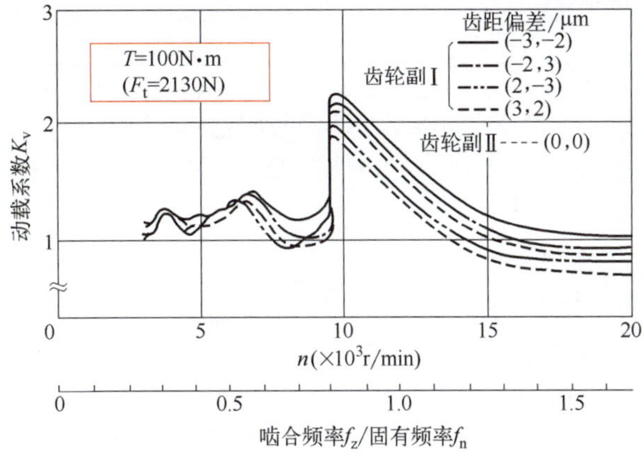


图 4-8-16 齿距偏差对从动齿轮齿根动载系数的影响

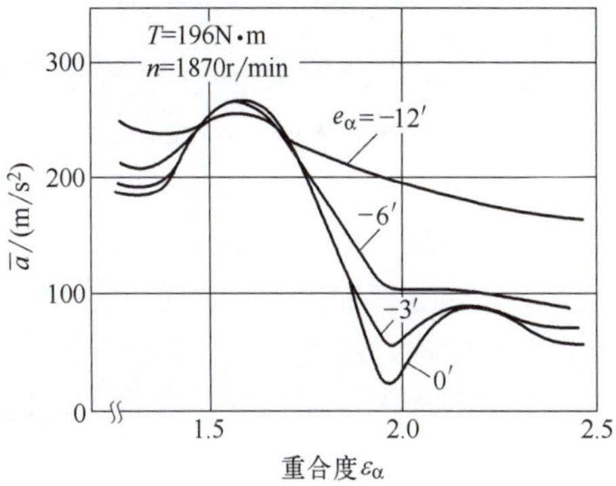


图 4-8-17 压力角偏差 $e_\alpha$ 对振动加速度均方根值的影响

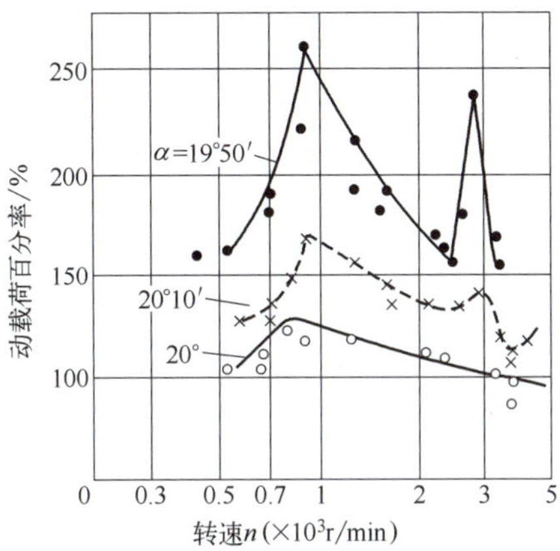


图 4-8-18 压力角偏差对从动齿轮动载的影响

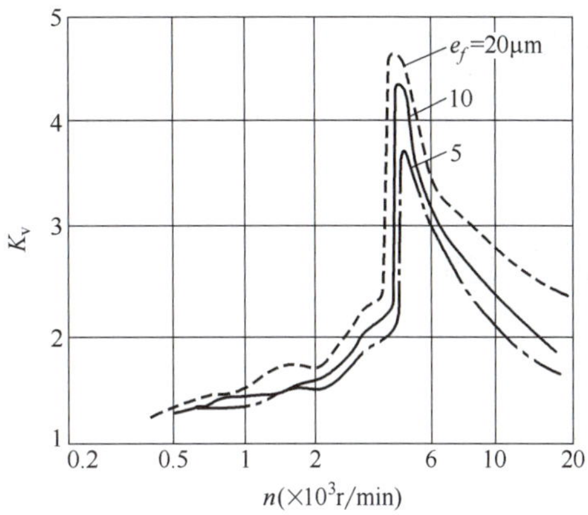


$m$=5mm，$z_1/z_2$=25/25， $b$=10mm，$F_u$=200N/mm

图 4-8-19 齿形偏差 $e_f$ 对动载系数的影响

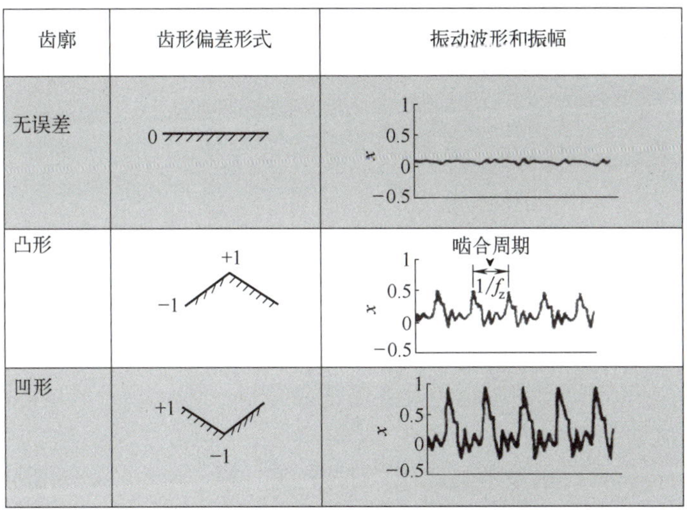


图 4-8-20 不同齿形偏差对振动的影响

## 3 控制振动和噪声的措施

减少齿轮振动和噪声的根本措施——精心设计、精心制造、精心装配：

① 合理选用齿轮参数：齿数、模数、压力角、螺旋角、齿距、直径、齿高、重合度、变位、齿廓修形、齿向修形。

② 控制齿轮精度：节距偏差、齿形偏差、齿向偏差。

③ 合理选用加工方法：齿面粗糙度、尺寸精度。

④ 控制齿坯精度：动、静平衡。

⑤ 控制加工装配精度：合理的侧隙。

日期：2016 年 12 月 14 日

# 【例 4-9】 齿轮的侧隙对齿轮传动动态性能的影响

### 问题描述

北方某公司的朋友问：【例 4-8】图 4-8-13 中的三条曲线（即本例图 4-9-1），齿轮侧隙小噪声大，侧隙大噪声小，不太好理解。

### 答复内容

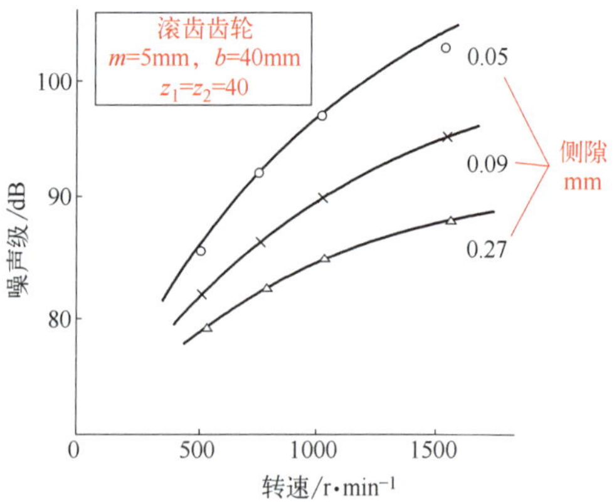


图 4-9-1 齿轮的侧隙对齿轮噪声的影响

图 4-9-1 是单对齿轮台架试验的结果，试验载荷一般都比较轻，试验结果基本上是正确的。齿轮传动在加载运转的时候，误差、变形和载荷的不稳定等，就会造成齿轮的振动。当齿轮的侧隙很小（如图 4-9-1 中的 0.05mm、0.09mm）时，就可能出现轮齿两侧齿面：左侧碰撞—离开—右侧碰撞（轮齿来回碰撞）的现象，这就加大了齿轮的噪声。而当齿轮侧隙较大时，轮齿出现的是单侧齿面碰撞—离开—碰撞的现象，因此齿轮的噪声就比较小。在齿轮传动轻载时这种现象特别常见。这是一种简单、定性的解释。实际上，齿轮侧隙对齿轮系统振动和噪声的影响非常复杂，并不是侧隙越大噪声越小，也不是侧隙越小噪声越大，而是相对于某一个齿轮传动系统，可以找到一个最佳的侧隙范围。图 4-9-2 是一个柴油机齿轮传动系统中，规定每对齿轮侧隙范围的实例，只有按图 4-9-2 规定的侧隙，柴油机齿轮传动系统的噪声和振动最小。

目前，最佳齿轮侧隙范围的确定主要还是依靠经验，进一步做理论上的研究就涉及齿轮侧隙与齿轮系统间隙非线性动力学问题。

下面的内容摘自作者根据参考文献［1］内容编写的《齿轮传动的噪声和振动》PPT 讲稿，幻灯片号用图号替代。

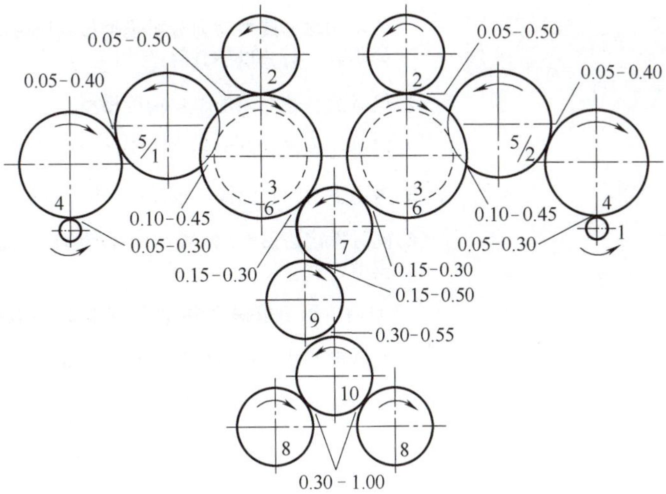


图 4-9-2 柴油机齿轮传动系统侧隙的规定

1—水泵齿轮；2—测速齿轮；3—中间小齿轮；4—水泵中间齿轮；5—B 列凸轮轴齿轮；6—中间大齿轮；7—曲轴齿轮；8—润滑油泵齿轮

在一般的动力齿轮传动中，轮齿间的侧隙不对齿轮系统的动态特性产生影响。这种状态就可以用线性动力学理论和方法来研究齿轮系统的动态特性。但是，对于轻载、高速运转的齿轮传动，如汽车变速系统、发动机传动系统等，由于频繁启动、制动和旋转速度的波动，就可能使运转齿轮副的轮齿间有接触、分离、再接触、再分离的重复冲击，从而对齿轮系统的动态特性产生不良的影响。这种状态只能用非线性动力学理论和方法来研究齿轮系统的动态特性。

**齿轮系统间隙非线性理论研究的主要问题是“振-冲”（节拍）问题：**

**建立具有齿侧间隙齿轮副的“振-冲”力学模型，研究其求解方法和动态特性；进而研究多对齿轮传动系统的“振-冲”力学模型，研究其求解方法和动态特性。**

**齿轮系统间隙非线性动力分析的实际应用，主要是在汽车变速系统和发动机传动系统中进行齿轮“振-冲”（拍击）特性及其噪声问题的研究，提出了产生“拍击”的门槛值和对“拍击”强度、噪声的评价指标等。**

图 4-9-3 齿轮间隙非线性理论主要研究的问题

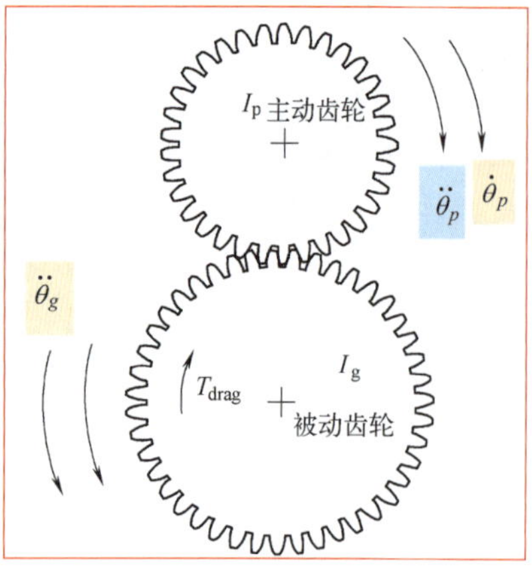


图 4-9-4　齿轮传动“振 - 冲”系统示意图

**齿轮间隙非线性动力分析模型按其所讨论问题的非线性因素的不同，可分以下几种：**

**①仅考虑齿轮侧隙的单自由度模型；**

**②同时考虑齿轮侧隙和啮合刚度时变性的单自由度模型；**

**③考虑多对齿轮侧隙，包括传动轴、轴承等多自由度模型；**

**④同时考虑齿侧间隙、轴承间隙和啮合刚度时变性的多自由度模型。**

**目前，用于求解“振-冲”（节拍）问题的方法主要有两类：**

**①数值求解法：模拟仿真；数字仿真。**

**②解析求解法：分段线性法；谐波平衡法。**

图 4-9-5　齿轮非线性动力分析模型的种类和求解方法

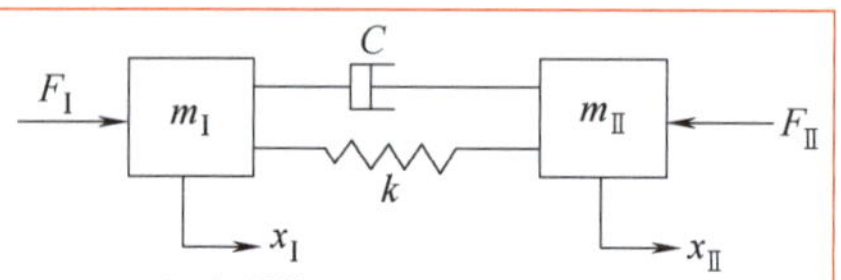


图中　$m$— 组合质量；
$c$— 能量耗散元件；
$k$— 间隙非线性弹性元件函数 $f(\bar{x})$；
$F$— 外部激励；
$x$—位移。

图 4-9-6　单自由度“振 - 冲”系统分析模型

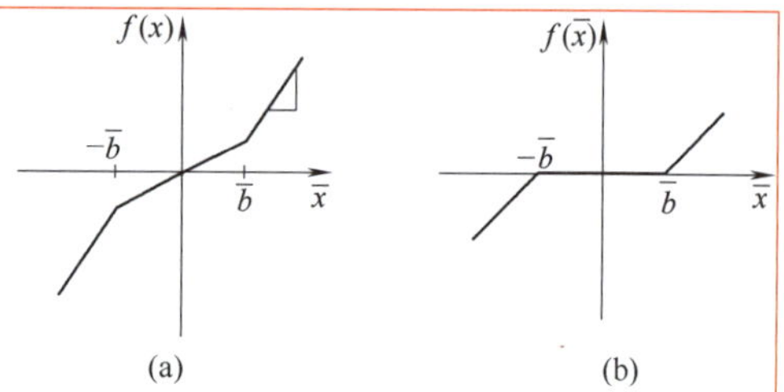


图中　$\bar{b}$ ——相对于刚度转折点的相对位移。

图 4-9-7　间隙非线性弹性元件函数 $f(\bar{x})$

**这种模型适用于多对齿轮副均存在齿侧间隙的场合。下图是一个四质量块三自由度的非线性振动系统（忽略系统阻尼）。**

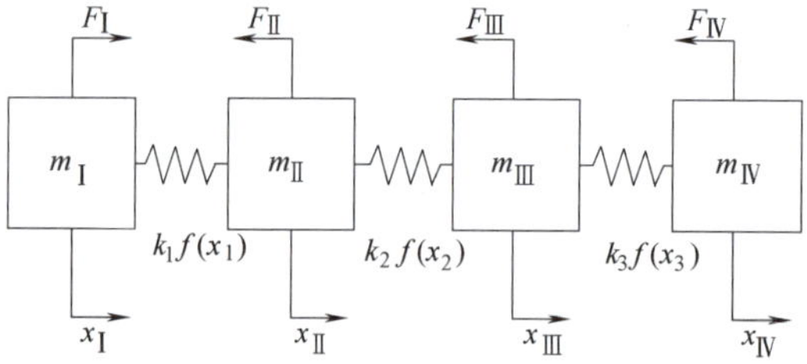


图 4-9-8　多自由度“振 - 冲”系统分析模型

在齿轮传动系统中，由间隙引起的反复多次的重复冲击称为“拍击”，而将开始出现拍击的某些条件称为拍击门槛值，以便指导齿轮传动系统的设计。目前，在汽车变速系统的研究中已取得一定的成果。

图 4-9-9 “拍击”和拍击的门槛值

**影响拍击的主要因素：**离合器的特性、发动机转速的波动、旋转齿轮的惯性、**齿轮侧隙**、外部转矩的变化以及阻滞力矩的影响等。其中以离合器的特性、齿轮侧隙和阻滞力矩的影响最大。

由于影响因素很多，其相互的关系也很复杂，因此控制齿轮传动系统的拍击就比较困难。目前，采用理论分析与经验判断相结合是主要的方法。

图 4-9-10 影响“拍击”的因素

## 参考文献


［1］ 李润芳，王建军．齿轮系统动力学——振动、冲击、噪声［M］．北京：科学出版社，1997.


日期：2016 年 12 月 17 日

# 【例 4-10】 点线啮合齿轮强度试验中的问题

### 背景资料——什么是点线啮合齿轮传动?

一对点线啮合齿轮啮合时，其啮合过程包括两部分：一部分为两齿轮的渐开线部分相互啮合，形成线接触，端面有重合度；另一部分为小齿轮的渐开线与大齿轮的渐开线和过渡曲线的交点 $J$ 相互接触，形成点啮合。点线啮合齿轮传动符合齿廓啮合基本定律，满足连续传动条件和正确啮合的要求。

点线啮合齿轮传动有两种齿廓的传动：

① 单点线啮合齿廓传动（图 4-10-1）；

② 双点线啮合齿轮传动（图 4-10-2）。

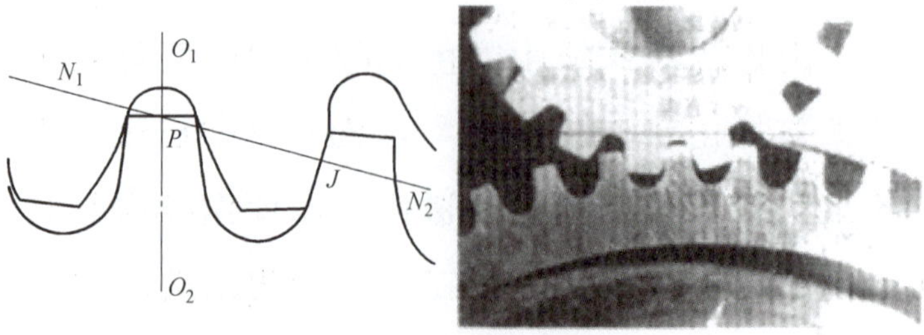


图 4-10-1　单点线啮合齿轮传动

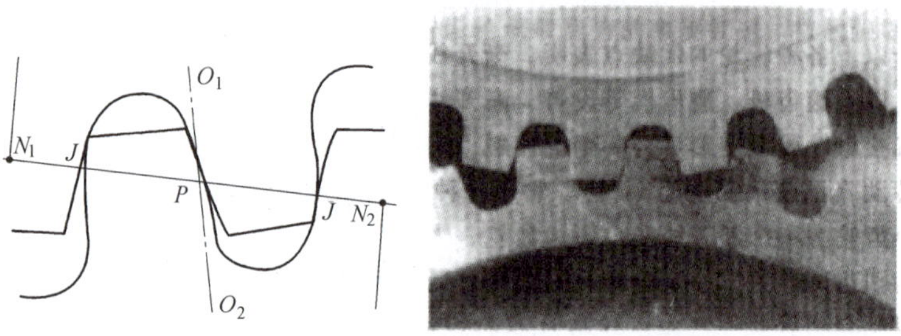


图 4-10-2　双点线啮合齿轮传动

点线啮合齿轮传动一般都做成斜齿轮。它的变位系数选择不能用普通渐开线齿轮的封闭图。发明者研制了点线啮合齿轮的封闭图，利用封闭图及设计要求可求出合适的螺旋角和变位系数，从而解决了设计计算的难题。

点线啮合齿轮的加工，通常是在普通渐开线齿轮滚齿机上用渐开线齿轮滚刀滚切而成。点线啮合齿轮中渐开线部分和过渡曲线部分的方程式，均可由普通方程式求得。

点线啮合齿轮是继渐开线齿轮、圆弧齿轮以后出现的又一种新的齿轮。目前，已经开发了 DQJ、DQJD 系列点线啮合齿轮减速机。

更详细的资料可以参看文后的参考文献。

## 问题描述

为了探索点线啮合齿轮的接触强度和弯曲强度，就要进行齿轮强度试验。试验采用电封闭齿轮试验台（电封闭齿轮箱试验台），见图 4-10-3。

图 4-10-3　电封闭齿轮箱试验台

在完成点线啮合齿轮强度试验以后，试验人员将试验结果的照片和资料发送给作者，征求意见。

## 答复内容

作者详阅试验人员发来的照片和资料后，提出以下几个问题需要商榷：

① 由图 4-10-4 和图 4-10-5 可见齿轮副存在严重的偏载，齿轮的偏载可能是轮齿断裂的原因之一。由于看的是照片不是实物，因此看不出是疲劳断裂还是过载断裂。但是从图 4-10-5 观察，在齿宽上侧的断口（红色箭头所指）具有斜齿轮端面啮合冲击疲劳的特征。

图 4-10-4 齿轮严重的偏载

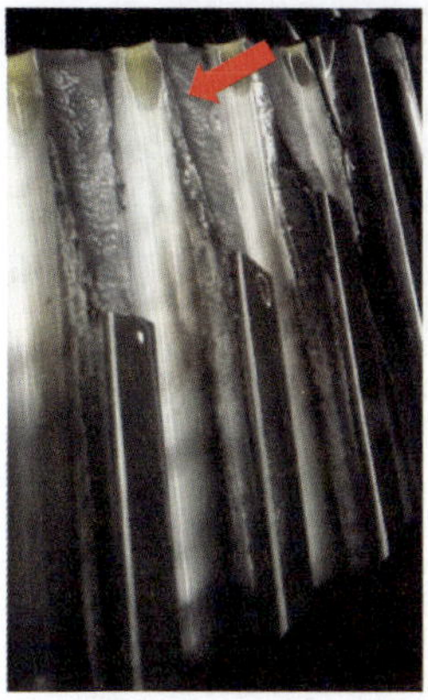

图 4-10-5 齿轮严重的偏载

② 由图 4-10-6 可见小齿轮存在比较严重的胶合。胶合也存在偏载现象。此外，小齿轮还存在啮入冲击的齿根干涉损伤带。

齿轮产生偏载的原因很多，需要做进步检测和分析。

③ 齿轮强度计算方面的问题。从点线啮合齿轮强度计算书可知齿轮计算的参数（表 4-10-1）：

图 4-10-6 小齿轮比较严重的胶合

表 4-10-1 齿轮计算的参数

| 大小齿轮 | 小齿轮 | 大齿轮 |
| --- | --- | --- |
| 材料及热处理 | 渗碳、火焰淬火 | 渗碳、火焰淬火 |
| 齿面硬度 HBS | 500 | 500 |
| 接触疲劳极限 $\sigma_{Hlim}$/MPa | 1500 | 1500 |
| 弯曲疲劳极限 $\sigma_{Flim}$/MPa | 450 | 450 |

这里有几个问题：

a. 齿面硬度 500HBS，在标准中，不能超过 449HBS（见 GB/T1172—1999），应改为 500HBW，相应的洛氏硬度为 49.5HRC。

b. 大小齿轮的材料为 20CrMnMo，热处理为：渗碳、火焰淬火。这是一种表面硬化齿轮，不是渗碳淬火齿轮。

c. 表面硬化齿轮（硬度为 49.5HRC）的弯曲疲劳极限应力 $\sigma_{Flim}$ 应该从图 4-10-7 中选取（见 GB/T 3480—1997），结果是 $\sigma_{Flim}$=230MPa，或查不到 $\sigma_{Flim}$ 值。因此设计计算书中 $\sigma_{Flim}$=450MPa 是按渗碳淬火齿轮选取的，$\sigma_{Flim}$ 太大了。

d. 表面硬化齿轮（硬度为 49.5HRC）的接触疲劳极限应力 $\sigma_{Hlim}$ 应该从图 4-10-8 中选取（见 GB/T 3480—1997），结果是 $\sigma_{Hlim}$=970MPa，或查不到 $\sigma_{Hlim}$ 值。因此设计计算书中 $\sigma_{Hlim}$=1500MPa 是按渗碳淬火齿轮选取的，$\sigma_{Hlim}$ 太大了。

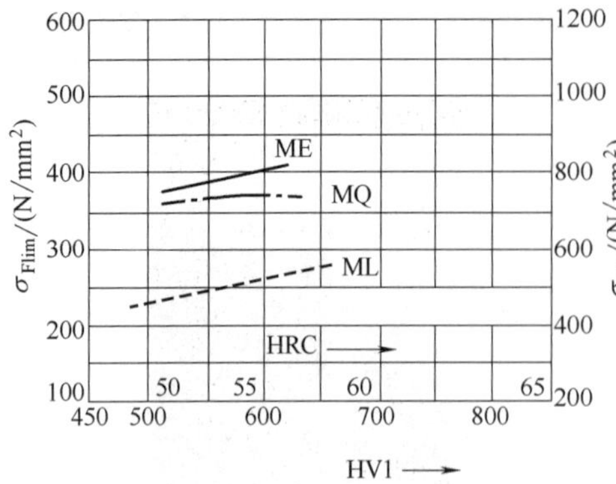


图 4-10-7　**表面硬化（火焰或感应淬火）钢的弯曲疲劳极限应力 $\sigma_{Flim}$**

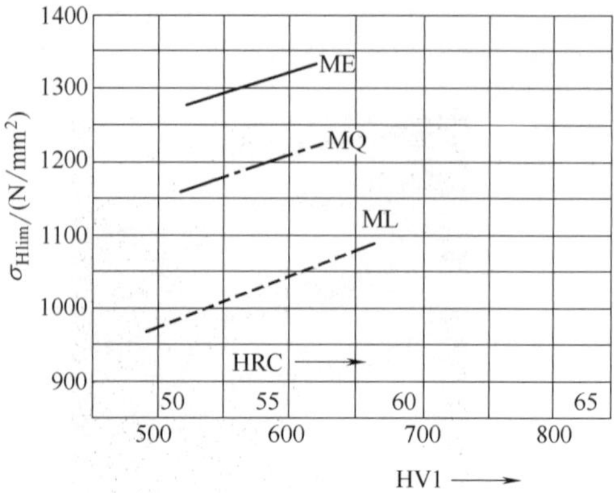


图 4-10-8　**表面硬化（火焰或感应淬火）钢的接触疲劳极限应力 $\sigma_{Hlim}$**

④ 仔细测量齿面、齿根硬度，确定淬硬层的分布形状；根据齿轮的模数、感应电流频率、电器参数和感应器结构的不同而异，一般有表 4-10-2 中的几种形式。齿轮传动推荐采用 A 系列（A1、A2）的淬硬层的分布形状；B 系列（B1、B2、B3）的淬硬层的分布齿轮弯曲强度都低。

**表 4-10-2　淬硬层不同的分布形状和优缺点**

| 代号 | A1 | A2 | B1 | B2 | B3 |
|---|---|---|---|---|---|
| 淬硬层的分布形状 |  |  |  | 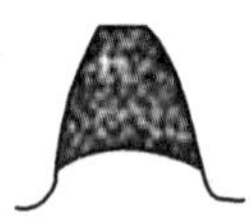 |  |
| 优缺点 | 接触和弯曲强度高 | 接触和弯曲强度高但韧性差 | 齿根弯曲强度低，齿面接触强度较高 | 齿根弯曲强度低，齿面接触强度高 | 齿根弯曲强度低，接触强度也低 |

⑤ 复核以上数据和硬度测量结果，重新计算点线啮合齿轮的承载能力。

## 参考文献


［1］ 厉海祥 . 点线啮合齿轮传动［M］. 北京：机械工业出版社，2011.

［2］ 朱孝录 . 齿轮传动设计手册［M］.2 版 . 北京：化学工业出版社，2010：205-217.

［3］ 金晓峰 . 点线啮合齿轮齿形设计及啮合特性分析［D］. 重庆：重庆大学，2014.


日期：2016 年 12 月 19 日

# 【例 4-11】 直齿轮和斜齿轮的抗冲击问题

## 问题描述

北方某公司的朋友问：减速机受冲击载荷较大时，例如破碎机用减速机，采用直齿轮是否比斜齿轮好？英国 MMD 破碎机的减速机用的是直齿轮。他们也使用过斜齿轮，但使用效果和寿命都不如直齿轮。斜齿轮的载荷是由零逐渐增大进入啮合，又从最大逐渐减小退出啮合，而直齿轮啮合齿是全部齿宽直接一次性参与啮合受力，从这一点来看，直齿轮的承载能力是优于斜齿轮的，特别是承受很大冲击的情况下。这种看法对吗？

## 答复内容

## 1 直齿轮与斜齿轮的最大差别

直齿轮与斜齿轮的最大差别在于齿面啮合接触线的形态不同，如图 4-11-1 所示。直齿轮的接触线长度 $L$ 等于齿宽 $b$，斜齿轮的接触线总长度 $L$ 不等于齿宽 $b$，而与基圆螺旋角、齿轮端面重合度和纵向重合度有关。

齿轮单位接触线上的法向力按下式计算

$$w_n = \frac{F_{bn}}{L}$$

式中 $F_{bn}$——法面内基圆周上的切向力；

$L$——接触线总长度。

可见接触线总长度 $L$ 越大，齿面接触线上单位接触线上的法向力就越小，对齿轮的强度越有利。

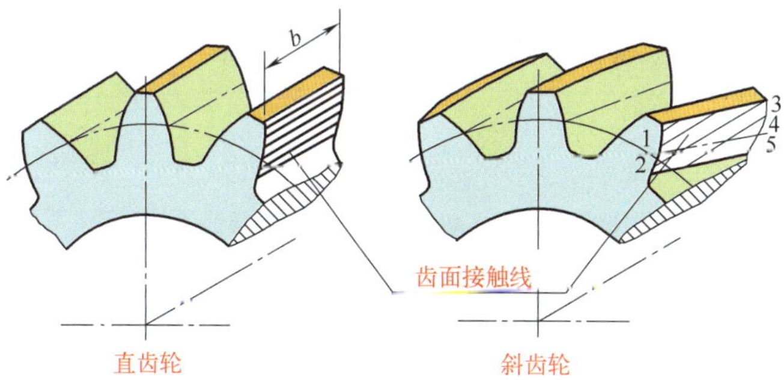


图 4-11-1 直齿轮斜齿轮啮合接触线不同的形态

## 2 齿轮接触疲劳强度计算中的齿轮接触线总长度

齿轮接触线总长度 $L$ 与齿轮的宽度 $b$、基圆螺旋角 $\beta_b$、齿轮端面重合度 $\varepsilon_\alpha$、纵向重合度 $\varepsilon_\beta$ 有关。当考虑端面重合度 $\varepsilon_\alpha$ 及纵向重合度 $\varepsilon_\beta$ 的影响时，由于同时有几对齿参加啮合，所

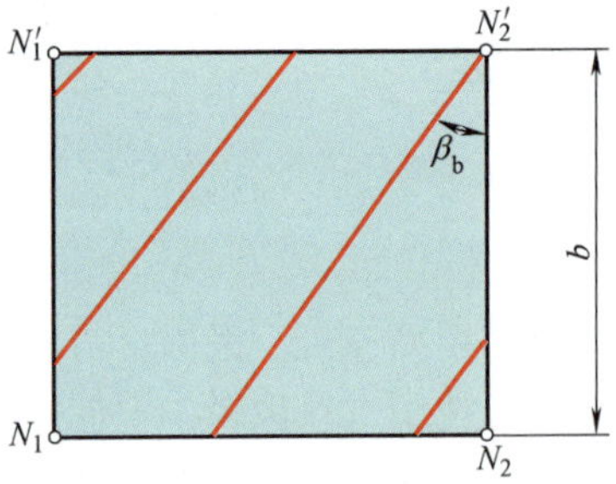


图 4-11-2　斜齿轮传动啮合面的俯视图

以总的承载齿宽 $\sum b$（各对轮齿上承载齿宽的总和）大于齿轮的宽度 $b$，它们之间的关系可用下式表示

$$\sum b=\frac{b}{Z_\varepsilon^2}$$

式中，$Z_\varepsilon$ 称为重合度系数。$Z_\varepsilon^2$ 表示齿轮的宽度 $b$ 与总承载齿宽 $\sum b$ 的比值。式中写成 $Z_\varepsilon^2$ 是为了公式表达的方便，它将在求齿面接触应力基本值的结论公式中移至根号外。

图 4-11-2 为斜齿轮传动啮合面的俯视图，图中粗的斜直线即为轮齿的接触线。

由于接触线倾斜了角度 $\beta_b$，故接触线的总长度 $L$ 可根据承载齿宽按下式确定

$$L=\frac{\sum b}{\cos\beta_b}=\frac{b}{Z_\varepsilon^2\cos\beta_b}$$

可见，斜齿轮的接触线总长度 $L$ 远大于齿宽 $b$，对齿轮的接触强度很有利。

# 3　齿轮弯曲疲劳强度计算中斜齿轮接触线对强度的影响

斜齿圆柱齿轮在啮合传动中接触线是倾斜的（图 4-11-3），其长度随着啮合位置和纵向重合度 $\varepsilon_\beta$ 而变化。总的接触线长度比其当量的直齿圆柱齿轮的接触线长度长，设载荷沿接触线均匀分布（实际上不均匀分布，其影响在齿向载荷分布系数 $K_{F\beta}$ 中考虑），如图 4-11-4（a）所示，故其单位接触长度上的载荷 $w_m$ 比当量齿轮的 $w'_m$ 小［图 4-11-4（b）］。此外，作用在斜齿轮接触线上的均布载荷，由于各处的弯曲力臂不同，其齿根应力分布如图 4-11-4（a）所示。由上可知，载荷在斜齿圆柱齿轮上引起的齿根应力将比当量直齿圆柱齿轮的齿根应力小，因此齿轮弯曲疲劳强度计算中，斜齿轮倾斜的接触线对弯曲强度也是有利的。

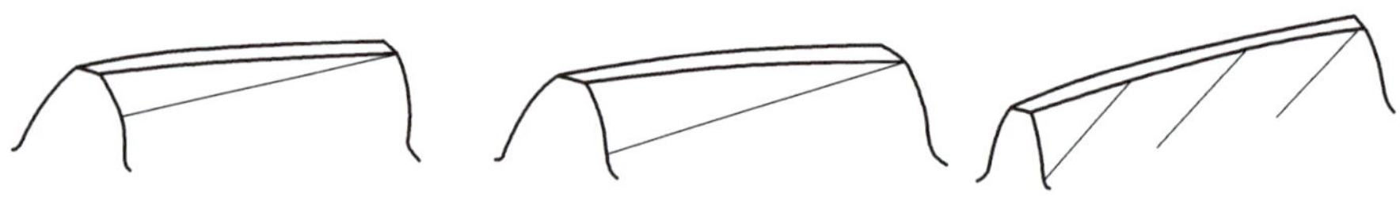

(a) $\varepsilon_\beta<\varepsilon_\alpha$　　(b) $\varepsilon_\beta=\varepsilon_\alpha$　　(c) $\varepsilon_\beta>\varepsilon_\alpha$

图 4-11-3　斜齿轮倾斜的啮合接触线

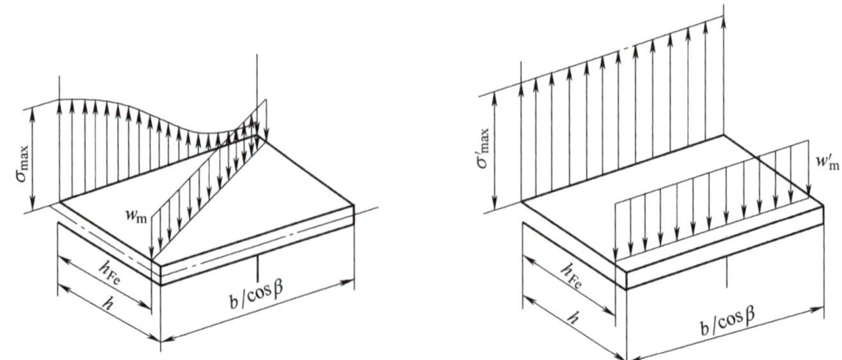


(a)　　(b)

图 4-11-4　斜齿和直齿的不同载荷分布

# 4 讨论

① 由以上分析可知，从接触线长度和形态来看，无论接触强度还是弯曲强度，斜齿轮的承载能力都要比直齿轮高。

② 目前还没有看到直齿轮的抗冲击能力比斜齿轮好的文献报道。在齿轮设计中，机器的冲击载荷是在使用系数 $K_A$ 或选用系数 $K_F$ 中考虑的，例如破碎机（破碎石）的 $K_F$=1.75 ～ 2.0（见 GB/T 19414—2003）；其次，承受冲击大的齿轮应选用 Ni 含量较高的钢材。

③ 英国 MMD 破碎机的减速机中使用直齿轮的经验值得我们重视，但要进一步了解减速机性能的改善是指哪些方面：齿轮接触强度？弯曲强度？还是其他方面的改善？希望对这些方面做进一步的了解。

④ 作者认为，破碎机减速机中采用直齿圆柱齿轮的最大好处是轴向力为零，从而避免了对滚动轴承（通常是调心滚子轴承）的轴向冲击力，对延长轴承的使用寿命大有好处，因为滚动轴承，特别是调心滚子轴承，最怕轴向冲击载荷。这也是为什么破碎机减速机中常采用专用的抗冲击轴承的原因。

## 参考文献

［1］ 朱孝录，鄂中凯．齿轮承载能力分析［M］．北京：高等教育出版社，1992.

日期：2017 年 1 月 11 日

# 【例 4-12】 齿轮的试验与疲劳极限应力问题

### 问题描述

南方某公司的朋友问：齿轮设计者都很重视齿轮材料的选择，但是在齿轮强度计算标准中，为什么齿轮的疲劳极限应力 $\sigma_{Hlim}$ 和 $\sigma_{Flim}$ 只与齿轮的硬度有关，而与材料的牌号无关？齿轮疲劳极限应力是如何得到的？

### 答复内容

齿轮疲劳极限应力是通过齿轮的承载能力试验得到的，下面以齿轮弯曲疲劳极限应力值试验来讨论这个问题。

## 1 齿轮弯曲疲劳极限应力值 $\sigma_{Flim}$ 试验

试验的目的是求得某种材料及加工工艺齿轮在有限寿命下不同置信度及可靠度下的弯曲疲劳特性、疲劳曲线和疲劳极限值。

### 1.1 试验齿轮

试验齿轮按照 GB/T 14230—1993《齿轮弯曲疲劳强度试验方法》中有关规定设计和制造。常用的试验齿轮为标准直齿圆柱齿轮，其参数为：模数 $m$=5mm，齿数 $z$=30，齿宽 $b$=14mm。

图 4-12-1　试验齿轮及其编号

为了清楚地区分每个断齿与齿轮的对应关系，在试验以前，首先对齿轮用金属记号笔进行了编号，然后又对每个轮齿进行了标号，其编号情况如图 4-12-1 所示。

## 1.2　试验方法

GB/T 3480—1997《渐开线圆柱齿轮承载能力计算方法》和 GB/T 19406—2003《渐开线直齿和斜齿圆柱齿轮承载能力计算方法　工业齿轮应用》中规定：“齿轮轮齿弯曲疲劳极限可由（齿轮）脉动（弯曲受载）试验或齿轮负荷运转试验，或由使用经验的统计数据得出。”虽然轮齿脉动加载试验不及齿轮负荷运转试验更接近齿轮真实工作状况，存在一定的条件误差，但轮齿脉动加载试验具有试验速度快、所需试验齿轮数少以及利用率高、试验操作简便，可以大大节省经费和时间的优点。因此，通常都采用轮齿（双齿）脉动加载试验法，采用恒定应力水平成组试验法确定疲劳曲线的倾斜段方程。

## 1.3　试验机和试件夹具

试验机采用的是电磁谐振疲劳试验机。该机加载精度较高，载荷数值及应力循环次数均可自动显示和记录。加载范围：±100kN；加载频率与试验系统的刚度有关，刚度愈大频率愈高。齿轮常用的加载频率为 135 ～ 165Hz，试验机外形如图 4-12-2 所示。试验夹具如图 4-12-3 所示。该夹具具有自动均载功能，不仅能使被试两齿受载均匀，且使载荷沿齿宽均匀分布，基本消除偏载现象。电磁谐振疲劳试验机控制软件界面如图 4-12-4 所示。

图 4-12-2　电磁谐振疲劳试验机

图 4-12-3　齿轮弯曲疲劳试验夹具

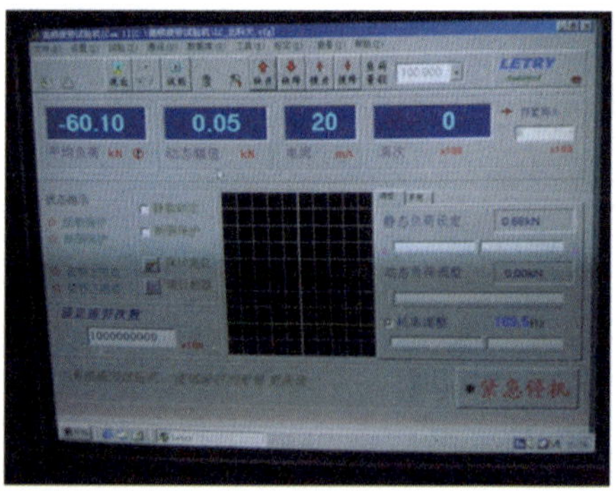


图 4-12-4　疲劳试验机控制软件界面

## 1.4 试验规程和失效判据

### 1.4.1 轮齿抽样

① 为了充分利用有限的试件，应安排尽可能多的试验齿对。因此，事先将试验齿轮及其轮齿逐个编号，根据齿轮齿数和龙门压头的跨齿数，确定齿对抽样方案。

② 被试轮齿对在所有齿轮中随机抽取，保证同一应力水平的被试轮齿来自各个齿轮群体。

### 1.4.2 试验应力水平的确定

为了求得轮齿弯曲疲劳曲线的倾斜段，按照GB/T 14230—1993采用恒定应力水平成组试验法，取4个应力水平进行试验。最高应力水平（第一应力水平）应在轮齿不产生塑性变形前提下尽可能高些。最低应力水平（第四应力水平）应愈接近轮齿弯曲持久疲劳极限愈好。通过试探性试验，确定了第一应力水平和第四应力水平，然后适当地确定第二和第三应力水平。

### 1.4.3 失效判据

以轮齿折断时的应力循环次数作为失效寿命，或者以轮齿出现可见裂纹致使试验机声音发生突变时的应力循环次数为失效寿命，或者以轮齿所受载荷明显减小时的应力循环次数为失效寿命。

当应力循环次数 $N > N_0=3\times10^6$ 时，即大于公认的循环基数时就认为“越出”，亦即寿命是持久的或无限的。

## 1.5 齿轮试件轮齿上的加载点确定

试验时，齿轮试件固定在装卡装置上，如图4-12-5所示。对于本加载方法，轮齿上的加载点（即压头与轮齿接触点）的部位位于试验齿的上齿面部分，其具体位置如图4-12-6所示。

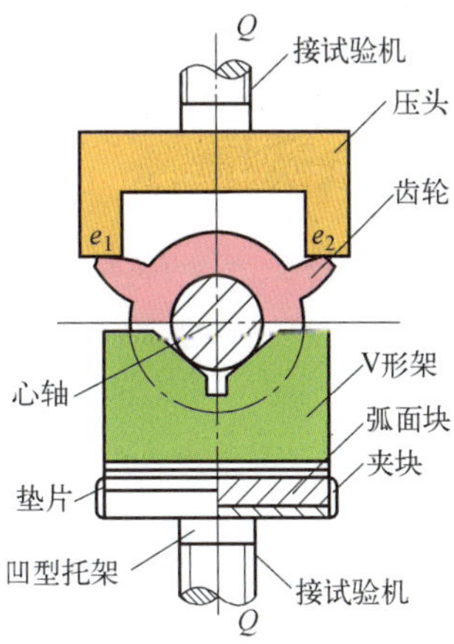

图4-12-5 弯曲试验夹具示意图

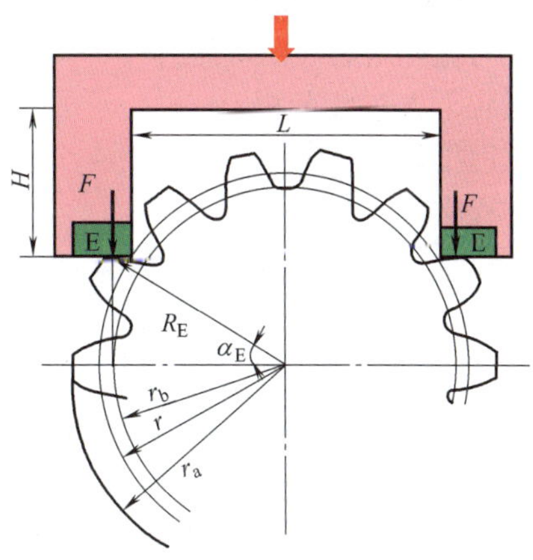

图4-12-6 轮齿加载点示意图

$L$—左右压头间距；$H$—压头长度；E—加载点；$R_E$—加载点半径；$\alpha_E$—加载点压力角；$r_b$—基圆半径；$r$—分度圆半径；$r_a$—齿顶圆半径；$F$—齿面法向载荷

## 1.6 试验齿轮齿根应力的计算式

试验齿轮的齿根应力按 GB/T 3480—1997 和 GB/T 14230—1993 规定的精确方法计算及修正。其中，齿根危险截面按 30°切线法选取，受力点为 E 点（见图 4-12-6）。齿根弯曲应力计算公式如下：

$$\sigma_{F\gamma}=\frac{F_t}{bm}\times\frac{Y_{FE}Y_{SE}}{Y_{ST}Y_{\delta relT}Y_{RrelT}Y_X}$$

由于试验时齿轮应力 $\sigma_{F\gamma}$ 不是脉动循环，通常循环特征 $\gamma$=0.05 ～ 0.11，常取 $\gamma$=0.05，采用下式将 $\gamma$=0.05 时的应力折算为脉动循环的应力[1]。

$$\sigma_0=\frac{(1-\gamma)\sigma_{F\gamma}}{1-\gamma\dfrac{\sigma_{F\gamma}}{\sigma_f}}$$

式中 $\sigma_{F\gamma}$——循环特征为 $\gamma$ 时的齿根弯曲应力；

$\sigma_f$——断裂真实应力，$\sigma_f=R_m+350$；

$R_m$——抗拉强度。

## 1.7 试验数据处理方法

齿轮在各种可靠度时的极限应力值是根据齿轮疲劳试验所得的应力寿命样本，经过分析处理求得的，因此如何正确地统计分析和处理齿轮试验样本的数据是十分重要的。数据处理原则上是按 GB/T 14230—1993 所给的方法进行的。由于齿轮疲劳强度试验是属于少样本试验，因此，在进行数据处理时必须考虑置信度的问题，通常数据处理中取置信度指标为 95%。此外，为了更精确计算，采用三参数威布尔分布来描述齿轮寿命的离散性。

齿轮弯曲疲劳曲线倾斜段方程（在对数坐标中为直线方程）的形式为：

$$m\lg\sigma_{Flim}+\lg N=\lg C$$

式中 $N$——应力循环次数（即寿命）；

$\sigma_{Flim}$——对应于 $N$ 的疲劳极限；

$m$——方程指数；

$C$——方程常数。

某种材料试验齿轮的试验数据及数据处理结果如图 4-12-7 和表 4-12-1 所示。

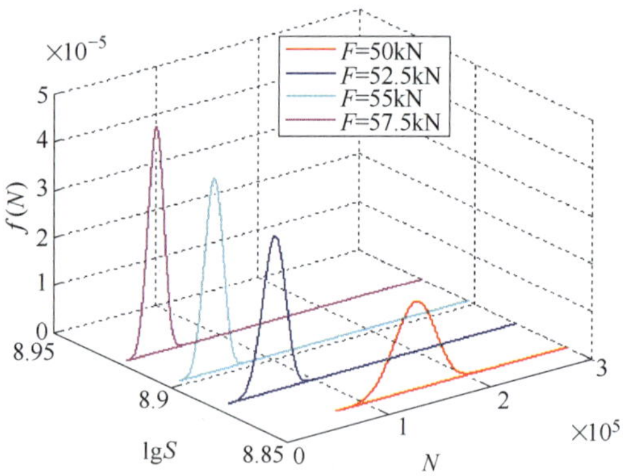


图 4-12-7 某种材料齿轮三参数威布尔 $N$-$S$-$f(N)$ 分布曲线

**表 4-12-1 某种材料齿轮弯曲疲劳曲线方程参数及弯曲疲劳极限**（95% 置信度）

| 可靠度 $R$/% | 方程指数 $m$ | 方程常数 $\lg C$ | 相关系数 $r$ |
|---|---|---|---|
| 90.00 | 9.2388 | 87.1335 | -0.9453 |
| 95.00 | 9.3845 | 88.4031 | -0.9454 |
| 99.00 | 9.5947 | 90.2366 | -0.9454 |
| 99.90 | 9.8234 | 92.2326 | -0.9452 |
| 99.99 | 9.9660 | 93.4779 | -0.9451 |

图 4-12-8 是某种材料齿轮弯曲疲劳曲线。图中右侧的数字是可靠度值。

有了不同可靠度的疲劳曲线，就可以得到某种材料齿轮的弯曲疲劳极限应力 $\sigma_{Flim}$=325MPa，试验的基本任务就完成了。得到的弯曲疲劳极限应力 325MPa 比较低是齿根有脱碳层的缘故。

这就回答了南方某公司问的第 2 个问题——齿轮疲劳极限应力是如何得到的。

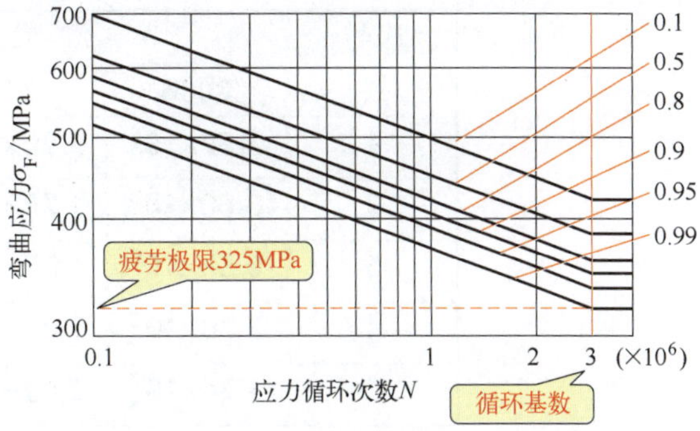


图 4-12-8　某种材料齿轮弯曲疲劳曲线

# 2　齿轮接触疲劳极限应力值 $\sigma_{Hlim}$ 试验

## 2.1　齿轮接触疲劳试验机和试验方法

齿轮接触疲劳极限应力值 $\sigma_{Hlim}$ 试验一般采用 FZG 接触疲劳试验机，如图 4-12-9 所示。这是一种机械功率流封闭试验台。

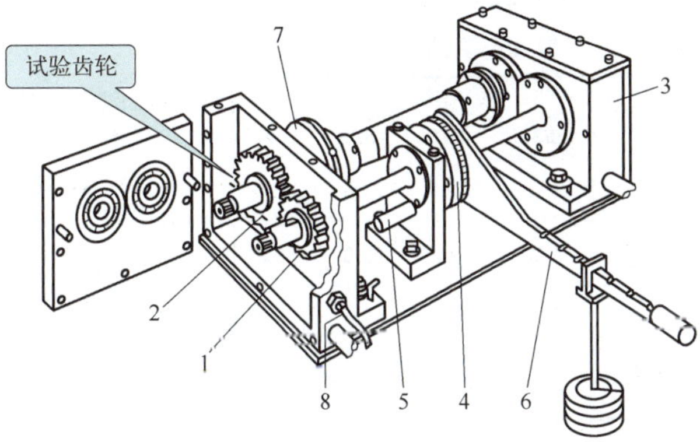


图 4-12-9　机械功率流封闭试验台

1—试验小齿轮；2—试验大齿轮；3—陪试齿轮箱；4—加载器；5—固定销轴；6—加载杆和砝码；7—转矩监测器；8—测温传感器

试验方法应符合标准：GB/T 14229—1993《齿轮接触疲劳强度试验方法》。试验的过程和最后的处理方法，基本上与齿轮弯曲疲劳极限试验方法相同。

## 2.2　17CrNiMo6 齿轮的接触疲劳试验实例

下面以 17CrNiMo6 齿轮的接触疲劳极限试验为例，说明齿轮的接触疲劳极限应力值 $\sigma_{Hlim}$ 是如何确定的。

图 4-12-10 是 17CrNiMo6 齿轮的接触疲劳极限试验 4 个应力水平的 20 个寿命数据。每一个寿命数据，平均要在 FZG 接触疲劳试验机运转 7 天 7 夜才能获得，因此，疲劳试验是很费事、费时和费钱的。

| 序号 | 应力水平 /MPa | | | |
|---|---|---|---|---|
| | 2036 | 1878 | 1820 | 1747 |
| 1 | $2.70\times10^6$ | $9.80\times10^6$ | $1.25\times10^7$ | $2.24\times10^7$ |
| 2 | $5.60\times10^6$ | $1.24\times10^7$ | $1.46\times10^7$ | $4.15\times10^7$ |
| 3 | $6.58\times10^6$ | $1.99\times10^7$ | $1.85\times10^7$ | $4.67\times10^7$ |
| 4 | $7.70\times10^6$ | $2.07\times10^7$ | $2.55\times10^7$ | $>5.0\times10^7$ |
| 5 | $1.04\times10^7$ | $2.40\times10^7$ | $3.99\times10^7$ | $>5.0\times10^7$ |

图 4-12-10　17CrNiMo6 接触疲劳试验 4 个应力水平的 20 个寿命数据

## 2.3　齿轮寿命的数据处理

有了 20 个齿轮寿命数据，就可以进行寿命数据的处理，见图 4-12-11。经过数据处理后得到 17CrNiMo6 齿轮的接触疲劳 *R-S-N* 曲线和极限应力 $\sigma_{Hlim}$，如图 4-12-12 所示。至此，就得到了 17CrNiMo6 齿轮可靠度为 99% 的接触疲劳极限应力 $\sigma_{Hlim}$=1497MPa，见图 4-12-12，试验任务就完成了。

**按GB/T 14229—1993《齿轮接触疲劳强度试验方法》**

**数据处理后得到以下结论：**

| 项　目 | 应力水平 /MPa | | | |
|---|---|---|---|---|
| | 2036 | 1878 | 1820 | 1747 |
| 形状参数 *b* | 2.10 | 2.81 | 2.36 | 2.28 |
| 特征寿命 $N_a$ ×10 | 7.62 | 19.6 | 25.0 | 51.8 |
| 相关系数*r* | 0.98 | 0.97 | 0.95 | 似然法 |
| 相关系数起码值 | 0.88 | 0.88 | 0.88 | |

寿命服从二参数威布尔分布。

其概率累积频率函数为

$F(N)=[1-\exp(N/N_a)^b]$

图 4-12-11　17CrNiMo6 接触疲劳试验的寿命分布参数

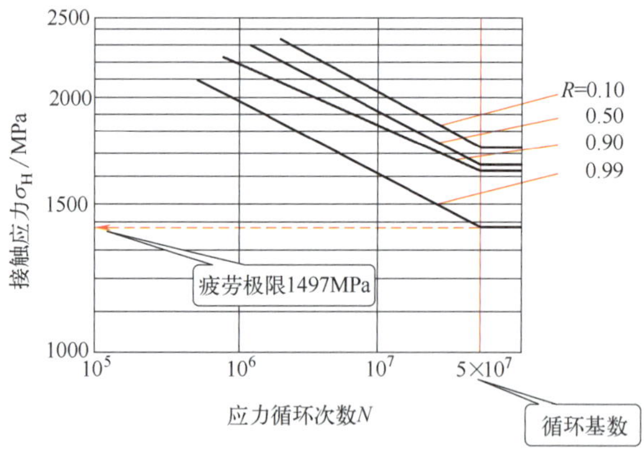


图 4-12-12　17CrNiMo6 齿轮的接触疲劳 *R-S-N* 曲线和极限应力 $\sigma_{Hlim}$

# 3 七种渗碳淬火齿轮的 $R-S-N$ 曲线和极限应力 $\sigma_{Hlim}$ 值

多年前，北京科技大学同郑州机械研究所合作，对常用的七种渗碳淬火齿轮进行了大规模的试验，得到的 $R$-$S$-$N$ 曲线如图 4-12-13 所示。对图 4-12-13 中的 7 根 $R$-$S$-$N$ 曲线数据进行处理，就可以得到可靠度 $R$=99% 的接触疲劳极限 $\sigma_{Hlim}$=1450MPa。此值就与材料的牌号无关了。

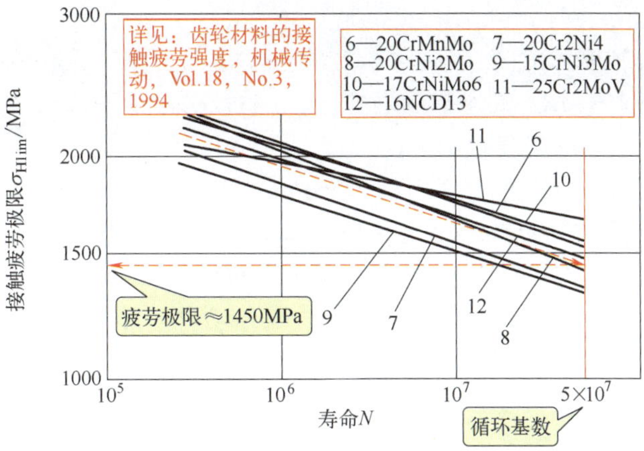


图 4-12-13　七种渗碳淬火齿轮的 $S$-$N$ 曲线（可靠度 $R$=0.99）

有关齿轮接触疲劳试验更详细的论述，可查阅参考文献［2］。

如果国内外有大量这样的试验数据，收集起来进行数据处理，就可以获得公认的 $\sigma_{Hlim}$ 值，此值也就与材料的牌号无关了。这就回答了南方某公司问的第 1 个问题——为什么齿轮的疲劳极限应力 $\sigma_{Hlim}$ 和 $\sigma_{Flim}$ 只与齿轮的硬度有关，而与材料的牌号无关。

## 参考文献


［1］ 朱孝录，等．齿轮的试验技术与设备［M］．北京：机械工业出版社，1988.

［2］ 朱孝录．齿轮材料的接触疲劳强度［J］．机械传动 .18（3），1994：11.


日期：2019 年 3 月 5 日

# 【例 4-13】 关于齿轮减速和增速传动效率等性能上的差别问题

### 问题描述

北方某公司的朋友来信问：齿轮减速和增速传动效率等性能上的差别有多大？有没有一个差别的计算式？

### 答复内容

关于齿轮减速和增速传动效率等性能上的差别，我查阅了一些资料，得到的结论是相同的：增速传动的效率较减速的低，振动和噪声也较大。但是因为影响因素比较复杂，未能得到一个简单的计算式。西安理工大学张震的硕士论文《风电增速齿轮传动的效率与振动研究》对这方面进行了研究，可供参考。下面的附录是该论文有关内容的摘录，供参考。

## 附录 《风电增速齿轮传动的效率与振动研究》要点摘录

### 片段 1:

已知两标准齿轮标准安装，基本参数为 $z_1$=20，$z_2$=36，$m$=2mm，$\omega_1$=5rad/s。计算该齿轮副在增速和减速工况下齿面滑动速度。通过 Matlab 计算得到两种工况下的齿面滑动速度。通过对比可以明显得出：

减速工况下的滑动速度最高达到 40mm/s，而增速传动下的滑动速度最高达到 70mm/s，整个啮合周期齿面滑动速度在增速工况下比减速工况大很多。

当传动比 $i>1$ 即减速传动时，随着传动比的增大齿面滑动速度减小，反之亦然，但其变化幅度并不明显。当传动比 $i<1$ 即增速传动时，随着传动比的增大齿面滑动速度减小，传动比减小齿面滑动速度增大，但是齿面滑动随传动比变化十分明显，成倍甚至几十倍的变化。

### 片段 2:

增速工况下的阻力矩整体要比减速工况下的阻力矩要大。分析其原因为：两种工况下的啮合线总长度没有发生变化，但是增速传动和减速传动相比，其啮合进入点和脱离点即整个啮合线比减速工况时，整体提前，而阻力矩在啮合点越靠前时越大，所以增速工况下的阻力矩比减速工况下整体要高。

### 片段 3:

① 齿轮啮合摩擦损失功率随着齿数和模数的增加而降低。

② 齿轮啮合摩擦损失功率随着重合度的增加而增大。

③ 齿轮啮合传动摩擦功率损失与重合度影响系数有关。此系数与节点在啮合线上的位置有关。当节点在啮合线上的中点时，摩擦损失功率最小，节点越偏离中点，摩擦损失功率就越大。

④ 增速传动比减速传动的啮合线位置要前移很多，导致节点在啮合线上的位置离啮合线中点更远，因此，增速传动比减速传动的摩擦损失功率更大。

### 片段 4:

通过对考虑摩擦力的齿轮啮合过程进行分析，得出了以下结论：

① 增速传动时，滑动速度与减速时滑动速度有较大差别。增速传动时啮合线的位置较减速传动提前，啮合进入点距节点的位置更远，滑动速度也随之增大。

② 由于摩擦力的存在，主动轮受到的阻力矩比理想的阻力矩要大。而阻力矩也是啮合点的位置函数，它随着啮合点从进入点到脱离点的运动过程从大到小变化。

③ 考虑摩擦力的齿轮啮合效率是啮合点的一个位置函数，在节点时效率最高，在啮合进入点和脱离点效率最低；增速传动时，啮合线的前移，使啮合效率在更低。

片段 5:

通过响应结果可知，系统在无论是无外部激励的自由振动响应还是有外部激励的受迫振动的响应，在主动轮和从动轮的支撑处会发生位移振动，而且径向的位移振动的振幅大于切向的位移振动；在两齿轮的转动法向会发生扭转振动，且扭转振动的振幅都比支撑处位移振动的振幅要大。通过对比可以看出，增速传动时自由振动各处响应的振幅要比减速传动时大，支撑处位移振动的振幅相差达到了一个数量级。这说明增速传动使振动更加严重。

片段 6:

无论是增速传动还是减速传动，轻载时齿轮传动效率随齿轮转速的增大下降明显，特别是空载传动效率随转速下降特别严重，重载时齿轮传动随转速的变化并不明显。这说明小功率时对传动效率的影响很明显，随着输入功率的增大其影响越来越小。但是，齿轮传动在增速工况时，总体效率更低，而且在空载传动时，增速传动的效率随转速增大下降得更快。

以上是有关减速和增速齿轮传动在性能上有所差别的 6 个片段，如果要进一步了解这方面的差别，可以详细阅读该硕士论文。

日期：2019 年 9 月 4 日

## 【例 4-14】 轮齿齿面剥落和轮齿断裂的宏观观察与分析

### 问题描述

北方某公司发来多张轮齿失效的照片和背景资料，请作者提供一些轮齿失效的看法和改进措施。

### 答复内容

## 1 对轮齿失效的几点看法

① 从图 4-14-1、图 4-14-2 可见，轮齿的一端齿面深层剥落，说明齿轮偏载严重，齿轮装置的制造精度可能有问题。

② 从图 4-14-3 可见，偏载造成深层剥落，因而产生齿顶随机断裂。齿面上的剥落形貌具有典型性：剥落都在齿面节线下部，上部几乎没有。

③ 从图 4-14-4 ～图 4-14-6 可见，偏载造成齿面压碎，因而造成齿腰随机断裂。

④ 从图 4-14-7 可见，齿根有明显的干涉磨损条带区，说明齿轮的齿廓可能修形不足，或者是轮齿偏载变形造成的。

图 4-14-1　齿轮严重偏载引起的深层剥落

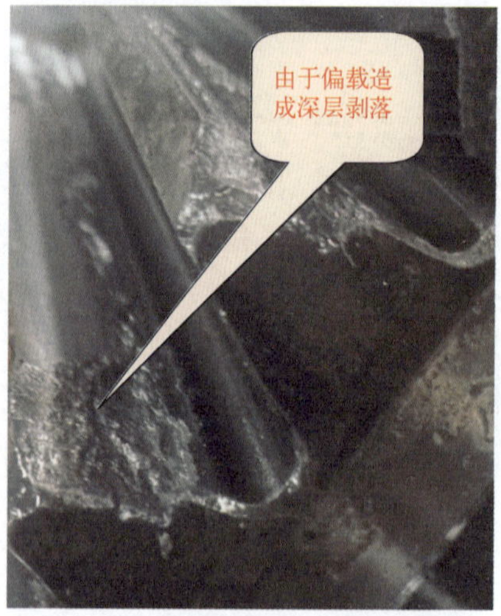


图 4-14-2　齿轮严重偏载引起的深层剥落

图 4-14-3　深层剥落引发齿顶随机断裂

图 4-14-4　齿面压碎引起的齿腰随机断裂（一）

图 4-14-5　齿面压碎引发的齿腰随机断裂（二）

图 4-14-6　齿面压碎引发随机断裂裂纹

图 4-14-7　齿根干涉磨损条带

## 2 结论

① 齿轮的齿向精度、箱体的加工精度、轴承的游隙控制等可能有问题，造成齿轮有比较严重的偏载。

② 齿面因偏载造成齿面压碎或深层剥落，从而引发齿腰或齿根随机断裂。

③ 齿根出现干涉磨损条带，说明齿轮的齿廓修形可能不足，或者在轮齿偏载严重区域，偏载端轮齿弯曲变形较大，从而产生偏一端的干涉磨损条带。

## 3 建议

① 查明轮齿偏载的原因，并采取具体的措施改进，这是关键。

② 对断裂齿进行硬度梯度和金相组织检查，特别是有效硬化层深度、齿面的马氏体组织和齿面是否有磨削烧伤。

③ 对齿轮材料进行非金属夹杂物检验与分析，看看材料是否有问题。

日期：2020 年 4 月 1 日

# 【例 4-15】 对齿面出现磨削裂纹的看法和参考资料

### 问题描述

北方某公司发来齿面磨削裂纹的图片、资料和后来的补充资料，咨询出现磨削裂纹的原因和改进措施。

### 答复内容

图 4-15-1 的齿面磨削裂纹照片是北方某公司发来的，从图片中磨削裂纹的形貌可以看到有以下特点：

① 裂纹很粗大而且很深（裂纹的深度达到 1.9mm），可见齿面表层存在很大的残余拉应力。

图 4-15-1　齿面的磨削裂纹

② 裂纹都发生在分度线下齿面的下半部，也就是说齿面下半部的残余拉应力最大。

③ 仔细观察齿面的颜色，可看到齿面下半部的颜色比上半部的颜色深（如果不是拍摄光线造成），而裂纹正好位于齿面的下半部。这一现象说明齿面下半部可能受到了磨削烧伤。这是齿轮磨削常见的故障。

④ 本例提供了有关论述磨削烧伤的附录，其中提到："齿根沟槽的槽底很狭小，散热能力差，以及过渡曲线处余量大小变化大，砂轮工作条件差，在磨齿中容易产生磨削烧伤和磨削裂纹。"建议检查齿面是否存在磨削烧伤，检查上下齿面的硬度和金相组织便知。

⑤ 作者查阅了许多有关磨削裂纹的论文和报道，其中网络文献《硬齿面齿轮磨削裂纹形成原因及其预防措施》论述全面、深入，又结合实际，因此很值得参考。该参考文献的部分摘录见下面的附录。

⑥ 网上还有很多有关磨削裂纹的论述和报道可供参考。

⑦ 经过详细检查，如果齿面没有发现有烧伤的缺陷，就可以排除作者上述对裂纹产生原因的猜测。建议按附录中论述的方法，进行全面检测，根据检测的结果再做出判断。

## 附录 《硬齿面齿轮磨削裂纹形成原因及其预防措施》摘录

### 片段 1：硬齿面齿轮磨削裂纹的特点及产生原因

（1）硬齿面齿轮磨削裂纹的特点

磨削裂纹属于最典型的表面裂纹，其垂直深度一般不超过 0.5mm，浅的仅有 0.010 ～ 0.020mm，深的有时也可超过 1mm，但并不多见。

（2）硬齿面齿轮裂纹的形成原因

关于磨削裂纹的形成原因，国内外一致认为：磨削裂纹是磨削拉应力超过材料断裂强度所致。直接影响磨削拉应力的原因有以下两个：

① 热处理方面的原因　硬齿面齿轮磨削裂纹大都是发生在渗碳＋淬火＋低温回火后的零件，因此，磨削裂纹与热处理的质量密切相关，是个非常重要的因素。

a. 残余奥氏体量过多，使局部拉应力增加。

b. 回火不充分、回火温度过低或回火时间不足，影响马氏体中碳含量和马氏体微裂纹焊合或尺寸减小的程度，从而影响马氏体的断裂韧性，磨削时的磨削热产生较大的热应力和组织应力，而产生磨削裂纹。

c. 渗碳淬火热处理时产生过大的变形，造成磨削余量不均匀或增大了磨齿余量。

② 磨削工艺方面的原因　磨削裂纹毕竟发生在磨削加工中，因此磨削工艺一直是个不可忽视的影响因素。

a. 磨齿余量大，会产生过多的磨削热引起热应力、组织应力增加，与磨削拉应力加在一起，增加裂纹倾向。

b. 切削用量搭配不合理。

c. 砂轮选择不当。

d. 冷却油温过高或油量不充足。

## 片段2：防止硬齿面齿轮磨齿裂纹的工艺措施

（1）热处理方面的工艺措施

对磨削裂纹越敏感的材料，在磨削中越容易形成裂纹，降低材料对磨削裂纹敏感的程度，就降低了磨削裂纹的发生概率。20CrMnTi和20Cr2Ni4A是对磨削裂纹比较敏感的材料，而这种敏感性又因渗碳热处理工艺规范的不同而不同，因此可通过改变渗碳、淬火、回火工艺而加以适当的调控和降低。正因为如此，采取以下措施：

① 降低渗碳件的淬火温度：用20CrMnTi加工的齿轮，在930℃中渗碳，渗碳后直接淬火，由淬火温度860℃降至830℃时，在不改变磨削条件的情况下，也可以消除较为严重的磨削裂纹。

② 表面碳浓度要适当，碳浓度应控制在0.7%～0.9%范围之内。碳浓度分布梯度要平缓，以保障良好的表面强度和应力分布。重载齿轮的碳含量应控制在下限，这样就有利于控制碳化物的大小和形状。碳含量控制在上限时，会增强形成残余奥氏体的趋向，并有增加碳化物，表层氧化与降低齿根强度的趋向。据有关资料表明，美国对重载齿轮表面碳浓度已控制在0.65%左右。

③ 回火越不充分，磨削裂纹敏感性就越高。因此，必须进行充分回火，以提高渗碳淬硬表面的塑性，使残余应力得以平衡或降低，改善表面应力的分布状况，从而降低出现磨削裂纹的概率。

④ 控制残余奥氏的数量，防止齿轮在磨削时产生组织转变，而产生较大的组织应力，严格控制残余奥氏体在25%之内，对重要的齿轮应控制在20%以内。

⑤ 主要控制碳化物的大小、数量、形态和分布，以获得弥散分布细颗粒碳化物，从而提高材料的断裂强度，减少脆性。

⑥ 控制马氏体的级别，要获得隐晶状、细针状的马氏体，避免产生粗大针状马氏体，从而减少裂纹源，以提高材料的断裂强度。马氏体的级别3级最佳。

⑦ 采取必要的工艺措施控制热处理的变形，以减小磨齿余量。

（2）机加工方面的工艺措施

有关文献表明，砂轮与齿面接触区的平均温度一般为500～800℃，磨粒磨削点的温度可达1000℃，且80%以上的热将传入齿轮。由于磨齿时产生的大量磨削热，使齿面磨削区域局部受到很大的热应力和热胀冷缩变形，磨削热得不到有效控制时，齿面就容易产生磨削裂纹和磨削烧伤，因此，机加工方面工艺措施的重点将放在如何减小和控制磨削热的方面。

① 降低粗滚齿时齿面的表面粗糙度，应控制在 $Ra3.2$～$Ra6.3$。

② 严格控制粗滚齿时的公法线余量，不允许随意加大磨齿余量。

③ 热处理后严格按照工艺要求的位置和允许的范围找正，以便尽可能减小热变形的误差。

④ 在磨齿前必须采取硬齿面的滚切技术对齿面进行刮齿加工，使磨齿余量均匀，最大限度减小磨齿余量，也就是最大限度地减小磨削热。

⑤ 合理选择、搭配切削用量，选择的原则为：较高的砂轮转速、较快的冲程、适当的进给。

值得重视的是：齿面粗磨阶段，是磨削裂纹形成的关键时期，绝大部分磨削裂纹产生于这个阶段。在这一阶段，要特别注意。

⑥ 选择砂轮是磨齿加工中一个重要的环节：砂轮选用是否恰当，对磨齿精度和效率有很大影响。砂轮的硬度、粒度、组织选择不当，就非常容易出现齿面烧伤和磨削裂纹。因此，应从以下几个方面加以选择：

a. 磨料：(代号 PA) 红色铬刚玉，铬刚玉的硬度与白刚玉（代号 WA）接近，而韧性比白刚玉好，用铬刚玉磨削韧性大的钢材时，效率比白刚玉高，砂轮的耐用度以及磨削表面粗糙度也要好，因此优选（代号 PA）。

b. 结合剂：把砂粒黏结在一起，形成砂轮的材料。目前，磨齿机上用的砂轮黏合剂，基本上都是陶瓷黏合剂（代号 V）。陶瓷黏合剂性能稳定，耐水耐热不变质，能适应各种冷却液磨削，而价格又低。

c. 硬度：砂轮越硬，其多孔性越差，在磨削过程中，砂轮粒间的孔隙很快被磨粒堵塞，加上硬度高的砂轮自锐性差，磨钝的砂粒又不易脱落，造成砂轮与工件表面间的挤光现象，影响热量散发，使磨削热增加，很容易产生烧伤和裂纹。较软的砂轮磨损很快，不耐用，将直接影响磨齿精度。因此，选择砂轮硬度的原则：加工软材料时，要选较硬的砂轮；加工硬材料时，要选较软的砂轮。磨削硬的低碳合金钢时，应该选用（K ～ J）的砂轮（新 - 老型号对照：K- 中软 1、J- 软 3）。

d. 组织：优先选用具有一般多孔结构的砂轮，砂轮组织分区 5 级用得最多。

e. 粒度：粒度越小在单位面积内同时参加磨削的磨粒就越多，相应的切削力和磨削热就越大，容易磨裂，在保证齿面磨削精度的情况下，常用的粒度号为：46# ～ 60#。当齿轮模数较小时，应该选用粒度号大一些的砂轮；当齿轮模数较大时，应选用粒度号小一些的砂轮。(用号数表示的磨粒，数目越大，颗粒尺寸越小。)

f. 形状和尺寸　我单位磨齿机的型号为 Y7163A，用的是双锥面砂轮（代号 PSX1)，尺寸为 $\phi350\times\phi127\times32$。

g. 砂轮修整器金刚石的锋利状况不容忽视：在这方面，我公司的教训非常深刻。由于金刚石尖部钝化，造成砂轮修整后不锋利，在磨削中导致磨削热大量增加，一度是我公司在磨齿中产生磨削裂纹的主要原因。因此，一旦金刚石磨钝后，应即时修尖，恢复其锋利的工作状态，是修好砂轮的前提和保证。

h. 冷却液是磨削中一个极为重要的环节，要引起足够的重视。磨齿机采用展成工作原理，所以砂轮和齿面在磨削过程中是点接触，由此产生的磨削热由流过砂轮和齿面的强力冷却液带走，这种磨削方式能防止产生磨削裂纹，同时砂轮始终不被堵塞，磨削粉尘也不四处飞散，环保效果好。因此，冷却液必须充分，并直接喷在磨削区，流量选取 40 ～ 45L/min，压力为 0.8 ～ 1.2MPa。要经常保持冷却液的纯净，循环中要经过过滤网，控制冷却液的温度，必要时应当使用散热器。使用中应特别注意，冷却液的流量及喷射冲刷的力度是否足够，一旦发生变化，检查冷却泵滤网是否被堵塞，对滤网要定期清洗和检查。

日期：2021 年 5 月 13 日

# 【例 4-16】 关于轮齿的过磨和喷丸问题

## 问题描述

北方某公司的朋友问：一个齿轮热处理后甩黑皮，要过度磨削，虽不至于将硬化层磨没，但可能硬化层会减薄，请教这个齿轮强度和硬化层的减薄量有没有曲线关系？

另一位朋友也提出相似的问题：加工齿轮新件时，磨齿工序把齿根的硬化层磨掉了，齿面属于正常磨削，齿厚公法线等都正常，这种情况对轮齿弯曲强度有何影响？有具体磨掉多少还能用的判定标准吗？目前的做法是，只要磨到齿根就去做一下喷丸，改善一下齿根的应力状态，不知是否合适？

## 答复内容

## 1 产生过磨的原因

轮齿热处理、磨削后正常的有效硬化层深度见图 4-16-1。从图中可见，左右齿面的有效硬化层深度非常均匀，能产生有效的残余压应力，这对齿轮的接触强度和弯曲强度都非常有利。

图 4-16-2 的情况就不同了，左右齿面的有效硬化层深度明显不同，左齿面浅而右齿面深。出现这种情况，大多数是由于轮齿热处理变形引起轮齿磨削磨偏（偏磨）的结果（也可能有其他的原因），因此会影响轮齿的弯曲和接触疲劳强度。

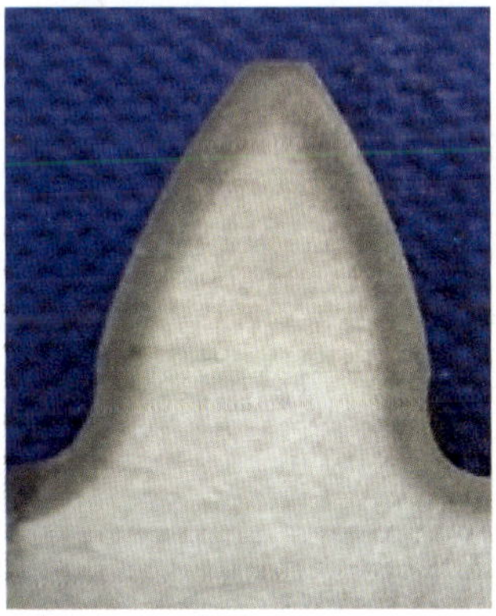

图 4-16-1 正常的有效硬化层深度图

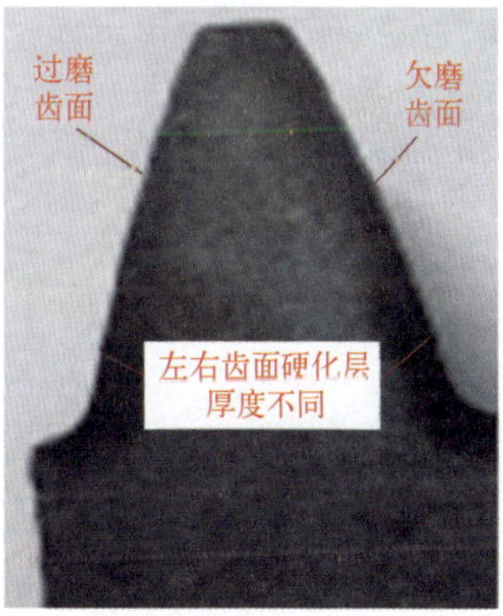


图 4-16-2 左右齿面的有效硬化层深度不同

## 2 热处理变形对轮齿欠磨和过磨的影响

在正常的情况下，热处理后轮齿两齿面的硬化层深度是基本相同的，但是会有不同的热处理变形，例如圆度偏差、锥度偏差等。图 4-16-3 就是由于热处理变形出现圆度偏差（图中 $D > d$），齿轮磨削时就会出现欠磨和过磨的现象。

如果齿轮热处理变形出现锥度偏差，轮齿磨削就会出现欠磨和过磨的现象，见图 4-16-4。

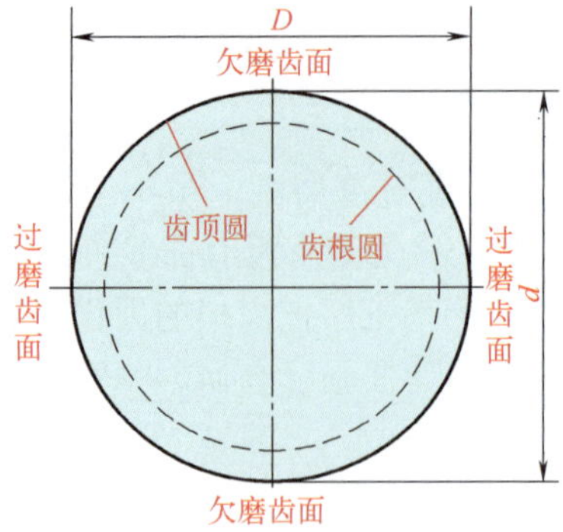


图 4-16-3　齿轮有圆度偏差轮齿出现欠磨和过磨现象的示意图

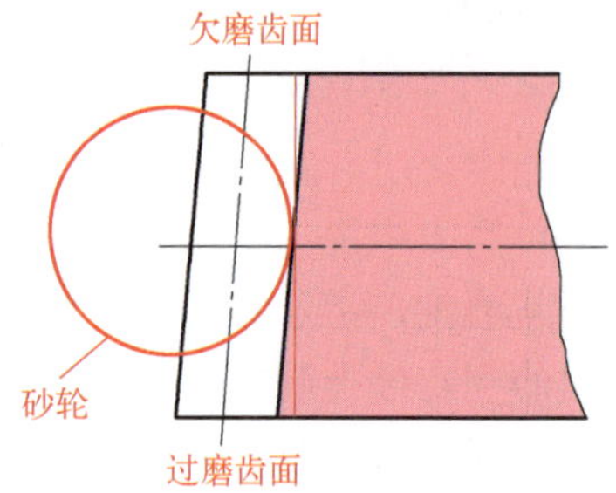


图 4-16-4　齿轮有锥度偏差轮齿出现欠磨和过磨的示意图

要避免齿轮过磨或欠磨的缺陷，减少齿轮热处理变形是关键。

# 3　轮齿过磨对齿轮强度的影响

## 3.1　对轮齿弯曲强度的影响

① 过磨减少了齿轮有效硬化层的深度，也就减少了齿根的残余压应力，对轮齿的弯曲疲劳非常不利。

② 由于过磨，如果在齿根出现过磨台阶，会在齿根产生很大的应力集中，这是致命性的缺陷。

## 3.2　对轮齿接触强度的影响

由于过磨，减小了齿轮有效硬化层深度，在次表层的接触剪切应力将会易于使材料产生微裂纹，进而出现齿面剥落，最后造成轮齿疲劳断裂（随机断裂）。这是一种由接触疲劳产生裂纹引起的疲劳断裂，称为齿面断裂（tooth flank fracture）。2019 年，国际标准化组织公布了齿面断裂的承载能力计算方法（International Standardization Organization：Calculation of load capacity of spur and helical gears—Part 4：Calculation of tooth flank fracture load capacity. ISO/TS 6336-4：2019）。因此，由于过磨，使齿轮有效硬化层的深度减小，对齿轮的接触疲劳强度非常不利。

关于齿面断裂的论述可以查阅参考文献［1］。

## 3.3　GB/T 3480.5—2021 中对有效硬化层深度的规定

GB/T 3480.5—2021《直齿轮和斜齿轮承载能力计算　第 5 部分：材料的强度和质量》中对有效硬化层深度的规定：“有效（成品）硬化层深度是指表面到 550HV 或 52HRC 硬度处的垂直距离。图纸技术要求中应规定出其上、下限值，在规定该值时，注意弯曲和接触强度所对应的最佳值并不一致。”

在 GB/T 3480.5—2021 中，渗碳淬火钢的接触极限应力 $\sigma_{Hlim}$ 见图 4-16-5，图中特别注明"要求有合适的硬化层深度"，也就是说，如果不能保持合适的有效硬化层深度，就不能达到图 4-16-5 中的极限应力 $\sigma_{Hlim}$ 值，齿轮的安全系数、可靠度（99%）和使用寿命就会降低。对于弯曲极限应力 $\sigma_{Flim}$ 值同样如此，可见齿轮过磨是不可轻视的。

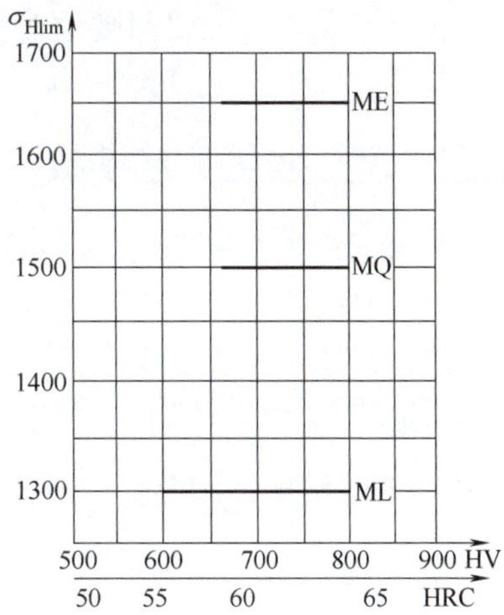


标引序号说明：
$\sigma_{Hlim}$——接触疲劳极限，$N/mm^2$；
HRC——表面硬度；
HV——表面硬度。
注：要求有合适的硬化层深度。

图 4-16-5　渗碳锻钢的 $\sigma_{Hlim}$

## 3.4　齿轮强度和硬化层的减薄量有没有相关的曲线关系？

硬化层的减薄量对齿轮的强度有很大的影响，但没有看到有关减薄量与强度、寿命具体的数量上相关的资料和数据，也没有具体磨掉多少还能用的判定标准。但是，GB/T 3480.5—2021 的 5.6.2 节"渗碳淬火齿轮的硬化层深度"中，给出了以下 4 种情况硬化层深度的计算和确定方法，可以作为讨论这个问题的参考：

① 防止点蚀失效的硬化层深度推荐值 $CHD_{H\,opt}$；

② 防止断齿失效的硬化层深度推荐值 $CHD_{F\,opt}$；

③ 防止齿面剥落的硬化层深度推荐值 $CHD_c$；

④ 有效硬化层深度最小极限值和最大极限值 $CHD_{min/max}$。

为了保证齿轮产品的可靠性和使用寿命，因过磨而使有效硬化层深度不符合规定的齿轮，应该慎重处理为好。

# 4　关于喷丸补救的问题

## 4.1　喷丸是提高齿轮使用寿命的重要途径

齿轮表面的喷丸强化，主要是借助高速运动的弹丸冲击零件的表面，使其发生弹性、塑性变形，从而产生残余压应力、加工硬化和组织细化等有利的变化，以提高齿轮的强度，特别是齿轮的弯曲疲劳强度，是提高齿轮使用寿命的重要途径。

喷丸强化形成的残余压应力，可抵消部分外加载荷产生的拉应力。其表面残余压应力可相当于材料抗拉强度极限的 55% ～ 60%，而工件表面正是容易萌生裂纹的地方。对于渗碳淬火齿轮，所形成的压应力可达 1177 ～ 1725MPa，可改善轮齿的弯曲疲劳性能。但是喷丸造成的表面压应力层的深度非常有限，因此提高的幅度也非常有限。例如在 GB/T 3480.5—2021《直齿轮和斜齿轮承载能力计算　第 5 部分：材料的强度和质量》中，指出：喷丸可以提高齿轮的弯曲疲劳极限 $\sigma_{FE}$，提高的幅度如下：

对 ML 级——0%（作用不大）；

对 MQ 级——10%；

对 ME 级——5%。

上述数据只限于渗碳淬火齿轮。

由此可见，不是“只要磨到齿根就去做一下喷丸，改善一下齿根的应力状态”就可以的。要使喷丸取得好的效果，就要严格控制喷丸强化的工艺参数。

## 4.2 喷丸强化工艺参数

喷丸强化工艺参数包括弹丸材料、弹丸直径、弹丸速度、弹丸流量、喷射角度、喷射距离、喷丸时间和覆盖率等，其中任何一个参数的变化都会不同程度影响喷丸强度，即影响强化效果。因此，大批量或重要的齿轮喷丸前，都要做喷丸强度和覆盖率的试验。无根据的喷丸很可能达不到喷丸效果，还可能出现两种喷丸缺陷。

## 4.3 两种喷丸缺陷

① 过喷——也就是过度喷丸，使喷丸表面出现微裂纹。齿轮齿槽喷丸表面的一例如图 4-16-6 所示。从图中可见，喷丸表面呈现碎裂状态，表面粗糙度极差，对齿轮的弯曲强度很不利。齿槽侧面弱喷丸表面的表面粗糙度比底部表面的好得多。

受到过喷伤害的齿根表面，在使用中产生裂纹，如图 4-16-7 所示。

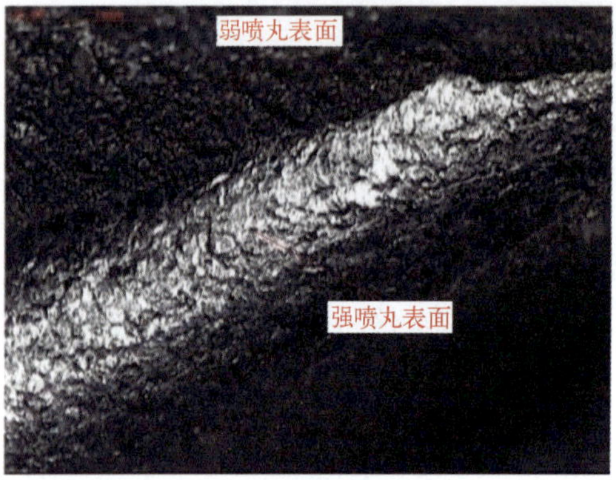


图 4-16-6 齿槽喷丸表面体视镜照片

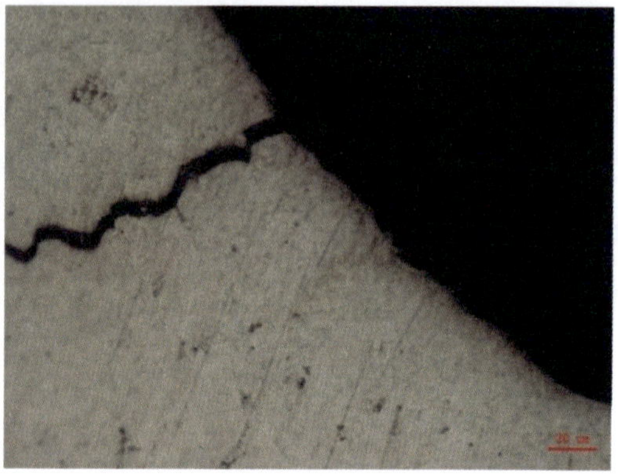

图 4-16-7 受过喷伤害的齿根齿面在使用中产生的裂纹

② 欠喷——也就是喷丸强度和覆盖率不足，起不到喷丸的效果。

无根据的喷丸很可能达不到喷丸效果，还可能产生有害的作用。

## 参考文献

[1] 朱孝录 . 硬齿面齿轮随机断裂的多种失效模式、原因和预防［J］. 机械传动，2022，46（6）：84-94 .

日期：2023 年 10 月 11 日

# 【例 4-17】 对大齿轮对半断裂的看法

### 问题描述

南方某公司发来大齿轮对半断裂的图片和有关资料，咨询齿轮断裂的原因和改进措施。

# 1 大齿轮对半断裂的特点

从朋友发来的齿轮断裂断口的图片中，可以看到以下几个断裂特点：

① 断裂面穿过两个键槽高应力集中的圆角（图 4-17-1），说明应力集中是齿轮断裂的原因之一。

② 最初的裂纹起源于键槽的边缘（图 4-17-2 ～图 4-17-4），断口具有疲劳弧线的特征，说明齿轮是疲劳断裂。当然，要通过电镜的微观观察，才能最后确定。

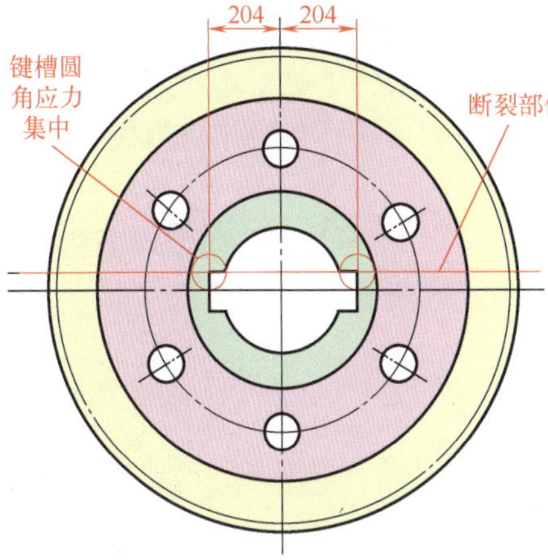


图 4-17-1 大齿轮对半断裂的图片

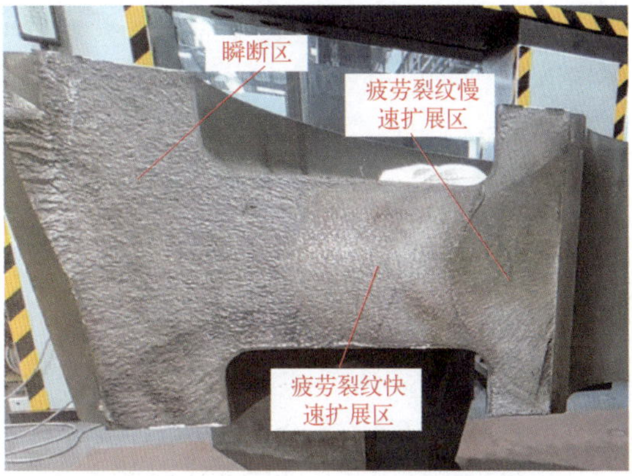


图 4-17-2 大齿轮断裂的断口（左侧键槽）

③ 整个齿轮断口可分为：疲劳裂纹慢速扩展区、疲劳裂纹快速扩展区、瞬断区。疲劳源在键槽底部，见图 4-17-2、图 4-17-3。

④ 轮齿断口有齿轮材料欠佳（疏松）的形貌（图 4-17-4）。

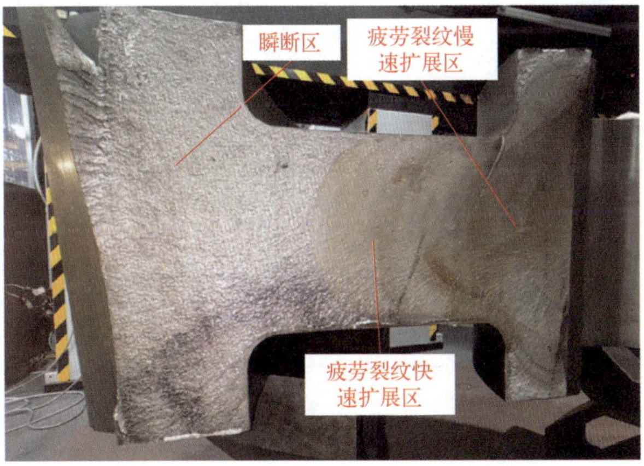


图 4-17-3 大齿轮断裂的断口（右侧键槽）

图 4-17-4 大齿轮断裂的断口

⑤ 以上的全部断口除了裂纹扩展的疲劳弧线和放射线外，断口都非常平坦，没有延性变形的痕迹，是典型的脆性断裂。

# 2 作者的看法和建议

根据以上断口的特点，作者的看法是：

① 齿轮热处理的内应力太大，加上键槽根部过渡圆角的应力集中大，可能再加上齿轮材料品质欠佳，由此造成齿轮的疲劳断裂。

② 鉴于 17Cr2Ni2Mo 钢，渗碳淬火，使用了半个月后齿轮断裂的现实，不能排除氢脆延迟性断裂的可能性。

钢材发生氢脆断裂的影响因素主要有：材料强度、氢浓度、应力集中、应变速率。从材料本身的强度来看，材料强度越高，其氢脆敏感性越大。一般钢中的氢含量在 5 ～ 10ppm 以上时就会产生氢脆裂纹，对高强度钢，即使钢中氢含量小于 1ppm，也可能会发生氢脆开裂。本例齿轮材质为 17Cr2Ni2Mo 钢，属于中高强度钢，具有较高的氢脆敏感性，在氢含量 ≥ 3ppm 条件下易发生氢脆开裂。此外，氢脆失效一般位于应力集中处，本例断裂面穿过两个键槽圆角，圆角的应力集中很大，会使齿轮内的残余拉应力增强，促进了氢致裂纹的萌生和扩展，导致齿轮断裂。

综合以上宏观观察的事实，本案例可能存在应力集中过大、热处理残余拉应力过大、齿轮材料品质欠佳和材料含氢量过高等多种不利因素，造成疲劳断裂。

结合以上内容，作者的建议是：

① 检测齿轮材料的含氢量，很重要。

② 进行电子显微镜、金相显微镜的微观观察，看是否有白点等。

③ 检查齿轮材料的品质，特别是夹杂物。

④ 检查齿轮键槽底部的圆角半径的大小，是否符合技术要求。

日期：2023 年 7 月 1 日

# 【例 4-18】 摆线轮损坏的观察与分析

**问题描述**

北方某公司发来机器人用摆线针轮传动装置中摆线轮失效的图片和资料，咨询摆线轮失效的原因和改进措施。

**答复内容**

# 1 失效的摆线轮

## 1.1 摆线轮失效概况

机器人用摆线针轮传动装置的机构简图如图 4-18-1 所示。失效的是摆线轮 1 和摆线轮 2，其失效位置：摆线轮 1、摆线轮 2 与曲轴的结合位置。摆线轮 1、摆线轮 2 内孔跑合后，有尺寸磨损增大的现象。

失效的摆线轮如图 4-18-2 所示（说明：本例中的摆线轮实际上是短齿的齿轮，见图 4-18-2，在本例中就用摆线轮这个名称）。摆线轮有大孔和小孔，两处内孔的表面都有损伤和损坏。大部分表面看不出损伤，严重的是几处局部损伤。

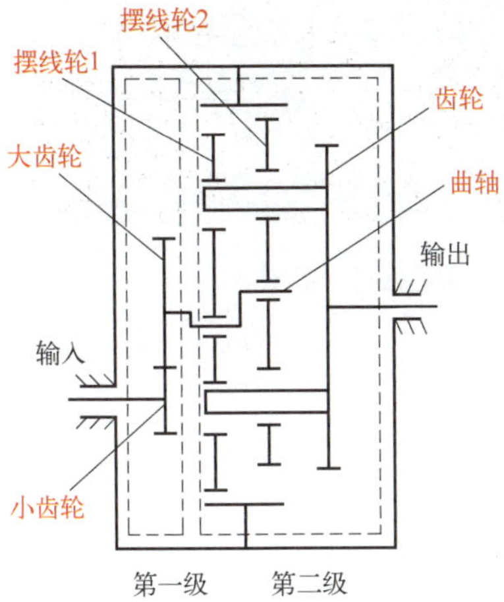


图 4-18-1　摆线针轮传动装置的机构简图

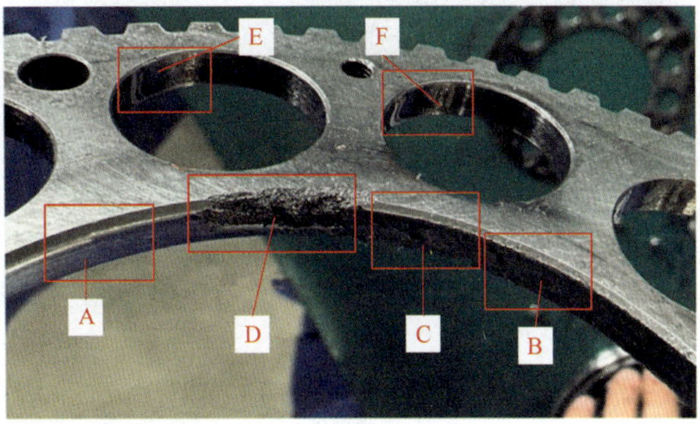


图 4-18-2　失效的摆线轮

通常，摆线轮工作 14 ～ 21 天就会失效，是一个经常失效的零件。

摆线轮的材料：18CrNiMo7-6 钢。

热加工工艺：锻造后正火 + 高温回火处理，保证硬度 196 ～ 269 HBW，半精加工前调质处理 25 ～ 30HRC；精加工前，渗碳淬火处理。考虑加工余量，摆线轮加工完成后，有效渗碳层为 0.8 ～ 1.2mm；表面硬度 58 ～ 62HRC，心部硬度 40 ～ 45HRC。

## 1.2　大孔表面的损伤

图 4-18-2 中大孔 A、B、C、D 4 个部位内孔表面的损伤情况是不同的。其中 A 区（图 4-18-3）表面损伤较轻（图片不清晰），看起来像微点蚀；而 B 区（图 4-18-4）已经可以看到宏观点蚀了；点蚀进一步发展就出现图 4-18-5 所示的表面轻度剥落（C 区）；最后轻度剥落进一步发展，内孔表面出现破坏性的剥落（D 区，如图 4-18-6 所示）。

根据以上的观察和分析，可以初步肯定：摆线轮大孔表面是疲劳失效，其失效过程是：表面微裂纹→微点蚀→点蚀→轻度剥落→破坏性剥落。

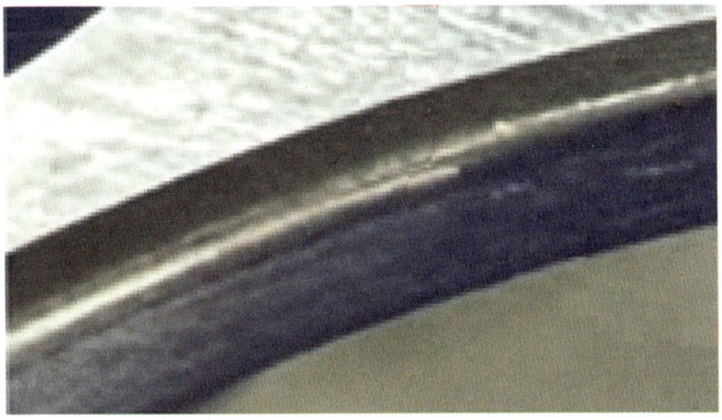

图 4-18-3　图片不清晰看起来像微点蚀

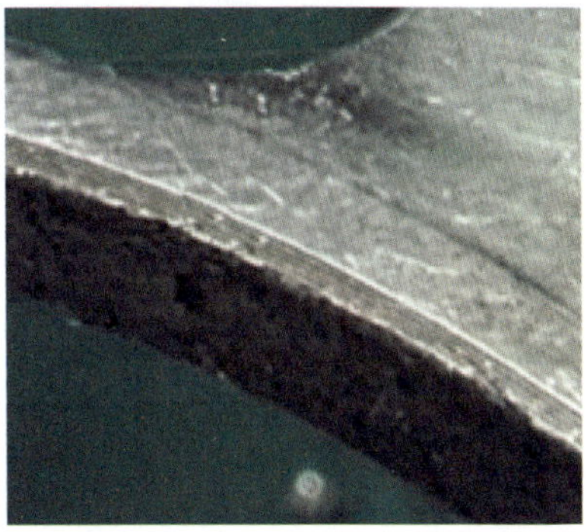

图 4-18-4　表面宏观点蚀

图 4-18-5　表面轻度剥落

图 4-18-6　表面破坏性的剥落

## 1.3　小孔表面的损伤

小孔表面的损伤如图 4-18-7 所示，虽然图片不太清晰，但还是可以看到大致的表面损伤形貌——磨损和剥落。

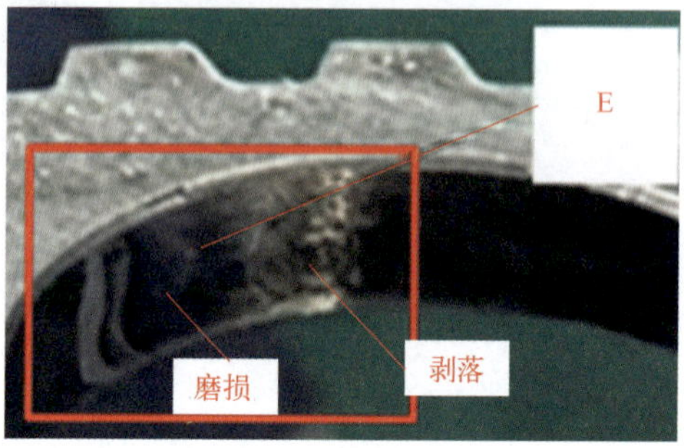


图 4-18-7　小孔表面的损伤

# 2　摆线轮硬度测量

## 2.1　摆线轮大孔硬度梯度测量结果

摆线轮大孔硬度梯度测量结果见图 4-18-8 所示。

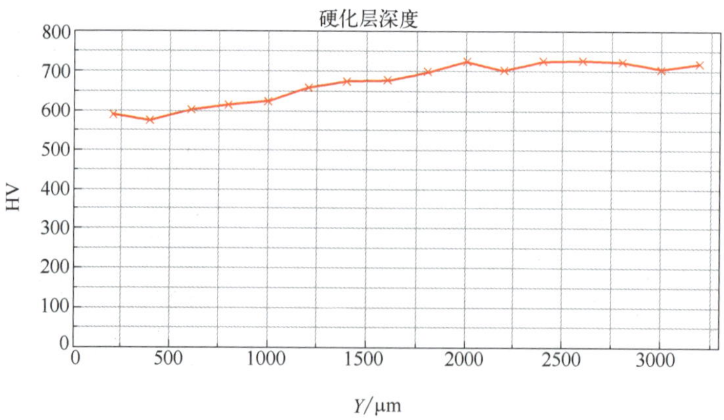


图 4-18-8　摆线轮大孔硬度测量结果

从图 4-18-8 可见：

① 大孔工作表面的硬度比心部的硬度低，表面硬度 589HV（54.5HRC），心部硬度 726HV（61.1HRC）。这是非常不正常的。图纸规定：18CrNiMo7-6 钢，表面硬度 58 ～ 62HRC，心部硬度 40 ～ 45HRC。可见摆线轮的热处理工艺完全没有达到图纸的技术要求。

② 图纸要求 18CrNiMo7-6 钢，经渗碳淬火后考虑加工余量，保证有效渗碳层深 0.8 ～ 1.2mm，但是图 4-18-8 中的硬度全部都超过 550HV，也就是说有效渗碳层深远超过规定的 0.8 ～ 1.2mm，不符合图纸的要求。

## 2.2 摆线轮小孔硬度梯度测量结果

摆线轮小孔硬度测量结果见图 4-18-9 所示。

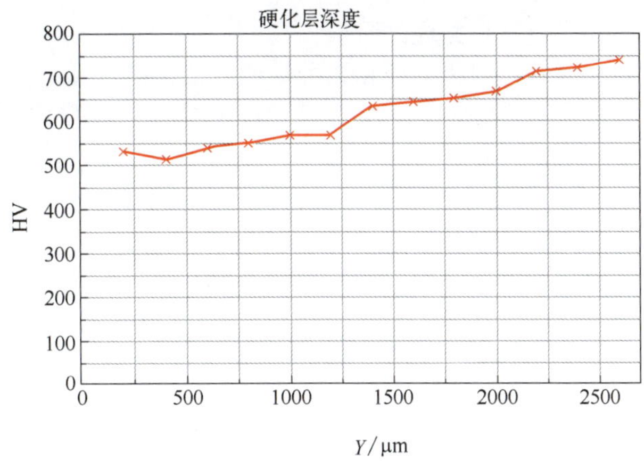


图 4-18-9　摆线轮小孔硬度测量结果

从图 4-18-9 可见，存在图 4-18-8 同样的问题：表面硬度 516HV(50.2HRC)，心部硬度 737HV（61.7HRC）。

① 小孔工作表面的硬度比心部的硬度低。表面硬度只有 50.2HRC，心部硬度高达 61.7HRC。不符合图纸规定：18CrNiMo7-6 钢，表面硬度 58 ～ 62HRC，心部硬度 40 ～ 45HRC。可见摆线轮的热处理工艺完全没有达到图纸的技术要求。

② 图纸要求 18CrNiMo7-6 钢，经渗碳淬火后考虑加工余量，保证有效渗碳层深 0.8 ～ 1.2mm，但是图 4-18-9 的全部硬度都超过 550HV，也就是说有效渗碳层深远超过规定的 0.8 ～ 1.2mm，不符合图纸要求。

# 3 根据以上事实得到的几点看法

① 根据摆线轮损坏断口的观察和分析，可以肯定：摆线轮大孔表面是疲劳失效，其失效过程是：表面微裂纹→微点蚀→点蚀→轻度剥落→破坏性剥落。

② 摆线轮大孔、小孔工作表面的硬度都比心部的硬度低，不符合图纸规定：18CrNiMo7-6 钢，外部硬度 58 ～ 62HRC，心部硬度 40 ～ 45HRC。可见摆线轮的热处理工艺完全没有达到图纸的技术要求。

③ 图纸要求 18CrNiMo7-6 钢，经渗碳淬火后考虑加工余量，保证有效渗碳层深 0.8 ～ 1.2mm，但是图 4-18-8、图 4-18-9 中的全部硬度都超过 550HV，也就是说有效渗碳层深远超过规定的 0.8 ～ 1.2mm，完全没有达到图纸的技术要求。

④ 根据以上事实，好像可以得到这样的结论：摆线轮失效是热处理工艺未达到图纸规定力学性能的结果，其实不然！

# 4 讨论

以上分析是建立在图纸规定的各项指标（如硬度 58 ～ 62HRC、有效渗碳层深 0.8 ～ 1.2mm 等）正确的前提下，也就是认为摆线轮的设计是正确的。因此，得到这样的结论：摆线轮失效是热处理工艺未达到图纸规定力学性能的结果，但是，实际上并非如此。

摆线轮的品质是由外形品质和内在品质两方面来保证的。外形品质主要是摆线轮机械加工的精度，包括摆线轮的几何尺寸、尺寸偏差和表面粗糙度等。内在品质主要是材料的品质、锻造和热处理品质等。

因此，对于摆线轮这种结构复杂、精度要求高、应力大的传动基础件，其规定的技术要求是非常详细的。例如，在参考文献［1］中对摆线轮的技术要求如表 4-18-1 所列。值得注意的是以下几点：

① 摆线轮的材料采用 GCr15 钢，要求整体淬火，硬度 58 ～ 62HRC，因此没有表面硬度和心部硬度之分；因为对于这种轮宽 $b$ 很小的摆线轮，是很难做到表面硬度 58 ～ 62HRC，而心部硬度比较低（例如 35 ～ 40HRC）。上述图 4-18-8 和图 4-18-9 的硬度梯度曲线（表面硬度低，心部硬度高）就说明了这个问题。因此，摆线轮选用 18CrNiMo7-6 钢，采用齿轮渗碳淬火工艺的表面硬度和心部硬度是不合适的。

**表 4-18-1 摆线轮的技术要求**

<table>
<tr><td rowspan="27">摆线轮</td><td rowspan="27">GCr15</td><td rowspan="27">经热处理后要求硬度为 58 ～ 62HRC，金相组织为隐晶马氏体 + 结晶马氏体 + 细小均匀渗碳体（马氏体≤ 3 级）</td><td rowspan="2">与轴承配合孔</td><td colspan="6">$d$ < 650 时，H6</td></tr>
<tr><td colspan="6">$d \geqslant$ 650 时，J7</td></tr>
<tr><td>销孔</td><td colspan="6">H7</td></tr>
<tr><td>轮齿工作表面</td><td colspan="6"></td></tr>
<tr><td rowspan="5">摆线轮的销孔相邻孔距差的公差 $\delta t$ 和孔距累积误差的公差 $\delta t_{\Sigma}$</td><td colspan="2">$d_p$</td><td colspan="2">$\delta t \leqslant$</td><td colspan="2">$\delta t_{\Sigma} \leqslant$</td></tr>
<tr><td colspan="2">150，180</td><td colspan="2">0.042</td><td colspan="2">0.10</td></tr>
<tr><td colspan="2">220，270</td><td colspan="2">0.05</td><td colspan="2">0.115</td></tr>
<tr><td colspan="2">330，300，450</td><td colspan="2">0.06</td><td colspan="2">0.14</td></tr>
<tr><td colspan="2">550，650</td><td colspan="2">0.07</td><td colspan="2">0.18</td></tr>
<tr><td rowspan="5">摆线齿廓周节差的公差 $\delta t$，周节累积误差的公差 $\delta t_{\Sigma}$，齿顶圆径向跳动的公差 $\delta_e$</td><td colspan="3">$d_p$</td><td>$\delta t \leqslant$</td><td>$\delta t_{\Sigma} \leqslant$</td><td>$\delta_e \leqslant$</td></tr>
<tr><td colspan="3">150，180</td><td>0.038</td><td>0.075</td><td>0.038</td></tr>
<tr><td colspan="3">220，270</td><td>0.04</td><td>0.09</td><td>0.045</td></tr>
<tr><td colspan="3">330，390，450</td><td>0.045</td><td>0.11</td><td>0.05</td></tr>
<tr><td colspan="3">550，650</td><td>0.048</td><td>0.14</td><td>0.058</td></tr>
<tr><td rowspan="6">齿轮顶根距极限偏差</td><td>$d$</td><td>上偏差</td><td>下偏差</td><td>$d$</td><td>上偏差</td><td>下偏差</td></tr>
<tr><td>150</td><td>-0.22</td><td>-0.30</td><td>390</td><td>-0.36</td><td>-0.46</td></tr>
<tr><td>180</td><td>-0.24</td><td>-0.32</td><td>450</td><td>-0.38</td><td>-0.50</td></tr>
<tr><td>220</td><td>-0.26</td><td>-0.34</td><td>550</td><td>-0.42</td><td>-0.54</td></tr>
<tr><td>270</td><td>-0.28</td><td>-0.38</td><td>650</td><td>-0.46</td><td>-0.60</td></tr>
<tr><td>330</td><td>-0.32</td><td>-0.42</td><td></td><td></td><td></td></tr>
<tr><td>与轴承配合孔的圆度和圆柱度</td><td colspan="6">不低于 7 级</td></tr>
<tr><td>销孔中心圆对轴承轴线的径向跳动</td><td colspan="6">不低于 7 级</td></tr>
<tr><td>与轴承配合孔的轴线对基准端面的垂直度</td><td colspan="6">不低于 6 级</td></tr>
<tr><td>销孔的轴线对基准端面的垂直度</td><td colspan="6">不低于 6 级</td></tr>
<tr><td>轮齿工作表面对基准端面的垂直度</td><td colspan="6">不低于 6 级</td></tr>
<tr><td>两端面的平行度</td><td colspan="6">不低于 6 级</td></tr>
<tr><td>销孔公称直径</td><td colspan="6">销套直径 +2 倍偏心距 +$\Delta$<br>$d_p \leqslant$ 550 时，$\Delta$=0.15；$d_p$ > 550 时，$\Delta$=0.20 ～ 0.30</td></tr>
</table>

② 表 4-18-1 中，对 GCr15 钢热处理后的金相组织也做了详细的规定：隐晶马氏体 + 结晶马氏体 + 细小均匀的渗碳体（马氏体 3 级）。此技术要求可供检验摆线轮失效件金相组织的参考。

③ 以上两方面是对摆线轮内在品质检验的内容。此外，在表 4-18-1 中对摆线轮外形品质（机加工精度）也做了非常详细的 13 项技术要求，包括形位公差、尺寸公差、配合公差等。只有摆线轮的机加工精度满足这些技术要求，其外形品质才能得到保证。

参考文献［1］中给出的摆线轮零件工作图见图 4-18-10，可供参考。

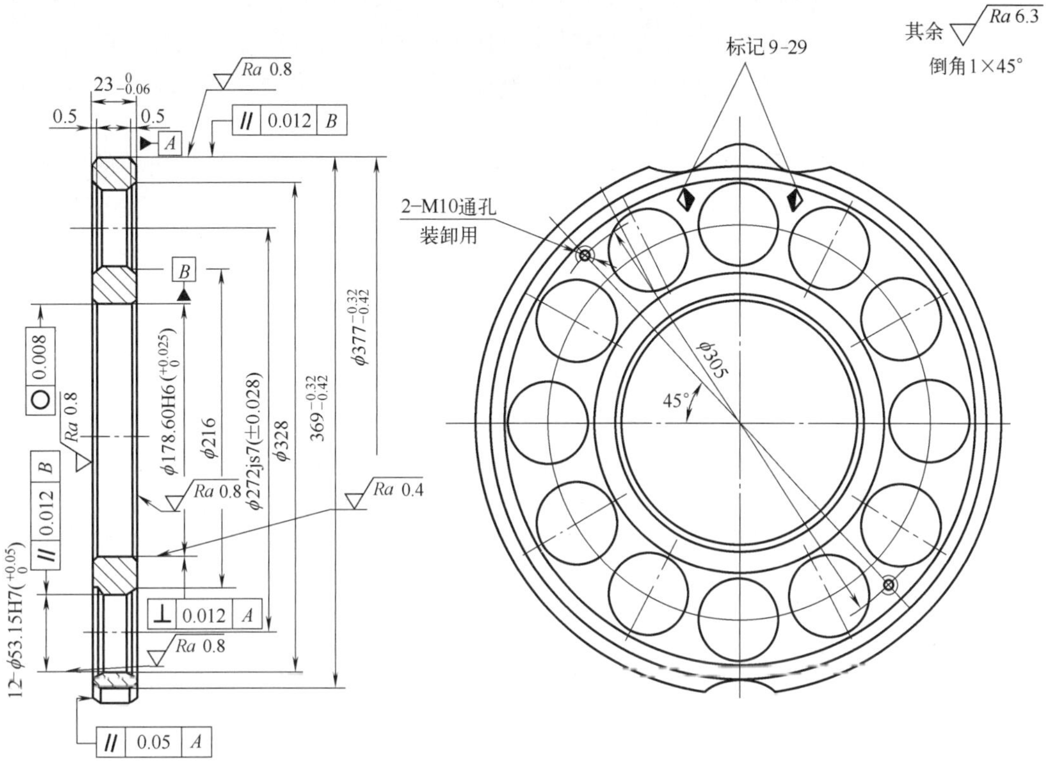


技术要求

1.齿廓齿距公差0.024，齿距累积公差0.11，齿圈径向跳动公差0.05；
2.热处理：淬火58～62HRC，金相组积：隐晶马氏体+结晶马氏体+细小均匀渗碳体(马氏体≤3级)；
3.12−φ53.15 H7孔圆周分度相邻孔距公差0.06，累积公差0.14；
4.以φ178.58H6孔为基准，φ272中心圆径向跳动0.06；
5.每台两件标记打在同一位置，且同时加工两件，齿部相对，销孔位置应一致。

| 精度等级 | |
|---|---|
| 齿数 | 29 |
| 偏心距 | 4 |
| 全齿高 | 8 |
| 短幅系数 | 0.6218 |
| 针齿直径 | 17 |
| 针齿中心圆 | φ386 |

图 4-18-10　摆线轮零件工作图

对于本例失效的摆线轮，作者没有看到有关的零件图纸，不知道设计者提出哪些外形的技术要求，因此很难做出评论。

# 5 结论和建议

## 5.1 结论

以上所论述的内容，基本上是摆线轮损坏的宏观观察和分析，得到以下初步结论。

① 摆线轮大孔表面是疲劳失效，其失效过程是：表面微裂纹→微点蚀→点蚀→轻度剥落→破坏性剥落。

② 小孔内表面的损伤，由于图片不太清晰，只能大致判断其表面损伤形貌是磨损和剥落。

③ 摆线轮选用 18CrNiMo7-6 钢，并采用齿轮渗碳淬火工艺的表面硬度和心部硬度是不合适的。

④ 大孔、小孔的工作表面硬度太低（54.5HRC、50.2HRC）是摆线轮失效的主要原因之一。

⑤ 作者没有看到本例摆线轮的零件图纸，不知道设计者提出哪些外形的技术要求，因此很难做出评论。

## 5.2 建议

① 对摆线轮的材料进行化学成分和夹杂物的测定，评定材料的品质。

② 对摆线轮的材料进行力学性能的测定，评定材料的力学性能。

③ 检查与热处理工艺品质有关的各项性能指标：如带状组织、晶粒度、齿表面脱碳层和内氧化、碳化物级别、残余奥氏体、表面非马氏体组织等。如果有较深的内氧化层或表面非马氏体组织层，就可能出现表面硬度低于心部硬度。最后评定热处理工艺的优劣。

④ 采用有限元仿真的方法，计算摆线轮内孔表面的接触应力，评定摆线轮内孔的承载能力是否满足要求。

⑤ 摆线轮的材料建议采用 GCr15 钢，参考表 4-18-1 制订热处理工艺规范和机加工精度。

## 参考文献

[1] 齿轮手册标委会 . 齿轮手册（上册）（第 2 版）[M] . 北京：机械工业出版社，2001.

日期：2023 年 10 月 16 日

# 【例 4-19】 关于 20CrMnMo 齿轮的疲劳极限应力问题

### 问题描述

北方某公司来信说：在失效群拜读了您的一篇文章，文章中提到 20CrMnMo 齿轮的热处理和齿轮的接触、弯曲极限应力问题。我的问题是 20CrMnMo 齿轮用爱协林多用炉渗碳后冷却，再在炉内加热油淬，在这种条件下处理的齿轮，选用 $\sigma_{Hlim}$=1500MPa，$\sigma_{Flim}$=450MPa 是否合适？还需要注意哪些问题？

答复内容

# 1 国家标准 GB/T 3480.5—2021 的规定

① 从国家标准 GB/T 3480.5—2021《渐开线圆柱齿轮承载能力计算 第 5 部分：材料的强度和质量》来看，20CrMnMo 渗碳淬火齿轮，取 $\sigma_{Hlim}$=1500MPa，$\sigma_{Flim}$=450MPa 符合 MQ 级质量的疲劳极限应力范围，见图 4-19-1 和图 4-19-2。

② 要达到上述极限应力水平，齿轮的内在质量必须按标准的 MQ 级质量控制制造水平，见表 4-19-1。

③ 要特别注意图 4-19-1 和图 4-19-2 的“注”。

④ 图 4-19-1 和图 4-19-2 的 $\sigma_{Hlim}$ 和 $\sigma_{Flim}$ 数据，只与齿面硬度和有效硬化层深度有关，而与材料的化学成分无关。

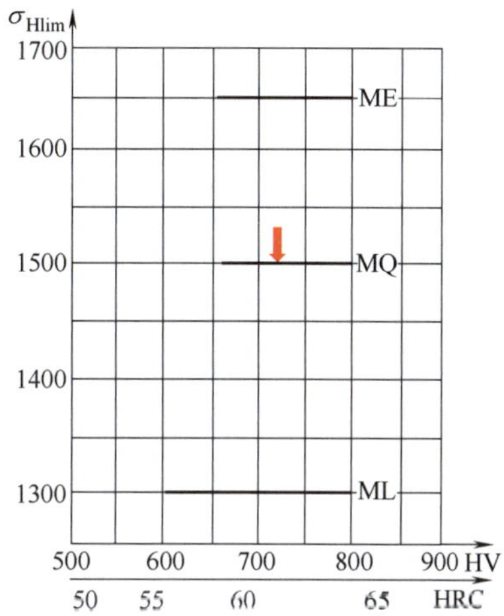


标引序号说明：
$\sigma_{Hlim}$——接触疲劳极限，N/mm²；
HRC —— 表面硬度；
HV —— 表面硬度。
注：要求有合适的硬化层深度，见GB/T 3480.5—2021的5.6.1。

图 4-19-1 渗碳锻钢的 $\sigma_{Hlim}$（质量要求见表 4-19-1）

**表 4-19-1 渗碳淬火锻钢**（锻造或轧制）

| 序号 | 项目 | ML | MQ | ME |
|---|---|---|---|---|
| 1 | 化学分析 | 不复检 | 专业检验报告按照 ISO 10474，100% 可追溯原始炉号 | 从同一铸锭或铸坯上截取代表性试样，专业检验报告按照 ISO 10474 |
| 2 | 淬透性：按照 ISO 642 端淬法检验 | 不复检 | 专业检验报告按照 ISO 10474，100% 可追溯原始炉号，允许采用计算淬透性值，计算方法应记录存档。试验法优先于计算法 | 从同一铸锭或铸坯上截取代表性试样，检验报告按照 ISO 10474 |
| 3 | 冶炼方法 | 不要求 | 应经钢包脱氧及精炼处理，并经真空脱气使 H 含量≤ 0.00025%，浇注时应有防氧化措施，为改善铸造性能可添加 Ca，但应有记录，且最大值有一定限制 | |

注：此表共有 13 项检测项目，限于篇幅不再过多摘录，建议参阅 GB/T 3480.5—2021。

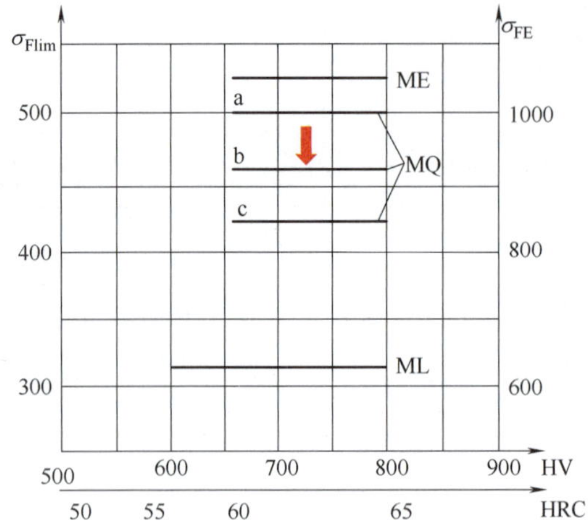


标引序号说明：

$\sigma_{Flim}$ —— 试验齿轮的弯曲疲劳极限，$N/mm^2$；

$\sigma_{FE}$ —— 齿轮材料的弯曲疲劳极限，$N/mm^2$；

HRC —— 表面硬度；

HV —— 表面硬度；

a —— 心部硬度≥30HRC；

b —— 心部硬度≥25HRC，$J$=12mm 处≥28HRC；

c —— 心部硬度≥25HRC，$J$=12mm 处<28HRC。

注1：合适的硬化层深度，见GB/T 3480.5—2021的5.6.2。

注2：见GB/T 3480.5—2021的6.6。

图 4-19-2 渗碳锻钢的 $\sigma_{Flim}$ 和 $\sigma_{FE}$（质量要求见表 4-19-1）

⑤ 渗碳淬火齿轮应该采用 GB/T 1356—2001《通用机械和重型机械用圆柱齿轮　标准基本词条齿廓》的 D 型齿廓。

⑥ 齿根的齿槽应该和齿面一样硬化，并且不能磨削。

⑦ 渗碳淬火齿轮应该尽量避免表面脱碳、晶界氧化和非马氏体组织，否则会严重影响齿轮的弯曲疲劳强度。

# 2 20CrMnMo 渗碳淬火齿轮的疲劳强度试验研究

## 2.1 20CrMnMo 渗碳淬火齿轮的疲劳强度试验

试验齿轮的材料和热处理：20CrMnMo 渗碳淬火。

试验齿轮的齿面硬度：60 ～ 62HRC。

齿轮试验机种类：齿面接触疲劳试验——机械功率封闭型；

齿根弯曲疲劳试验——双齿谐振型。

齿面接触强度试验：4 个应力水平，30 个接触疲劳寿命数据。

齿根弯曲强度试验：4 个应力水平，29 个弯曲疲劳寿命数据。

通过齿轮接触疲劳寿命试验，得到的 20CrMnMo 渗碳淬火齿轮的齿面接触疲劳 $R$-$S$-$N$ 曲线如图 4-19-3 所示。

从图 4-19-3 的齿面接触疲劳 $R$-$S$-$N$ 曲线图中可见，20CrMnMo 渗碳淬火齿轮的接触疲劳极限 $\sigma_{Hlim}$=1571MPa。图 4-19-3 的 $R$-$S$-$N$ 曲线群（寿命试验点）有点异样，上离散大，下离散小，与通常的试验结果不同；但是，通过国内外资料检索发现美国NASA的齿轮试验结果也出现了同样的问题。出现这种异样的原因未知。

关于齿轮疲劳 *R-S-N* 曲线的测试方法见参考文献［1］。

通过齿轮接弯曲疲劳寿命试验，得到的20CrMnMo渗碳淬火齿轮的齿根弯曲疲劳 *R-S-N* 曲线如图4-19-4所示。

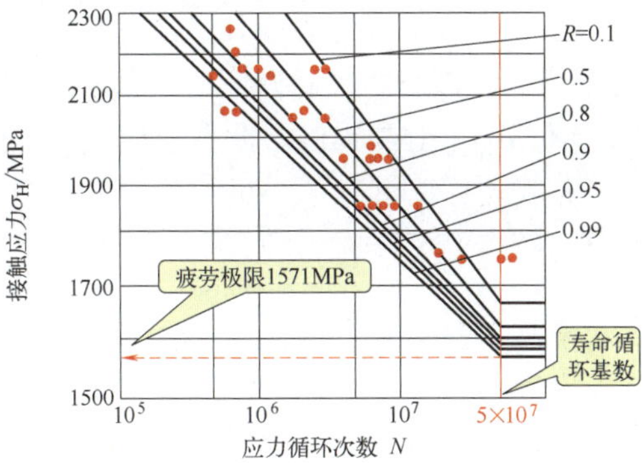


图4-19-3　20CrMnMo渗碳淬火齿轮的齿面接触疲劳 *R-S-N* 曲线

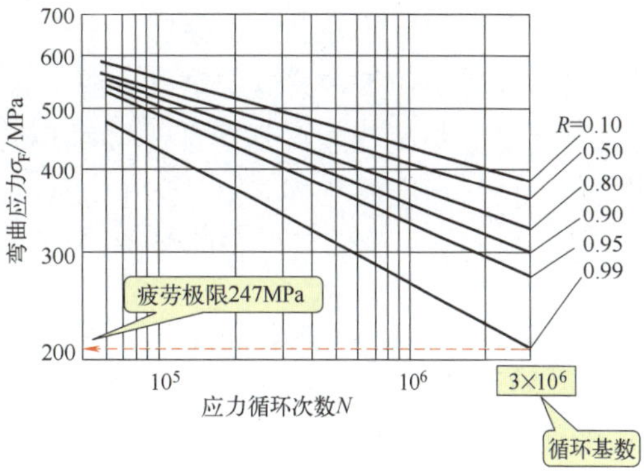


图4-19-4　20CrMnMo渗碳淬火齿轮的齿根弯曲疲劳 *R-S-N* 曲线

从图4-19-4的齿根弯曲疲劳 *R-S-N* 图可见，20CrMnMo渗碳淬火齿轮的弯曲疲劳极限 $\sigma_{\mathrm{Flim}}$=247MPa。此数据很低，比MQ级质量的 $\sigma_{\mathrm{Flim}}$=460MPa低很多。

## 2.2　分析❶

（1）表面脱碳层问题

经过全面、细致的分析后，发现出现上述不正常现象的主要原因是轮齿根部表面严重脱碳（齿槽未磨削），造成了弯曲疲劳极限应力 $\sigma_{\mathrm{Flim}}$ 的超低水平。

经过含碳量梯度的测定，20CrMnMo总脱碳层（图4-19-5）深度为0.2～0.3mm，这是热处理工艺缺陷造成的。其结果必然严重影响齿轮的弯曲疲劳强度。

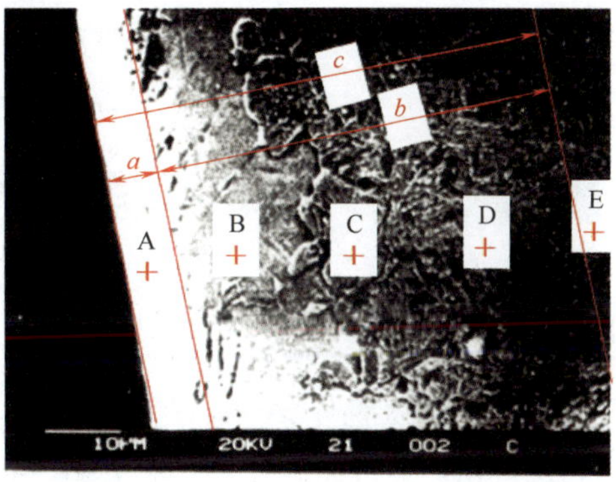


图4-19-5　电镜观察下的齿面脱碳层

将齿轮的脱碳试样置于电镜下观察，其脱碳层如图4-19-5所示。图中a是全脱碳层；b是部分脱碳层；c是总脱碳层。

（2）表层脱碳对齿轮弯曲疲劳极限 $\sigma_{\mathrm{Flim}}$ 的影响

渗碳淬火齿轮表层脱碳，降低表面硬度，使表层出现拉应力，裂纹最容易在表面脱碳层上发生，从而降低齿轮的疲劳强度和耐磨性。文献［3］指出：在渗碳层0.01～0.20mm处出现脱碳现象（包括不均匀脱碳），将导致严重的硬度（抗拉强度、屈服强度）降低，并将承载能力降低至60%左右。研究表明：表面脱碳可使齿轮的弯曲疲劳极限应力降低1/2～2/3。再如，对于Cr-3%Ni钢（如12CrNi3、20CrNi等），0.22mm的脱碳层，会使轮齿的弯曲疲劳强度降低30%～40%。文献［4］和［5］的作者用渗碳钢20Kh2N4A渗碳，通过表面脱碳使其表面含碳量从0.80%减少到0.35%。试验结果：后者的弯曲疲劳极限与前者相比减少了50%以上。

❶本节内容摘自参考文献［2］。

有关资料提到："表面脱碳可使齿轮的弯曲疲劳极限应力降低 1/2 ～ 2/3"。由此可见：渗碳淬火齿轮如果出现 0.2 ～ 0.3mm 脱碳层，其弯曲极限应力值 $\sigma_{Flim}$ 将下降 23% ～ 50%。脱碳层越深，其 $\sigma_{Flim}$ 下降越多。

（3）表面脱碳对齿面接触疲劳极限 $\sigma_{Hlim}$ 的影响

表面脱碳对渗碳淬火齿轮的齿面接触疲劳强度有何影响？如果渗碳淬火齿轮齿面经过磨削，磨削量恰到好处等于全脱碳层，那么表面脱碳对齿轮的接触疲劳强度几乎没有影响。例如，如果将图 4-19-5 中脱碳层磨削去除，齿面就处于最高含碳量和最高硬度的状态，因此齿轮的接触疲劳强度就能得到保证。接触疲劳极限平均值 $\sigma_{Hlim}$=1571MPa。此数值比较符合国内实际，也与标准值相当（MQ 级 1500MPa）。从以上试验数据可见，如果渗碳淬火齿轮齿面经过磨削，磨去脱碳层，表面脱碳对齿轮的接触疲劳强度几乎没有影响。

## 参考文献


［1］ 朱孝录，等 . 齿轮的试验技术与设备［M］. 北京：机械工业出版社，1988：303-344.

［2］ 朱孝录 . 齿轮内在品质对齿轮强度和寿命的影响［J］. 机械传动 .2021，45（9）：112-118.

［3］ G. 尼曼，H. 温特尔 . 机械零件（第 2 卷）［M］. 余梦生，等，译 . 北京：机械工业出版社，1989：189-190.

［4］ V. S. Sagaradze，L.V. Malygina.Influence of decarburization on the properties of case hardened steel［J］. Metal Science and Heat Treatment.1966（7）：39-43.

［5］ Dudley，Darle W. Handbook of practice gear design. MaGraw-Hill，inc.1984：4.43.


日期：2024 年 2 月 20 日

# 【例 4-20】 齿轮齿面剥落的宏观观察与分析

### 问题描述

这是一篇应北方某公司撰写的失效分析报告，其中的图片、资料均由北方某公司提供，并共同讨论、分析齿面失效的原因和失效模式。此失效案例的齿面剥落模式具有典型性，是一种"点 - 面 - 初始点蚀（PSO）"失效，其内容可供参考。

### 答复内容

## 1 齿轮失效概况

用于电厂输煤皮带运输机的减速机，齿轮出现齿面剥落和断齿故障。减速机 2007 年投入使用，发给公司检修时间 2023 年 11 月，其中间使用情况不明。

运行功率 595kW，输入转速 1500r/min，输出转速 54.6r/min；载荷相对平稳。齿轮材料：18CrNiMo7-6；热处理：渗碳淬火。润滑方式：浸油润滑。

齿轮参数：模数 $m_n$=14mm，小齿轮齿数 $z_1$=19，大齿轮齿数 $z_2$=56，螺旋角 $\beta$=10°，压力角 $\alpha_n$=20°，齿宽 $b$=247mm，齿顶圆直径 $d_a$=308.84mm。

减速机全貌见图 4-20-1。小齿轮出现的剥落损伤见图 4-20-2。最后出现的轮齿断裂失效见图 4-20-3。

图 4-20-1　减速机全貌

图 4-20-2　小齿轮出现的剥落损伤形貌

图 4-20-3　人工敲断的轮齿断裂形貌

# 2　齿面剥落宏观观察与分析

## 2.1　失效齿的全齿廓形貌

图 4-20-4 是失效齿的全齿廓形貌，从图中可见：

① 齿面的剥落出现在齿宽的右端，三角形剥落面积的宽度占工作齿廓的 8% ～ 10%；

② 齿面的磨削刀痕清晰，只有在齿面剥落区域刀痕不明显，此外齿面剥落失效发生在齿宽的一端，说明轮齿存在一定的偏载现象。

图 4-20-4　失效齿的全齿廓形貌

## 2.2 轮齿齿端的剥落全貌

图 4-20-5 是轮齿齿端的剥落全貌。从图中可见齿面的表面粗糙度较差，在运转使用中都没有磨平；也可能是减速机的润滑条件很好——完全动压液体润滑，齿轮工作 10 多年齿面都未磨平。

图 4-20-6 是齿面剥落形貌点击放大，从图中可以看到：

① 剥落区呈现三角形，三角形的顶点在齿根，裂纹朝向齿顶扩展；

② 齿面剥落的深度约为齿面硬化层的深度；

③ 齿面剥落片呈现条形状排列，并与磨削刀痕平行，说明刀痕的应力集中起了破坏作用；

④ 在齿根有一系列点蚀坑，三角形剥落区的顶点就在点蚀坑内。

图 4-20-5 轮齿齿端的剥落

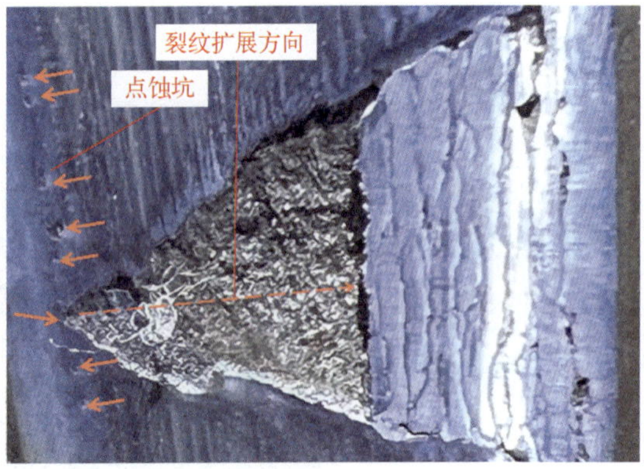


图 4-20-6 齿面剥落形貌点击放大

## 2.3 齿根部的点蚀坑

图 4-20-7 是图 4-20-6 的延伸，可以看到：

① 在轮齿根部有一连串排列整齐的小坑（箭头所指），这就是点蚀坑；

② 三角形剥落处的顶点 A 正好是点蚀坑的位置。

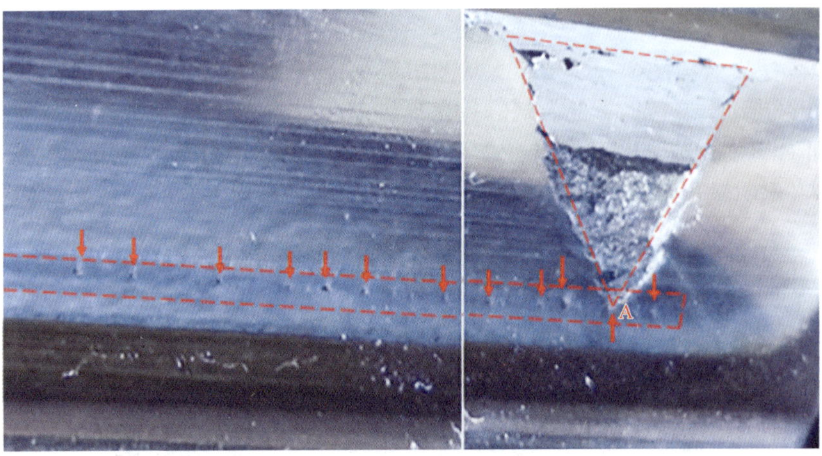


图 4-20-7 图 4-20-6 的延伸

## 2.4 相邻齿的齿面损伤形貌

图 4-20-8 是失效齿的左相邻第 1 齿 B 齿面损伤痕迹，从图中可见：

① 在 B 齿面上的三角形齿面损伤痕迹，同失效齿 A 的三角形剥落区十分相似。

② 在 B 齿面上的三角形齿面损伤痕迹的顶点，存在一个点蚀坑，可见 A 齿面的剥落损伤起源于顶点的点蚀坑。

图 4-20-9 是左相邻第 2 齿的齿面损伤痕迹，从图中可见：

① 在 B 齿面上的三角形齿面损伤痕迹，同失效齿 A 的三角形剥落区十分相似。

② 在 C 齿面上的三角形齿面损伤痕迹的顶点，存在一个点蚀坑，可见 A 齿面的剥落损伤起源于顶点的点蚀坑。

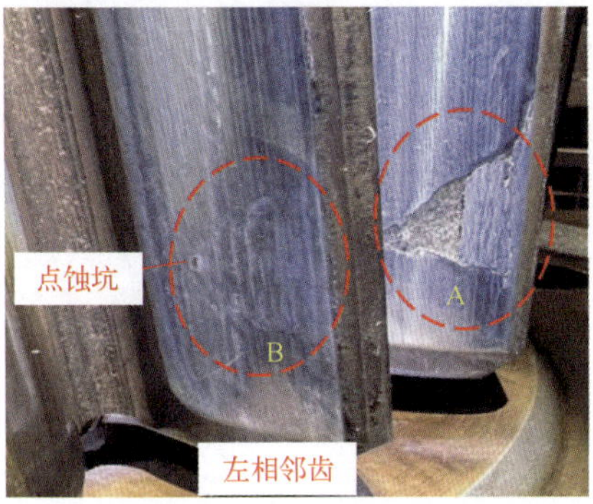

图 4-20-8　左相邻齿的齿面损伤痕迹

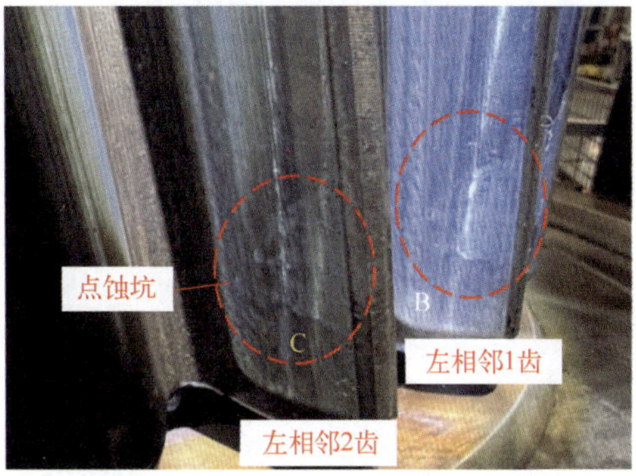

图 4-20-9　左相邻 2 齿的齿面损伤痕迹

## 2.5 齿面剥落宏观观察小结

经过以上对齿面损伤的宏观观察，可以得到以下的结论：

① 齿面的剥落出现在齿宽的右端，三角形剥落面积的宽度占工作齿廓的 8% ～ 10%，所占的面积不大。

② 齿面的磨削刀痕清晰，只有在齿面剥落区域刀痕不明显，此外齿面剥落失效发生在齿宽的一端，说明轮齿存在偏载现象。

③ 从齿面图中可见齿面的表面粗糙度较差，但在 10 多年运转使用中大部分齿面的磨削刀痕都没有磨平。这也可能是减速机的润滑条件很好——完全液体动压润滑状态的结果。

④ 剥落区呈现三角形，三角形的顶点在齿根，裂纹朝上齿顶扩展。

⑤ 齿面剥落的深度约为齿面硬化层的深度。

⑥ 齿面剥落片呈现条形状排列，并与磨削刀痕平行，说明因刀痕产生的应力集中起了坏作用。

⑦ 在齿根有一系列点蚀坑，三角形剥落区的顶点就在点蚀坑内。

⑧ 在轮齿根部有一连串排列整齐的小坑，这就是点蚀坑。

# 3 齿根产生一连串点蚀坑的原因

三角形剥落区的顶点就在点蚀坑内，点蚀坑是疲劳源。理论分析和试验结果都表明齿根的点蚀、剥落是由齿轮副齿根干涉引发的。

轮齿的干涉是由于一个齿轮齿顶或另一个齿轮齿根的材料过多引起的。当载荷过大、轮齿变形太大，又未进行齿廓修形或修形不到位，就可能引起轮齿的干涉，如图 4-20-10 所示。图中轮齿 2 在载荷作用下产生弯曲变形 $f$；轮齿 1 在载荷作用下产生弯曲变形 $f'$，于是轮齿啮合失去了正确的位置，就在一对轮齿进入啮合的 $E_1$ 点出现了齿廓干涉。这也就是产生啮入冲击的原因。主动轮啮入冲击点都在齿根部位。

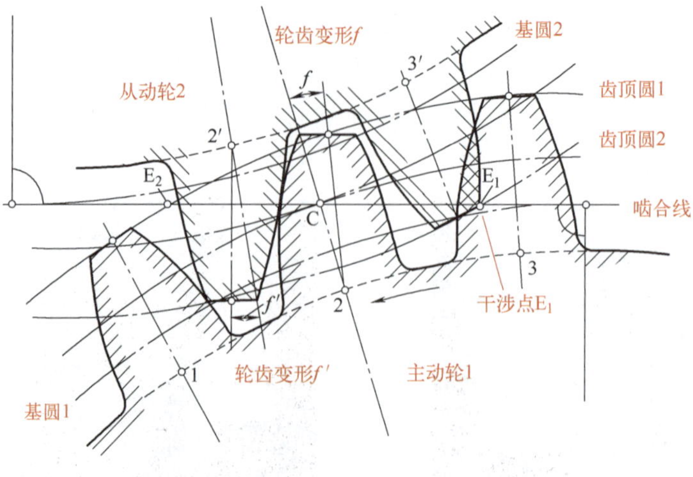


图 4-20-10　轮齿弯曲变形引起的齿廓干涉

图 4-20-11 是典型的齿宽中部的干涉损伤带。在损伤带内，产生一连串大小、深浅不一的点蚀坑。图 4-20-13 上的点蚀坑与图 4-20-11 的点蚀坑属于同一类型。点蚀坑的扩展就会出现齿面剥落，图 4-20-6 就是一个实例。

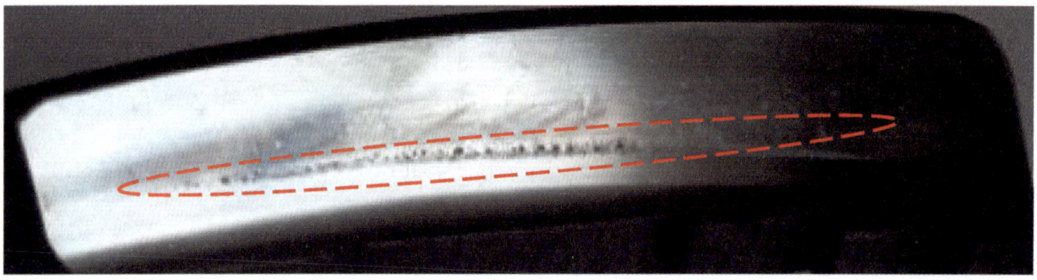

图 4-20-11　弧齿锥齿轮齿面的干涉损伤带

本例附录对齿轮齿根干涉损伤——“尖 - 根干涉”（tip-to-root interference）有较详细论述。

# 4　齿根产生大块剥落的失效模式

## 4.1　点 - 面 - 初始点蚀

首先了解一下“点 - 面 - 初始点蚀”失效模式。ANSI/AGMA 1010-F14 标准中论述了一种“PSO”[point-surface-origin（PSO）pitting]，可直译为点 - 面 - 初始点蚀。点 - 面 - 初始点蚀由相对较浅但面积较大的点蚀坑组成。疲劳裂纹从齿面的起点（通常是点蚀或微点蚀）

以扇形延伸，直到薄片的材料破裂，形成三角形的小坑，见图 4-20-12 ～图 4-20-16。

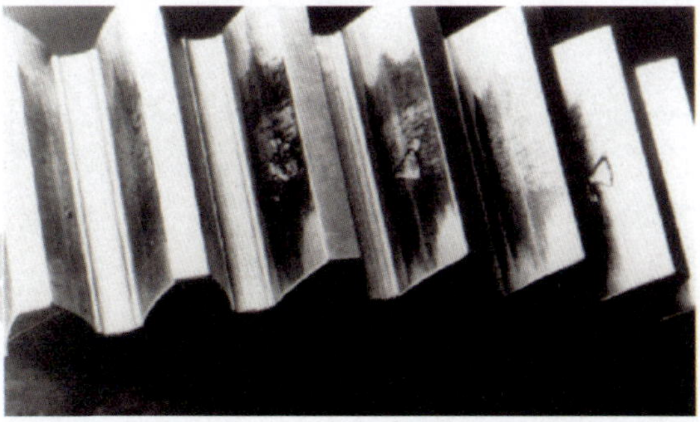

图 4-20-12　调质齿轮的点 - 面 - 初始点蚀

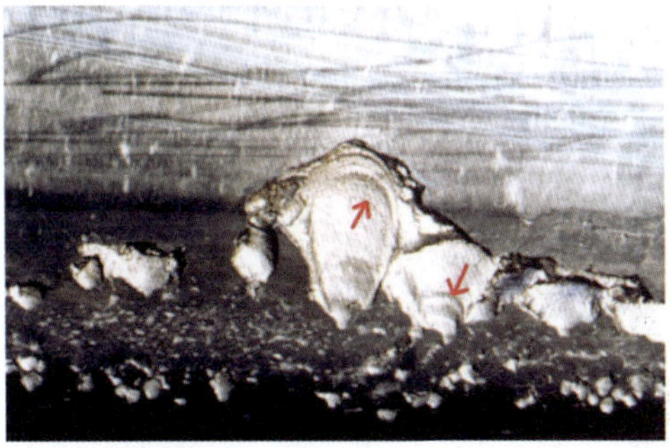

注：箭头指向其中的两个海滩标记

图 4-20-13　调质齿轮的点 - 面 - 初始点蚀

图 4-20-14　调质齿轮的点 - 面 - 初始点蚀

对于表面硬化的齿轮，PSO 通常从微点蚀或齿根干涉带的点蚀开始，见图 4-20-15、图 4-20-16。

注：运行 $1.5\times10^7$ 应力循环次数的渗碳淬火斜齿轮

图 4-20-15　起源于微点蚀的点 - 面 - 初始点蚀

图 4-20-16　表面硬化齿轮的点 - 面 - 初始点蚀

## 4.2　本例齿轮失效模式

根据前面有关“点 - 面 - 初始点蚀（PSO）”的论述，已知 PSO 是由相对较浅但面积较大的点蚀坑组成。疲劳裂纹从齿表面的起点以扇形延伸，直到薄片的材料破裂，形成三角形的小坑。特别提到在表面硬化齿轮的情况下，PSO 通常从微点蚀或点蚀开始。这就与我们分析案例的齿轮失效有关了。

首先将本例齿轮失效形貌（图 4-20-5、图 4-20-6）与“点 - 面 - 初始点蚀（PSO）”（图 4-20-12、图 4-20-14、图 4-20-16）的形貌进行对比，特别是硬齿面齿轮的图 4-20-16 对比，可发现两者极为相似，裂纹源都在轮齿的下部，然后向齿顶方向扩展。因此，可以得到结论：本例齿轮齿面三角形大片剥落，是一种称为“点 - 面 - 初始点蚀（PSO）”的失效模式。

# 5 本例“点 – 面 – 初始点蚀”的发展是轮齿随机断裂

本例齿面剥落严重程度如图 4-20-17（a）所示，在齿面三角形剥落面积内，下半部已经剥落，上半部虽然没有剥落，但是其周围布满了裂纹。三角形剥落的尺寸（单位：mm）见图 4-20-17（b），图中标注出三角形剥落起始点、疲劳源的位置和两个剥落区。

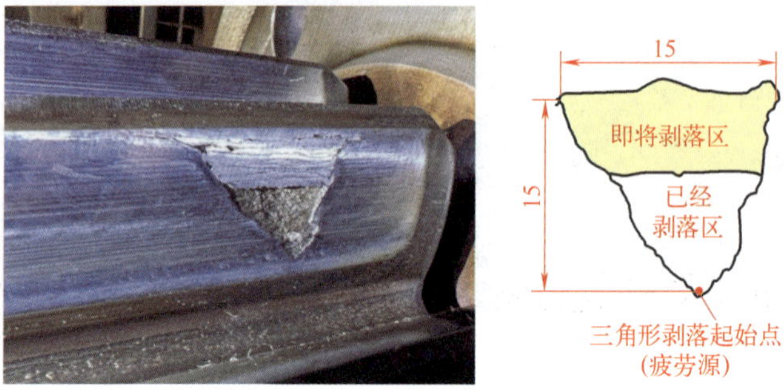


(a) (b)

图 4-20-17　齿面严重剥落形貌

为了观察剥落片内侧表面的疲劳特征，人工将剥落部位的轮齿敲断，断裂下来的齿块见图 4-20-18，图中标注了齿块的尺寸（单位：mm）。

图 4-20-19 是断裂下来齿块内侧的断口形貌，断口可以划分为两个区域：其一是疲劳裂纹扩展区（平坦部分）；其二是敲断的瞬断区（有放射性部分）。

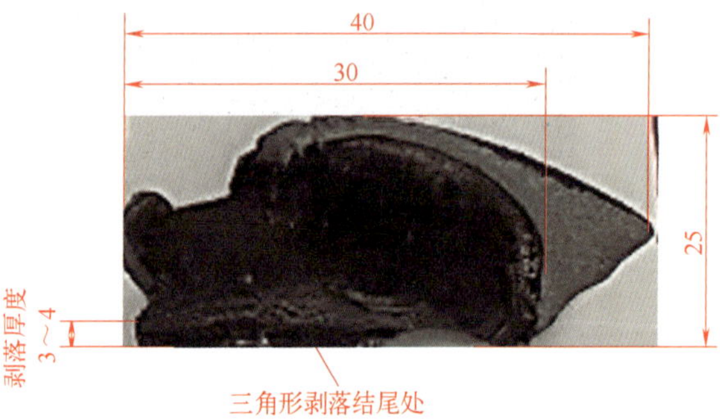


图 4-20-18　人工将剥落部位的轮齿敲断的齿块

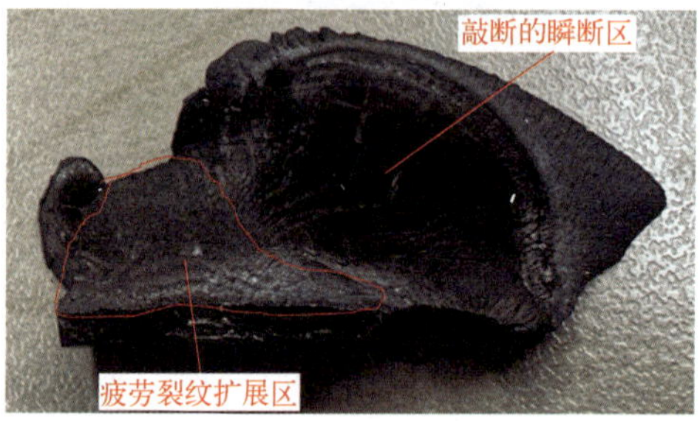


图 4-20-19　断裂下来齿块内侧的断口形貌

根据以上观察和分析可见：本例“点 - 面 - 初始点蚀”的发展是轮齿局部断裂，而且是随机断裂。

# 6 预防“点 - 面 - 初始点蚀”失效的措施

① 要注意齿廓修形，避免齿轮副产生“尖 - 根干涉”（tip-to-root interference），防止齿轮副出现过大的啮入冲击。

② 要注意设计有效的螺旋线修形和保证齿轮传动系统零件的制造精度，防止出现齿轮副的偏载，这是关键。

③ 要采取多种措施避免齿面出现微点蚀和点蚀。

④ 在热处理方面，要保证有足够的有效硬化层深度。

## 附录 “尖 - 根干涉”（tip-to-root interference）简介❶

PSO 可以有多种失效模式，文献［2］的作者对一种称为“尖 - 根干涉”（tip-to-root interference）型的 PSO 做了较深入的研究。作者认为 PSO 大点蚀可能源于表面缺陷，例如：顶 - 根干涉、加工刻痕（handling nick）和大点蚀边缘（edge of macropitting）等。

如果渐开线齿轮轮齿完全刚性且没有制造误差，齿轮副将在理想的起始啮合点（SAP）开始接触，在理想的终止啮合点（EAP）离开接触。然而，实际的齿轮不是刚性的，即使没有制造误差，轮齿的变形也会导致齿轮比理想的 SAP 开始接触早，离开接触比理想的 EAP 晚。在接触路径末端的延伸接触区域，齿轮的齿面与啮合齿轮齿顶相交产生几何应力集中（GSC），接触应力非常高。因此，为了避免这种“拐角”接触，通常的做法是设计具有齿顶修缘的轮齿，以补偿轮齿的变形和制造误差。

图 4-20-20 显示了齿轮齿尖角沿着旋转路径接近小齿轮渐开线，并在通常的小齿轮 SAP 上方的一点上相交于小齿轮渐开线。齿轮齿尖角与小齿轮渐开线之间的接触会导致非常高的赫兹应力——特别是当齿轮的齿顶有尖角时。

发生在小齿轮的边缘接触（角接触）导致产生 GSC，其局部最大赫兹应力（约 3300N/mm$^2$）如图 4-20-21 所示。因此“尖 - 根干涉”接触区的齿面就可能出现多种损伤形式，例如：干涉磨损、微点蚀、大点蚀、剥落等。

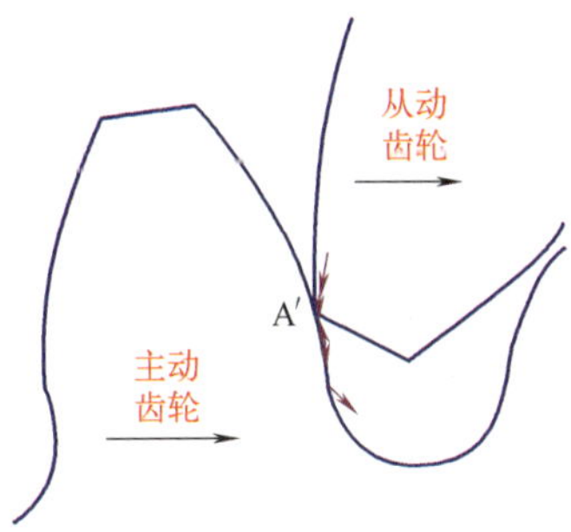


图 4-20-20 “尖 - 根干涉”示意图[2]

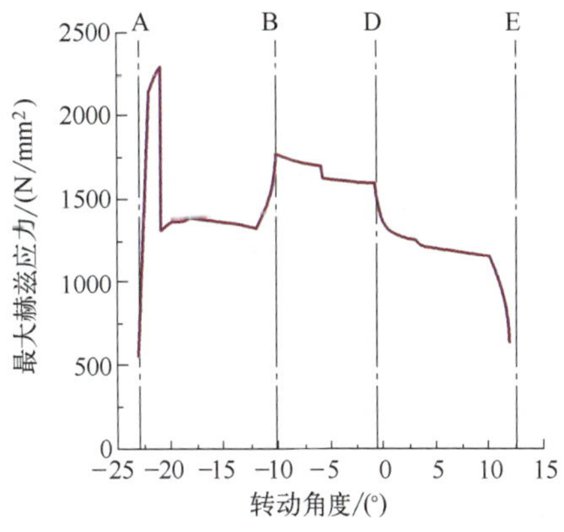


图 4-20-21 齿轮边缘接触局部最大赫兹应力[2]

❶ 本附录内容摘自参考文献［1］。

作者采用 FZG 点蚀试验 PT C/9/90 程序，在 9 级载荷中测试了一个 FZG-C 齿轮组。

图 4-20-22 显示试验中发生在第 15 齿上的 PSO 点蚀，尺寸约为 1.8mm×2.8mm。另外两个点蚀可以看到都在尖端开始。图 4-20-23 显示小齿轮因尖 - 根干涉引起的微点蚀。

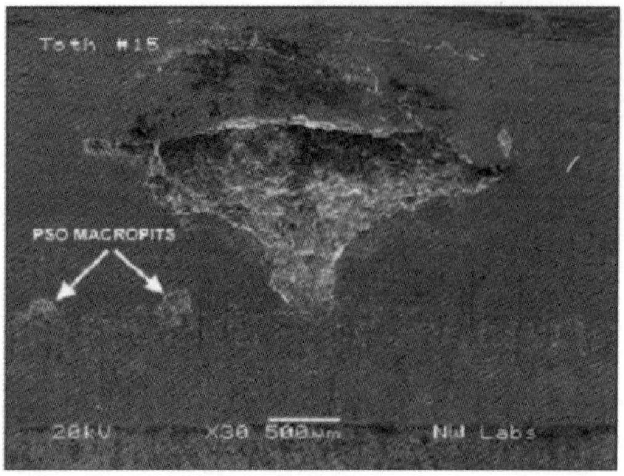


图 4-20-22 在小齿轮第 15 齿上的 PSO 点蚀[2]

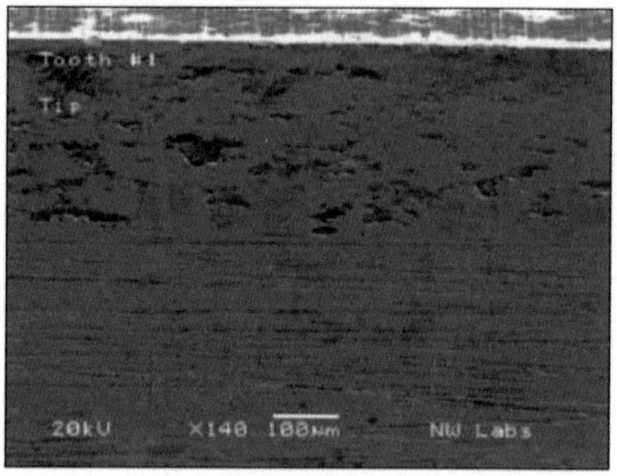


图 4-20-23 小齿轮第 1 齿上因尖 - 根干涉引起的微点蚀[2]

作者得到的主要结论：

① 尖 - 根的干涉会根切（undercut）渐开线齿廓，并在主动轮齿面产生一个坑（cusp），这就成为产生 GSC 的一个点。

② PSO 大点蚀的根本原因是由尖 - 根干扰引起的 GSC，或由微点蚀带边缘不连续引起 GSC。

③ 尖 - 根的干扰是由齿轮中没有足够的轮齿修形，造成角接触（corner contact）引起的。

这种由尖 - 根干扰造成的齿面损伤（微点蚀、点蚀等）如果继续运转，其裂纹就可能向齿心扩展，最后是轮齿出现随机断裂。

## 参考文献


[1] 朱孝录 . 硬齿面齿轮随机断裂的多种失效模式、原因和预防［J］. 机械传动，2022，46（6）：84-94 .

[2] ERRICHELLO R L，HEWETTE C，ECKERT R.Point-surface-origin macropitting caused by geometric stress concentration［J］. Gear Technology.Jan./Feb.2011：54-59.


日期：2024 年 4 月 12 日

# 【例 4-21】 采煤机行走轮轮齿断裂失效分析

### 问题描述

北方某公司发来井下采煤机行走轮断齿的照片和有关资料，咨询这种很少见的失效模式产生的原因和预防措施。

答复内容

# 1 行走轮轮齿断裂概况

采煤机行走部的行走轮，又称为齿轨轮或链轮；在公开发表的论文、资料中用“行走轮”这个术语较多，在本例的论述中，采用“行走轮”这个术语。

北方某公司供应某煤矿采煤机用的行走轮使用 2 天就出现断齿故障。在断齿之前，此行走轮用了将近 20 套（制造单位是同一厂家），使用过程中没有出现过短时间异常断裂。因此，可以认为行走轮使用 2 天就出现断齿故障是小概率事件。

行走轮基本参数：模数 $m$=46.79mm；齿数 $z$=10；压力角 $\alpha$=20°；齿宽 $b$=75mm；行走轮内孔直径 $d_k$=270mm。现用行走轮的齿廓是 3D 扫描出来的，推测是渐开线和摆线的复合齿廓。销排节距：$p$=147mm。行走轮与销排的配置见图 4-21-1。

行走轮与销排齿的啮合关系见图 4-21-2，实际上，两者相当于齿轮 - 齿条的关系，可以将旋转运动转换为直线运动，或反之。

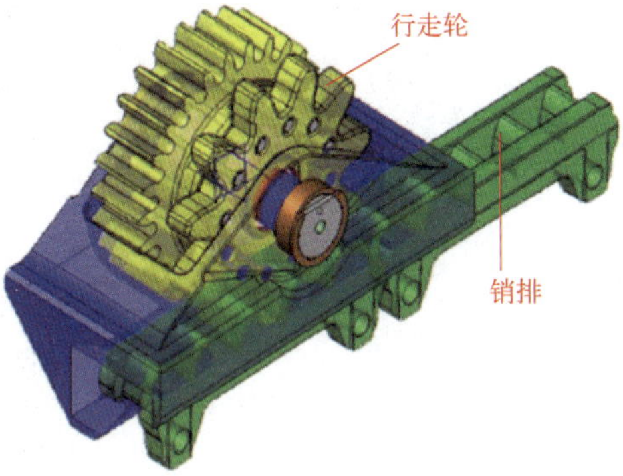


图 4-21-1 行走轮与销排的配置

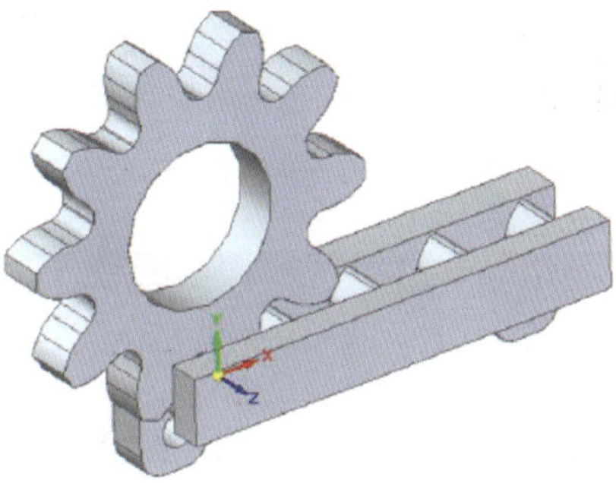

图 4-21-2 行走轮与销排齿的啮合关系

销排的实体照片如图 4-21-3 所示，相当于一个齿条。

行走轮断齿后的形貌如图 4-21-4 所示，只断了 1 个齿（黄箭头所指），其他轮齿没有断裂。

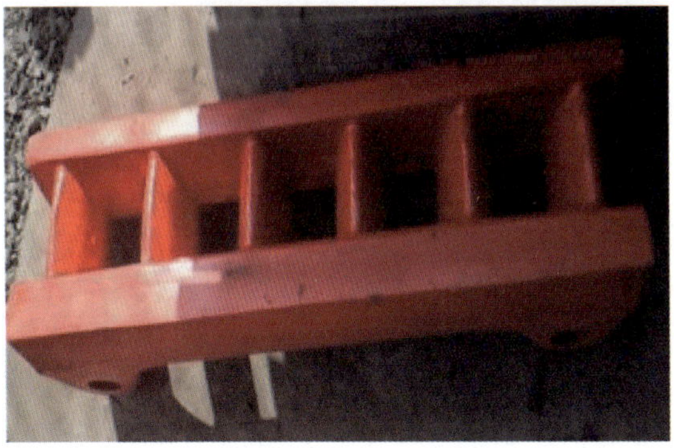

图 4-21-3 销排的实体照片

图 4-21-4 行走轮断齿后的形貌

# 2 行走轮断齿断口和齿面损伤形貌观察

## 2.1 行走轮轮齿断裂断口形貌观察

行走轮投产 2 天就出现一个齿断裂失效，如图 4-21-1 黄箭头所指。断齿的断口见图 4-21-5，从图中可见：断口两侧的齿面基本完好无损，而断口有多处碎裂的特征，形貌比较复杂。

将图 4-21-5 的断口放大如图 4-21-6 所示，可见图中有两个碎裂区 A 和 B。碎裂区 A 的放大见图 4-21-7；碎裂区 B 的放大见图 4-21-8。A 区和 B 区的碎裂状都呈现一种重载低周疲劳快速断裂的形貌。

图 4-21-5　断齿的断口形貌（一）

图 4-21-6　断齿的断口形貌（二）

图 4-21-7　碎裂区 A 的放大图

图 4-21-8　碎裂区 B 的放大图

低周疲劳断口如图 4-21-9 所示，从整个断口（图 4-21-9）来看，断口可以分几部分：

① 疲劳源区——疲劳源在渗碳淬火硬化层上，由于硬化层是脆性材料，因此看不到塑性变形的痕迹。

② 疲劳裂纹扩展区——断口平坦，无碎裂。图中画出了裂纹扩展的方向（蓝箭头所指）。

③ 瞬断区——最后断裂的瞬时断裂区约占全断口面积的 1/2，以及断口内材料大片碎裂，可见断口受到超载的大应力而断裂。从断口碎裂的形貌来看，也不排除材料内部存在缺陷，如疏松、夹杂等。

图 4-21-9　低周疲劳断口

## 2.2　相邻轮齿损伤形貌观察

行走轮断裂齿的右侧相邻齿如图 4-21-10 所示，该齿的齿腰受到了严重的损伤，如图 4-21-11、图 4-21-12 所示，可见：

① 出现了宏观裂纹；

② 齿端大片剥落、碎裂，事实上已经处于断裂的边缘。

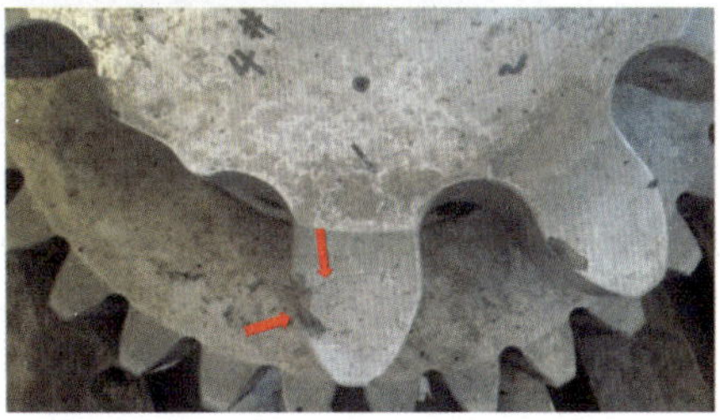

图 4-21-10　断裂齿的右侧相邻齿的形貌

图 4-21-11　齿腰受到了严重的损伤（一）

图 4-21-12　齿腰受到了严重的损伤（二）

## 2.3　其他轮齿损伤形貌观察

① 轮齿最初的碎裂通常都出现在齿顶附近，如图 4-21-13 所示。

图 4-21-13　齿顶初始碎裂

② 有多个轮齿的下半部都出现齿面剥落损伤，如图 4-21-14 所示，这是齿面超载的结果。如果继续长期运转，轮齿就会从此部位开始断裂进程。

③ 轮齿在超载有冲击的工况下运转，就会发生轮齿塑性变形，特别是有偏载时更是如此，图 4-21-15 就是一例。

图 4-21-14 轮齿下半部出现齿面剥落损伤

图 4-21-15 轮齿的塑性变形（有偏载）

## 2.4 行走轮轮齿损伤、失效形貌观察小结

① 行走轮只有一个轮齿断裂，是在过载工况下的低周疲劳断裂（见下面的说明）。

② 断裂齿的右侧相邻齿的形貌表明，齿腰的剥落、碎裂产生的应力集中，造成齿腰出现宏观的裂纹，轮齿处于断裂的边缘。

③ 有多个轮齿的下半部都出现齿面剥落损伤，这是齿面超载的结果。如果继续长期运转，轮齿就会从此部位开始断裂。

④ 轮齿齿顶常有严重碎裂的损伤，最初的碎裂通常都出现在齿顶附近。这是行走轮与硬质矿石挤压、冲击的结果。

⑤ 轮齿的过载有两种：其一是采煤机的工况过载；其二是链轮轮齿同销排齿非共轭啮合造成的过载。

⑥ 在断齿之前，此行走轮用了将近 20 套，使用过程中没有出现过短时间异常断裂。因此，可以认为行走轮使用 2 天就出现断齿故障是小概率事件。

# 3 行走轮轮齿疲劳断裂的失效模式

链轮只运转了 2 天就断齿，以及断口有疲劳的特征，据此可以判定行走轮轮齿疲劳断裂的失效模式是低周疲劳断裂。

什么是低周疲劳？低周疲劳——金属在重复塑性变形下，破坏循环次数小于 $5\times10^4$ 时发生的疲劳失效 [1]。失效准则可以是出现宏观裂纹，也可以是完全破坏。低周疲劳受应变幅控制，故又称应变疲劳，在循环加载过程中，应力水平很高，峰值应力进入塑性区，因此疲劳寿命很低。低周疲劳有时也称静疲劳，也就是在重复静载荷下的疲劳。

低周疲劳应理解为低频低周疲劳。采煤机的行走轮的运转速度非常低，通常角速度约为 0.2rad/s=1.9r/min（2 天、每天 24h 的应力循环 $N=2\times24\times60\times1.9=5472$ 次＜ $5\times10^4$），并常在超载的工况下工作，因此轮齿的断裂应该是低频低周疲劳断裂。

低频低周疲劳断口常具有典型的疲劳区（疲劳源区、疲劳裂纹扩展区、瞬断区），从外形来看，看不出与经典的高周疲劳断口有什么区别。

至于高频低周疲劳则属于循环过载的范围。例如，正常工作时承受高周疲劳，在使用过程中出现次数虽少，但使材料进入塑性变形区，这就可能存在高频低周疲劳现象，这在有冲击、振动的机器零件中很常见。

# 4 行走轮（链轮）断齿的改进措施

## 4.1 不可控制的客观条件

对于行走轮制造者来说，行走轮在井下的特殊工况，例如：开式传动、无润滑、磨粒磨损、中心距变化、非共轭啮合、销排铸造精度低等，虽然知道对行走轮的工作寿命影响很大，但是对其进行改进无能为力。也就说这些不利的情况是不可控制的客观条件。

## 4.2 可控制的主观条件

① 加强行走轮内在品质的控制。对于行走轮制造者来说，主观可控的行走轮改进措施首先是加强行走轮内在品质的控制。行走轮内在品质包括：材料的品质；热处理工艺的品质（如表层含碳量、表面硬度和硬度梯度曲线、有效硬化层深度、心部硬度、表层脱碳、晶界氧化和晶粒尺寸、金相组织等）。

② 特别要注意有效硬化层的深度。本次行走轮断齿，检验各项指标都基本达到技术要求，唯一未达标的是有效硬化层深度值，而且相差甚大。行走轮的工作条件就是非共轭啮合传动，而且采煤机的工况很恶劣，这就要求行走轮有较深的硬化层，用来承受冲击和磨损。硬化层不足，齿面层易于压碎，抗磨损能力也差，必然影响行走轮的寿命。因此，保证行走轮齿面有足够的硬化层深度，应该作为首要的技术改进措施。

③ 优化行走轮轮齿的齿廓曲线。如果可能，也可以对行走轮轮齿的齿廓曲线进行优化处理。目前在用的齿廓曲线有多种：摆线、渐开线、复合曲线等，根据行走轮的特殊工况很有优化的空间。

④ 按图纸要求，控制链轮的机加工精度。

⑤ 建议对链轮做超声波探伤检查，探明材料内部是否存在缺陷，如疏松、夹杂等。

## 参考文献

[1] 徐灏．疲劳强度［M］．北京：高等教育出版社，1988：10.

日期：2024 年 4 月 20 日

# 【例 4-22】 电厂立式减速机轮齿断裂失效分析

### 问题描述

北方某公司发来某电厂空冷岛用的立式减速机轮齿断裂的照片和有关资料，咨询轮齿断裂的原因和改进措施。

# 1 减速机轮齿断裂概况

（1）减速机使用场合

应用于某电厂空冷岛的一台立式减速机，在运转了 6 个月后出现严重异响，拆解后发现一对低速级齿轮严重损坏。

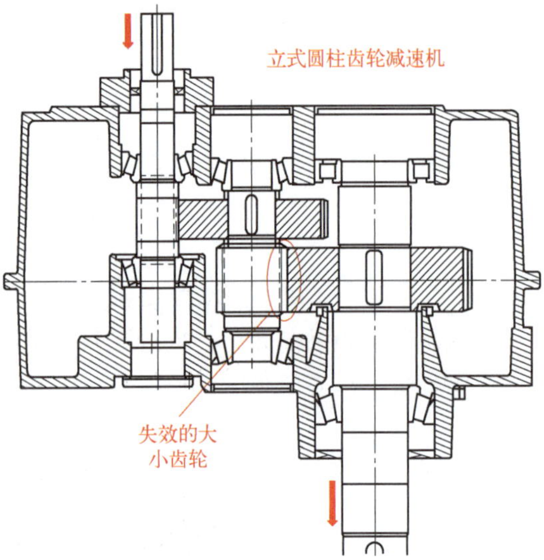


图 4-22-1　齿轮失效的立式减速机简图

（2）减速机简介

减速机传动比：$i$=15.4；减速机轴功率 $P$=120kW；电机泵强制润滑；低速轴向下输出比较长，轴承相应地做了向下延伸，见图 4-22-1。

（3）减速机的装配图

图 4-22-1 所示是齿轮失效的立式减速机，失效的是低速级大小齿轮。

（4）齿轮参数

模数 $m_n$=6mm；齿数 $z_1/z_2$=17/84；螺旋角 $\beta$=13°；压力角 $\alpha_n$=20°；中心距 $a$=315mm；螺旋线鼓形修形双侧 0.02mm。

（5）齿轮接触、弯曲强度计算的安全系数

按照轴功率 120kW，使用系数为 2 计算得到的安全系数：

① 小齿轮弯曲强度安全系数：1.672；接触强度安全系数：1.045。

② 大齿轮弯曲强度安全系数：1.396，接触强度安全系数：1.045

③ 胶合安全系数：积分温度计算法：3.057；闪温计算法：2.211。

# 2 轮齿断裂断口的宏观观察和分析

## 2.1 小齿轮的齿面损伤与断口的观察

断齿失效的小齿轮的形貌见图 4-22-2。从图中可以看到以下的齿面损伤特征和断口形貌：

① 齿面严重偏载，左侧齿面大面积剥落和断齿，而右侧齿面基本完好。

② 齿根齿面存在齿轮啮入冲击带（图 4-22-2 的 1），说明齿轮有齿顶干涉现象。冲击带的放大见图 4-22-3，可见冲击带内有一列大小不同的剥落坑，这是轮齿疲劳断裂的起始部位。

图 4-22-2　断齿失效的小齿轮的形貌

1—齿轮啮入冲击条带；2—齿面疲劳剥落区；3—点 - 面 - 初始点蚀区；4—轮齿断裂区

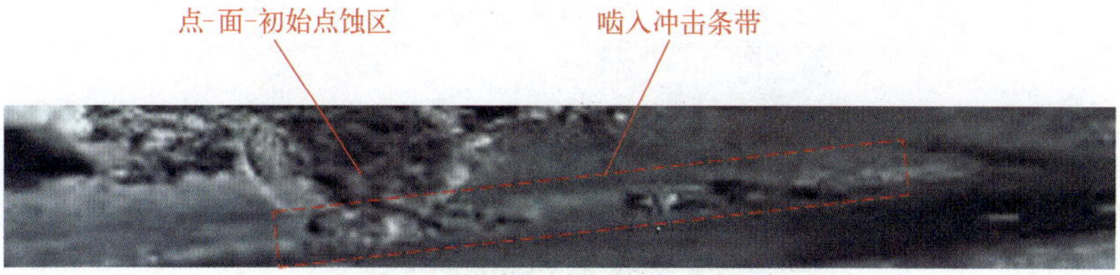


图 4-22-3　冲击带的放大

③ 齿面存在大片剥落区（图 4-22-2 的 2）；剥落区的放大见图 4-22-4。剥落区约占齿宽的 1/2，说明齿面的偏载很严重。

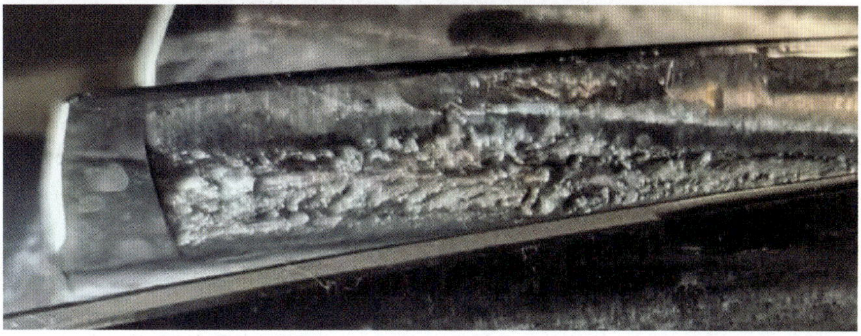

图 4-22-4　剥落区的放大

④ 齿面出现“点 - 面 - 初始点蚀”损伤模式（图 4-22-2 的 3）；该模式齿面的放大见图 4-22-5，其特点是具有三角形的剥落面，其疲劳发源地就在下部的啮入冲击条带中的剥落坑。“点 - 面 - 初始点蚀”损伤的发展是轮齿的随机断裂。

⑤ 轮齿局部断裂（随机断裂）区（图 4-22-2 的 4），偏载和点 - 面 - 初始点蚀发展的结果。该区齿面的放大见图 4-22-6，其特点是断齿的疲劳源在齿根的啮入冲击区，疲劳裂纹向渗碳硬化层下发展，最后局部轮齿断裂。图 4-22-6 中还可以看到齿面的微点蚀。

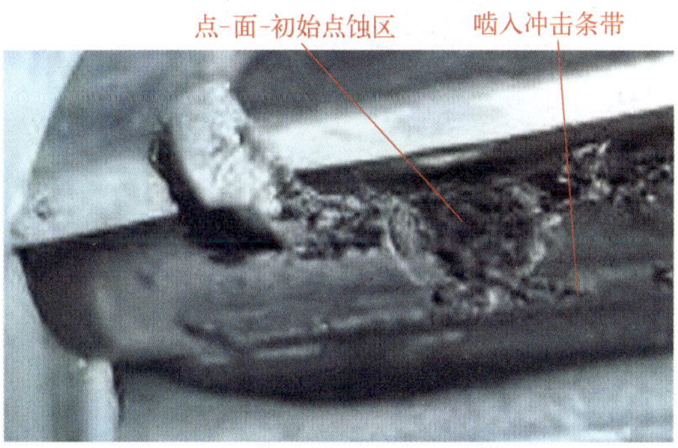


图 4-22-5　“点 - 面 - 初始点蚀”损伤模式

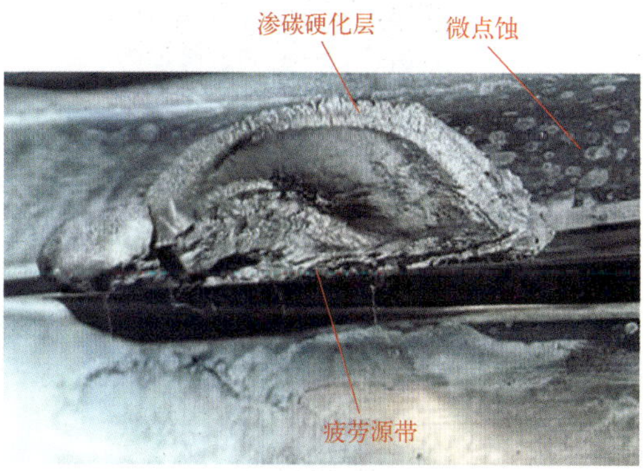


图 4-22-6　轮齿局部断裂（随机断裂）区

⑥ 以上观察了小齿轮 4 个有代表性的轮齿的损伤和断裂特征，此外，其他轮齿的损伤与断裂情况如图 4-22-7 所示。图中有 7 个齿，其编号为：1 ～ 7。1 齿是齿面大面积剥落；2 齿是齿面大面积剥落后齿端断裂；3 齿是一次性断裂的受害齿；4 齿也是齿面大面积剥落，但是较轻；5 齿和 6 齿都是疲劳断裂，类同于图 4-22-6；7 齿只看到非工作面。

图 4-22-7　其他轮齿的损伤与断裂情况

## 2.2　大齿轮齿面损伤与断口的观察

大齿轮的齿面形貌见图 4-22-8 ～图 4-22-11，从图中可见大齿轮齿面上存在剥落损伤。剥落区都发生在轮齿同一端，剥落损伤的形貌基本相同，只有剥落的深度和面积稍有差别。可以肯定齿面的剥落是齿轮严重偏载的结果。

图 4-22-8　大齿轮的齿面形貌（一）

图 4-22-9　大齿轮的齿面形貌（二）

图 4-22-10　大齿轮的齿面形貌（三）

图 4-22-11　大齿轮的齿面形貌（四）

## 2.3 断口宏观观察和分析结论

① 左侧齿面大面积剥落和断齿，而右侧齿面基本完好，说明齿面严重偏载。

② 齿根齿面存在齿轮啮入冲击带，说明齿轮有齿顶干涉现象。此干涉现象是偏载轮齿弯曲变形加大造成的。

③ 冲击带内有一列大小不同的剥落坑，这是轮齿疲劳断裂的起始部位。

④ 个别齿面出现“点 - 面 - 初始点蚀”损伤模式，其特点是：具有三角形的剥落面，其疲劳发源地就在下部的啮入冲击条带中的剥落坑。“点 - 面 - 初始点蚀”损伤的发展是轮齿的随机断裂。

⑤ 大齿轮齿面存在剥落损伤，所有剥落区发生在轮齿的一端，可见这是齿轮严重偏载造成的。

# 3 本例齿轮的失效模式

## 3.1 第 1 种失效模式——严重偏载造成齿面压碎、剥落引起的失效

由于齿面严重偏载，使齿面出现高接触应力区，造成齿面压碎或剥落，齿面或次表层会出现裂纹和很高的应力集中，裂纹向齿体扩展，最后造成轮齿的随机断裂。

## 3.2 第 2 种失效模式——“点 – 面 – 初始点蚀 ( PSO )”引起的失效

ANSI/AGMA 1010-F14 标准中论述了点 - 面 - 初始点蚀（PSO），点 - 面 - 初始点蚀由相对较浅但面积较大的点蚀坑组成。疲劳裂纹从齿面的起点（通常是点蚀或微点蚀）以扇形延伸，直到薄片的材料破裂，形成三角形的小坑，见图 4-22-12、图 4-22-13。

图 4-22-12 调质齿轮的点 – 面 – 初始点蚀

图 4-22-13 表面硬化齿轮的点 – 面 – 初始点蚀

对于表面硬化的齿轮，PSO 通常从微点蚀或齿根干涉带的点蚀开始，见图 4-22-12。将本例的图 4-22-5 与图 4-22-13 比较，两者非常相似，因此可以认为本例的齿面受到了 PSO 损伤。PSO 的发展是轮齿的随机断裂。

有关点 - 面 - 初始点蚀更详细的论述，可以查阅参考文献［1］。

在本例的齿面损伤和轮齿断裂的失效分析中，可以看出：第 1 种失效模式——严重偏载造成齿面压碎、剥落引起的失效是主要的；第 2 种失效模式——点 - 面 - 初始点蚀（PSO）引起的失效是次要的。

# 4 失效分析结论

根据以上对轮齿断裂断口宏观观察结果，可以得到以下结论：

① 齿轮轮齿的断裂是齿面接触应力过大，齿面表层压碎引起的。

② 齿面表层压碎后快速发展成深层剥落，齿面因剥落裂纹而产生严重的应力集中，最后轮齿在表层压碎处断裂，也就是随机断裂。

③ 齿面接触应力过大的原因是齿轮啮合存在严重的沿齿宽偏载现象，这是齿轮失效的主要原因。

④ 表层压碎首先发生在小齿轮的齿根部位，这是由齿轮运转时的啮入冲击引起的。小齿轮成为薄弱环节。

⑤ 在本例的轮齿失效分析中，有两种失效模式：第 1 种失效模式——严重偏载造成齿面压碎、剥落引起的失效是主要的；第 2 种失效模式——点 - 面 - 初始点蚀（PSO）引起的失效是次要的。

# 5 改进措施和建议

① 齿轮的偏载是硬齿面齿轮的“致命杀手”，因此减少或避免齿轮偏载是提高产品质量的重要手段，也是硬齿面减速机制造技术最大需要攻克的课题之一。

② 此前，已经有一台相同结构的立式减速机，在低速级圆柱齿轮处发生严重的沿齿宽偏载，本例是第 2 台失效。这就说明采用对称的螺旋线鼓形修形是无效的，必须采用非对称的螺旋线修形才能解决齿轮偏载问题。因此建议进行整机的有限元仿真分析，找到齿轮偏载的原因和相应合理的螺旋线修形参数。如果不找到齿轮偏载的原因，不“对症下药”，就不可能避免减速机的失效。

③ 由于齿轮的失效原因非常明显，并且不同批次、不同热处理炉次、不同投产时间的 2 台减速机，在同一部位 2 次发生断裂，因此本例因材料化学成分、力学性能和热处理等缺陷引起轮齿断裂的可能性较小。

## 参考文献

[1] 朱孝禄 . 硬齿面齿轮随机断裂的多种失效模式、原因和预防［J］. 机械传动，2022，46（6）：84- 94 .

# 【例 4-23】 关于齿轮的螺旋线修形问题

## 问题描述

南方某公司的朋友来信说：“我在工作中感到齿轮的螺旋线修形设计比较复杂。我认为螺旋线修形需要谨慎处理，必须有理论依据或者试验数据，否则非常容易引起偏载或者接触区不好，严重影响轮齿的受力和寿命。请朱老师指导一下如何才能设计出合理、可用的螺旋线修形。”

## 答复内容

南方某公司朋友提的问题是齿轮设计和制造中的大问题，因为齿轮的螺旋线修形要考虑的影响因素很多，特别是齿轮传动装置系统的多种受力变形和其他参数：例如，轴的弯曲、扭转变形；轴承变形和游隙；箱体变形；温差变形等。此外，还要考虑齿轮制造的偏差和齿轮的结构配置等。所有影响齿轮齿向载荷分布的因素都是螺旋线修形要考虑的。

通常说轮齿的螺旋线修形可根据不同的具体情况，采用不同的修形形式，例如，螺旋角修形、倒坡修形、鼓形修形、曲面修形，甚至采用大小齿轮不同的螺旋角，但是做起来很困难。一般有两种方法：

（1）第一种方法——有限元数值仿真

在有限元数值仿真计算中，尽可能计及齿轮系统的所有受力变形和其他参数，例如，轴的弯曲、扭转变形；轴承变形和游隙；箱体变形；温差变形和考虑齿轮制造的偏差、齿轮的结构配置等。也就是尽可能地将影响齿轮齿向载荷分布的因素作为齿向修形要考虑的问题。然后采用有限元仿真求解的方法，确定齿轮螺旋线修形的形状和修形参数。汽车的轮边减速齿轮螺旋线修形的实例如图 4-23-1 所示。这种方法适合大批量生产的齿轮设备中，例如汽车、航空机中就是采用这种方法，但这种方法一般不适合单件生产的齿轮装置，因为做起来困难比较多。当然，这种方法确定的螺旋线修形参数也要经过试验或实践的检验才能最后确定。

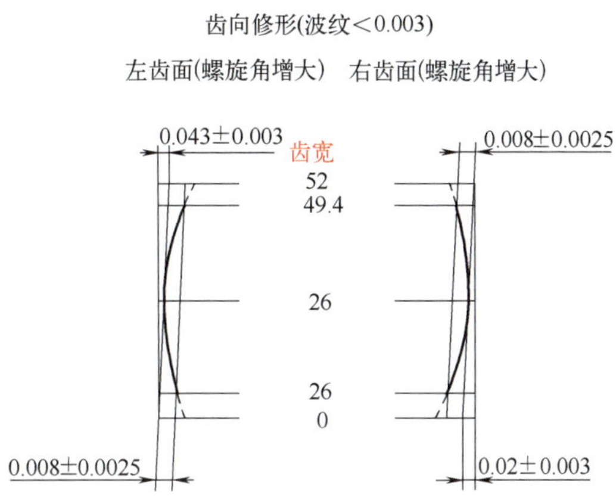


图 4-23-1　汽车用轮边减速齿轮的螺旋线修形实例

（2）第二种方法——试凑法

首先按照一般的方法设计确定一种螺旋线修形的理论形状和修形参数。为了检查修形形状和修形参数的合理性，可以制造几个接近理论值的理想齿形，其修形量逐渐增大的试样，逐一装在实际装置中，在受载荷的情况下，对每个试样进行测试。检查齿面接触情况，选择具有最佳齿宽接触的试样作为设计用的齿廓修形。

使用硝酸酒精溶液蚀刻或镀铜的轮齿试样，能够方便地在短期运转之后显示齿面负载接触情况。应注意，传统方法涂的 CT1 之类的齿轮接触斑点着色剂可能会在启动或关闭期间在轻微受载的情况下被擦掉或洗掉，会给人以错误的负载接触假象。如果接触检查结果不满足技术要求，则对第二组修形量较大的试样进行测试，直到达到齿面接触最优化目标为止，其修形试验的操作程序如图 4-23-2 所示。

这种方法可验证修形的设计是否适宜。然而，一般修形的设计只是在对应的一种载荷条件下才是最优的。通常，对变载荷或循环载荷下运转的装置，其修形试验载荷的确定原则是：对于通用齿轮装置，应该按 90% 额定功率的条件下对齿廓和螺旋线进行修形试验；对于专用齿轮装置，要根据专用装置实际的变载荷情况，研究确定工作循环载荷来进行螺旋线修形试验。

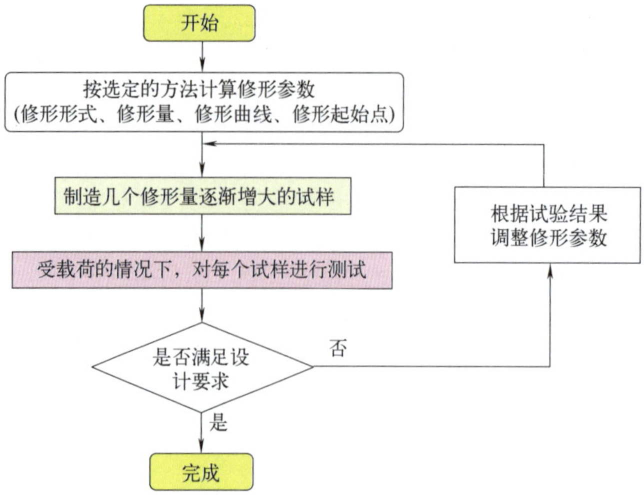


图 4-23-2　修形试验操作程序示意图

日期：2024 年 6 月 5 日

# 【例 4-24】 关于齿轮精度检测中的几个问题

## 问题描述

南方某公司的朋友提出了 3 个有关齿轮精度检测中的问题，希望给予解答。

## 答复内容

下面是 3 个有关齿轮精度检测中的问、答内容：

第 1 问：齿轮精度的判定，比如齿形上 $F_{\alpha}$、$f_{f\alpha}$、$f_{H\alpha}$6 级精度，是不是所有指标都达到了才可以，还是 $F_{\alpha}$ 达到就可以？我从标准中看到，$f_{f\alpha}$、$f_{H\alpha}$ 是根据最小二乘法从 $F_{\alpha}$ 中分离出来的两个指标。

第 1 答：完整的齿轮齿廓和齿廓精度检测要素如图 4-24-1 所示。图中最终显示齿廓精度检测的 3 个指标：齿廓总偏差 $F_{\alpha}$ 、齿廓形状偏差 $f_{f\alpha}$ 和齿廓斜率偏差 $f_{H\alpha}$。很明显，齿廓总偏差 $F_{\alpha}$ 包含了齿廓形状偏差 $f_{f\alpha}$ 和齿廓斜率偏差 $f_{H\alpha}$，因此在使用检测齿廓偏差仪器时只要检测了 $F_{\alpha}$，就一定可以检测出 $f_{f\alpha}$ 和 $f_{H\alpha}$，后两者并不是独立的，而是根据实测的齿廓曲线（图 4-24-1），用最小二乘法从 $F_{\alpha}$ 中分离出来的两个指标。

在精度标准参考性附录中规定，齿廓的形状和斜率偏差不是强制性的单项检验项目，在 ISO 1328 中不作为标准要素。然而，由于形状和斜率偏差对齿轮的性能有重要影响，例如斜率偏差 $f_{H\alpha}$ 对齿轮的动载荷有显著的影响，而齿廓形状偏差 $f_{f\alpha}$ 对齿轮的胶合、磨损有显著的影响。所以在附录中提供有关精度级别与 $f_{f\alpha}$ 和 $f_{H\alpha}$ 数值的表格。

在实际齿轮零件图精度等级的标注中：

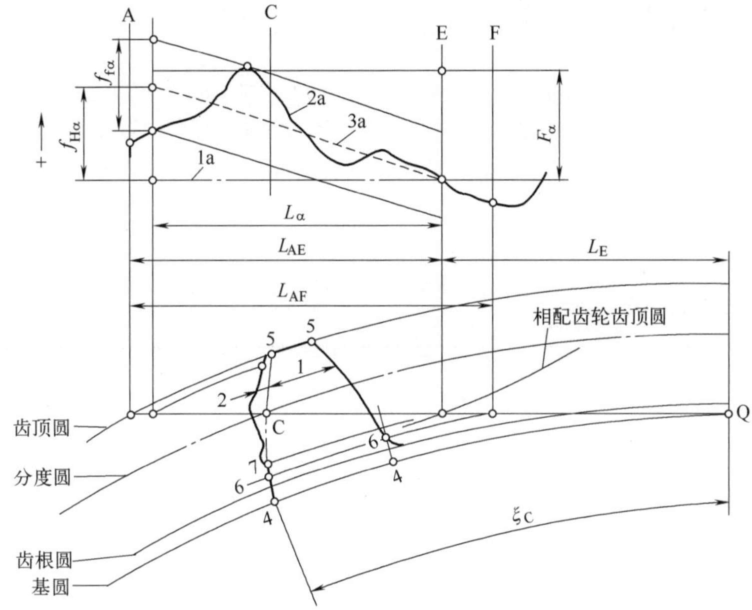


图 4-24-1　齿轮齿廓和齿廓参数示意图

1—设计齿廓；2—实际齿廓；3—平均齿廓（图中未表示）；1a—设计齿廓迹线；2a —实际齿廓迹线；3a—平均齿廓迹线；4—渐开线起始点；5—齿顶点；5-6—可用齿廓；5-7—有效齿廓；C-Q—C 点基圆切线长度；$\xi_C$—C 点渐开线展开角；Q—滚动的起点（端面基圆切线的切点）；A—轮齿齿顶或倒角的起点；C—设计齿廓在分度圆上的一点；E—有效齿廓起始点；F—可用齿廓起始点；$L_{AF}$—可用长度；$L_{AE}$—有效长度；$L_\alpha$—齿廓计值范围；$L_E$—到有效齿廓的起点基圆切线长度；$F_\alpha$—齿廓总偏差；$f_{f\alpha}$—齿廓形状偏差；$f_{H\alpha}$—齿廓斜率偏差

① 一般情况下只要标注精度等级（例如 6 级）和齿廓总偏差 $F_\alpha$ 就可以了，而不计较齿廓形状偏差 $f_{f\alpha}$ 和齿廓斜率偏差 $f_{H\alpha}$ 是否达到 6 级精度。

② 只有对齿廓形状偏差 $f_{f\alpha}$ 或齿廓斜率偏差 $f_{H\alpha}$ 有特殊要求的场合，才单独标注 $f_{f\alpha}$ 或 $f_{H\alpha}$ 的偏差值。

第 2 问：我发现，GB/T 10095.1—2022 等新版标准的改动非常大，比如 2008 版的还有径向跳动 $F_r$，但是在 GB/T 10095.2—2023 里删除了。我在网站上也没有找到相关的解释和说明。

第 2 答：在 GB/T 10095.2—2023 里，的确删除了径向跳动 $F_r$ 的内容，但是并没有在精度标准中删除，而是将 GB/T 10095.2—2023 里的 $F_r$ 内容移到 GB/T 10095.1—2022 中了。

值得注意的是，径向跳动的测量不是强制性的，除非另有规定。因此，径向跳动的有关信息未列入 GB/T 10095.1 精度标准的正文中。当供需双方协商一致时，才可以使用标准的径向跳动 $F_r$ 规定。

第 3 问：我注意到 DIN 的齿轮精度与 GB 的齿轮精度有差异，就比较 6 级精度而言，差异很大，为什么？

第 3 答：早期的 GB 齿轮精度标准都采用 ISO 标准，而 DIN 标准是 ISO 标准的基础，因此 GB 齿轮精度标准与 DIN 标准比较接近。而近期的 ISO 标准是经过多次修改的版本，数据与 DIN 标准差别较大是可能的。其中还可能有一些复杂的因素，可参考下面的附录——齿轮精度国际标准 ISO1328 的“发展简史”，就可以对 ISO 齿轮精度标准的制订和修改的历史有比较全面的了解。

# 附录　齿轮精度国际标准 ISO 1328 的“发展简史”

齿轮国际标准由国际标准化组织第 60 技术委员会（ISO/TC 60）负责制订。ISO/TC 60 成立于 1947 年，专门负责各种齿轮标准制订，因而 TC60 也称为齿轮委员会。齿轮精度国际标准由 TC60 的第二工作组（ISO/TC60/WG2：Accuracy）制订，主要涉及圆柱齿轮与锥齿轮的精度制、检测规范、执行保障等。

## 1 ISO 1328 的演变

ISO/TC60/WG2 于 20 世纪中叶启动 ISO 1328 的制订，经过近二十年的磋商、讨论和验证，于 1975 年通过了正式标准 ISO 1328—1975。此版标准为许多国家等同或等效采用，但美国、德国、英国、日本等工业发达国家没有采用该标准，导致世界齿轮精度标准事实上的不统一。

1980 年，ISO/TC60 秘书处搬到美国齿轮协会（AGMA）。由美国 AGMA 主持对 ISO 1328—1975 标准进行修订。历经 20 年，完成了齿轮精度的系列化成套技术标准制订，包括：

① ISO 1328-1：1995《圆柱齿轮　精度制　第 1 部分：轮齿同侧齿面偏差的定义和允许值》

② ISO 1328-2：1997《圆柱齿轮　精度制　第 2 部分：径向综合偏差与径向跳动的定义和允许值》

③ ISO/TR 10064-1：1992《圆柱齿轮　检验实施规范　第 1 部分：轮齿同侧齿面的检验》

④ ISO/TR 10064-2：1996《圆柱齿轮　检验实施规范　第 2 部分：径向综合偏差、径向跳动、齿厚和侧隙的检验》

⑤ ISO/TR 10064-3：1996《圆柱齿轮　检验实施规范　第 3 部分：齿轮坯、轴中心距和轴线平行度的推荐文件》

⑥ ISO/TR 10064-4：1998《圆柱齿轮　检验实施规范　第 4 部分：表面结构和轮齿接触斑点检验的推荐文件》

⑦ ISO 18653：2003“Gears　Evaluation of instruments for the measurement of individual gears”（《齿轮　单个齿轮测量仪器的评估》）

⑧ ISO/TR 10064-5：2005“Part 5：Recommendations relative to evaluation of gear measuring instruments”（《第 5 部分　有关齿轮测量仪表评估的建议》）

⑨ ISO 17485：2006“Bevel gears　ISO system of accuracy”（《锥齿轮　ISO 精度制》）

⑩ ISO/TR 10064-6：2009“Part 6：Bevel gear measurement methods”（《第 6 部分：锥齿轮的测量方法》）

这套 ISO 齿轮精度标准颁布后，世界各国几乎都等同或等效采用，显示世界齿轮行业在齿轮精度领域取得了共识。

## 2 新版 ISO 1328.1：2013

ISO/TC60/WG2 于 2008 年启动 ISO1328-1 的修订工作。历时 5 年，新版齿轮精度国际标准 ISO 1328-1：2013（E）于 2013 年 9 月 1 日由国际标准化组织（ISO）在全球正式发布。从 ISO 1328—1975 到 ISO 1328.1—1995，间隔 20 年；ISO 1328.1—1995 到 ISO 1328.1—

2013，间隔 18 年。ISO 1328-1：2013 是对 ISO 1328-1：1995 进行了大幅的改进，并吸收了 AGMA 和 DIN 标准中的优点。一份更加完善、更易被各国接受的精度标准已经出炉，世界齿轮精度标准已进入新一轮的更新换代期。

齿轮精度国际标准 ISO 1328-1：2013 颁布后，工业发达国家都采纳了这个标准。

我国 GB 10095.1—2022 等同采用 ISO 1328-1：2013。随着 GB 10095.1—2022 和 ISO 1328-2：2023 实施，必将导致一系列其他相关标准的修订，成为促进我国机械工业做强的动力。

日期：2024 年 9 月 8 日

# 【例 4-25】 NGW 行星齿轮减速机齿轮过度磨损失效分析

## 问题描述

南方某公司发送来小模数 NGW 行星齿轮减速机齿轮严重磨损的图片和有关背景资料，咨询严重磨损的原因和改进措施。

## 答复内容

## 1 行星齿轮减速机齿轮磨损失效概况

小模数二级行星齿轮减速机，采用台架试验的方法进行寿命考核。当试验进行了 190h，其低速级太阳轮、行星轮和内齿圈出现严重损坏。二级行星齿轮减速机的装配图如图 4-25-1 所示。

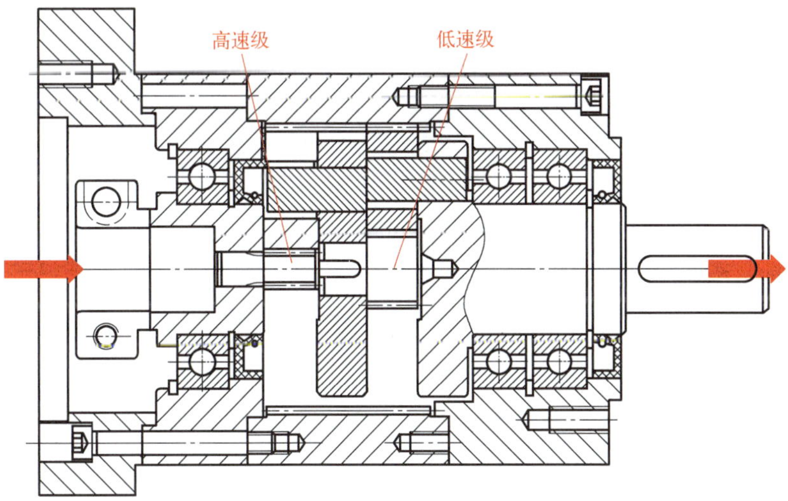


图 4-25-1　二级行星齿轮减速机的装配图

试验的具体工况：采用 0.75kW 伺服电机，电机转速 3000r/min，输出转速 60r/min，输出转矩 10 ～ 100N • m（摆动变转矩）。试验机连续 24h运转，测试 7 天后，高速级（减速比 10）正常磨损，低速级（减速比 5）太阳轮、行星轮和内齿圈严重磨损。

工作机的负荷——摆动变转矩实测结果如图 4-25-2 所示。

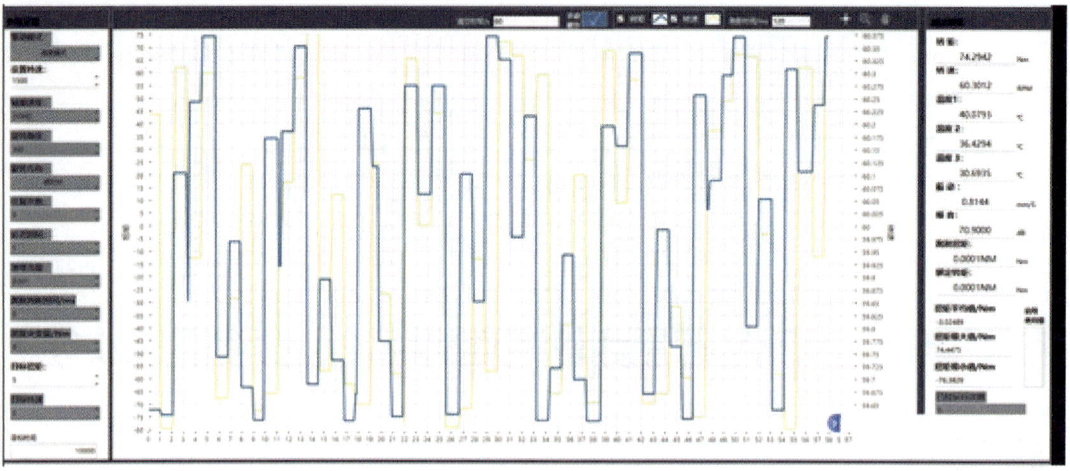

图 4-25-2　摆动变转矩实测结果

减速机低速轴设计的额定转矩 100N·m；S1 工作制，设计寿命 10000h。

## 2　齿轮的参数、精度和测试

二级行星齿轮减速机齿轮参数和材料、热处理如表 4-25-1 所列。

表 4-25-1　齿轮参数和材料、热处理

<table>
<tr><th>级别</th><th>齿轮</th><th>模数</th><th>螺旋角</th><th>齿宽</th><th>齿数</th><th>速比</th><th>材质</th><th>热处理</th><th>硬度</th></tr>
<tr><td rowspan="2">高速级</td><td>一级<br>太阳轮</td><td rowspan="5">0.6mm</td><td rowspan="5">0</td><td rowspan="5">13mm</td><td>12</td><td rowspan="2">10</td><td rowspan="4">20CrMnTi</td><td rowspan="4">渗碳淬火<br>层深 0.2 ～ 0.4</td><td rowspan="4">58 ～ 60HRC</td></tr>
<tr><td>一级<br>行星轮</td><td>48</td></tr>
<tr><td rowspan="3">低速级</td><td>二级<br>太阳轮</td><td>27</td><td rowspan="3">5</td></tr>
<tr><td>二级<br>行星轮</td><td>40</td></tr>
<tr><td>内齿圈</td><td>108</td><td>40Cr</td><td>调质</td><td>250 ～ 280HBW</td></tr>
</table>

注：二级行星齿轮减速机，共用内齿圈。外齿轮精度为 ISO 6 级，内齿圈精度为 ISO 7 级。

外齿轮热处理后，通过二次精滚完成，实测外齿轮的精度是 ISO 6 级内，齿面表面粗糙度 *Ra*0.8 以内。

内齿圈调质处理，测试硬度为 278HBW。齿轮精度 ISO 7 ～ 8 级，齿形齿向精度为 ISO 7 级，径跳精度 ISO 7 ～ 8 级。

二级行星齿轮减速机是全封闭结构（图 4-25-1），使用 2 号润滑脂，油脂参数如表 4-25-2 所列。

二级行星齿轮减速机系列产品是公司自己设计的，不同型号产品已经量产多年。曾经对某型号的减速机采用磁粉加载器作为恒定负载（100N·m）进行测试，连续测试一年，无问题。

表 4-25-2　2 号润滑脂参数

| 项目 | | 质量指标 | 试验方法 |
|---|---|---|---|
| 锥入度，0.1mm | | 285 ～ 305 | GB/T 269 |
| 腐蚀（钢片，100℃，3h） | | 合格 | SH/T 0331 |
| 滴点，℃ | 不低于 | 240 | GB/T 3498 |
| 蒸发量（99℃，22h），% | 不大于 | 2 | GB/T 7325 |
| 抗磨损性能（四球机法），*D*mm | 不大于 | 0.60 | SH/T 0204 |

注：通过注脂机定量加注润滑脂，控制在每级加 10g，总 20g。

# 3 齿轮磨损情况

## 3.1 低速级太阳轮失效情况

低速级太阳轮失效情况如图 4-25-3 所示，可见 27 个轮齿工作部分都磨秃了，这是一种严重的过度磨损。

## 3.2 低速级行星轮失效情况

低速级行星轮失效形貌如图 4-25-4 所示。从图 4-25-4 中可见有多种损伤和失效形式：a. 轮齿磨损；b. 轮齿整齿断裂；c. 轮齿局部断裂。由于磨损速度快，齿面的接触疲劳损伤一般不会出现。

图 4-25-3　太阳轮严重过度磨损形貌

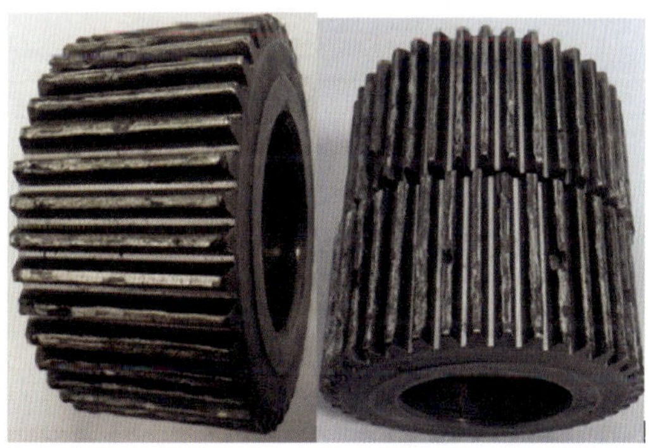

图 4-25-4　低速级行星轮失效形貌

值得注意的是：低速级行星架端面的磨损痕迹（图 4-25-5），说明端面的磨损也很严重。

## 3.3 低速级内齿圈失效情况

低速级内齿圈失效形貌见图 4-25-6 所示。虽然未看到齿圈失效件，但是可以看到齿圈轮齿的 2 种失效形式：轮齿磨损；轮齿断裂。

图 4-25-5　低速级行星架端面的磨损痕迹

图 4-25-6　低速级内齿圈失效形貌

# 4 齿轮强度计算

从图 4-25-3 ～图 4-25-6 的轮齿失效形貌来看，明显地有齿轮接触强度、弯曲强度不足的现象，因此首先要检查齿轮的强度计算结果。

齿轮装置设计者提供了 KISSsoft 的齿轮强度计算资料，就是计算齿轮的寿命。计算之初说明：由于轮齿的接触刚度计算不可靠，因此可能会产生不准确 、很高的动载系数 $K_V$、齿面载荷分配系数 $K_{H\beta}$ 和端面载荷分配系数 $K_{H\alpha}$。因此建议直接输入这些值，例如 $K_V$=1，$K_{H\beta}$=1.5，$K_{H\alpha}$=1.0。高速级太阳轮转速 $n_1$=3000r/min；高速级行星架转速 $n_2$=300r/min；高速级太阳轮转矩 $T_1$=2.1N • m；低速级太阳轮转矩 $T_2$=21N • m；取应用系数 $K_A$=1.25；取分配系数 $K_Y$=1.0。设定：齿根目标安全系数 $S_{Fmin}$=1.20，齿面目标安全系数 $S_{Hmin}$=1.00，齿轮、齿圈目标寿命 =10000h。KISSsoft 的寿命计算结果见表 4-25-3。

表 4-25-3　KISSsoft 的寿命计算结果

| 高速级 | | | | |
|---|---|---|---|---|
| 寿命类别 | 单位 | 太阳轮 | 行星轮 | 内齿圈 |
| 齿根使用寿命 | h | > $10^4$ | > $10^4$ | > $10^4$ |
| 齿面使用寿命 | h | 8927 | > $10^4$ | > $10^4$ |
| 低速级 | | | | |
| 齿根使用寿命 | h | > $10^4$ | 228.8 | > $10^4$ |
| 齿面使用寿命 | h | 1607 | > $10^4$ | > $10^4$ |

从表 4-25-3 中的数据可见：

① 高速级的太阳轮、行星轮和内齿圈的齿根使用寿命都达到了规定传动系统寿命> $10^4$h 的要求。

② 高速级的行星轮、内齿圈的齿面使用寿命都达到了规定传动系统寿命> $10^4$h 的要求。但是，其太阳轮的齿面使用寿命为 8927h，虽然未达标，但很接近 $10^4$h 的要求。

③ 低速级的太阳轮和内齿圈的齿根使用寿命达到了规定传动系统寿命> $10^4$h 的要求，但是行星轮使用寿命仅为 228.8h。

④ 低速级行星轮和内齿圈的齿面使用寿命都大于 $10^4$h 的要求，但是太阳轮的使用寿命

只有 1607h。

⑤ 低速级的行星轮使用寿命仅为 228.8h，是整个齿轮装置系统的最薄弱环节。低速级齿面使用寿命也很低（1607h）。低速级行星轮齿根断裂和齿面点蚀、剥落产生的金属碎粒进入啮合齿面是造成轮齿过度磨损的主要原因。

# 5 齿轮失效分析

## 5.1 齿轮的过度磨损

低速级太阳轮、行星轮和内齿圈都存在过度磨损失效模式。磨损到什么程度可以称为过度磨损？在美国国家标准 ANSI/AGMA 1010-F14 Appearance of Gear Teeth -Terminology of Wear and Failure 中，出示了典型的轮齿过度磨损（severe abrasion）照片（图 4-25-7）。

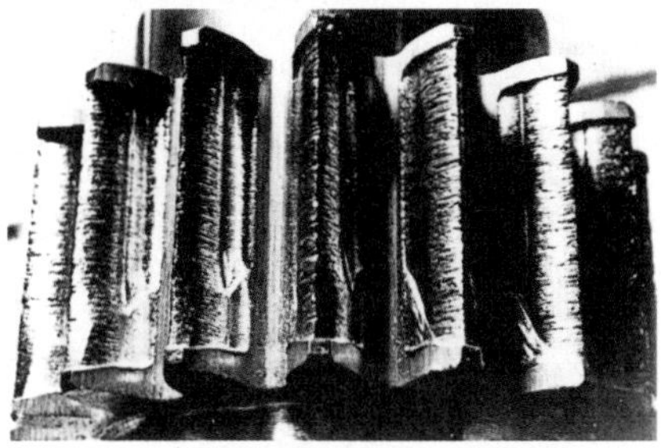

图 4-25-7 过度磨损（severe abrasion）

对于润滑油润滑的硬齿面齿轮传动，过度磨损通常由于某种原因（一般是硬齿面齿轮偏载引起的点蚀和剥落），使齿轮不能形成有效的润滑油膜，从而造成齿面的破损。从齿面硬化层脱落的碎粒进入润滑油后没有及时清除，成为高硬度的磨粒，使齿轮处于磨粒磨损模式，轮齿快速磨损。当齿面的硬化层完全磨损后，轮齿的磨损速度将加速，齿厚快速减小，当齿厚不能承受正常载荷时，全部轮齿被剪断（轮齿磨秃形貌）。如果齿轮装置的设计和制造没有问题（例如不偏载），齿轮的失效主要是由于齿轮装置使用和维护不到位，未能及时更换被磨粒污染的润滑油，使齿轮装置长期处于磨粒磨损模式，结果是齿轮过度磨损失效。

在本例中，二级行星齿轮减速机是全封闭结构，使用 2 号润滑脂润滑，这种情况与上述油润滑的齿轮情况不同：

① 脂润滑、齿轮速度较低，齿面不可能有完整的油膜，因此磨损不可避免。

② 油润滑可以将磨损的磨屑带出齿轮啮合齿面，而脂润滑没有这一功能，磨损的磨屑只能存在于啮合齿面间成为一种磨粒，使啮合齿面长期处于磨粒磨损的状态，加速齿面的磨损。

小结：脂润滑的齿轮磨损不可避免，只要磨损有度，不是过度磨损，实用上是可以接受的。如果脂润滑的齿轮处于磨粒磨损模式，出现过度磨损，寿命很低，实用上是不可接受的。

## 5.2 磨粒的来源

二级行星齿轮减速机是全封闭结构，外界的微粒物不可能进入减速机内，因此减速机内的磨粒是由机内零件工作时产生的，分析起来可能有以下几种：

① 齿面正常磨损的磨屑。这种磨屑很细小，但很硬（马氏体钢），这是正常磨损的磨粒，脂润滑的齿轮不可避免。

② 其他零件的磨屑。例如行星架磨损产生的磨屑。低速级行星架如图 4-25-5 所示，从

图中可以看到行星架端面与行星轮磨损较深的痕迹，其磨粒也可能进入啮合处。此外，轴承的磨损也会产生磨屑。

③ 齿轮承载能力不足产生磨屑，见 5.3 节。

## 5.3 轮齿承载能力不足是出现过度磨损最重要的原因

在本例中，齿轮承载能力不足主要是指齿轮的接触强度和弯曲强度不能满足减速机工作的要求。这里提出了一个小模数齿轮的强度问题。本例减速机采用的是小模数精密齿轮，这类齿轮传动通常传递的力矩不大，功率很小，主要用来传递运动或变换运动方向、指示读数、调整机构的位置等。对于这类齿轮传动，在设计中主要涉及的要求有：精度、回差、效率、传动平稳性等，因此一般都对齿轮的强度没有必要提要求。但是，本例的小模数齿轮传动不属于上述传递运动的小模数齿轮，而是小模数动力传动齿轮，因此必须计算齿轮的接触疲劳和弯曲疲劳安全系数或使用寿命。设计者计利用 KISSsoft 软件计算了齿轮的寿命，其结果见表 4-25-3。太阳轮、行星轮齿根强度不足，轮齿的断裂或局部断裂都会产生不少的颗粒，成为齿轮运转中的磨粒。高速级太阳轮齿接触疲劳强度欠佳，齿面就可能出现点蚀、剥落，其点蚀、剥落的颗粒也成为齿轮运转中的磨粒。磨粒磨损的最后结果是轮齿过度磨损失效。

在本例中，太阳轮磨损最严重，这是因为应力循环次数多。行星轮齿面也存在磨粒磨损，不过由于齿轮啮合次数比太阳轮少很多，因此单位时间的磨损量比太阳轮的少，大部分轮齿未磨秃。

## 5.4 高速级齿轮为什么基本完好

高速级的太阳轮、行星轮和内齿圈基本完好无损，如图 4-25-8 ～图 4-25-10 所示。高速级齿轮寿命计算结果见表 4-25-3。从表中的数据可见，除了行星轮的齿面寿命不足（8927h）外，太阳轮、内齿圈的强度足够。太阳轮、行星轮和内齿圈三者之所以没有出现过度磨损，是因为都没有齿根弯曲、齿面接触的疲劳损伤。行星轮的计算寿命虽然比较短，但试验的时间只有 190h，远没有达到 8927h，这是齿轮强度足够给出的效果。

图 4-25-8　高速级太阳轮

图 4-25-9　高速级行星轮

图 4-25-10　高速级内齿圈

# 6 失效分析的结论和建议

## 6.1 结论

① 行星齿轮减速机低速级太阳轮、行星轮和内齿圈轮齿的故障是过度磨损失效造成的。

② 低速级太阳轮、行星轮和内齿圈的齿根弯曲强度、齿面接触强度不足是齿轮出现过

度磨损的主要原因。特别是行星轮的齿根计算寿命只有228.8h，这也是二级行星齿轮减速器整个系统的使用寿命。

## 6.2 建议

① 利用KISSsoft软件仔细复核太阳轮、行星轮和内齿圈的齿根弯曲强度和齿面接触强度，可采用计算齿轮安全系数的方法复核寿命计算结果。

② 因为太阳轮、行星轮和内齿圈的强度不足是造成齿轮过度磨损的主要原因，因此首要的任务是增强齿轮的强度，达到高速级与低速级大致等强度的匹配。

③ 做全面的轮齿金相组织检验，其中可能存在的问题：

a. 有效硬化层深度检验的硬度梯度图，采用了两点一线的测定方法不符合规定。

b. 根据初步计算，模数0.6mm齿轮的固定弦齿厚约为1mm，而技术要求的有效硬化层深度为0.2～0.4mm，因此很有可能轮齿整齿淬透硬化。建议检查有效硬化层深度的分布情况。很可能轮齿整齿淬透硬化是不错的选择。

④ 脂润滑的行星齿轮减速机，磨损较大不可避免，是否可以改为油润滑，并且可以设计成定期更换润滑油，磨损就可以大为减少。

以上建议都是针对原行星齿轮传动装置而言的，但很可能不解决问题，因为原设计有不可逾越的缺陷：齿轮的中心距和模数都受到共用齿圈的限制，可提高齿轮强度的空间很小。

本例行星齿轮减速机高速级低速级共用一个内齿圈的布局，比较适用于传递的力矩不大，功率很小，主要用来传递运动的机构，不太适用于传递动力的减速装置。上述齿轮强度计算的结果证明了这一点。因此，本人的看法是：

① 放弃原有的设计方案，重新设计一个传递动力的二级行星齿轮装置。

② 选用大一号的同型二级行星齿轮装置试试。

日期：2024年11月29日

# 【例4-26】 公交车轮边减速齿轮断齿失效分析（1）——轮齿断裂宏观观察与分析

### 问题描述

南方某齿轮公司发来城市公交车轮边减速齿轮箱出现轮齿断裂故障的试样和有关资料，希望通过失效分析找到轮齿断裂的原因，并提出具体的改进措施。

### 答复内容

这是一例比较典型的齿轮失效分析案例，涉及失效分析中的宏微观断口分析、材料品质分析、热处理品质分析、齿轮强度分析、残余应力分析、轮齿修形分析和有限元仿真分析等。

## 1 失效分析总体安排

由于轮齿断裂原因比较复杂，经过全面细致的考虑，确定失效分析的总体安排（程序和基本内容），如图4-26-1所示。

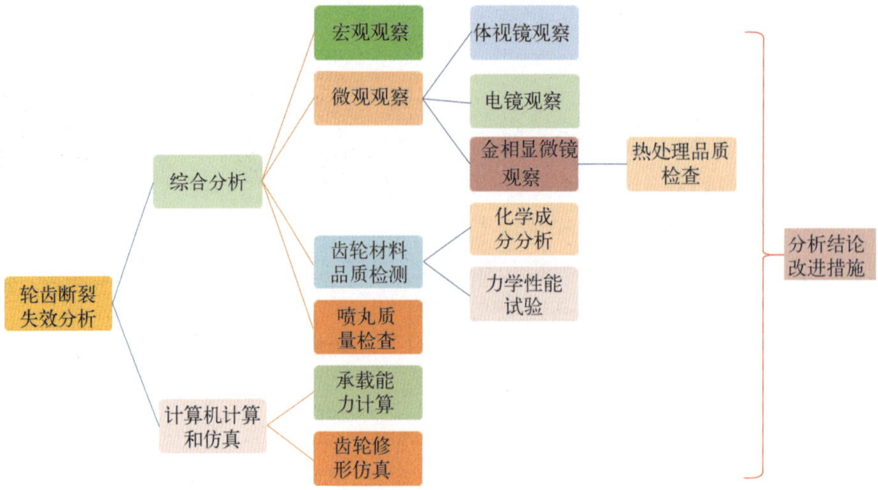


图 4-26-1　失效分析的程序和基本内容

## 2　轮齿断裂失效概述

城市公交车轮边减速齿轮箱简图见图 4-26-2，失效的是低速级大齿轮，有 5 个轮齿断裂，见图 4-26-3。

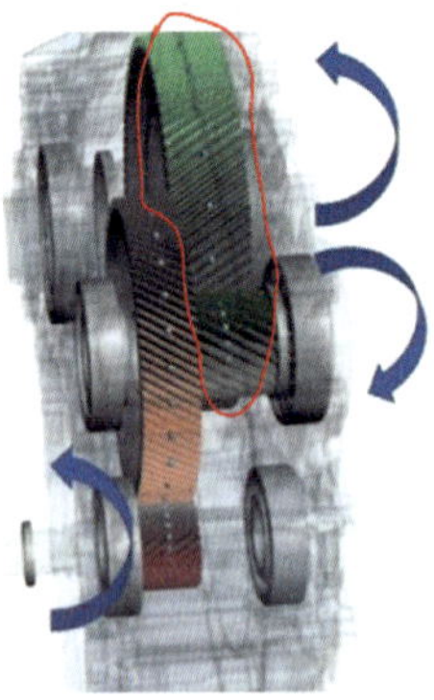

图 4-26-2　低速级大齿轮轮齿断裂失效

图 4-26-3　大齿轮 5 个轮齿断裂

齿轮材料：8620H；热处理：渗碳淬火，硬化层深 0.55 ～ 0.80mm；表面硬度 58 ～ 63HRC；心部硬度 34 ～ 40HRC。齿轮参数见表 4-26-1。齿轮精度：ISO1328 6 级。磨前齿根喷丸：弧高 0.35 ～ 0.50（A）；覆盖率 2×98%min。齿轮有前进挡和后退挡，可以双向工作。

表 4-26-1　大齿轮参数表

| 法向模数 | $m_n$ | 2.455 | 螺旋角 | $\beta$ | 32°00′00″ |
|---|---|---|---|---|---|
| 齿数 | $Z$ | 93 | 螺旋方向 | | 左旋 |
| 法向压力角 | $\alpha$ | 18.5° | 变位系数 | $X_n$ | -0.3701 |

# 3 失效件的宏观观察与分析

## 3.1 宏观观察用的试样

由于现场人员不了解切割试样要求，采用了图 4-26-4 所示的切割方案，切割下来的断齿试样如图 4-26-5 所示。

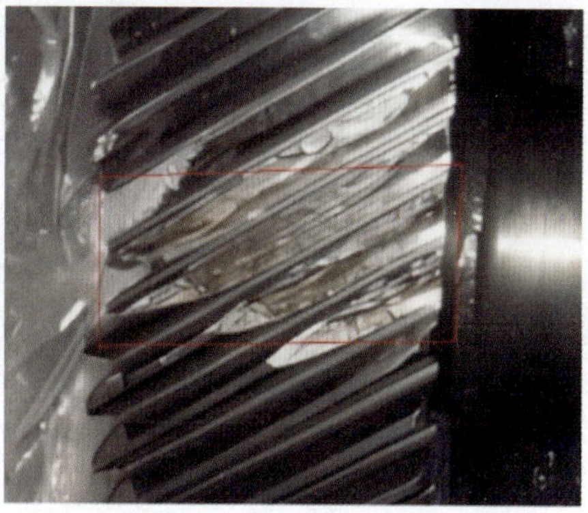

图 4-26-4 不正确的切割试样方案

图 4-26-5 是断齿试样的形貌。图 4-26-5（a）中虽然包含了 5 个断齿（编号：1、2、3、4 和 5 齿），但是只有第 2 齿的断口是完整的。这就给断口宏观和微观的全面观察和分析带来一些困难。图 4-26-5（b）是 1 齿和 2 齿的端面视图，从图中可见 1 齿和 2 齿之间的断裂线已经超过了正常的齿根圆弧。

(a) 断齿试样

(b) 1齿和2齿的端面视图

图 4-26-5 断齿试样形貌

此外，5 个断齿的断裂脱落部分也没有收集保存，这就看不到断齿齿面的损伤情况和断口的形貌，失去了很大一部分失效分析可用的信息。

## 3.2 轮齿断口的宏观观察

从图 4-26-5 中可见，每个断裂的轮面都有两个齿面（主工作齿面和次工作齿面）的断裂线。主工作齿面是指车辆前进挡时的工作齿面，而次工作齿面是指后退挡时的工作齿面。例如第 2 齿的两个齿面的断裂线如图 4-26-6 所示。轮齿断裂时，图中彩色部分的轮齿全部脱

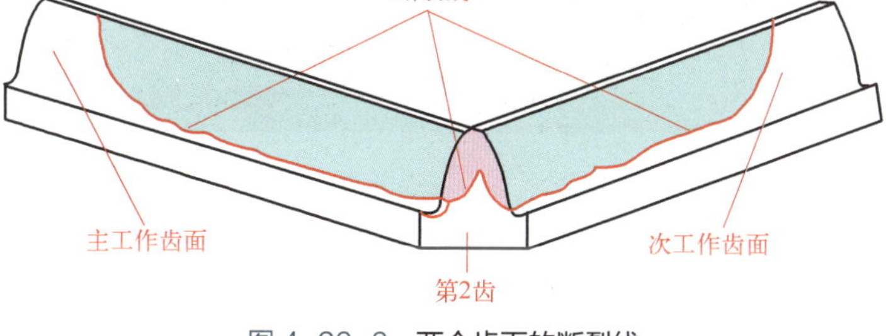


图 4-26-6 两个齿面的断裂线

落，很遗憾，这部分残齿没有找到，影响了充分观察断口的机会。

下面分别按主工作齿面、次工作齿面和齿槽三部分来观察其断口的形貌。

### 3.2.1 主工作齿面断口的观察

由于 5 个断齿中只有第 2 齿的断口是完整的，因此断口的宏观观察的重点就集中在第 2 齿上。

第 2 齿的断口如图 4-26-7 所示。图中断口最明显的特征，是断口中间部位有一条平坦光亮条带区，下宽上窄，呈长号状，在靠近轮齿端面出现一个喇叭口，可以初步判断这是疲劳裂纹扩展的中间疲劳扩展区。另外，疲劳裂纹也发生在齿面的硬化层中，裂纹的扩展就形成了硬化层扩展区（见图 4-26-7）。当轮齿的疲劳裂纹扩展到轮齿承载能力极限时，轮齿瞬间突然断裂，就出现图中的瞬断区。以上是宏观观察初步的判断，有关疲劳源和疲劳裂纹的扩展要在进一步的微观观察、试验和分析中才能确定。第 2 齿并没有整齿断裂，而只断裂了一部分，如图 4-26-6 所示。

图 4-26-8 是从另一个角度拍摄的轮齿断口形貌，图中可以看到第 2、3、4 齿的断口内存在排列整齐平行的条纹，第 2 齿条纹放大见图 4-26-9，这些条纹实际上就是疲劳条纹。

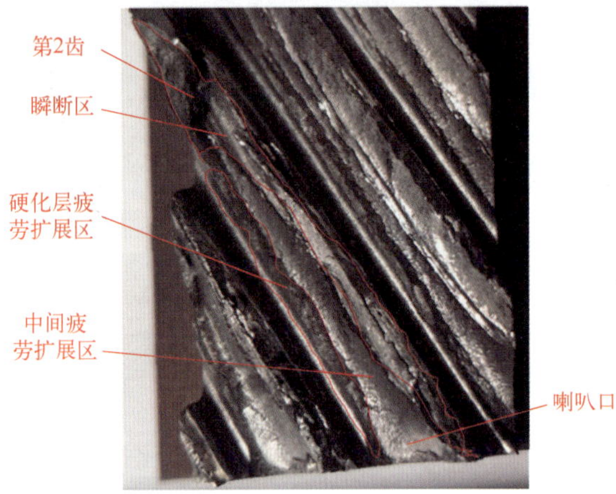


图 4-26-7 第 2 齿的断口

图 4-26-8 从另一个角度拍摄的轮齿断口形貌

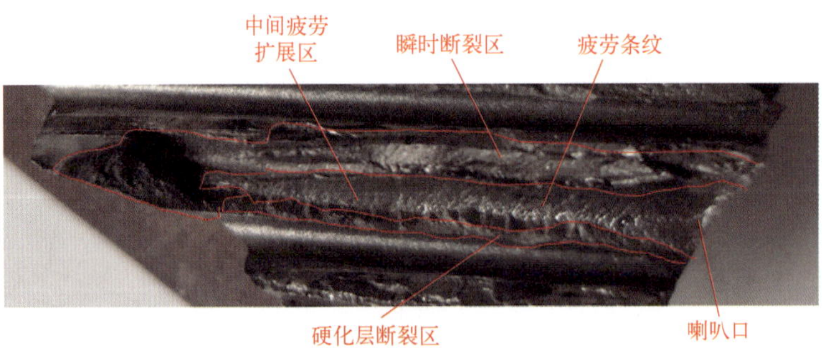


图 4-26-9 第 2 齿断口内的疲劳条纹

断口内出现疲劳裂纹扩展的疲劳条纹，是疲劳断裂的直接证明。

### 3.2.2 次工作齿面断口的观察

次工作齿面断口的形貌见图 4-26-10。图中画出了第 2 齿的断裂线。次工作齿面断口的形貌看到的都是疲劳断裂的瞬断区。

### 3.2.3 轮齿齿体断裂线观察

齿轮轮齿正常的弯曲疲劳断裂是有规律可循的，图 4-26-11 齿根的 a-b 断裂线（绿色）就是正常的轮齿弯曲疲劳断裂线；图中 a、b 点是 30°切线法确定的切点。失效齿轮的齿体断裂线就没有规律可循，在齿宽的不同位置就有不同的断裂线，如图 4-26-11 所示。图中画出了端面的断裂线［红色，参看图 4-26-5（b）］，断裂线起源于齿槽，终止于齿根 b 点的上方；而齿宽中间的断裂线（蓝色），起源于齿根 a 点上方的 c 点，终止于齿根 b 点的上方 d 点。由此可见，大齿轮的齿体断裂线是没有规律的，是一种轮齿的随机断裂[1]。

非常值得注意的是：c 点位于磨削齿面和未磨削齿槽面的交界点，此处的残余应力极为复杂，可能是轮齿断裂的原因之一。

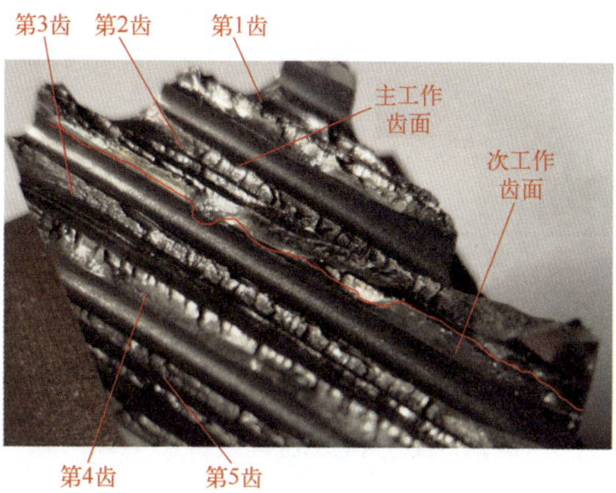


图 4-26-10 次工作齿面断口的形貌

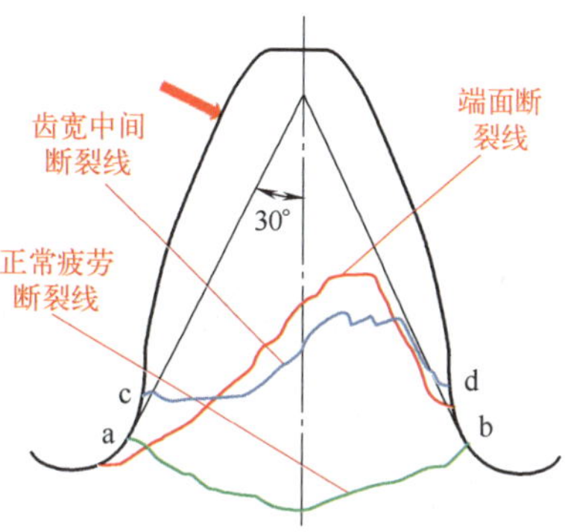


图 4-26-11 不同位置的齿体断裂线

## 3.3 齿槽形貌的观察

① 值得注意的是第 1 齿和第 2 齿之间的齿槽，因为如果齿槽受到损伤就会影响轮齿的弯曲疲劳强度。第 1 齿和第 2 齿之间的齿槽如图 4-26-12 所示，在疲劳扩展区的下方端面部位出现了一个喇叭口，从而使齿槽受到了损伤，图中画出了齿槽受到损伤区。轮齿断裂的疲劳源和疲劳源区很大可能就在此区域内。

② 从图 4-26-8 中截图，观察 1、2 齿之间的齿槽和 3、4 齿之间的齿槽，发现齿槽内存在大量喷丸弹痕，如图 4-26-13 所示。这表明齿轮的确经过喷丸处理，但喷丸强度和覆盖率是否合理，尚需验证。

## 3.4 齿轮断齿的宏观观察小结

① 断齿的部分约占整齿长度的 3/5。齿轮的螺旋角较大（$\beta$=32°），轮齿断裂通常不可能有如此的长度。

② 轮齿断裂断口内存在疲劳扩展区和疲劳裂纹扩展的疲劳条纹，表明轮齿是疲劳断裂。

③ 轮齿断裂断口内存在中间疲劳扩展区、硬化层疲劳扩展区和瞬断区 3 大部分。

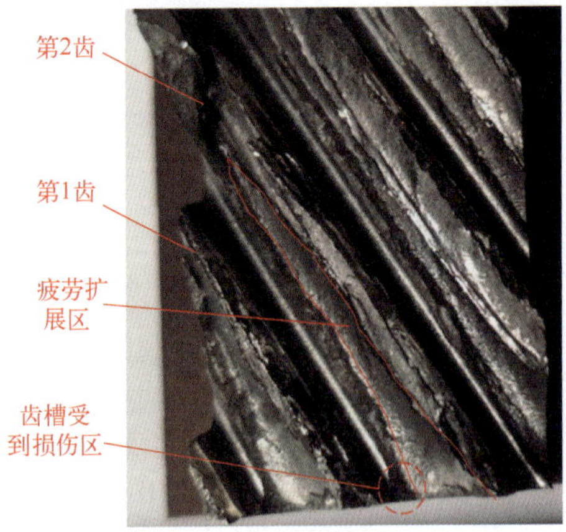

图 4-26-12　第 1 第 2 齿之间的齿槽

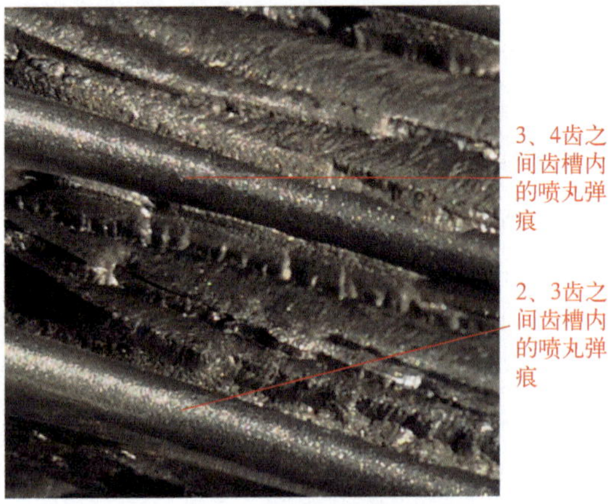

图 4-26-13　齿槽内的喷丸弹痕

④ 大齿轮的齿体断裂线没有规律，是一种齿轮的随机断裂[1]。

⑤ 齿槽内存在大量喷丸弹痕，这表明齿轮的确经过喷丸处理，但喷丸强度和覆盖率是否合理，尚需验证。

# 4　轮齿断裂过程和断裂模式分析

## 4.1　疲劳扩展区的空间关系

上述图片中的中间疲劳扩展面和硬化层疲劳扩展面，看起来都是在一个平面上，其实两者是不在同一平面上的，如图 4-26-14 所示。这对裂纹的发生和扩展有很大影响。

## 4.2　轮齿疲劳断裂的过程和断裂模式

在以上事实和分析的基础上，就可以画出轮齿断裂过程的示意图，如图 4-26-15 所示。

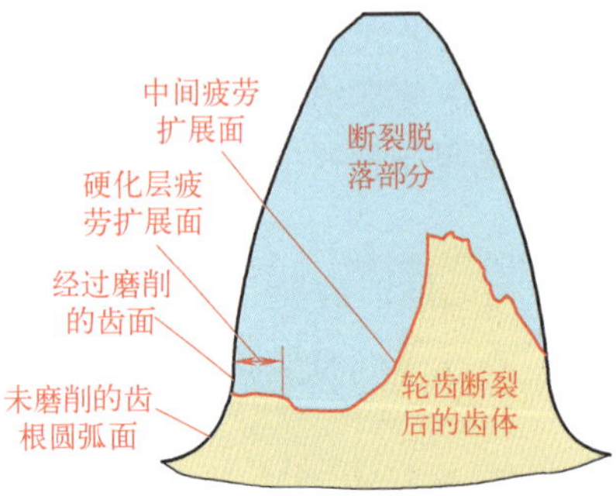

图 4-26-14　轮齿疲劳断裂示意图

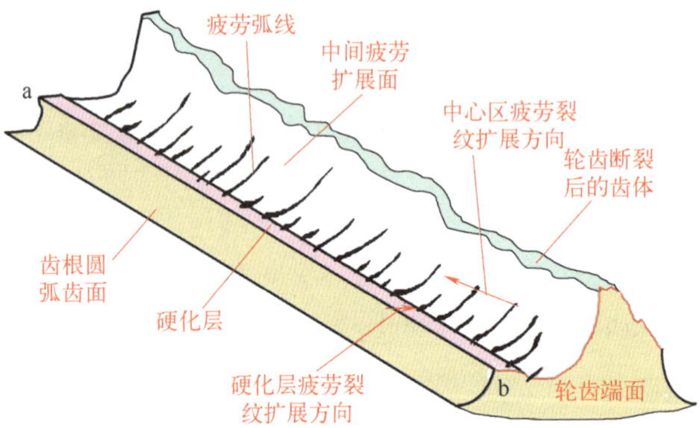

图 4-26-15　轮齿断裂过程的示意图

图 4-26-15 表示轮齿断裂上部脱落后的齿体部分，图中画出了轮齿断裂后的中心部分、中间疲劳扩展面、扩展面上的疲劳弧线、硬化层和裂纹的扩展方向等。

根据断口形貌判断，轮齿断裂裂纹的起始部位在轮齿左侧图 4-26-15 a-b 线附近，也可以在齿面硬化层下面，靠近轮齿硬化层与心部的过渡区域，特别是该区域有缺陷时，更是如此。由于硬化层断口同中间疲劳扩展面两者不在同一平面上，因此硬化层裂纹同轮齿右侧端面附近起始的裂纹会出现交集现象，这就造成疲劳条纹都集中在硬化层断口的内侧。

以上所述和图 4-26-15 所示的轮齿断裂过程，可以说是一种称为齿内疲劳断裂 TIFF（tooth interior fatigue fracture）的特例。下面先了解一下齿内疲劳断裂的失效模式。

## 4.3 齿内疲劳断裂 TIFF 简介[1]

TIFF 这种断裂主要发生在轮齿受交变载荷齿面硬化的惰轮上（本例的齿轮就属于这种轮齿受交变载荷齿面硬化的齿轮）。2001 年，Mackaldener M 等对此做了详细的论述；并在 ISO/DIS 10825-1 中将 TIFF 作为一个词条列入其中。这种轮齿断裂的形貌和断裂裂纹扩展途径如图 4-26-16 所示。

经过研究和有限元模拟分析可知，初始裂纹源区位于靠近轮齿硬化层与心部的过渡区域，且在约半个齿高的位置，随即裂纹一端朝轮齿表面方向扩展，并由于压应力的存在终止于硬化层内部并转向轮齿根部方向扩展；裂纹另一端朝存在拉应力的轮齿心部扩展。又因为轮齿承受双向交变载荷，裂纹从两端源区同时扩展，加速了裂纹的扩展速度，最终轮齿上半部分断裂，如图 4-26-17 所示。Mackaldener 等将该种失效形式命名为 TIFF。很明显，TIFF 的断口位于轮齿的腰部，与规范的齿根弯曲疲劳断裂无关，因此，TIFF 是一种轮齿腰部随机断裂。

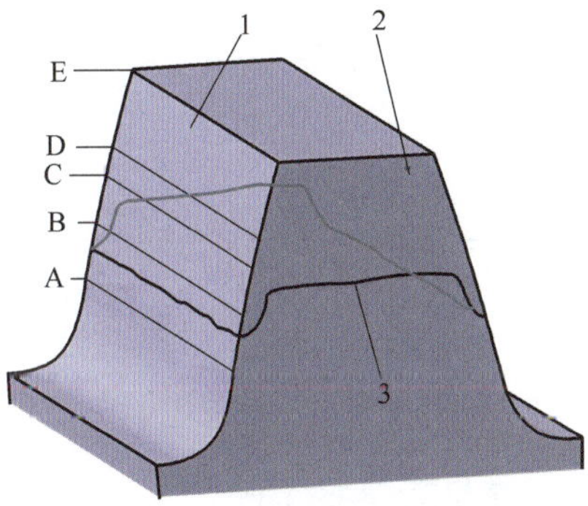


图 4-26-16 轮齿断裂形貌和裂纹扩展途径

1，2—工作齿面；3—裂纹；A—啮合始点；B—单对齿啮合上界点；C—节点；D—单对齿啮合下界点；E—啮合终点

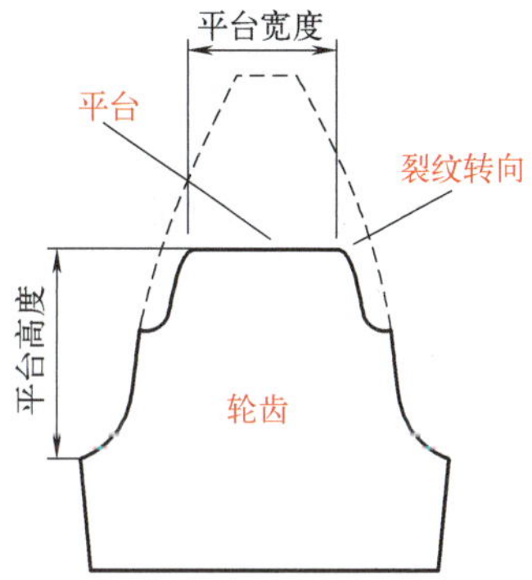


图 4-26-17 FIFF 断口的裂纹途径

## 4.4 本例的轮齿断裂与齿内疲劳断裂（TIFF）的异同

### 4.4.1 相同或相似之处

① TIFF 轮齿受交变载荷齿面硬化的惰轮上，而本例的齿轮用在汽车的轮边减速器上，汽车有前进挡和后退挡，因此轮齿也受交变载荷的作用。

② 两者都是渗碳淬火的硬齿面齿轮。

③ 比较图 4-26-14 和图 4-26-17 可见，其轮齿断裂断口的形貌非常相似。

④ 两者断裂后的齿体有一定的相似性，见图 4-26-15。

### 4.4.2 不同之处

① TIFF 确定初始裂纹源区位于靠近轮齿硬化层与心部的过渡区域，而本例轮齿的初始

裂纹，最大可能是出现在未磨削齿根圆弧面和经过磨削齿面的交界处附近，在前面已经提到此处的表面状态和残余应力极为复杂，因此在此处的硬化层上萌生疲劳裂纹的可能性很大。初始裂纹也有可能出现在靠近轮齿硬化层与心部的过渡区，特别是齿轮材料存在夹杂物时更是如此。

② 本例轮齿的断口中间部位上存在一条长号状的亮带，TIFF 没有这一特征。这是由于前者轮齿采用了特殊的修形，使齿面受力有特殊性造成的。

③ TIFF 断裂后的齿体具有对称性，如图 4-26-18（a）所示，而本例的齿体不具有对称性，如图 4-26-18（b）所示。这是由于前者是惰轮，承受等量和等时的对称交变应力，而后者，汽车前进、后退不承受等量和等时的对称交变应力，因此造成轮齿断裂后的轮齿齿体形状的不同。

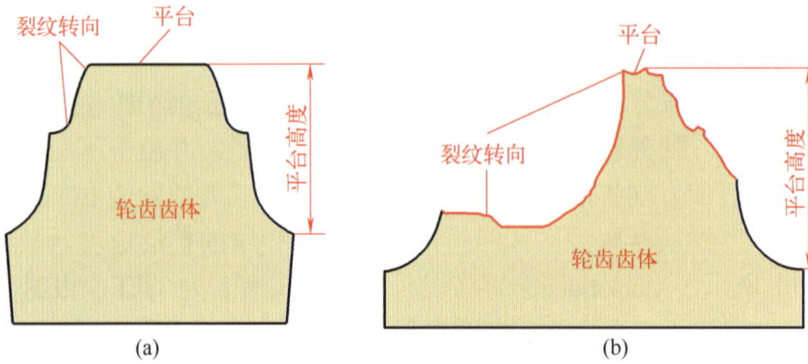


图 4-26-18　轮齿齿体形状对比

# 5　轮齿断裂宏观观察与分析的结论

① 轮齿断裂断口内存在疲劳裂纹扩展区和疲劳裂纹扩展的疲劳条纹，表明轮齿是疲劳断裂。

② 轮齿断裂断口内存在中间疲劳扩展区、硬化层疲劳扩展区和瞬断区 3 大部分。

③ 齿轮的齿体断裂线没有规律，具有一种齿轮的随机断裂的特征[1]。

④ 齿槽内存在大量喷丸弹痕，这表明齿轮的确经过喷丸处理，但喷丸强度和覆盖率是否合理，尚需验证。

⑤ 本例的轮齿断裂与齿内疲劳断裂（TIFF）非常相似，可以得到这样的结论：本例齿轮轮齿断裂的失效模式是一种称为齿内疲劳断裂 TIFF 的实例。

⑥ 本例轮齿断裂的原因，尚需做好常规的失效分析程序（材料品质、热处理品质、力学性能测定等）后才能确定。

日期：2024 年 4 月 7 日

# 【例 4-27】 齿轮轮齿的体视显微镜观察（2）

## 问题描述

本例是【例 4-26】的续篇。在【例 4-26】中提到，轮齿断裂观察试样上有 5 个断齿，但是只有第 2 齿的断口是完整的，因此把第 2 齿作为体视镜观察的主要对象。观察的目的是了解轮齿断口在体视镜观察下的形貌特征。

**答复内容**

以下是轮齿断口体视显微镜观察的内容。

# 1 轮齿断口体视显微镜观察

第 2 齿的断口如图 4-27-1 所示。从图 4-27-1 可见，第 2 齿的断口可以分为 3 个区：中心疲劳扩展区、硬化层断裂区和瞬断区。今用体视镜分别观察这 3 个区域的断裂特征。

## 1.1 中间疲劳扩展区和硬化层区的观察

第 2 齿的断口如图 4-27-1 所示。图中画出中间疲劳扩展区、瞬时断裂区和硬化层断裂区的范围，并指出目视可见的疲劳条纹。中间疲劳扩展区的右侧是一个喇叭口，该区域可能是最初的疲劳裂纹起源地之一。

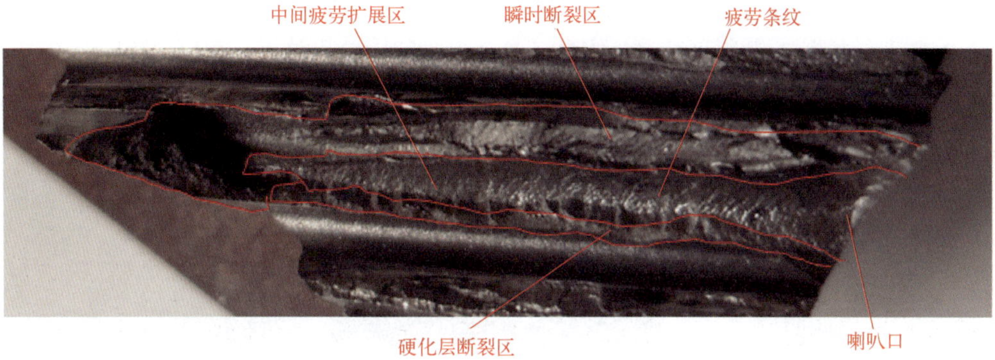


图 4 27-1 第 2 齿的断口

喇叭口上下部分的形貌如图 4-27-2 所示。图 4-27-2（b）中，白色的条纹具有疲劳条纹的特征，这些条纹都起源于硬化层的内侧。从图中局部 A 可见，喇叭口破坏了完整的齿槽。图 4-27-2（a）可以看到瞬断区，而图 4-27-2（b）可以看到硬化层区。白色的亮带是齿槽。

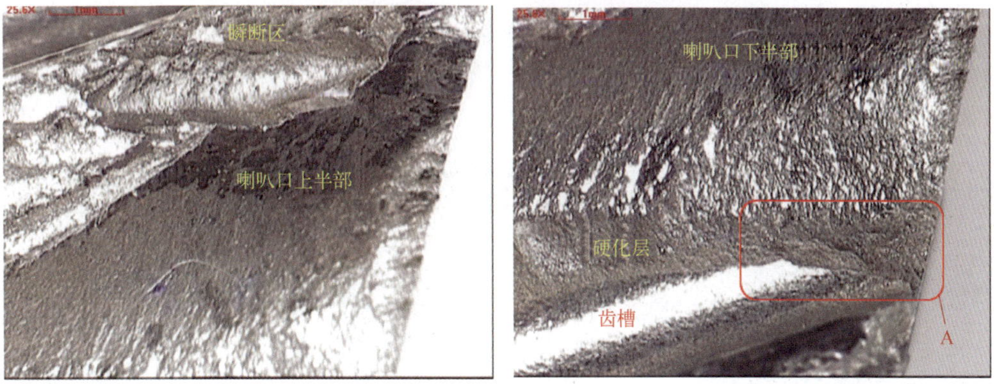


(a) 上半部　　(b) 下半部

图 4-27-2 喇叭口上下部分的形貌

中心疲劳扩展区中部如图 4-27-3、图 4-27-4 所示，从图中可见整个中心疲劳扩展区的断口比较平整，疲劳条纹靠近硬化层。硬化层具有细瓷状的断口，也有疲劳断裂的特征。

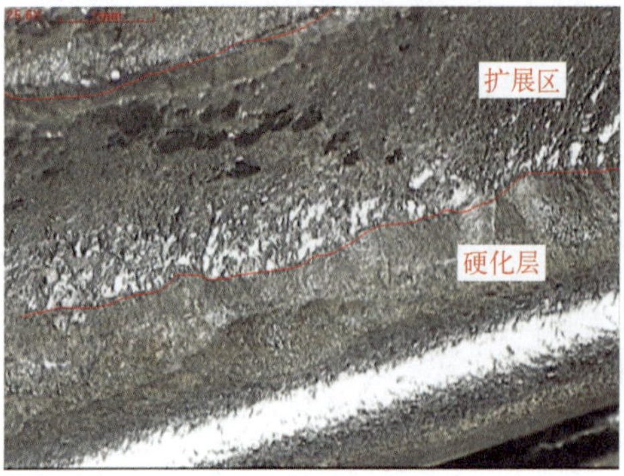


图 4-27-3　中心疲劳扩展区中部（一）

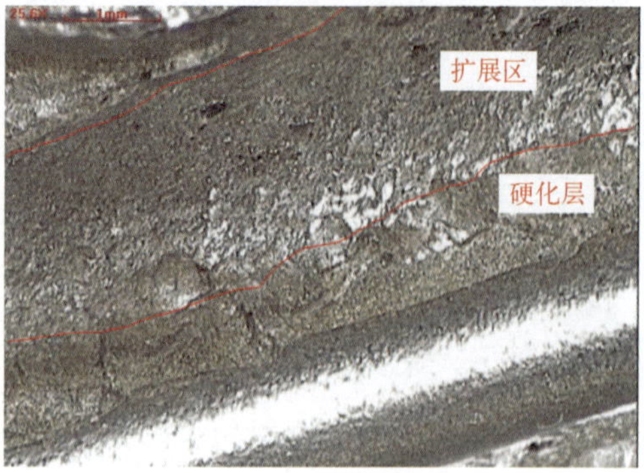


图 4-27-4　中心疲劳扩展区中部（二）

## 1.2　瞬断区断口的观察

瞬断区的断口如图 4-27-5 ～图 4-27-7 所示，断口高低不平，表面结构复杂，存在二次裂纹，是典型的瞬断断口。值得注意的是，整个瞬断区中轮齿的硬化层区占很大部分。

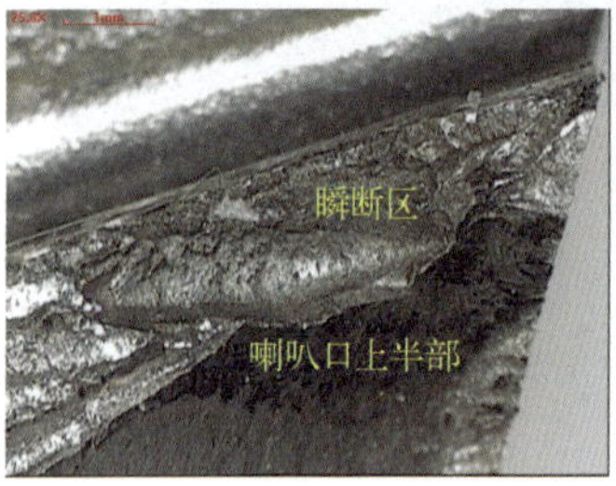


图 4-27-5　瞬断区的断口（一）

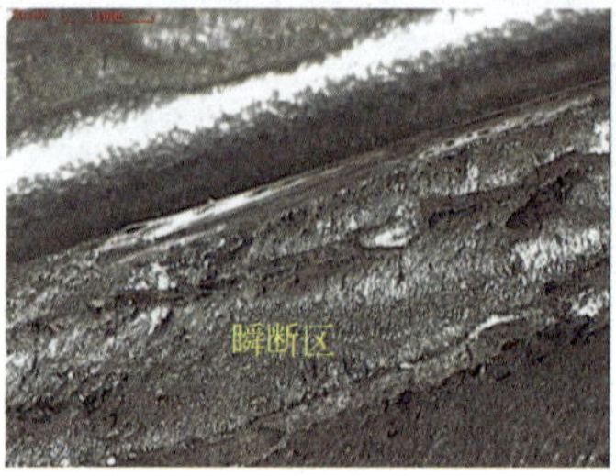


图 4-27-6　瞬断区的断口（二）

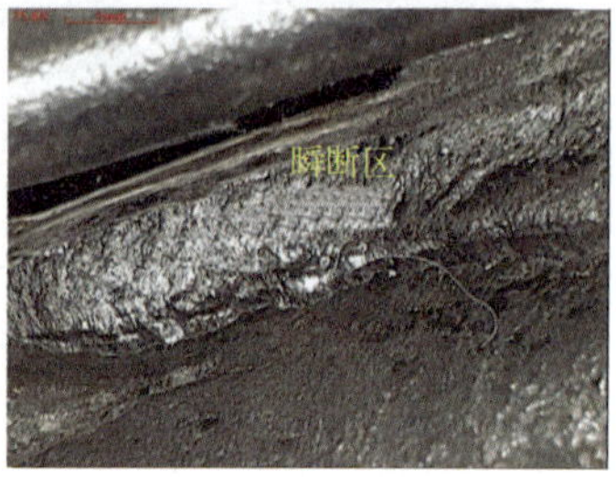


图 4-27-7　瞬断区的断口（三）

# 2　齿槽喷丸表面形貌观察

利用体视显微镜观察齿槽喷丸表面，其不同部位的表面形貌有所差别：齿槽底部强喷丸表面如图 4-27-8 ～图 4-27-10 所示。从三张图中可见，喷丸表面呈现碎裂状态，表面粗糙度极差，对齿轮的弯曲强度极为不利。齿槽侧面弱喷丸表面的表面粗糙度比底部表面的好得多，如图 4-27-8 所示。

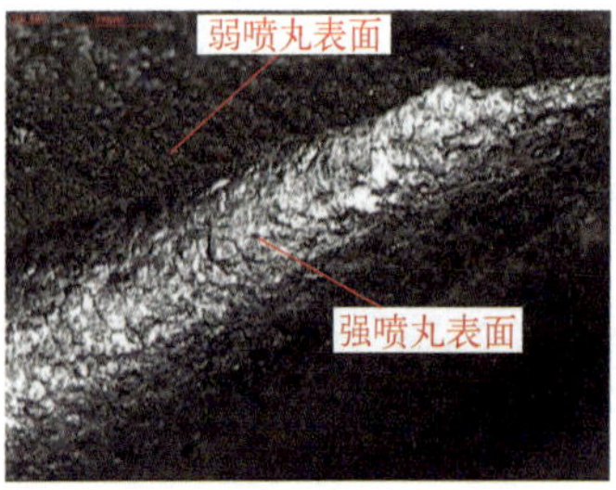


图 4-27-8　齿槽底部喷丸表面（一）

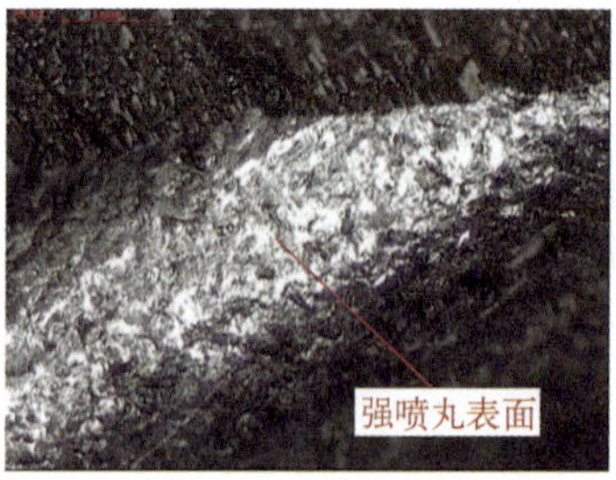


图 4-27-9　齿槽底部喷丸表面（二）

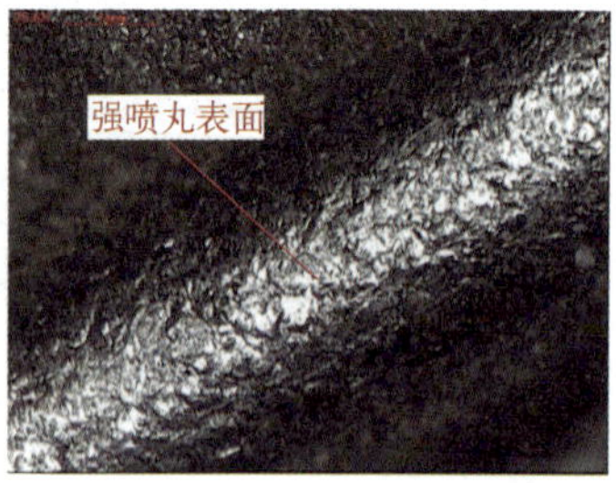


图 4-27-10　齿槽底部喷丸表面（三）

# 3 第 3 齿、第 4 齿疲劳扩展区观察

## 3.1 第 3 齿疲劳扩展区观察

由于切取试样不合理，第 3 齿的疲劳扩展区并不完整，右侧的轮齿切去了一部分，如图 4-27-11 所示，但是疲劳扩展区内的疲劳条纹仍然清晰可见，图 4-27-12 也是如此。从图中可见，疲劳条纹都起源于硬化层。

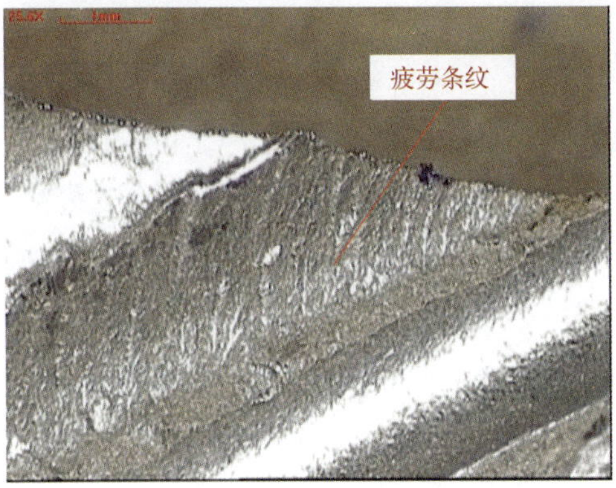


图 4-27-11 疲劳扩展区内的疲劳条纹（一）

图 4-27-12 疲劳扩展区内的疲劳条纹（二）

## 3.2 第 4 齿疲劳扩展区观察

同样，由于切取试样不合理，第 4 齿的疲劳扩展区并不完整，右侧的轮齿切去了更大的一部分，如图 4-27-13 所示，但是疲劳扩展区内的疲劳条纹仍然清晰可见，图 4-27-14 也是如此。同样，从图中可见，疲劳条纹都起源于硬化层。

图 4-27-13 疲劳扩展区内的疲劳条纹（一）

图 4-27-14 疲劳扩展区内的疲劳条纹（二）

## 3.3 观察小结

① 以上观察可见，第 2、3、4 齿的疲劳扩展区具有相同的疲劳特征：都有明显的疲劳条纹，可见断裂的原因相同。

② 中心疲劳扩展区的疲劳条纹都起源于渗碳淬火的硬化层。

③ 齿槽底部强喷丸表面呈现碎裂状态，表面粗糙度极差，有过冲之嫌，对齿轮的弯曲强度极为不利。

④ 齿槽侧面弱喷丸表面的表面粗糙度比底部表面的好得多。

日期：2024 年 4 月 7 日

# 【例 4-28】 轮齿断口电子显微镜观察（3）

### 问题描述

本例是【例 4-27】的续篇。断口的观察与分析可分为宏观观察与微观观察两方面，【例 4-26】的宏观观察是失效分析的基础，而本例的微观观察是进一步深入观察的重要手段。利用宏观观察来判断裂纹源、确定断裂的性质及裂纹的扩展方向；利用微观观察则可分析断裂原因及断裂机制等。

### 答复内容

以下是轮齿断口电子显微镜观察的主要内容。

## 1 轮齿断口电子显微镜观察的目的

① 从轮齿断口的微观形貌特征证实轮齿是疲劳断裂，确定疲劳源的位置、疲劳裂纹的扩展方向等。

② 判断齿轮材料和热处理是否有缺陷。

③ 观察经过强力喷丸的齿槽表面是否存在缺陷。

## 2 截取试样和确定观察点

从图 4-28-1 中截取第 2 齿的观察试样，如图 4-28-2 所示。在图 4-28-2 中，标注出电镜观察的 16 个观察点。采用 ZEISS EVO 18 型电子显微镜，对上述 16 个点进行观察。

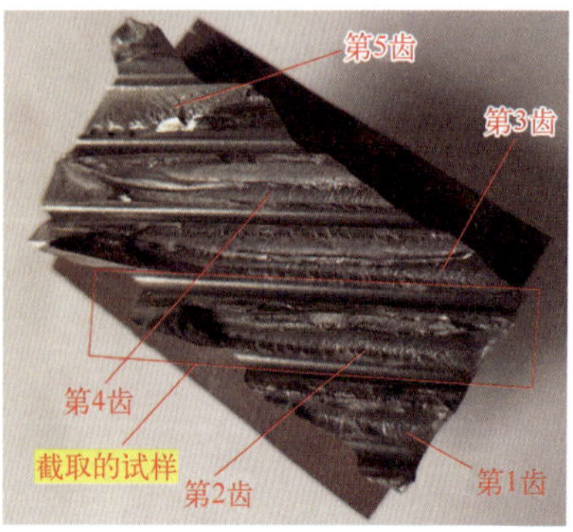


图 4-28-1　截取第 2 齿的试样

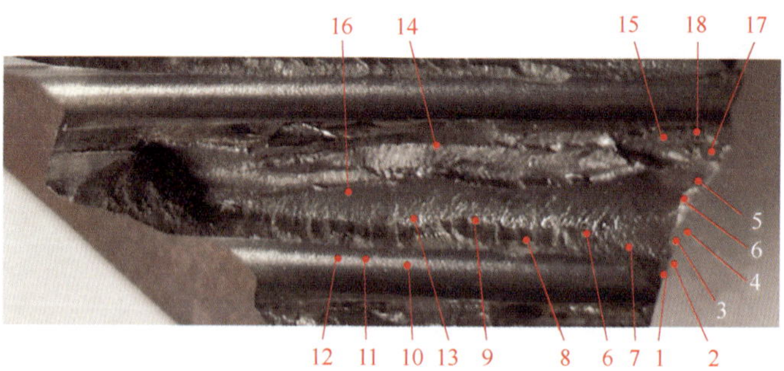


图 4-28-2　第 2 齿的观察试样和观察点

# 3 观察点的微观形貌

限于篇幅，选择以下观察点说明其有微观形貌的特征。

• 观察点 1——位于喇叭口的最下方，其断口形貌如图 4-28-3 所示，图中最下方是断裂的硬化层，硬化层上方有许多疲劳断裂放射性条纹，具有疲劳断口的特征。

• 观察点 2——图 4-28-4 是图 4-28-3 观察点 1 高倍放大的形貌。断裂面高处由于疲劳断口张合而被磨平，这是疲劳断裂的特征之一。

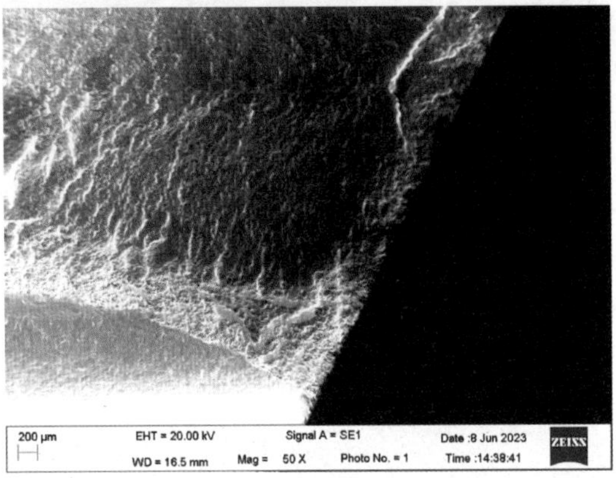


图 4-28-3 观察点 1 断口形貌

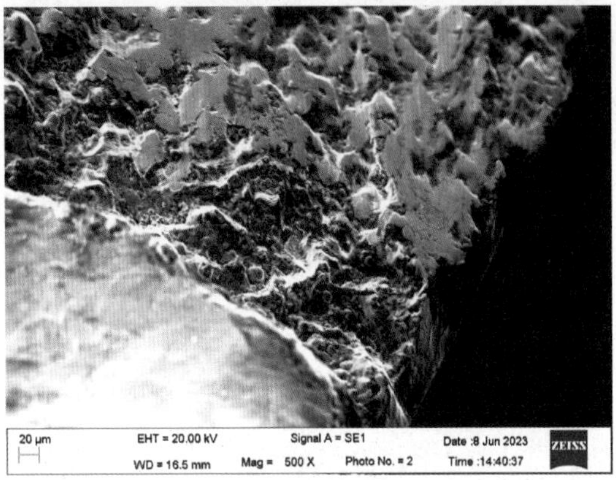


图 4-28-4 观察点 1 高倍放大的形貌

• 观察点 4——图 4-28-5 是观察点 3 高倍放大的形貌。此疲劳断口非常特殊，断口有许多小孔，有 2 次裂纹，有材料缺乏紧密性之感。金属材料中小孔最普遍的来源是金属间的夹杂物；断口上密集的小孔也可能是气泡韧窝，同参考文献［1］的图 1-38 和图 1-39（本例中未显示）极为相似。夹杂物和气泡韧窝都与材料的品质有关，两者均可能导致材料的脆性或延性断裂。

• 观察点 7——位于硬化层断裂的断口上，其断口高倍放大的形貌如图 4-28-6 所示。疲劳断口的张合作用，局部磨平了断口表面。

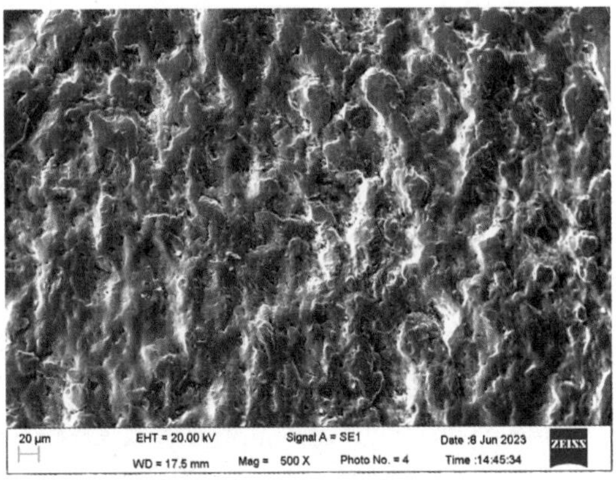


图 4-28-5 观察点 3 高倍放大的形貌

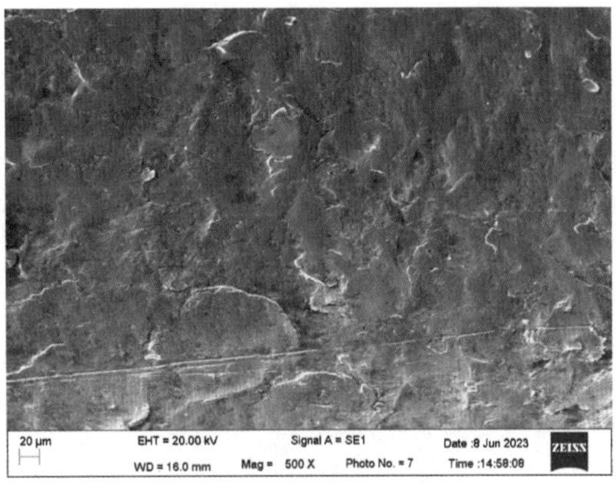


图 4-28-6 观察点 7 的形貌

• 观察点 8——位于硬化层疲劳断裂和心部断裂的交界处，其断口高倍放大的形貌如图 4-28-7 所示。断口有大量撕裂棱和纤维状组织，均起源于下部的硬化层，是一种延性断裂。

• 观察点 9——位于硬化层疲劳断裂和心部断裂的交界处，其断口高倍放大的形貌如图 4-28-8 所示。断口有大量撕裂棱、韧窝或小孔，是延性断裂。

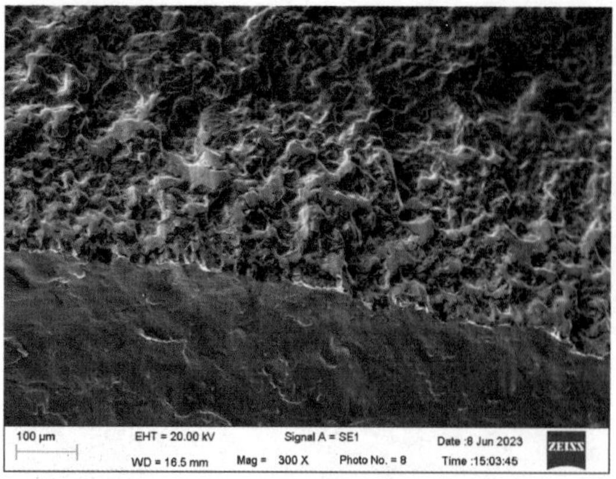


图 4-28-7 观察点 8 的形貌

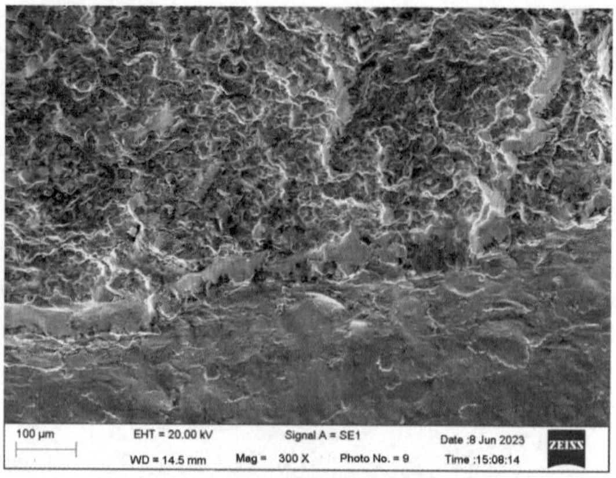


图 4-28-8 观察点 9 的形貌

• 观察点 10、11、12——位于齿槽底部的强喷丸区，其喷丸表面高倍放大的形貌如图 4-28-9 ～图 4-28-11 所示。喷丸表面有明显的塑性变形，高低不平，表面粗糙度很差，表面粘有形状不同的钢丸，容易引发微裂纹的萌生。

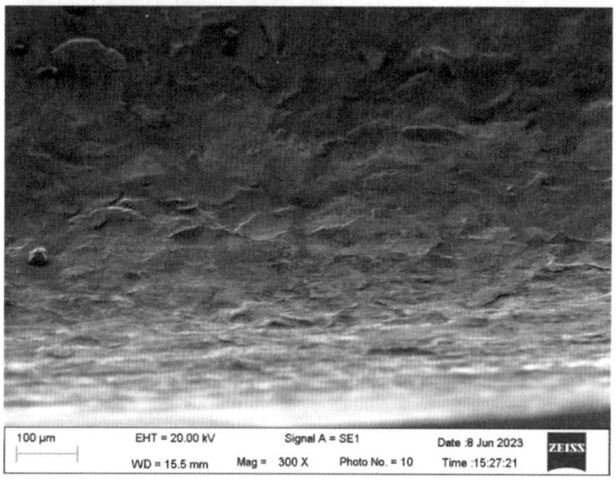


图 4-28-9 观察点 10 的形貌

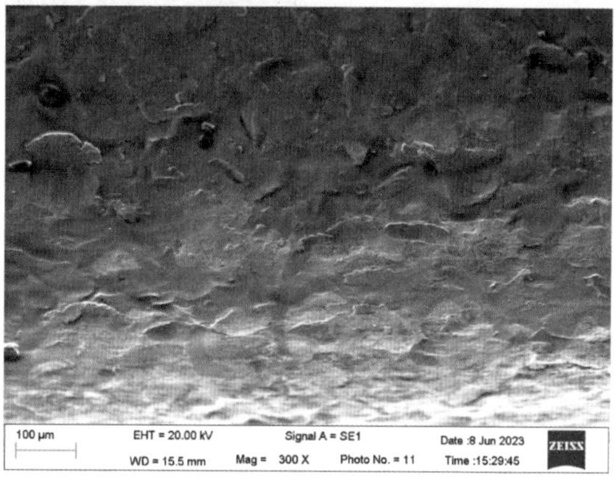


图 4-28-10 观察点 11 的形貌

• 观察点 14——位于瞬断区，其断口形貌如图 4-28-12 所示，无明显的延性变形，具有脆性断裂的特征。

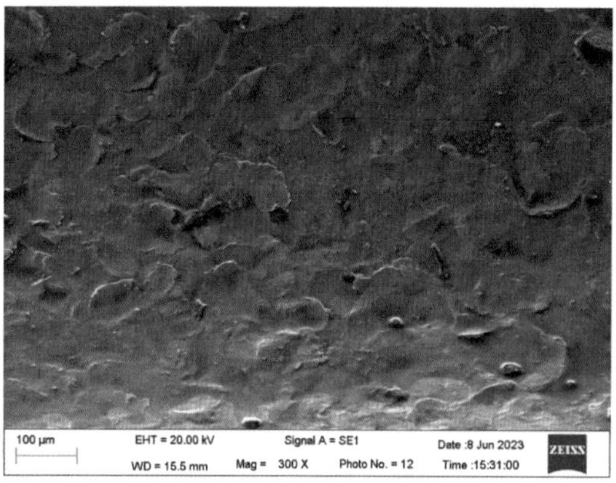


图 4-28-11 观察点 12 的形貌

图 4-28-12 观察点 14 的形貌

• 观察点 15——位于瞬断区，其断口形貌如图 4-28-13 所示，有明显的延性变形，具有延性断裂的特征。图 4-28-13 中有 2 个直径 80 ～ 100μm 的疑似气泡韧窝（箭头所指），同参考文献［1］的图 1-50（本例中未显示）极为相似。气泡韧窝对轮齿的强度很不利。

• 观察点 18——位于瞬断区，其断口形貌，如图 4-28-14 所示，是脆性断裂。

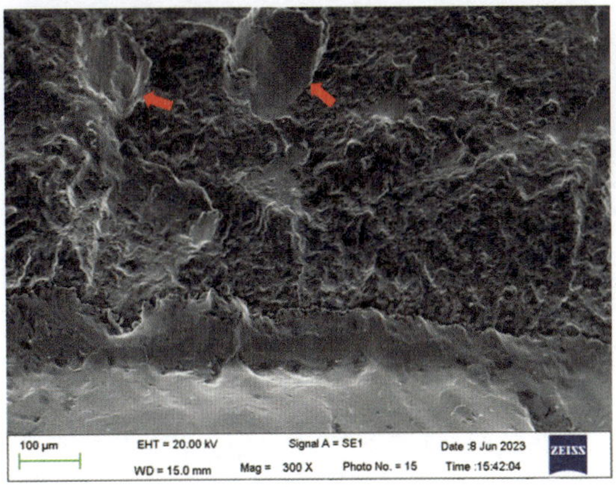


图 4-28-13　观察点 15 的形貌

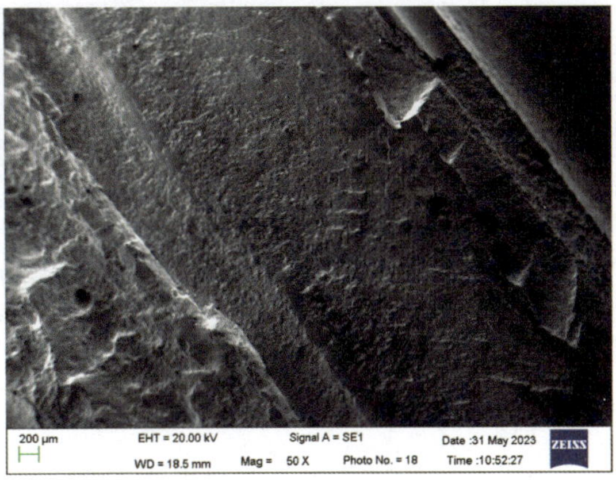


图 4-28-14　观察点 18 的形貌

# 4 齿轮轮齿断口电镜观察小结

① 在电镜观察下，齿轮轮齿断口可以分为三部分：硬化层区断口、中心区断口和瞬断区断口。

② 硬化层区断口虽然没有看到疲劳条纹，但是疲劳断口的张合作用，局部磨平的断口表面，说明是疲劳断口。

③ 在中心区断口上有许多疲劳断裂放射性条纹，具有疲劳断口的特征，是疲劳断裂断口。

④ 中心区的疲劳断口的形貌极为复杂，与一般的疲劳断口有很大不同，例如：疲劳条纹不明显，或结构复杂；磨平的表面和纤维状的结构等。

⑤ 在中心区的疲劳断口上，出现许多小孔，小孔的来源可能是金属间的夹杂物，也可能是气泡韧窝。夹杂物和气泡韧窝都与材料的品质有关，两者均可能导致材料的脆性或延性断裂。应该检查原材料的品质。

⑥ 齿槽底部的强喷丸区，喷丸表面有明显的塑性变形，高低不平，表面粗糙度很差，表面粘有形状不同的钢丸，容易引发微裂纹的萌生。应该检查喷丸工艺的合理性。

## 参考文献

［1］ 姜锡山，赵晗 . 钢铁显微断口速查手册［M］. 北京：机械工业出版社，2010：21-24.

日期：2024 年 4 月 9 日

# 【例 4-29】 齿轮断齿金相显微镜观察（4）

## 问题描述

本例是【例 4-28】的续篇。金相显微镜观察和检验在失效分析中具有举足轻重的作用，因为只有通过金相检验才能了解金属材料的组织形貌、组成物和微观组织的缺陷等，从而评定金属材料的内在品质的优劣。

## 答复内容

## 1 齿轮断齿 1 号试样金相显微镜观察

### 1.1 截取试样和确定观察部位

由于已经无法从大齿轮的断裂轮齿截取观察试样，因此只能从未断裂的轮齿上截取试样，截取试样的方法和试样如图 4-29-1 所示。共截取 2 个试样，分别编号为 1 号试样和 2 号试样。

为什么要从斜齿的两端截取观察试样，而不是从斜齿的中间取样？这是因为斜齿轮的薄弱环节是斜齿的两端，斜齿轮的啮入冲击就在斜齿的两端。

试样上金相显微镜观察点如图 4-29-2 所示。图中观察点 1 是未经磨削强喷丸的齿根面；观察点 2、5 是未经磨削弱喷丸的齿根面；观察点 3、6 是经磨削的齿面和未经磨削的齿根面的交界点；观察点 4、7 是经过磨削的轮齿工作齿面。

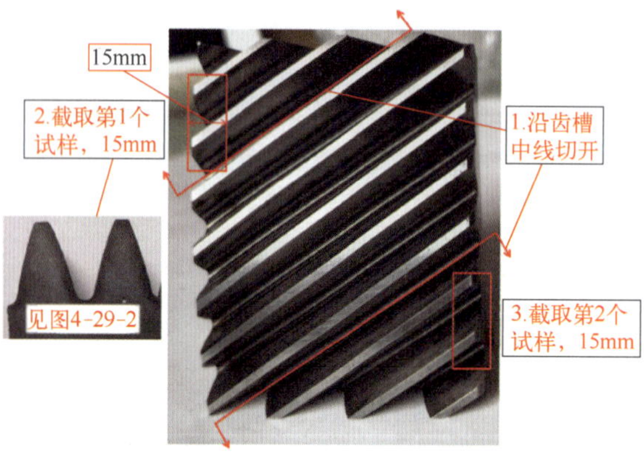

图 4-29-1　截取试样的方法和试样

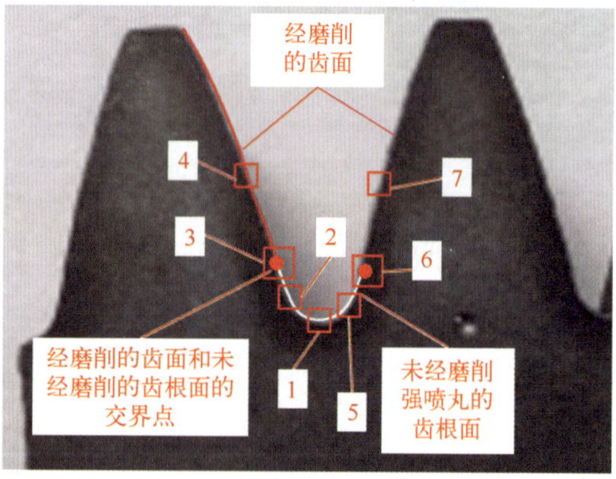

图 4-29-2　齿轮试样上的金相显微镜观察点

### 1.2 7 个观察点金相显微镜观察结果

7 个观察点金相显微镜观察结果，见表 4-29-1。

表 4-29-1　7 个观察点金相显微镜观察结果

| 试样编号 | 检测部位 | 非马氏体深度 /μm | 金相组织 |
| --- | --- | --- | --- |
| 大齿轮齿面 1 号试样 | 1 区，图 4-29-2 | 19.48，图 4-29-3 | / |
| | 2 区，图 4-29-2 | 12.22，图 4-29-4 | / |
| | 3 区，图 4-29-2 | 无，图 4-29-5 | 针状马氏体 + 残余奥氏体 <5%，图 4-29-6 |
| | 4 区，图 4-29-2 | 无，图 4-29-7 | 针状马氏体 + 残余奥氏体 <5%，图 4-29-8 |
| | 5 区，图 4-29-2 | 18.36，图 4-29-9 | / |
| | 6 区，图 4-29-2 | 无，图 4-29-10 | 针状马氏体 + 残余奥氏体 <5%，图 4-29-11 |
| | 7 区，图 4-29-2 | 无，图 4-29-12 | 针状马氏体 + 残余奥氏体 <5%，图 4-29-13 |
| | 心部 | / | 低碳马氏体 + 微量铁素体，图 4-29-14 |

图 4-29-3　1 号试样的 1 区非马氏体层　500×

图 4-29-4　1 号试样的 2 区非马氏体层　500×

图 4-29-5　1 号试样的 3 区无非马氏体层　500×

图 4-29-6　1 号试样的 3 区金相组织　500×

图 4-29-7　1 号试样的 4 区无非马氏体层　500×

图 4-29-8　1 号试样的 4 区金相组织　500×

图 4-29-9　1 号试样的 5 区非马氏体层　500×

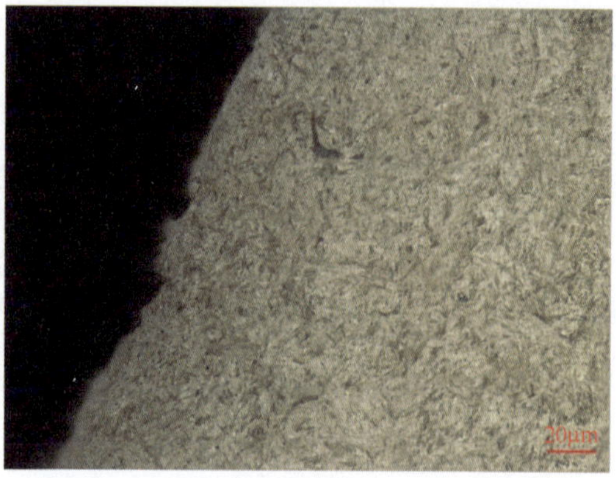


图 4-29-10　1 号试样的 6 区无非马氏体层　500×

图 4-29-11　1 号试样的 6 区金相组织　500×

图 4-29-12　1 号试样的 7 区无非马氏体层　500×

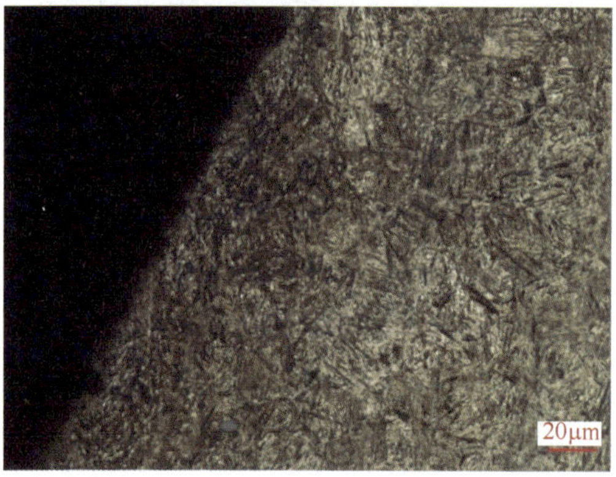


图 4-29-13　1 号试样的 7 区金相组织　500×

图 4-29-14　1 号试样的心部金相组织　500×

## 1.3　1 号试样金相观察小结

① 在大齿轮齿槽未经磨削的表面，存在深度不一的非马氏体组织（18.36μm、12.22μm、19.48μm），其平均值为 16.69μm，影响轮齿的弯曲疲劳强度。

② 在大齿轮齿槽底部未发现有裂纹存在。

③ 大齿轮工作齿面的金相组织为针状马氏体 + 小于 5 % 残余奥氏体。

④ 大齿轮工作齿面未发现有明显的磨削烧伤损伤。

# 2 齿轮断齿 2 号试样金相显微镜观察

第 2 个轮齿试样的截取位置见图 4-29-1，7 个金相显微镜观察观点位置见图 4-29-2。限于篇幅，7 个观察点金相显微镜观察的图片从略。

齿轮 2 号试样金相观察小结：

① 在大齿轮齿槽未经磨削的表面，存在深度不一的非马氏体组织（20.02μm、16.21μm、22.00μm、16.21μm、15.84μm），其平均值为 18.06μm（1 号试样的平均值为 16.69μm），影响轮齿的弯曲疲劳强度。

② 在大齿轮齿槽底部未发现有裂纹存在。

③ 大齿轮工作齿面的金相组织为针状马氏体 + 小于 5 % 残余奥氏体。

④ 大齿轮工作齿面未发现有明显的磨削烧伤损伤。

⑤ 在多幅金相组织图样中，可以明显地看到磨削表面与未磨削表面的交界点。

⑥ 综合起来看，大齿轮的 1 号试样和 2 号试样，金相观察的结果基本相同。但是，大齿轮同小齿轮金相观察的结果相差就很大，后者有 2 处出现了裂纹。为了对比，进行小齿轮断齿试样金相显微镜观察。

# 3 小齿轮断齿试样金相显微镜观察

## 3.1 截取试样和确定观察部位

从小齿轮上截取试样的部位见图 4-29-15。

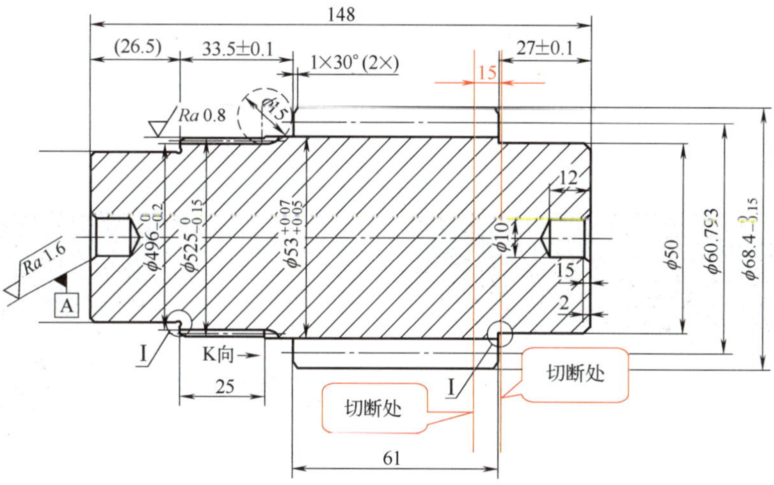


图 4-29-15 截取试样的部位

在切割下来的圆片上，再切取 4 个轮齿试样，如图 4-29-16 所示。

试样上金相显微镜观察点如图 4-29-17 所示。图中观察点 1 是未经磨削强喷丸的齿根面；

观察点 2 是未经磨削弱喷丸的齿根面；观察点 3 是经磨削的齿面和未经磨削的齿根面的交界点；观察点 4 是经过磨削的轮齿工作齿面。

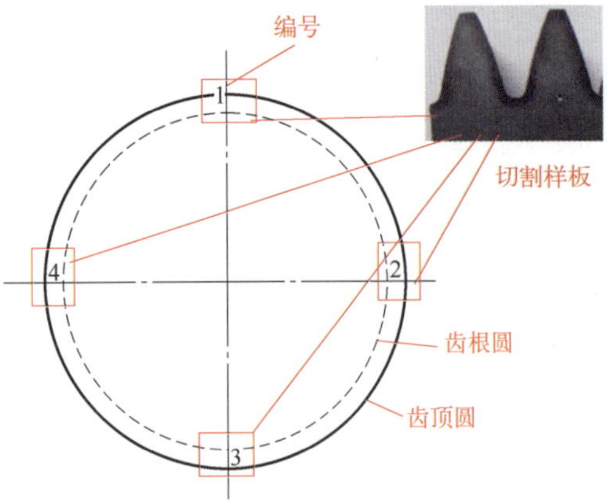


图 4-29-16　切取 4 个轮齿试样

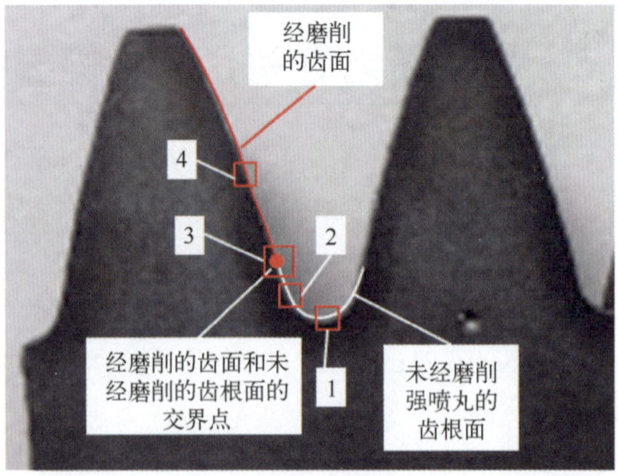


图 4-29-17　试样上金相显微镜观察点

## 3.2　观察点金相显微镜观察结果

4 个观察点金相显微镜观察结果，见表 4-29-2。

表 4-29-2　4 个观察点金相显微镜观察结果

| 观察的试样 | 观察部位 | 非马氏体组织层深度 /μm | 金相组织 |
|---|---|---|---|
| 大齿轮<br>未断的轮齿 | 1 区，图 4-29-17 | 25.0，图 4-29-18 | / |
| | 2 区，图 4-29-17 | 无，图 4-29-19 | / |
| | 3 区，图 4-29-17 | 图 4-29-20、图 4-29-21、图 4-29-22、图 4-29-23 | / |
| | 4 区，图 4-29-17 | 无，如图 4-29-24 | 表面金相组织为：针状马氏体 + <5% 残余奥氏体，图 4-29-25 |
| | 心部 | / | 低碳马氏体，图 4-29-26 |
| | 试样的轮齿根部有裂纹 | | |
| | 图 5-6 的轮齿根部 | 有两处出现裂纹，裂纹形貌，图 4-29-27、图 4-29-28；裂纹深度分别为 0.76mm 和 0.70mm | |

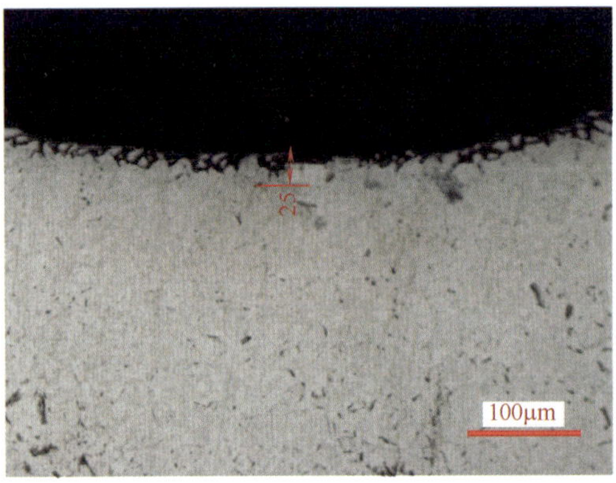


图 4-29-18　轮齿试样 1 区的非马氏体层

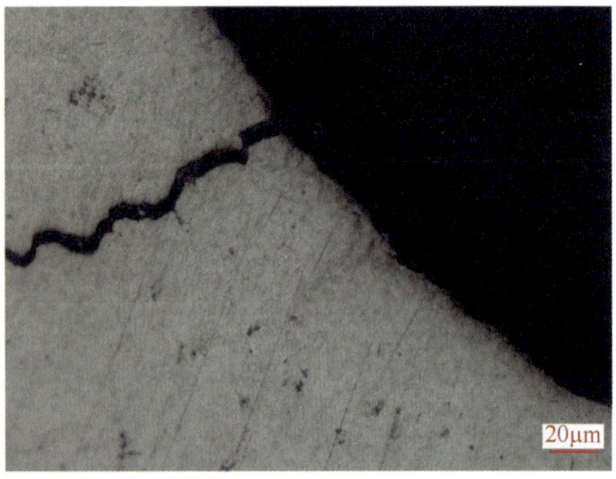


图 4-29-19　轮齿试样 2 区的裂纹

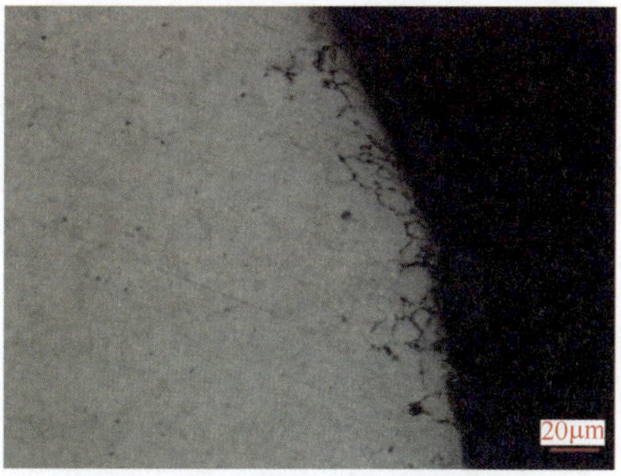


图 4-29-20　轮齿试样 3 区的非马氏体层（一）

图 4-29-21　轮齿试样 3 区的非马氏体层和磨削烧伤

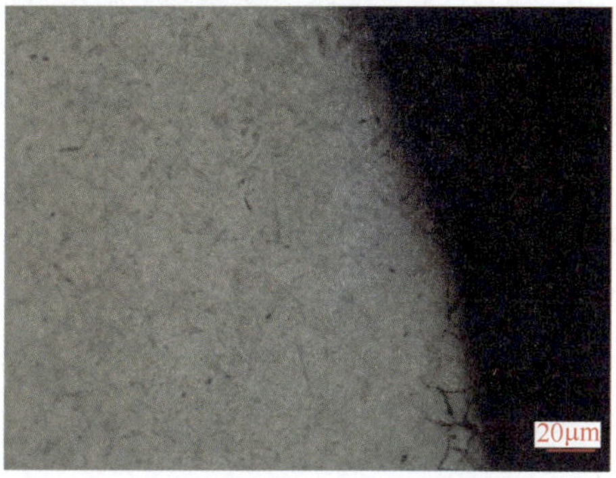


图 4-29-22　轮齿试样 3 区的非马氏体层（二）

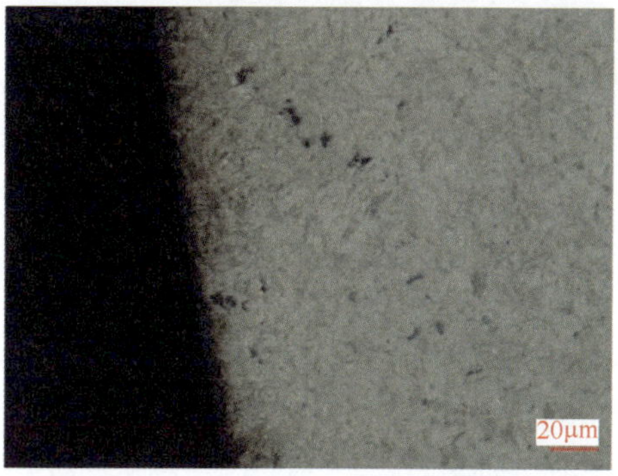


图 4-29-23　轮齿试样 3 区的非马氏体层（三）

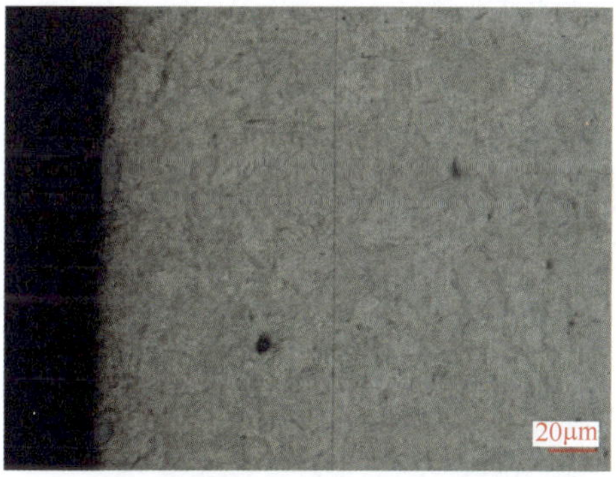


图 4-29-24　轮齿试样 4 区的非马氏体层和磨削烧伤

图 4-29-25　轮齿试样工作齿面的金相组织

图 4-29-26　轮齿试样的心部金相组织

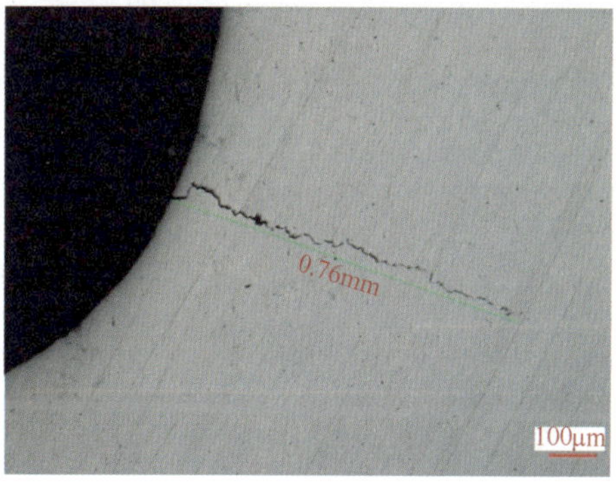


图 4-29-27　轮齿试样齿根处的裂纹（一）

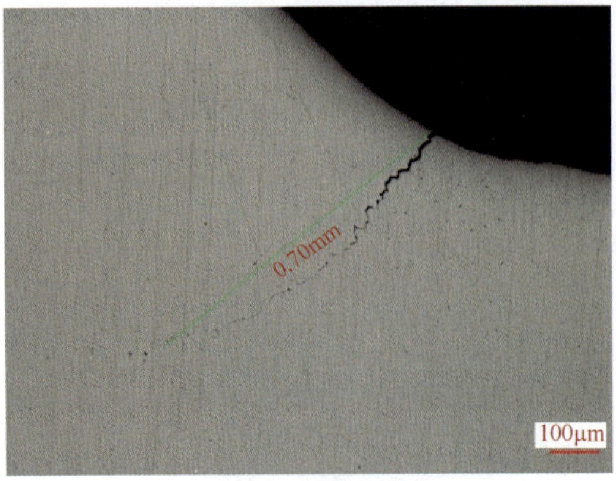


图 4-29-28　轮齿试样齿根处的裂纹（二）

### 3.3　小齿轮金相观察小结

① 在小齿轮齿槽未经磨削的表面，存在深度不一的非马氏体组织，影响轮齿的疲劳强度。

② 在小齿轮齿槽底部两处（图 4-29-27、图 4-29-28）存在裂纹，裂纹长度分别为 0.76mm 和 0.7mm，轮齿虽然没有断裂，但是致命的损伤。

③ 小齿轮工作齿面的金相组织为针状马氏体 + 小于 5 % 残余奥氏体，如图 4-29-25 所示。心部组织为低碳马氏体，如图 4-29-26 所示。

④ 小齿轮工作齿面有明显的磨削烧伤损伤，如图 4-29-21 和图 4-29-24 所示，对轮齿的接触疲劳强度很不利，甚至可能发生齿腰随机断裂。

## 4　大小齿轮金相显微镜观察总结

① 在大齿轮齿槽未经磨削的表面，存在深度不一的非马氏体组织，1 号试样其平均值为 16.69μm；2 号试样其平均值为 18.06μm。小齿轮也存在深度不一的非马氏体组织，影响轮齿的弯曲疲劳强度。

② 在大齿轮齿槽底部未发现有裂纹存在。但小齿轮齿槽底部两处存在裂纹，裂纹长度分别为 0.76mm 和 0.7mm，轮齿虽然没有断裂，但是致命的损伤。

③ 大小齿轮轮齿心部组织为低碳马氏体，符合技术要求；工作齿面的金相组织为针状马氏体 + 小于 5% 残余奥氏体。残余奥氏体小于 5%，太低了，因为马氏体比例过高时，轮齿易发生脆性断裂，并且因缺乏奥氏体的缓冲作用，淬火拉应力更显著，会降低疲劳强度。

④ 小齿轮工作齿面有明显的磨削烧伤损伤，对轮齿的接触疲劳强度很不利，甚至可能发生齿腰随机断裂。

⑤ 综合起来看，从非马氏体组织深度（IGO）、齿槽是否有裂纹、齿面是否有磨削烧伤这几方面比较，很明显，大齿轮的品质要比小齿轮好。不存在“大齿轮轮齿断裂，而小齿轮轮齿为什么不断裂”的问题。

日期：2024 年 4 月 8 日

# 【例 4-30】　大小齿轮内在品质检验（5）

### 问题描述

本例是【例 4-29】的续篇。从广义上看，GB/T 3480.5—2021《直齿轮和斜齿轮承载能力计算　第 5 部分　材料的强度和质量》将齿轮疲劳强度与材料热处理质量等级密切地结合了起来，因此该标准就是齿轮内在品质检验的内容。在本例中，内在品质检验主要包括：硬度、硬化层深度、表层碳化物、表层马氏体和残余奥氏体、心部组织、非金属夹杂物、带状组织、晶粒度等。此外，还有材料的力学性能检测。

## 答复内容

以下内容就是轮齿的硬度、硬化层深度、表层碳化物、表层马氏体和残余奥氏体、心部组织、非金属夹杂物、带状组织、晶粒度等内在品质的检验。

# 1 沿轮齿硬化层深度测定大齿轮显微硬度

齿腰和齿根显微硬度测点如图 4-30-1 所示。

齿腰显微硬度测量结果见图 4-30-2。从图中可见有效硬化层深度为 0.9mm（要求：0.5 ～ 0.8mm）；心部硬度为 420HV（43.5HRC）（要求：34 ～ 40HRC）；齿面硬度约为 61HRC（符合要求：58 ～ 63HRC）。

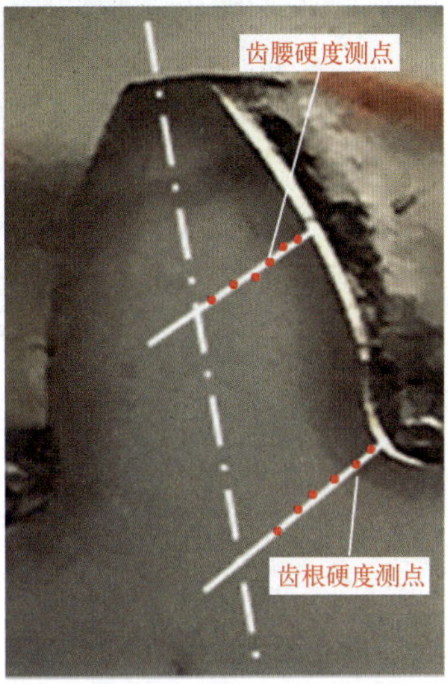


图 4-30-1　齿腰和齿根显微硬度测点示意图

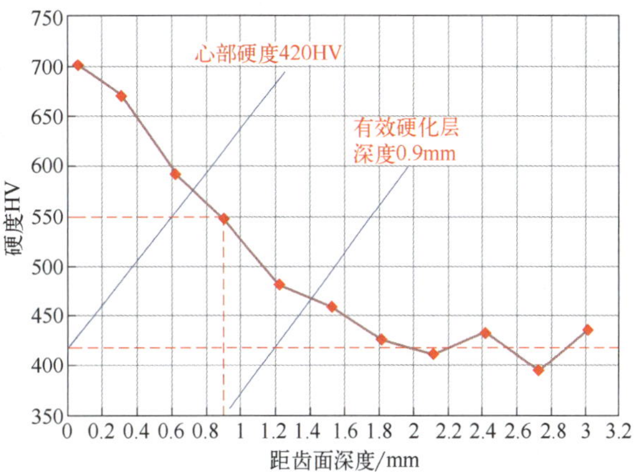


图 4-30-2　齿腰显微硬度测量结果

齿根显微硬度测量结果见图 4-30-3。从图中可见有效硬化层深度为 0.68mm（符合要求：0.5 ～ 0.8mm）；心部硬度为 300HV（31.5HRC）（要求：34 ～ 40HRC）。齿面硬度约为 62HRC（符合要求：58 ～ 63HRC）。

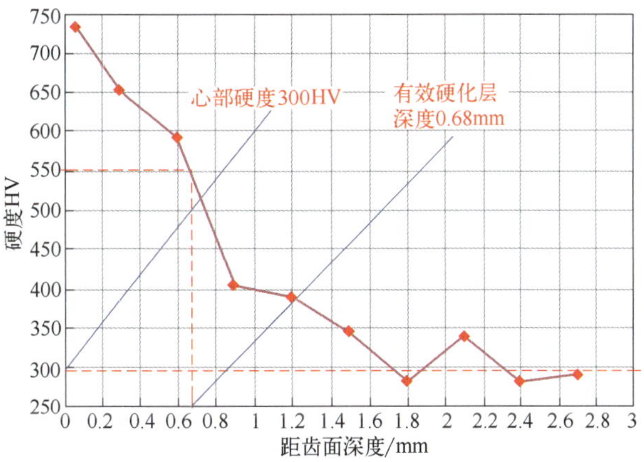


图 4-30-3　齿根显微硬度测量结果

## 2 大齿轮轮齿金相组织检测

检测部位见图 4-30-4 中的 a、c、d 区，b 区免检。要求检测的项目：表层碳化物、表层马氏体和残余奥氏体、心部组织、非金属夹杂物、带状组织、晶粒度。检测结果见表 4-30-1，从表中的检测结果可见：各项金相组织均良好，只有 c 区未经过磨削齿槽表面存在非马氏体组织和开口裂纹，深度为 18.929μm，见图 4-30-5。这一缺陷很可能是大齿轮轮齿断裂的原因之一。

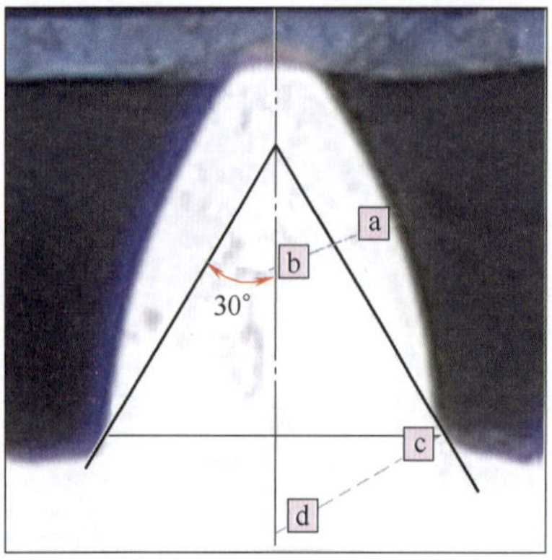


图 4-30-4　金相组织检测部位

图 4-30-5　表面裂纹（深度 18.929μm）

表 4-30-1　大齿轮金相组织检测结果

| 样品编号 | 测试位置 | 测试项目 | 测定结果 |
|---|---|---|---|
| 230612021-01# | a | 表层碳化物 | 未见 |
| | | 表层马氏体 | 针状马氏体 |
| | | 残余奥氏体 | 1.6%，1.8%，1.9% |
| | | 非金属夹杂物 | D 类：细系 0.5 级 |
| | | 晶粒度 | 11.0 级 |
| | c | 表层碳化物 | 未见 |
| | | 表层马氏体 | 针状马氏体 |
| | | 残余奥氏体 | 2.8%，3.0%，3.3% |
| | | 非金属夹杂物 | D 类：细系 0.5 级 |
| | | 晶粒度 | 11.0 级 |
| | | 非马氏体组织及深度 | 表面有开口裂纹，深度约 18.929μm，图 4-30-5 |
| | d | 残余奥氏体 | 0.8%，0.9%，0.8% |
| | | 心部组织 | 马氏体 + 贝氏体 |
| | | 非金属夹杂物 | D 类：细系 1 级，C 类：细系 1 级，有疏松 |
| | | 带状组织 | 2 级 |
| | | 晶粒度 | 12.0 级 |

# 3 小齿轮轮齿金相组织检验

检测部位见图 4-30-4 中的 a、c、d 区，b 区免检。要求检测的项目同上述大齿轮。检测结果见表 4-30-2，从表中的检测结果可见：各项金相组织均良好，只有 c 区未经过磨削齿槽表面存在非马氏体组织和开口裂纹（图 4-30-6），深度为 21.517μm。这一缺陷是轮齿断裂的致命损伤。

表 4-30-2 小齿轮金相组织检测结果

| 样品编号 | 测试位置 | 测试项目 | 测定结果 |
|---|---|---|---|
| 230612021-06# | a | 表层碳化物 | 未见 |
| | | 表层马氏体 | 针状马氏体 |
| | | 残余奥氏体 | 3.3%，4.2%，4.8% |
| | | 非金属夹杂物 | D 类：细系 0.5 级 |
| | | 晶粒度 | 9.0 级 |
| | c | 表层碳化物 | 未见 |
| | | 表层马氏体 | 针状马氏体 |
| | | 残余奥氏体 | 2.2%，2.2%，2.4% |
| | | 非金属夹杂物 | D 类：细系 0.5 级 |
| | | 晶粒度 | 9.5 级 |
| | | 非马氏体组织及深度 | 表面有开口裂纹，深度约 21.517μm，图 4-30-6 |
| | d | 残余奥氏体 | 0.8%，0.9%，0.8% |
| | | 心部组织 | 马氏体 + 贝氏体 |
| | | 非金属夹杂物 | D 类：细系 0.5 级 |
| | | 带状组织 | 2 级 |
| | | 晶粒度 | 9.0 级 |

图 4-30-6 表面裂纹（深度 21.517μm）

小结：从上述大小齿轮的内部品质检验可知：齿轮的表层碳化物、表层马氏体和残余奥氏体、心部组织、非金属夹杂物、带状组织、晶粒度，检测结果均良好；只有 c 区未经过磨削齿槽表面存在非马氏体组织和开口裂纹。这一缺陷是造成轮齿断裂的致命损伤，是轮齿断裂的原因之一。其次，残余奥氏体均小于 5%，太低了，轮齿易发生脆性断裂，并且因缺乏奥氏体的缓冲作用，淬火拉应力更显著，会降低疲劳强度。

# 4 材料化学成分检测和力学性能试验

## 4.1 材料化学成分检测

8620H 钢的化学成分测定结果见表 4-30-3。从表中的数据可见：大小齿轮材料的化学元素均符合标准规定值的要求。

表 4-30-3 8620H 的化学成分测定表（质量分数） %

| 化学元素 | C | Si | Mn | Cr | Mo | Ni | P | S |
|---|---|---|---|---|---|---|---|---|
| 标准规定值 | 0.18 ～ 0.23 | 0.15 ～ 0.35 | 0.7 ～ 0.9 | 0.4 ～ 0.6 | 0.15 ～ 0.25 | 0.4 ～ 0.7 | ≤ 0.035 | ≤ 0.04 |
| 小齿轮实测值 | 0.209 | 0.227 | 0.814 | 0.561 | 0.176 | 0.439 | 0.011 | 0.021 |
| | 0.211 | 0.227 | 0.817 | 0.561 | 0.180 | 0.439 | 0.011 | 0.02 |
| 大齿轮实测值 | 0.197 | 0.244 | 0.81 | 0.526 | 0.161 | 0.463 | 0.019 | 0.02 |
| | 0.194 | 0.241 | 0.81 | 0.526 | 0.165 | 0.459 | 0.019 | 0.02 |

## 4.2 材料力学性能试验

8620H 钢的力学性能试验结果见表 4-30-4。从表中的数据可见：大小齿轮材料的力学性能除了冲击吸收功外，均符合标准规定值的要求。值得注意的是：大小齿轮的冲击吸收功差别很大，也就是说在实际的运行中大齿轮受冲击断裂的可能性很大。

表 4-30-4 8620H 钢大小齿轮的力学性能

| 力学性能项目 | 抗拉强度 $R_m$/MPa | 屈服强度 $R_{p0.2}$/MPa | 断后伸长率 $Z$/% | 断面收缩率 $A$/% | 冲击吸收功 $A_{KV}$/J | 冲击吸收功 $A_{KU}$/J |
|---|---|---|---|---|---|---|
| 标准规定值 | ≥ 980 | ≥ 785 | ≥ 9 | ≥ 40 | ≥ 47 | ≥ 59 |
| 小齿轮实测值 | 1472 | 1110 | 12 | 57 | 87.23 | 143.11 |
| 大齿轮实测值 | 1316 | 962 | 13.5 | 58 | 29.02 | 56.27 |

## 4.3 大齿轮低温冷脆引起轮齿断裂的可能性

（1）材料的冷脆现象

材料的 $A_K$ 值随温度的降低而减小，且在某一温度范围内，$A_K$ 值发生急剧降低，这种现象称为冷脆，此温度范围称为“韧脆转变温度”。某公司两次断齿发生的时间都在严寒的冬季：第 1 次（本例）发生在 2023 年 1 月，第 2 次发生在 2023 年 2 月。因此，不能排除大齿轮低温冷脆引起轮齿断裂的可能性，因为大齿轮本身的 $A_K$ 就很低。

（2）大小齿轮冲击吸收功差别大的原因

大小齿轮的冲击吸收功差别大可能是低温回火脆性引起的。钢的回火脆性是指在某一温度范围内回火时，出现材料韧度随温度的升高而存在低谷或降低的现象。图 4-30-7 为结构钢的回火脆性示意图。在普通的 Ni 钢和 Cr 钢中，回火脆性十分明显。钢在回火过程中，可能发生两种类型的回火脆性（图 4-30-7）：一种是低温（200～ 400℃）的回火脆性；另一种是高温（450～ 550℃）的回火脆性。

对于本例的齿轮来说，很可能发生的是低温回火脆性，回火时间越长越明显。如果大齿轮在 200℃左右回火时，回火时间过长，就会出现低温的回火脆性，造成大齿轮的冲击吸收功特低的现象。而小齿轮的低温回火控制较好，没有出现低温回火脆性，因此小齿轮的冲击吸收功有正常值。据此，是否可以认为大小齿轮材料的冲击吸收功差别大是低温脆性引起的，目前还找不到其他的诠释。

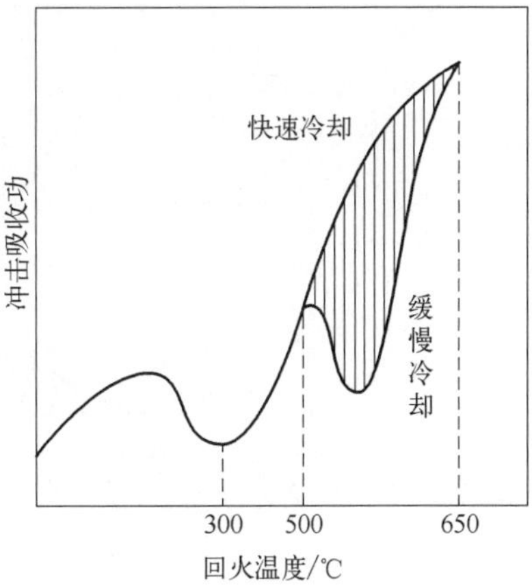

图 4-30-7　结构钢的回火脆性示意图

## 4.4　材料力学性能试验小结

① 从以上大小齿轮材料的力学性能、硬度和化学成分的测定，都没有看到有显著的差别；造成冲击吸收功 $A_K$ 数倍差别很可能是大小齿轮低温回火脆性不同引起的。

② 大齿轮断齿失效很可能与材料的冲击吸收功 $A_K$ 太小有关，这就是我们关心材料冲击吸收功 $A_K$ 试验结果的原因。

③ 某公司有两套齿轮装置低速级的大齿轮，轮齿断裂先后都发生在寒冷的冬季（2023 年 1 月和 2 月）。基本上可以肯定大齿轮轮齿断裂与齿轮的冷脆有关，何况大齿轮本身的冲击吸收功就很小。

日期：2024 年 4 月 9 日

# 【例 4-31】 轮齿断裂原因的分析和判断（6）

### 问题描述

本例是【例 4-30】的续篇。经过轮齿断裂的宏观、微观观察和分析、齿轮内在品质的检验和分析，已经可以对轮齿断裂的原因进行分析和判断。

### 答复内容

## 1　齿轮热处理变形与偏磨

一般正常的情况下，热处理后轮齿两齿面的硬化层深度是基本相同的，但是会有不同的热处理变形，例如圆度偏差、锥度偏差等。图 4-31-1 就是热处理变形出现圆度偏差（图中 $D > d$），轮齿磨削出现偏磨（欠磨和过磨）的结果。

如果齿轮热处理变形出现锥度偏差，轮齿磨削出现欠磨和过磨，见图 4-31-2。

测量大齿轮圆周等分 4 个位置的齿面有效硬化层深度，就可以知道齿轮是否有偏磨缺陷。测量结果见表 4-31-1。从表 4-31-1 中可见，No.2 样品左右齿面的有效硬化层深度差值达 0.208mm，占有效硬化层深度的 1/2 ～ 1/3，其他 3 个位置的差值都很小，可见大齿轮存在一定的偏磨缺陷。

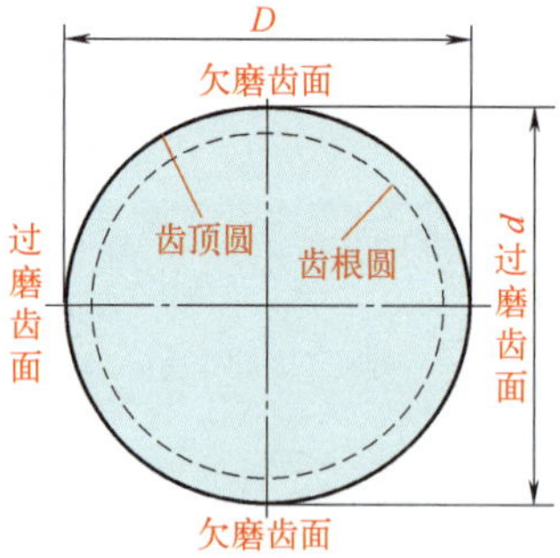


图 4-31-1　齿轮有圆度偏差轮齿出现欠磨和过磨的示意图

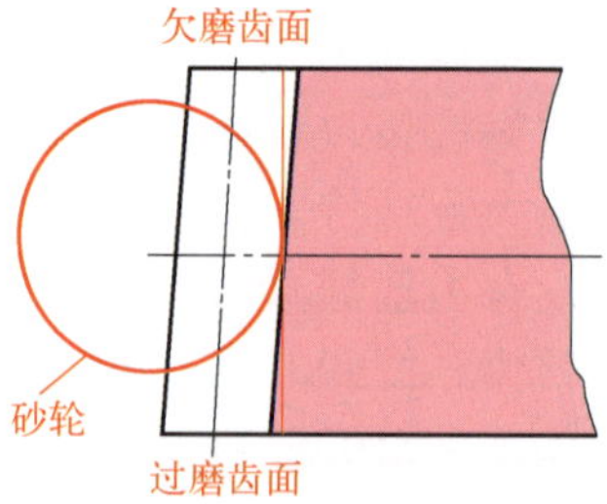


图 4-31-2　齿轮有锥度偏差轮齿出现欠磨和过磨的示意图

**表 4-31-1　4 个位置的齿面有效硬化层深度**

| 样品编号 | 齿面 | 有效硬化层深度 /mm | 深度差值 /mm |
|---|---|---|---|
| No.1 | 左 | 0.569 | 0.086 |
| | 右 | 0.655 | |
| No.2 | 左 | 0.456 | 0.208 |
| | 右 | 0.664 | |
| No.3 | 左 | 0.474 | 0.048 |
| | 右 | 0.522 | |
| No.4 | 左 | 0.550 | 0.099 |
| | 右 | 0.541 | |

# 2　热处理产生非马氏体组织

## 2.1　齿轮热处理出现非马氏体组织

齿轮在淬火后零件表面理想的组织应该为细针状高碳马氏体，但因为许多不可控的因素，在齿轮表面形成了贝氏体、屈氏体（珠光体类）等一些非马氏体的混合组织，该组织会降低渗层表面硬度、耐磨性和疲劳性能。

本例小齿轮齿槽底部经过强力喷丸的非马氏体组织平均深度为 27.17μm。本例大齿轮齿槽底部经过强力喷丸的非马氏体组织平均深度为 15.85μm。非马氏体组织平均深度太大了。

## 2.2　非马氏体组织对齿轮强度的影响 [1]

非马氏体组织降低了表面层的相变残余压应力，对轮齿的弯曲强度非常不利。试验研究数据表明：对 20CrMnTi 钢，在 2675MPa 接触应力条件下，表面层约 0.03mm 深的非马氏体组织，使疲劳寿命下降 20% 左右；表面层 0.1mm 左右的非马氏体组织使疲劳寿命下降 63%。另一组研究数据：非马氏体组织层深度大于 0.013mm 时，齿轮的弯曲疲劳寿命降低 20% ～ 25%。层深度达到 0.03mm 时，齿轮的弯曲疲劳寿命降低 45%。以上事实表明，齿面出现非马氏体组织对轮齿弯曲疲劳强度极为有害。

在 GB/T 3480.5—2021《直齿轮和斜齿轮承载能力计算　第 5 部分：材料的强度和质量》中规定：对于 MQ、ME 质量等级齿轮的非马氏体组织（IGO）的深度见表 4-31-2。

表 4-31-2　非马氏体组织（IGO）的深度

| 渗层深度 $e$/mm | 表面非马氏体组织深度（IGO）/μm | |
|---|---|---|
| | MQ | ME |
| $e < 0.75$ | 17 | 12 |
| $0.75 < e < 1.50$ | 25 | 20 |
| $1.50 < e < 2.25$ | 35 | 20 |
| $2.25 < e < 3.00$ | 45 | 25 |
| $3.00 < e < 5.00$ | 50 | 30 |
| $e > 5.00$ | 60 | 35 |

注：如果超标，可与用户协商，采用控制喷丸进行补救。

表 4-31-2 推荐的 IGO 值，适用于一般工业齿轮传动装置；对于汽车齿轮传动装置的 IGO 值，要比表 4-31-2 的小得多，例如：德国大众：当齿面硬度 60HRC 以上时，IGO ≤ 10μm；德国奔驰、宝马：当齿面硬度 61HRC 以上时，IGO ≤ 3μm。这些数据说明，本例齿轮的 IGO 大有改进的余地。

# 3　喷丸处理存在问题

## 3.1　喷丸是提高齿轮使用寿命的重要途径

齿轮表面的喷丸强化，主要是借助高速运动的弹丸冲击零件的表面，使其发生弹性、塑性变形，从而产生残余压应力、加工硬化和组织细化等有利的变化，以提高齿轮的强度，特别是齿轮的弯曲疲劳强度，是提高齿轮使用寿命的重要途径。

喷丸强化形成的残余压应力可抵消部分外加载荷产生的拉应力。其残余压应力可相当于材料抗拉强度极限的 55% ～ 60%，而工件表面正是容易萌生裂纹的地方。对于渗碳淬火齿轮，所形成的压应力可达 1177 ～ 1725MPa，可改善轮齿的疲劳性能。

## 3.2　喷丸强化工艺参数

喷丸强化工艺参数包括弹丸材料、弹丸直径、弹丸速度、弹丸流量、喷射角度、喷射距离、喷丸时间和覆盖率等，其中任何一个参数的变化都会不同程度影响喷丸强度，即影响强化效果。在实用上：用喷丸强度和表面覆盖率这两项指标来控制喷丸工艺；用喷丸表面的残余压应力和疲劳试验来检测表面强化效果。

本例的大小齿轮在磨齿之前都经过喷丸处理，在齿轮工作图上规定：磨前齿根喷丸，弧高 0.350.50（A）；覆盖率 2×98%min。

本例大小齿轮的喷丸工艺参数如下：

HT-HRC58-63-G2.-0.6mm 强化研磨钢丸，钢丸速度 120m/s，喷射距离 200mm，垂直于齿根喷射，沿齿宽往复 4 次约 5min。喷丸设定压力 0.36MPa，设定流量 10kg/min，工件转台转速 7r/min。

喷丸后的轮齿的残余应力委托某大学测定。测定方法：沿齿轮外圆相隔 120°选择 A、B、C 三个检测部位，利用 X 射线应力分析仪检测齿根和齿面不同深度的残余应力。测定结果见表 4-31-3，表中负值应力是残余压应力。

表 4-31-3　齿根和齿面残余应力测定结果

| 层深 /μm | 残余应力 /MPa | | | | | |
|---|---|---|---|---|---|---|
| | 部位 A | | 部位 B | | 部位 C | |
| | 齿根 | 齿面 | 齿根 | 齿面 | 齿根 | 齿面 |
| 10 | -676 | -929 | -630 | -953 | -658 | -965 |
| 30 | -924 | -1026 | -902 | -1070 | -947 | -1048 |

从表 4-31-3 中的数据可见，A、B、C 三个检测部位的齿根残余压应力均小于齿面的残余压应力，这是不正常的现象。

## 3.3　喷丸工艺存在的问题

上述喷丸工艺存在一些不明确的问题：

① 大批量齿轮喷丸前，都要做喷丸强度和覆盖率的试验，但是目前没有看到喷丸强度和覆盖率试验的记录和数据，这就影响喷丸效果好坏的判断。

② 喷丸工艺中提到："垂直于齿根喷射；沿齿宽往复 4 次约 5min。"下面讨论这两个问题：

a. 垂直于齿根喷射，见图 4-31-3（a）。从图中可见，钢丸冲击齿槽圆角底部 A 时，齿槽底面受到的冲击力最大；而钢丸冲击齿面 B 时，由于齿面与钢丸运动速度成一倾斜角，因此齿面受到的冲击力显然要比 A 处的小。图 4-31-3（b）画出了钢球垂直冲击力 $W$ 和垂直齿面的冲击力 $N$，可见 $N$ 要比 $W$ 小很多。因此，按常理来说，B 部的残余应力要比 A 部的小，但是表 4-31-3 的数据正好相反——三个检测部位的齿根残余压应力均小于齿面的残余压应力，这是不正常的现象。根据这一反常现象可以推测，齿槽的表面可能受到喷丸过度冲击（过冲）的伤害，表面极为粗糙，有碎裂现象（在轮齿断裂体视镜观察中的论述），因此释放了一部分残余压应力，从而造成上述不正常的现象。

齿槽表面受到喷丸过度冲击的伤害，表面极为粗糙，有宏观碎裂现象，减少了残余压应力，对齿轮的弯曲强度非常有害，这可能是轮齿断裂的原因之一。

此外，在图 4-31-3（b）中，齿面在切向力 $T$ 的冲击下，会拉伸齿面的金属，使齿面产生残余拉应力，促进齿面萌生微裂纹，对轮齿的弯曲疲劳强度不利。

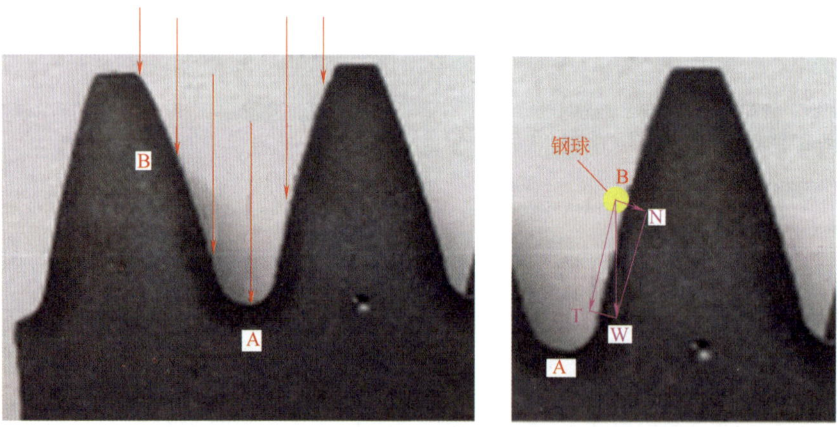


(a)　　(b)

图 4-31-3　钢丸垂直于齿根喷射示意图

这种喷丸冲击角度对凹痕的影响，在参考文献［2］中做了具体的描述：凹痕体积与屈服区成正比。图4-31-4显示了被不同角度撞击的屈服区。屈服区是对称的，并随着冲击角的增大而减小。也就是说，随着冲击角的增大而喷丸的效果（残余压缩应力）将减小。此试验结果表明以上论述的合理性。

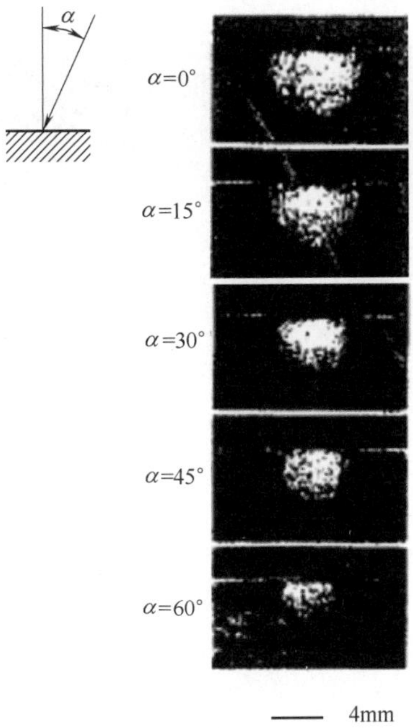


D：17.46mm，v=15.9m/s，0.2%C steel

图4-31-4 不同角度撞击的屈服区

b. 沿齿宽往复4次，这可能是指覆盖率，但不明确。这个喷丸过程，如何知道能够达到图纸规定的覆盖率（覆盖率2×98%min）要求？是根据经验还是做过试验测定的？

# 4 轮齿的特殊修形

所谓轮齿修形技术，就是根据一定的目标，有意识地微量修整齿轮的齿面，使其偏离理论齿面的工艺措施。轮齿的修形包括两个方面：渐开线齿形修形——齿廓修形；螺旋线修形——齿向修形。以下讨论本例轮齿修形内容时，均删去图形中的修形量。

## 4.1 大齿轮轮齿的修形

① 齿廓修形（图4-31-5）。
② 螺旋线（齿向）修形（图4-31-6）。

## 4.2 小齿轮轮齿的修形

① 齿廓修形（图4-31-7）。
② 螺旋线（齿向）修形（图4-31-8）。

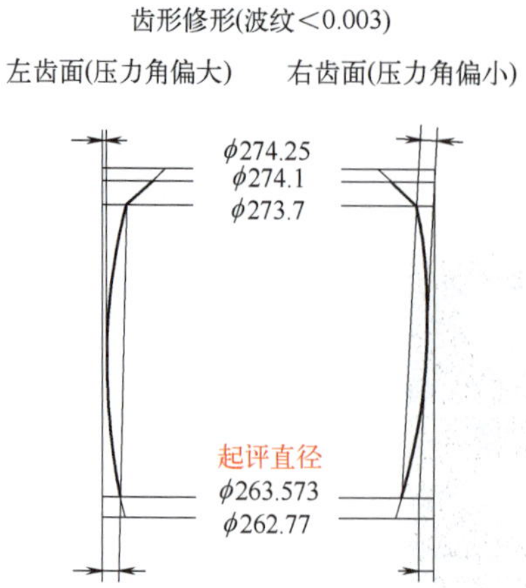


图 4-31-5　大齿轮的齿廓修形

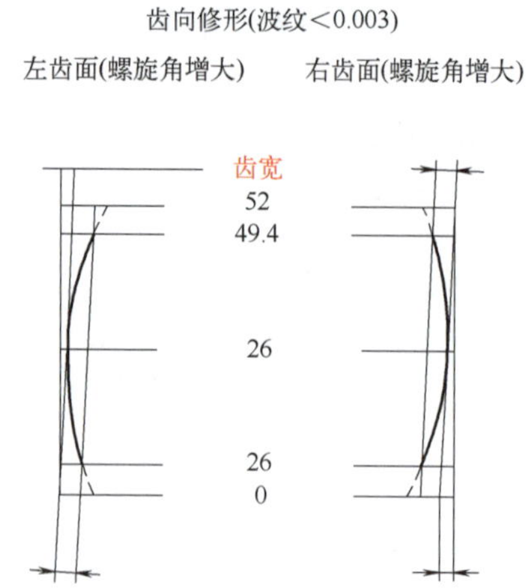


图 4-31-6　大齿轮的螺旋线修形

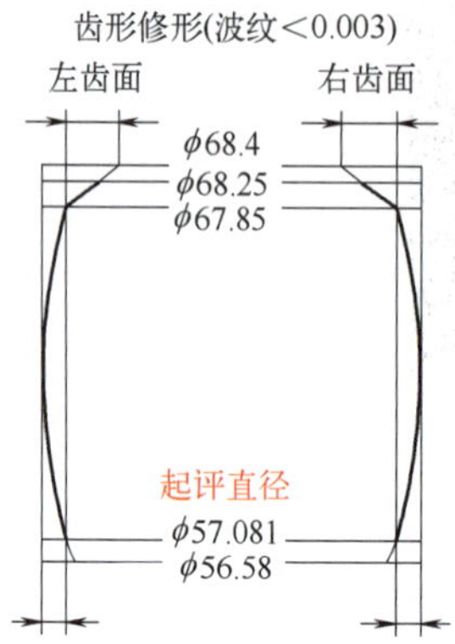


图 4-31-7　小齿轮的齿廓修形

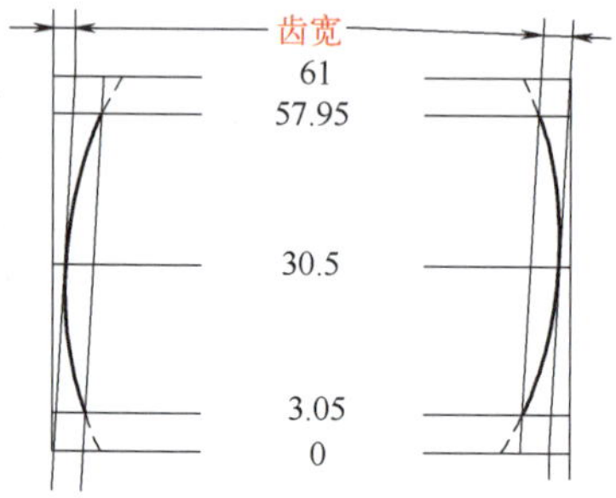


图 4-31-8　小齿轮的螺旋线修形

## 4.3　轮齿修形的特点

① 大小齿轮的齿廓都采用全圆弧齿廓修形。这种修形方式极为少见，因为它突破了常规修形规定：为了保持齿轮啮合的连续性，在齿廓修形中要保持一个基圆齿距（基节 $p_b$）不修形，即齿顶、齿根修缘部分的长度 $g_{aR}$ 为

$$g_{aR}=(\varepsilon p_b-p_b)/2=p_b(\varepsilon-1)/2$$

式中　$\varepsilon$—— 端面重合度。

大小齿轮采用全圆弧的齿廓修形，就不满足齿轮啮合连续性的条件，要采用特殊的设计措施，才可能满足啮合连续性条件。

② 齿轮螺旋线修形通常是大小齿轮中一个修形就能满足要求。大小齿轮的齿向都采用全圆弧的螺旋线修形，这种修形也很少见。

③ 大小齿轮的齿廓、齿向都采用全圆弧的修形，理论上其结果是造成轮齿点接触啮合，端面重合度为零，齿轮传动依靠轴向重合度来保证啮合的连续性。

④ 本例低速级齿轮传动的轴向重合度：

$$\varepsilon_\beta=b\sin\beta/(\pi m_n)$$

已知：工作齿宽 $b$=52mm；螺旋角 $\beta$=32°；法面模数 $m_n$=2.455mm。代入上式得轴向重合度：$\varepsilon_\beta$=3.573。可见齿轮的轴向至少有 3 对轮齿接触承载，即使齿轮端面重合度为零，也能够保证啮合的连续性。

⑤ 齿轮点接触啮合时，不同载荷下的齿面接触区见图 4-31-9。图中 A 是无载时的点接触；B 是中载时的中接触区接触；C 是重载时的大接触区。图 4-31-9 接触区的形状是示意的，对其形状未做深入研究，下同。

⑥ 点接触的轮齿齿根的弯曲应力，与线接触的完全不同，图 4-31-10 表示接触区在节线移动时齿根的弯曲应力的变化，可见齿根弯曲应力是局部的，这是点接触轮齿弯曲应力的特点。有了这个特点才有可能使螺旋角 $\beta$=32° 的轮齿整齿断裂。

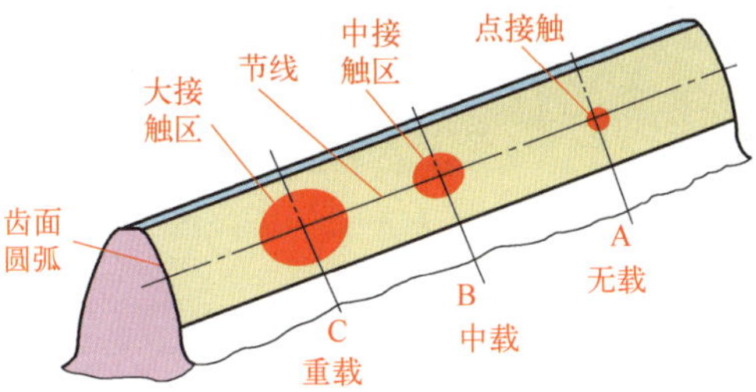


图 4-31-9　不同载荷下的齿面接触区

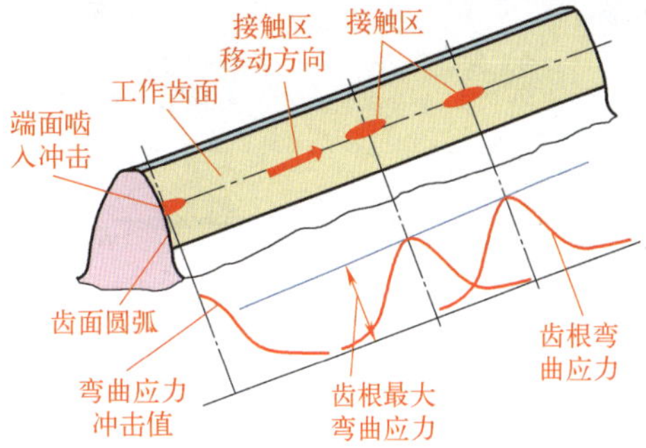


图 4-31-10　轮齿接触区在节线移动时齿根弯曲应力的变化

⑦ 斜齿轮的啮入冲击不像直齿轮那样发生在齿顶或齿根，而是发生在初始进入啮合的端面，称为齿端啮入冲击，此时齿根的弯曲应力出现冲击值，如图 4-31-10 所示。

⑧ 对于点接触的齿轮副，局部的接触区（图 4-31-10）轴向移动时，是不可能覆盖全工作齿面的，但是根据实际观察，是全齿面接触的，其原因可用图 4-31-11 来说明。

本例的低速级齿轮副，轴向重合度 $\varepsilon_\beta$=3.573。可见齿轮的轴向至少有 3 对（图中画出 3 个齿）轮齿接触承载，如图 4-31-11 所示。如果图中齿 2 接触区最大，齿 1 齿顶部的接触区就较小；而齿 3 齿根部的接触区也较小。当接触区移动时，3 个接触区就会扫过全齿面。这就是点接触齿轮，只要轴向重合度足够大，接触变形设计合理，就可以做到全面接触承载。

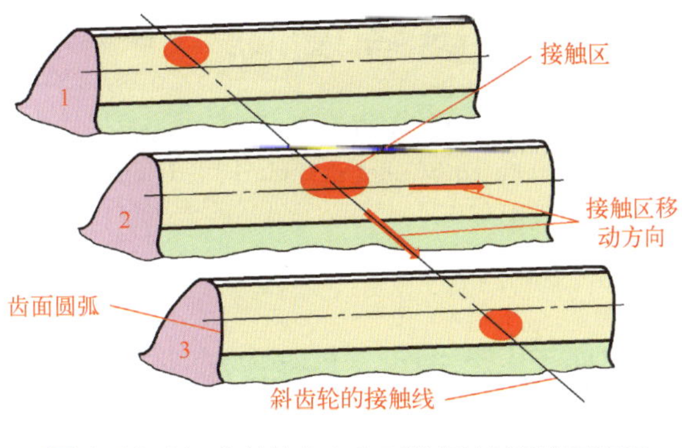


图 4-31-11　齿轮轴向有 3 对轮齿接触承载示意图

从图 4-31-11 所示的齿轮轴向轮齿接触承载示意图可以看出，齿面最大接触应力应该在齿高的中部，并沿图 4-31-11 接触区移动方向移动，这与普通的斜齿轮修形有很大的不同。图 4-31-12 是计算机仿真计算的结果，其应力云图与图 4-31-11 的分析非常一致。

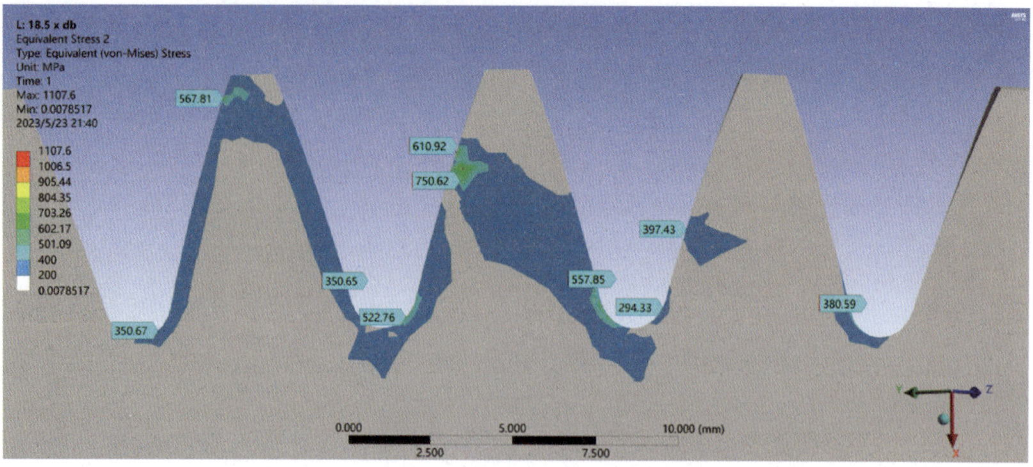


图 4-31-12　轮齿修形后的法向截面

这种特殊的齿面接触状态，造成轮齿断裂断口的特殊形貌，如图 4-31-13 所示。在轮齿断口的中间“中间疲劳扩展区”，这种断口形貌在一般的轮齿断裂断口中是见不到的。

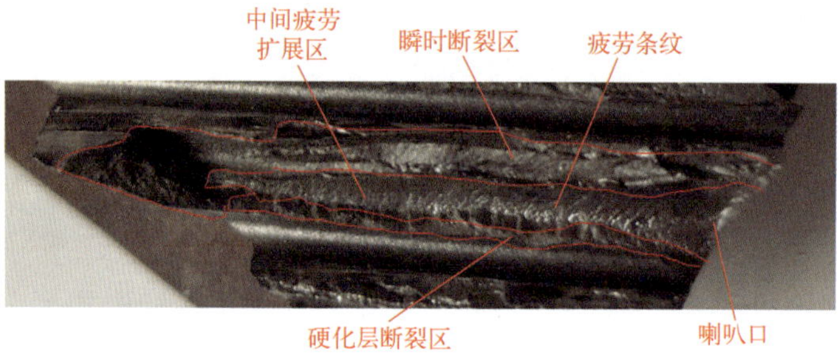


图 4-31-13　第 2 齿断口内的疲劳条纹

## 参考文献

［1］ 朱孝录 . 齿轮内在品质对齿轮强度和寿命的影响［J］. 机械传动 .2021，45（9）：112-118.

［2］ K.Iida.Dent and affected layer prodused by shot peening［J］.International newsletter for shot peening finishing industry.Volume 14，Issue 3.

日期：2024 年 4 月 10 日

# 【例 4-32】 轮齿断裂失效分析结论和预防措施（7）

## 问题描述

本例是【例 4-31】的续篇。经过上述全面的观察、检测和分析，最后查明了轮齿断裂的原因并提出相应的预防措施。

答复内容

# 1 轮齿断裂失效分析结论

① 委托方提供的断齿试样虽然包含了 5 个断齿，但是只有第 2 齿的断口是完整的，这就给断口宏观和微观的全面观察和分析带来一些困难。

② 本例分析讨论的是一种齿廓和齿向经过特殊修形的长齿齿轮传动，在圆柱齿轮传动中这种轮齿修形很少见。

③ 轮齿断裂断口内存在疲劳裂纹扩展区和疲劳裂纹扩展的疲劳条纹，表明轮齿是疲劳断裂。

④ 轮齿断裂断口内存在中间疲劳扩展区、硬化层疲劳扩展区和瞬时断裂区 3 大部分。

⑤ 在齿槽内存在大量喷丸弹痕，宏观观察表面有裂纹和碎裂形貌，微观观察表面有强烈延性变形、表面粗糙度差并粘着不同形状和大小的丸粒，对齿轮弯曲强度不利。

⑥ 小齿轮齿面接触情况良好，没有观察到齿面有偏载，点蚀、剥落和胶合等损伤。但是，有 9 个齿有轻重不一塑性变形和压痕，这是大齿轮轮齿断裂碎块进入啮合区造成的。

⑦ 小齿轮金相显微镜观察得知：在小齿轮齿槽未经磨削的表面，存在深度不一的非马氏体组织，IGO 平均值为 27.17μm，此值太大了，严重影响轮齿的弯曲疲劳强度。对于汽车齿轮，最好 IGO ≤ 10μm。

⑧ 在小齿轮齿槽底部两处存在裂纹，裂纹长度分别为 0.76mm 和 0.7mm，轮齿虽然没有最后断裂，但是致命的损伤，在实用上甚至可以认为已经断裂。

⑨ 小齿轮工作齿面有明显的磨削烧伤损伤，对轮齿的接触疲劳强度很不利，甚至可能发生轮齿齿腰的随机断裂。

⑩ 在大齿轮齿槽未经磨削的表面，存在深度不一的非马氏体组织（IGO），两个试样的 IGO 平均值为 17.37μm，此值比小齿轮的小，但仍然太大。对于汽车齿轮，最好 IGO ≤ 10μm。

⑪ 在大齿轮的齿槽内未发现有裂纹存在。

⑫ 在大齿轮经磨削的齿面，未发现有明显的磨削烧伤损伤。

⑬ 从非马氏体组织深度（IGO）、齿槽是否有裂纹、齿面是否有磨削烧伤这几方面比较，很明显，大齿轮的品质要比小齿轮好。

⑭ 大齿轮的断裂过程：在齿轮正反双向不规则循环载荷作用下，在轮齿靠近齿根的薄弱部位（未磨削的非马氏体组织齿面）产生疲劳裂纹（当材料有夹杂物时，初始裂纹也会在硬化层内侧产生），裂纹向心部扩展，使硬化层断裂，这是一方面。另一方面，轮齿存在端面冲击，因此靠近端面的齿根部位也产生了疲劳裂纹，裂纹沿轮齿中部向轮齿轴向扩展，形成轮齿中间疲劳扩展面。由于硬化层断口同中间疲劳扩展面两者不在同一平面上，因此硬化层裂纹同轮齿端面附近起始的裂纹会出现交集现象，这就形成疲劳条纹都集中在硬化层断口的内侧的原因。当裂纹不断扩展，轮齿不能承受规定的载荷时，轮齿瞬时断裂。

⑮ 本例大齿轮的失效模式，可以说是一种称为齿内疲劳断裂 TIFF（tooth interior fatigue fracture）的特例。

⑯ 大齿轮心部硬度的检测结果：在齿腰部位，心部硬度为 420HV（43.5HRC）（要求 34 ～ 40HRC），硬度偏高；在齿根部位，心部硬度为 300HV（31.5HRC）（要求 34 ～ 40HRC），硬度偏低。说明心部硬度比较离散，应该在材料选择、淬火工艺、淬火冷却

介质等方面采取改进措施。

⑰ 从大小齿轮的内部品质检验可知：齿轮的表层碳化物、表层马氏体、心部组织、非金属夹杂物、带状组织、晶粒度，检测结果均良好，只有未经过磨削齿槽表面存在非马氏体组织和开口裂纹。这一缺陷是造成轮齿断裂的致命损伤，是轮齿断裂的原因之一。此外，残余奥氏体均小于 5%，太低，轮齿易发生脆性断裂，淬火拉应力更显著，会降低疲劳强度。

⑱ 8620H 钢的化学成分测定结果可见：大小齿轮材料的化学元素含量均符合标准规定值的要求。

⑲ 8620H 钢的力学性能试验结果可见：大小齿轮材料的力学性能除了冲击吸收功外，均符合标准规定值的要求。

⑳ 大小齿轮材料冲击吸收功 $A_K$ 差别很大，很可能是大小齿轮低温回火脆性不同引起的。

㉑ 大齿轮断齿失效很可能与材料的冲击吸收功 $A_K$ 太小有关。

㉒ 有两套齿轮装置低速级的大齿轮，轮齿断裂先后都发生在寒冷的冬季（1 月和 2 月）。基本上可以肯定大齿轮轮齿断裂与齿轮的冷脆有关，何况大齿轮本身的冲击吸收功就很小。

## 2 预防轮齿断裂的改进措施

① 为了减小轮齿的热处理变形，应该选用热处理变形小（等级）的齿轮材料；并严格控制热处理工艺，减少热处理变形。

② 齿轮轮齿表面的非马氏体组织、内氧化都与热处理脱碳有关，要改进热处理工艺，控制非马氏体组织和内氧化的层深 IGO ≤ 10μm。

③ 本例的喷丸工艺不是最佳的，可能有过喷缺陷。过喷容易在齿面产生细微裂纹（疲劳源），使齿槽底部受到损伤，在使用中产生了宏观裂纹，导致轮齿断裂。因此应该通过试验确定最佳的喷丸工艺。

④ 本例的小齿轮齿面发现有磨削烧伤现象，虽然不严重但非常值得注意，因为齿面磨削烧伤会引起裂纹萌生，出现点蚀、剥落，甚至引起轮齿随机断裂。产生磨削烧伤的原因比较复杂，可以采取多种措施来预防磨削烧伤的产生。

⑤ 本例大齿轮心部硬度的检测结果：在齿腰部位，心部硬度为 43.5HRC（要求 34 ～ 40HRC），硬度偏高；在齿根部位，心部硬度为 31.5HRC(要求 34 ～ 40HRC)，硬度偏低。说明心部硬度比较离散，应该在材料选择、淬火工艺、淬火冷却介质等方面采取改进措施。

⑥ 本例大小齿轮的残余奥氏体均小于 5%，对齿轮的强度不利，应该调整热处理工艺参数，将残余奥氏体含量提升至 10% ～ 25%。

日期：2024 年 4 月 11 日

# 第5章 轴承

## 【例 5-1】 轴承保持架断裂原因初探

### 问题描述

某外企的一位工程师，发来 T-drive 装置（例如新能源汽车驱动装置）在试验运转中，出现滚动轴承保持架断裂故障的图片和有关背景资料，咨询保持架断裂的原因和预防措施。

### 答复内容

## 1 滚动轴承保持架断裂概况

T-drive 装置（例如新能源汽车驱动装置）传动轴系示意图见图 5-1-1。转子轴和齿轮轴用花键连接，因此图 5-1-1 是一个 3 支点的传动轴系，轴承 B、C 为径向固定轴承（球轴承）；轴承 A 为径向浮动轴承（脂润滑的全密封球轴承），其轴承内圈与轴为过盈配合，外圈与壳体为间隙配合。

轴承 A 处的峰值转矩为 3××N · m；连续运转转矩为 1××N · m。轴承 A 的最大转速为 1××××r/min。

T-drive 装置测试达标周期是 ×2××××km，在 ××6××× km 时发现轴承滚动体频率异常，在 ××7×××km 时保持架断裂。

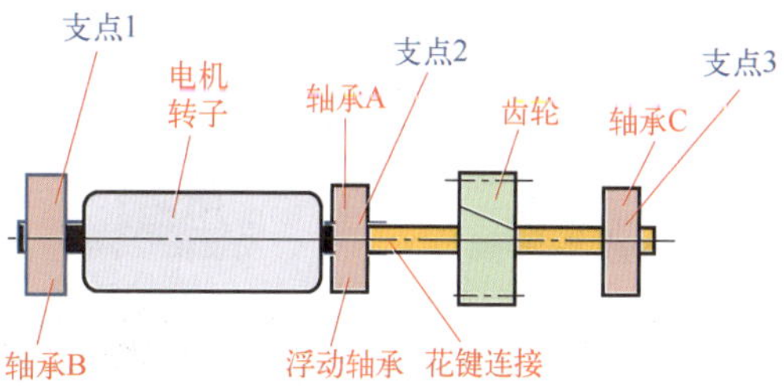


图 5-1-1 T-drive 装置传动轴系示意图

## 2 保持架断裂特征

失效的球轴承有 12 个钢球，保持架断裂成 11 段，如图 5-1-2 所示。各断裂段尺寸基本均匀，形貌相似，这是很重要的一个特点。

图 5-1-2　保持架断裂成 11 段

#1 和 #2 断裂块的形貌如图 5-1-3 所示；#7 和 #8 断裂块的形貌如图 5-1-4 所示，图中红线圈定的是材料熔化损伤部位；#11 断裂块的形貌如图 5-1-5 所示。所有图中的红色小箭头所指的是保持架兜孔磨损的痕迹，可能是在 ××6××× km 时轴承滚动体频率异常后到 ××7××× km 时保持架断裂这个过程中出现的。这些磨损在每个断裂块中都存在，但是程度不一致，整体上看这些磨损的痕迹更接近轴承内圈一侧。

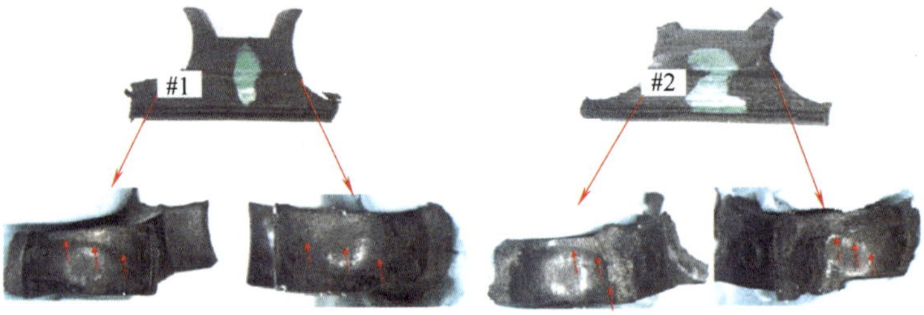


图 5-1-3　#1 和 #2 断裂块的形貌

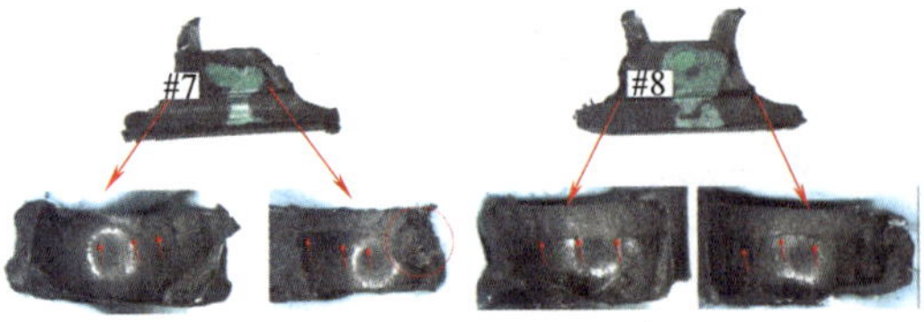


图 5-1-4　#7 和 #8 断裂块的形貌

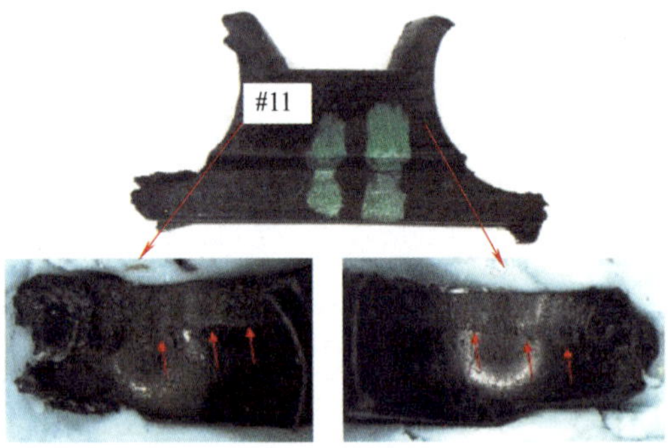


图 5-1-5　#11 断裂块的形貌

保持架断裂的断口如图 5-1-6（a）所示，由于行星架的材料是塑料，因此断口上看不到有价值的特点；保持架断裂受到高温熔化的损伤如图 5-1-6（b）所示，这一现象对失效分析非常重要。

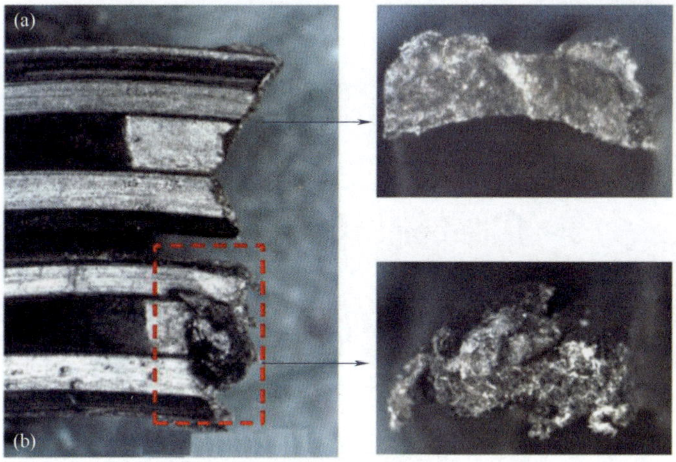


图 5-1-6　保持架的断口和熔化损伤形貌

## 3 轴承内外圈滚道上的损伤

轴承外圈滚道上，在失效里程内存在微点蚀、点蚀和硬颗粒压伤，其形貌如图 5-1-7 所示。

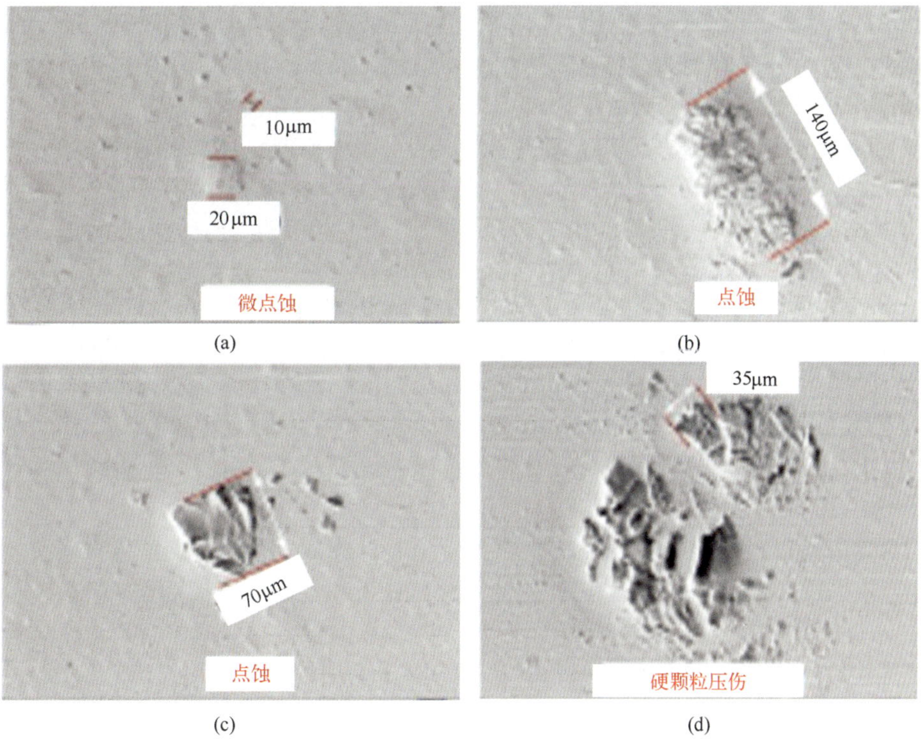


图 5-1-7　轴承外圈滚道上的微点蚀、点蚀和硬颗粒压伤

轴承内圈滚道和钢球上，也存在类似于图 5-1-7 的微点蚀、点蚀（图略），还有图 5-1-8 所示的凹坑损伤。

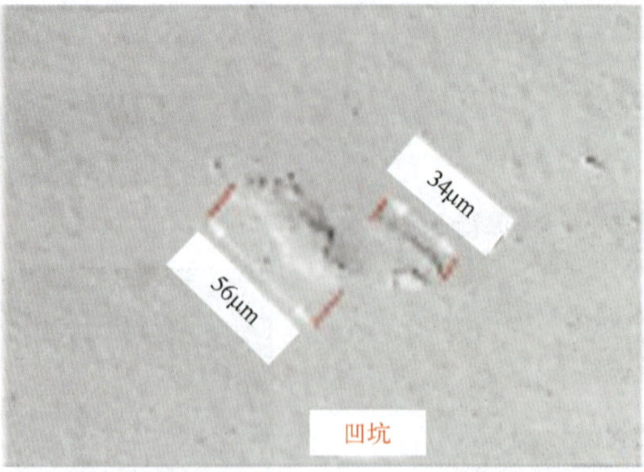


图 5-1-8　轴承外圈滚道上的凹坑损伤

轴承内外圈滚道上这些损伤产生的微小硬颗粒，劣化了润滑脂的性能，对保持架断裂有很大的负面影响（后述）。

## 4 保持架材料 PA46-GF30 的特点

保持架材料 PA46-G30 是一种添加了 30% 玻璃纤维（glass fiber）增强的聚酰胺 46（尼龙 46）塑料。它通过玻璃纤维增强后，在耐高温、机械强度和尺寸稳定性等方面表现突出。利用其耐磨性、高强度和抗疲劳性，常用于制造齿轮、轴承、传动部件等。本例轴承的保持架就是采用这种材料。具体的特点如下：

① 耐高温：其热变形温度很高，能在接近 300℃的环境下短时工作，长期使用温度也较高。热变形温度 265 ～ 291℃；熔点约 295℃。此特点对轴承保持架非常重要。

② 高刚性：高玻璃纤维含量赋予了它很高的刚性和尺寸稳定性。

③ 良好的电气性能：在高温下仍能保持良好的电气绝缘性，适用于电子电气领域。

④ 耐化学药品性：对油脂和多种化学物质有一定的抵抗能力。

⑤ 阻燃性：许多型号的 PA46-G30 具有良好的阻燃性能。

⑥ 吸水率：0.4% ～ 1.9%（24h）。

但是，PA46-G30 也有不足之处：PA46-G30 吸湿性强（一般塑料的通病），24h 的吸水率达 0.4% ～ 1.9%。吸收水分过多，极易导致零件表面缺陷和性能下降，也影响保持架兜孔的尺寸稳定性。

关于 PA46-G30 的线胀系数的试验数据差别很大，以流动（flow）方向的测试数据（较小）为例：$\alpha_t$=（1.8 ～ 7.4）×$10^{-5}$℃$^{-1}$。横向方向（cross-flow）的线胀系数通常会高于流动方向的值。在设计零件，特别是精密零件（例如高速轴承的保持架）时，必须考虑这种方向性带来的差异。

## 5 润滑脂 BQP 72-82 的特点与应用

本例轴承采用的润滑脂为 Klüeber BQP 72-82。Klüber BQP 72-82 是克鲁勃（Klüber

Lubrication）公司专门为小型滚动轴承研发的一款高性能合成润滑脂。它尤其擅长应对振动、压力及温度变化等苛刻工况，能有效防止轴承过早失效。其特点有：

① 抗振动与抗磨性：特殊的添加剂配方能有效预防因振动和材料疲劳导致的轴承提前失效，优化磨损保护。

② 防腐蚀性：提供优于平均水平的防腐蚀保护，避免轴承因腐蚀而损坏。

③ 高温性能与长寿命：设计用于高温（结合高速度和振动）工况，能延长轴承使用寿命。

④ 运行平稳与低噪声：特殊的制造工艺有助于滚动轴承运行平稳、流畅，并具备低噪声特性。

⑤ 工作温度：资料显示可在 -40 ～ 130℃甚至最高至 180℃的温度范围内可靠工作。

⑥ 应用领域：新能源汽车的驱动电机轴承（例如本例）、精密仪器设备、电动阀门制动器等。

基于以上的特点，本例的设备选用 Klüeber BQP 72-82 润滑脂是合适的。

球轴承适度装填润滑脂后，轴承是全密封的。轴承全密封的好处是可以防止外物入侵，但润滑脂内的磨损细微颗粒也无法清除，会劣化润滑脂，使轴承的工作温度升高，影响轴承的寿命。

# 6 保持架断裂原因分析

## 6.1 保持架断裂观察小结

① T-drive 装置整个测试周期是 ×2×××km，在 ××6××× km 时发现轴承滚动体频率异常，在 ××7×××km 时保持架断裂。

② 失效的球轴承有 12 个球，保持架断裂成 11 段，各断裂段尺寸基本均匀，形貌相似。

③ 由于行星架的材料是塑料，因此断口上看不到有价值的特点，但是能看到保持架断裂受到高温熔化的损伤。

④ 轴承内外圈滚道上存在微点蚀、点蚀、硬颗粒压伤和凹坑等损伤。

⑤ 保持架材料 PA46-G30 是一种增强的聚酰胺 46（尼龙 46）塑料，在耐高温、强度高和尺寸稳定性等方面表现突出。但是也有不足之处：吸湿性强，吸收水分过多极易导致零件表面缺陷和性能下降。

⑥ 本例轴承采用的润滑脂为 Klüeber BQP 72-82。这是专门为小型滚动轴承研发的一款高性能合成润滑脂。特别适用于新能源汽车的驱动电机轴承、精密仪器设备等。

## 6.2 保持架断裂过程

在以上保持架断裂观察得到的要点基础上，就可以判断保持架断裂的过程如下。

全密封的球轴承装在 T-drive 试验机上运转，由于轴承优良、润滑合理，因此运转平稳、噪声振动很小。随着运转的里程数不断增加，轴承的内外圈滚道先后开始出现微点蚀、点蚀和凹坑等损伤。这些损伤失落的微小硬颗粒保留在润滑脂中不能清除（轴承全封闭），就劣化了润滑脂的润滑性能，摩擦热增加，轴承的温度升高，直至试验的后期（例如××6×××km），轴承的温度可能达到300℃左右，保持架出现热变形、熔化和断裂损坏（因为保持架热变形温度265～291℃；熔点约295℃）。至此，保持架完全断裂，轴承停转，试验终止。

此外，工程用钢在20～300℃时的线胀系数$\alpha_t$=（17～18）×$10^{-6}$℃$^{-1}$，比PA46-G30的线胀系数$\alpha_t$=（1.8～7.4）×$10^{-5}$℃$^{-1}$小很多。因此，当轴承趋于高温度状态时，保持架兜孔直径的增量要比钢球直径的增量大，也就是加大了钢球与兜孔之间的间隙，钢球冲击保持架的冲击力增大，摩擦力增加。这也是保持架受力过大断裂的原因之一。

# 7 结论与预防措施

## 7.1 结论

① 保持架断裂的重要原因是轴承的温度过高，超过了保持架材料承受的能力。

② 保持架断裂成均匀的11块是温度过高保持架断裂有力的证明；如果保持架因外力损坏，其断裂模式是保持架局部断裂，最常见的是断成2块，绝不可能是11块均匀断裂。只有整个轴承温度过高，才能使保持架断裂成均匀的11块，并且断裂的形状、尺寸相似。

图5-1-9 保持架有限元分析的应力云图

③ 引起轴承温度过高的原因是内外圈滚道和钢球先后出现了微点蚀、点蚀和凹坑等损伤。损伤失落的微小硬颗粒保留在润滑脂中就劣化了润滑脂的润滑性能，使轴承温升过高，保持架断裂。

④ 由于轴承高温，保持架变形，钢球与保持架兜孔的间隙增大，摩擦力和撞击力加大，加速了保持架的断裂。图5-1-9是保持架受力有限元分析的应力云图，本例保持架的断裂点也正是有限元分析的薄弱区。

## 7.2 预防措施

① 如果在额定的里程内，轴承的内外圈和钢球不出现微点蚀、点蚀和凹坑等损伤，轴承就不会出现高温，保持架就不会断裂，轴承也就不会失效。因此，预防保持架断裂和轴承失效最有效的措施是保证轴承在额定的里程内不出现微点蚀、点蚀和凹坑等损伤，也就是要确保轴承的接触疲劳寿命。如果做不到这一点，就要考虑定期更换轴承了。

② 另外一个注意点是润滑脂的含水量问题，根据检测结果，含水量并不一致，差别较大。但是，有一点是肯定的，保持架的材料PA46-G30吸湿性强，吸收水分过多，极易导致零件表面缺陷和性能下降。因此控制润滑脂的含水量也是预防保持架断裂的措施之一。遗憾的是，在网上搜索不到Klüeber BQP 72-82润滑脂与水有关的信息，但是润滑剂含水量过高对润滑性能有很大的负面影响是肯定的，如图5-1-9所示。因此，润滑脂含水量过高，很可能对图5-1-7、图5-1-8轴承外圈内圈滚道上产生微点蚀、点蚀和凹痕等损伤有不利的影响。这个问题建议咨询Klüeber BQP 72-82润滑脂供应商。

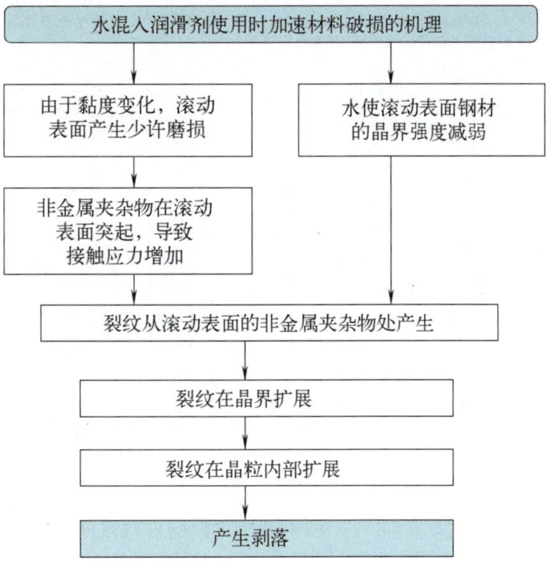


图 5-1-9　润滑剂含水量过高对润滑性能的负面影响

日期：2025 年 9 月 1 日

# 【例 5-2】 滚动轴承发热失效的可能原因

## 问题描述

南方某公司发来滚动轴承发热失效的资料和信息，咨询发热失效的原因。

## 答复内容

滚动轴承的失效分析比较复杂，仅凭发来的照片和少量信息做出正确的判断比较难。下面仅根据作者的经验提几点看法，供参考。

轴承发热引起变色、变形和金属熔融的主要原因有 4 点：

① 轴承内游隙过小；

② 润滑方法欠佳或润滑剂不合适；

③ 供油不足或油路堵塞；

④ 负荷过大或其他零件损伤的牵连。

因此，建议检查上述 4 个方面的具体情况。根据发来的照片和运转失效的过程以及作者的经验，如果润滑剂和油路都没有问题，轴承游隙过小可能是主要原因。作者就处理过多起轴承游隙过小而引起轴承温度过高的案例。轴承游隙的计算比较复杂，人们往往不太重视，因而造成轴承烧损的案例很多，特别是高速滚动轴承。今将作者失效分析 PPT 讲稿中有关轴承游隙计算方法整理成附录，供参考。

## 附录　轴承径向游隙的计算方法

（此计算方法见日后制订的 GB/T 33923—2017《行星齿轮传动设计方法》。）

轴承的径向工作游隙非常重要，它影响轴承的工作质量的好坏。下图表示径向工作游隙的确定过程。

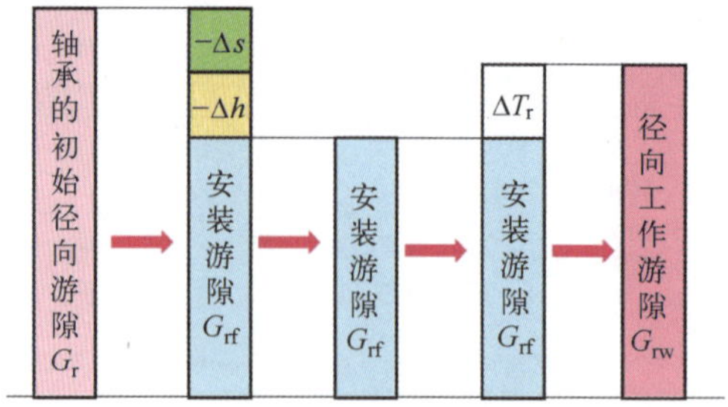


$-\Delta s$ ——轴承与轴配合造成的游隙减少量；

$-\Delta h$ ——轴承与箱体配合造成的游隙减少量；

$\Delta T_r$ ——齿轮箱运行时由于热膨胀引起的径向膨胀量。

可见：轴承径向工作游隙 $G_{rw}=G_r-\Delta S-\Delta h+\Delta T_r$

图 5-2-1　滚动轴承径向游隙计算过程

轴承径向工作游隙决定于轴承初始游隙、外圈与箱体的配合、内圈与轴的配合、轴承、箱体、轴的材料特性和温升。

设轴承与轴配合造成的游隙减少量为“$-\Delta s$”，

轴承箱体配合造成的游隙减少量为“$-\Delta h$”，

则轴承安装后径向游隙变化量$\Delta G_r$可按下式计算

$$\Delta G_r=-\Delta s-\Delta h$$

轴承安装后的径向游隙$G_{rf}$按下式计算

$$G_{rf}=G_r+\Delta G_r=G_r-\Delta s-\Delta h+\Delta T_r$$

$G_r$——轴承自有的内部初始径向游隙。

图 5-2-2　轴承安装后理论工作游隙计算

齿轮箱运行时热膨胀会引起径向膨胀量$\Delta T_r$，则轴承工作时的径向游隙变动量$\Delta G_{rw}$可按下式计算

$$\Delta G_{rw}=\Delta T_r-\Delta s-\Delta h$$

轴承的径向工作游隙为

$$G_{rw}=G_r+\Delta G_{rw}$$

$G_r$——轴承自有的内部初始径向游隙。

图 5-2-3　轴承安装后理论工作游隙计算

可按下式计算

$$\Delta s=\frac{2I_S(D_S/D_1)}{[1-(D_S/D_1)^2]\left[\left[\frac{1+(D_S/D_1)^2}{1-(D_S/D_1)^2}+\nu_b\right]+\left[\frac{E_b}{E_S}\left[\left[\frac{1+(D_2/D_S)^2}{1-(D_2/D_S)^2}\right]-\nu_s\right]\right]\right]}$$

式中 $I_s$——轴承与轴配合的过盈量，mm；

$D_1$——轴承内圈外径，mm；

$D_s$——轴承内圈公称直径，mm；

$D_2$——轴的内孔直径，mm；

$E_b$——轴承材料的弹性模量，MPa

$E_s$——轴材料的弹性模量，MPa

$\nu_b$——轴承材料的泊松比；

$\nu_s$——轴材料的泊松比。

（1）当轴承内圈与轴材料相同时可用下式计算：

$$\Delta s=I_s\left(\frac{D_s}{D_1}\right)\left[\frac{1-\left(\frac{D_2}{D_s}\right)^2}{1-\left(\frac{D_2}{D_1}\right)^2}\right]$$

（2）当采用实心轴时可用下式计算：

$$\Delta s=I_s\left(\frac{D_s}{D_1}\right)$$

图 5-2-4　轴承与轴配合造成的游隙减少量 $\Delta s$ 计算

可按下式计算

$$\Delta h=\frac{2I_h(d_o/D_h)}{[1-(d_o/D_h)^2]\left[\left[\frac{1+(d_o/D_h)^2}{1-(d_o/D_h)^2}-\nu_b\right]+\left[\frac{E_b}{E_h}\left[\left[\frac{1+(D_h/D_3)^2}{1-(D_h/D_3)^2}\right]+\nu_h\right]\right]\right]}\cdots$$

式中 $\Delta h$——轴承与箱体配合造成的游隙减小量，mm；

$I_h$——轴承与箱体配合的过盈量，mm；

$D_h$——轴承外圈外径，mm；

$d_o$——轴承外圈滚道直径，mm；（咨询轴承供应商）

$D_3$——箱体轴承座外径，mm；（有时要咨询轴承供应商）

$E_h$——箱体轴承座材料的弹性模量，MPa；

$\nu_h$——箱体轴承座材料的泊松比。

当轴承外圈和箱体材料相同时可用右式计算：

$$\Delta h=I_h\left(\frac{d_o}{D_h}\right)\left[\frac{1-\left(\frac{D_h}{D_3}\right)^2}{1-\left(\frac{d_o}{D_3}\right)^2}\right]$$

图 5-2-5　轴和箱体配合造成的游隙减少量 $\Delta h$ 计算

有3种温度影响轴承的工作游隙：①安装时的环境温度；②工作状态下的内圈温度；③工作状态下的外圈温度。

通常，轴承在室温下安装，但可能在比室温高$\Delta T$的温度下运转。由于温度增加，热膨胀会引起径向膨胀量$\Delta T_r$，其值可按下式计算：

$$\Delta T_r=\alpha_b[d_o(T_o-T_{amb})-D_1(T_i-T_{amb})-2D_{re}\left(\frac{T_i+T_o}{2}-T_{amb}\right)]$$

轴承安装和工作温度不同引起的游隙变化量

滚动体尺寸受热膨胀所引起的游隙减少量

式中 $\Delta T_r$——齿轮传动装置运行时，热膨胀引起的径向膨胀量，mm；

$\alpha_b$——线胀系数，1/℃；

$D_1$——内圈滚道直径，mm；（咨询轴承供应商）

$T_{amb}$——安装时的环境温度，℃，通常以室温20℃为参考依据；

$T_i$——工作状态下的内圈温度，℃；

$T_o$——工作状态下的外圈温度，℃；

$D_{re}$——滚动体直径，mm.（咨询轴承供应商）

$d_o$——轴承外圈滚道直径，mm.（咨询轴承供应商）

图 5-2-6　热膨胀引起径向膨胀量 $\Delta T_r$ 计算

本示例根据给定的配合和可能的温度变化计算轴承工作游隙。

已知数据：轴承安装在行星轮内。

行星轮轴承型号21314 (70mm×150mm ×51mm);

轴承初始径向游隙 $G_r$=0.065mm;

轴承配合:与轴配合的过盈量 $I_s$=0.03mm;与箱体配合的过盈量 $I_h$=0.03mm;

轴承内圈公称直径 $D_s$=70mm;

轴承内圈滚道直径 $D_1$=93.7mm（咨询轴承供应商）;

轴承外圈滚道直径 $d_o$=134.3mm（咨询轴承供应商）;

滚动体直径 $D_{re}$=20.8mm（咨询轴承供应商）;

行星轮根圆直径 $D_3$=220mm;

行星轮和行星轮销轴材料　钢，$E_s=E_b$=210000MPa，$\nu_s=\nu_b$=0.3;

行星轮销轴为实心轴$D_2$=0 mm;

钢的线胀系数 $\alpha_b$=0.000012 1/℃。

图 5-2-7　计算示例

轴承与轴配合造成的减小减少量

$$\Delta s = I_s\left(\frac{D_s}{D_1}\right)=0.030\times\left(\frac{70}{93.7}\right)=0.022\ \text{mm}$$

轴承与行星轮配合所造成的轴承外圈收缩量

$$\Delta h = I_h(d_o/D_h)\left[\frac{1-(D_h/D_3)^2}{1-(d_o/D_3)^2}\right]=0.030\times\left(\frac{134.3}{150}\right)\times\left[\frac{1-(150/220)^2}{1-(134.3/220)^2}\right]=0.023\ \text{mm}$$

轴承安装后的径向游隙变化量

$$\Delta G_r = -\Delta s - \Delta h = -0.022-0.023= -0.045\ \text{mm}$$

轴承安装后（内外圈温度差为0 ℃时）的径向游隙$G_{rf}$

$$G_{rf} = G_r + \Delta G_r = 0.065-0.045= 0.020\ \text{mm}$$

在运行中，当内外圈温度差为20 ℃时

$T_{amb}$ = 20℃，$T_i$ = 90℃，$T_o$ =70℃。

图 5-2-8　计算步骤

齿轮传动装置运行时热膨胀所引起的径向膨胀量

$$\Delta T_r = \alpha_b\left[d_o(T_o - T_{amb}) - D_1(T_i - T_{amb}) - 2D_{re}\left(\frac{T_i + T_o}{2} - T_{amb}\right)\right]$$
$$= 0.000012\times\left[134.3\times(70-20) - 93.7\times(90-20) - 2\times20.8\times\left(\frac{90+70}{2} - 20\right)\right]$$
$$= -0.028\ \text{mm}$$

轴承径向工作游隙变化量$\Delta G_{rw}$

$$\Delta G_{rw} = \Delta T_r - \Delta s - \Delta h = -0.028-0.022-0.023= -0.073\ \text{mm}$$

轴承的径向工作游隙$\Delta G_{rw}$

$$G_{rw} = G_r + \Delta G_{rw} = 0.065-0.073= -0.008\ \text{mm}$$

当内外圈温度差为10 ℃时　$T_{amb}$ =20 ℃，$T_i$=90 ℃，$T_o$= 80℃，同样可得:

由热引起的径向膨胀量　$\Delta T_r$ =-0.014 mm

轴承径向工作游隙变化量　$\Delta G_{rw}$ =-0.060 mm

轴承的径向工作游隙　$G_{rw}$ = 0.005 mm

以上计算方法适用于所有参数已知的计算。

图 5-2-9　计算步骤（续）

在实际应用中，由于通常只能知道轴承游隙组以及轴承内外配合的公差带，例如轴的公差m5、箱体内孔的公差J6；轴承径向游隙CN组(0.05～0.08mm)。这时应按公差带的极限偏差和平均值分别计算。计算结果见图5-2-11。轴承径向游隙变化和预紧状态（游隙值为负时表示有预紧）见图5-2-12。

由于m5和J6的配合，使轴承内部0.05～0.08mm的初始径向游隙，在安装后室温下减小为0.008～0.034mm。运行中的径向游隙因各部件温度升高进一步减小，当轴承内外圈温差为10℃时，游隙减小0.022～0.048mm；当轴承内外圈温差为20℃时，游隙减小0.036～0.062mm。可见该例的轴承在20℃温升下有可能会出现－0.012mm的径向预紧状态。

图 5-2-10　考虑配合公差带和内外圈温度差对轴承工作游隙的影响

| 状　　态 | | 安装前 | 安装后 | 轴承内外圈温度差10℃ | 轴承内外圈温度差20℃ |
|---|---|---|---|---|---|
| 轴的公差 | | — | m5 | m5 | m5 |
| 行星轮内孔的公差 | | — | J6 | J6 | J6 |
| 轴承初始径向游隙/mm | | — | 0.050～0.080 | 0.050～0.080 | 0.050～0.080 |
| 温　　度 | | 20℃ | 20℃ | 内圈 90℃<br>外圈 80℃ | 内圈 90℃<br>外圈 70℃ |
| 径向游隙减少量/mm | 最小值 | — | 0.008 | 0.022 | 0.036 |
| | 中间值 | — | 0.019 | 0.032 | 0.046 |
| | 最大值 | — | 0.034 | 0.048 | 0.062 |
| 总游隙/mm | 最小值 | 0.080 | 0.072 | 0.058 | －0.012 |
| | 中间值 | 0.065 | 0.046 | 0.033 | 0.019 |
| | 最大值 | 0.050 | 0.016 | 0.002 | 0.044 |

图 5-2-11　计算结果

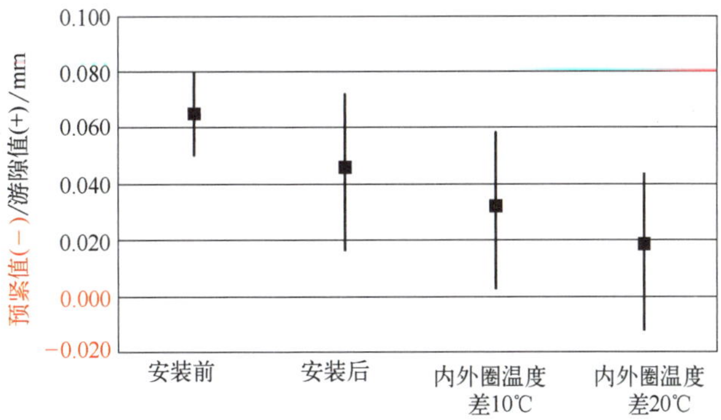


图 5-2-12　J6/m5 配合下轴承径向游隙可能变化值和实际工作游隙

日期：2016 年 11 月 20 日

# 【例 5-3】 激振器及其轴承问题

## 问题描述

北方某公司的朋友说：公司正在检修外单位委托的激振器，希望深入讨论一下有关激振器及其轴承等问题。

## 答复内容

## 1 激振器工作原理

振动筛是靠振动源——激振器使筛子产生一定振幅和频率而筛分物料的，见图 5-3-1。当电机通过联轴器驱动轴 $O$ 和偏心质量 $m$ 旋转时，偏心质量产生的离心惯性力（激振力）$p$ 为：

$$p=mY_c\omega_1^2$$

式中 $m$——偏心块或偏心轴的偏心质量；

$Y_c$——偏心质量的质心距轴心线的距离；

$\omega_1$——偏心质量的回转角速度，即筛子的振动频率。

激振力 $p$ 通过轴承外圈和轴承座传递给筛箱，从而对筛子的参振质量 $M$（筛箱、筛网、物料和激振器质量的总和）产生选煤工艺要求的振幅和频率。

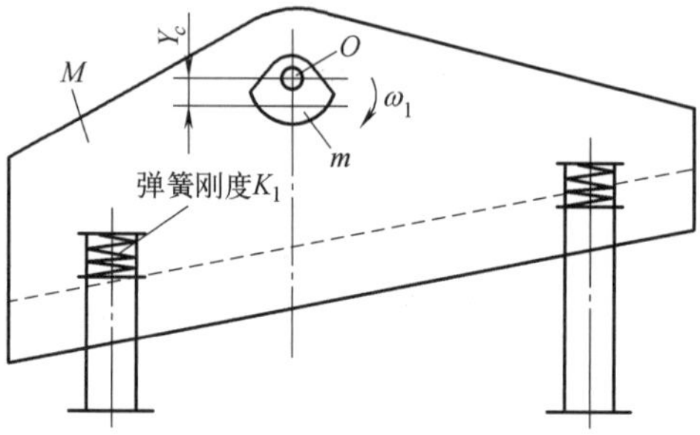


图 5-3-1 振动筛工作原理示意图

由振动筛的振幅 - 频率曲线（图 5-3-2）可知，振动筛激振力 $p$ 通过轴承外圈和轴承座传递给筛箱，从而对筛子的参振质量 $M$（筛箱、筛网、物料和激振器质量之总和）产生选煤工艺要求的振幅和频率。

由振动筛的振幅 - 频率曲线（图 5-3-2）可知，振动筛的工作频率 $\omega_1$ 必须远离共振频率 $\omega_0$（振动筛系统的固有振动频率）才能正常工作，一般为 $\omega_1/\omega_0$=3 ～ 5。

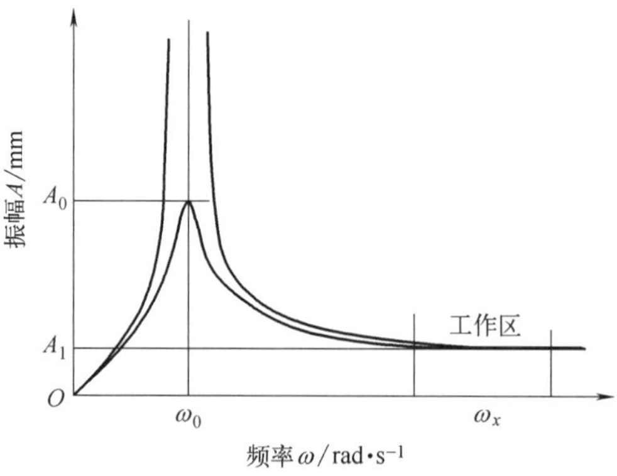


图 5-3-2 振动筛的振幅 - 频率曲线

# 2 委托检修的激振器

委托检修的箱式激振器的结构如图 5-3-3 所示。

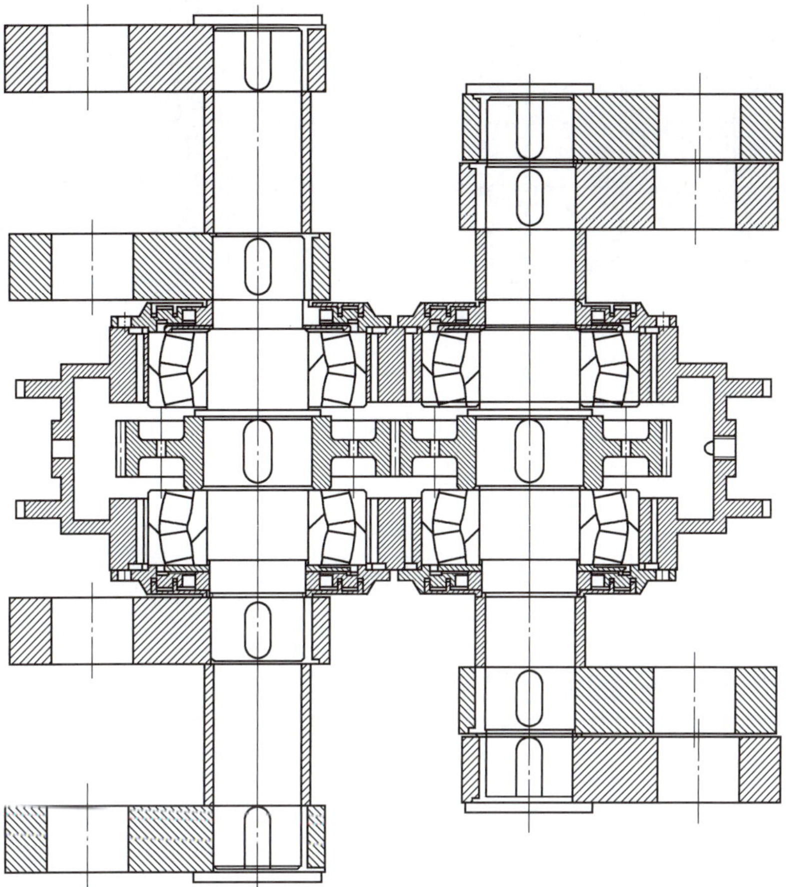

(a)

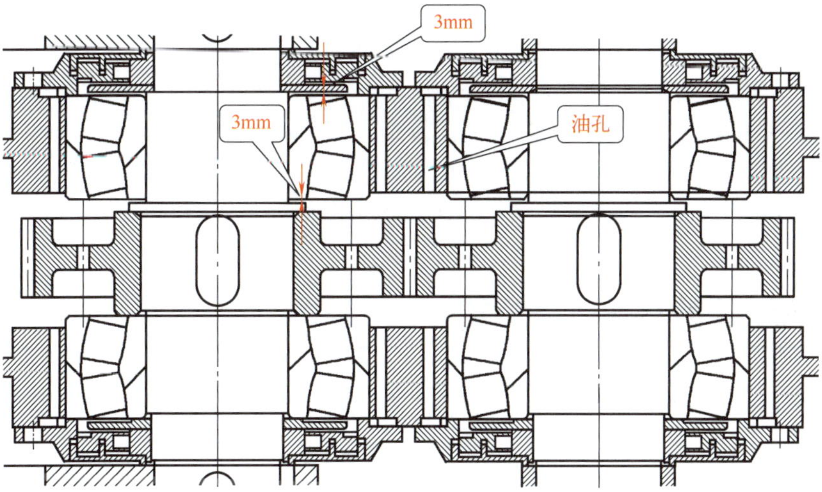


(b)

图 5-3-3

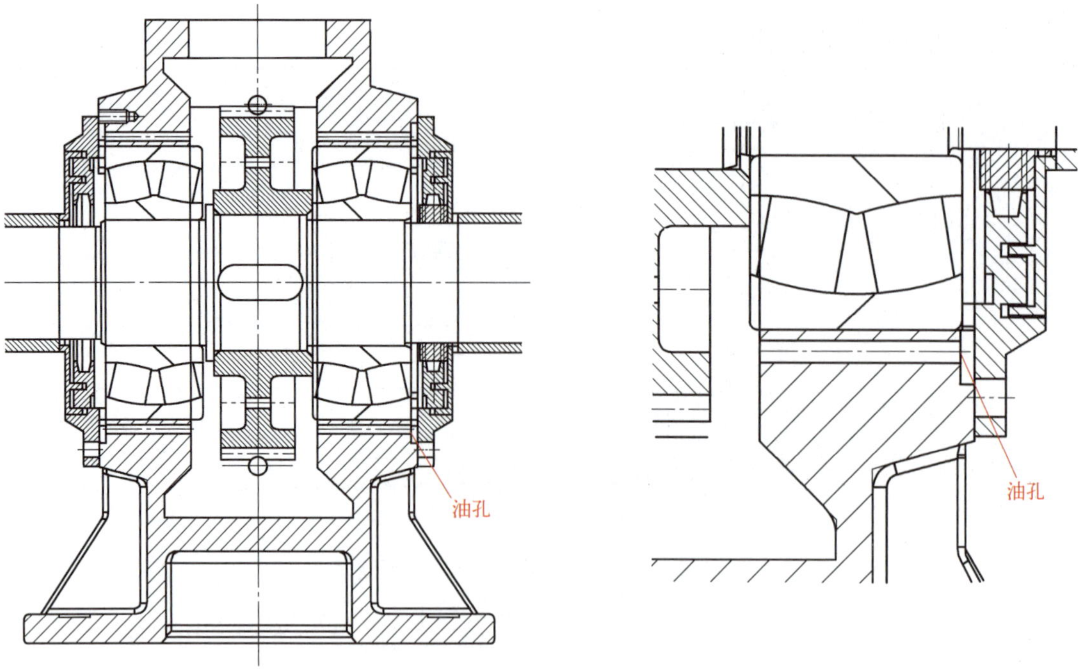


(c) (d)

图 5-3-3 检修的箱式激振器

## 3 振动筛激振器轴承的工作条件

① 外圈承受旋转载荷——与一般的机械不同，固定在机架上的外圈承受旋转载荷。

② 载荷重——要求轴承承载能力要高，通常采用调心滚子轴承或圆柱滚子轴承。

③ 热膨胀引起轴的轴向移动——由于载荷大、转速高，轴承发热很严重，密封装置也可能导致轴发热。

④ 转速较高——通常速度范围为 750 ～ 1500r/min。

⑤ 高加速度——由于振动筛的往复运动，轴承承受高加速度，一般达到 5$g$;

⑥ 轴承要求具有最佳的工作游隙——由于载荷大、转速高以及密封摩擦，轴承内发热严重。轴承必须能够在一段连续的时间内，轴颈、轴承座和轴承内外圈的配合产生最佳过盈量，以达到最终所需的工作游隙。

⑦ 要求寿命长——一般规定振动筛轴承工作寿命不小于 10000h。

## 4 轴承所需的最佳工作游隙

合适的径向游隙对轴承的寿命关系很大。如果轴承工作径向游隙太大，则轴承的负荷区将减小，轴承中滚动体的负荷将增大（图 5-3-4），从而降低轴承寿命。如果减小游隙，尤其是负游隙时，可能引起轴承发热严重，寿命下降更快。一般来说，工作游隙为零时，轴承工作情况最好，寿命最长。因此，一般选用 C3 或 C4 游隙，同时使轴颈、轴承座和轴承内外圈的配合产生最佳过盈量，以达到最终所需的工作游隙。

过去一般都根据经验确定轴承的工作游隙，虽然省事但往往得不到理想的结果。正确的方法是通过分析计算来确定轴承的径向工作游隙，如图 5-3-5 所示，详见国家标准 GB/T 33923—2017《行星齿轮传动设计方法》。

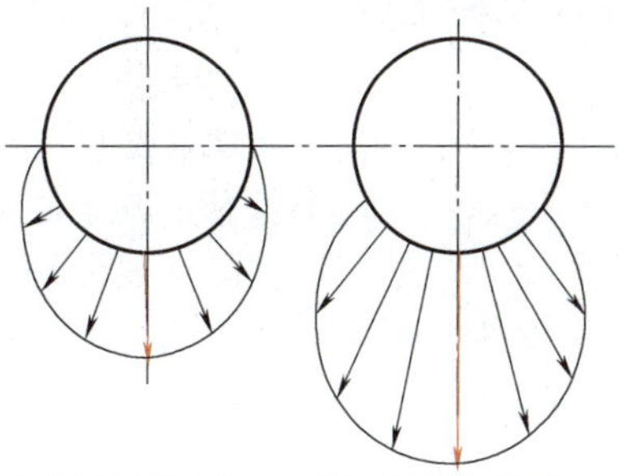

(a) 50%的滚动体承受载荷　(b) <50%的滚动体承受载荷

图 5-3-4　滚动体承受载荷

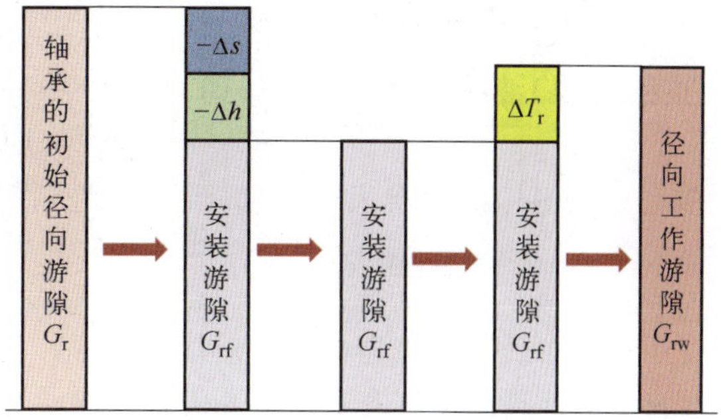


图 5-3-5　轴承径向工作游隙的确定

$-\Delta s$——轴承与轴的配合造成的游隙减少量；$-\Delta h$——轴承与箱体的配合造成的游隙减少量；$\Delta T_r$——齿轮箱运行时由于热膨胀引起的径向膨胀量。可见轴承的径向工作游隙 $G_{rw}=G_r-\Delta s-\Delta h+\Delta T_r$

滚动轴承的径向游隙对轴承的寿命、温升和噪声的大小等有很大影响。轴承的负载能力是随径向游隙的大小变化的，轴承样本中标定的额定动负荷和静负荷是径向游隙为零时的数值。轴承的径向游隙分为：2 组、0 组、3 组、4 组和 5 组。0 组径向游隙为正常组，2 组为小游隙组，3、4、5 组径向游隙逐组增大。

轴承径向游隙与下列因素有关：

① 轴承与轴、座孔为过渡配合时，内圈膨胀，外圈收缩，导致径向工作游隙减小；

② 在运转中因温升使轴承内、外圈及其相关零件受热膨胀导致径向游隙减小；

③工作时，通常球轴承在运转温度下径向游隙应接近零，而滚子轴承在正常工作温度下应有一定的径向游隙。

振动筛轴承，由于其工况特点，外圈与座孔的配合应较紧，宜采用有较大原始径向游隙的轴承。根据设计资料和我国经验，宜采用 3 组和 4 组有较大径向游隙的 G 级精度的轴承。

## 5　考虑轴承座内孔可能在使用中变椭圆

在有些情况下，轴承座内孔可能在使用中变椭圆，这就意味着任何更换的新轴承装上去，其工作条件都是十分恶劣的，寿命不可能长。因此，在更换轴承时，应注意检查轴承座孔的椭圆度。在发现轴承座内孔圆柱度不够时，应采取适当措施。

## 6　轴承的润滑和密封

轴承的密封及润滑对激振器的性能影响巨大，工作过程中轴承的损坏大部分是由于润滑不良或润滑油（脂）流失后轴承无油干转造成的，因此轴承的密封和润滑必须高度重视。

由于惯性振动设备用激振器转速较低，一般不超过 1500r/min，绝大部分在 730 ～ 1200r/

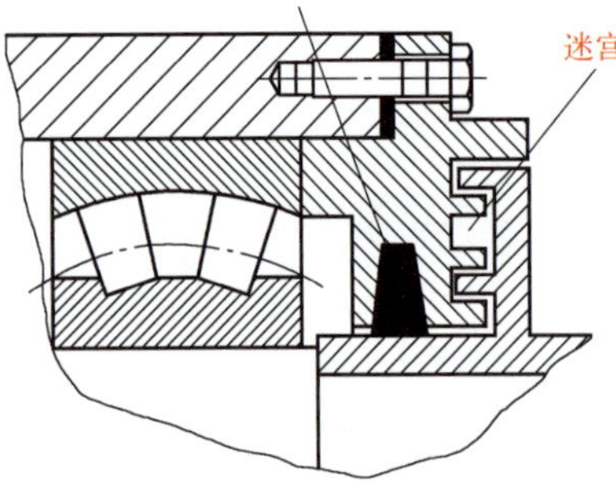

图 5-3-6　组合式密封结构

min 之间，因此一般情况下选用脂润滑即可满足轴承对极限转速的要求。如采用润滑脂进行润滑的箱式激振器已成功应用在 3000mm×9000mm 的超大重型振动筛上，使用效果良好。对于个别转速较高，负荷较大的激振器，可选用稀油润滑。

激振器工作过程中轴承受偏心块高速旋转产生较大的径向力，由于润滑密封结构设计不合理，轴承润滑不充分，是轴承受热产生变形，最终烧损的主要原因。目前国内许多激振器轴承主要采用脂润滑方式，密封主要采用迷宫密封结构，密封间隙一般在 1 ～ 2mm，但在实际使用过程中随着激振器内轴承温度的升高，润滑脂黏稠度逐渐降低，激振器主轴高速旋转，迷宫盖内润滑脂从迷宫盖处不断泄漏，最终导致轴承因缺少润滑而损坏。

图 5-3-6 是一种毡圈迷宫组合式密封结构。

## 7　轴承与轴承座孔配合的特殊性

轴承与轴承座孔配合公差是设计时的重点。轴承与轴承座孔如果选择较大过盈配合，会迫使轴承滚道形状产生几何变形，导致轴承运转时产生异常振动；如果选择较大的间隙配合，会使轴承外圈在轴承座孔内产生相对滑动，导致轴承温度急剧升高，最终轴承损坏。

由于激振器工作时轴承内圈所受径向力相对激振器偏心力来说是静止的，设计时轴承内圈往往又被轴向定位，所以轴承内圈与轴的配合应采用较松的过渡配合或间隙配合公差。轴承外圈所受径向力相对于激振器偏心力圆周旋转，为防止外圈滑动，同时确保轴承滚动体在保持架中灵活转动，外圈与轴承座孔的配合设计时要采用较紧过渡或稍小的过盈配合公差。

## 8　充分考虑轴的伸缩量

激振器运行的温度一般都在 60 ～ 85℃。轴的温度 $t_2$ 都高于箱体的温度 $t_1$。由于金属材料的热胀冷缩引起轴和箱体的热变形，其变形量可用下式计算：

$$\Delta L = \frac{1.13(t_2 - t_1)L}{100000}$$

式中　$t_2 - t_1$——温差，℃；

$L$——激振器轴的长度，m。

假设激振器轴长 1m，温差 40℃，轴因此温差引起的伸缩量为 0.45mm 以上。如此大的变形量，如果在设计时未考虑到，足以使轴承损坏。

## 9　FAG 振动轴承 22322-T41D 失效形貌

失效的激振器拆解后发现的问题如下。

(1) 轴承滚动体严重点蚀

激振器 4 个轴承中一个出现严重点蚀，如图 5-3-7 所示。点蚀集中在滚动体的一侧，很显然这是受轴向力作用的结果。应仔细分析此轴向力是否是斜齿轮传动产生的。

(a) (b)

图 5-3-7 滚动体点蚀形貌

(2) 轴承滚动体磨损

激振器的另外 3 个轴承均有不同程度的磨损。图 5-3-8 是 3 个轴承滚动体磨损形貌。通常，滚动体的这种磨损大部分是润滑不足或润滑不合理造成的。

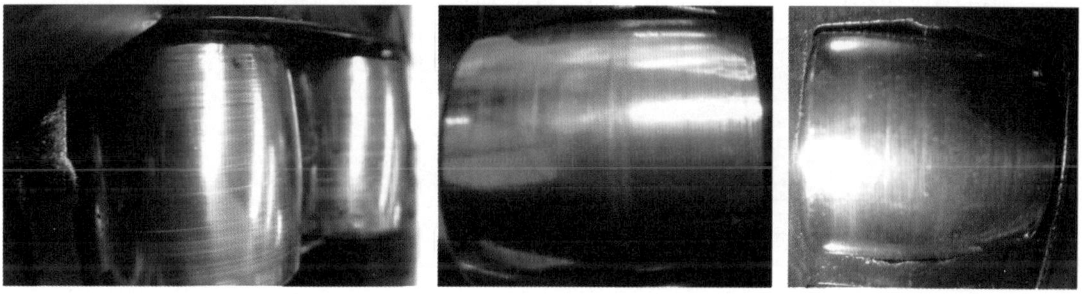

(a) (b) (c)

图 5-3-8 滚动体磨损形貌

日期：2017 年 4 月 11 日

# 【例 5-4】 激振器的油润滑方法探讨

## 问题描述

本例是【例 5-3】的续篇。在【例 5-3】中，激振器采用了一种特殊的油润滑方法，见图 5-4-1。从图中可见，安装轴承的箱体上只有油孔，别无他物。问题是润滑油是如何进入轴承的？

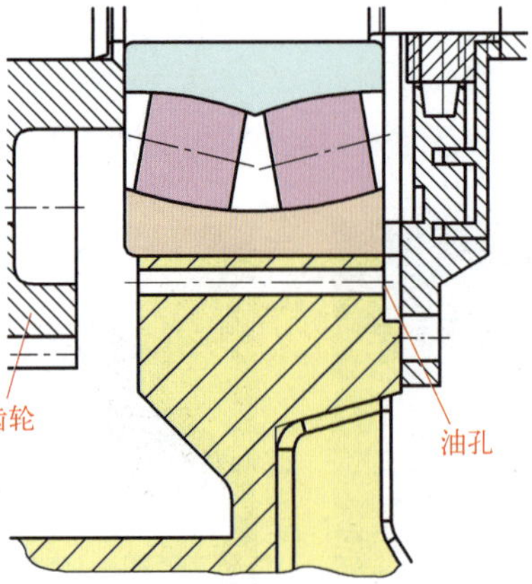


图 5-4-1　激振器的油润滑方法

**答复内容**

## 1　流体的能量守恒定律——伯努利定律

为了探讨这个问题先看以下的实例。图 5-4-2 所示的两列车错车行驶状态，车内的人会感到晃动。

如图 5-4-3 所示，人站立的位置，气流产生动压，使人有吸靠车体的危险。

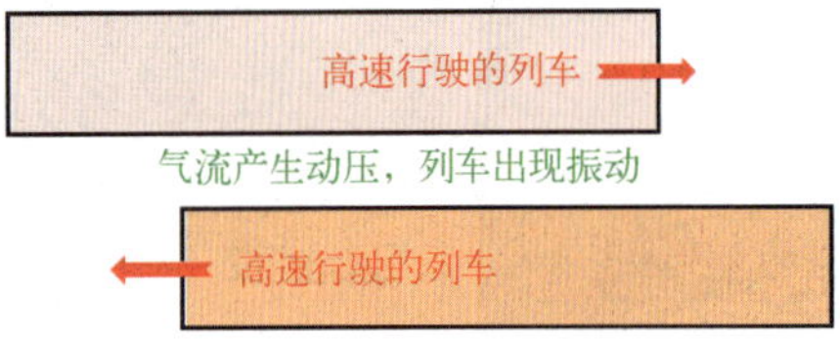


图 5-4-2　两列车行驶状态

图 5-4-3　人站立的位置和高速列车行驶状态

以上两个实例都涉及流体力学中的基本问题：流体的能量守恒定律——伯努利定律。该定律的通俗解释见图 5-4-4。

水槽中的水在 A 处，高度（$z$）大，势能大，但压强小；水在 C 处，高度 $z$=0，势能 =0，但压强大，流速加快。

根据流体的能量守恒定律：流体的能量

动能 + 压强能 + 势能 = 恒定值

$$\frac{1}{2}\rho u^2 + p + \rho gz = \text{恒定值}$$

式中　$\rho$——流体密度；

$u$——流体流速；

$p$——压强；

$g$——重力加速度；

$z$——高度。

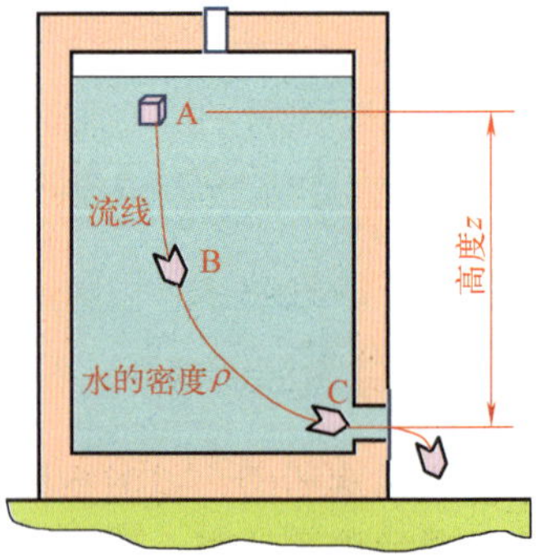


图 5-4-4　伯努利定律的通俗解释简图

也就是

动能＋压强能＋势能＝流体的能量

$$\frac{1}{2}\rho u^2 + p + \rho gz = E(\text{Pa})$$

如果不存在势能，则

$$\frac{1}{2}\rho u^2 + p = E(\text{Pa})$$

具体见下面应用流体能量守恒定律的实例。

**实例 1.** 吹一口气，两个易拉罐就会靠拢，见图 5-4-5。这是因为通过狭窄的缝隙气流速度增大，动能也就变大，因而压强变小的缘故；在大气压作用下，从压强高的易拉罐压向压强低的易拉罐。

**实例 2.** 棒球投球手投出的球为什么会拐弯（乒乓球技术中的弧圈球）？

说明见图 5-4-6 ～图 5-4-11。

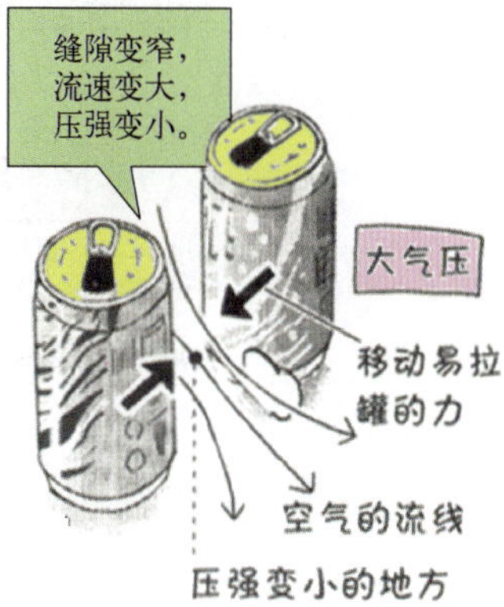

图 5-4-5　易拉罐靠拢的原因

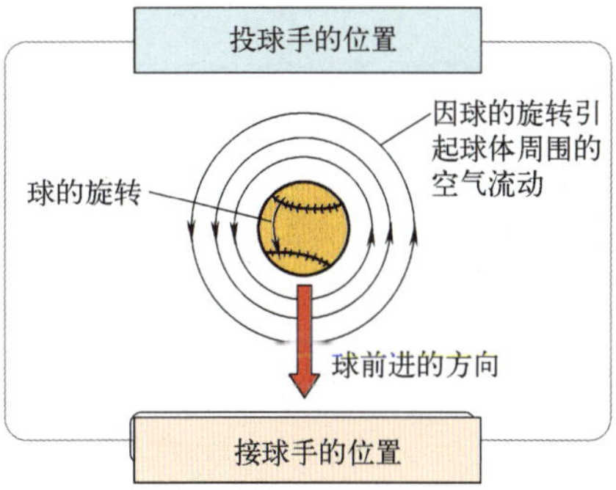

图 5-4-6　球为什么会拐弯（一）

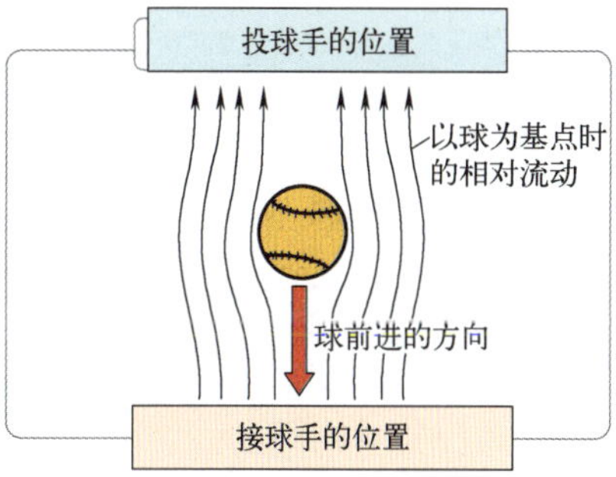

图 5-4-7　球为什么会拐弯（二）

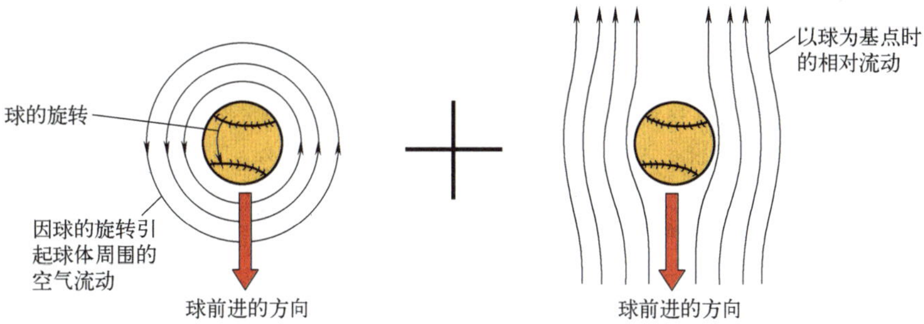

图 5-4-8　球为什么会拐弯（三）

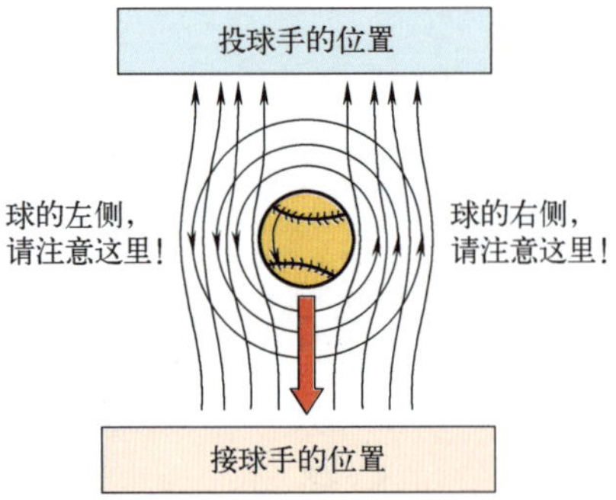


图 5-4-9 **球为什么会拐弯（四）**

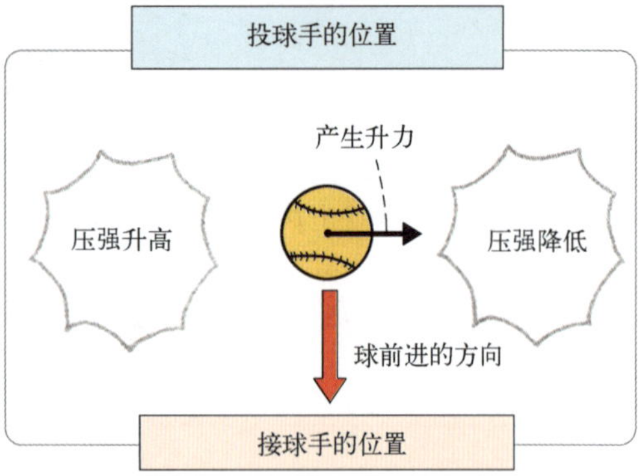


图 5-4-10 **球为什么会拐弯（五）**

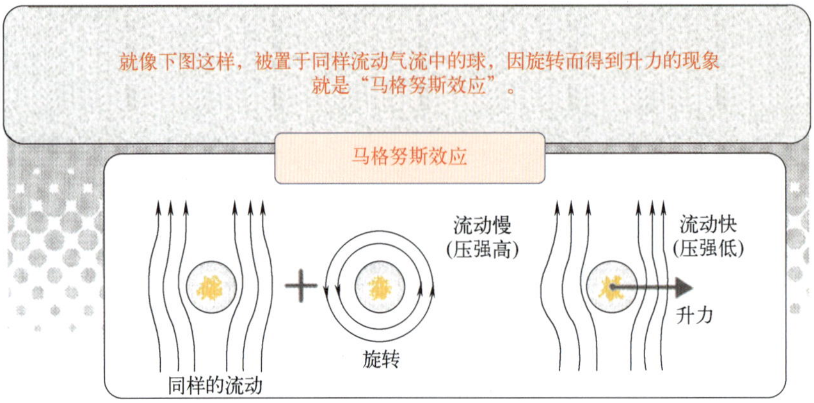


图 5-4-11 **马格努斯效应**

**实例 3.** 喷雾器（图 5-4-12）也是流体能量守恒定律的应用。

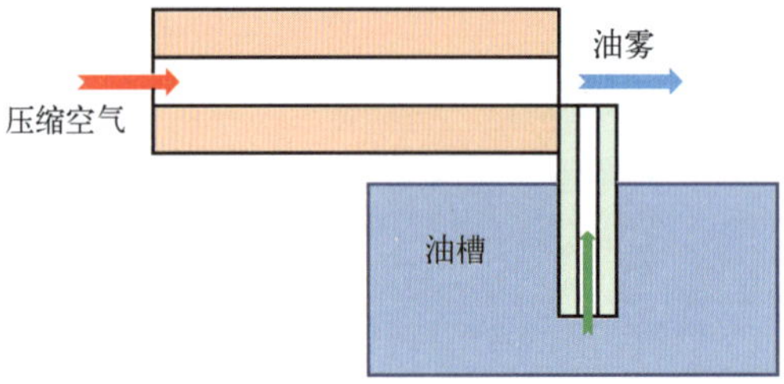


图 5-4-12 **喷雾器原理**

## 2 激振器的润滑——流体能量守恒定律的应用

激振器箱体上只有 6 个润滑轴承的油孔（图 5-4-13），别无他物，问题是润滑油是如何进入油孔的？这就是流体能量守恒定律的应用。激振器在工作中利用齿轮旋转产生的气压变化来润滑轴承。激振器的齿轮、轴承和油孔的位置关系如图 5-4-14 所示。

齿轮旋转产生的气压能量 $E$（Pa）是定值，即

$$\frac{1}{2}\rho u^2 + p = E(\text{Pa})$$

式中 $\rho$ ——流体密度；

$u$ ——流体流速；

$p$ ——压强。

齿轮高速旋转后，在齿轮直径方向的速度差别很大，其带动的气压也不同：靠近齿轮圆心速度小，气压大；靠近齿轮外圆速度大，气压小。这就使靠近齿轮外圆的油孔出现负压，能够将润滑油吸引进油孔，形成一个润滑油的循环回路，从而润滑轴承，如图 5-4-14 所示。

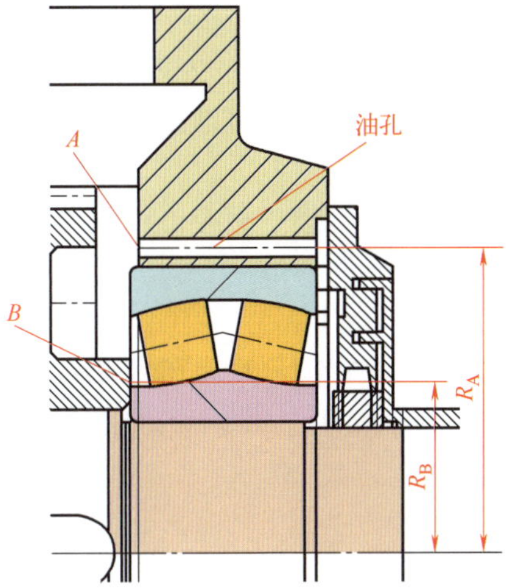


图 5-4-13 激振器的润滑

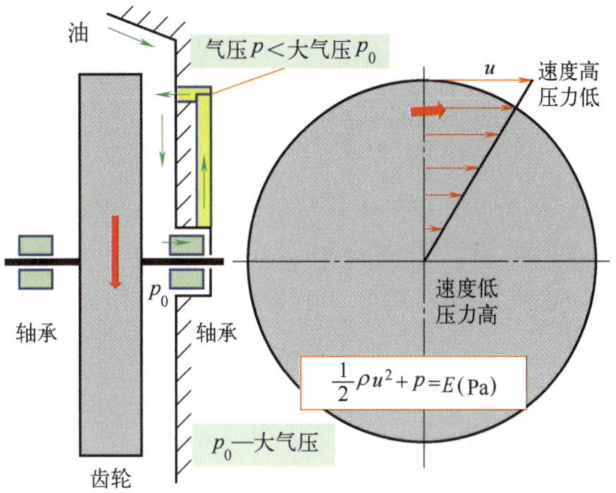


图 5-4-14 激振器润滑的原理

利用流体能量守恒定律：$0.5\rho u^2+p=$ 定值，就可以计算油孔处的压力。

具体计算时需要知道：

海平面空气密度 $\rho$=1.2250kg/m$^3$；海平面大气压 $p_0$=1013.25mba 或 760mmHg；齿轮的转速 $n$=________r/min；与尺寸有关的数据 $R_A$=____mm，$R_B$=____mm，见图 5-4-13。有了以上的数据就可以计算出润滑油出、入口的压力 $p$。

下面就是一个算例：

例如，已知海平面空气密度 $\rho$=1.2250kg/m$^3$；海平面大气压 $p_0$=1013.25mbar；齿轮的转速 $n$=1000r/min；与尺寸有关的数据（按图 5-4-13 估计的数据）$R_A$=160mm，$R_B$=80mm。

压力差计算：

A 处齿轮线速度 $u_A=\pi d_A n/60$=3.14×2×0.16×1000=16.75m/s。

B 处齿轮线速度 $u_B=\pi d_B n/60$=3.14×2×0.08×1000=8.37m/s。

利用能量守恒公式：$0.5\rho u^2+p=$ 定值，计算 $p$：

当 $R$=0mm 时，$p=p_0$=1013.25mba；即定值 $=p_0$=1013.25mbar（1mbar=100Pa）。

当 $R=R_B$=80mm 时，$u_B$=8.37m/s。

$p_B=p_0-0.5\rho u_B^2$=1013.25−0.5×1.225×8.372=970.3mbar。

当 $R=R_A$=160mm 时，$u_B$=16.75m/s。

$p_A=p_0-0.5\rho u_A^2$=1013.25− 0.5×1.225×16.752=841.7mbar。

压力差 $\Delta p=p_A-p_B$=841.7−970.3=−128.6mbar。

可见，在 6 个油孔处各产生一个 128.6mbar 负压区，能将润滑油吸引进来，并形成一个润滑油循环通路（见图 5-4-14），达到润滑轴承的目的。

日期：2017 年 4 月 11 日

# 【例 5-5】 风力机齿轮箱轴承肇事件失效分析

### 问题描述

北方某公司风力机齿轮箱的轴承出现严重的故障。为了找到轴承失效的原因，委托南方某检测认证有限公司进行失效分析，提供失效分析报告。

北方某公司将该失效分析报告发送给作者，要求对失效分析报告给出一些看法和意见。

在某检测认证有限公司的轴承失效分析报告的最后结论中，非常简单地提到：

① 所检轴承失效模式为疲劳断裂。

② 所检轴承内圈裂纹起源于内圈 G 侧滚道剥落坑处，外圈及滚子相应位置同样存在剥落。轴承运行状态存在异常，使轴承 G 侧滚道受力较大，并产生剥落，于剥落坑底萌生裂纹最终断裂。

结论中没有提到轴承本身的品质（质量），这是一个需要补充的欠缺。在作者的失效分析实践中，就有多个轴承失效案例是由于轴承制造质量太差引发的。因此本例的内容就是对以上的欠缺做一些补充。

### 答复内容

## 1 风力机齿轮箱轴承失效概况

风力机齿轮箱由两套 NGW 行星齿轮传动组成。齿轮箱失效的是低速级行星轮的轴承。轴承品牌是奥利地的 NKE，型号 24088 调心滚子轴承。该齿轮箱于 2024 年 1 月开始并网使用，于 2025 年 4 月发现轴承失效，共使用了 16 个月。在本例中，R 侧代表低速侧，G 侧代表高速侧。

## 2 6 个行星轮轴承中哪个是肇事件

齿轮箱低速级 6 个行星轮轴承（A、B、C、D、E、F）的位置如图 5-5-1 所示。其中 A、B、C 是长轴上的轴承；D、E、F 是短轴上的轴承。

经过拆解观察和分析可以确定：

① 轴承 A（图 5-5-2）、C（图 5-5-4）、E（图 5-5-6）F（图 5-5-7）基本完好，没有明显的故障特征，因此不可能是肇事件。

② 轴承 D 外圈断裂，但是断口具有一次性断裂的特征（图 5-5-5），因此不可能是肇事件。

③ 轴承 B 的滚动体表面严重剥落，是 6 个轴承中损伤最严重的，如图 5-5-3 所示，因此轴承 B 最可能是肇事件。下面失效分析的重点集中在对轴承 B 的失效分析上。

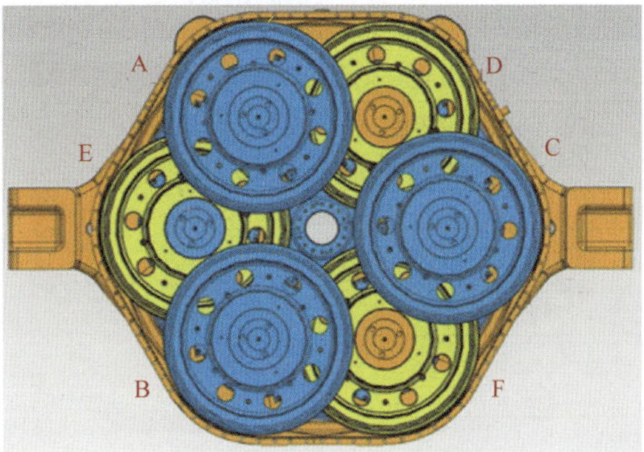


图 5-5-1　6 个行星轮轴承的位置

图 5-5-2　轴承 A

(a)　　(b)

图 5-5-3　轴承 B

图 5-5-4　轴承 C

图 5-5-5　轴承 D

图 5-5-6　轴承 E

图 5-5-7　轴承 F

# 3　轴承 B 的失效分析

## 3.1　G 侧、R 侧滚子表面损坏不同的原因

轴承 B 最明显的失效形式是滚子表面严重剥落，如图 5-5-3 所示。单个滚子的表面剥落如图 5-5-8 所示，图中 G 侧的滚子损坏严重，而 R 侧的滚子损坏轻微。G 侧、R 侧滚子表面损坏不同的原因是 G 侧滚子除承受径向力 1490kN 外，还承受 15kN 的轴向力，因此损伤就比较严重。

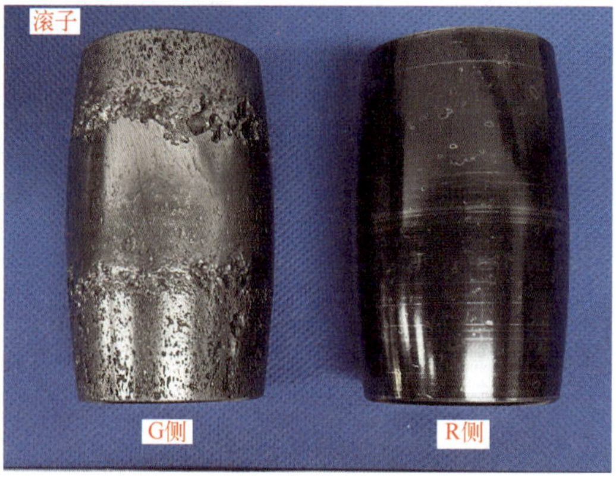


图 5-5-8　轴承的滚子

## 3.2　G 侧滚子表面损坏的原因

对于调心滚子轴承其主要的功能是有较大的调心角，如图 5-5-9 所示。因此为了具有较大的调心角，外圈滚道的圆弧半径与滚子表面的圆弧半径就必须相同，为 $r$，如图 5-5-9 所示。

图 5-5-10 所示的滚子，两端的剥落非常严重，而中部表面的损伤很轻，很明显滚子的圆弧半径与滚道的圆弧半径不完全相同。为什么会出现这种对轴承寿命有严重影响的现象？其原因很可能与滚子的修形不到位有关。此外，长轴上 G 侧轴承的调心角较大（因为轴的弯曲变形较大），也影响轴承的寿命。

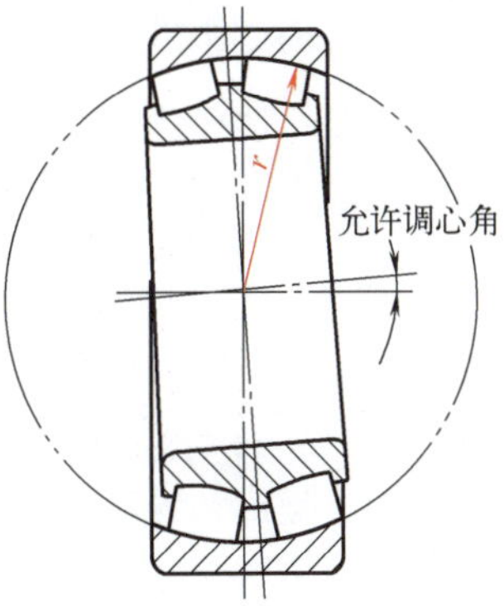


图 5-5-9　调心滚子轴承

图 5-5-10　失效的滚子

# 4　调心滚子轴承滚子的修形

## 4.1　滚子为什么需要修形

上面已经提到为了具有较大的调心角，外圈滚道的圆弧半径与滚子表面的圆弧半径必须相同。但是，如果外圈滚道的圆弧半径与滚子表面的圆弧半径完全相同，滚子的两个端面附近的表面就会出现高应力，这就是所谓“边缘效应”，如图 5-5-11（a）所示，这对滚子和外圈滚道的接触疲劳强度非常不利。因此，为了提高滚子轴承的寿命，就需要对滚子进行修形，经过修形，滚子表面的应力就比较均衡分布，如图 5-5-11（b）所示。这就可以优化接触应力的分布、减少了边缘应力集中、降低了摩擦和磨损，从而提高了轴承的承载能力和使用寿命。

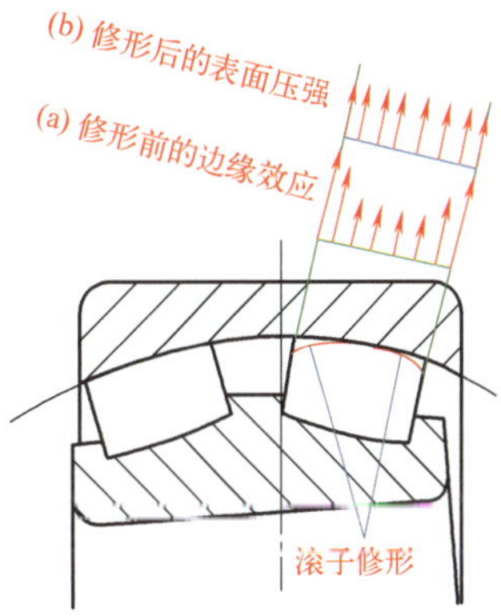


图 5-5-11　滚子的边缘效应与修形

## 4.2　轴承滚子修形常见的形式

（1）全圆弧修形（球形端部）

滚子两端为球面轮廓，与滚道的接触过渡平滑。此类修形简单易行，适用于中等载荷和转速的通用型调心滚子轴承。

（2）对数修形（对数轮廓）

滚子母线采用对数曲线修形，使接触应力呈理想分布，能显著降低边缘应力，适用于重载、高速或冲击工况的轴承。其特点是需精确计算修形曲线参数，难度较大，加工成本也较高。

（3）直线 - 圆弧复合修形

滚子表面中部为直线，两端过渡为圆弧。其优点是能平衡加工难度与性能要求，适用于大多数工业场景的轴承。

（4）本例的滚子的修形

从图 5-5-10 的滚子外形看，本例滚子具有直线 - 圆弧复合修形的特征：滚子中部为直线，两端过渡为圆弧。但是，仔细观察（或测量）其中部并不是直线，很可能是另一半径 $r'$ 的圆

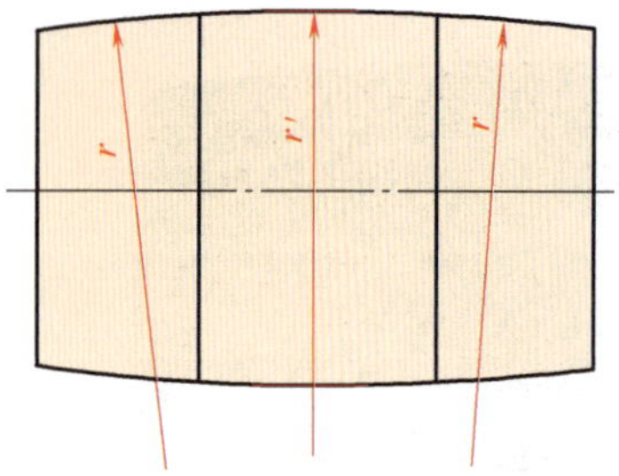

图 5-5-12　本例滚子的修形

弧线，如图 5-5-12 所示。此半径 $r'$ 的圆弧线与半径 $r$ 的圆弧线并不匹配，未能使接触应力呈理想分布，反而造成滚子两端严重剥落。

（5）滚子修形不到位的后果

① 滚子表面会出现点蚀、剥落、严重剥落，使轴承早期失效。本例的轴承就是如此，只运转了 16 个月轴承就失效了，远未达到规定的寿命。

② 滚子表面严重损坏，增加了噪声和振动，劣化了设备的动态性能。

③ 滚子表面损坏破坏了润滑油膜，导致润滑恶化、摩擦加剧，会出现温升异常，甚至轴承温度过高而烧毁。

# 5 结论和建议

## 5.1 结论

① 轴承 B 的滚动体重度剥落，是 6 个轴承中损伤最严重的，因此轴承 B 最可能是肇事件，其他轴承是受害件。轴承 B 内圈断裂 4 个断口的肇事断口分析，详见本例附录 A。

② G 侧、R 侧滚子表面损坏不同的原因是 G 侧滚子除承受径向力 1490kN 外，还承受 15kN 的轴向力之故。

③ 滚子两端的剥落非常严重，而中部表面的损伤很轻，这是由于滚子的圆弧半径与滚道的圆弧半径不匹配。其原因很可能与滚子的修形不到位有关。

## 5.2 建议

① 建议向轴承制造厂商反映本例轴承的损坏情况，要求制造厂商对轴承的失效给出说法。

② 建议通过轮廓仪、光学干涉仪等，验证滚子修形是否合理和修形精度是否恰当。

③ 轴承滚子的这种特殊失效形式，如果证实是滚子修形失误的话，轴承制造厂商应该承担一定的责任，并提供改进的具体措施。

④ 对于风力机、井下矿山机械这种极端工况的机械，应该通过有限元分析（FEA）来优化滚子的修形方案。有报道称，通过合理修形，调心滚子轴承的性能可提升 30% 以上，尤其在苛刻工况下效果更显著。

## 附录 A　轴承 B 内圈断裂 4 个断口的肇事断口分析

轴承 B 的宏观形貌如图 5-5-13 所示，从图中可以看到：轴承内圈两处存在贯穿裂纹；G 侧滚子两端表面存在严重的剥落；中部黑化层已经全部磨损；有轻微点蚀、剥落现象；R 侧滚子存在颗粒压痕和环向磨损痕迹。

轴承内圈直径约为 450mm，其宏观形貌如图 5-5-14 所示。观察发现内圈有 4 处裂纹，为了分析方便，命名为断口 A ～断口 D。

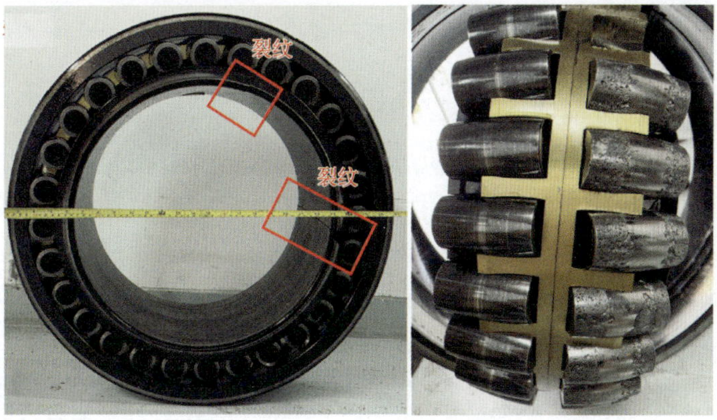


(a)　　(b)

图 5-5-13　轴承 B 的宏观形貌

内圈 4 个断裂断口的肇事断口分析：

内圈断裂有 4 个断口（A、B、C、D），如图 A-2 所示。

① A、B 断口的关系——B 断口与 A 断口呈 T 形，因此 A 断口在先，B 断口在后。其原因见参考文献［1］。

(a)　　(b)

图 5-5-14　内圈断裂的 4 个断口（A、B、C、D）

② 轴承外圈断口 A 和 C 哪个先断？

A 和 C 断口如图 5-5-14、图 5-5-15 所示。

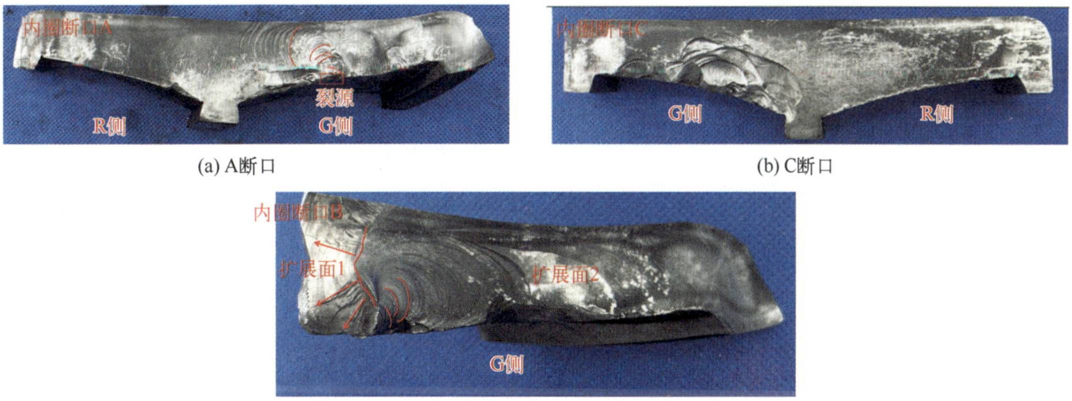


(a) A断口　　(b) C断口

(c) B断口

图 5-5-15　A、C、B 断口

图 5-5-15（a）宏观疲劳弧线明显，扩展范围大；图 5-5-15（b）宏观疲劳弧线不明显，局部断裂区有一次性断裂特征。

由此可以给出判断：内圈的 A 断口是肇事断口。

③ 轴承内圈断口 D（图 5-5-16）与断口 A、C 有密切关系。

从轴承内圈受力角度看，正常情况下，图 5-5-16 所示的断裂是绝对不会发生的，因此只有在发生断口 A、C 下，完全改变了 D 区的应力状态才可能发生图 5-5-16 所示的断裂。因此，断口 D 不是肇事断口。

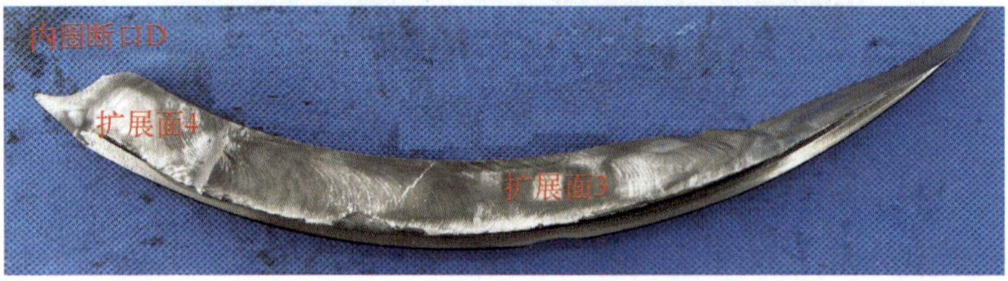


图 5-5-16　内圈断口 D

④ 为什么 A、B、C、D 断口上都有疲劳特征的疲劳弧线

因为 A 断口（肇事断口）上出现裂纹后，并没有马上断裂，但是会影响内圈上 B、C、D 区的应力分布和大小，因此 B、C、D 区就会出现疲劳裂纹，并逐步扩展，这就是为什么不是肇事断口，也会出现疲劳弧线的原因。

## 参考文献

[1]　朱孝禄，胡炜 . 机械传动装置基础件失效分析 [M]. 北京：化学工业出版社，2022.

日期：2025 年 8 月 5 日

# 【例 5-6】 滚动轴承的微点蚀问题

### 问题描述

南方某研究所发来轴承外圈滚道损伤宏观和微观的图片，并且说：“有人认为这是电蚀，有人认为是微点蚀。”请作者谈谈对轴承外圈滚道损伤图片的看法。

### 答复内容

## 1 滚动轴承失效概述

以下是该研究所提供的图片和资料。

图 5-6-1 是失效轴承（调心滚子轴承）外圈截取的一小试块，滚道发白区域为“变性区”——工作滚道面；中间光亮处为非工作面。

图 5-6-2 是滚道低倍的电镜照片。图 5-6-3 是图 5-6-2 的放大照片，约放大 3 倍。

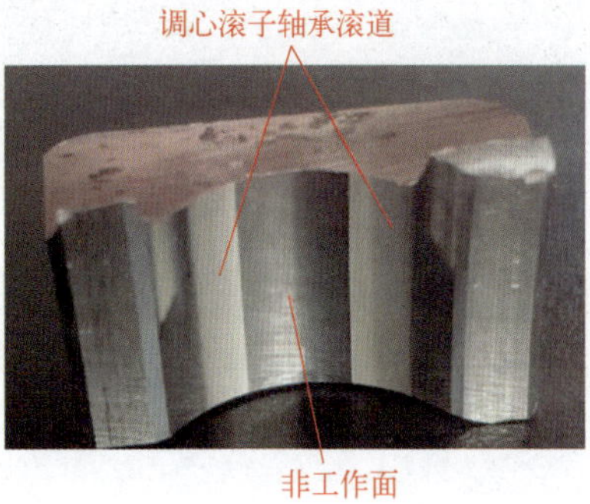


图 5-6-1　失效轴承外圈试块宏观形貌

图 5-6-2　低倍电镜形貌　100×

图 5-6-4 ～图 5-6-6 是轴承滚道高倍电镜照片。在图 5-6-5 和图 5-6-6 中可以看到在某些微坑中存在“熔滴”现象，其实是线切割试样时产生的“熔滴”没有清除干净的结果。

图 5-6-3　图 5-6-2 的放大

图 5-6-4　高倍电镜形貌　500×

图 5-6-7 是轴承外圈非工作面的高倍电镜照片，表面磨痕清晰，没有受到损伤。

图 5-6-8 是外圈滚道截面的金相组织形貌：细小碳化物 + 隐晶马氏体，碳化物分布不够均匀；表面有 1 ～ 2μm 不均布的白亮带。

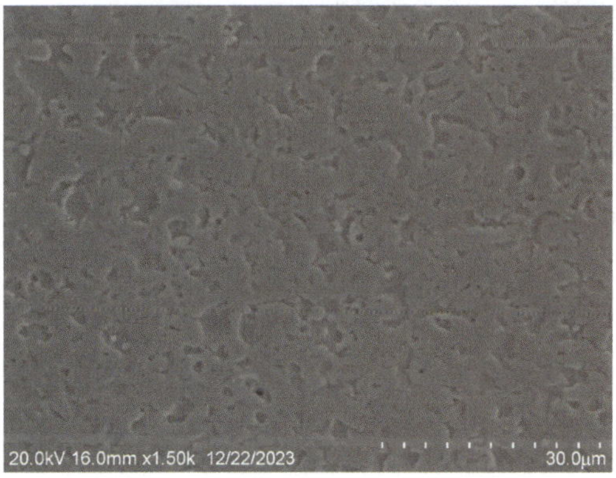


图 5-6-5　高倍电镜形貌　1500×

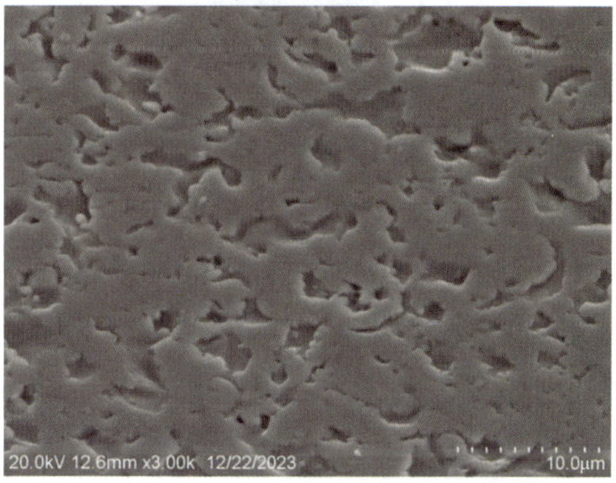


图 5-6-6　高倍电镜形貌　3000×

图 5-6-7　外圈非工作面的高倍电镜照片　1500×

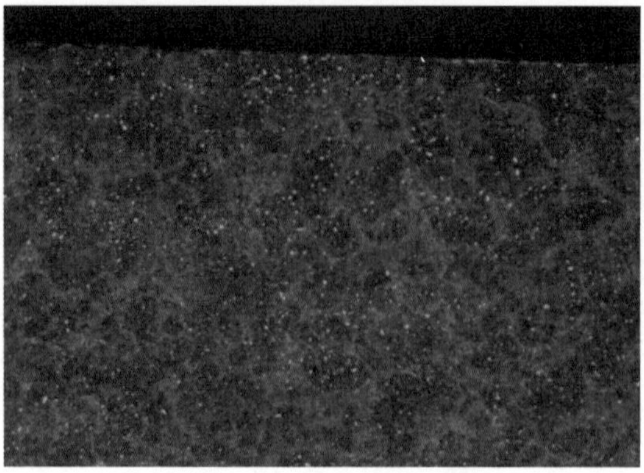

图 5-6-8　外圈滚道截面组织

# 2　滚动轴承电蚀失效及其形貌

由于某种原因（例如轴电流），两接触面（齿轮、轴承）之间出现一定的电位差，齿面间就会出现电弧或电火花，使齿面上形成许多边缘光滑的小坑——电蚀坑。如在电子显微镜下观察电蚀的齿面，可以看到电蚀坑中有金属熔化的痕迹。

GB/T 24611—2009《滚动轴承　损伤和失效术语、特征及原因》中，给出了电蚀的定义：电蚀（electrical erosion）是由于电流的通过造成接触表面材料的移失。

对于滚动轴承，有电压过大、电流泄漏两种电蚀模式。

（1）电压过大（excessive voltage，电蚀麻点）

由于设备的绝缘不当或绝缘不良，当电流通过滚动体和润滑油膜，从一个套圈传递到另一个套圈时，在接触区域内就会发生放电。在套圈和滚动体之间的接触区，电流流线被阻断，造成在非常短的时间间隔内局部受热，使接触区域发生熔化并焊合在一起。这种表面损伤的表现为一系列直径不超过 100μm 的小环形坑（图 5-6-9），这些环形坑沿滚动方向呈珠状重叠排列在滚动体和滚道接触表面（图 5-6-10）。

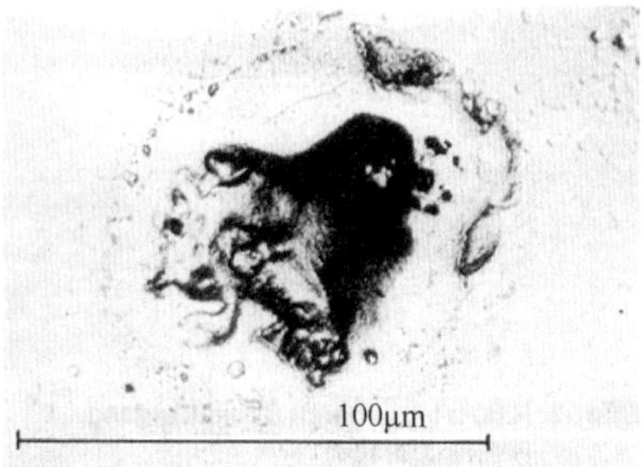


图 5-6-9　电流通过的环形坑

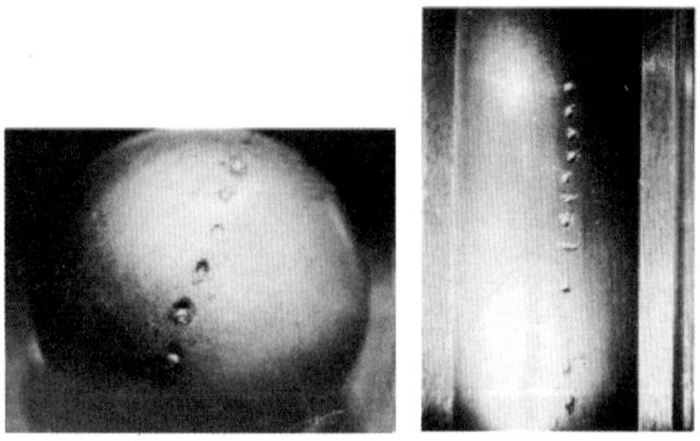

图 5-6-10　球和滚道上呈珠状排列的环形坑

（2）电流泄漏（current leakage，电蚀波纹状凹槽）

电流泄漏表面损伤最初呈现浅环形坑，一个环形坑与另一个环形坑位置接近并且尺寸很小。即使电流强度相对较弱也会发生这种现象，随着时间的推移，环形坑会扩展为波纹状凹槽（图 5-6-11），只能在滚子和套圈滚道接触表面发现这些波纹状凹槽，钢球上则没有。这波纹状凹槽是等距离的，滚道上的凹槽底部颜色是发暗（图 5-6-12、图 5-6-13）。图 5-6-13 中波纹状凹槽附近的腐蚀斑纹（用铅笔尖指示）是保持架挡边和内圈接触造成的。电子显微镜放大图示置于右下角。

图 5-6-11 电流泄漏造成的波纹状凹槽

图 5-6-12 内圈滚道上的波纹状凹槽和颜色发暗的钢球

图 5-6-13 滚针轴承内圈上的波纹状凹槽

# 3 微点蚀损伤及其形貌

在 GB/T 3481—1997/ISO 10825：1995《齿轮轮齿磨损和损伤术语》中关于齿面微点蚀（micropitting）的定义：齿轮副在重载和油膜很薄的润滑条件下运转的工作齿面的损伤。损伤面放大后可见密密麻麻成片的微小蚀坑或微小裂纹。图 5-6-14 为表面硬化小齿轮有效齿面上的微点蚀形貌。

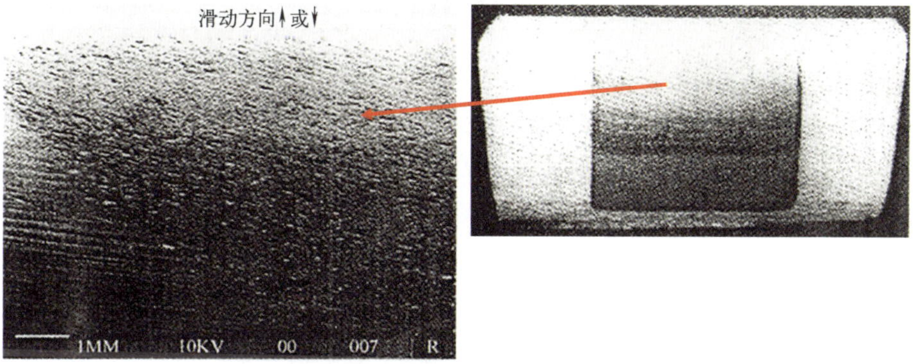


图 5-6-14 表面硬化齿轮齿面上的微点蚀（摘自 GB/T 3481—1997）

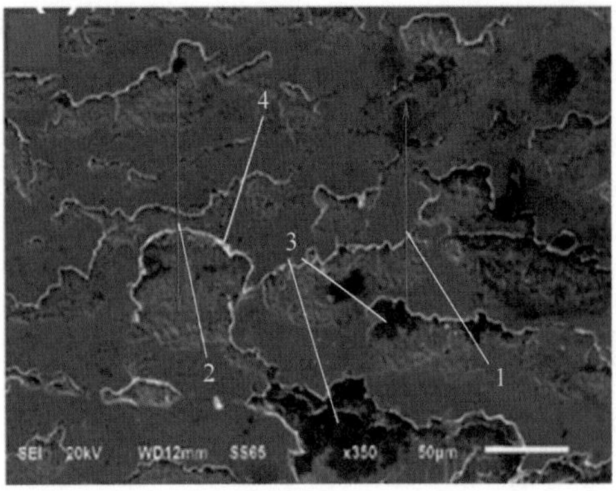


图 5-6-15　**齿面的微裂纹和微点蚀坑**

1—裂纹扩展方向；2—齿面滑动方向；3—微点蚀坑；4—微裂纹

GB/T 3481—1997 中微点蚀的定义很简单，有必要做一些补充。微点蚀是一种高速旋转齿轮齿面接触磨损现象，这种现象与弹性动压润滑（EHL）或混合润滑条件下的滚动和滑动接触有关。影响微点蚀的因素很多，有载荷、速度、油膜厚度和温度等，此外，润滑油的化学组分对微点蚀也有强烈的影响。通常，微点蚀开始于最初的 $10^5$ ～ $10^6$ 次应力循环时产生的大量表面裂纹，这些裂纹扩散至整个工作齿面，进一步引发了典型尺寸为 10 ～ 50μm 的微点蚀坑（图 5-6-15）。最后，微坑聚合变成了连续暗淡无光泽的损伤面。这种现象有一些不同的名称，例如灰斑、白霜或者微点蚀等，其中，微点蚀为首选的术语。微点蚀是硬齿面齿轮常见的，但并非必然要出现的。微点蚀的持续发展最终会导致点蚀，甚至剥落。

图 5-6-16 所示是渗碳淬火齿轮齿面微点蚀的微观形貌。图 5-6-16（b）是图 5-6-16（a）的放大。

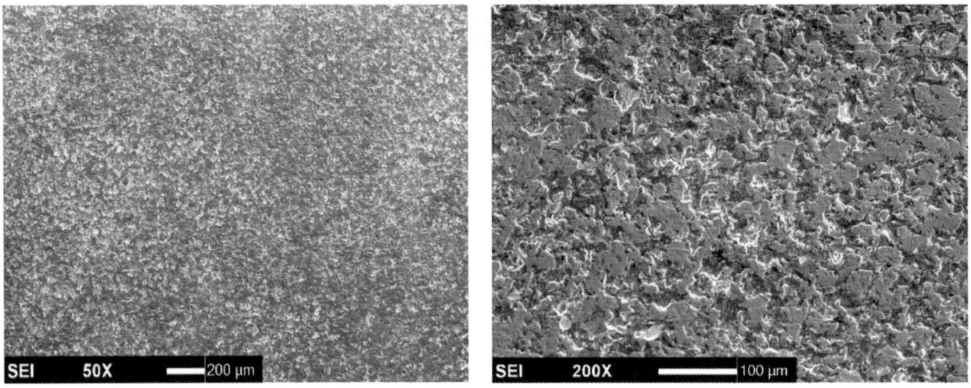


(a)　　(b)

图 5-6-16　**渗碳淬火齿轮齿面微点蚀的微观形貌**

# 4 分析和结论

## 4.1 事实分析

经过以上的论述，可以得到以下的事实：

① 失效轴承的图 5-6-3、图 5-6-4 同渗碳淬火齿轮齿面微点蚀的微观形貌图 5-6-16 十分相似，因此轴承是微点蚀的可能性很大。

② 失效轴承的图 5-6-2 ～图 5-6-6 所示的形貌，同图 5-6-10 的钢球和滚道上呈珠状排列的环形坑的形貌完全不同，因此不可能存在电压过大的电蚀。

③ 失效轴承的图 5-6-2 ～图 5-6-6 的形貌，同图 5-6-11 ～图 5-6-13 的滚道上呈电流泄漏造成的波纹状凹槽的形貌完全不同，因此不可能存在电流泄漏的电蚀。

④ 在图 5-6-5、图 5-6-6 中可以看到在某些微坑中存在“熔滴”的现象，这不是金属熔化的现象，而是线切割试样时产生的“熔滴”没有清除干净的结果。建议通过电镜的进一步观察和能谱分析来确认。

⑤ 图 5-6-8 是外圈滚道截面的金相组织，表面有 1 ～ 2μm 的白亮带，这很可能是一种拍摄的“假象”。建议通过电镜的进一步观察来厘清。

## 4.2 结论

基于以上的事实和分析可以得到结论：滚动轴承外圈滚道上的表面损伤是微点蚀；电蚀的可能性基本上可以排除。

日期：2024 年 1 月 20 日

# 【例 5-7】 油膜轴承轴颈热裂的原因和机理分析

### 问题描述

近日，北方某公司发来油膜轴承轴（又称齿轮轴、辊轴）失效的图片和资料，希望分析油膜轴承轴颈出现裂纹失效的原因和预防措施。

### 答复内容

## 1 油膜轴承轴颈失效概述

油膜轴承轴颈失效如图 5-7-1 所示，失效的轴上有齿轮，因此常称之为齿轮轴。从图 5-7-1 可见这是一根双支点悬臂梁轴。轴上左侧的小油膜轴承完好无损，而右侧大油膜轴承因抱轴而呈现严重刮伤、拉毛，轴承部位出现明显的高温区。同样的油膜轴承轴颈失效先后发生了多次，其失效件如图 5-7-2 所示。图 5-7-2 三根油膜轴承轴的失效形貌几乎完全相同。

图 5-7-1 失效的油膜轴承轴

图 5-7-2 3 根失效的油膜轴承轴

油膜轴承轴上有斜齿轮，其齿轮主要参数如下：齿数 $z$=39；法面模数 $m_n$=5.08mm；法面齿形角 $\alpha_n$=20°；分度圆螺旋角 $\beta$=15°。齿轮轴的转速 $n$=4680r/min。轴的材料 18CrNiMo7-6。热处理：齿轮和轴都经过渗碳淬火。

有关单位未提供齿轮轴应用于何种机械设备上的信息，但从齿轮轴的结构和转速可以判断，该轴可能应用在小型的高速线材轧机上。在参考文献［1］的第 3 章实例 1 就曾经讨论过这种齿轮轴（工厂现场称之为辊轴）的断裂，如图 5-7-3 所示。图 5-7-3 是图 5-7-1 所示齿轮轴的工作组件简图，不同的是齿轮轴并没有断裂，而是右侧的油膜轴承 2 抱轴烧毁轴承失效。

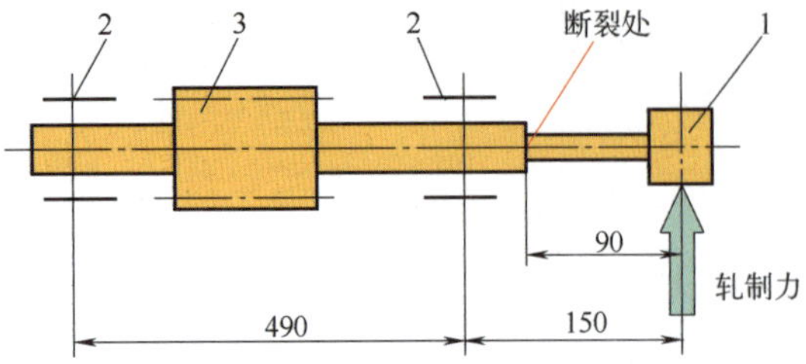


图 5-7-3　辊轴简图和断裂处

1—工作辊环；2—油膜轴承；3—齿轮

本案例的齿轮轴有两种失效模式：其一是油膜轴承抱轴烧毁；其二是齿轮轴出现裂纹。很明显，齿轮轴的裂纹是由于油膜轴承抱轴烧毁引起的，因此首先应该分析油膜轴承抱轴烧毁的原因，再来探讨轴上出现裂纹的机理。但是有关单位未能提供油膜轴承抱轴烧毁的背景资料，因此就没有条件进行油膜轴承抱轴烧毁原因的失效分析，只能深入探讨一下轴（轴颈）上出现裂纹的原因和机理。

# 2　油膜轴承轴颈的开裂

齿轮轴的油膜轴承抱轴失效后，轴还在动力强制下快速旋转，轴颈表面就会出现摩擦高温，很可能高达 800℃以上，因此就有一个油膜轴承位置的摩擦高温区，如图 5-7-4 所示，轴颈上的裂纹就可能出现在这个高温区。图 5-7-4 所示的油膜轴承的承载区可分为两段：其一是轴表面基本完好尚未损伤区；其二是轴表面严重损伤区。这种偏一端损伤现象很少见，其原因待查。

图 5-7-4　轴上 2 个温度区

## 2.1　两种失效形式的裂纹

摩擦高温区就是油膜轴承承载区，是轴承抱轴摩擦高温造成的，其轴颈出现的裂纹有以下两种失效形式。

第 1 种裂纹如图 5-7-5 所示。轴颈上的裂纹出现在表面严重损伤区。裂纹只有一条，平行于轴的轴线，位于严重损伤区的中间位置。裂纹的中间开口最大，说明此处的温度最高。很显然，裂纹是轴承摩擦高温引起的，是一种值得注意的热裂裂纹。

第 2种裂纹如图 5-7-6 所示。整个油膜轴承都抱轴烧毁，整个轴颈的温度很高；轴颈的左侧是渗碳淬火的齿轮，齿轮有充分的润滑油润滑和冷却，温度不会很高。因此在齿轮与轴颈的过渡处就会有非常大的温度差，从而产生一个裂纹区，如图 5-7-6 所示。将裂纹区放大，就可以清晰地看到沿圆周整齐排列的裂纹，如图 5-7-7 所示。这也是一种因高温引发的热裂裂纹。

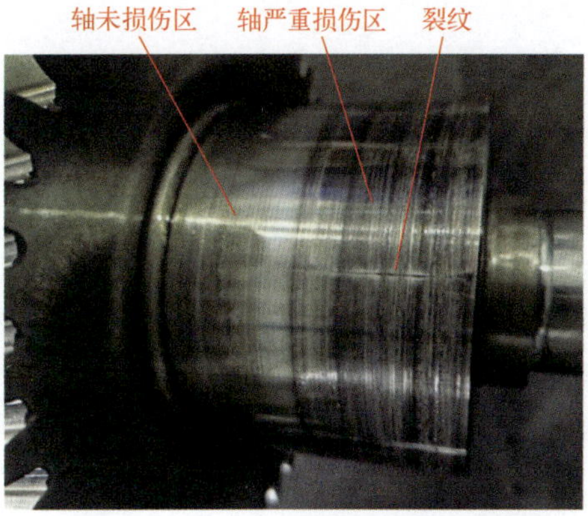


图 5-7-5　摩擦高温区的裂纹

图 5-7-6　整个油膜轴承都抱轴烧毁

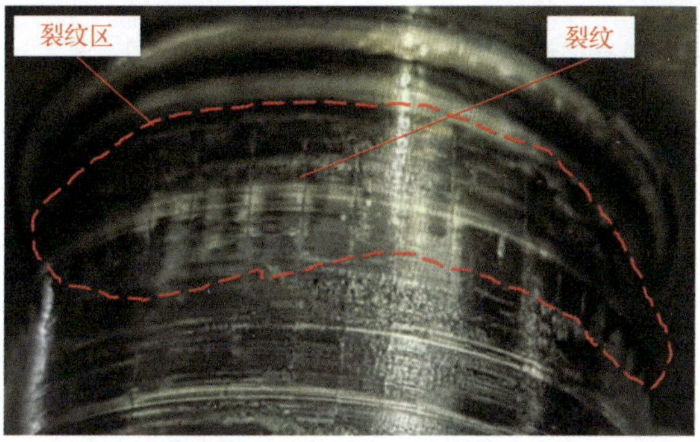


图 5-7-7　裂纹区的裂纹

## 2.2　热裂裂纹

什么是热裂？在 ISO15243：2017（E）/BS ISO15243：2017 Rolling bearings—Damage and failures—Terms，characteristics and causes 中给出了定义：

“热裂是由滑动产生的高摩擦热造成的，裂纹通常出现在垂直滑动方向处。由于表面二次淬火以及高的残余拉应力两个因素的共同作用，因此淬硬钢的零件对热裂比较敏感。”本例的轴颈表面和齿轮相同，都是 18CrNiMo7-6 渗碳淬火的，因此对热裂比较敏感，容易出现热裂。

在参考文献［1］中给出了滚动轴承热裂的实例：齿轮箱滚动轴承的钢球因高温全部发蓝，钢球表面无点蚀剥落损伤，但其中一个钢球的表面出现一条热裂裂纹，如图 5-7-8（a）所示（箭头所指）。裂纹用电镜放大见图 5-7-8（b）。图 5-7-9 为外圈上出现的微观热裂裂纹，裂纹的长度约 50μm。

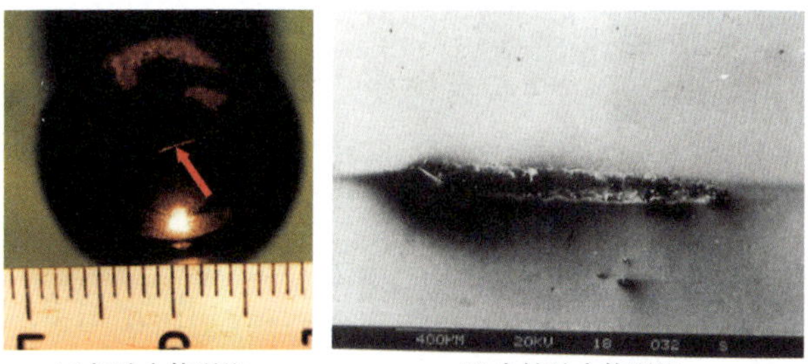

(a) 钢球上的裂纹　　(b) 电镜放大的裂纹

图 5-7-8　轴承钢球上的热裂

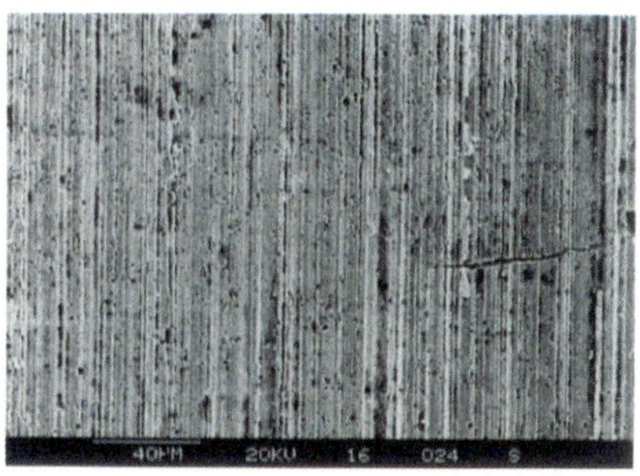

图 5-7-9　外圈上的微观热裂裂纹

# 3 轴颈出现热裂裂纹的原因分析

## 3.1 油膜轴承出现高温

油膜轴承工作时有一层完整的承载压力油膜，理论上不会发生磨损，如果维护得好，可以长寿命运转。但实际上，轴承在启变速阶段或者是低速运转外力过大的情况下，都不能达到理想的润滑状态，而是处于一种半液体摩擦状态，导致轴与衬套互相摩擦，引起巴氏合金磨损、塑性流动、刮伤、剥落，甚至使油膜轴承高温抱轴烧毁。此外，如果油膜轴承密封失效，使外界油泥、水等进入轴承内部，污染润滑油，也将无法形成良好的油膜而导致油膜轴承高温失效。本例就是油膜轴承多次高温抱轴烧毁，但具体的失效原因比较复杂，目前尚无定论。

## 3.2 出现第 2 种热裂裂纹的原因

齿轮轴的油膜轴承抱轴失效后，轴还在动力强制下快速旋转，轴表面就会出现摩擦高温，很可能高达 800℃以上，轴上的残余应力就会发生变化，会产生新的残余应力分布。此外，在加热和冷却过程中，会经历热胀冷缩，导致材料内部产生应力。具体来说，齿轮轴局部（加热高温区，见图 5-7-6、图 5-7-7）加热膨胀，受到离加热区较远部分（例如轴上的齿轮）的约束不能自由伸长，使加热高温区产生塑性变形；在随后的冷却过程中，加热高温区要缩得比其他部分短，又受到离加热高温区较远部分（齿轮）的约束不能自由缩短，因此表面材料受拉而产生残余拉应力。当表面残余拉应力超过材料的抗拉强度时，轴的表面就会产生裂纹。这就是轴颈表面（图 5-7-6）出现裂纹的原因，也是轴颈表面出现热裂的原因。

## 3.3 出现第 1 种热裂裂纹的原因

轴颈上出现第 1 种热裂裂纹如图 5-7-5 所示，可见轴颈上只有一条热裂裂纹，其形成的机理与第 2 种热裂裂纹不同。

齿轮轴的油膜轴承抱轴失效后，轴还在动力强制下快速旋转，轴表面就会出现摩擦高温，这个过程很像齿面磨削烧伤。齿面磨削烧伤的直接原因是：砂轮片与齿面在一定压力下产生大量的热量，冷却液未能及时有效地带走，致使齿面温度剧烈骤升，结果使齿面发生高温回火；温度过高则会导致奥氏体化，甚至奥氏体晶粒过烧，在冷却液作用下发生二次淬火。

油膜轴承因某种原因油膜破坏，轴颈出现摩擦高温，出现烧伤现象（近似齿面烧伤）。如果温度继续升高，材料的金相组织会发生很大的相变：由外至内，从原来的一次回火马氏体转变成二次淬火马氏体、高温回火索氏体、二次回火马氏体（图 5-7-10）；一次回火马氏体、二次回火马氏体、回火索氏体的比体积依次减小。也就是说相变必然引起比体积的变化，而比体积的变化则引起组织应力，再加上急热急冷造成的热应力，在轴颈高温烧伤影响区附近形成强烈的拉应力。如果拉应力超过材料抗拉强度，就会萌生微裂纹（热裂裂纹），裂纹的扩展就会出现宏观热裂裂纹，如图 5-7-5 所示。这就是出现第 1 种热裂裂纹的原因，也是在 ISO 15243：2017（E）/BS ISO 15243：2017 中提到的：热裂是由滑动产生的高摩擦热造成的，是表面二次淬火以及高的残余拉应力这两个因素的共同作用的结果。事实的确如此。

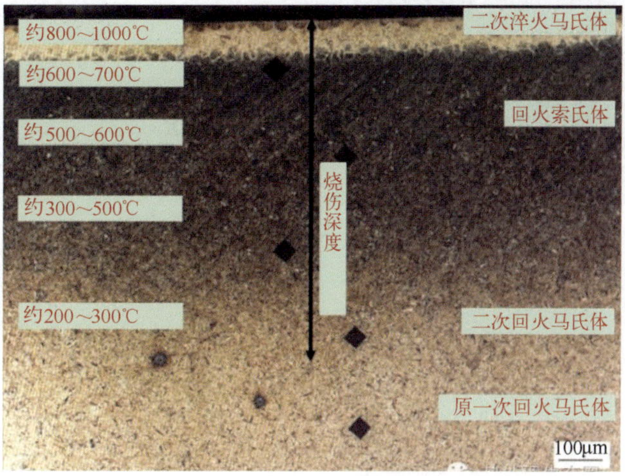


图 5-7-10　烧伤瞬时的温度场和金相组织分布

# 4　结论和预防措施

## 4.1　分析的结论

① 有关单位未提供齿轮轴应用于何种机械设备上的信息，但从齿轮轴的结构和转速（4680r/min）可以判断，该轴很可能应用在小型的高速线材轧机上，或类似的机械设备上。

② 本例的齿轮轴有两种失效模式：其一是油膜轴承抱轴烧毁；其二是轴颈出现裂纹。很明显，齿轮轴的裂纹是由油膜轴承抱轴烧毁引起的。

③ 由于有关单位未能提供油膜轴承抱轴烧毁的背景资料，就没有条件进行油膜轴承抱轴烧毁原因的分析，只能对轴上出现裂纹的原因和机理进行探讨。

④ 轴颈上出现的所有裂纹，其失效模式都是油膜轴承高温烧毁引起的热裂失效。

## 4.2　预防措施

① 由于轴颈上的裂纹都是油膜轴承高温烧毁引起的热裂，并且多次发生此类故障，因此最好的预防措施是进行全面、深入的失效分析，找到油膜轴承高温烧毁的原因，并采取相应的措施，防止油膜轴承失效，这是治本之举。

② 要严格控制油膜轴承轴颈的硬度和表面粗糙度，增强轴颈抵抗热裂的能力。

③ 要严格控制油膜轴承润滑油的清洁度，避免油中的硬性污染物伤及轴承的承载面。

## 参考文献

［1］ 朱孝禄，胡炜．机械传动装置基础件失效分析［M］．北京：化学工业出版社，2022.

日期：2024 年 10 月 22 日

# 第6章 连接件

## 【例 6-1】 花键断齿的原因分析

### 问题描述

北京某实验室发来花键齿断裂失效的照片和有关的信息。花键具体的故障情况：在台架试验中，内、外花键配合后运转几小时即出现花键齿断裂，故障率很高。咨询花键断齿的原因和改进措施。

### 答复内容

看了花键齿断裂失效的照片和补充的信息，作者有以下几点看法：

① 发来的资料中提及“花键连接好像间隙很大，插入齿轮轴的内花键，晃动很明显，不像紧密配合。”因此可以确认花键是松连接，有较大的齿侧间隙。

② 如果花键是很松的连接，就可能出现图 6-1-1 的情况：

a. 由于安装不到位，内外花键轴线的同轴度差，内外花键的轴线会出现一个角度偏差 $\alpha$（图 6-1-1）。

b. 由于轴线偏斜，内外花键就会产生两个偏载区，如图 6-1-1（a）所示。

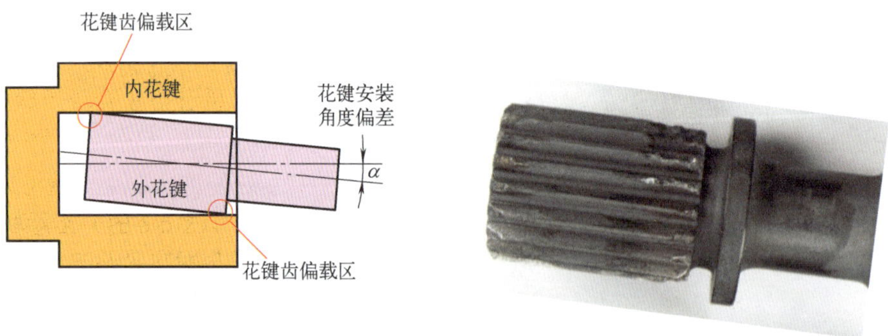


(a) (b)

图 6-1-1 内外花键就会产生两个偏载区

c. 在内外花键两端的偏载区内，由于载荷大，花键齿就会断裂，而花键的中部，载荷小就不断齿，如图 6-1-1（b）所示。

d.安装不到位的角度偏差 $\alpha$ 的大小，决定花键是否出现断齿或断齿的严重程度，图 6-1-2 就可以说明这一点。图 6-1-2（b）和（d）——安装不到位的角度偏差 $\alpha$ 的很小，花键基本不断齿；图 6-1-2（a）——安装不到位的角度偏差 $\alpha$ 相对较小，花键断齿较小；图 6-1-2（c）——安装不到位的角度偏差 $\alpha$ 很大，花键两端严重断齿。

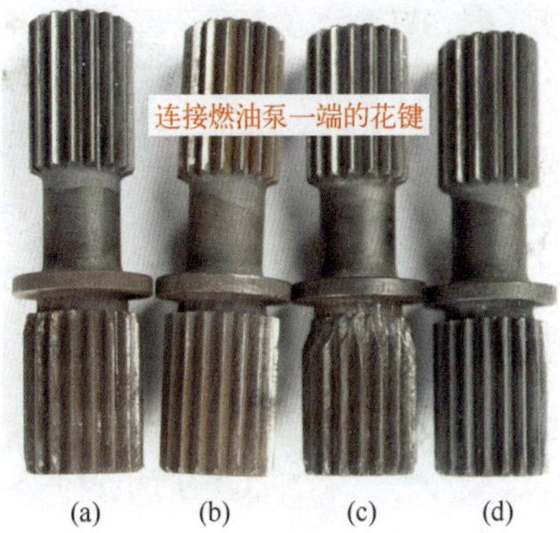


图 6-1-2　安装不到位决定断齿的严重程度

此外，传动轴连接燃油泵一端（花键无明显磨损）的内外花键配合较紧，就不发生花键断齿，见图 6-1-2。

以上所述就是花键齿两端断齿的原因。

改进措施：提高安装精确度，保证内外花键轴线的同轴度，消除角度偏差，就可以避免断齿。

日期：2015 年 9 月 6 日

## 【例 6-2】 关于联轴器偏移量问题

### 问题描述

北方某公司的朋友问：减速机安装、调试时，轴线对中的要求是否有国家标准或行业标准？

### 答复内容

如果电动机轴与减速机轴的同轴度不好，轴上就会产生附加力，附加力的大小决定于电动机和减速机两轴的同轴度。此同轴度对硬齿面齿轮减速机轴的损伤非常敏感。在《机械设计手册》中，此同轴度用两轴线相对偏移（轴向偏移 $\Delta x$、径向偏移 $\Delta y$ 和角向偏移 $\Delta\alpha$）来表示，其许用值称为许用补偿量。对于不同的联轴器，规定了不同的许用补偿量。例如规定弹性联轴器径向偏移 $\Delta y$ 不得大于 0.2 ～ 0.6mm。但必须注意：这对于软齿面减速机可能是合适的，而对于硬齿面减速机就可能偏大了。在减速机实际的安装、调试中，径向偏移 $\Delta y$、角向偏移 $\Delta\alpha$ 和组合偏移对减速机轴的强度影响最大。而大多数现场安装、使用人员并不重视此同轴度问题，认为使用弹性联轴器可以自动补偿误差，而没有注意到产生的附加力，这是严重的误判。在附加力的作用下，由于减速机轴径比电动机轴径小得多，因此减速机轴上的弯曲应力要比电动机轴的大很多，减速机轴就很容易发生断裂了。更详细的说明见下面的附录。

### 附录　联轴器所联两轴的相对偏移量的测量和调整[1]

为了保证联轴器正常运转，达到预定的工作性能和使用寿命，在安装时必须对所联两轴的安装偏差进行测量和调整，以获得应有的同轴度。对于具有补偿性能的挠性联轴器，即使所连两轴的相对偏移量在该联轴器的许用补偿量之内，也应适当调整，尽可能地减少两轴的相对偏移量。

因为联轴器所连两轴的相对偏移，将在轴、轴承和联轴器上产生不利的附加载荷。两轴的轴向相对偏移也可能产生附加轴向力：两轴的径向相对偏移产生附加的径向力；两轴的角向偏移产生附加的弯矩。它们的计算式如下：

附加轴向力 $F_x=\Delta x c_x$

附加径向力 $F_y=\Delta y c_y$

附加弯矩 $M_\alpha=\Delta\alpha c_\alpha$

式中 $\Delta x$——两轴的轴向相对偏移量，mm；

$\Delta y$——两轴的径向相对偏移量，mm；

$\Delta\alpha$——两轴的角向相对偏移量，rad；

$c_x$——联轴器的轴向刚度，N/mm；

$c_y$——联轴器的径向刚度，N/mm；

$c_\alpha$——联轴器的角向刚度，N·mm/rad。

考虑机器运转时，基础及其他有关零部件的受载变形和温差变形等因素，联轴器所连两轴的相对偏移量应满足下列限制条件。

对于弹性联轴器

$$\left.\begin{aligned}\Delta x &\leqslant (\Delta x)_p/2\\ \Delta y &\leqslant (\Delta y)_p/2\\ \Delta\alpha &\leqslant (\Delta\alpha)_p/2\end{aligned}\right\}$$

对于无弹性元件的挠性联轴器

$$\left.\begin{aligned}\Delta x &\leqslant (\Delta x)_p/3\\ \Delta y &\leqslant (\Delta y)_p/3\\ \Delta\alpha &\leqslant (\Delta\alpha)_p/3\end{aligned}\right\}$$

式中 $(\Delta x)_p$——联轴器许用轴向补偿量，mm；

$(\Delta y)_p$——联轴器许用径向补偿量，mm；

$(\Delta\alpha)_p$——联轴器许用角向补偿量，(°)。

对于刚性联轴器，由于所连两轴的相对偏移会产生很大的附加载荷，应严格限制两轴的相对偏移量：$\Delta x \leqslant$（0.1 ～ 0.5）mm，$\Delta y \leqslant$（0.05 ～ 0.1）mm，$\Delta\alpha \leqslant 0.03° \sim 0.1°$。

联轴器所连两轴相对偏移量的测量有多种方法，可以直接测量两轴伸，最好直接测量联轴器的外缘和端面。如果受联轴器结构限制不能直接测量联轴器外缘和端面，可另制专用的测量盘安装在两轴上进行测量，在调整好两轴的相对偏移后再拆下换上联轴器。这种方法既费时费事又影响精度，因此，在设计联轴器时就应设计好测量部位，以便直接测量。测量工具一般用千分表或更精密的光电测量仪器。

图 6-2-1 所示为联轴器所连两轴存在组合偏移的情况（假定径向偏移 $\Delta x$ 和角向偏移 $\Delta\alpha$ 在同一平面内），用千分表测量并计算两轴角向偏移量 $\Delta\alpha$（°），计算式如下

$$\Delta\alpha=\arcsin\frac{\delta_2-\delta_1}{D}$$

式中 $\delta_1$、$\delta_2$——两半联轴器（或测量盘）在端面测点测出的最小和最大的轴向距离；

$D$——千分表触点所在圆的直径。

计算出 $\Delta\alpha$ 后，可先着手调整降低或消除角向偏移量。事先应将调整面（如轴承座底面、机架支承面）清理干净，不得有毛刺、铁屑等杂物。角向偏移可用斜面补偿垫片并水平移动支承座来调整。角向偏移初步调整后，可测量两轴的径向偏移量，如图 6-2-2 所示。调整径向偏移可用增减平面补偿垫片并水平移动支承座的办法。然后测量轴向相对偏移量，如图 6-2-3 所示。轴向相对偏移量按下式计算

$$\Delta x=\delta-(\delta_1+\delta_2+c)$$

式中　$\delta$——两半联轴器（或测量盘）外侧轴向距离实测值；

$\delta_1$、$\delta_2$——两半联轴器（或测量盘）的厚度；

$c$——标准规定的两半联轴器端面间隙。

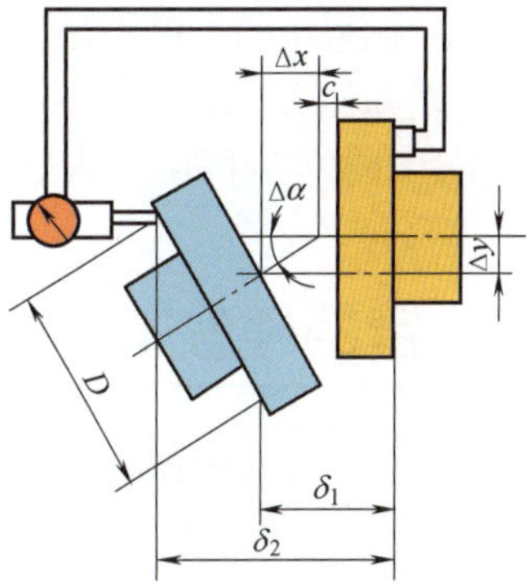

图 6-2-1　两轴存在组合偏移时测算 Δα

由于两轴的径向偏移和角向偏移往往不在一个平面内，即两轴轴线既不平行又不相交，而是空间交错，所以要沿联轴器外缘圆周多点测量，测量和调整要反复进行多次，直至各测点的偏移量都小于允许值为止。

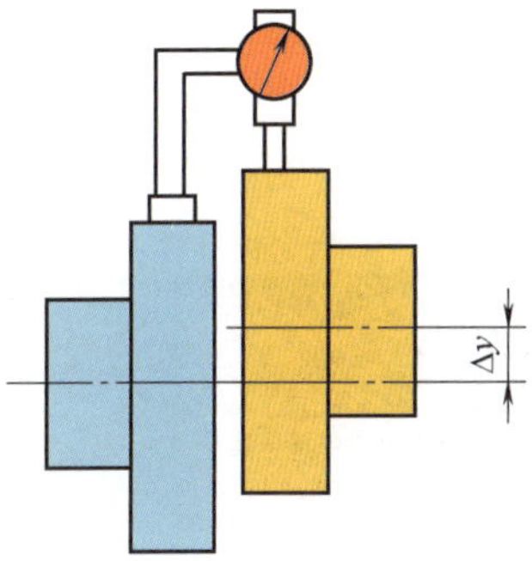

图 6-2-2　两轴径向偏移量 Δy 的测量

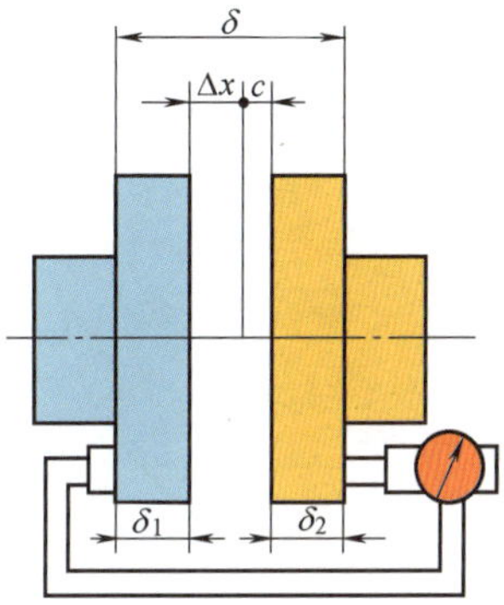

图 6-2-3　两轴轴向偏移量 Δx 的测量

## 参考文献


[1]　朱孝录 . 机械传动设计手册［M］. 北京：电子工业出版社，2007：1263-1264.


日期：2017 年 7 月 27 日

# 【例 6-3】 键的材料和硬度问题

### 问题描述

一位北方朋友请教：减速机轴和轮毂配合安装的键连接，键的硬度达到多少是最佳的？如果键的硬度不足会对减速机造成什么影响？如果键只做调质处理后硬度只有 28HRC，是否满足减速机的承载要求呢？

### 答复内容

上述几个问题，可以归结为两个问题：

① 如果键的硬度不足对减速机的传动会造成什么影响？

② 如何合理选用键的材料和硬度？

下面我们来讨论这两个问题。

# 1 键的硬度不足对减速机传动的影响

这是一个键的强度计算问题。平键的受力情况如图 6-3-1 所示（本例只讨论平键，简称键）。图中 $T$ 是传递的转矩；$b$ 是键宽；$h$ 是键高；$d$ 是轴径；$l$ 是键的工作长度；$t_1$ 是平键与轴的接触承载高度；$k$ 是键与轮毂的接触承载高度。

键的失效有两种模式：其一是键被剪切断裂，如图 6-3-1 所示，这种情况在方形键中才可能出现；其二是键的侧面挤压（就是塑性变形）损坏，这是矩形截面键最常见的失效形式，如图 6-3-2 所示。因此，键强度计算的出发点就是要防止键侧面发生塑性变形。

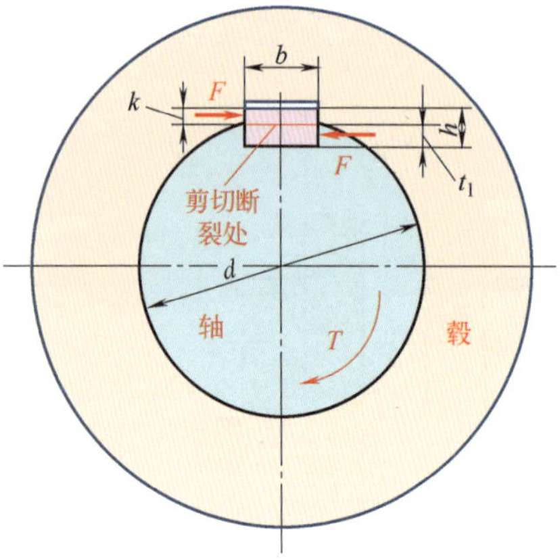


图 6-3-1　平键的受力情况示意图

图 6-3-2　平键侧面的塑性变形

目前国内《机械设计》和《机械设计手册》中，键强度的计算方法如下：

键的挤压应力用下式计算：

$$\sigma_p = \frac{2T}{dkl} \leqslant [\sigma_p]$$

式中　$\sigma_p$ ——挤压应力；

$T$ ——传递的转矩；

$k$ ——键与轮毂的接触承载高度，mm，对于平键，取 $k=0.4h$；

$l$ ——键的工作长度；

$h$ ——键高；

$d$ ——轴径；

$[\sigma_p]$ ——键、轴、轮毂三者中最弱材料的许用挤压应力，MPa，从表 6-3-1 中选用。

表 6-3-1　平键的许用挤压应力 $[\sigma_p]$

| 连接中最弱零件的材料 | 许用挤压应力 $[\sigma_p]$/MPa | | |
|---|---|---|---|
| | 载荷平稳的静连接 | 轻微冲击载荷 | 冲击载荷 |
| 钢 | 125 ～ 150 | 100 ～ 120 | 60 ～ 90 |
| 铸铁 | 70 ～ 80 | 50 ～ 60 | 30 ～ 45 |

从表 6-3-1 中可见，平键的许用挤压应力 [$\sigma_p$] 只与连接中最弱零件的材料锻钢、铸钢、铸铁有关，并没有规定平键材料的硬度。平键的材料在有关标准中推荐采用 45 钢或 35 钢，国内规定抗拉强度要大于 590MPa；在国外常采用精拔的 45 钢，规定抗拉强度要大于 600MPa。两者的转换硬度约为 20HRC（200HBW），这是很低的硬度。

由以上分析可知，键的硬度太低可能造成键的侧面出现塑性变形，键就成为键连接失效的肇事件。

## 2 合理选用键的材料和硬度

（1）键的材料

键的材料选用首先要看键的失效形式：对于矩形截面的平键，键的失效形式是键的侧面挤压失效。所谓挤压失效就是键发生了塑性变形，而材料抵抗塑性变形的力学性能指标是硬度。任何金属材料只要能够达到规定的硬度，都可以用来制作平键，但是要考虑材料的可加工性能和经济性能等。

在国外，大都推荐 45 钢作为键的材料，因为这种钢材可以通过不同的热处理，得到 200HBW ～ 52HRC 的硬度，可满足大部分键的硬度要求，并且经济性很好。

GB/T 699—1999《优质碳素结构钢》标准规定 45 钢抗拉强度为 600MPa，屈服强度为 355MPa，断后伸长率为 16%，断面收缩率为 40%，冲击功为 39J。45 钢的硬度：未热处理 ≤ 229HBW；退火钢≤ 197HBW，淬火后表面硬度可达 45 ～ 52HRC。

目前，国内的平键一般采用碳素结构钢或合金结构钢制作，常见的有 45、45H（国家标准规定的一种保证淬透性的结构钢）、35、40Cr 等材料。不同材料的键具有不同的特点，例如 45 钢的强度和韧性相对较好，40Cr 钢的硬度和耐磨性较好，35 钢的加工性能较好，可以根据键的具体使用情况和要求，选择不同的材料。

（2）键的硬度

关于键的硬度有不同的说法和数据，可根据具体使用条件合理选用。

① 选用键硬度的依据，有两种说法：一种说法是键的硬度应该高于轴和轮毂的硬度，以确保键不会在使用过程中损坏。可能损坏的是轴或轮毂的键槽，这不合理。图 6-3-3 就是键未损坏，而轴键槽损坏的实例。另一种说法（本文的观点）是键的硬度应该低于轴和轮毂的硬度，以确保过载时，轴和轮毂不会在使用中损坏，损坏的是键。键损坏更换方便、制造简单、费用低，比较合理。

图 6-3-3　齿轮轴的键槽损坏

② 45 钢正火的硬度一般＜ 217HBW。

③ 45 钢调质处理，硬度最高应该在 297HBW，即 31 ～ 32HRC。这是比较理想的状态。

④ 根据查询平键质量标准得知，材质选用碳钢 45H，硬度为 32 ～ 35HRC，可能是最合理的选择，使用寿命长。

⑤ 45 钢淬火，如果用水淬一般能够达到 40 ～ 60HRC，用油淬火一般在 30 ～ 55HRC 之间。因此，常用的 45 钢通过不同的热处理完全能够满足不同硬度（强度）的要求。一般

不采用合金钢，国外资料也如此。

⑥ 如果是滑动键（动连接），其失效模式是磨损，采用耐磨的合金钢是一种合理的选择，因为不同的钢材抗耐磨性是不同的。

⑦ 如果对键有高硬度（大于 58HRC）的要求，可以采用合金钢。

⑧ 设计键连接确定键的硬度，如果只知道轴、轮毂的热处理而不知道具体的硬度，推荐从表 6-3-2 中选择键的参考硬度。

⑨ 如果知道轴、轮毂的硬度，键的最高硬度要低于轴、轮毂的硬度，键的最低硬度要满足挤压强度（$\sigma_p \leqslant [\sigma_p]$）的要求。

**表 6-3-2　选择键的参考硬度**

| 零件 | 轴 | 轮毂 | 键 |
| --- | --- | --- | --- |
| 材料、热处理和硬度 | 钢调质 | 钢调质 | 230 ～ 270HBW |
| | 钢调质 | 灰铸铁 | 170 ～ 200HBW |
| | | 球墨铸铁 | 190 ～ 220HBW |
| | 钢渗碳淬火 | 钢调质 | 230 ～ 270HBW |
| | 钢渗碳淬火 | 钢渗碳淬火 | 40 ～ 50 HRC |
| | 钢调质 | 钢渗碳淬火 | 230 ～ 270HBW |

注：本表是针对本例的观点和意见，数据供参考。

日期：2024 年 2 月 5 日

# 【例 6-4】 键槽底部的圆角为什么很重要

### 问题描述

南方某公司来信说：在我们众多的失效案例中，键槽根部的失效案例比较多，解决的方案是加工时，必须对键槽根部圆角进行有效的控制，必须按照要求加工到位。但是，我们的设计工程师、工艺工程师、采购工程师和刀具厂家对这一技术要求的重要性，没有达成共识，影响问题的解决。这是最近在实际工作中遇到的问题，如何做才好？

### 答复内容

键槽底部的圆角、轴的过渡圆角等细部结构，在轴的断裂失效中扮演重要角色，作者也多次通过失效分析案例，提示轴的设计者、制造者重视这个问题，但是效果甚微。其原因就是“我们的设计工程师、工艺工程师、采购工程师和刀具厂家对这一重要的技术要求，没有达成共识。”因此，作者认为解决这个问题要从两方面着手：提高多个有关方对键槽底部圆角重要性的认识，重视这个问题；要找到解决这个问题的方法。下面就来讨论这两个问题。

## 1　键槽底部圆角的重要性

### 1.1　圆角对强度的影响

由于键槽底部圆角太小，造成轴疲劳断裂，作者就分析过多个案例[1]，其原因就是键槽底部圆角处是应力集中最大的裂纹起源地，如图 6-4-1 所示。

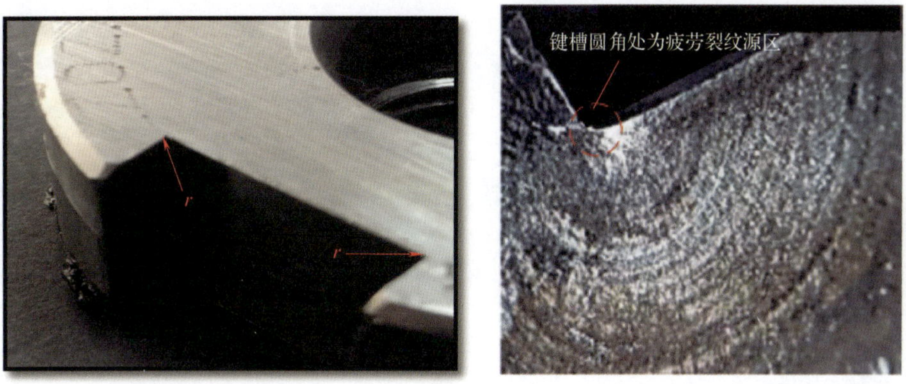


(a) (b)

图 6-4-1 键槽底部圆角是裂纹起源地

可用有限元法计算不同圆角 $r$ 的最大应力。参考某机型的功率与转速，计算得其转矩 1273N·m。对有键槽轴模型进行约束与受力设置，得出键槽不同圆角 $r$ 的最大应力数据，见表 6-4-1，可见圆角 $r$ 对强度的影响是很大的。

表 6-4-1 不同圆角 $r$ 的最大应力数据

| 键槽圆角 $r$ 值 /mm | 最大应力值 /MPa | 键槽圆角 $r$ 值 /mm | 最大应力值 /MPa |
|---|---|---|---|
| 标准键槽 0.40 | 221.7 | 0.10 | 354.5 |
| 0.25 | 259.8 | | |

## 1.2 国外的案例

文献［2］报道一个实例：美国某厂 8 台大功率压缩机的轴和齿式联轴器用 4340 钢制造，热处理为调质，硬度 35 ～ 39HRC。工作功率为 2942kW（4000 马力）。轴上配置双键，过盈连接来传递转矩。8 台压缩机分别仅仅工作了数月，就有 7 台压缩机的轴发生开裂（图 6-4-2）。文献［2］认为，轴的开裂起源于键槽底部的圆角，并对裂纹做了详细的描述（图 6-4-3）。作者认为图 6-4-3 所示的环形裂纹是键槽失效的典型模式。

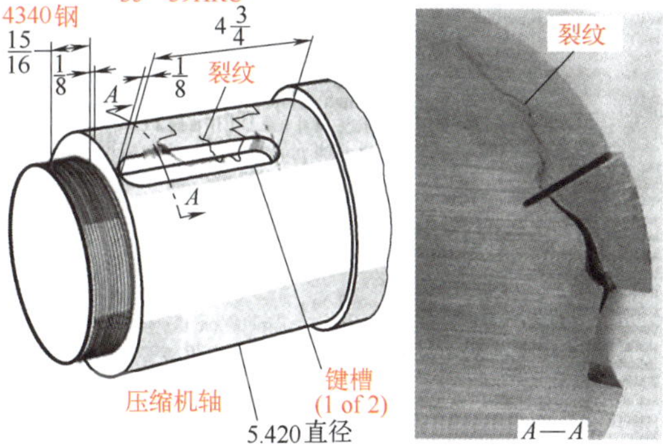


图 6-4-2 键槽的开裂失效

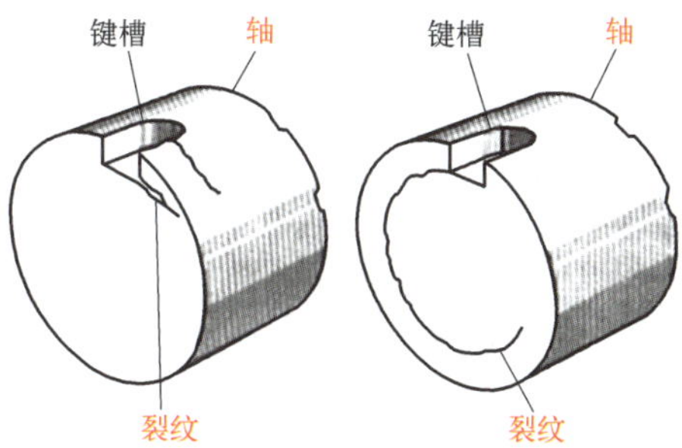


(a) (b)

图 6-4-3 起源于键槽底部圆角的裂纹

## 1.3 国内的案例

用于某铝厂的一台减速机，在生产厂中使用了 2 年多的时间，由于高速轴开裂而失效。该减速机为三级齿轮减速传动，用来驱动隔膜泵。减速机高速轴输入功率 $P$=2986kW；转速 $n$=1413r/min；传动比 $i$=28.265。高速轴上出现裂纹的部位如图 6-4-4 所示。这是一种很不常见的开裂。

经过观察后，初步判断裂纹起源于键槽根部的圆角处，如图 6-4-4 所示。图中表示出键的安装位置。

轴切断的切面如图 6-4-5 所示，见参考文献［3］。在图中可以看到起源于键槽的裂纹并不深入轴心，而是沿圆周扩展。在键槽的对称位置还可以隐约看到尚未形成裂纹的材料损伤痕迹。图 6-4-5 与图 6-4-2、图 6-4-3 非常相似。

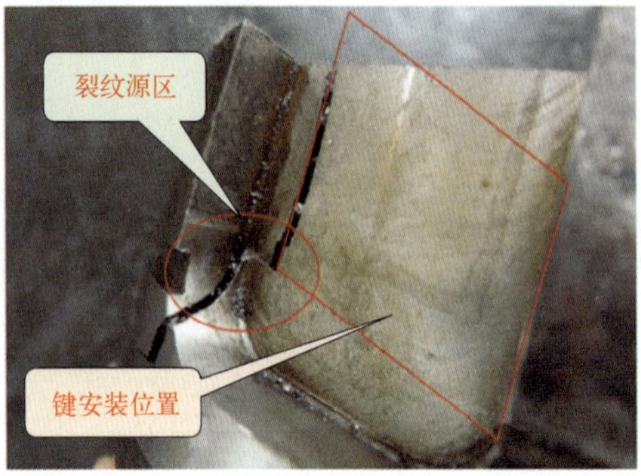

图 6-4-4 裂纹起源于键槽底部的圆角处

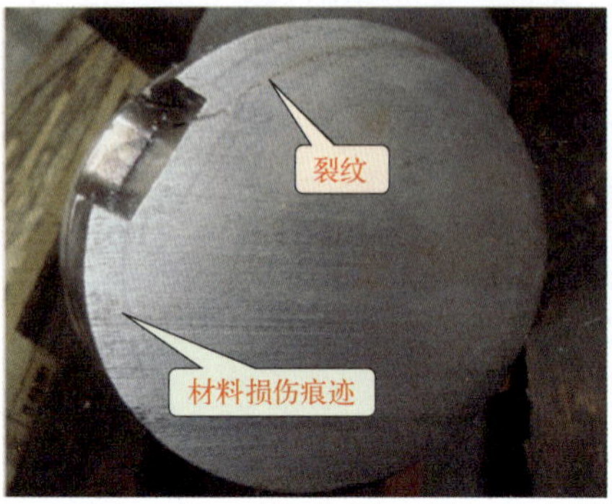

图 6-4-5 轴的横切面

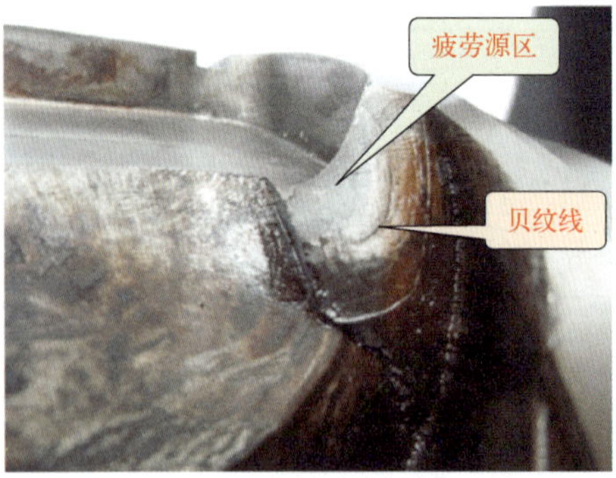

图 6-4-6 裂纹起源于键槽底部圆角的疲劳源

裂纹起源于键槽底部圆角的疲劳源，如图 6-4-6 所示。可见键槽根部圆角对轴强度有重大的影响。

小结：

① 上述两个案例减速机的功率都很大，国外的工作功率 $P$=2942kW，国内的高速轴输入功率 $P$=2986kW，可见两者都是大型减速机。如果因轴的故障（键槽圆角的影响）而停产检修，其经济损失是很可观的。这很值得设计者、制造者和刀具供应者重视。

② 对于中小型减速机，生产中出现上述轴的故障也不在少数。作者就处理过类似的故障很多次，非常值得有关者重视。

③“成败决定于细节”，在很多机件失效分析的案例中，的确如此。

# 2 轮毂键槽底部的圆角也很值得重视

下面来讨论一个人们都很不重视的轮毂键槽根部的圆角问题。从图 6-4-7 可见，GB/T 1095—2003《键和键槽的剖面尺寸》[4] 标准中只规定了轴的键槽底部的圆角 $r$，而对轮毂键槽底部的圆角未做规定，看起来好像轮毂键槽底部的圆角不太重要。但是，实际齿轮的失效案例，有点意外。

图 6-4-8 是一个普通的圆柱大齿轮，在实际的使用中，出现齿轮对开断裂。其断裂面穿过两个轮毂键槽底部的圆角处，该处有圆角的高应力集中作用，齿轮是疲劳断裂，轮毂断裂的断口（图 6-4-9）证明了这个判断。

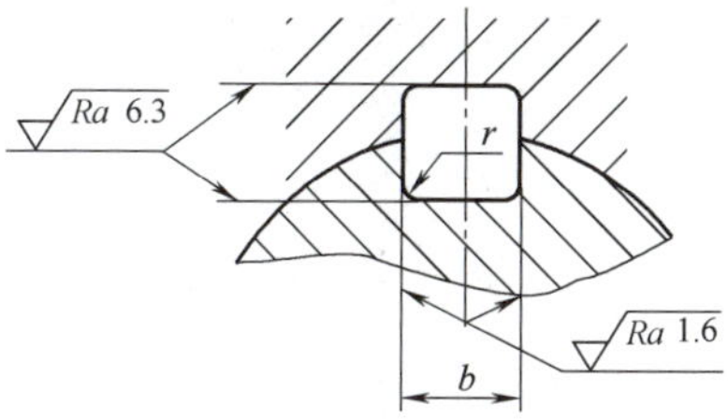


图 6-4-7 平键键槽的剖面形状和尺寸

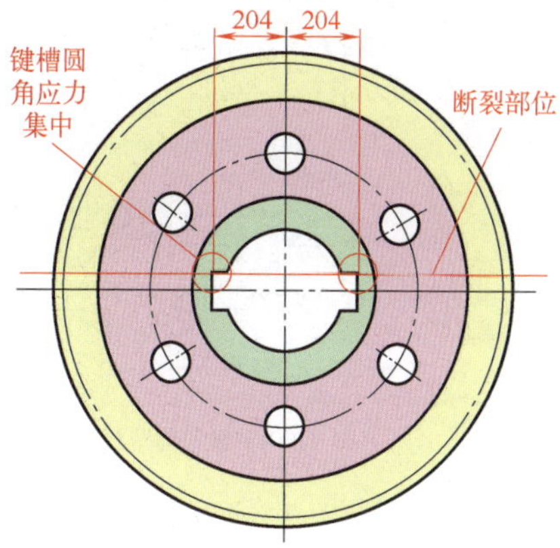


图 6-4-8 对半断裂的圆柱大齿轮

轮毂断裂的断口如图 6-4-9 所示。从断口的特征可见，最初的裂纹起源于键槽的边缘，断口具有疲劳弧线和放射线的特征，断口上有疲劳裂纹慢速扩展区、快速扩展区和瞬断区，说明齿轮是疲劳断裂。大齿轮的对开断裂可能由多个不利因素造成，例如热处理残余内应力过大、材料内部有缺陷等，但是断裂面穿过两个轮毂键槽底部的圆角处，这绝对不是偶然事件，而是该处圆角的高应力集中起到了作用。这个案例也说明，轮毂键槽底部的圆角也很值得我们注意。

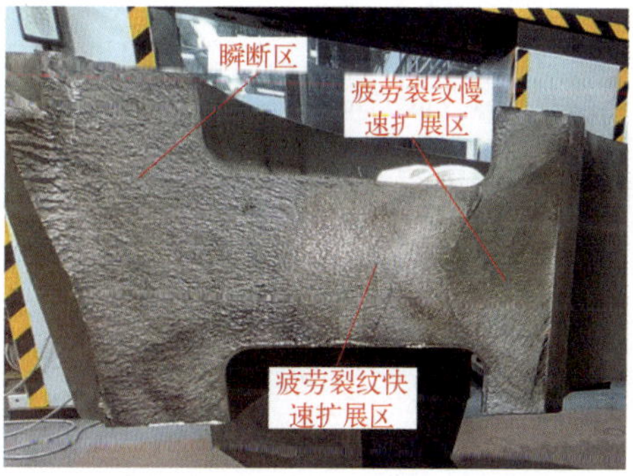


图 6-4-9 大齿轮断裂的断口

# 3 如何取得共识

前面提到要解决设计者、制造者和刀具提供者针对键槽圆角意见不一致这个问题，应从两方面着手，下面就来讨论各方如何在键槽底部圆角问题上取得共识问题。

作者认为取得共识的基础是机械工业的标准——GB/T1095—2003《键和键槽的剖面尺寸》。标准平键键槽的剖面形状和尺寸如图 6-4-10 所示。图中的具体尺寸见表 6-4-2。

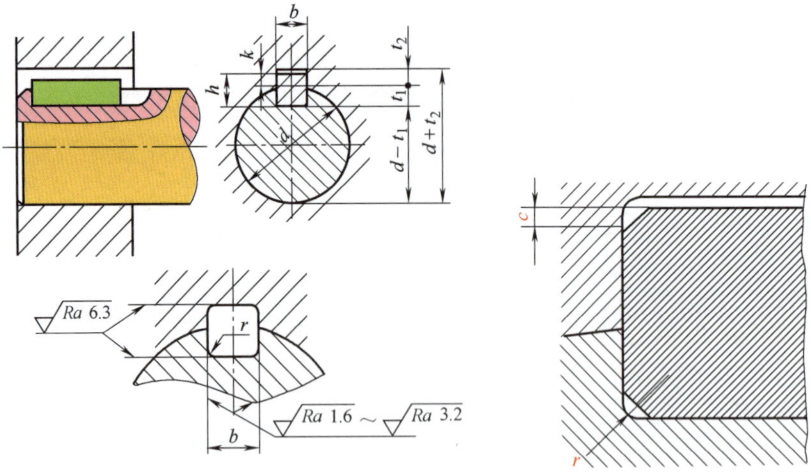


(a) 平键和键槽剖面　　(b) 平键和键槽剖面放大

图 6-4-10　平键键槽的剖面形状和尺寸[4]

表 6-4-2　平键的公称尺寸和键槽尺寸[4]

| 轴径 $d$ | 键的公称尺寸 | | | | 每 100mm 质量 /kg | 键槽尺寸 | | | | | | |
|---|---|---|---|---|---|---|---|---|---|---|---|---|
| | $b$（h8） | （h8）$h$（h11） | $c$ 或 $r$ | $L$（h14） | | 轴 $t_1$ 公称尺寸 | 轴 $t_1$ 公差 | 毂 $t_2$ 公称尺寸 | 毂 $t_2$ 公差 | $b$ | 圆角半径 $r$ min | 圆角半径 $r$ max |
| 6 ~ 8 | 2 | 2 | 0.16 ~ 0.25 | 6 ~ 20 | 0.003 | 1.2 | +0.1<br>0 | 1 | +0.1<br>0 | 公称尺寸同键 | 0.08 | 0.16 |
| ＞8 ~ 10 | 3 | 3 | | 6 ~ 36 | 0.007 | 1.8 | | 1.4 | | | | |
| ＞10 ~ 12 | 4 | 4 | | 8 ~ 45 | 0.013 | 2.5 | | 1.8 | | | | |
| ＞12 ~ 17 | 5 | 5 | 0.25 ~ 0.4 | 10 ~ 56 | 0.02 | 3.0 | | 2.3 | | | 0.16 | 0.25 |
| ＞17 ~ 22 | 6 | 6 | | 14 ~ 70 | 0.028 | 3.5 | +0.2<br>0 | 2.8 | +0.2<br>0 | | | |
| ＞22 ~ 30 | 8 | 7 | | 18 ~ 90 | 0.044 | 4.0 | | 3.3 | | | | |
| ＞30 ~ 38 | 10 | 8 | 0.4 ~ 0.6 | 22 ~ 110 | 0.063 | 5.0 | | 3.3 | | | 0.25 | 0.4 |
| ＞38 ~ 44 | 12 | 8 | | 28 ~ 140 | 0.075 | 5.0 | | 3.3 | | | | |
| ＞44 ~ 50 | 14 | 9 | | 36 ~ 160 | 0.099 | 5.5 | | 3.8 | | | | |
| ＞50 ~ 58 | 16 | 10 | | 45 ~ 180 | 0.126 | 6.0 | | 4.3 | | | | |
| ＞58 ~ 65 | 18 | 11 | | 50 ~ 200 | 0.155 | 7.0 | | 4.4 | | | | |
| ＞65 ~ 75 | 20 | 12 | 0.6 ~ 0.8 | 56 ~ 220 | 0.188 | 7.5 | | 4.9 | | | 0.4 | 0.6 |
| ＞75 ~ 85 | 22 | 14 | | 63 ~ 250 | 0.242 | 9.0 | | 5.4 | | | | |
| ＞85 ~ 95 | 25 | 14 | | 70 ~ 280 | 0.275 | 9.0 | | 5.4 | | | | |
| ＞95 ~ 110 | 28 | 16 | | 80 ~ 320 | 0.352 | 10.0 | | 6.4 | | | | |
| ＞110 ~ 130 | 32 | 18 | | 90 ~ 360 | 0.452 | 11 | | 7.4 | | | | |

从表 6-4-2 可以看到：

① 对键槽的尺寸做了详细的规定，特别是规定了键槽圆角 $r$ 的最小值（min）和最大值（max）。

② 键槽圆角 $r$ 的最小值和最大值与键的 $c$ 或 $r$ 的最小值和最大值是配套的。因此，只有键槽的 $r$ 和键的 $c$ 或 $r$ 按照标准制作，才能满足技术要求。这应该是达成共识的第一点。

③ 从对机件强度有利的角度来看，选用键槽 $r$ 最大值是好的。因此，设计者、制造者和刀具供应者都应向键槽 $r$ 最大值靠齐（经过刃磨刀具的 $r$ 可能减小）。这应该是达成共识的第二点。

④ 键槽设计者、制造者和刀具供应者，都应该采用 GB/T 1095—2003《键和键槽的剖面尺寸》的规定，在此基础上各方达成共识是完全可能的。

# 参考文献

[1] 朱孝禄，胡炜 . 机械传动装置基础件失效分析［M］. 北京：化学工业出版社，2022.

[2] American Society for Metals.Metals handbook（Ninth edition，Vol.11），failure analysis and prevention［M］. ASM International，1986：471.

[3] 朱孝录 . 扭转微动多冲疲劳失效初论［J］. 失效分析与预防 .2022，17（3）：200-208.

[4] GB/T 1095—2003 键和键槽的剖面尺寸［S］. 北京：中国标准出版社，2003.


日期：2024 年 7 月 27 日

# 【例 6-5】 压缩机膜片联轴器螺栓断裂宏观断口分析

**问题描述**

南方某公司发来压缩机膜片联轴器螺栓断裂的照片和有关资料，咨询螺栓断裂的原因和改进措施。

**答复内容**

## 1 膜片联轴器螺栓断裂概述

2023 年 11 月，南方某公司的某设备装配完后，进行以下的性能试测时出现联轴器螺栓断裂故障：设备在Ⅰ工况下，试车测试 0.5h，膜片联轴器未发生异常；随后进行了Ⅱ工况测试，测试功率大于Ⅰ工况，但未超过电机的最大功率 186kW，在测试 10min 后，出现异响，停机检查发现膜片联轴器 6 根螺栓有 3 根断裂。

## 2 膜片联轴器的特性

金属膜片联轴器，平衡校正容易，维护方便，无噪声，适用于高速传动和恶劣环境，应用广泛。在用的金属膜片联轴器如图 6-5-1 所示，是一种 ×××110 双膜片联轴器（图 6-5-2、图 6-5-3）。

图 6-5-1 在用的 XXX110 金属膜片联轴器

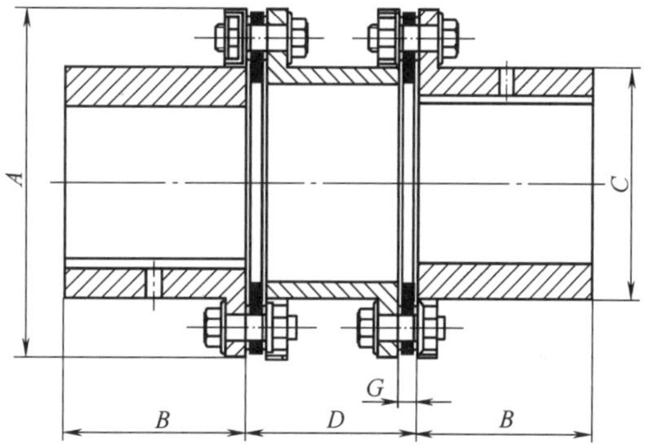


图 6-5-2 XXX110 双膜片联轴器结构图

图 6-5-3　XXX110 双膜片联轴器实物图

金属膜片联轴器的承载能力主要决定于金属膜片的强度、刚度和膜片的形状与尺寸。膜片联轴器在传递转矩，尤其在所连两轴的轴线存在偏离时，金属膜片发生翘曲变形，虽然可以补偿两轴的相对偏离，但是其应力状态十分复杂，难以准确分析确定。

GB/T 9147—1999《弹性膜片联轴器》规定，对于 JM Ⅰ型的金属膜片联轴器许用补偿量，见表 6-5-1。

表 6-5-1　金属膜片联轴器许用补偿量

| 膜片联轴器类型 | JM Ⅰ型 | | JM Ⅱ型 | | |
|---|---|---|---|---|---|
| 型号大小 | 小型号 | 大型号 | 小型号 | 中型号 | 大型号 |
| 许用轴向补偿量 $(\Delta x)_p$/mm | 1 | 2 | 1 | 2.5 | 4 |
| 许用角向补偿量 $(\Delta\alpha)_p$/(°) | 1 | 0.5 | 1 | 1 | 1 |

## 3　南方某公司提供的参数和资料

① 膜片联轴器的型号为 ×××110，额定转矩 8000N·m。选型设计安全系数 4.5，满足要求。

② 六角螺栓规格为 M14-1.5×48，材质：35CrMoA，性能等级 10.9 级。

③ 螺栓制造完工至上车测试，大约相隔 3 个月的时间。

④ 螺栓的选型、设计、尺寸、安装未见异常。

⑤ 螺栓材质：35CrMoA 化学成分，经广东省冶金产品质量监督检测中心检验，结果符合标准要求。

⑥ 螺栓硬度要求 32 ～ 39HRC；硬度经广东省冶金产品质量监督检测中心检测，结果符合 10.9 级要求。

⑦ 螺栓生产工艺流程：材料入场检验→下料→平头→打中心孔→打头成形→热处理→发黑→车光杆、挑牙→研磨光杆→成品检测→包装与标识→出货检验→运输至客户，未发现有问题。

⑧ 螺栓材料的力学性能尚未试验。

⑨ 螺栓材料的金相组织尚未检验。

⑩ 最近出现的螺栓在使用过程中断裂，过去从没发生过。

⑪ ×××110 双膜片联轴器的允许轴向偏差 $(\Delta x)_p=\pm 2.03$mm；角向偏差 $(\Delta\alpha)_p=0.33°$；径向偏差 $(\Delta y)_p=0.16$mm。×××110 联轴器的轴向偏差、角向偏差和径向偏差见图 6-5-4。

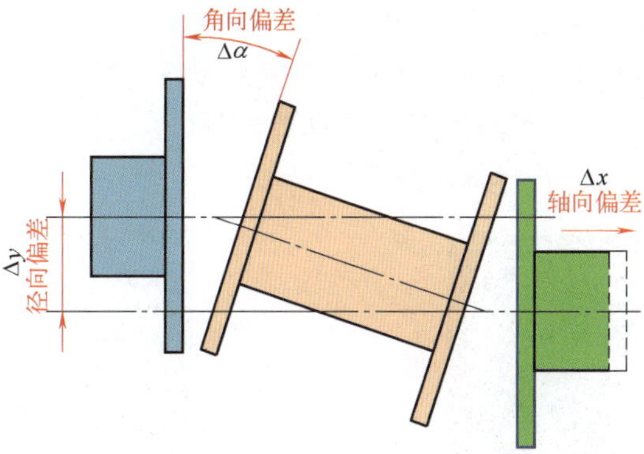


图 6-5-4　轴向偏差、角向偏差和径向偏差示意图

# 4　螺栓断裂断口的宏观观察与分析

三根螺栓断裂的位置都在螺栓经过磨削的中部（三者具体断裂位置稍有不同），如图 6-5-5、图 6-5-6 所示。

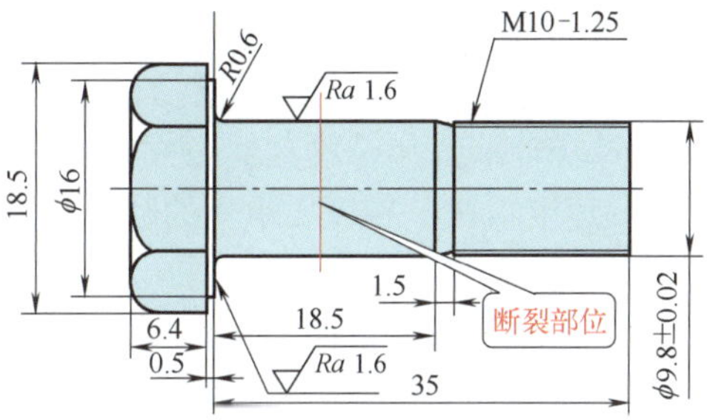


图 6-5-5　螺栓断裂的位置

图 6-5-6　螺栓断裂的位置

三根螺栓断裂的断口如图 6-5-7 ～图 6-5-9 所示。

图 6-5-7　螺栓 A 的断口

图 6-5-8　螺栓 B 的断口

三个螺栓断裂的断口非常相似，特别是螺栓 B 和螺栓 C 的断口，其宏观形貌几乎一致。现选取较清晰、有代表性的螺栓 C 的断口来分析断口的特征。

现将螺栓 C 断口放大，见图 6-5-10。图中有非常清晰的贝纹线（疲劳弧线），贝纹线的收敛方向就是疲劳源点所在位置，其周围就是疲劳源区。从疲劳源区向外扩展的初期，裂纹扩展的速度较慢，出现慢速扩展区，图中画出了裂纹的扩展方向。当断口的承载面积越来越小，裂纹的扩展速度就越来越快，从而出现裂纹快速扩展区，在区内已经看不到贝纹线了。当螺栓承载面积不足以支承外载荷时，螺栓就会突然断裂，其断裂面就是瞬断区。瞬断区的面积约占断口总面积的1/2，可见螺栓中的应力相当大。

从以上断口形貌分析可见，螺栓是疲劳断裂无疑。

图6-5-9　**螺栓C的断口**

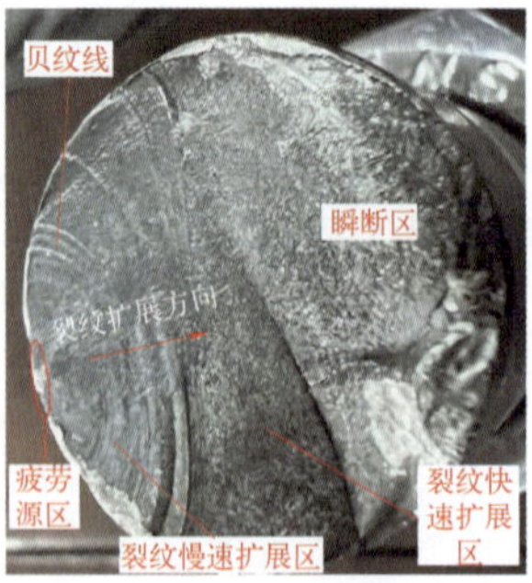


图6-5-10　**螺栓C断口的疲劳特征形貌**

螺栓B的断口形貌（图6-5-9）与螺栓C的形貌相同，不再赘述。螺栓A（图6-5-7）的断口形貌如图6-5-11所示。从图中可见沿断口圆周有5个疲劳区，也就是说有5个疲劳发源点，是一个典型的多源疲劳断裂。其中主疲劳源区1的疲劳区面积最大，这是最早出现疲劳裂纹的部位。在该疲劳扩展区内，看不到疲劳裂纹扩展的贝纹线，可见裂纹的扩展速度很快，断口上承受的载荷很大。

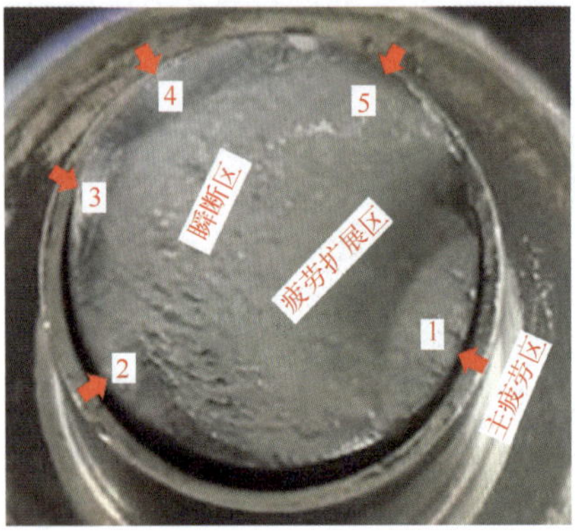


图6-5-11　**螺栓A断口的疲劳特征形貌**

非常值得注意的是：螺栓B（图6-5-8）和螺栓C（图6-5-10）的断口都有这种大面积的主疲劳源区。从图6-5-11的断口形貌来看，其瞬断区位于断口的中部，并与圆周边缘不在同一个平面上（图6-5-7），具有螺栓拉伸断裂的明显特征。

# 5　初步分析

① 根据公司反映，最近出现的螺栓在使用过程中断裂，过去从没发生过，可见这很可能是螺栓偶然断裂失效的事件。根据经验，这种低概率的偶然失效事件，最可能是加工缺陷、安装缺陷引起的。在产品量产的条件下，产品偶然失效一般与产品的材料品质、热处理质量关系不大。

② 根据螺栓断口形貌的观察与分析可见，三个断口具有极为相似的形貌：

a. 都是具有明显疲劳特征的疲劳断裂；

b. 有单源疲劳断裂（图6-5-8、图6-5-10）和多源疲劳断裂（图6-5-11）两种断口，但是其断裂的原因是相同的；

c. 三个断口中都有疲劳源区、大面积的疲劳扩展区和瞬断区，断口截面中的应力相当大。

③ 螺栓A的疲劳断口（图6-5-11）其瞬断区位于断口的中部，并与圆周边缘不在同一个平面上（图6-5-7），具有螺栓拉伸断裂的明显特征。其实，螺栓B和螺栓C也具有拉伸断裂的特征。

# 6 螺栓受力分析

从螺栓受力分析角度来看，膜片联轴器螺栓在装配时，承受规定的预紧力；在负载运转时，螺栓经过磨削的中部只承受剪切载荷，理论上不会增加轴向拉力。但是，经过上述的断口观察和分析得到的结论：螺栓是拉伸疲劳损坏的，而不是剪切载荷剪断的。问题是何来的巨大拉力能将螺栓拉断？

## 6.1 螺栓上拉力和拉应力

图 6-5-12 是电动机 - 膜片联轴器 - 工作机机组的安装示意图，图中用的是单膜片联轴器（也可代表双膜片联轴器）。图 6-5-12 是电动机 - 膜片联轴器 - 工作机都在同一轴线上的理想情况。安装时，膜片联轴器上的 A、B 螺栓（用 2 个螺栓代表）按照规定的预紧力拧紧，这时所有螺栓上都有相同的预紧力。

安装电动机 - 膜片联轴器 - 工作机机组时，如果电动机的轴线与工作机不在同一轴线（例如安装不准确、电动机或者工作机地脚螺栓松动等），有一个角度偏差 $\Delta\alpha$，如图 6-5-13 所示，这时螺栓 A 和螺栓 B 会产生很大的拉应力和弯曲应力。

对于在用的 ×××110 膜片联轴器的允许角向偏差 $(\Delta\alpha)_p=0.33°$，并规定 $\Delta\alpha \leqslant (\Delta\alpha)_p$。

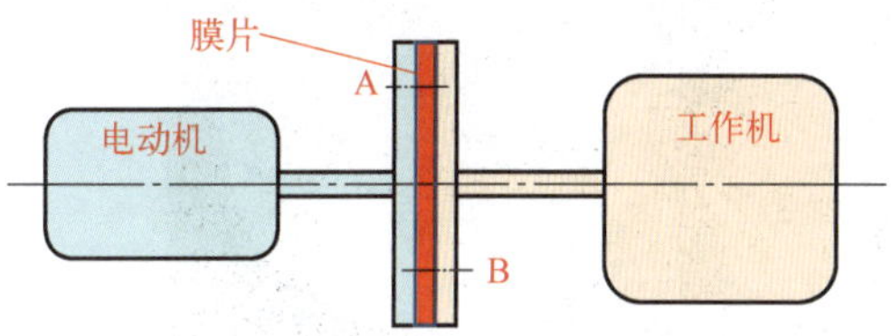


图 6-5-12 电动机 - 膜片联轴器 - 工作机机组的安装示意图

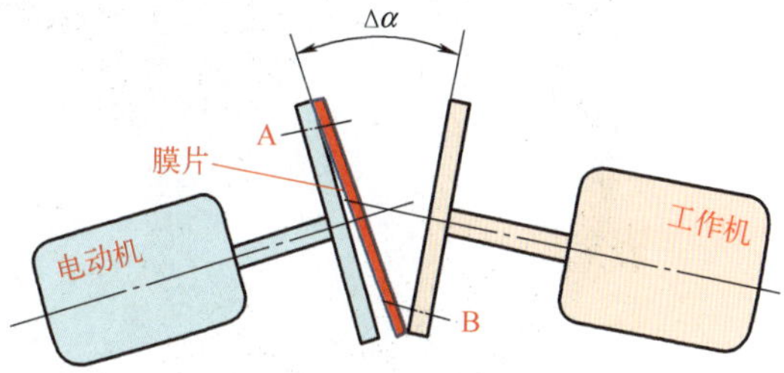


图 6-5-13 电动机的轴线与工作机轴线有一个角度偏差 Δα 示意图

启动电动机旋转 180°时，螺栓 A 就会转到图 6-5-14 的位置，螺栓 A 的拉力就加大了；如此连续旋转，螺栓 A 就在一个循环的拉力下工作，如图 6-5-15 所示（用拉伸应力表示）。螺栓就在这种典型的变应力工况下工作，其失效模式必然是疲劳断裂。

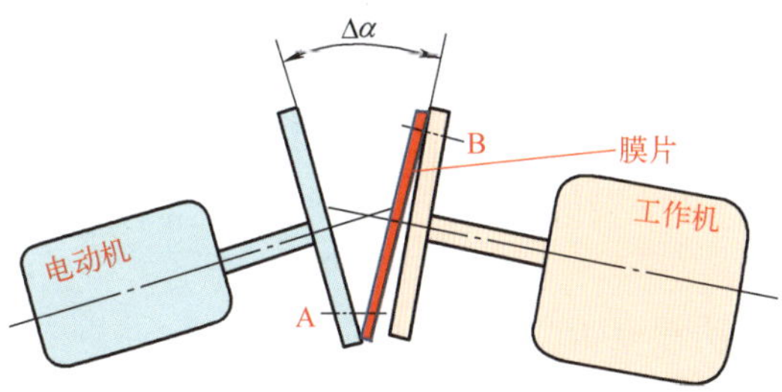


图 6-5-14 电动机的轴线与工作机轴线有一个角度偏差 Δα 示意图

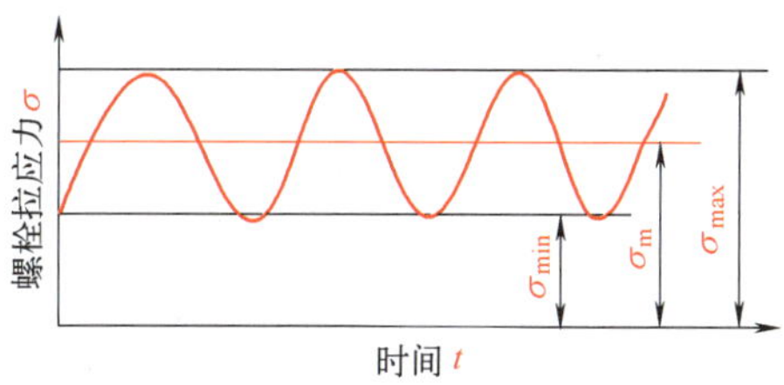


图 6-5-15 螺栓 A 在循环拉应力下工作

$\sigma_m$—螺栓平均拉应力（预紧力产生的拉应力）；$\sigma_{min}$—螺栓的最小拉应力；$\sigma_{max}$—螺栓的最大拉应力

## 6.2 螺栓上的剪切力

螺栓除了以上的轴向拉伸外，还承受联轴器转矩的剪切力，如图 6-5-16 所示。

螺栓剪切横截面如图 6-5-17 所示。从图中可见，横截面中间部位的压强 $p$ 的作用最大，再加上螺栓的拉应力，因此在此部位就会首先萌生疲劳裂纹，裂纹扩展，最后瞬间断裂。三根螺栓首先萌生疲劳裂纹的部位（红箭头所指）如图 6-5-18 所示。

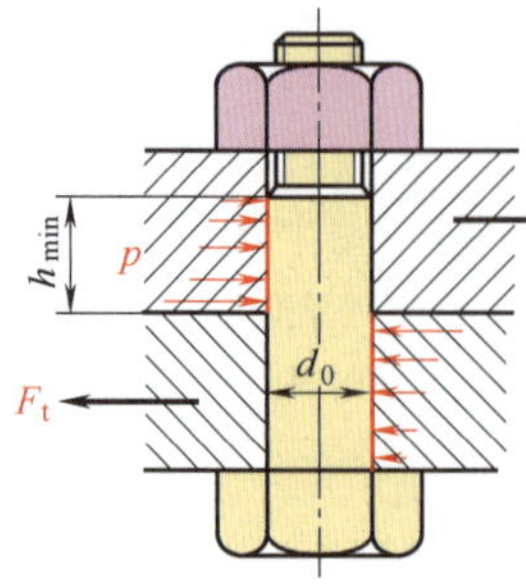


图 6-5-16　螺栓受力图

$F_t$—剪切力；$p$—螺栓受力面的压强

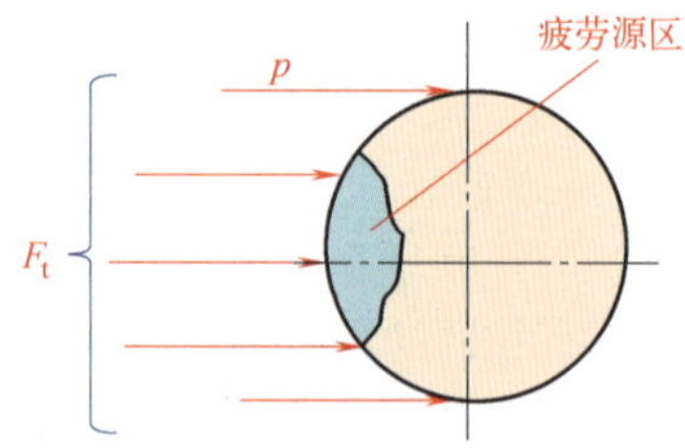


图 6-5-17　螺栓剪切横截面示意图

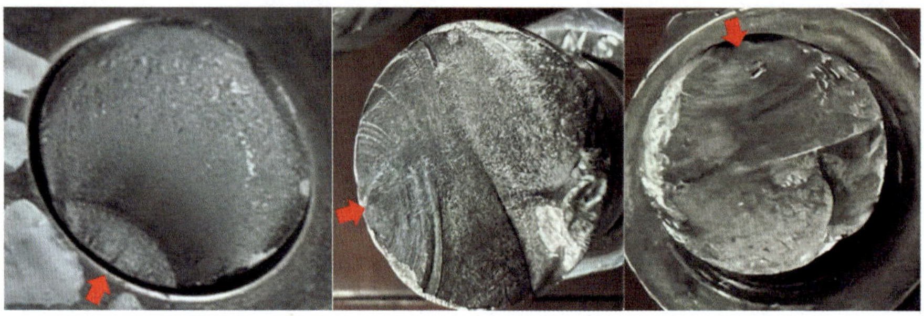

(a) A断口　(b) C断口　(c) B断口

图 6-5-18　首先萌生疲劳裂纹的部位

# 7 结论和建议

## 7.1 结论

① 三个螺栓断裂的断口形貌非常相似，都有疲劳源区、疲劳裂纹扩展区和瞬断区。从断口形貌分析可见，三个螺栓都是疲劳断裂无疑。

② 三个螺栓断口中的瞬断区面积都较大，说明螺栓断口中的应力都较大。

③ 由于本次螺栓在使用过程中断裂，过去从没发生过，可见这是一起螺栓小概率失效的事件。这种小概率的偶然失效事件，最可能是机械加工缺陷、安装缺陷引起的。本例螺栓断裂就是安装缺陷引起的。

④ 在无转矩时，膜片联轴器螺栓仅承受预紧力作用；在负载运转时，螺栓只承受剪切载荷作用，理论上螺栓不会有附加的轴向拉力。

⑤ 从断口形貌分析中可见，三个螺栓断口都具有拉伸断裂的明显特征。螺栓的拉力过大是螺栓断裂的主要原因之一。

⑥ 安装电动机 - 膜片联轴器 - 工作机机组时，电动机的轴线与工作机不在同一轴线（例如安装不准确、电动机或者工作机地脚螺栓松动等），有一个角度偏差 $\Delta\alpha$，是螺栓产生附加拉力的原因。

⑦ 联轴器旋转时，附加拉力与预紧力合成为一个典型的交变载荷，产生相应的交变正应力 $\sigma$。

⑧ 螺栓的中间部位受到剪切载荷作用，会产生相应的剪切应力 $\tau$。如果联轴器上的转矩稳定不变动，剪切应力 $\tau$= 常数，但实际上转矩不可能稳定不变，所以在机械设计中，一般都把转矩按脉动变化考虑，也就是认为剪切应力 $\tau$ 是脉动循环的，见图 6-5-19。

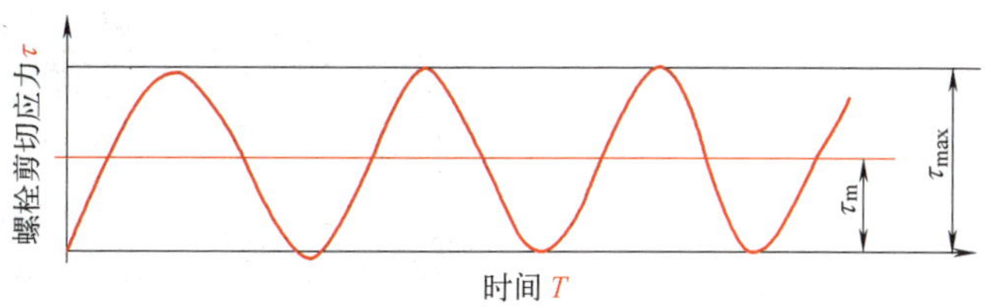


图 6-5-19　脉动循环的剪切应力 $\tau$

$\tau_m$—平均剪切应力；$\tau_{max}$—最大剪切应力

⑨ 螺栓有循环拉应力 $\sigma$（图 6-5-15）和循环剪切应力 $\tau$（图 6-5-19）共同作用，可以采用第 3 或第 4 强度理论合成为等效应力 $\sigma_d$，当 $\sigma_d$ 超过材料的疲劳极限时，螺栓就会疲劳断裂。这就是螺栓断裂的原因。

## 7.2　建议

① 安装电动机 - 膜片联轴器 - 工作机机组时，要有专业的安装师，使电动机的轴线与工作机的安装在同一轴线，尽可能使角度偏差 $\Delta\alpha \approx 0°$，尽量减小螺栓产生的附加拉力。

② 螺栓中部经过磨削，应检验是否有磨削烧伤。

③ 虽然材料力学性能和热处理工艺存在缺陷的可能性比较小，但为避免螺栓失效分析漏洞，建议补全材料力学性能和热处理两方面的检测。

日期：2023 年 12 月 23 日

# 【例 6-6】 三种键槽应力集中有限元静力计算与分析

### 问题描述

北方某公司应用于国内某项目的减速机，在较短的时间内连续发生 3 起断轴事件。断轴上采用的都是方头平键，轴断裂的位置正好是方头平键键槽的端部，3 根轴全是如此。该公司问：方头平键与其他常用的平键比较，在强度方面有什么特点？是否与轴的断裂有关？

# 1 前言

某公司应用于国内某项目的减速机在较短的时间内连续发生 3 起断轴事件。3 根断轴的结构相同，但直径和长度稍有差别；其中 1 根轴的结构、尺寸和断裂位置，如图 6-6-1 所示。轴上采用的是方头平键，轴断裂的位置正好是方头平键键槽的端部（图 6-6-2），3 根轴均是如此。

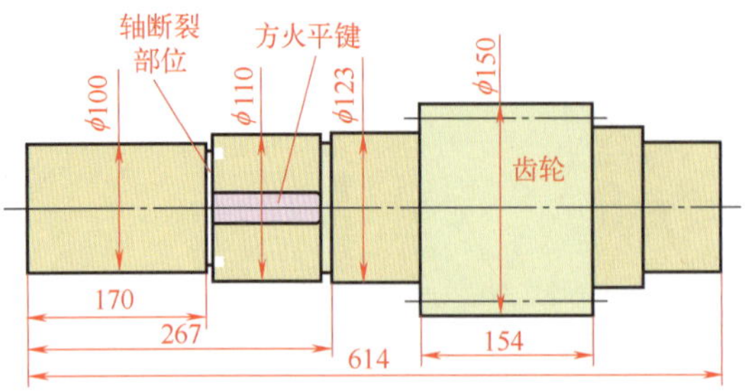


图 6-6-1　轴的结构、尺寸和断裂位置

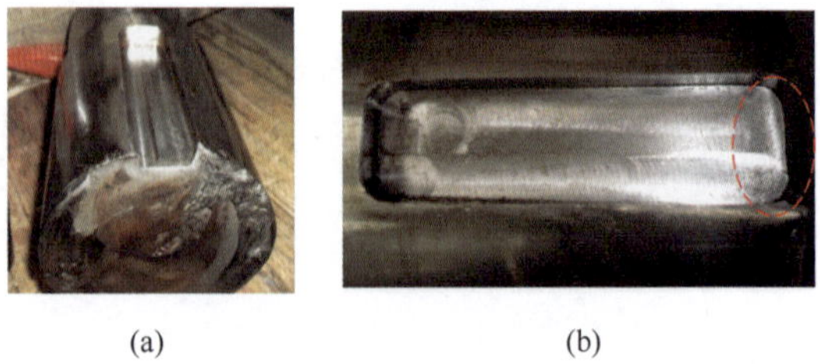


图 6-6-2　轴断裂的位置是方头平键键槽的端部

当时分析认为，3 台减速机轴的断裂都发生在方头键槽端部截面的原因是方头键槽的端部有异乎寻常的应力集中，并做了以下说明：

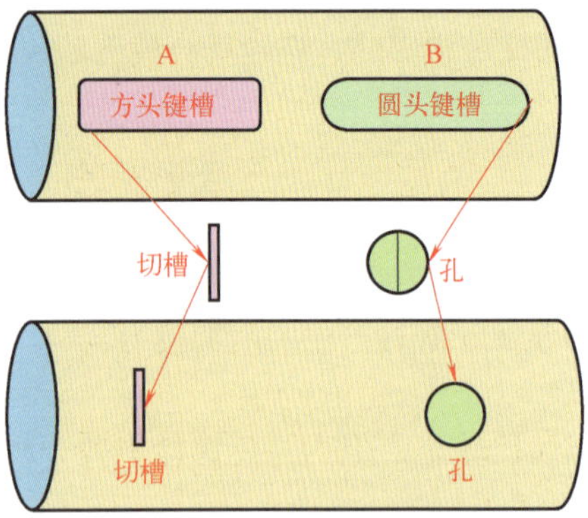


图 6-6-3　方头键槽和圆头键槽对轴强度影响的示意图

图 6-6-3 是说明方头键槽和圆头键槽对轴强度影响的示意图。轴上的圆头键槽，如果截去中间的直线段，就成为轴上的一个圆柱槽，如图 6-6-3 中的 B 所示。此圆柱槽相当于在轴上钻了一个横孔，其应力集中系数对轴的影响较小。如果轴上是方头键槽，也截去中间的直线段，就成为轴上的一个切口，如图 6-6-3 中的 A 所示。可以想象，此切口对轴的强度影响肯定较大。应该说这仅仅是推测，缺乏科学数据的支持。

为了证实以上推测，采用有限元计算和分析，证实了方头键槽端部应力集中的确最大，这就提醒设计人员，在采用方头平键连接时要注意的事项。

# 2 有限元计算与分析

## 2.1 有限元计算的目的和已知条件

本节分别对轴上 3 种不同结构的键槽进行弯矩和扭矩的受力分析，通过弯矩、扭矩共同作用找到应力集中较大 / 较小的键槽结构，用于指导后续的设计和生产。同时，通过 ANSYS 软件对断轴进行受力模拟，进一步论证断轴失效分析的正确性。

在图 6-6-1 轴的结构、尺寸和断裂位置中，方头平键的端部也是越程槽的端部，因此该位置具有重叠应力集中的特点。为了比较不同平键端部的应力集中，在下面的有限元建模中暂不考虑存在越程槽。

为了在受力分析的同时，有效地模拟轴断裂时的受力情况，所建立模型的尺寸均结合实际应用轴的尺寸：取轴径为 110mm，键槽宽为 28mm，键槽实际有效长度是以轴长中心向两边延伸 75mm。图 6-6-4 为三种键槽结构所建立的模型。

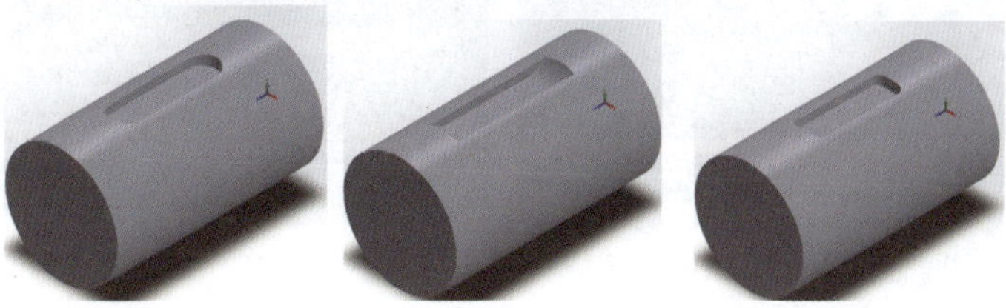

(a) 圆头键槽结构　　(b) 坡形键槽结构　　(c) 方头键槽结构

图 6-6-4　3 种不同结构的键槽

## 2.2　三根轴施加相同扭矩的计算

首先，对 3 根轴施加相同的扭矩。为了使轴的每一段受扭矩均匀，可将轴的一端面刚性化，另一端面固定。在每根轴上分别施加 10000N・mm 的扭矩。受力分析结果如图 6-6-5 ～图 6-6-10 所示。

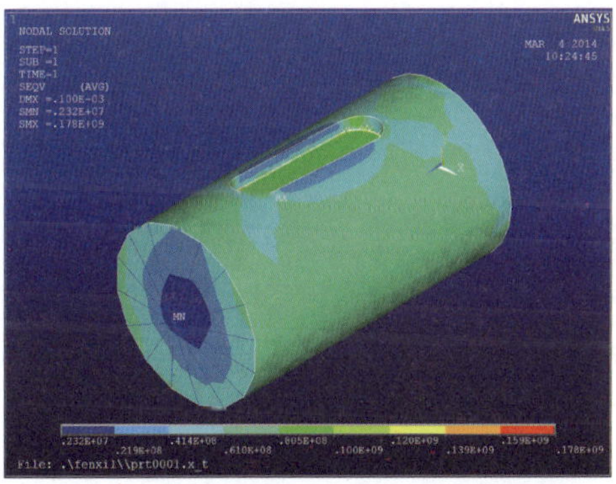


图 6-6-5　圆头键槽的 DMX、SMN、SMX

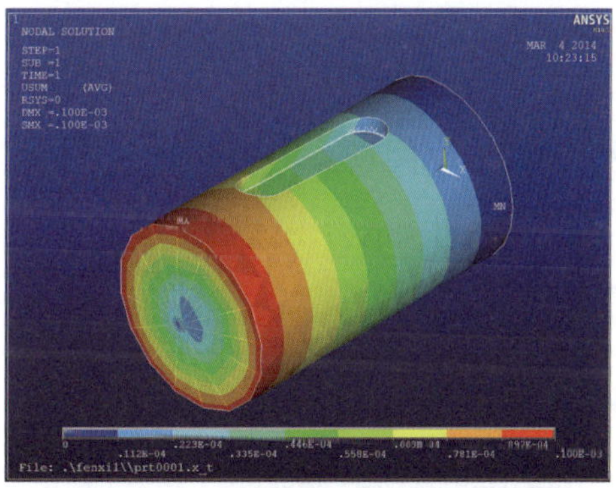


图 6-6-6　圆头键槽的 DMX、SMX

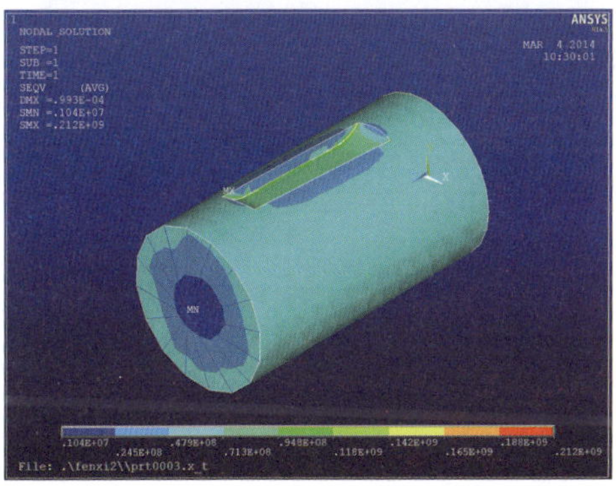


图 6-6-7　坡形键槽的 DMX、SMN、SMX

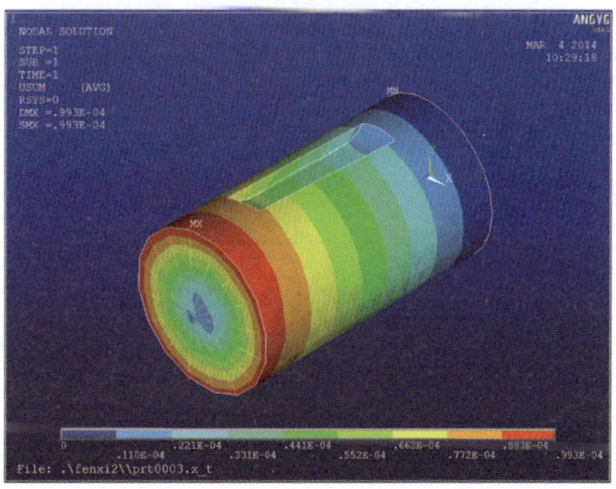


图 6-6-8　坡形键槽的 DMX、SMX

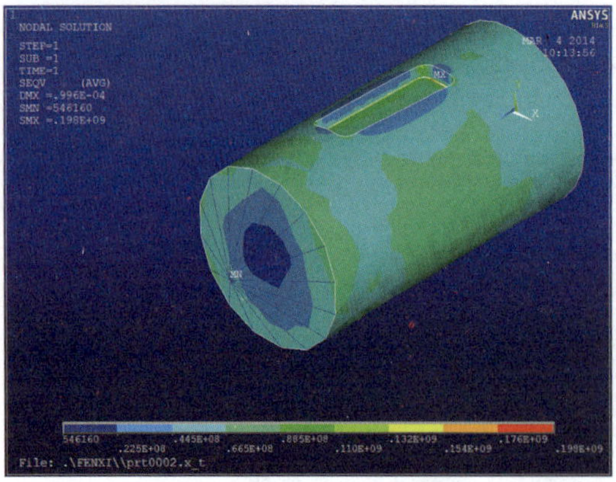


图 6-6-9　方头键槽的 DMX、SMN、SMX

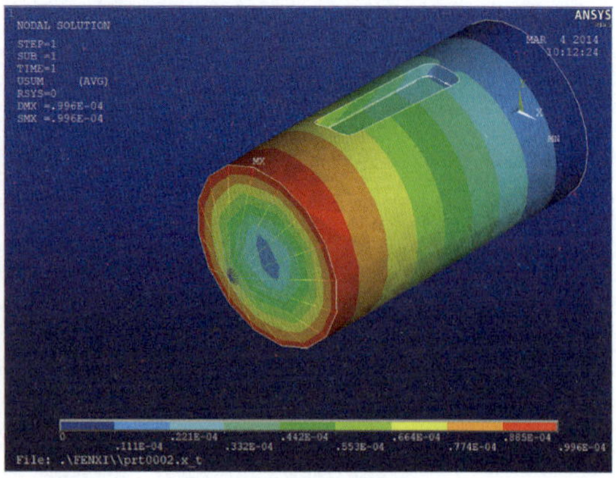


图 6-6-10　方头键槽的 DMX、SMX

计算结果见表 6-6-1。

表 6-6-1　3 根轴施加相同扭矩计算结果

| 计算项目 | DMX（最大变形）/mm | SMN（最小应力）/Pa | SMX（最大应力）/Pa |
|---|---|---|---|
| 圆头键槽 | $0.11\times10^{-3}$ | $0.232\times10^{7}$ | $0.178\times10^{9}$ |
| 坡形键槽 | $0.999\times10^{-4}$ | $0.104\times10^{7}$ | $0.212\times10^{9}$ |
| 方头键槽 | $0.996\times10^{-4}$ | 546160 | $0.198\times10^{9}$ |

小结：以上计算可见，在纯扭矩的情况下，应力集中较大值分别发生在键槽的不同部位：圆头键槽的圆弧形头最大；坡形键槽沿键槽边的曲线最大；方头键槽沿键槽端部呈线性；方头键槽的应力变化最大；坡形键槽较其他两者的应力值最大。

## 2.3　在轴的每一段上均施加相同弯矩的计算

考虑键槽结构的不同而导致最终键槽外形长度的不统一，若在一端施加相同的弯矩必然会形成键槽长度较长的一端应力集中大的特点。因此，为实现在轴的每一段上均施加相同的弯矩，特将其弯矩转换成施加力矩的形式，即将轴的一个端面刚性化，另一端面固定，对三根轴分别施加 $+X$、$+Y$ 方向 10000N・mm 的力矩。

### 2.3.1　当施加 $+X$ 方向的力矩时的计算

受篇幅限制，省略受力分析结果的 6 个应力云图，计算结果见表 6-6-2。

表 6-6-2　在轴的每一段上均施加相同弯矩的计算（当施加 $+X$ 方向的力矩时）

| 计算项目 | DMX（最大变形）/mm | SMN（最小应力）/Pa | SMX（最大应力）/Pa |
|---|---|---|---|
| 圆头键槽 | $0.159\times10^{-3}$ | 885376 | $0.213\times10^{9}$ |
| 坡形键槽 | $0.159\times10^{-3}$ | 553534 | $0.174\times10^{9}$ |
| 方头键槽 | $0.180\times10^{-3}$ | 796100 | $0.262\times10^{9}$ |

小结：通过计算可见，当施加 $+X$ 方向的相同弯矩时，圆头键槽应力较大值发生在键槽底部的圆弧线和键槽圆角过渡区域的轴表面；坡形键槽应力较大值依然为键槽边缘的曲线处；方头键槽为键槽端部的直线处。此时，方头键槽应力最大值较其他两者明显偏大。

### 2.3.2 当施加 +*Y* 方向的力矩时的计算

受篇幅限制，省略受力分析结果的 6 个应力云图，计算结果见表 6-6-3。

**表 6-6-3 在轴的每一段上均施加相同的弯矩的计算**（当施加 +y 方向的力矩时）

| 计算项目 | DMX（最大变形）/mm | SMN（最小应力）/Pa | SMX（最大应力）/Pa |
|---|---|---|---|
| 圆头键槽 | $0.150\times10^{-3}$ | 885376 | $0.102\times10^{9}$ |
| 坡形键槽 | $0.149\times10^{-3}$ | 553534 | $0.959\times10^{9}$ |
| 方头键槽 | $0.171\times10^{-3}$ | 368644 | $0.991\times10^{9}$ |

小结：在此种情况下，三种键槽处的应力值明显减小，且应力最大值均发生在轴端的表面处，此方向的弯矩对键槽没有太大的影响。

### 2.3.3 弯矩扭矩同时施加的计算

由于施加 +*X* 方向的弯矩时应力值较施加 +*Y* 方向的弯矩时大，因此，选择 +*X* 方向的弯矩进行弯矩扭矩同时施加的计算。

受篇幅限制，省略受力分析结果的 6 个应力云图，计算结果见表 6-6-4。

**表 6-6-4 弯矩扭矩同时施加的计算结果**

| 计算项目 | DMX（最大变形）/mm | SMN（最小应力）/Pa | SMX（最大应力）/Pa |
|---|---|---|---|
| 圆头键槽 | $0.236\times10^{-3}$ | $0257\times10^{7}$ | $0.265\times10^{9}$ |
| 坡形键槽 | $0.234\times10^{-3}$ | 954800 | $0.351\times10^{9}$ |
| 方头键槽 | $0.235\times10^{-3}$ | $0.14\times10^{7}$ | $0.329\times10^{9}$ |

小结：圆头键槽应力值较大区域，发生在轴表面的过渡圆弧处和键槽根部的圆角处；坡形键槽的应力较大值依旧出现在键槽侧面的曲线上；方头键槽的应力最大值出现在轴表面的过渡区和键槽端部的直线处。由于应力较大值沿整个端部直线分布，虽然最大值略小于坡形键槽，但应力分布形式却远大于坡形键槽对轴的影响。因此，通过以上分析可见，断轴断口的形貌与上述应力分布形式有关。

### 2.3.4 实际外力施加到带有方头键槽轴上的计算

为了进一步验证断轴断口形貌与应力分布的关系，进行实际外力施加到带有方头键槽轴上的计算。根据轴受弯矩和扭矩作用的特点，取定实际轴的弯矩为 2259994N • mm，扭矩为 5990500N • mm。将实际外力施加到带有方头键槽的轴上，得到的应力云图如图 6-6-11、图 6-6-12 所示；其应力、变形数值列于表 6-6-5。

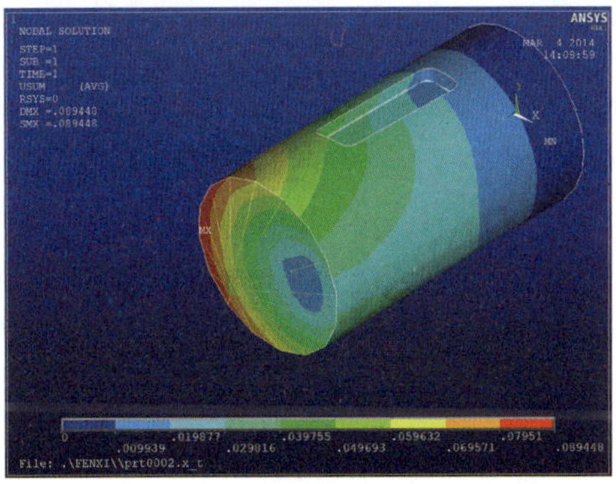


图 6-6-11 方形键槽的的 DMX、SMX

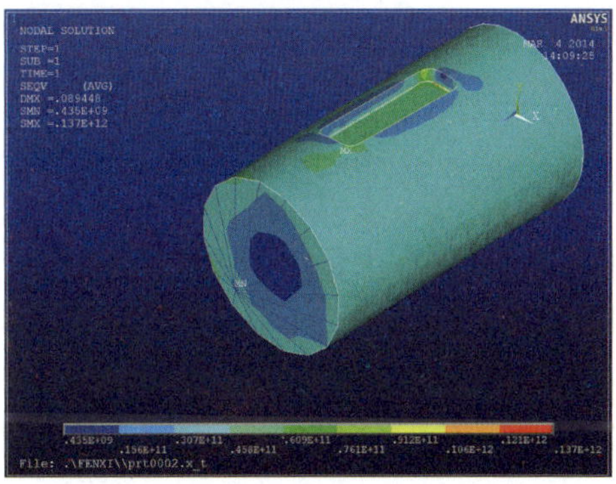


图 6-6-12 坡形键槽的的 DMX、SMN、SMX

表 6-6-5　弯矩扭矩同时施加的计算结果

| 计算项目 | DMX（最大变形）/mm | SMN（最小应力）/Pa | SMX（最大应力）/Pa |
|---|---|---|---|
| 方头键槽 | 0.089448 | $0.435\times10^{9}$ | $0.137\times10^{12}$ |

应力集中的最大值仍然出现在轴表面的过渡圆角区域和键槽底部的直线处。以上的计算结果可以应用于轴的断口分析。

# 3　联系有限元计算的键槽轴断口分析

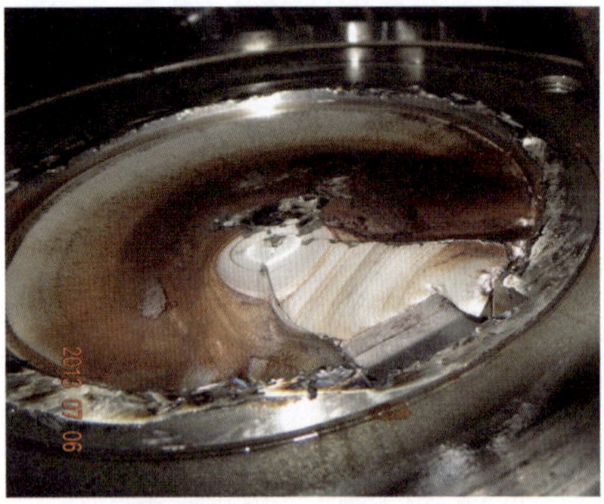

图 6-6-13　复杂的断口形貌

有键槽的旋转轴，在扭矩和弯矩作用下，轴内的应力分布比较复杂，从而使轴的断口具有复杂的形貌，如图 6-6-13 所示。为了分析键槽对断口形貌的影响，特取断口位置处截面的应力云图，如图 6-6-14、图 6-6-15 所示。

断口端面的应力以键槽底边缘处最大（图 6-6-14）。断口截面的变形沿整个圆周向内部延伸并逐渐减小，最终在轴的心部呈现圆形应力较小的区域，如图 6-6-15 所示。

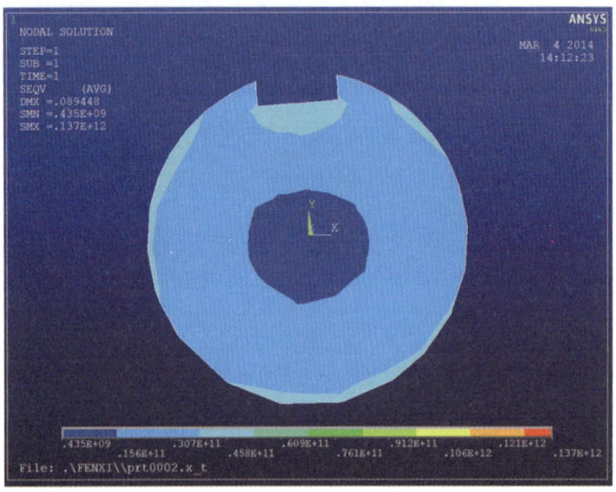


图 6-6-14　断口位置处截面的应力云图

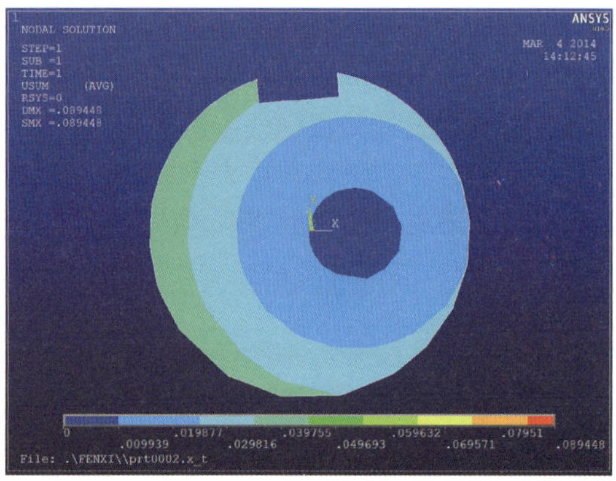


图 6-6-15　断口位置处截面的应力云图

在图 6-6-15 中可见，由于弯矩的作用，轴的内部变形并非对称于键槽，而是由外向内偏于一侧在逐渐减小。

综合端截面的应力和变形图并结合实际断口（图 6-6-13）可见，疲劳裂纹最早出现在轴的表面靠近键槽部位，然后向轴心发展，同时轴上越程槽应力集中引起的轴圆周裂纹也向轴心扩展。这时键槽底部的应力不是很大；随着裂纹引起的断裂区域不断扩大，键槽底部的应力达到极限值时，键槽底部的裂纹就会向轴心部推进，并且速度很快（因能承载的截面已经减小很多），形成了图 6-6-16 中白色的新断口。最后导致轴的完全断裂，瞬断区在轴的心部，如图 6-6-17 所示。

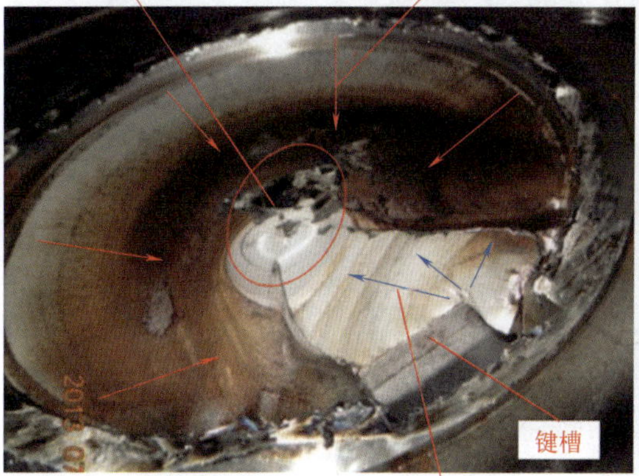


图 6-6-16　实际断口形貌

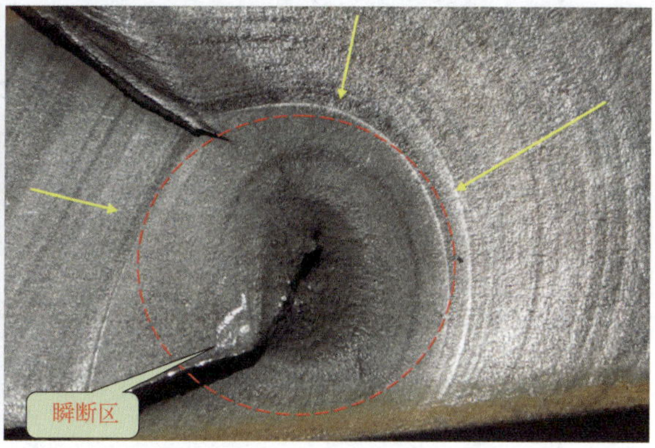


图 6-6-17　瞬断区在轴的心部

结论和建议：通过以上分析可见，轴的断裂与方头键槽应力集中较大有很大关系。对比三种键槽结构，方头键槽的优点是比较美观、紧凑，但应力集中较大，从强度上考虑，它有不足之处，因此建议尺寸受限时使用。在设计轴的方头平键连接时，应该选用比一般平键大一些的应力集中系数，且尽量加大键槽底部过渡圆角的尺寸。

# 5 后语

① 在本例的计算中，没有计及越程槽（图 6-6-18）应力集中的影响，如果再计及的话，这就是一种应力集中重叠的现象，有限元计算和分析要更为复杂，要进行专门的研究才能得到结果。

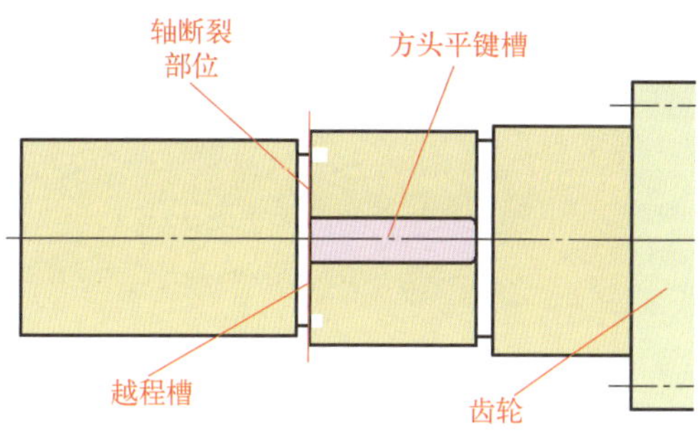


图 6-6-18　轴的结构和断裂部位

② 在本例的计算中，没有计及键槽底部过渡圆角对应力集中的影响，过渡圆角小，应力集中就大，一个实例有限元计算结果如图 6-6-19 所示。

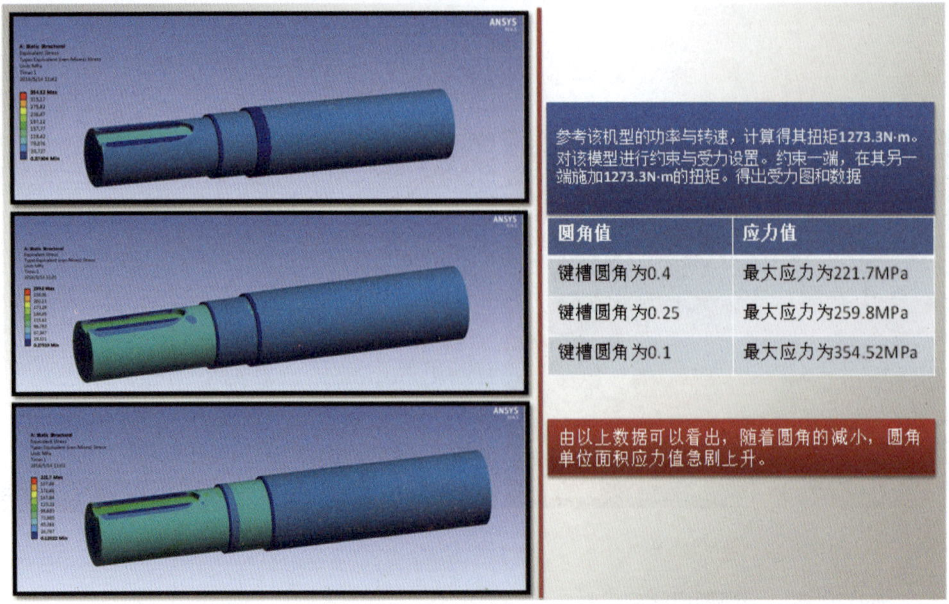


图 6-6-19　**键槽过渡圆角应力集中的有限元计算结果**

③ 本例虽然没有计及上述越程槽和键槽底部过渡圆角对应力集中的影响，但是并没有影响本例有限元计算得到结论的正确性，因为本例的计算目的是 3 种键槽应力集中参数相同下的应力对比，而不是分别计算实际键槽（图 6-6-1）的应力集中系数。

日期：2025 年 6 月 10 日

# 第 7 章 材料与热处理

## 【例 7-1】 4 种渗碳淬火齿轮用钢的性能数据和比较

### 问题描述

北方某公司问 4 种常用渗碳淬火齿轮用钢（18Cr2Ni4WA、18CrNiMo7-6、20Cr2Ni4A、E3310）的性能数据及其比较。

### 答复内容

## 1 4 种材料的化学成分（表 7-1-1）

表 7-1-1 4 种材料的化学成分

| 材料牌号 | 化学成分（质量分数）/% | | | | | | | | |
|---|---|---|---|---|---|---|---|---|---|
| | C | Si | Mn | P | S | Ni | Cr | Mo | W |
| 18Cr2Ni4WA | 0.13～0.19 | 0.17～0.37 | 0.30～0.60 | ≤ 0.035 | ≤ 0.035 | 4.0～4.5 | 1.35～1.65 | — | 0.80～1.20 |
| 18CrNiMo7-6 | 0.15～0.21 | ≤ 0.40 | 0.50～0.90 | ≤ 0.020 | ≤ 0.035 | 1.40～1.70 | 1.50～1.80 | 0.25～0.35 | — |
| 20Cr2Ni4A | 0.17～0.23 | 0.17～0.37 | 1.30～0.60 | ≤ 0.035 | ≤ 0.035 | 3.25～3.65 | 1.25～1.65 | — | — |
| E3310 | 0.08～0.13 | 0.20～0.35 | 0.45～0.8 | ≤ 0.025 | ≤ 0.025 | 3.25～3.75 | 1.4～1.75 | — | — |

注：1. 材料 18CrNiMo7-6 是 EN10084 表面硬化钢编号，是欧洲标准化委员会的钢号表示方法。18CrNiMo7-6 中的 7-6 表示 Cr-Ni 的含量，Cr 含量为 7/4=1.75（%），Ni 含量为 6/4=1.5（%）。

2. 材料 E3310 是美国 AISI 牌号，UNS 数字系统编号为 G33100。

# 2　4 种材料的力学性能（表 7-1-2）

表 7-1-2　4 种材料的力学性能

| 材料牌号 | 力学性能 | | | | |
|---|---|---|---|---|---|
| | 抗拉强度 $R_m$ /MPa | 屈服点 $R_{p0.2}$ /MPa | 断后伸长率 $Z$ /% | 断面收缩率 $A$ /% | 冲击吸收能量 $A_{KU2}$/J |
| 18Cr2Ni4WA | 1180 | ≥ 835 | 10 | 45 | 78 |
| 18CrNiMo7-6 | 1160 | ≥ 850 | 15 | 40 | 51 |
| 20Cr2Ni4A | 1180 | 1080 | 10 | 45 | 63 |
| E3310 | 1145 | 965 | 16 | 54 | 未查到 |

# 3　4 种材料的性能和应用（表 7-1-3）

表 7-1-3　4 种材料的性能和应用

| 材料牌号 | 性能和应用 |
|---|---|
| 18Cr2Ni4WA | 属于高强度、高韧性、高淬透性的高级合金渗碳结构钢，在油淬时，截面尺寸小于 200mm 时可完全淬透，空冷淬火时全部淬透直径为 110 ～ 130mm。此钢经过渗碳淬火和低温回火后，表面硬度及耐磨性均高，心部区域的强度和韧性也都很高，是渗碳钢中力学性能最好的钢种。但渗碳后需进行二次淬火，且淬火前需进行一次高温回火或冷处理，以减少残留奥氏体量。此钢的工艺性能差，热加工时易产生白点，锻造时变形阻力较大，氧化皮不易清理；可加工性也差，不能用一般退火来降低硬度，而应采用正火及长时间回火；在冷变形时塑性和焊接性也差<br>适用于制造截面尺寸较大、载荷较重，又要求有良好韧性和低缺口敏感性的重要零件，如大截面齿轮、传动轴、曲轴、花键轴、活塞销等；在进行调质处理后，可用于制造承受重载荷和振动条件下的工作零件，如重型和中型机械制造业中的齿轮、曲轴、减速机轴、连杆，以及内燃机车、柴油机上受重载荷的螺栓等；调质后再经渗氮处理，还可作高速大功率发动机的曲轴等 |
| 18CrNiMo7-6<br>17CrNiMo6 | 性能和应用详见附录 A |
| 20Cr2Ni4A | 强度和韧度均高于 12Cr2Ni4A 钢，渗碳后不能直接淬火，在淬火前需进行一次高温回火，以减少表层大量的残留奥氏体，冷变形塑性中等，可加工性尚可，焊接性差，白点敏感性大，有回火脆性倾向。用于制造性能高于 12Cr2Ni4 钢的大型渗碳件，如大型齿轮、轴等，也可用于制造强度、韧性均高的调质件 |
| E3310 | 其特点是含碳量较低，渗碳淬火后可以得到心部较高的韧性。从化学成分看，E3310 钢接近 18Cr2Ni4WA 钢，但不含 W。其应用大致与 18Cr2Ni4WA 钢相近，但耐磨性、热硬性和高温抗蠕变抗力较 18Cr2Ni4WA 钢差 |

注：渗碳齿轮用钢的选择见附录 B。

# 4　几点看法

① 4 种齿轮材料其强度、性能和应用基本上同属一个档次，见附录 B。根据 ISO 6336 的极限应力图（图 7-1-1），在平稳工作载荷下，齿轮的使用寿命仅决定于齿面的硬度、有效渗层深度和淬透性，与材料的牌号无关。

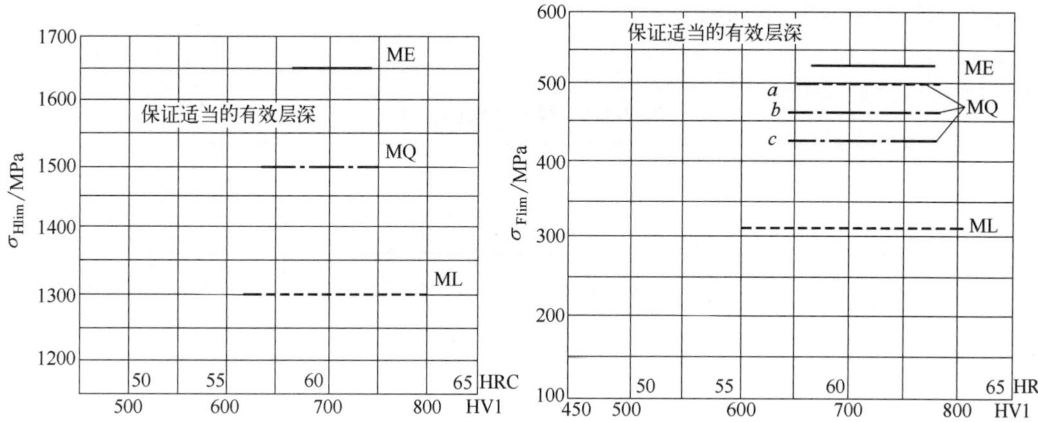


*a*—心部硬度≥30HRC；*b*—心部硬度≥25HRC,Jominy 淬透性*J*=12mm 时，硬度≥28HRC；*c*—心部硬度≥25HRC，Jominy淬透性*J*=12mm时，硬度＜28HRC

图 7-1-1　渗碳淬火钢的 $\sigma_{Hlim}$ 和 $\sigma_{Flim}$

② 含 Ni 的齿轮钢，抗冲击性能好，其冲击韧性与含 Ni 量成正比。18Cr2Ni4WA、20Cr2Ni4A 和 18CrNiMo7-6 的含 Ni 量依次递减，相应的冲击吸收能量（表 7-1-2）也依次递减，因此在冲击、振动工况复杂的齿轮应选用含 Ni 较高的材料。不过要说明：此处的抗冲击性能好，是指 Ni 在提高钢强度的同时，对钢的韧性、塑性以及其他工艺性能的损害较其他合金元素的影响小，因而显得抗冲击性能有所提高。

③ 18Cr2Ni4WA 含 Ni 量最高，抗冲击性能最好，是渗碳钢中力学性能最好的钢种，因此在航空、坦克、内燃机车等领域得到广泛应用，但因含 Ni 量高，价格也高。

④ 18CrNiMo7-6 含 Ni 量最低，价格也较低，性能也不错，因此在一般齿轮传动箱中应用广泛。18CrNiMo7-6 与 17CrNiMo6 性能基本相同。

⑤ 由于 4 种齿轮材料其强度、性能和应用基本上同属一个档次，但热处理工艺有些不同，因此齿轮产品的品质很大程度上取决于热处理工艺的正确掌握。严格执行 ISO 6336.5《直齿轮和斜齿轮承载能力计算　第 5 部分　材料的强度和质量》是关键。

## 附录 A　18CrNiMo7-6 或 17CrNiMo6 的性能、数据和应用

17CrNiMo6 或 18CrNiMo7-6 是铬 - 镍 - 钼渗碳钢，通常退火到 229HBW max。经渗碳和热处理后，它的耐磨性硬度为 60 ～ 63HRC，具有典型抗拉强度范围为 900 ～ 1300 MPa，大尺寸取小值。

典型应用：轴承、齿轮、轴、链轮、重型吊杆、衬套、磨损销等，或可以用于经过适当热处理的高抗拉拉强度的非渗碳零件。

典型化学成分：C：0.18%；Si：0.2%；Mn：0.7%；Cr：1.65%；Ni：1.55%；Mo：0.30%。

典型抗拉强度见表 7-1-4，淬火后 200℃回火。

表 7-1-4　抗拉强度

| 尺寸 /mm | 抗拉强度 /MPa | 尺寸 /mm | 抗拉强度 /MPa |
|---|---|---|---|
| 到 16 | 最小 1150 | 大于 40 ～ 100 | 最小 900 |
| 大于 16 ～ 40 | 最小 1080 | | |

可加工性：可以通过钙处理来改善材料的可加工性。

相关规格见表 7-1-5。

**表 7-1-5　标准与钢的型号**

| 标准 | 钢的型号 | 标准 | 钢的型号 |
|---|---|---|---|
| AS 1444-1996 | X4317 或 X4317H | Werkstoff1，6587 | 18CrNiMo7-6 或 17CrNiMo6 |
| EN10084-1995 | 18CrNiMo7-6 或 18CrNiMo7-6H | | |

典型的力学性能见表 7-1-6，850℃淬火，200℃回火。

**表 7-1-6　试样直径与力学性能**

| 截面直径 /mm | | 25 | 50 | 100 |
|---|---|---|---|---|
| 力学性能 | 屈服强度 /MPa | 1050 | 950 | 815 |
| | 抗拉强度 /MPa | 1295 | 1160 | 1010 |
| | 断后伸长率 /% | 14 | 15 | 16 |
| | 冲击值 -Izod/J | 45 | 51 | 53 |
| | 硬度 HB | 380 | 340 | 300 |

注：Izod 冲击—相当于国内的 GB/T 229—2020《金属材料　夏比摆锤冲击试验方法》。

可硬化性测试极限见表 7-1-7。

**表 7-1-7　可硬化性测试极限**

| 距离 *L*/mm | | 1.5 | 3 | 5 | 7 | 9 | 11 | 13 | 15 | 20 | 25 | 30 | 35 | 40 |
|---|---|---|---|---|---|---|---|---|---|---|---|---|---|---|
| 硬度 HRC | H 系列 | 48 | 48 | 48 | 48 | 47 | 47 | 46 | 46 | 44 | 43 | 42 | 41 | 41 |
| | 常规 | 40 | 40 | 39 | 38 | 37 | 36 | 35 | 34 | 32 | 31 | 30 | 29 | 29 |

注：1. 距离 *L* 为离试件的淬火端部距离；

2. 钢材后面带 H 通常是指高强度钢。

# 附录 B　渗碳齿轮用钢的选择

**表 7-1-8　渗碳齿轮用钢的选择**

| 齿轮种类 | 选择钢号 |
|---|---|
| 汽车变速箱、分动箱及驱动桥的各类齿轮 | 20Cr、20CrMnTi、20CrMnMo、25MnTiB、20MnVB、20CrMo |
| 拖拉机动力传动装置中的各类齿轮 | |
| 机床变速箱、龙门铣电动机及立车等机械中的高速、重载、受冲击的齿轮 | |
| 起重、运输、矿山、通用、化工、机床等机械的变速箱中的小齿轮 | |
| 化工、冶金、电站、铁路、宇航、海运等设备中的汽轮发电机、工业汽轮机、燃气轮机、高速鼓风机、透平压缩机等的高速齿轮，要求长周期、安全可靠地运行 | 12Cr2Ni4、20Cr2Ni4、 |
| 大型轧钢机减速器齿轮、人字机座轴齿轮，大型皮带运输机传动轴齿轮、锥齿轮、大型挖掘机传动箱主动齿轮，并下采煤机传动齿轮，坦克齿轮等低速重载并受冲击载荷的传动齿轮 | 20CrNi3、18Cr2Ni4W、20CrNi2Mo、20Cr2Mn2Mo、17CrNiMo6 18CrNiMo7-6 |

注：图中框线圈定的钢号，就是表 7-1-3 中的 4 种常用钢材。

日期：2016 年 4 月 5 日

# 【例 7-2】 感应淬火齿轮硬化层分布、深度的确定和标注

### 问题描述

南方某公司来信问：在美国的齿轮零件工作图上，感应淬火齿轮齿面（齿腰）、齿槽（齿根）的硬化层深度是不同的，问不同位置的硬化层深度值如何取定和标注呢？

### 答复内容

回答这个问题前，首先来看看感应淬火齿轮不同硬化层的分布。轮齿硬化层的形状和分布在齿轮设计图纸的技术要求中应该画图明示。

## 1 感应淬火齿轮不同的硬化层分布对齿轮强度的影响

感应淬火硬齿面齿轮热处理工艺比较简单，但是很难掌握，特别是单件生产。在我国齿轮产品图样及技术文件中，过去常不规定齿轮经感应淬火后的淬硬层分布形状。但是淬硬层的分布形状对齿轮的承载能力有决定性的影响。

淬硬层的分布形状，根据齿轮的模数、感应电流频率、电气参数和感应器结构的不同而异，一般有表 7-2-1 中的几种形式。

表 7-2-1 淬硬层不同的分布形状

| 代号 | A1 | A2 | B1 | B2 | B3 |
| --- | --- | --- | --- | --- | --- |
| 淬硬层的分布形状 |  |  |  |  |  |
| 优缺点 | 接触和弯曲强度高 | 接触和弯曲强度高，但韧性差 | 齿根弯曲强度低，齿面接触强度较高 | 齿根弯曲强度低，齿面接触强度高 | 齿根弯曲强度低，接触强度也低 |

在表 7-2-1 中：

A 型——全齿廓硬化，这是 ISO、GB 标准中规定可用的硬化层分布；

B 型——仅部分齿廓硬化，齿根圆弧未经硬化。

对于 B 型齿廓硬化，ISO、GB 标准中未提供任何数据，可以说不推荐使用这种硬化层分布形状。两种硬化层的优缺点见表 7-2-1。

B 型有两个影响齿根弯曲强度的问题：其一是齿根没有硬化，材料保持调质状态，就不可能有残余压缩应力；其二是在齿根硬化和未硬化的交接处，会出现复杂的残余应力状态（可能出现残余拉应力），而该处是轮齿弯曲应力最大的部位。这两者都对齿轮的弯曲强度非常不利。

因此在 GB/T 3480.5—2021《直齿轮和斜齿轮承载能力计算 第 5 部分：材料的强度和质量》的图 12 中，明确规定感应淬火锻钢齿轮的 $\sigma_{Flim}$ 仅适用于齿根圆角处硬化的齿轮，并且应有适当的硬化层深度，见图 7-2-1 所示。

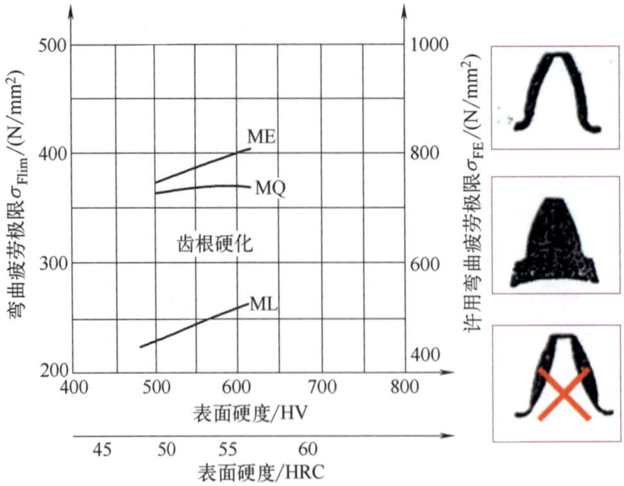


注：仅适用于齿根圆角处硬化的齿轮，应有适当的硬化层深度；不适用于齿根圆角处未硬化的齿轮。

图 7-2-1 感应淬火锻钢齿轮的 $\sigma_{Flim}$

# 2 如何确定感应淬火齿轮不同位置的硬化层深度值

在图 7-2-1 中，明确规定：感应淬火锻钢齿轮的 $\sigma_{Flim}$ 仅适用于齿根圆角处硬化的齿轮，并且应有适当的硬化层深度。因此，感应淬火齿轮只能选用表 7-2-1 中 A 型的硬化层分布，现在的问题是如何确定感应淬火齿轮不同位置的硬化层深度值，也就是"适当的硬化层深度"如何确定。这个问题在 GB/T 3480.5—2021 中没有给出答案。查阅资料见有多份参考资料可供参考。

## 2.1 参考文献 [1] 中的论述

齿轮感应淬火是否能够获得设计要求的硬化层分布和硬度，取决于所使用的材料、齿轮表面每平方厘米的功率、加热时间、频率和模数。小模数齿轮需要非常高的频率才能获得最佳效果，而大模数齿轮则需要低频。表 7-2-2 显示了一般齿轮模数（中小模数）推荐的频率。

表 7-2-2 感应硬化一般推荐的频率

| 齿轮模数 /mm | 频率 /kHz | 齿轮模数 /mm | 频率 /kHz |
|---|---|---|---|
| 0.7 | 500 ～ 1000 | 5.0 | 10 ～ 300 |
| 2.5 | 300 ～ 500 | 10 | 6 ～ 10 |

感应淬火齿轮轮齿的硬化层分布和深度如图 7-2-2 所示。在图 7-2-2 中，有 4 个测量和控制硬度的区域：

A—轮齿节圆两侧齿面硬化层深度；

B—齿根圆角硬化层深度；

C—齿顶中部无硬化层；

D—齿心硬度检测位置。

表 7-2-3 是适用于不同尺寸齿轮的感应加热频率和轮齿硬化层深度的范围。

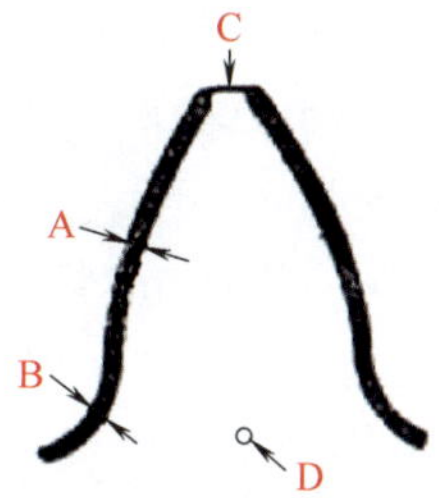


图 7-2-2 感应淬火齿轮零件工作图中齿部的硬化层

表 7-2-3 齿轮感应加热频率和轮齿硬化层深度的范围

| 齿轮模数 /mm | 频率 /kHz | | | |
|---|---|---|---|---|
| | 300 | 150 | 50 | 10 |
| 2.5 | 0.5 ～ 1.0 | — | — | — |
| 3 | 0.75 ～ 1.25 | — | — | — |
| 4 | — | 0.75 ～ 1.5 | 0.75 ～ 1.5 | — |
| 5 | — | 0.89 ～ 1.65 | 0.89 ～ 1.75 | 1.75 ～ 2.50 |
| 6 | — | 1.0 ～ 1.75 | 1.0 ～ 2.0 | 2.0 ～ 2.75 |
| 12 | — | 1.5 ～ 2.25 | 1.5 ～ 2.5 | 2.5 ～ 3.25 |
| 25 | — | — | — | 2.75 ～ 3.5 |

注：1. 所示的齿面硬化层深度适用于表中的模数和频率的范围，硬化层深度的公差约为 ±15%。例如，对于硬化层深度 1mm 的情况，可使用深度为 0.85 ～ 1.15mm。

2. 轮齿根部位置的硬化层深度，应该是齿面深度的 70% 左右。

从表 7-2-3 中可见，每一具体的齿轮模数，给出了在不同感应加热频率范围下的硬化层深度；其深度值虽然是一个范围，但是范围很小，非常实用；此外，表 7-2-3 表注中给出了齿根硬化层深度值和深度值的公差范围，可供参考。

此外，参考文献［2］[145] 中给出了钢铁材料，加热温度 880 ～ 900℃，加热频率与淬硬层深度的关系（表 7-2-4）。

表 7-2-4 频率和淬硬层深度的关系

| 频率 /Hz | | 50 | 1000 | 2500 | 8000 | 35000 | 55000 | 150000 | 250000 | 500000 |
|---|---|---|---|---|---|---|---|---|---|---|
| 淬硬层深度 /mm | 最小值 | 17 | 3.5 | 2.5 | 2.0 | 1.5 | 1.0 | 0.5 | 0.3 | — |
| | 最大值 | 70 | 16 | 15 | 8.0 | 4.0 | 3.0 | 2.5 | 2.5 | — |
| | 最佳值 | 34 | 8.0 | 6.0 | 4~3 | 2.5 | 2.0 | 1.5 | 1~1.5 | 0.8 |

## 2.2 参考文献［3］中的论述

不同齿轮尺寸（模数）的硬化层深度与感应加热的电流频率有关。在生产上要根据齿轮尺寸及硬化层深度的要求选择不同的电流频率。

根据不同的电流频率，可将感应加热表面淬火分为三类：

① 高频感应加热表面淬火常用电流频率为 80 ～ 1000kHz，可获得的表面硬化层深度为 0.5 ～ 2mm。主要用于中小模数齿轮的表面淬火。

② 中频感应加热表面淬火常用电流频率为 2500 ～ 8000Hz，可获得 3 ～ 6mm 深的硬化层，主要用于要求淬硬层较深的大模数齿轮的表面淬火。

③ 工频感应加热表面淬火常用电流频率为 50Hz，可获得 10 ～ 15mm 以上的硬化层。适用于要求淬硬层更深的大模数齿轮及要求淬硬层深的大工件的表面淬火。

把以上数据整理后，可以用表 7-2-5 显示。从表 7-2-5 数据可见：

① 轮齿硬化层深度与齿轮模数大小、感应加热频率有关；

② 表中按模数大小分 3 个档次，给出齿轮硬化层深度值的范围；模数大小和深度值的范围都很大，对特定的模数选用深度值用途不大；但是，在设计齿轮图纸上标注选用感应加热方法时，可供参考。

表 7-2-5　齿轮模数大小、感应加热频率和硬化层深度的范围

| 齿轮模数大小 /mm | 频率　/Hz | 硬化层深度 /mm |
|---|---|---|
| 中小模数 1 ～ 10 | 高频 80000 ～ 1000000 | 0.5 ～ 2.0 |
| 大模数 10 ～ 40 | 中频 25000 ～ 80000 | 3.0 ～ 6.0 |
| 超大模数＞ 40 | 工频 50 | 10 ～ 15 |

## 2.3　参考文献 [ 4 ] 中的论述

目前，工业应用中推荐感应淬火硬化层深度（*DC*）常用下式表示：

$$DC=(0.15 \sim 0.3)m$$

式中　$m$——齿轮的模数，mm。

表 7-2-6 为高频淬火齿轮硬化层深度与模数的关系。

表 7-2-6　高频淬火硬化层深度与模数的关系　mm

| 齿轮模数 | 硬化层深度 | 齿轮模数 | 硬化层深度 | 齿轮模数 | 硬化层深度 |
|---|---|---|---|---|---|
| 1 | 0.3 ～ 0.5 | 3.0 | 0.6 ～ 0.9 | 4.25 | 0.9 ～ 1.1 |
| 2.0 | 0.4 ～ 0.6 | 3.25 | 0.5 ～ 0.7 | 4.5 | 1.0 ～ 1.2 |
| 2.25 | 0.5 ～ 0.7 | 3.5 | 0.6 ～ 0.9 | 5.0 | 1.2 ～ 1.4 |
| 2.5 | 0.5 ～ 0.8 | 4.0 | 0.9 ～ 1.1 | | |

美国 Verson 和 P & H 公司感应淬火齿轮硬化层深度的规定见表 7-2-7。

表 7-2-7　美国 Verson 和 P & H 公司感应淬火齿轮硬化层深度的规定

| 模数 /mm | | 8 | 10 | 12 | 14 | 16 | 20 | 25 | 32 |
|---|---|---|---|---|---|---|---|---|---|
| Verson | 硬化层深度 /mm | 3.0 | 3.0 | 3.0 | 3.0 | 5.0 | 6.0 | 6.0 | 6.0 |
| P & H | | | 3.0 | — | — | 4.5 | — | 5.5 | — |

此外，适用于机床、汽车行业的齿轮模数、感应加热频率和硬化层深度的范围，见表表 7-2-8。

表 7-2-8　齿轮模数大小、感应加热频率和硬化层深度的范围

| 齿轮模数大小 /mm | 频率 /Hz | 硬化层深度 /mm |
|---|---|---|
| 小模数＜ 3 | 高频 80000 ～ 1000000 | 0.5 ～ 2.0 |
| 中小模数 3 ～ 6 | 超音频 10000 ～ 100000 | 2.5 ～ 3.5 |
| 中大模数 8 ～ 12 | 中频 25000 ～ 8000 | 2.0 ～ 10.0 |

# 3 感应加热齿轮硬化层深度分布曲线对强度的影响

4340 钢（40CrNiMo6）感应加热硬化层深度分布曲线如图 7-2-3 所示。

从图 7-2-3 可见，整个硬化层的硬度相当均匀，然后突然下降到心硬度，有效的硬化层深度在 40 HRC 下确定（图 7-2-3），这一点非常值得注意。由于从硬化层到心部的硬度的过渡不是渐进的，硬化层 / 心部界面可能无法承载其硬度所指示的那么多负载，使得轮齿次表面承载能力较低，见图 7-2-4（a）。

在参考文献［2］[191] 中，对感应加热硬化层深度分布曲线和零件内应力做了较详细的论述。

测量有效硬化层深度时，应根据测量记录绘制硬度变化曲线，从硬度变化曲线上不仅可以得到 *DC* 值，还能够分析出应力的分布状态，如图 7-2-4 所示。图 7-2-4 中 HV 是硬度变化曲线，$\sigma_{轴向}$是轴向应力分布曲线。

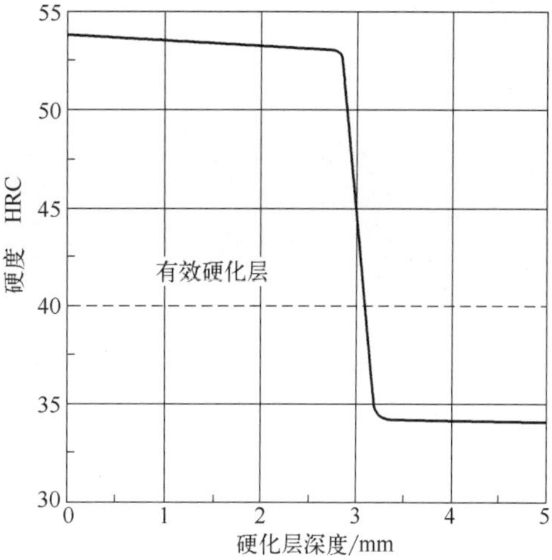


图 7-2-3　4340 钢（40CrNiMo6）感应加热硬化层深度[1]

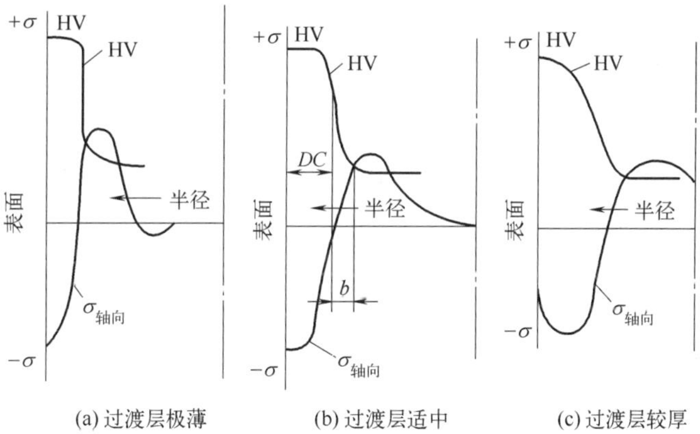


图 7-2-4　零件断面上的硬度曲线 HV 和应力曲线 $\sigma$

图 7-2-4（a）硬度变化曲线太陡（类似于图 7-2-3），说明过渡层极薄，过渡区残余拉应力（$\sigma_{轴向}$）最大。图 7-2-4（b）中的尺寸 *b* 是过渡层厚度，*DC* 是硬化层深度，当过渡层 *b* 约为 *DC* 的一半时较理想，即 *b*=（0.42 ～ 0.67）*DC*。这时零件表面压应力最大，过渡区拉应力相对小些。拉应力峰值离表面越远，零件的弯曲疲劳和扭转疲劳强度越高。如过渡层太薄，如图 7-2-4（a）或过渡层太厚都将造成拉应力的峰值接近表面，使零件疲劳强度降低。如过渡层较厚，硬度下降较缓和，如图 7-2-4（c）所示，使表面压应力下降，也使零件疲劳强度降低。

# 4 有效硬化层深度的检测和确定

在 GB/T 5617—2005[5] 中，详细规定了有效硬化层深度的测定方法，下面是主要内容的摘录。

感应淬火齿轮的硬化层深度，目前绝大多数是通过切割样件规定的检验部位来测量的。使用砂轮切割机或线切割机切割样件。感应淬火硬化层深度的测定一般采用硬度法和显微组织观察法两种。

## 4.1 硬度法

硬度法主要是根据 GB/T 5617—2005 [5]，以极限硬度（$HV_{HL}$）为基准的硬化层深度的测量方法。它是采用测量工件断面硬度的方法来确定硬化层深度，即用负荷为 9.8N（1kgf），在垂直于工件表面的横截面上的指定部位进行测量。从工件表面开始，测量硬度值到 0.8 倍要求的硬度下限值（$HV_{MS}$）处距离，作为有效硬化层深度（$DC$），可用下式表示

$$HV_{HL}=0.8HV_{MS}$$

式中 $HV_{HL}$——极限硬度；

$HV_{MS}$——工件表面所要求的最低硬度。

例如某齿轮的表面感应淬火硬度要求为 56 ～ 60HRC，其硬度下限为 56HRC，用上式计算：极限硬度 $HV_{HL}$ = 0.8×56HRC=44.8HRC，因此应测到 44.8HRC 处，即从齿轮表面测到 44.8HRC 处这一段距离作为有效硬化层深度。此值与 45 号钢感应淬火金相法测到 50% 马氏体组织的硬度接近（下述）。但两种方法测量硬化层深度的依据是完全不同的。中碳钢金相法完全按显微组织 50% 马氏体确定深度，它是固定不变的；而硬度法则按工件技术要求的下限乘以 0.8 来确定深度，它是变化的。

## 4.2 显微组织观察法

显微组织观察法是在 100 倍的金相显微镜下，按照界限金相组织来测定有效淬硬层的方法。有效淬硬层深度是从淬火状态或淬火后低温回火（回火温度低于 200℃）状态的工件表面至规定的界限金相组织位置的距离。界限金相组织的规定如下：

① 预先经调质处理的工件，其硬化层深度由表面测至 20% 索氏体组织处。

② 预先经正火处理的工件，其硬化层深度由表面测至 50% 马氏体组织处。

③ 表面硬度小于或等于 55HRC 的工件，其硬化层深度由表面测至心部组织之半。

④ 花键、模数 $m \leqslant$ 4mm 的齿轮类工件，其硬化层深度应从花键齿底、齿轮齿底部测量起，深度应大于或等于 0.5 ～ 1.0mm。

# 5 感应淬火有效硬化层深度的波动范围

有效硬化层深度应符合图样技术要求的规定值。对于形状简单的齿轮有效硬化层深度波动范围应符合 JB/T 9201—2007 [6] 规定，即满足表 7-2-9 中的规定。对于形状复杂和大型的齿轮有效硬化层深度波动范围，供需双方可协商处理。

**表 7-2-9 表面淬火有效硬化层深度的波动范围**

| 有效硬化层深度 /mm | 硬化层深度波动范围 /mm | |
|---|---|---|
| | 单件 | 同一批 |
| ≤ 1.5 | 0.2 | 0.4 |
| 1.5 ～ 2.5 | 0.4 | 0.6 |

续表

| 有效硬化层深度 /mm | 硬化层深度波动范围 /mm | |
|---|---|---|
| | 单件 | 同一批 |
| 2.5 ～ 3.5 | 0.6 | 0.8 |
| 3.5 ～ 5.0 | 0.8 | 1.0 |
| ＞ 5.0 | 1.0 | 1.5 |

注：1. 同一批指同一班次 8h 内处理的材质、尺寸及工艺相同的工件。当同一批的不同部位要求的硬化层深度不同时，深度波动是指要求深度相同部位的波动。

2. 硬化层深度测定位置应按检验规范的规定执行。

# 6 感应淬火有效硬化层深度标注示例

感应加热淬火零件的主要技术要求是：材料在图样标题栏中标注清楚。表面硬度、淬硬层深度、金相组织等在图样技术条件中以文字形式叙述。硬化区位置和硬化层分布在图样上清楚表示（表 7-2-1）。

以下是有效硬化层深度在图纸上标注的实例：

① 工程机械变速箱中的大齿圈：模数 12mm，齿数 55，外径 690mm，内径 455mm，齿宽 115mm。齿圈材料：42CrMo。

技术要求：调质后心部硬度 229 ～ 277HBW。中频淬火后：

齿面硬度 56 ～ 63HRC；齿面淬硬层深度 2.5 ～ 3.0mm；

齿根硬度≥ 45HRC；齿根淬硬层深度 1.5 ～ 2.5mm。

② 类似的另一个标注示例

齿轮模数 $m$=12mm。

齿面硬度 54 ～ 62HRC，齿面淬硬层深度 2.5 ～ 3.0mm；

齿根硬度 55 ～ 59HRC，齿根淬硬层深度 1.5 ～ 2.0mm。

③ 参考文献［4］[355] 中的推荐

当模数 $m$=12mm 时，硬化层深度

$$DC=(0.15 \sim 0.3)m=1.8 \sim 3.6\text{mm}。$$

由上述示例可见，硬度、淬硬层深度的数据并不一致，变动范围较大，这主要是因为齿轮感应淬火工艺的控制，不像渗碳淬火那么稳定造成的；其次，不同企业（一般工业、汽车、航空、机床等）齿轮的制造经验也会有较大的差别，使淬硬层深度的数据差别较大。

## 参考文献


［1］ Dudley D.W. Handbook of practical gear design［M］. McGraw-Hill，1984：4.30-4.38

［2］ 张玉庭 . 热处理技师手册［M］. 北京：机械工业出版社，2006：145，191.

［3］ 崔忠圻，等 . 金属学与热处理［M］. 北京：机械工业出版社，2012：297-298.

［4］ 金荣植 . 齿轮热处理常见缺陷分析与对策［M］. 北京：化学工业出版社，2014：355-356.

［5］ 全国热处理标准化技术委员会 . GB/T 5617—2005 钢的感应淬火或火焰淬火后有效硬化层深度的测定［S］. 北京：中国标准出版社，2005.

［6］ 全国热处理标准化技术委员会 . JB/T 9201—2007 钢铁件的感应淬火回火处理［S］. 北京：中国标准出版社，2007.


日期：2024 年 6 月 11 日

# 【例 7-3】 直齿锥齿轮高频淬火出现裂纹的失效分析

## 问题描述

北方某公司发来直齿锥齿轮高频淬火出现裂纹的图片和有关资料，咨询轮齿出现裂纹的原因和改进措施。

## 答复内容

## 1 概述

一个直齿锥齿轮，见图 7-3-1，其齿轮参数：模数 $m$=11.33mm，齿数 $z$=57，齿宽 $b$=100mm，节圆直径 $d$=645mm。齿轮材料：42CrMo，经调整处理后单齿高频淬火，齿面硬度：52 ～ 53HRC，轮毂硬度：250 ～ 254HBW。

整个产品完成后四五天，做磁粉检测发现不相邻的 2 个轮齿齿面有裂纹，见图 7-3-2。轮齿裂纹正面和侧面的形貌如图 7-3-3 所示。

图 7-3-1 直齿锥齿轮外貌

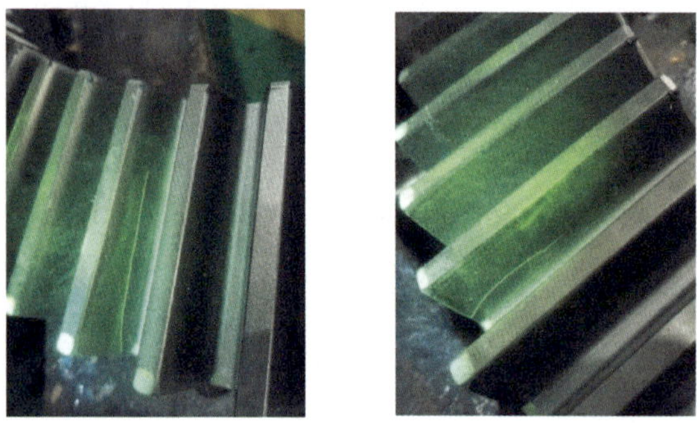

(a) (b)

图 7-3-2 两个轮齿出现的裂纹

(a) (b)

图 7-3-3 轮齿裂纹的正面和侧面

本案例失效分析的任务是找到齿轮产生裂纹的原因和提出改进措施。

# 2 断口观察

## 2.1 裂纹形貌观察

从图 7-3-2 中可以看到，两个轮齿的裂纹有以下特征：

① 两个轮齿的裂纹长短不一，图 7-3-2（a）裂纹长度超过 $b/2$，而图 7-3-2（b）的裂纹长度小于 $b/2$。

② 两条裂纹都位于轮齿的下半部靠近齿根。

③ 从裂纹的粗细走势看，裂纹的起始点位于轮齿下部（图 7-3-2）靠近齿根的端面。

## 2.2 裂纹断口观察

为了观察断口，人工将裂纹断口打开，见图 7-3-4。图 7-3-4 的断口有以下特征：

① 断口可以分为两部分：其一是初始裂纹断口，具有纤维状断口的形貌，可以确定是一次性断口；其二是人工打开断口，具有细瓷状断口的形貌。两部分断口形貌不同是产生断口的原因不同造成的，但都是一次性断裂。

② 仔细观察图 7-3-4 的初始裂纹断口，发现右侧端部的断口很平坦，和中部断口形貌不同，说明这是初始裂纹最早产生区。图 7-3-4 中画出了裂纹扩展的方向，也说明此裂纹不是瞬间形成的，而是逐步扩展的结果。

③ 另一个轮齿的断口与图 7-3-4 的断口基本相同，见图 7-3-5。

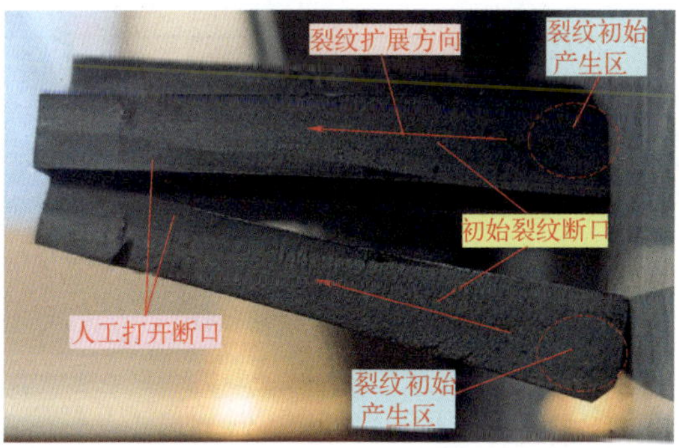


图 7-3-4 人工打开裂纹的断口

图 7-3-5 另一个断齿的断口

# 3 裂纹原因分析

① 轮齿产生裂纹肯定是齿轮内部残余内应力过大造成的。有两个方面原因使残余内应力过大：其一是调质处理时的残余内应力；其二是单齿高频淬火时产生的残余内应力。如果两者的残余内应力都很大，轮齿裂纹就不可避免了。因此，应该检查调质处理的工艺和单齿高频淬火的工艺是否合理。

② 齿轮调质处理包括淬火和高温回火。淬火时，快速冷却会产生较大内应力，但随后的高温回火能有效消除这些应力，因此中碳钢齿轮调质后的残余内应力通常较小，不可能是轮齿产生裂纹的原因。

③ 高频淬火会使齿轮表面迅速加热并冷却，导致表面和内部产生温度梯度，从而形成残余热应力。因此，齿轮高频淬火后，通常需要采取减轻残余热应力的工艺措施。例如回火处理：淬火后立即进行低温回火，加热至 150 ～ 250℃并保温，随后缓慢冷却，有助于降低残余应力。

图 7-3-6　本案例单齿高频淬火现场

④ 本案例单齿高频淬火现场如图 7-3-6 所示。整个工艺过程全凭经验纯手工操作。很明显，这一工艺过程无法准确控制热处理的加热温度、冷却温度、淬火液的流量和冷却的时间等工艺参数，因此不同轮齿高频淬火的质量是有差别的，很可能有个别齿的淬火质量很差，轮齿内部的残余内应力很大，因而容易出现裂纹。

⑤ 本例有低温回火工艺吗？如果没有，齿轮内部过大的残余应力可能就是高频淬火时产生的；如果有，还出现断齿的高残余应力，就应该检查回火的温度和回火的时间是否合适。

⑥ 根据“整个产品完成后四五天，做磁粉检测发现不相邻的 2 个轮齿齿面的中部有裂纹”，可以怀疑材料内部含氢量是否过高。

# 4　结论和建议

经过以上断口的观察和分析可以得到以下的结论和建议：

① 轮齿产生裂纹肯定是轮齿内部残余内应力过大，超过材料的抗拉强度 $R_m$ 造成的。

② 齿轮经过调质处理，虽然调质中的淬火会产生大的内应力，但高温回火能有效消除这些应力，因此齿轮调质后的残余内应力通常较小，不可能是轮齿产生裂纹的原因。

③ 高频淬火会使齿轮表面迅速加热并冷却，导致表面和内部产生温度梯度，从而形成残余热应力。

④ 本案例整个高频淬火工艺过程全凭经验纯手工操作，无法准确控制热处理的加热温度、冷却温度、淬火液的流量和冷却的时间等工艺参数，因此不同轮齿高频淬火的质量是有差别的，很可能有个别齿的淬火质量很差，轮齿内部的残余内应力很大，因而容易出现裂纹。

⑤ 本例如果有低温回火工艺，但还出现断齿的高残余应力，就应该检查回火的温度和回火的时间是否合适。

⑥ 根据“整个产品完成四五天后，发现 2 个轮齿齿面有裂纹”，怀疑材料内部因含氢量过高而容易出现氢脆断裂裂纹，建议测量材料的含氢量。

日期：2023 年 3 月 8 日

# 【例 7-4】 金相组织缺陷对齿轮强度影响的试验研究数据

## 问题描述

经常有同行询问热处理金相组织缺陷对齿轮强度影响，并希望影响程度有定量数据的支持。

## 答复内容

本例摘录一些热处理金相组织缺陷对齿轮强度影响的试验研究数据，这些试验数据摘自国内外的公开发表的论文和参考文献［1］，可供同行朋友齿轮失效分析时参考。

（1）表层脱碳对疲劳强度的影响

淬硬齿面表层脱碳，降低表面硬度，使表层出现拉应力，裂纹最容易在表面脱碳层上发生，大大降低齿轮的疲劳强度。因此表面脱碳对硬齿面齿轮特别有害。

研究表明：表面脱碳可使齿轮的弯曲疲劳极限应力降低 1/2 ～ 2/3。例如，对于 40CrNi3 钢：未脱碳 $\sigma_{-1}$=854MPa；脱碳 $\sigma_{-1}$=245MPa。再如，对于 Cr-3%Ni 钢（如 12CrNi3、20CrNi 等），0.22mm 的脱碳层，会使轮齿的弯曲疲劳强度降低 30% ～ 40%。

实例[1]：将 20CrMnMo 齿轮的脱碳试样置于电镜下观察，其脱碳层如图 7-4-1 所示。图中 a 是全脱碳层；b 是部分脱碳层；c 是总脱碳层。

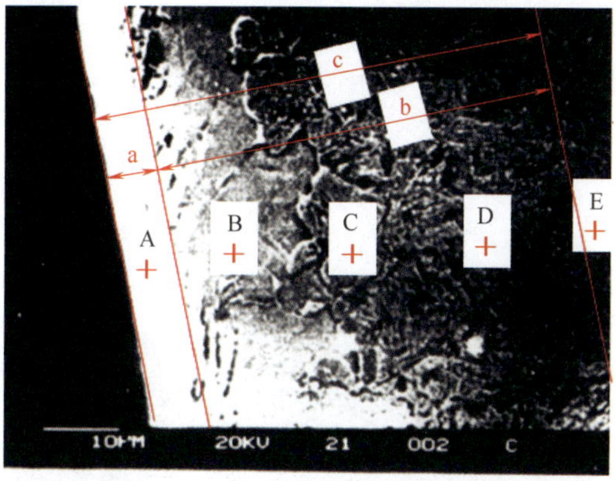


图 7-4-1 电镜观察下的齿面脱碳层

利用电镜做能谱分析，测定 20CrMnMo 渗碳淬火齿轮脱碳层不同测点 A、B、C、D、E 的化学元素含量，测定结果见表 7-4-1。由此表可见表面脱碳不仅碳含量减少，而且还由于内氧化造成材料中化学元素含量混乱，使应有的力学性能缺失，严重影响齿轮的强度和寿命。

**表 7-4-1 各个测点的化学元素含量测定结果**（质量分数） %

| 化学元素 | 化学元素测点 | | | | | 标准规定含量 |
|---|---|---|---|---|---|---|
| | A | B | C | D | E | |
| Cr | 1.968 | 2.115 | 0.437 | 1.431 | 1.282 | 1.10 ～ 1.40 |
| Mn | 1.170 | 1.792 | 0.286 | 1.463 | 1.283 | 0.90 ～ 1.20 |
| Mo | 4.254 | 0.213 | 0.128 | 0.141 | 0.246 | 0.20 ～ 0.30 |
| Fe | 92.608 | 95.780 | 99.148 | 96.965 | 97.186 | |

（2）内氧化对疲劳强度的影响

晶界内氧化使渗层表面硬度下降，出现残余拉应力，从而降低齿轮的弯曲疲劳强度。渗碳淬火齿轮齿面晶界内氧化的形貌如图 7-4-2 所示。

研究表明：内氧化层深小于 0.013mm 时，对疲劳强度影响不大；当层深大于 0.016mm 时，齿轮的弯曲疲劳强度降低 25%。另有研究数据：20CrMnMo、20Cr2Ni4A 钢碳氮共渗的内氧化深度大于 0.013mm 时，会使钢的疲劳极限下降 20% ～ 25%。

（3）粗大马氏体和大量残余奥氏体对疲劳强度的影响

在淬火过程中，由于加热温度过高，保温时间过长，使晶粒急剧长大，奥氏体中碳浓度

图 7-4-2 齿面晶界内氧化

和合金元素浓度增加，$M_s$ 点下移，淬火后出现粗大马氏体和大量残余奥氏体，从而使钢件的脆性增加，硬度下降，对齿轮的强度非常有害。

（4）碳化物组织对齿轮强度的影响

齿面的金相组织对渗层强度有很大影响。试验数据表明：粗大的块状、尖角状和网状分布的碳化物对齿轮性能有显著的不利影响；少量细粒状碳化物分布在马氏体上，有利于提高疲劳强度。

试验研究表明：网状和大块状碳化物的形成，降低了渗碳层中的残余压应力，可使轮齿的弯曲疲劳强度降低 25% ～ 30%。较分散颗粒状的碳化物，比大块粗粒带状的接触疲劳寿命大一倍。网状碳化物对齿轮的弯曲疲劳强度特别有害。渗碳淬火钢的网状碳化物形貌见图 7-4-3。

（5）渗碳淬火齿轮表面的非马氏体组织对强度的影响

试验研究表明：非马氏体组织降低了表面层的相变残余压应力，对轮齿的弯曲强度非常不利。8620H 钢渗碳淬火齿面的非马氏体组织见图 7-4-4。

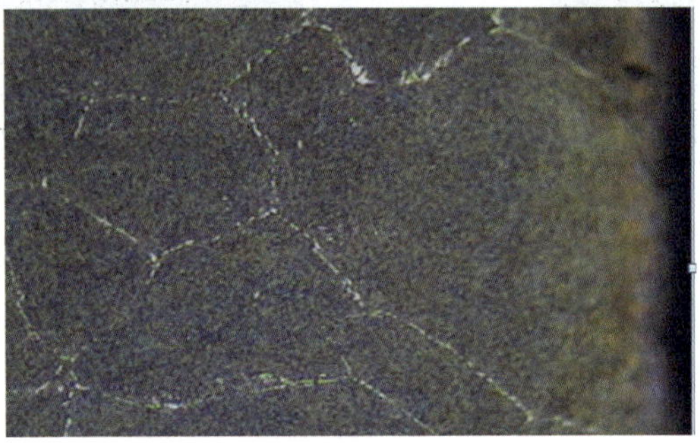

图 7-4-3 渗碳淬火钢的网状碳化物

图 7-4-4 8620H 钢渗碳淬火齿面的非马氏体组织

图 7-4-4 的非马马氏体组织深度为 0.0189mm。非马氏体组织层深度大于 0.013mm 时，齿轮的疲劳寿命降低 20% ～ 25%。层深度达到 0.03mm 时齿轮的疲劳寿命降低 45%。淬火钢表层含有 5% 非马氏体组织时，其弯曲疲劳极限降低 10%。

（6）黑色组织对齿轮强度的影响

渗层中出现黑色组织将降低零件的表面硬度、残余压应力、耐腐蚀性、抗弯曲疲劳强度和抗接触疲劳强度，从而显著降低齿轮的使用寿命。黑色组织包括渗层内氧化引起的黑色网状组织、托氏体贝氏体黑色网状组织和黑色斑点状组织三类。

图 7-4-5 沿晶界分布的黑色组织 500×

图 7-4-5 是在抛光试样上最表层出现严重的沿晶界分布的黑色组织，显微硬度值相应下降（压痕大于里层）。这种黑色组织被认为是共渗时工件

表面产生内氧化而在晶界出现的孔洞。

黑色组织对齿轮性能的影响程度与黑色组织的严重程度有关。40Cr 钢经过碳氮共渗后，在 0.3 ～ 0.4mm 的共渗层中存在 0.05 ～ 0.06mm 的浅层黑网时，多次冲击寿命下降 30% ～ 60%；存在黑色带状托氏体时，多次冲击寿命下降 60% ～ 80%。碳氮共渗齿轮渗层的黑色组织类似于内氧化，它降低齿面的硬度和残余压应力，可使轮齿弯曲疲劳强度降低 6%。

（7）残余奥氏体（Ar）对齿轮强度的影响

① 残余奥氏体是不稳定组织，在交变应力作用或其他条件下会转变成马氏体，因此容易产生零件的畸变。

② 残余奥氏体的导热性差，因此容易引发齿轮的胶合失效和磨削裂纹。

③ 在高应力、低循环周次情况下，疲劳寿命随 Ar 的增加而提高；在低应力高循环周次情况下，疲劳寿命随 Ar 的增加而降低。因此，应根据零件的不同工况，确定最佳的 Ar 含量。通常，Ar 含量在 10% ～ 25% 最佳。

## 参考文献

[1] 朱孝录 . 齿轮内在品质对齿轮强度和寿命的影响 [J]. 机械传动 .2021，45（9）：112-118.

日期：2023 年 8 月 29 日

# 【例 7-5】 齿根感应淬火和不淬火两种齿轮的承载能力差别

### 问题描述

北方某公司问：一种锻钢调质齿轮，调质硬度相同，图纸要求调质后经过全齿廓（包括齿根圆弧）感应淬火，齿面齿根硬度达 56HRC。但是，由于感应淬火工艺安排上出现错误，齿轮仅齿面感应淬火，齿面硬度达 56HRC，而齿根圆弧未经感应淬火，如图 7-5-1 所示。请问这两种齿轮在抗弯曲疲劳承载能力上有什么差别？

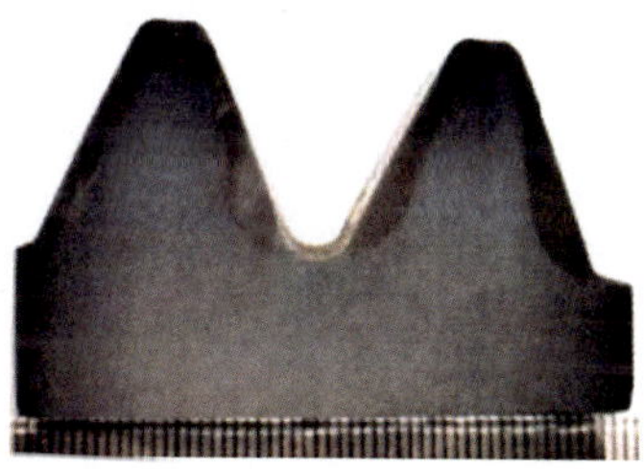

图 7-5-1　齿根圆弧未经感应淬火的轮齿试样

### 答复内容

## 1 感应淬火齿轮不同的硬化层分布对齿轮强度的影响

为了回答这个问题，首先来看感应淬火齿轮不同硬化层的分布。感应淬火硬齿面齿轮热处理工艺比较简单，但是很难掌握，特别是单件生产。在我国齿轮产品图样及技术文件中，过去常不规定齿轮经感应淬火后的淬硬层分布形状。但是淬硬层的分布形状，对齿轮的承载能力有决定性的影响。

淬硬层的分布形状，根据齿轮的模数、感应电流频率、电气参数和感应器结构的不同而异，一般有表 7-5-1 中的几种形式。

在表 7-5-1 中：A 型——全齿廓硬化，这是 ISO、GB 标准中规定可用的硬化层分布；B

型——仅部分齿廓硬化，齿根圆弧未经硬化。ISO、GB 标准中未提供任何数据，可以说不推荐使用这种硬化层分布形状。两种硬化层的优缺点见表 7-5-1。很明显，图 7-5-1 的试样属于 B1 型的硬化层分布。由于齿根圆弧未经硬化，B1 型有两个影响齿根弯曲强度的问题：其一是齿根没有硬化，材料保持调质状态，就不可能有残余压缩力；其二是在齿根硬化和未硬化的交接处，会出现复杂的残余应力状态（可能出现残余拉应力），而该处是轮齿弯曲应力最大的部位。这两者都对齿轮的弯曲强度非常不利。

表 7-5-1　淬硬层不同的分布形状

| 代号 | A1 | A2 | B1 | B2 | B3 |
|---|---|---|---|---|---|
| 淬硬层的分布形状 |  |  |  |  |  |
| 优缺点 | 接触和弯曲强度高 | 接触和弯曲强度，高，但韧性差 | 齿根弯曲强度低，齿面接触强度较高 | 齿根弯曲强度低，齿面接触强度高 | 齿根弯曲强度低，齿面接触强度也低 |

# 2　B1 型硬化层分布的齿轮承载能力

齿轮的承载能力，通常可以用热处理以后的极限应力来表示。齿轮的抗弯曲疲劳极限应力是 $\sigma_{Flim}$，其值可以从 GB/T 3480.5—2021《直齿轮和斜齿轮承载能力计算　第 5 部分：材料的强度和质量》中查找、确定。图 7-5-2 就是该标准中感应淬火锻钢齿轮的弯曲疲劳极限应力 $\sigma_{Flim}$ 图。如果齿轮经过全齿廓（包括齿根圆弧）感应淬火，齿面齿根硬度达 56HRC，齿轮质量级为 MQ，则可从图中查得 $\sigma_{Flim}$=370MPa。此图中的“注”说明此图仅用于齿根圆弧经过硬化的齿轮，未提供齿根圆弧未经过硬化齿轮的数据。

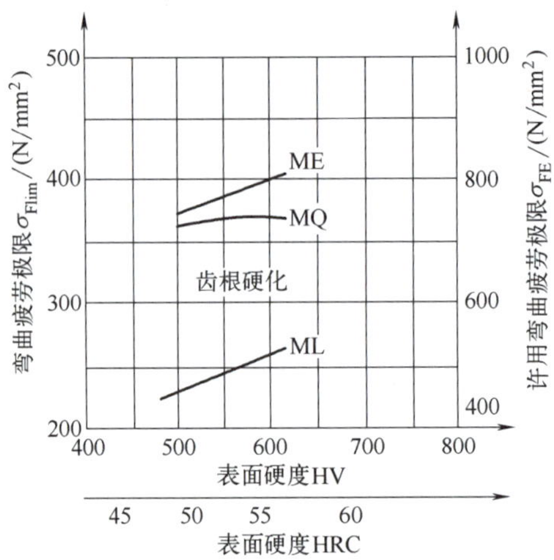


注：仅适用于齿根圆角处硬化的齿轮，未提供齿根圆角处未硬化的数据。要求有适当的硬化层深度。

图 7-5-2　感应淬火锻钢齿轮的 $\sigma_{Flim}$

如果遇到上述图 7-5-1（B1 型）的情况：齿轮仅齿面感应淬火，齿面硬度达 56HRC，而齿根圆弧未经感应淬火，齿轮的弯曲疲劳极限应力 $\sigma_{Flim}$ 如何确定呢？GB/T 3480.5—2021 标准中没有给出解答。事实上也不可能有现成的解答，因为情况太复杂了，例如硬化层的形状、位置高低、硬化层深度的变化等，都会影响齿根的弯曲疲劳强度。这也就是 B1 型不推荐使用的原因。

# 3 讨论

① 如果遇到表 7-5-1 中 B2、B3 型的情况，硬化层远离齿根圆弧，而齿根材料属于调质状态，作者认为齿轮的弯曲疲劳极限应力 $\sigma_{Flim}$ 可以采用调质锻钢齿轮的极限应力，如图 7-5-3 所示。

例如：齿根硬度为 300HBW，合金钢齿轮质量级为 MQ，则可从图中查得 $\sigma_{Flim}$=310MPa。

② 对于 B 型（B1、B2、B3）仅部分齿廓硬化，齿根圆弧未经硬化的齿轮，如果采用齿根喷丸强化的方法，可能对改善这种有缺陷齿轮的弯曲疲劳强度有好处。喷丸强化形成的残余压应力可抵消部分外加载荷产生的拉应力。其残余压应力可相当于材料抗拉强度极限的 55% ～ 60%。但是喷丸强化对喷丸工艺参数的要求很高，如果控制不好可能出现两种缺陷：其一是欠喷；其二是过喷。两者都会不同程度影响喷丸强度，即影响强化效果。

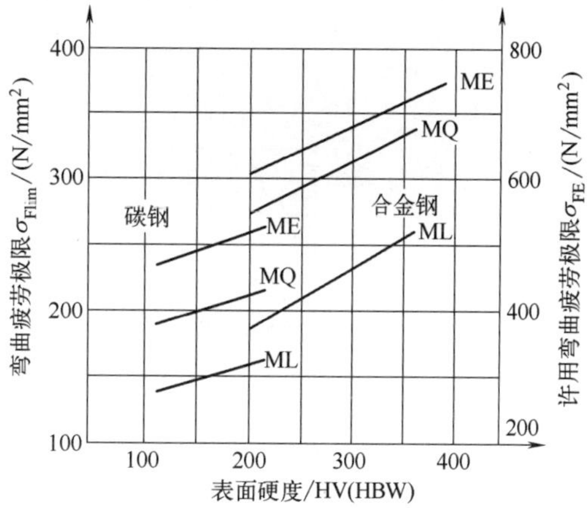


图 7-5-3　调质锻钢齿轮的 $\sigma_{Flim}$

日期：2023 年 11 月 24 日

## 【例 7-6】 如何选用最佳渗碳硬化层深度

### 问题描述

国内南、北多个公司来信询问渗碳淬火齿轮渗碳硬化层的问题；归纳起来有以下几个：

① 渗碳淬火后齿轮的承载能力与渗碳层的深度有关，太深、太浅有什么不好？

② 确定渗碳层深度要考虑哪些影响因素？

③ 如何选用最佳的渗碳层深度？

④ 美国有效硬化层深度取值有什么特点？

⑤ 有公认的最佳有效硬化层深度吗？

### 回复内容

# 1 渗碳层过深或过浅对齿轮性能和寿命的影响

渗碳齿轮的承载能力与渗碳层深度密切相关，渗碳层过深或过浅都会影响齿轮的性能和寿命。

齿轮渗碳层过浅，轮齿表面层硬度不足，难以抵抗接触疲劳，齿面容易出现点蚀或剥落。此外，齿轮渗碳层过浅，齿根的抗弯曲强度降低，在交变载荷作用下，硬化层非常容易产生裂纹，引起轮齿弯曲疲劳断裂失效。

齿轮渗碳硬化层过深，增加轮齿的脆性，可能导致齿面残余压应力分布不合理，引发脆性断裂。此外，心部与渗碳层的硬度梯度变陡，冲击韧性下降。同时，渗碳时间延长，能耗增加，经济性差。

据研究，渗碳硬化层深度对齿轮接触疲劳强度（$\sigma_{Hlim}$）的影响如图 7-6-1 所示；图中显示渗碳层深度有一个最佳值，上下两条黑线表示数据离散的范围。

据研究，渗碳硬化层深度对齿轮齿根弯曲疲劳强度（$\sigma_{Flim}$）的影响如图 7-6-2 所示；图 7-6-2 中显示渗碳层深度有一个最佳值；渗碳硬化层深度太浅、太深均不利于齿轮的弯曲强度。图 7-6-2 中 $m$ 是齿轮的模数（mm）。

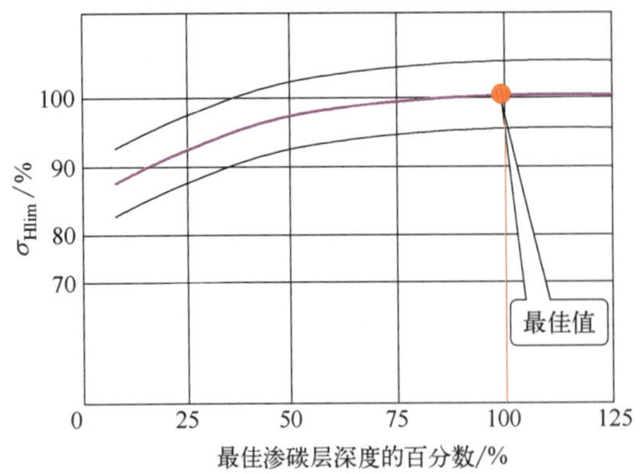


图 7-6-1　渗碳硬化层深度对齿轮接触疲劳强度的影响

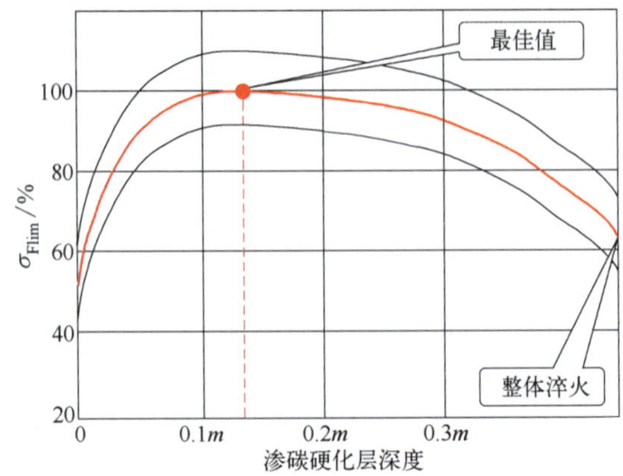


图 7-6-2　渗碳硬化层深度对齿根弯曲疲劳强度的影响

## 2 齿轮渗碳硬化层深度的特性

① 轮齿经过渗碳淬火后，轮齿表面的马氏体比容比奥氏体的大，当奥氏体转变成马氏体时，体积一般要膨胀 4 倍，因此轮齿表面会产生很大的残余压缩应力，这对增强轮齿的弯曲强度十分有利（图 7-6-3）。

② 理想的硬化层硬度梯度曲线如图 7-6-4 所示，图中标注出有效硬化层深度、总硬化层深度、心部硬度、硬化层可用区和不用区。

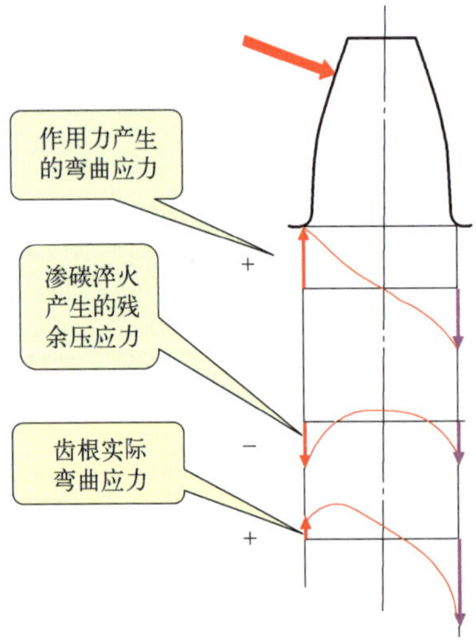


图 7-6-3　齿根的残余压应力减少了齿根的弯曲应力

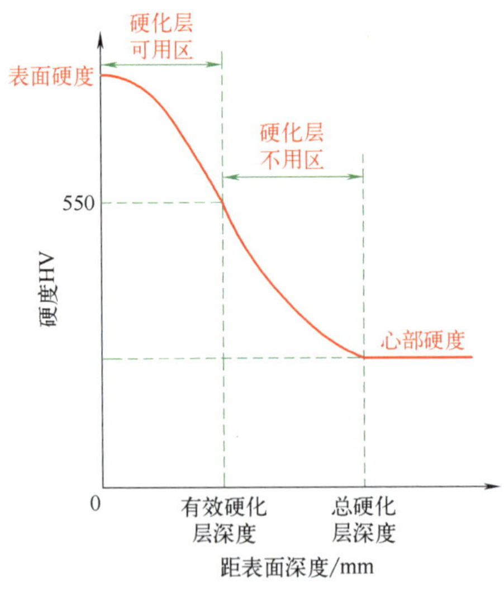


图 7-6-4　理想的硬化层硬度梯度曲线

③ 渗碳淬火后的齿轮体内残余应力分布。齿轮经过渗碳淬火，齿轮体内必然会有残余应力，其残余应力分布曲线如图 7-6-5 所示。

④ 不同硬化层深度的残余应力分布。据研究，不同硬化层深度的残余应力分布如图 7-6-6 所示。从图 7-6-6 可见，硬化层深度越浅，残余压应力越大，但是其最大值越靠近表面；相反，硬化层深度越深，残余压应力越小，因此对齿轮的弯曲疲劳强度不利。这就是要限制硬化层深度的原因。

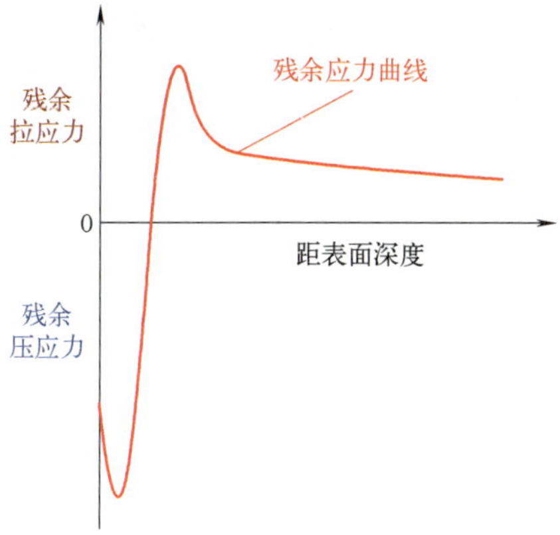

图 7-6-5　渗碳淬火后齿轮体内残余应力分布曲线

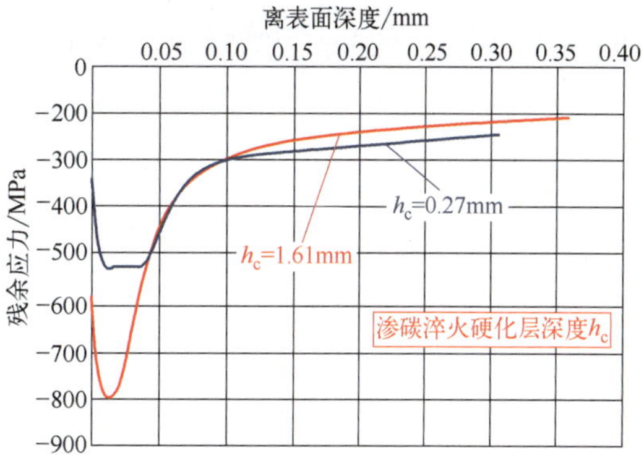

图 7-6-6　不同硬化层深度的残余应力分布曲线

# 3 确定渗碳层深度的硬度要求和影响因素

## 3.1 最佳渗碳层深度需满足的硬度要求

GB/T 3480.5—2021 [2] 中对渗碳淬火齿轮齿面硬度和心部硬度的规定（标准中的表 5）：

① 对于 MQ 和 ME 等级的齿轮，轮齿表面硬度应该是 660 ～ 800HV（58 ～ 64HRC）。

② 齿宽中部齿根表面硬度。受齿轮尺寸及热处理工艺影响，齿根部位硬度可能会略低于齿面硬度，其允许值可由供需双方约定，但不应低于 55HRC。

③ 齿宽中部的心部硬度。对于 MQ 级：心部硬度≥ 25HRC；对于 ME 级：心部硬度≥ 30HRC。

此外，硬度从表面到心部平缓过渡（心部硬度一般为 30 ～ 45HRC），避免残余热应力过大。

## 3.2 影响渗碳层深度的关键因素

在确定渗碳层深度时要考虑以下的关键因素：

① 齿轮模数 $m$。模数越大，渗碳层需越深，例如大模数齿轮渗碳层深度可达 1.5 ～ 2.5mm。

② 轮齿的尺寸。同样的模数，其轮齿可以有不同的尺寸，例如：长齿、短齿、大变位齿和修形齿等；也就是说渗碳层深度与轮齿的齿高和齿厚有关。

③ 载荷条件。重载、冲击载荷需更深的渗层以提高抗高压和抗弯曲失效的能力。

④ 材料特性。低碳钢（如 20CrMnTi）渗碳性能好，但心部强度低，需控制渗层避免过脆。

⑤ 热处理工艺。渗碳温度、时间及冷却速度影响渗层深度和硬度梯度。

⑥ 加工余量。需预留磨削余量，渗碳层深度 = 有效渗层深度 + 磨削量 0.1 ～ 0.2mm。

# 4 实际应用的有效硬化层深度

## 4.1 不同行业使用经验的总结

### （1）JB/T 7516—1994[3] 推荐的有效硬化层深度值

标准 JB/T 7516—1994 推荐的有效硬化层深度值见表 7-6-1。从表 7-6-1 可见，有效硬化层深度只与齿轮的模数有关，这是经验的简单总结，但很实用。

表 7-6-1 JB/T 7516—1994 推荐的有效硬化层深度值

| 模数 /mm | 深度 /mm | 模数 /mm | 深度 /mm |
|---|---|---|---|
| 1.5 | 0.25 ～ 0.50 | 10 | 2.00 ～ 2.60 |
| 1.75 | 0.25 ～ 0.50 | （11） | 2.00 ～ 2.60 |
| 2 | 0.40 ～ 0.65 | 12 | 2.30 ～ 3.20 |
| 2.5 | 0.50 ～ 0.75 | 14 | 2.60 ～ 3.50 |
| 3 | 0.65 ～ 1.00 | 16 | 3.00 ～ 3.90 |
| 3.5 | 0.65 ～ 1.00 | 18 | 3.00 ～ 3.90 |
| 4 | 0.75 ～ 1.30 | 20 | 3.60 ～ 4.50 |
| 5 | 1.00 ～ 1.50 | 22 | 3.70 ～ 4.80 |
| 6 | 1.30 ～ 1.80 | 25 | 4.00 ～ 5.00 |
| 7 | 1.50 ～ 2.00 | 28 | 4.00 ～ 5.00 |
| 8 | 1.80 ～ 2.30 | 32 | 4.00 ～ 5.00 |
| 9 | 1.80 ～ 2.30 | | |

注：确定有效硬化层深度的界限值 550HV。

### （2）参考文献［1］中推荐的有效硬化层深度值

参考文献［1］中推荐的有效硬化层深度值见表 7-6-2。从表中的数据可见，有效硬化层深度值不但与模数有关，而且与齿厚和接触变形有关。

表 7-6-2 有效硬化层深度推荐值

| 资料来源 | 有效硬化层深度推荐值 $t$ |
|---|---|
| 我国重载齿轮 | $(0.20 \sim 0.30)m$ |
| DIN 3990 | $0.25m$ |
| 德国本茨公司 | $(0.15 \sim 0.20)m$ |
| 美国 AGMA | $(1/5 \sim 1/7)h$ |
| 日本石田 | $\geqslant 3.15b$ |
| 瑞士 MAAG 公司 | $0.15m$，$m \leqslant 8$mm |
| | $0.8+0.05m$，$m > 8$mm |
| 英国 BSS | $(0.18 \sim 0.26)m$，$m \in [1.27, 6.35]$mm |

注：$m$ 为模数，mm；$h$ 为齿厚，mm；$b$ 为两齿接触变形宽度的一半，mm；

∈是数学符号，含义为“属于”。

## 4.2 MAAG 公司推荐预防点蚀的有效硬化层深度

MAAG 公司推荐预防齿面点蚀的有效硬化层深度见图 7-6-8。

对于普通齿轮来说，考虑宏观点蚀时，齿高中部齿廓的有效硬化层深度介于 $C_A$ 与 $C_C$ 之间，精密齿轮的有效硬化层深度介于 $C_A$ 与 $C_B$ 之间，否则可能导致齿轮强度下降。

## 4.3 MAAG 公司和 DUDLEY 推荐预防轮齿断裂的有效硬化层深度

MAAG 公司和 DUDLEY 推荐预防轮齿断裂的有效硬化层深度如图 7-6-8 所示。MAAG 公司推荐的有效硬化层深度较小，可能是从表面硬化工艺的进步和成本考虑，使用中选用 MAAG 公司的方法较合理。

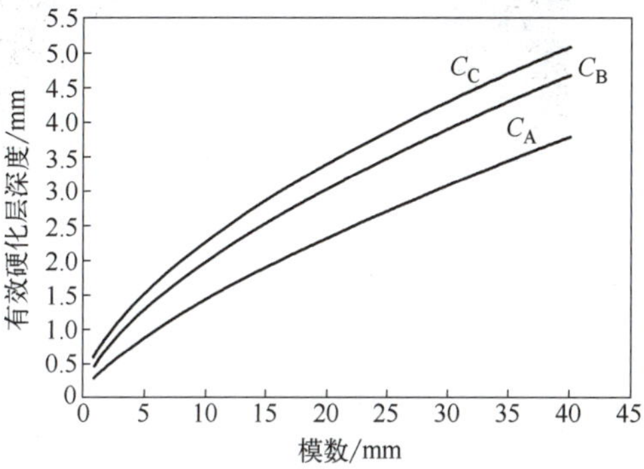


图 7-6-7 MAAG 推荐预防点蚀的有效硬化层深度

曲线 $C_A$—不发生宏观点蚀的有效硬化层深度最小值；
曲线 $C_B$—精密齿轮的有效硬化层深度最大值；
曲线 $C_C$—一般齿轮的有效硬化层深度最大值

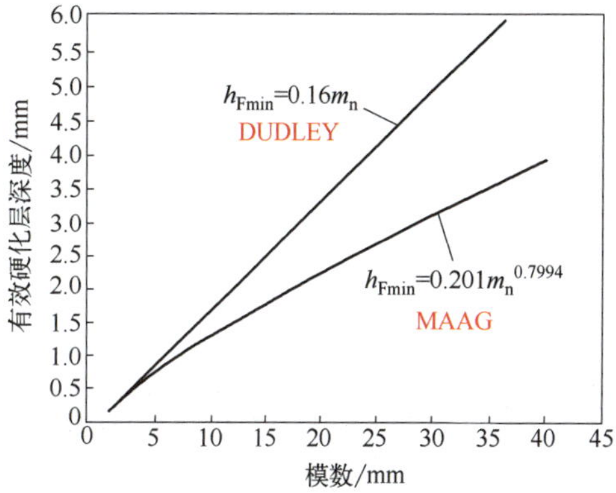


图 7-6-8 预防轮齿断裂的有效硬化层深度

## 4.4 预防齿面剥落的有效硬化层深度值

以上讨论的有效硬化层深度都是对预防齿面点蚀失效和齿根弯曲失效而言的。对于齿面剥落失效目前还没有公认可用的强度计算方法。通常认为齿面的剥落是由于轮齿表面层下的接触剪切应力过大引起的，因此可以根据最大接触剪切应力来计算预防剥落所需要的最小有效硬化层深度；JB/T 7516—1994 [3] 推荐的计算式如下：

$$DC_{\min}=\frac{\sigma_H d_1 \sin\alpha_t}{U_H \cos\beta_t}\times\frac{z_2}{z_2\pm z_1} \tag{7-6-1}$$

式中 $DC_{\min}$——最小有效硬化层深度，mm；

$\sigma_H$——计算接触应力，MPa；

$d_1$——小齿轮分度圆直径，mm；

$\alpha_t$——端面分度圆压力角，(°)；

$\beta_b$——基圆螺旋角，(°)；

$U_H$——硬化工艺系数（4.4×10MPa）；

$z_1$——小齿轮齿数；

$z_2$——大齿轮参数；

"+"——用于外啮合齿轮传动；

"-"——用于内啮合齿轮传动。

## 4.5 预防齿顶断裂的有效硬化层深度值

硬齿面齿轮齿顶断裂，是由于齿顶硬化层深度过大、齿顶附近硬化层的残余压应力与心部的残余拉应力对抗，齿内可能出现微裂纹（图 7-6-9），削弱了齿顶的强度所致；此外，如果使用中有较大的齿顶载荷（例如啮入冲击），就可能出现齿顶断裂失效。

预防齿顶断裂的方法是控制齿顶硬化层深度；其深度推荐值为

$$h_{max}=\min(0.4m_n, 0.5t)$$

式中 $h_{max}$ ——最大硬化层深度，mm；

$t$ ——齿顶厚度，mm；

$m_n$ ——法面模数，mm。

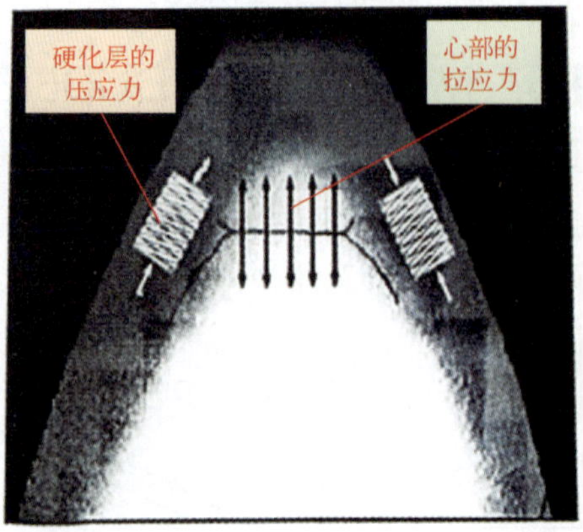


图 7-6-9 硬化层压应力与心部拉应力对抗齿内可能出现裂纹[1]

# 5 美国有效硬化层深度的取值和标注

## 5.1 主要的观点[4]

渗碳淬火齿轮轮齿的渗层深度如图 7-6-10 所示。图中的硬度分为两大部分：其一是涂黑的渗层部分，要求硬度≥ 50HRC；其二是未涂黑的部分，要求硬度＜ 50HRC。

涂黑的渗层部位可分为三个区域：

① A 区是工作齿面的渗层，要保证足够的齿面接触强度，其深度可按下式计算。

$$h_{ec}=\frac{s_c d_{p_1}\sin\alpha_t}{48250\mathrm{con}\beta_b}\times\frac{u}{u+1} \quad (7\text{-}6\text{-}2)$$

式中 $h_{ec}$——齿面有效硬化层深度，mm；

$s_c$ ——A 区最大接触应力，mm；

$d_{p1}$ ——小齿轮节圆直径，mm；

$\alpha_t$ ——端面压力角，(°)；

$\beta_b$ ——基圆螺旋角，(°)；

$u$ ——齿数比。

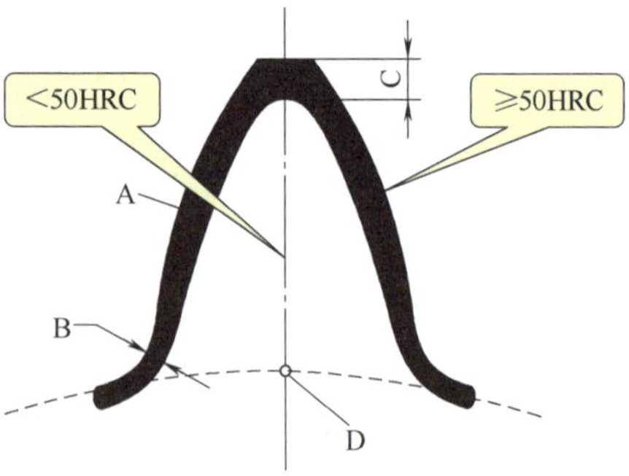


图 7-6-10 渗碳淬火齿轮轮齿的渗层[4]

② B 区是齿根的渗层，要保证足够的齿根弯曲强度，其深度 $h_{et}$ 可按下式计算：

$$h_{et}=0.16m_n$$

式中 $m_n$——齿轮法面模数，mm。

③ C 区是齿顶的渗层，如果渗层太深、太硬会有齿顶断裂的风险。一般来说，C 区的渗层深度可按下式计算：

$$h_{em} \leqslant 0.4m_n$$

轮齿心部硬度的测量位置如图 7-6-11 的 D 点所示。此位置与 GB/T 3480.5—2021[2] 的规定不同。

## 5.2 图纸标注实例

在美国的齿轮零件工作图上，对轮齿渗层硬度及心部硬度测量部位的标注，见图 7-6-11，此实例可供参考。

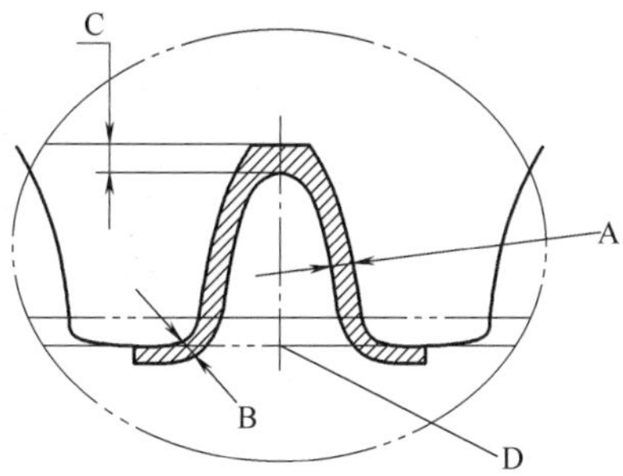


有效硬化层硬度 50HRC

图 7-6-11 美国齿轮零件工作图中齿部渗碳层细节

A—节圆轮齿两侧齿面渗层深度：0.25 ~ 0.38mm；B—齿根圆角最小渗层深度：0.18mm；C—齿顶渗层深度：0.25 ~ 0.38mm；D—齿心硬度检测位置

# 6 本文推荐的有效硬化层深度

## 6.1 各有效硬化层深度确定方法的优缺点

以上大篇幅的内容介绍了齿轮多种有效硬化层深度的取值方法，这些方法可分为 3 类：

① 知名齿轮制造企业的经验总结，例如瑞典 MAAG、德国本茨等。这些方法非常适用于该公司的产品设计，但不一定适用于其他公司。

② 早期的齿轮设计、制造的标准，例如 JB/T 7516—1994[3]、GB/T 9450—2005[5] 等。这类方法反映了当时齿轮设计、制造的水平和经验，但很可能不能反映当前齿轮技术进步的水平。

③ 齿轮技术界知名著作论述的方法，例如参考文献［3］中提出的方法。这种方法基本上也是作者实践经验的总结，但还欠缺公认的通用性。

目前，有没有具有公认通用性的有效硬化层深度取值的方法？答案是肯定的，这就是 GB/T 3480.5—2021/ISO 6336-5：2016[2] 中推荐的方法。该标准具有以下特点：

① 跨行业性 通用工业、汽车、航空、船舰等工业都可以使用。

② 先进性 GB 2021 年 / ISO 2016 年制订的最新标准，吸收了当前齿轮设计和制造的先进经验，因此非常适用于当前的齿轮行业。

③ 全面性 标准中提供了预防齿面点蚀（浅层、深层）、剥落、齿根弯曲和齿顶断裂最佳的有效硬化层深度值。

④ 可靠性 此标准已经过两轮修订、40 多年的应用实践，证明标准中的最佳有效硬化层

深度确定方法是可靠、实用的。

综合考虑和比较以上的资料后，本文特别推荐采用 GB/T 3480.5—2021 中提供的有效硬化层深度确定方法。

## 6.2 GB/T 3480.5—2021[2] 推荐的最佳有效硬化层深度

首先说明：渗碳淬火硬化层深度（case-hardened depth）可用字母“CHD”表示，单位为 mm。标准规定，使用“CHD”术语，其含义是有效硬化层深度，而不是硬化层深度，例如：$CHD$=0.8mm，是指有效硬化层深度为 0.8mm。

渗碳淬火硬化层深度 = $CHD$+ 磨削量 0.1~0.2mm。

GB/T 3480.5—2021/ISO 6336-5：2016 推荐的有效硬化层深度值见图 7-6-12。图 7-6-12 表示仅考虑表面承载能力的最佳硬化层深度推荐值 $CHD_{\mathrm{H\,opt}}$（浅层、深层）和综合考虑弯曲强度与表面承载能力的最大硬化层深度 $CHD_{\max}$。图 7-6-12 中，$m_n$=1 ～ 10mm，称之为浅层硬化层区；$m_n$=10 ～ 40mm，称之为深层硬化层区。

图 7-6-12 中未说明齿根弯曲的最佳硬化层深度 $CHD_{\mathrm{F\,opt}}$，但是标准中用文字说明齿根弯曲的最佳硬化层深度的取值范围：

$$0.1m_n \leqslant CHD_{\mathrm{F\,opt}} \leqslant 0.2m_n$$

图 7-6-13 中规定，有效硬化层深度最小极限值 $CHD_{\min} \geqslant 0.3\mathrm{mm}$；最大极限值 $CHD_{\max} \leqslant 0.4m_n$（$\leqslant$ 6mm）。

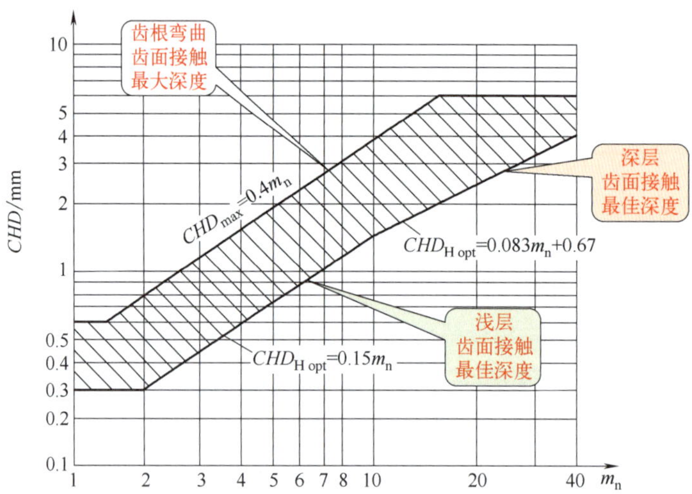


图 7-6-12 GB/T 3480.5—2021 推荐的有效硬化层深度值[4]

## 6.3 预防齿面剥落的硬化层深度

在 GB/T 3480.5—2021 中，提出了预防齿面剥落的硬化层深度确定方法。目前预防齿面剥落尚无标准的承载能力计算方法。以下防止齿面剥落的硬化层深度推荐值 $CHD_C$，是基于接触载荷引起的最大剪切应力深度而确定的。$CHD_C$ 可用公式（7-6-3）计算，此式与式（7-6-1）相同。

$$DHC_C = \frac{\sigma_H d_{w1} \sin\alpha_{wt}}{U_H \cos\beta_b} \times \frac{z_1}{z_1+z_2} \tag{7-6-3}$$

式中 $d_{w1}$——小齿轮节圆直径，mm；

$\alpha_{wt}$ ——端面节圆压力角，(°)；
$U_H$ ——66000MPa（对于质量等级 MQ 和 ME）；
$U_H$ ——44000 MPa（对于质量等级 ML）。

## 参考文献


[1] 刘忠明，等 . 基于失效模式的有效硬化层深选择［J］. 机械传动，49（3），2025：155-161.
[2] 全国齿轮标准化技术委员会 .GB/T3480.5—2021 直齿轮和斜齿轮承载能力计算　第 5 部分：材料的强度和质量［S］. 北京：中国标准出版社，2021.
[3] 全国热处理标准委员会 . JB/T 7516—1994 齿轮气体渗碳热处理工艺及其质量控制［S］. 中国标准出版社，1994.
[4] Dudley D.W. Handbook of practical gear design［M］. McGraw-Hill，1984.
[5] 全国热处理标准委员会 . GB/T 9450—2005 钢件渗碳淬火硬化层深度的测定和校核［S］. 北京：中国标准出版社，2005.


日期：2025 年 5 月 1 日

# 【例 7-7】 渗碳淬火齿轮硬度的标注和取样问题

### 问题描述

北方某公司的朋友问：渗碳淬火齿轮轮齿的表面硬度和心部硬度如何标注比较合理？

### 答复内容

目前，渗碳淬火齿轮轮齿表面硬度和心部硬度的标注有不同的方法，下面就讨论这个问题。

## 1 GB/T 3480.5—2021 的规定

首先了解 GB/T 3480.5—2021《直齿轮和斜齿轮承载能力计算　第 5 部分：材料的强度和质量》中对渗碳淬火齿轮齿面硬度和心部硬度的规定：

① 轮齿表面硬度　对于 MQ 和 ME 等级的齿轮，轮齿表面硬度应该是 660HV ～ 800HV（58HRC ～ 64HRC）。

② 齿宽中部齿根表面硬度（模数大于 12mm 时）　受齿轮尺寸及热处理工艺影响，齿根部位硬度可能会略低于齿面硬度，其允许值可由供需双方约定，但不应低于 55HRC。

③ 齿宽中部的心部硬度　在垂直于齿根 30°切线向内 5 倍于硬化层深度（$l$），但不少于 1 倍模数的位置测量，见图 7-7-1。对于 MQ 级：心部硬度≥ 25HRC；对于 ME 级：心部硬度≥ 30HRC。

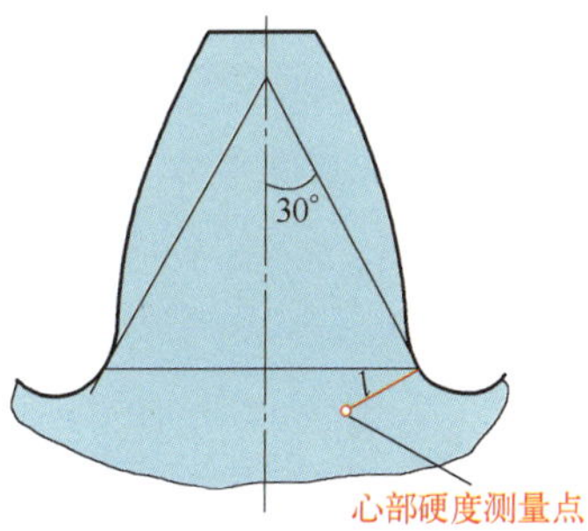


图 7-7-1　轮齿心部硬度的测量点

## 2 美国的标注[1]

渗碳淬火齿轮轮齿的渗层深度如图 7-7-2 所示。图中的硬度分为两大部分：其一是涂黑的渗层部分，要求硬度≥ 50HRC；其二是未涂黑的部分，要求硬度< 50HRC。

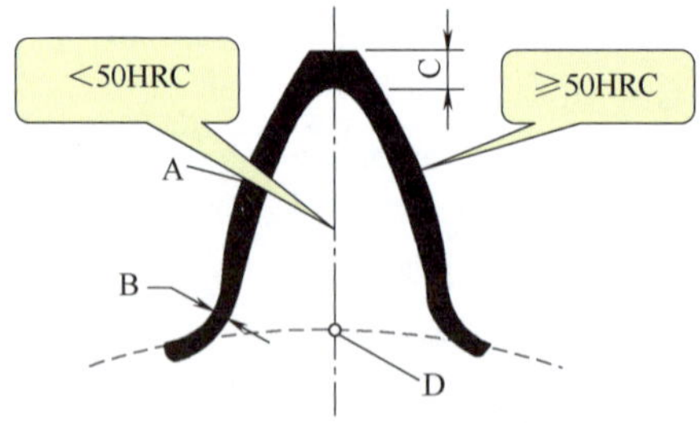


图 7-7-2 渗碳淬火齿轮轮齿的渗层

涂黑的渗层部位可分为：

① A 区是工作齿面的渗层，要保证足够的齿面接触强度，其深度可按下式计算：

$$h_{ec}=\frac{s_c d_{p1}\sin\alpha_t}{48250\cos\beta_b}\times\frac{u}{u+1}\quad \text{mm}$$

式中 $s_c$——A 区最大接触应力，mm；

$d_{p1}$——小齿轮节圆直径，mm；

$\alpha_t$——端面压力角，(°)；

$\beta_b$——基圆螺旋角，(°)；

$u$——齿数比。

② B 区是齿根的渗层，要保证足够的齿根弯曲强度，其深度可按下式计算：

$$h_{et}=0.16m_n\quad \text{mm}$$

式中 $m_n$——齿轮法面模数，mm。

③ C 区是齿顶的渗层，如果渗层太深、太硬，会有齿顶断裂的风险。一般来说，C 区的渗层深度可按下式计算：

$$h_{em}\leqslant 0.4m_n\quad \text{mm}$$

④ 轮齿心部硬度的测量位置如图 7-7-2 的 D 点所示。此位置与 GB/T 3480.5—2021《直齿轮和斜齿轮承载能力计算 第 5 部分：材料的强度和质量》的规定不同。

## 3 图纸标注实例

图 7-7-3 是一张美国齿轮零件工作图上，对齿部渗层硬度及心部硬度测量点的标注，可供参考。

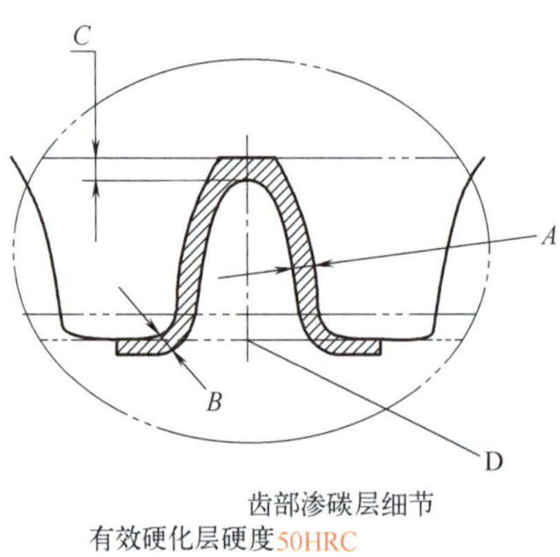


图 7-7-3 美国齿轮零件工作图中齿部渗碳层细节

*A*—节圆轮齿两侧齿面渗层深度：0.25 ～ 0.38mm；*B*—齿根圆角最小渗层深度：0.18mm；*C*—齿顶渗层深度：0.25 ～ 0.38mm；D—齿心硬度检测位置

# 4 取样位置的讨论

在 GB/T 3480.5—2021 中，轮齿表面硬度、齿根表面硬度和轮齿心部硬度都在齿宽中部位置测量，这对于直齿轮圆柱来说是合适的；但是，对于斜齿圆柱齿轮来说就值得商榷了。斜齿轮的啮合都是从轮齿的齿端开始的，因此斜齿轮的啮入冲击发生在齿端，这与直齿轮有很大的不同，特别是高速斜齿轮更是如此。这也是斜齿轮常见齿角断裂（图 7-7-4）的原因之一。

图 7-7-5 的斜齿轮有 5 个轮齿都在一端断裂，好像是齿轮存在偏载的结果。其实，经过检查齿轮并没有偏载，轮齿断裂的真正原因与齿端啮入冲击有关（齿面有特殊修形）。

图 7-7-4 斜齿轮常见的齿角断裂

图 7-7-5 斜齿轮有 5 个轮齿都在一端断裂

啮入冲击发生在齿端的有限元仿真应力云图见图 7-7-6，图中标注出较大的啮入冲击接触应力，因此对于斜齿轮轮齿的两端是接触应力和弯曲应力较大的区域。根据这一事实，可见斜齿轮的齿面硬度、齿根硬度和齿心硬度应该在轮齿的两端测量（图 7-7-7），而不是像直齿轮那样在齿宽中间测量。此外，金相组织检验的试样也应该在轮齿的两端截取。

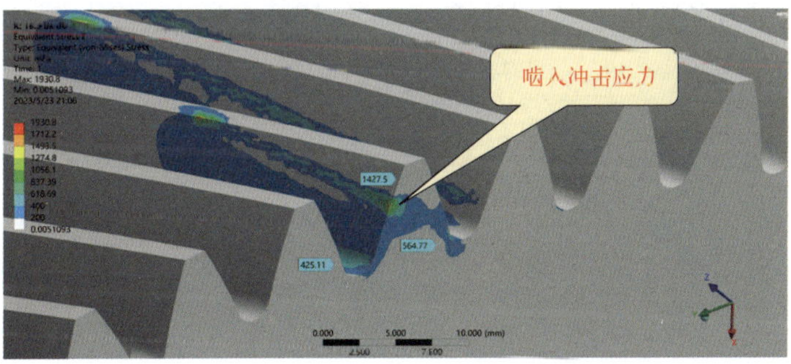


图 7-7-6 啮入冲击发生在齿端的有限元仿真应力云图

图 7-7-7 在轮齿的两端测量斜齿轮的齿面硬度齿根硬度和齿心硬度

## 参考文献

［1］ Darle W.Dudley.Handbook of practical gear design［M］.McGraw-Hill Book Company.1984：4.17-4.24.

日期：2024 年 5 月 11 日

# 【例 7-8】 关于齿轮材料力学性能检验取样的 4 个问题

## 问题描述

南方某公司提出了 4 个关于齿轮材料力学性能检验的取样问题，想听取作者的意见。

## 答复内容

第 1 问：原材料的力学性能指标，在标准里一般都按照尺寸分类，比如淬火回火钢，标准里按照直径尺寸分别给出了抗拉强度和屈服强度等。在实际应用时，如何执行？

第 1 答：检测材料的力学性能通常有 4 种情况：

① 原材料入库验收时的检测 就要按照标准里规定的直径尺寸分别检测抗拉强度和屈服强度等。

② 锻件验收时的检测 通常按照甲乙双方合同规定的指标检测抗拉强度和屈服强度。

③ 成品（热处理后）的检测 按照图纸规定的指标检测抗拉强度和屈服强度。

④ 成品失效后的检测 按照图纸规定的指标检测抗拉强度和屈服强度。

第 2 问：直径尺寸范围是实际工件的尺寸吗？

第 2 答：对于实际工件，设计时已经考虑了尺寸系数，因此不必考虑原材料直径的影响。

第 3 问：如果做性能测试，如何取样？是在实际用的物料上截取吗？

第 3 答：对于很重要的、尺寸大的零件，通常会在图纸上规定取样的位置和方向，因为纵向、横向的力学性能是不同的。如果图纸上没有规定，就可以在零件的基体中取样，不能在硬化区或过渡区取样。

第 4 问：如果是锻件的话，需要多锻造出用于取样的一部分吗？

第 4 答：一般不需要多锻造出用于取样的一部分。

对于大型锻件，截取材料力学性能试样的方法有标准取样法、非标准取样法及特定区域取样法等。

（1）标准取样法

① 遵循国家或行业标准，在锻件上选取具有代表性的部位进行取样。

② 标准通常规定了取样位置、尺寸、形状及加工要求，确保试样能准确反映锻件的整体力学性能。

③ 此方法适用于大多数常规大型锻件，确保测试结果的通用性和可比性。

④ 在国家能源局标准 NB/T 47008—2017《承压设备用碳素钢和合金钢锻件》中，就对大型锻件的取样方向和取样位置给出了明确的规定：

取样方向——锻件（不含条形）宜取切向试样，当不能取切向试样时，则取纵向或径向试样。条形锻件宜取纵向试样。

取样部位——见图 7-8-1。

（2）非标准取样法

① 在特殊情况下，当标准取样法不适用时，可采用非标准取样法。

② 此方法需根据锻件的形状、尺寸、热处理状态及性能要求等因素，灵活设计取样方案。

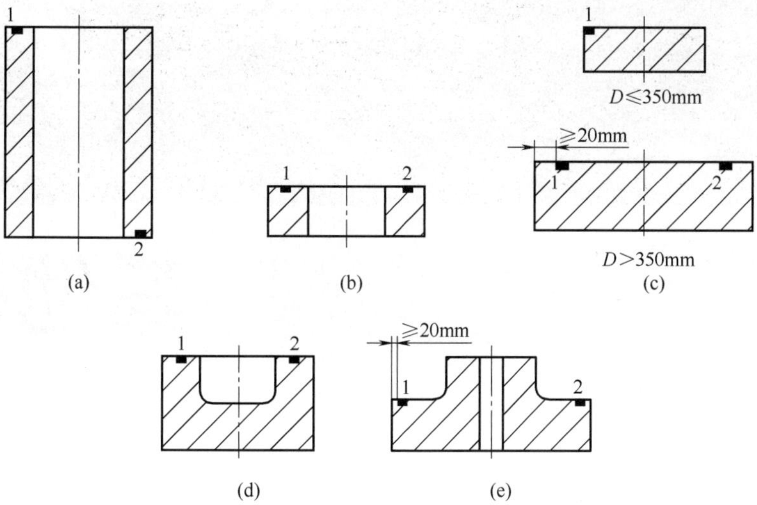


图 7-8-1 锻件取样部位示意图

1—1 组试样取样部位；2—2 组试样取样部位

③ 如锻件尺寸过大、形状复杂或存在特殊性能要求时，非标准取样法能提供更准确的测试结果。

（3）特定区域取样法

① 针对锻件中可能存在性能差异的区域进行取样。

② 如果锻件的锻造流线、夹杂物分布、热处理影响区等，需精确控制时，就可以采用这种取样法，以评估特定区域的力学性能。

③ 在质量控制、失效分析或新材料研发等领域具有重要应用价值。

综上所述，大型锻件截取材料力学性能试样的方法应根据具体情况灵活选择，以确保测试结果的准确性和可靠性。

对于不是大型锻件，也可以参考 NB/T 47008—2017 的规定来确定合适的取样方向和取样部位。

日期：2024 年 9 月 1 日

# 第8章

# 其他问题

## 【例 8-1】 汽车刹车盘断裂的宏观观察与分析

### 问题描述

某型汽车行进中出现严重交通事故，车体损坏，刹车盘断裂。受某单位委托，对某型汽车左前轮刹车盘断裂事故进行了现场宏观观察与分析，确定刹车盘是疲劳断裂还是一次性断裂，这对判断谁是责任方关系很大。

### 答复内容

该汽车前部因撞击完全损坏，左前轮处损坏最严重，见图 8-1-1。

图 8-1-1 汽车前部完全损坏左前轮处损坏严重

现场看到左前轮刹车盘断裂，刹车操纵杆件弯曲变形。经过仔细观察后，对该车左前轮刹车盘的宏观断裂特征与性质进行观察与分析。

# 1 左前轮刹车盘断裂的宏观形貌

① 该刹车盘断裂成两块，形成三个断口：一个轴向断口，两个径向断口，如图 8-1-2 与图 8-1-3 的箭头Ⅰ、Ⅱ、Ⅲ所示。

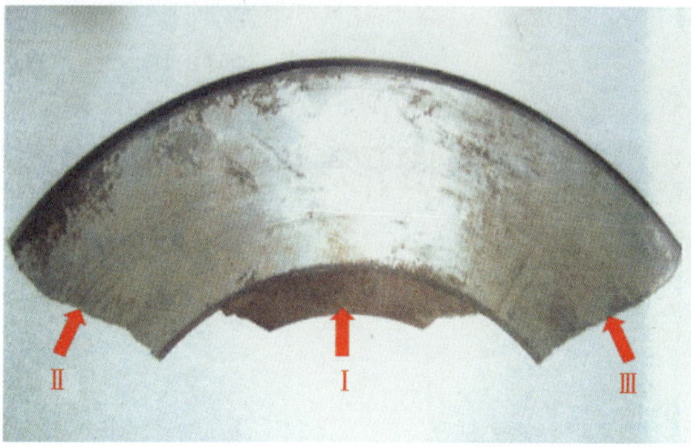


图 8-1-2　Ⅰ、Ⅱ、Ⅲ断口位置（一）

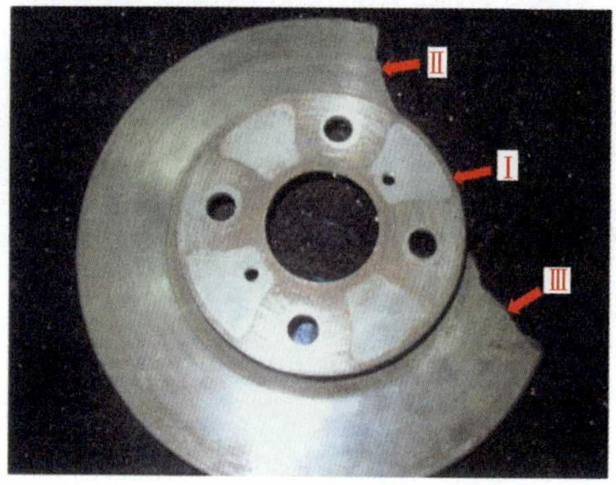


图 8-1-3　Ⅰ、Ⅱ、Ⅲ断口位置（二）

② 图 8-1-4 为两个径向断口的整体形貌，图 8-1-5 与图 8-1-6 为两个径向断口Ⅱ、Ⅲ的宏观断口形貌。图 8-1-7 为轴向断口Ⅰ的宏观断口形貌。

图 8-1-4　Ⅱ、Ⅲ断口形貌

图 8-1-5　Ⅱ径向断口形貌

图 8-1-6　Ⅲ径向断口形貌

图 8-1-7　Ⅰ轴向断口形貌

③ 两块刹车片的摩擦表面平整，磨损均匀，未见细微裂纹，也未见粗大的啃伤痕迹。这表明：该刹车盘在破断前未出现疲劳裂纹。

④ 仔细观察Ⅰ、Ⅱ、Ⅲ断口，可见三个断口都比较平整，无任何疲劳断口的特征，显示一次性断裂的形貌。

# 2 宏观分析意见

从该刹车盘断裂的宏观特征可以确定：汽车左前轮刹车盘为一次性过载断裂，不是疲劳断裂。

# 3 建议

① 为进一步核实上述意见的正确性，建议用电子显微镜等仪器对这些断口做进一步的观察与分析。

② 建议检验刹车盘材料的品质，看是否有内部缺陷。

日期：2010 年 8 月 20 日

# 【例 8-2】 采用爬山法试验对比齿轮修形参数对弯曲疲劳寿命影响的问题

## 问题描述

北方某大学的一位硕士研究生，采用爬山法对比轮齿修形参数对弯曲疲劳寿命影响时，对其中一些试验结果的描述产生了疑问，提出了两个问题，希望得到作者的指导。同时希望进一步了解其他齿轮寿命的对比试验方法。

## 答复内容

第 1 问：您曾经在《齿轮的试验技术与设备》一书中提到过爬山法用于对比试验的优越性，它特别适用于相同材料的齿轮对比，如齿形、几何参数和润滑油等的对比试验，同时可获得疲劳极限的估计值。而国标中疲劳极限应力值的给出只与材料和硬度有关，那是否可以认为疲劳极限应力值与齿轮参数（模数，齿数，修形参数等）无关？

第 1 答：疲劳极限应力值试验时的齿轮参数（模数、齿数、修形参数等）是固定的（见 GB/T 3480—1997），只要用 GB/T 3480 的计算公式计算齿轮应力，则齿轮的疲劳极限应力值与齿轮参数无关。详见参考文献［1］[75]。

第 2 问：相同的材料和齿轮参数、不同轮齿修形参数的一对齿轮，通过爬山法来做对比试验，试验结果是否可以描述为修形参数不同，其疲劳应力值不同？还是认为修形参数不同，其疲劳极限应力值相同，但是疲劳强度不同？这种情况该如何描述？

第 2 答：相同的材料、热处理和齿轮参数，用爬山法来做齿轮承载能力对比试验时，根据不同修形参数的试验齿轮得到的试验结果，可以认为修形参数不同其疲劳强度值不同。但是要注意，用爬山法做齿轮承载能力对比试验的结果不能同齿轮的疲劳极限 $\sigma_{\mathrm{Hlim}}$、$\sigma_{\mathrm{Flim}}$ 比较。用爬山法试验求得的极限应力不能用于齿轮设计，因为数据的可信度和可靠度不同。

齿轮寿命（承载能力）的对比试验有多种方法，各有特点，多种方法的简介见附录。

## 附录　齿轮寿命（承载能力）的对比试验简介

在现实的生产实践中，常要比较两种不同材料、不同工艺、不同参数齿轮承载能力的优劣，这就是齿轮承载能力的对比试验。齿轮承载能力对比试验的试验机和试验用齿轮与常规的齿轮试验相同。

齿轮承载能力对比试验有多种方案，常见方法及特点如下。

# 1 完整的疲劳曲线（*R*-*S*-*N* 曲线）图对比法

完整的疲劳曲线图对比法能够全面地反映齿轮的承载能力，是对比两组齿轮疲劳性能差别的最好方法。但需大量的齿轮寿命试验（见参考文献［1］），时间长，成本高，如无特殊要求，很少采用。

# 2 成组寿命对比法

在同一加载条件或同一应力水平下，对两组需对比的齿轮试件进行疲劳试验，从而得出两组寿命数据，如图 8-2-1 所示。用统计学的方法，分析比较这两组寿命数据，就可区分两组齿轮性能差别。但对于斜率不同的疲劳曲线，可能得不到全面的结论，如图 8-2-2 所示，虽然$\sigma_e$应力水平寿命相同，而$\sigma_1$应力水平寿命$N_{A1}>N_{B1}$，$\sigma_2$应力水平寿命$N_{B2}>N_{A2}$。因此，在对于两组齿轮的疲劳曲线知之甚少的情况下，应进行两应力水平下成组寿命对比试验。此时疲劳寿命的高低与应力水平有关，评估较困难。

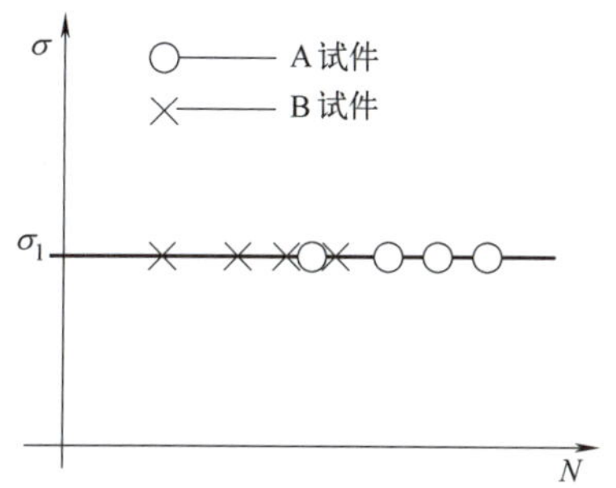


图 8-2-1 同一应力水平下成组寿命对比试验

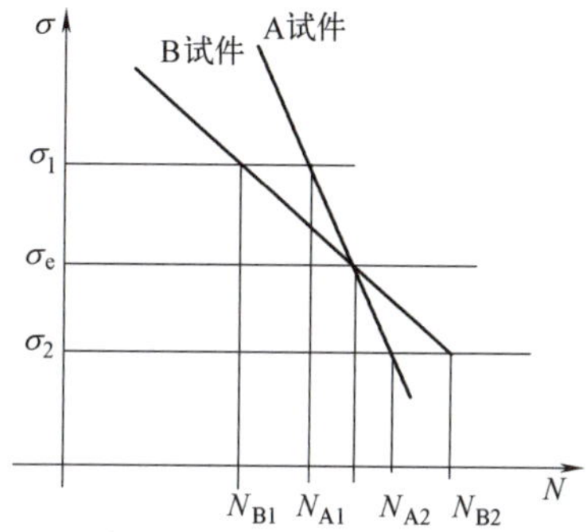


图 8-2-2 两应力水平下成组寿命对比试验

# 3 “爬山”对比法

将两组需对比的齿轮，在相同的分级增载条件下，逐对进行试验，直到各对齿轮失效为止，如图 8-2-3 所示。结果得到增载的最后应力级，从而进行分析对比，这是一种简便易行且节省时间的试验方法。

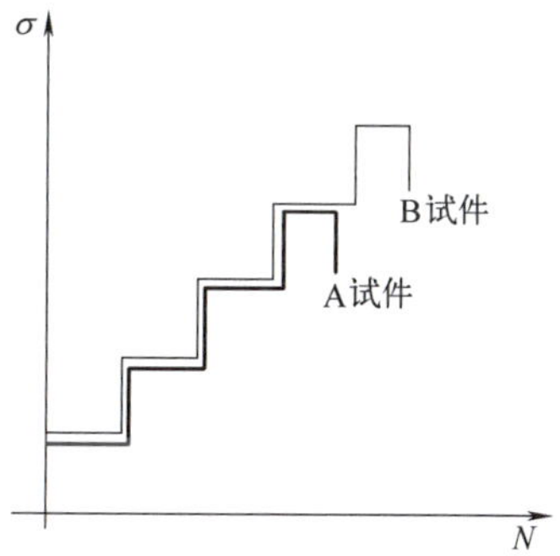


图 8-2-3 “爬山”对比试验

# 4 等斜率对比法

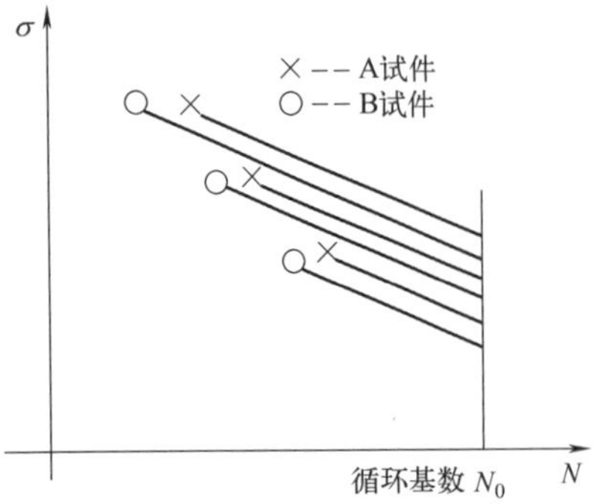


图 8-2-4 等斜率对比试验

此方法的基础是认为两组试验齿轮的疲劳曲线斜率相同，并认为每一试验点都位于相同斜率的疲劳曲线上。在不同应力水平上进行寿命试验，分别得到 A、B 组齿轮的寿命点，通过这些寿命点，以相同斜率作平行线与取定的循环基数 $N_0$ 线相交，从而得到两组条件下的疲劳极限，如图 8-2-4 所示。曲线斜率可参照已有数据或较权威的资料确定。

上述几种对比试验方法具有简便易行且节省时间和比较能够反映齿轮承载能力趋势的优点。但是，除了完整的疲劳曲线（*R-S-N* 曲线）图对比法外，其他对比试验得到的疲劳极限不能用于设计，因为数据的可信度和可靠度不同。

关于齿轮寿命、承载能力试验的更多资料和具体的方法，可查阅参考文献［1］。

## 参考文献

［1］朱孝录，易秉鉞 等. 齿轮的试验技术与设备［M］，北京：机械工业出版社，1988.

# 【例 8-3】 7 个技术问题的答复

### 问题描述

最近北方某公司的朋友提出一些问题问作者，现收集了一些有关资料，适当汇编，作为答复。

### 答复内容

第 1 问：汽车后桥主传动使用的是什么类型的锥齿轮？

第 1 答：主传动使用弧齿锥齿轮或准双曲面锥齿轮，见图 8-3-1 中的 1。因为弧齿锥齿轮或准双曲面锥齿轮承载能力大，振动和噪声小，后者还能抬高底盘，因此目前已经不再使用直齿锥齿轮，通常都采用准双曲面锥齿轮。

图 8-3-1 汽车后桥的齿轮传动

第 2 问：后桥差速器使用的是什么类型的锥齿轮？

第 2 答：差速器使用的都是直齿锥齿轮，如图 8-3-1 中的 2 所示。查阅资料，还没有看到使用弧齿锥齿轮的实例。这是因为在汽车直线行驶时，差速器中的锥齿轮是不运动的，它只在汽车拐弯时起到差速作用，速度很小，完全没有使用弧齿锥齿轮的必要。

第 3 问：加工直齿锥齿轮有哪些方法？直齿锥齿轮能磨削加工吗？

第 3 答：锥齿轮齿形加工方法很多，必须根据零件的结构、材料、热处理、齿轮精度及生产批量等因素，选择最适合的加工方法。表 8-3-1 列出了直齿锥齿轮常用切齿方法。直齿锥齿轮也可以进行磨削加工，见表 8-3-1 序号 6。

**表 8-3-1　直齿锥齿轮常用切齿方法**

| 序号 | 切削方法 | | 适用范围 |
|---|---|---|---|
| 1 | 成形法 | 单片模数铣刀铣削 | 可在一般万能铣床上加工，精度和效率低，仅适用于修配 |
| 2 | | 指状模数铣刀铣削 | 用于加工精度低的大型直齿锥齿轮，模数到 50mm，直径到 5m |
| 3 | | 圆拉刀拉削 | 生产率高，精度较好，用于大量生产中，如汽车的差动直齿锥齿轮 |
| 4 | 滚切法 | 双刨刀刨削 | 精度较好，但生产率低，用于单件小批量生产。模数到 25mm，锥距到 650mm |
| 5 | | 双刀盘铣削 | 生产率较高，是刨削的 3 ～ 5 倍，但刀具费用较大。用于成批或大批量生产中 |
| 6 | | 双砂轮磨削 | 精度高，生产率低。用于加工高精度或标准直齿锥齿轮，模数到 2 ～ 8mm，锥距到 250mm |

第 4 问：热处理正火工艺用在何处？

第 4 答：正火是钢铁零件高温奥氏体化后，直接出炉空冷，得到片层间距较小的珠光体组织，或得到铁素体加片层间距较小的珠光体组织的工艺。正火后所得到的组织和性能可以通过钢的连续冷却转变图来确定。由于铁素体和珠光体片层间距小，所以它的硬度比退火稍高。

① 用于化学热处理的低碳钢和低碳合金钢锻件，用正火不但可以消除锻造缺陷，还可以验证钢渗碳时晶粒是否会长大等缺陷，提高低碳钢硬度，适合切削加工。对于中碳和中碳合金钢，用正火可以消除锻件过热魏氏组织。

② 高碳钢、高碳合金钢也常用正火消除网状碳化物，但正火后必须接着进行球化退火。对于大锻件大铸件正火，可以采用强制风冷或喷雾冷却，以得到均匀分布的珠光体和索氏体组织，性能较好，可作为最终热处理。

③ 对于 $w_{(C)}$=0.4% ～ 0.7% 的碳钢件，对韧性要求不高，正火可以作为最终热处理。对于 $w_{(C)}$ ≤ 0.4% 的中低碳钢常用正火代替完全退火，可以节省能源，改善可加工性。对于铸钢件，正火可以使晶粒细化，消除显微组织不均匀性。对铸锻大件，正火可消除带状组织，细化晶粒，晶粒可达到 5 ～ 8 级。对枝晶偏析严重的铸锻件，常用二次正火，第一次高温正火，第二次低温正火，可消除枝晶偏析。正火还可以消除铸锻件魏氏组织。

④ 滚动轴承钢先正火去除网状碳化物，然后球化退火得到细小均匀粒状的球状组织。

⑤ 碳素工具钢正火与退火联合应用，碳素工具钢的网状碳化物较滚动轴承钢和合金工具钢要轻些，渗碳体不如合金渗碳体稳定性大，加热时易溶于奥氏体。

⑥ 正火是大锻件、大铸钢件退氮处理的最好工艺。碳钢、低合金钢、高合金钢的大锻件对白点敏感。白点是钢中氢的存在及氢的析出而引起的一种微裂缺陷，在横向断口侵蚀后低倍组织观察，白点是细的发裂，在纵向断口上可以看到它呈现接近圆形或椭圆形的银白色的斑点，在金相组织上是等晶裂纹。高温正火加热保温时，可以使微裂纹焊合。

⑦ 珠光体基体球墨铸铁件常用高温石墨化正火，如 QT600、QT700、QT800、QT900 等。硬度常控制在 230 ～ 320HBW，既可以作为最终热处理，也可以作为后续表面进一步强化处理（感应淬火）的预备热处理。

第 5 问：调质钢的热处理工艺如何？

第 5 答：调质钢的热处理工艺如下：

① 预备热处理　调质钢经热加工之后，必须经过预备热处理以降低硬度，便于切削加工，消除热加工时造成的组织缺陷（如带状组织）、细化晶粒、改善组织，为最终热处理做

好准备。对于合金元素含量较低的钢，可进行正火或退火处理；对于合金元素含量较高的钢，正火处理后可能得到马氏体组织，尚需在 $A_{c1}$ 以下进行高温回火，使其组织转变为粒状珠光体，降低硬度，便于切削加工。

② 最终热处理 调质钢的最终热处理是淬火加高温回火。合金钢的淬透性比较高，可以采用较慢的冷却速度淬火，一般都用油淬，以避免出现热处理缺陷。调质钢的最终性能取决于回火温度，当要求强度较高时，采用较低的回火温度，反之选用较高的回火温度。回火温度范围一般为 500 ～ 650℃。

某些零件除了要求有良好的综合力学性能外，还要求工件（局部）表面有较高的耐磨性，这时零件经调质处理后，还应对零件（局部）表面进行感应加热淬火，最后低温回火，表层硬度可达 56 ～ 58HRC。

第 6 问：调质钢一定要调质处理吗？

第 6 答：调质钢不一定要进行调质处理。

应当指出，调质钢不一定非得进行调质处理，根据工作条件的要求，当零件的韧性不需要太高，而强度成为主要矛盾时，调质钢可以在中、低回火状态下使用，相应地其显微组织为回火屈氏体和回火马氏体。它们比回火索氏体有较高的强度，但冲击韧性较低。例如模锤杆经中温回火、凿岩机活塞经低温回火后均显著提高了零件的使用寿命。

第 7 问：低碳结构钢能调质使用吗？

第 7 答：可以调质使用，这就是低碳马氏体钢的应用。

调质钢经调质处理之后的主要不足是强度较低，其原因与调质处理后使钢获得中碳回火索氏体组织有关。为了提高钢的强度，就需要相应地改变其组织状态，降低回火温度，例如用中碳回火马氏体代替中碳回火索氏体，强度水平即可大大提高，但随之而来的是韧性（$K_{1C}$）显著降低。如何提高钢的韧性呢？自 20 世纪 60 年代人们搞清了低碳马氏体的精细结构之后，就为发展低碳马氏体钢提供了依据。如前所述，低碳马氏体分布着大量的位错，它不但强度高，塑性、韧性也好，缺口敏感性小，如将常用的渗碳钢和低合金高强度钢经淬火获得低碳马氏体并低温回火后，其力学性能在许多方面优于调质钢，可满足不少机器零件的使用性能要求。表 8-3-2 列出了这些钢种作为低碳马氏体钢使用的常规力学性能。

**表 8-3-2 若干低碳马氏体型结构钢的常规力学性能**

| 钢号 | 状态 | 硬度 HRC | $\sigma_{0.2}$ /MPa | $\sigma_b$ /MPa | $\delta_5$ /% | $\psi$ /% | $a_K$/ J·cm$^{-2}$ |
|---|---|---|---|---|---|---|---|
| 15 | 940℃淬 10%NaOH①水溶液，200℃回火 | 36 | 940 | 1140 | 9.3 | 39 | 59 |
| 20 | 910℃淬 10% 盐水，200℃回火 | 44 | 1310 | 1530 | 11.1 | 45 | 41 |
| Q345（16Mn） | 900℃淬 100% 盐水，200℃回火 | 45 | 1220 | 1440 | 11.4 | 40.1 | 49.8 |
| 20Mn2 | 880℃淬 10% 盐水，250℃回火 | 45 | 1265 | 1500 | 12.4 | 52.5 | 83 |
| 20MnV | 880℃淬 10% 盐水，200℃回火 | 45 | 1245 | 1435 | 12.5 | 43.3 | 89 ～ 126 |
| 20Cr | 880℃淬 10%NaCl，200℃回火 | 45 | 1200 | 1450 | 10.5 | 49 | ≥ 70 |
| 20CrMnTi | 880℃淬 10%NaOH 水溶液，200℃回火 | 45 | 1310 | 1510 | 12.2 | 57 | 80 ～ 100 |
| 20CrMnSi | 880℃淬水，200℃回火 | 47 | 1315 | 1575 | 13 | 53 | 93 ～ 107 |
| 15MnVB | 880℃淬 10%NaCl 水溶液，200℃回火 | 43 | 1133 | 1353 | 12.6 | 51 | 95 |
| 25MnTiB | 850℃淬油，200℃回火 | — | 1330 | 1535 | 12.5 | 54 | 96 |
| 25MnTiBRE | 850℃淬油，200℃回火 | — | 1345 | 1700 | 13 | 57.5 | 95 |
| 20SiMn2MoV | 900℃淬油，250℃回火 | — | 1238 | 1511 | 13.4 | 58.5 | 160 |
| 25SiMn2MoV | 900℃淬油，250℃回火 | — | 1378 | 1676 | 11.3 | 51.0 | 68 |
| 18Cr2Ni4WA | 890℃淬油，220℃回火 | — | 1214 | 1496 | $\delta_{10}$=9.3 | 38.1 | — |
| 20Cr2Ni4A | 880℃淬油，250℃回火 | 44.5 | 1192 | 1437 | 13.8 | 59.6 | — |

① 10%NaOH 水溶液表示的是 $w_{(NaOH)}$=10% 的水溶液。

日期：2016 年 11 月 23 日

# 【例 8-4】 对固定箱体附件断裂的几点看法

**问题描述**

北方某公司发来固定箱体的附件断裂照片和有关资料，咨询附件断裂的原因和改进措施。

**答复内容**

## 1 断裂的固定箱体附件

固定箱体的附件（以下简称失效件）断裂如图 8-4-1 所示。断裂失效件的材料是球墨铸铁 QT1200。可能的断裂失效原因：

① 从图 8-4-1 看，失效件是一个悬臂梁结构，如果螺栓的预紧力过大，螺栓孔附近的弯曲应力，就可能超过球墨铸铁的抗拉强度而引起附件断裂。

② 如果球墨铸铁的品质不好，其抗拉强度等力学性能不达标，也可能是失效件断裂的原因。

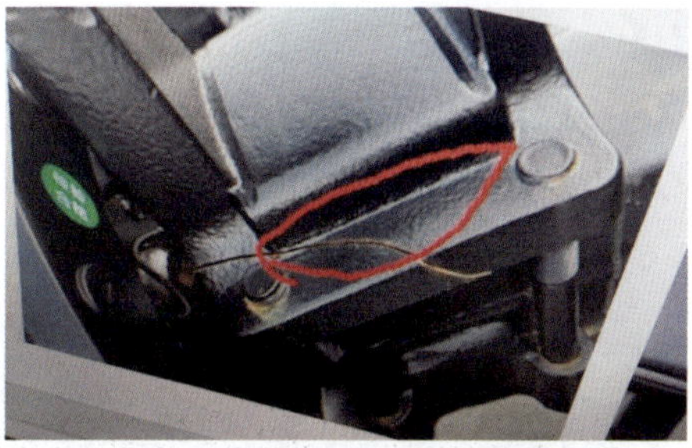

图 8-4-1 固定箱体的失效件断裂情况

## 2 失效件发生断裂的情况

“失效件在螺栓预紧力矩 600N • m，大概 165kN 预紧力下拧紧，后经过 80℃烤漆，当时没断裂，仓库贮存 5 天左右发现有部分断裂。”

作者的看法：

① 要检查螺栓预紧力矩是否符合螺栓紧固的技术规范。

②“当时没断裂，仓库贮存 5 天左右发现有部分断裂”的事实，说明氢致延迟（氢脆）断裂的可能性非常大。问题是失效件中的氢是从何处来的？球墨铸铁中的氢致缺陷主要有皮下气孔和析出气孔。前者的氢来源于铁水，后者的氢来源于生产中使用树脂砂型和砂芯造成的氨氮气氛。

③“经过 80℃烤漆”也有嫌疑。金属中氢来源于表面喷涂料，也可能是其中的一种，详见参考文献［1］142，因此最好要检测烤漆是否会产生氢。

## 3 委托方已经进行过的失效分析和作者的看法

### 3.1 宏观断口分析

失效件的宏观断口如图 8-4-2 所示，断裂面上存在明显放射线，放射线汇集处即为裂纹

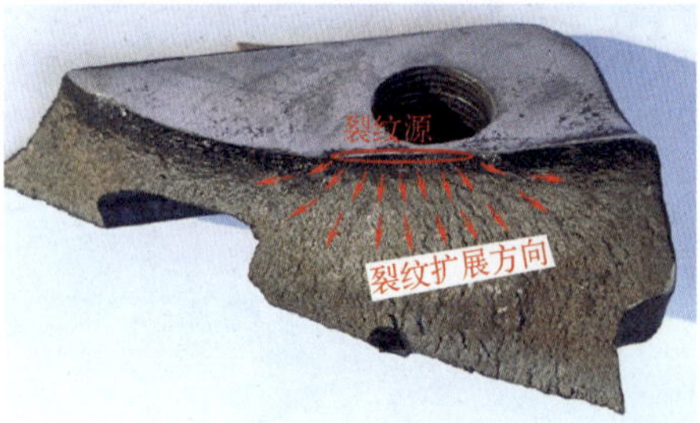


图 8-4-2　宏观断口形貌

源，可以看出，裂纹源位于螺纹孔附近上表面，裂纹源处未发现明显的加工缺陷及冶金缺陷；断口上未发现明显塑性变形，由此可以判断，此失效件为一次性脆性断裂。

作者的看法：

① 根据图 8-4-2 的断口形貌，“失效件为一次性断裂”的结论可以接受。

② 失效件断块的上表面层为什么会出现一层黑色的金属组织，并且这层金属组织中有许多白点，是氢脆断裂的白点吗？作者没有看到实物，仅凭看照片，不好下结论。

③ 断裂的断口距离螺纹孔很近，将裂纹源区确定在应力集中很大的螺纹孔附近，可以接受。

## 3.2　微观断口分析

试样经丙酮清洗后进行电镜分析，虽然断口上存在一定程度的锈蚀，但是仍能看出裂纹源附近及裂纹扩展区均为穿晶断裂，其微观形貌均为准解理，基体上分布着大小不一的石墨球，如图 8-4-3 ～图 8-4-8 所示。

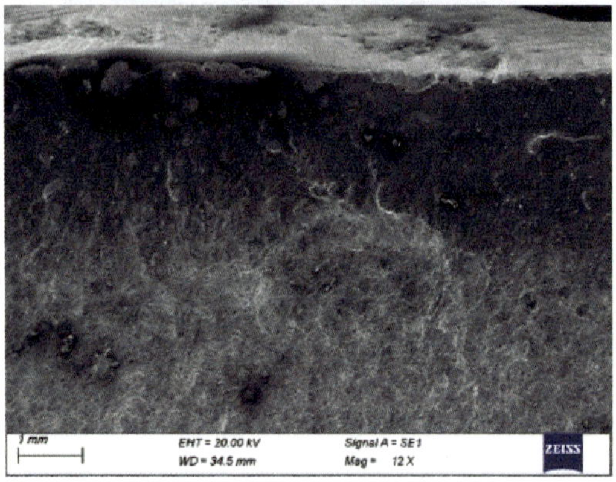


图 8-4-3　裂纹源形貌　12×

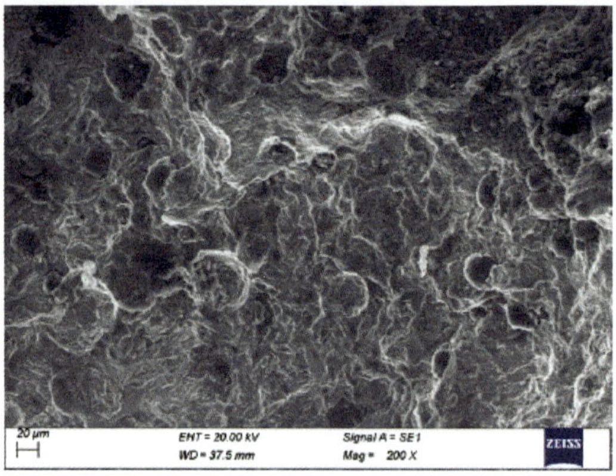


图 8-4-4　裂纹源附近微观形貌　200×

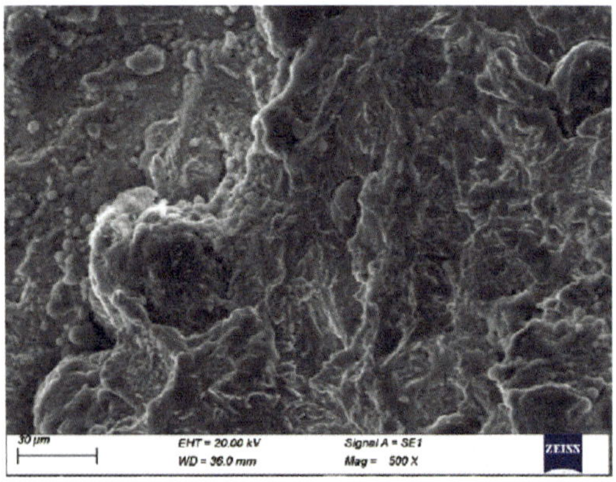


图 8-4-5　裂纹源附近微观形貌　500×

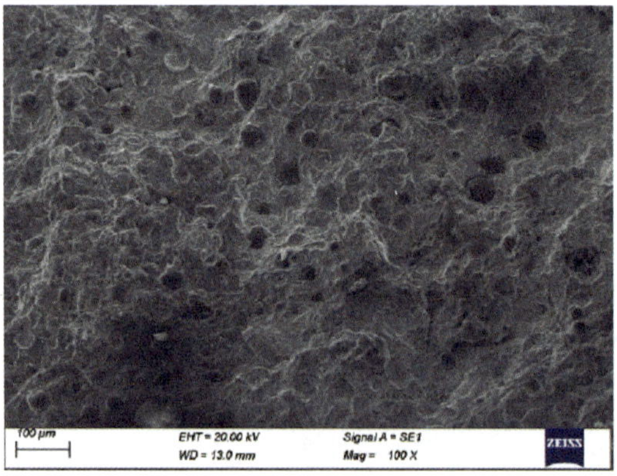


图 8-4-6　裂纹扩展区微观形貌　100×

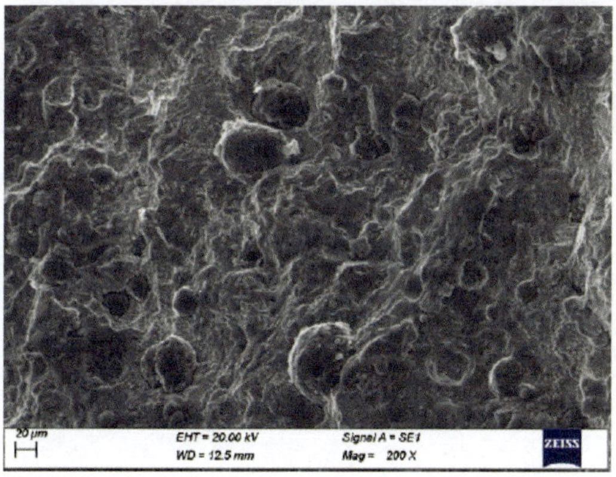


图 8-4-7　裂纹扩展区微观形貌　200×

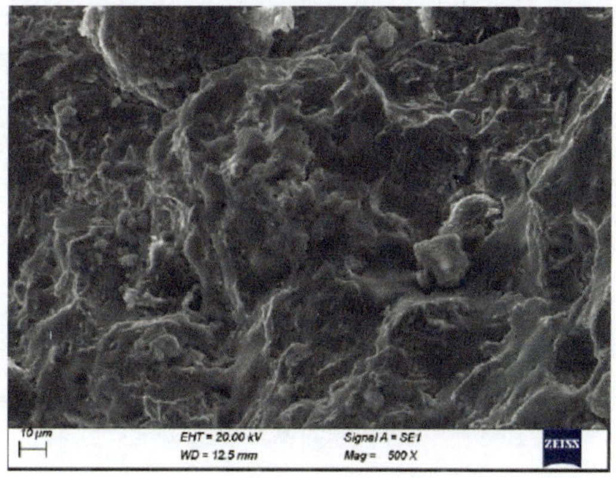


图 8-4-8　裂纹扩展区微观形貌　500×

有关专家认为：延迟断裂应该是沿晶断裂，但是材料检验给出的结论是穿晶一次断裂，不合理。

作者看法：

① 通常，氢致延迟断裂是沿晶断裂，但是并不一定都是沿晶断裂，还有其他的断裂形式，详见参考文献［1］[142-175]。因此，出现穿晶一次性断裂是可能的。也有在一个大断口上，在某微区是沿晶，而在另一微区是穿晶，甚至是混晶断裂的情况。

② 材料检验给出图 8-4-3 ～图 8-4-8“微观形貌均为准解理”。准解理是介于解理断裂和韧窝断裂之间的一种过渡断裂形式。准解理断裂常见发生在回火马氏体等复杂组织的钢中，对于大多数合金钢（Cr-Ni 钢）来说，如果发生断裂的温度刚好在韧 - 脆性转变温度范围内，也会出现准解理断裂。作者查阅了有关资料、文献，尚未看到球墨铸铁机件发生准解理断裂的案例或资料。因此对球墨铸铁机件发生准解理断裂存疑。

## 3.3　有限元应力计算分析结果

有限元应力计算分析结果见图 8-4-9。

作者看法：

对螺纹孔附近出现高应力的计算结果可以接受。

图 8-4-9　有限元应力计算分析结果

# 4 建议

根据以上分析，可以提出以下建议：

① 检测失效件材料球墨铸铁的力学性能：抗拉强度、屈服强度、断面收缩率、伸长率等。因为球墨铸铁的品质不好，其抗拉强度等力学性能不达标，也可能是失效件断裂的原因。

② 检测失效件球墨铸铁材料的含氢量，如果含氢量高，就可以确定失效件是氢脆断裂。氢脆断裂的原因和实例，详见参考文献［2］[31-32，83-87]。

③ 改进失效件的悬臂结构，增加抗弯曲破坏的能力。

## 参考文献


［1］ 姜锡山，等．钢铁显微断口速查手册［M］．北京：机械工业出版社，2010：174-175.

［2］ 朱孝禄，胡炜．机械传动装置基础件失效分析［M］．北京：化学工业出版社，2022：31-32，83-87.


日期：2023 年 10 月 13 日

# 【例 8-5】 防弹玻璃出现裂纹原因的探讨

## 问题描述

北方某公司，开发新产品，做防弹玻璃。将做好的玻璃装到车上以后出现了裂纹，如图 8-5-1、图 8-5-2 所示。该公司发来有关照片和背景资料，咨询裂纹是什么原因产生的。

图 8-5-1 安装在汽车上的防弹玻璃

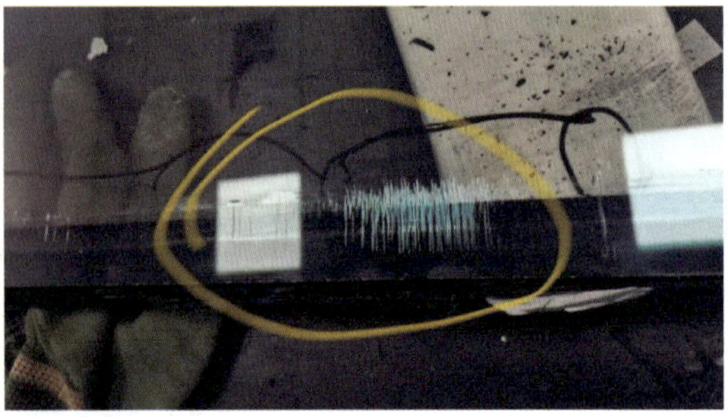

图 8-5-2 安装到车上的防弹玻璃出现裂纹

## 回复内容

夹层的防弹玻璃出现裂纹，其原因可能比较复杂，但是可以从防弹玻璃的结构和材料的物理特性方面来探讨裂纹出现的可能原因。

作者认为，防弹玻璃出现裂纹很可能是玻璃和 PC 层的线胀系数不同引起的。

# 1 线胀系数

所谓线胀系数是指：固体物质的温度每改变 1℃时，其长度的变化和它在原温度（不一定为 0℃）时长度之比，单位为 1/℃。符号为 $\alpha_t$，其定义式：

$$\alpha_t = \frac{L_t - L_0}{L_0}$$

$$L_t = L_0(1 + \alpha_t)$$

式中　$\alpha_t$——线胀系数，1/℃；

$L_0$——原温度（不一定为 0℃）时的长度；

$L_t$——固体物质的温度每改变 1℃时的长度。

不同物体的线胀系数差别很大，并且同温度范围有关。设计手册中常用的线胀系数见表 8-5-1，表 8-5-1 中没有 PC 材料的线胀系数。

**表 8-5-1　材料线胀系数 $\alpha_t$**　　$10^{-6}$ ℃ $^{-1}$

| 材料 | 温度范围 /℃ | | | | | | | | |
|---|---|---|---|---|---|---|---|---|---|
| | 20 | 20 ～ 100 | 20 ～ 200 | 20 ～ 300 | 20 ～ 400 | 20 ～ 600 | 20 ～ 700 | 20 ～ 900 | 70 ～ 100 |
| 工程用铜 | | 16.6 ～ 17.1 | 17.1 ～ 17.2 | 17.6 | 18 ～ 18.1 | 18.6 | | | |
| 紫铜 | | 17.2 | 17.5 | 17.9 | | | | | |
| 黄铜 | | 17.8 | 16.8 | 20.9 | | | | | |
| 锡青铜 | | 17.6 | 17.9 | 18.2 | | | | | |
| 铝青铜 | | 17.6 | 17.9 | 19.2 | | | | | |
| 铝合金 | | 22.0 ～ 24.0 | 23.4 ～ 24.8 | 24.0 ～ 25.9 | | | | | |
| 碳钢 | | 10.6 ～ 12.2 | 11.3 ～ 13 | 12.1 ～ 13.5 | 12.9 ～ 13.9 | 13.5 ～ 14.3 | 14.7 ～ 15 | | |
| 铬钢 | | 11.2 | 11.8 | 12.4 | 13 | 13.6 | | | |
| 40CrSi | | 11.7 | | | | | | | |
| 30CrMnSiA | | 11 | | | | | | | |
| 3Cr13 | | 10.2 | 11.1 | 11.6 | 11.9 | 12.3 | 12.8 | | |
| 1Cr18Ni9Ti | | 16.6 | 17.0 | 17.2 | 17.5 | 17.9 | 18.6 | 19.3 | |
| 铸铁 | | 8.7 ～ 11.1 | 8.5 ～ 11.6 | 10.1 ～ 12.2 | 11.5 ～ 12.7 | 12.9 ～ 13.2 | | | 17.6 |
| 镍铬合金 | | 14.5 | | | | | | | |
| 砖 | 9.5 | | | | | | | | |
| 水泥、混凝土 | 10 ～ 14 | | | | | | | | |
| 胶木、硬橡胶 | 64 ～ 77 | | | | | | | | |
| 玻璃 | | 4 ～ 11.5 | | | | | | | |
| 赛璐珞 | | 100 | | | | | | | |
| 有机玻璃 | | 180 | | | | | | | |

从表 8-5-1 中可以查到：当温度在 20 ～ 100℃时：玻璃的线胀系数 $\alpha_t$=（4 ～ 11.5）× $10^{-6}$℃ $^{-1}$；而 PC 的线胀系数相对较高，通常在（60 ～ 70）× $10^{-6}$℃ $^{-1}$。在表 8-5-1 中，没有 PC 的线胀系数。

可见玻璃的线胀系数小，PC 的线胀系数大，两者的差别在 10 倍以上。如果将玻璃和 PC 两种材料在温度 $t_0$ 的条件下黏结在一起成为一块平板，如图 8-5-3 所示，然后将平板加热

至 $t_1$，由于玻璃和 PC 两种材料的线胀系数不同，平板就会弯曲，如图 8-5-4 所示。如果用外力 $F$ 将弯曲的平板压平，如图 8-5-5 所示，平板内的玻璃将出现拉应力，而赛璐珞出现压应力。如果温度冷热不断变化，PC 就可能出现故障（宏观“裂纹”）。

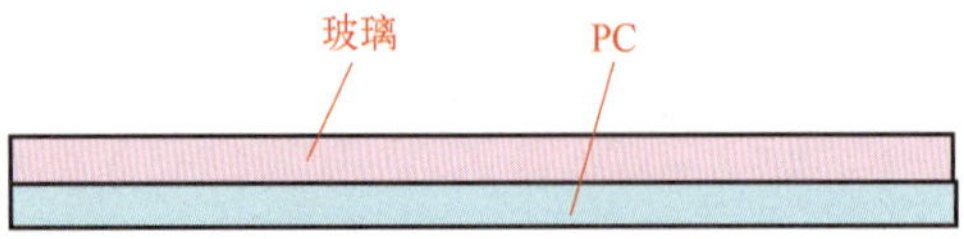


图 8-5-3　玻璃和 PC 两种材料合成一块平板

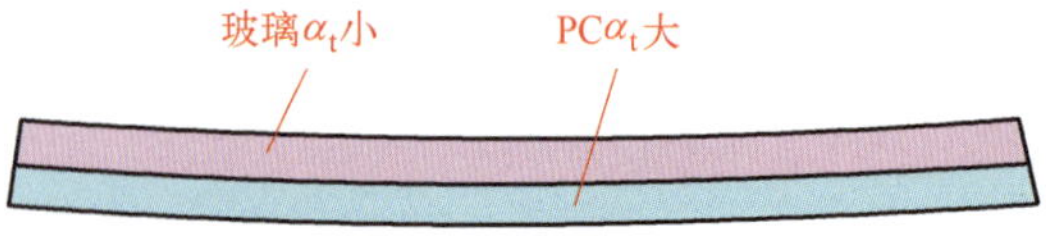


图 8-5-4　加热后平板弯曲

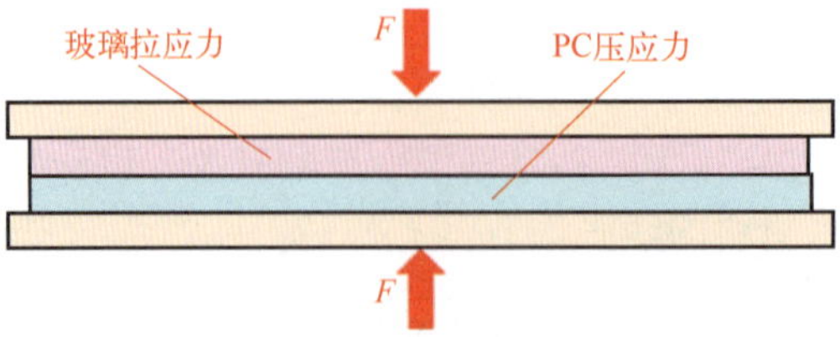


图 8-5-5　用外力将弯曲的平板压平

# 2 防弹玻璃的结构特点

防弹玻璃是由玻璃（或有机玻璃）和优质工程塑料合成的一种透明的复合型材料，它具有普通玻璃的外观和透光、透像性能的同时，还对枪弹射击具有防护能力。防弹玻璃的防弹原理是它能将子弹的冲击动能转化为玻璃的弹性势能和碎片的表面能。

防弹玻璃实际上是由透明胶合材料将多片玻璃或高强度有机板材粘接在一起制成的。一般有 3 层：①承力层——该层首先承受冲击而破裂；②过渡层——一般采用有机胶合材料，能吸收部分冲击能，改变子弹前进方向；③安全防护层——这一层采用高强度玻璃或高强透明有机材料，能吸收绝大部分冲击能，并保证子弹不能穿过此层。

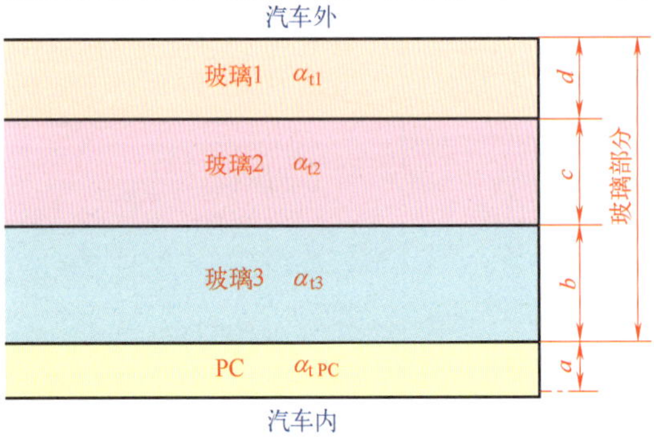


图 8-5-6　防弹玻璃的结构

本例防弹玻璃的结构如图 8-5-6 所示。防弹玻璃使用了两类材料：玻璃和 PC 板，其中玻璃部分由玻璃 1、玻璃 2 和玻璃 3 三种不同的玻璃黏合而成。这是一种单向防弹玻璃，如果将它安装在车窗上，汽车外的射击就不可能击穿 4 层的防弹玻璃，而汽车内的人员向外射击可以击穿 4 层的防弹玻璃，而且子弹还有杀伤力。银行的运钞车就是采用这种单向防弹玻璃。图 8-5-6 中标注出 4 种材料的线胀系数 $\alpha_t$。

防弹玻璃 PC 层的材质是聚碳酸酯材料。聚碳酸酯（polycarbonate，简称 PC）是一种无定型、无臭、无毒、高度透明的无色热塑性工程塑料。PC 材质因其卓越的物理、化学和热学性能而在众多领域得到广泛应用；其光学性能非常优越。聚碳酸酯在熔化和冷却后变成透明的玻璃状物，具有优良的光学性能，光透过率高达 90%，因此是制作防弹玻璃的好材料。

玻璃 1、玻璃 2 和玻璃 3 三种不同的玻璃，各有不同的性能和作用，各司其职。最外面的玻璃 1（承力层），首先承受冲击而破裂，一般采用厚度大、强度高的玻璃，能破坏弹头或改变弹头形状，使其失去继续前进的能力。而最里面的 PC 板（安全防护层）有较好的弹性和韧性，能吸收绝大部分冲击能，并保证子弹不能穿过。

## 3 PC 和玻璃材料线胀系数不同的问题

① PC 的线胀系数通常在（60 ～ 70）$\times10^{-6}$℃$^{-1}$ 范围内。这意味着温度每升高 1℃，每米长的 PC 材料大约会膨胀 0.06 ～ 0.07mm。

② 玻璃的线胀系数通常在（4 ～ 11.5）$\times10^{-6}$℃$^{-1}$ 之间。这意味着玻璃材料在温度升高 1℃时，每米长的玻璃大约会膨胀 0.004 ～ 0.011mm。要比 PC 的线胀系数小得多。

由以上数据可见 PC 材料与玻璃的线胀系数存在巨大的差别；不同玻璃的线胀系数差别也很大。当 4 种材料压合成一体（防弹玻璃）后，在常温和无外力作用下可能一切正常，但是加外力将防弹玻璃安装在汽车上，并且受到阳光高温照射，在温度急剧变化的情况下，防弹玻璃内就可能产生很大的内应力。这种情况与前面论述的图 8-5-3 ～图 8-5-5 的情况完全相同。

## 4 PC 材料在高压应力下有什么问题

下面来探讨一下 PC 层中的压应力是如何产生的。图 8-5-7(a) 表示 3 层玻璃和 1 层 PC 粘接成的防弹玻璃。3 层玻璃的线胀系数各不相同，如图 8-5-6 所示。为了简化分析，可以将 3 层玻璃看成一层厚 22mm 的玻璃，此外粘接一层厚 3mm 的 PC，如图 8-5-7(b) 所示。玻璃与 PC 的线胀系数有巨大的差别，前者为（4 ～ 11.5）$\times10^{-6}$℃$^{-1}$，后者为（60 ～ 70）$\times10^{-6}$℃$^{-1}$，两者差别很大。也就意味着温度每升高 1℃，每米长的 PC 材料会膨胀 0.06 ～ 0.07mm，而玻璃伸长 0.004 ～ 0.011mm，。但是，玻璃与 PC 是粘接的，PC 的伸长受到玻璃的约束，不可能有太多的伸长，同时整个防弹玻璃又不能弯曲（如图 8-5-4、8-5-5 所示），因此，PC 层就会受到很大的压缩应力。

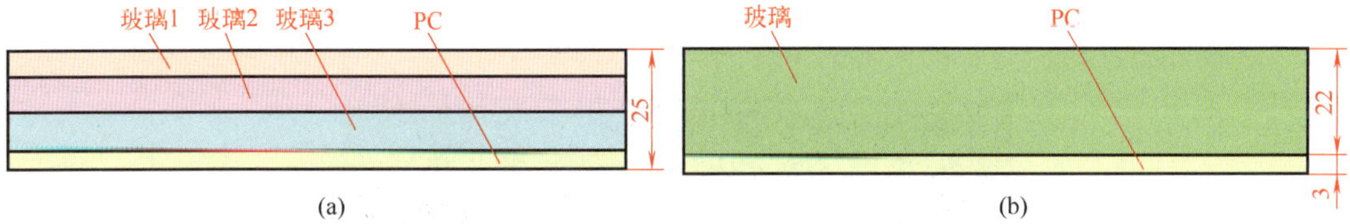


图 8-5-7　玻璃和 PC 层结构示意图

PC 层有很大的压缩应力，也就是在高压环境下使用。PC 是一种塑料，塑料承受高压会出现什么状况？

① 在高压环境下，塑料材料的分子结构受到极大的压力，分子之间的引力和排斥力得到了极大的增强，分子间距离变小，塑料材料变得更加致密，力学性能也发生了变化，通常表现为增加强度和硬度，同时降低了易变形性。这种高压作用还会令塑料材料发生化学反应，引发分子裂解和聚合等化学变化，影响塑料材料的性质和结构。

② 在高压环境下，塑料可能发生以下变化：

a. 塑料材料的拉伸强度、弹性模量表现出急速下降的趋势。

b. 塑料与周围环境中的氧气、水等接触，会发生氧化等化学反应，造成龟裂、脆性增加。

c. 高压条件会导致塑料材料变形，甚至破裂。

易应力开裂——这是 PC 最主要的缺点。在受到内部应力（如成形残余应力）或外部应力（如与化学品接触）时，容易产生开裂。

根据以上论述可以得到这样的结论：本例的 PC 层在温度变化剧烈时产生的压应力，会使 PC 层受到损伤，这可能是防弹玻璃出现“裂纹”的原因之一。

值得注意的是，这里的“裂纹”是加引号的，因为在实际上裂纹是不存在的。

任何工程材料在内部出现裂纹，都是由于材料内的拉应力超过材料的抗拉强度，这是失效分析认定的一般规律。而本例的 PC 层是在压应力的条件下使用，因此就不可能出现裂纹，防弹玻璃出现的很可能是一种伪裂纹，如图 8-5-8（图 8-5-2 裂纹的放大）所示。从图中裂纹的粗细、数量和排列的形貌来看，不像是一般意义上的拉伸裂纹，更像 PC 材料在高压下分子层折叠产生的“裂纹“，其示意图如图 8-5-9 所示。图中的“裂纹”实际上就是分子层折叠变形后丧失透光性的结果，并没有真正意义上的裂纹。以上看法是作者的一种臆测，缺少试验的证据。

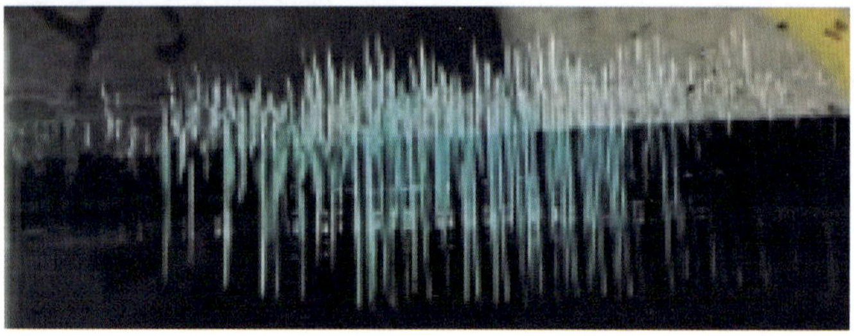

图 8-5-8　图 8-5-2 裂纹的放大

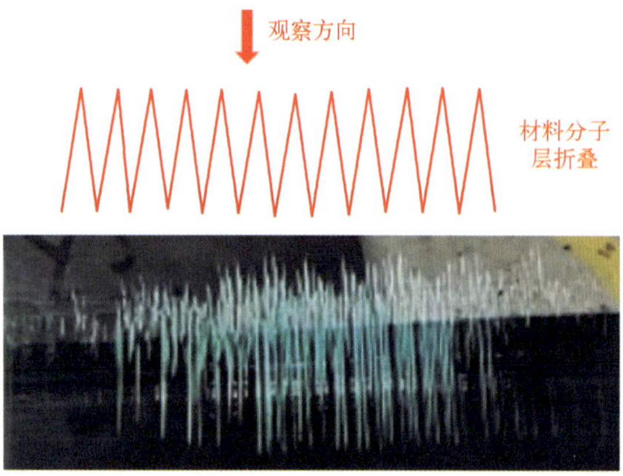


图 8-5-10　分子层折叠变形产生的“裂纹”示意图

目前还不知道这种伪裂纹是何物，是否可能是材料分子结构的变化、分子裂解和聚合等反应，使防弹玻璃线性局部丧失透光功能造成的？

建议将防弹玻璃放在显微镜下观察，观察“裂纹”的形状、结构等特征，可能揭开“裂纹”的谜底。

# 5 可能触发“裂纹”的其他因素

## 5.1 防弹玻璃的安装也可能触发“裂纹”

制作好的防弹玻璃是完好的，没有裂纹，但是将它安装到汽车窗框上后，出现了裂纹，这是为什么？这是因为将防弹玻璃安装到窗框一定要有紧固力，如果控制不好紧固力（例如安装时过度拧紧、锁定螺丝松动、接触面积不均匀等），就破坏了防弹玻璃内应力的平衡，在防弹玻璃局部区域的内应力过大，因此就出现局部区域的“裂纹”，如图 8-5-2、图 8-5-8 所示。

此外，尺寸公差配合不当：安装框的尺寸与玻璃尺寸过于“严丝合缝”，没有留下必要的热膨胀间隙。当玻璃受热膨胀时无处伸展，导致边缘被框架挤压而出现“裂纹”。图 8-5-2 安装到车上的防弹玻璃“裂纹”出现在玻璃的边缘，就是一个可疑点。

## 5.2 玻璃和 PC 本身缺陷触发防弹玻璃“裂纹”

防弹玻璃和 PC 在生产过程中，可能存在着轻微的缺陷，例如气泡、砂眼等，这些缺陷可能会在内应力作用下，导致防弹玻璃出现“裂纹”。

以上就是作者对防弹玻璃出现“裂纹”原因的推测和看法。上述推测和看法，只是从防弹玻璃的结构和材料的物理性能方面进行理论分析和主观推测，看法仅供参考。

日期：2024 年 10 月 18 日